1 Time Master

영양사

과목별 핵심이론+출제예상문제

대한민국 국가대표 브랜드
국가자격 시험문제 전문출판
에듀크라운
국가자격시험문제 전문출판
최고의 적중률!! 최고의 합격률!!
크라운출판사
국가자격시험문제 전문출판
http://www.crownbook.co.kr

들어가는 말

현대 사회에서는 삶의 질이 풍요로워지고 그 중요성이 더해 가면서 국민의 건강 증진과 영양 관리에 대한 기대감이 높아지고 있다. 이러한 사회적 현상에 맞게 건강 증진 및 질병 치료를 목적으로 연구 개발하고 전문적인 영양 서비스를 제공하는 전문인이 요구되고 있는 실정이다.

영양사는 개인 · 단체 · 지역 사회를 대상으로 질병 예방과 건강 증진을 위하여 급식 관리 및 영양 서비스를 수행하는 전문인이자 국민의 생명, 건강 및 다중의 보건 위생을 관리하는 전문 영양 관리인이다.

보건복지부장관 명의의 영양사 면허는 대학에서 식품 · 영양학 전공자로서 소정의 학점을 이수한 졸업(예정)자들이 영양사 국가시험에 합격한 사람에 한하여 취득할 수 있다.

영양사 면허 취득을 위한 시험 교과목은 영양학, 생화학, 영양교육, 식사요법, 생리학, 식품학 및 조리원리, 단체급식관리, 식품위생학, 식품위생관계법규 등 9개 분야이며, 이들 교과목에서 다루어지는 광범위한 내용이 출제되고 있다.

이 교재에서는 영양사 국가시험이 포괄하는 시험 분야를 다루었으며, 아래와 같은 특징을 가지고 있다.

첫째, 각 과목마다 이해가 쉽고 간략하게 중요한 부분만을 정리하였다.

둘째, 각 과목마다 영양사 시험의 진행 순서에 따라 배열하였으며, 단원별로 정리를 하였다.

셋째, 광범위한 학습 내용을 집중하여 문제 풀이가 가능하도록 교재 구성을 간략하게 구성하여 가시성을 높였다.

넷째, 문제의 정답을 단순하게 제시하는 것에서 벗어나 문항의 핵심을 파악할 수 있는 상세한 풀이와 해설을 첨가하여 관련 지식을 같이 습득할 수 있도록 구성하였다.

다섯째, 각 과목의 문항 수는 과목별 비중과 영양사 시험문제 수를 고려하여 적절히 조절하였다.

끝으로 이 교재가 수험생 여러분의 시험 준비와 전공 지식 함양에 많은 도움이 되길 바라며, 출간하기까지 애써 주신 크라운출판사 임직원 여러분에게 감사드립니다.

저자 일동

시험 안내

시험 일정

구분		일정	비고
응시원서 접수	기간	• 인터넷 접수 : 2022.09.07.~14. (수) ※ 다만, 외국대학 졸업자로 응시자격 확인서류를 제출하여야 하는 자는 접수기간 내에 반드시 국시원 별관(2층 고객지원센터)에 방문하여 서류확인 후 접수 가능	• 응시수수료 : 90,000원 • 접수 시간 : 해당 시험 직종 원서접수 시작일 09:00부터 접수 마감일 18:00까지
	장소	• 인터넷 접수 : 국시원 홈페이지 [원서접수] 메뉴	
응시표 출력		• 시험장 공고일 이후부터 출력 가능	• 2022.11.09. (수) 이후
시험시행	일시	• 2022.12.17. (토)	• 응시자 준비물 : 응시표, 신분증, 필기도구 지참(컴퓨터용 흑색 수성사인펜은 지급함) ※ 식수(생수)는 제공하지 않습니다.
	장소	[국시원 홈페이지] – [시험안내] – [영양사] – [시험장소(필기/실기)]	
최종합격자 발표	일시	• 2023.01.05. (목)	• 휴대전화번호가 기입된 경우에 한하여 SMS 통보
	장소	• 국시원 홈페이지 [합격자조회] 메뉴	

응시자격

1. 관련 학과 및 전공

1-1. 2016년 2월 입학자까지 적용 [관련법령 : 국민영양관리법 시행규칙 제7조]

① 법 제15조 제1항 제1호에서 "교과목 및 학점이수 등에 관하여 보건복지부령으로 정하는 요건을 갖춘 사람"이란 별표1에 따른 교과목 및 학점을 이수하고 졸업한 사람 및 제8조에 따른 영양사 국가시험의 응시일로부터 3개월 이내에 졸업이 예정된 사람을 말한다. 이 경우 졸업이 예정된 사람은 그 졸업 예정시기에 별표1에 따른 교과목 및 학점을 이수하고 졸업하여야 한다.

② 법 제15조 제1항 제2호 및 제3호에서 "외국"이란 다음 각 호의 어느 하나에 해당하는 국가를 말한다.

1. 대한민국과 국교를 맺은 국가
2. 대한민국과 국교를 맺지 아니한 국가 중 보건복지부장관이 외교부장관과 협의하여 정하는 국가

가. 학과 : 영양학과, 식품영양학과, 영양식품학과

나. 전공 : 식품학, 영양학, 식품영양학, 영양식품학

다. 학위 : 식품학, 영양학, 식품영양학, 영양식품학

1-2. 2016년 3월 1일 이후 입학자부터 적용 [관련법령 : 국민영양관리법 시행규칙 제7조]

① 법 제15조 제1항 제1호에서 "보건복지부령으로 정하는 요건을 갖춘 사람"이란 별표1에 따른 교과목

및 학점을 이수하고 별표 1의2에 따른 학과 또는 학부(전공)를 졸업한 사람 및 제8조에 따른 영양사 국가시험의 응시일로부터 3개월 이내에 졸업이 예정된 사람을 말한다. 이 경우 졸업이 예정된 사람은 그 졸업예정시기에 별표1에 따른 교과목 및 학점을 이수하고 별표 1의2에 따른 학과 또는 학부(전공)를 졸업하여야 한다.

② 법 제15조 제1항 제2호 및 제3호에서 "외국"이란 다음 각 호의 어느 하나에 해당하는 국가를 말한다.

1. 대한민국과 국교를 맺은 국가
2. 대한민국과 국교를 맺지 아니한 국가 중 보건복지부장관이 외교부장관과 협의하여 정하는 국가
   가. 학과 : 영양학과, 식품영양학과, 영양식품학과
   나. 학부(전공) : 식품학, 영양학, 식품영양학, 영양식품학

2. 교과목 및 학점이수(영양관련 18과목 52학점)

해당 과목 및 학점은 [시험안내]-[영양사]-[서식모음] "영양관련 교과목 이수증명서"를 통해 확인 가능합니다.

※ 영양관련 교과목 이수증명서에 따른 18과목 52학점은 교양과목을 제외한 과목으로 이수하여야 인정

※ 법정과목과 그에 해당하는 유사인정과목은 동일한 과목이므로 여러 개 이수해도 1개 과목 이수로만 인정(단, 학점 합산은 가능)

2-1. 현장실습 기준

2015. 5. 24 이후 영양사 현장실습 교과목 이수 시 80시간 이상(2주 이상), 영양사가 배치된 집단급식소, 의료기관, 보건소 등에서 현장실습하여야 함

※ "1"에 해당하는 학과 · 전공에서 "2"에 해당하는 교과목 및 학점을 이수해야만 영양사 국가시험 응시자격이 인정됩니다.

응시원서접수

1. 인터넷 접수대상자

보건복지부장관이 인정하는 외국대학 졸업자 중 국가시험에 처음 응시하는 경우를 제외하고 모두 인터넷 접수만 가능

2. 인터넷 접수 준비사항

(1) 회원가입 등

① 회원가입 : 약관 동의(이용약관, 개인정보 처리지침, 개인정보 제공 및 활용)

② 아이디 / 비밀번호 : 응시원서 수정 및 응시표 출력에 사용

③ 연락처 : 연락처1(휴대전화번호), 연락처2(자택번호), 전자 우편 입력

※ 휴대전화번호는 비밀번호 재발급 시 인증용으로 사용

(2) 응시원서 : 국시원 홈페이지 [시험안내 홈]-[원서접수]-[응시원서 접수]에서 직접 입력

① 실명인증 : 성명과 주민등록번호를 입력하여 실명인증을 시행, 외국국적자는 외국인등록증이나 국내거소신고증 상의 등록번호사용. 금융거래 실적이 없을 경우 실명인증이 불가능. NICE신용평가정보(1600-1522)에 문의

② 공지사항 확인

※ 원서 접수 내용은 접수 기간 내 홈페이지에서 수정 가능(주민등록번호, 성명 제외)

(3) 사진파일 : jpg 파일(컬러), 276x354픽셀 이상 크기, 해상도는 200dpi 이상

3. 응시수수료 결제

(1) 결제 방법 : [응시원서 작성 완료] → [결제하기] → [응시수수료 결제] → [시험선택] → [온라인계좌이체 / 가상계좌이체 / 신용카드] 중 선택

(2) 마감 안내 : 인터넷 응시원서 등록 후, 접수 마감일 18:00시까지 결제하지 않았을 경우 미접수로 처리

4. 시험장 선택

(1) 방법 : 응시수수료 결제 완료 화면에서 응시하고자 하는 시험장을 선택

(2) 시험장 선택제 실시 : 2017년도 제41회 영양사 국가시험부터 응시지역 및 응시하고자 하는 시험장을 선택하여야 함

※ 시험장소 공고 7일 전까지 선택하지 않을 경우 임의 배정됨

5. 접수결과 확인

(1) 방법 : 국시원 홈페이지 [시험안내 홈]-[원서접수]-[응시원서 접수결과] 메뉴

(2) 영수증 발급 : http://ecredit.uplus.co.kr [거래내역 조회]에서 열람 · 출력

6. 응시원서 기재사항 수정

(1) 방법 : 국시원 홈페이지 [시험안내 홈]-[마이페이지]-[응시원서 수정] 메뉴

(2) 기간 : 시험 시작일 하루 전까지만 가능

(3) 수정 가능 범위

① 응시원서 접수기간 : 아이디, 성명, 주민등록번호를 제외한 나머지 항목

② 응시원서 접수기간~시험장소 공고 7일 전 : 응시지역 및 시험장

※ 변경하고자 하는 시험장의 잔여좌석이 없을 경우 선택 불가함

③ 마감~시행 하루 전 : 비밀번호, 주소, 전화번호, 전자 우편, 학과명 등

④ 단, 성명이나 주민등록번호는 개인정보(열람, 정정, 삭제, 처리정지) 요구서와 주민등록초본 또는 기본증명서, 신분증 사본을 제출하여야만 수정이 가능

(국시원 홈페이지 [시험안내 홈]-[시험선택]-[서식모음]에서 「개인정보(열람, 정정, 삭제, 처리정지) 요구서」 참고)

7. 응시표 출력

(1) 방법 : 국시원 홈페이지 [시험안내 홈]-[응시표 출력]

(2) 기간 : 시험장 공고일부터 시험 시행일 아침까지 가능

(3) 기타 : 흑백으로 출력하여도 관계없음

응시자 유의 사항

QR 코드 영상 참조

시험과목

시험 과목 수	문제수	배점	총점	문제형식
4	220	1점 / 1문제	220점	객관식 5지선다형

시험시간표

구분	시험과목(문제수)	교시별 문제수	시험형식	입장시간	시험기간
1교시	1. 영양학 및 생화학(60) 2. 영양교육, 식사요법 및 생리학(60)	120	객관식	~08:30	09:00~10:40 (100분)
2교시	1. 식품학 및 조리원리(40) 2. 급식, 위생 및 관계법규(60)	100	객관식	~11:00	11:10~12:35 (85분)

※ 식품 · 영양 관계법규 : 「식품위생법」, 「학교급식법」, 「국민건강증진법, 「국민영양관리법」, 「농수산물의 원산지 표시에 관한 법률」과 그 시행령 및 시행규칙

합격기준

1. 합격자 결정

(1) 합격자 결정은 전 과목 총점의 60퍼센트 이상, 매 과목 만점의 40퍼센트 이상 득점한 자를 합격자로 합니다.

(2) 응시자격이 없는 것으로 확인된 경우에는 합격자 발표 이후에도 합격을 취소합니다.

2. 합격자 발표

(1) 합격자 명단은 다음과 같이 확인할 수 있습니다.

① 국시원 홈페이지 [합격자조회] 메뉴

② 국시원 모바일 홈페이지

③ ARS 전화번호 : 060-700-2353

④ ARS 이용기간 : 합격자 발표일부터 7일간

⑤ 기타 자세한 사용방법은 ARS의 안내에 따르시기 바랍니다.

(2) 휴대전화번호가 기입된 경우에 한하여 SMS로 합격 여부를 알려드립니다.

휴대전화번호가 010으로 변경되어, 기존 01* 번호를 연결해 놓은 경우 반드시 변경된 010번호로 입력(기재)하여야 합니다.

차 례

1권

영양학 및 생화학, 생애주기 영양학, 식사요법, 영양교육

Part 3 영양교육

Part 4 식사요법

PART

01

영양학 및 생화학

1장 개요

01 영양과 성장

(1) 한국인 영양섭취기준

대다수의 건강한 한국인의 건강을 최적의 상태로 유지하는 데 필요한 영양소 섭취 기준으로, 영양소별로 과학적 근거에 따라 다음의 섭취 기준을 제시하였으며 에너지의 경우 기술적인 문제 등으로 필요량을 측정할 수 없어, 에너지 소비량을 통해 필요량을 추정하였다.

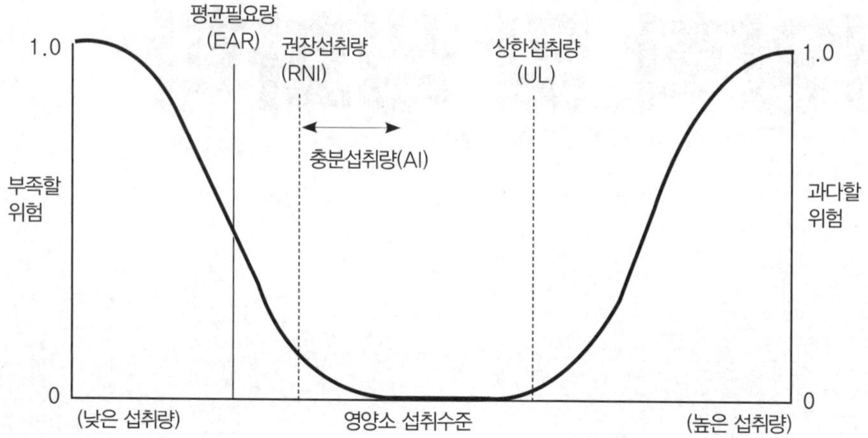

① **평균필요량** : 건강한 사람들의 일일 필요량의 중앙값으로부터 산출한 수치이며 인체 필요량에 대한 과학적 근거가 충분한 경우 제정

② **권장섭취량** : 약 97~98%에 해당하는 사람들의 영양소 필요량을 충족시키는 섭취 수준으로, 평균필요량에 표준 편차 또는 변이계수의 2배를 더하여 산출

③ **충분섭취량** : 영양소의 필요량을 추정하기 위한 과학적 근거가 부족할 경우, 대상 인구 집단의 건강을 유지하는 데 충분한 양을 설정

④ **상한섭취량** : 인체에 유해한 영향이 나타나지 않는 최대 영양소 섭취 기준으로, 과량을 섭취할 때 유해 영향이 나타날 수 있다는 과학적 근거가 있을 때 설정

02 세포의 구조와 기능

(1) 세포막

① 단일 지질 이중층 구조, 지질, 단백질 및 탄수화물로 구성

② 세포 외액 · 내액 구분, 세포 내외의 물질 이동(선택적 투과), 세포 내 환경을 일정하게 유지하여 소기관을 보호

(2) 소포체(Endoplasmic reticulum, ER)

① 지질을 합성, 지질과 단백질을 저장

② 이들 물질을 세포 밖으로 이동시키는 통로 역할

㉠ **조면소포체** : 막의 바깥쪽 표면에 Ribosome이 부착 – 효소, 막단백질 합성

㉡ **활면소포체** : 당질 대사, 지방산 합성 및 불포화, 콜레스테롤 합성, 해독 작용

(3) 골기체(Golgi Complex)

단일막, 거대 물질 분자(당단백)의 합성 및 분비 과립 제조

(4) 용해소체(lysosome)

단일막, 가수 분해 효소 함유(세포 내 소화기구)

(5) 과산화소체(peroxisome)

단일막, catalase(과산화수소 파괴) 및 산화효소 함유

(6) 리보솜(ribosome)

단백질과 RNA로 이루어진 과립, 단백질 합성

(7) 핵(Nuclear)과 염색체(chromosome)

이중막으로 이루어진 세포의 생명 중추이며 유전 정보와 유전 물질 함유. 핵막(내막과 외막), 핵공(핵 내외 물질의 선택적인 수송), 핵의 DNA는 단백질(Histone과 Nonhistone)과 결합하여 존재

① 핵인(Nucleolus)

㉠ Chromosome이 밀집된 영역

㉡ Ribosome을 구성하는 rRNA의 합성

㉢ 유사분열 시 사라졌다가 분열이 끝나면 다시 형성

② Nucleosome(뉴클레오좀) : DNA(165bp)와 Histone(9분자)이 결합한 형태

③ 염색질(Chromatin) : 세포 분열을 하지 않을 때 염색체는 부분적으로 풀어져 염색질을 이룸

④ 염색체(Chromosome) : 세포 분열기에 Chromatin이 응집과 Histone의 밀도가 높아져 염색체를 형성

(8) 세포막과 세포벽

① 세포막

㉠ 원핵세포에 거의 없는 sterol를 많이 함유함

㉡ 세포막의 sterol은 막의 유연성을 줄이고 막구조를 안정시킴

㉢ 세포막은 내포 작용(Endocytosis)와 배출 작용(Exocytosis)을 함

㉣ Pinocytosis : 액상물질 내포 작용

㉤ Phagocytosis : 고체 또는 세포와 같은 입자 내포 작용

② 세포벽

㉠ 원핵세포의 세포벽보다 훨씬 두껍고 화학 조성은 간단하며 chitin, glucan, cellulose 등 으로 구성

㉡ 세포벽의 단백질은 glycoprotein으로 구조의 안정화에 기여

㉢ 진핵세포의 세포벽은 peptidoglycan층이 없음

㉣ α-1,6 mannan : 효모 특유의 성분으로 5~10%의 단백질 함유하며 세포의 강도 유지

㉤ Protoza : 세포벽이 없는 대신 pellicle(외피)라고 하는 외막 함유

(9) 편모와 섬모

2개의 microtube(미소관)로 된 중심 섬유를 9쌍의 microtube이 둘러싸고 있음

(10) 액포(Vacuoles)

① Tonoplast(액포막)에 의하여 둘러싸여 있는 세포의 세포질에 있는 공간

② 액포는 골지체로부터 형성되며 다양한 기능을 가짐

③ 단백질, sugars, 유기산 및 무기이온의 일시적인 보관 장소로 작용

(11) 세포 분열(Cell division)

세포 분열 과정 : DNA 합성 → 유사 분열에 의한 핵분열 → 세포질 분열과 세포막 형성 → 두 세포의 분리

① **유사분열(mitosis)** : 진핵세포에서 염색체가 분리되는 과정

㉠ 전기(prophase), 중기(metaphase), 후기(anaphase), 말기(telophase)

㉡ Cell cycle : G1(세포 성장), S(DNA 합성, G2(세포 성장과 분열 준비) : 간기 M기(체세포 분열 → 세포질 분열)

② **감수분열** : 염색체의 수가 반으로 줄어들어 분열 후 딸세포에 단 한 벌의 염색체만 전달되는 과정

㉠ 배수체가 반수체로 되는 과정(2n → n)

㉡ 염색체수가 반감되면서 생식세포(germ cell)로 될 때 반수체 형성

(12) 세포막과 영양소의 수송

종류 : 촉진 확산, 능동 수송, group translocation, endocytosis

① 확산(Diffusion) : 수동 수송

㉠ 수동적 확산(Simple diffusion)

- 세포 내외의 농도차에 의한 물질의 이동
- 확산 속도는 농도차, 용질 분자의 크기와 친유성에 의해 의존함

㉡ 촉진적 확산(Facilated diffusion)

- 확산 속도는 수송 단백질(Carrier protein)에 의해서 크게 증가함
- 수송 단백질(Carrier proteins)을 permease라 함
  - 세포막에 끼어 존재함
  - 수송 단백질은 기질에 대하여 특이성을 가짐
- 지용성이 아닌 분자가 세포 내로 들어가는 데 효과적임
- 세균들이 glycerol을 운반할 때 이용(Salmonella, Pseudomonas 등)

② 능동 수송(Active transport)

㉠ 능동 수송을 위해서는 에너지, 운반 단백질이 필요함

㉡ 에너지 : ATP, proton motive force(pmf)

㉢ Transport 종류 : uniport, symport, antiport

㉣ 같은 물질에 대해 여러 개의 수송계가 존재

03 영양 섭취 실태

(1) 영양 섭취 실태

① 성장기 청소년의 칼슘 섭취량은 권장섭취량의 47.6%로 섭취량 증가를 위한 대책이 필요

② 성인은 지방과 당류의 과잉 섭취로 고혈압이나 당뇨, 비만 등의 만성 질환에 노출되어 있음

③ 가공식품으로 섭취하는 당류는 2010년 38.8g, 2012년 40g으로 증가

④ 영양소별 영양 섭취 기준 미만 섭취자의 백분율이 높은 영양소는 칼슘 〉 비타민 C 〉 비타민 A 〉 리보플라빈의 순으로 나타남

04 영양 밀도

(1) 영양 밀도

식품의 공급 에너지에 대한 영양소 함량을 의미

① 영양소가 많을수록, 칼로리가 적을수록 영양소 밀도가 높아짐

② 영양 밀도가 높은 식품은 동일한 에너지를 공급하더라도 비타민이나 무기질 등의 영양소를 충분히 함유

05 영양과 성장

(1) 영양과 성장

영양과 성장세포의 성장 단계를 말함

① 1단계 : 증식기, 세포 분열이 일어나고 세포의 수가 증가하는 시기

② 2단계 : 증식 비대기, 세포 분열이 일어나고 세포 수와 세포 크기가 증가하는 시기

③ 3단계 : 비대기, 세포 분열이 끝나고 세포 크기만 증가하는 시기

④ 4단계 : 성숙기, 세포 성장이 정지되며 효소 구조가 정교해지고 세포의 기능이 통합하는 시기

06 영양 표시

(1) 영양 표시

영양 표시에는 식품의 1회 제공량당 들어 있는 영양소 함량과 % 영양소 기준치를 제시하고 있으며, 총 9가지 의무 표시 영양소가 있음

① 열량
② 탄수화물
③ 당류
④ 단백질
⑤ 지방
⑥ 포화지방
⑦ 트랜스지방
⑧ 콜레스테롤
⑨ 나트륨

2장 탄수화물

01 탄수화물의 분류 및 구조

(1) 탄수화물의 분류

당질 분자 내에 한 개의 aldehyde기 혹은 ketone기로 구성되며, 당질 1g당 4kcal 에너지원	
단당류	• 3탄당 : glycerose, dihydroxyacetone • 4탄당 : erythrose, threose, erythrulose • 5탄당 : ribose, arabinose, xylose, ribulose • 6탄당 : glucose, mannose, galactose, fructose • 7탄당 : mannoheptose, sedoheptulose
소당류	• 2당류 : 맥아당(포도당+포도당), 유당(갈락토오스+과당), 서당(포도당+과당), trehalose(포도당+포도당) • 3당류 : raffinose(galactose–glucose–fructose), gentianose(glucose–glucose–fructose) • 4당류 : starchyose(galactose–galactose–glucose–fructose)
다당류	• 단순다당류 : starch, chellulose, inolin, glycogen, chitin • 복합다당류 : pectin, hemicellulose, chondroitin, sulface

(2) 탄수화물의 분류에 따른 특징

① 단당류

㉠ 단당류(monosaccharide)의 특징

• 자연계에선 사슬 또는 고리형태, 생체 내에선 고리 형태

• 체내 흡수력이 6탄당보다는 5탄당이 빠름

※ 체내 흡수력 : galactose(110) 〉 glucose(100) 〉 fructose(43) 〉 mannose(19) 〉 xylose(15) 〉 arabinose(9)

• 단당류의 능동 수송 구조적 특성

– 육탄당으로 피라노오스 구조를 가짐

– 2번 탄소에 OH기

– 5번 탄소에 메틸기 또는 케틸기유도체를 가짐

– ATP가 필요

– 흡수 속도가 빠름

• 장벽 통과 시 단당류의 형태로 통과

㉡ 단당류의 종류

- 포도당(glucose)
  - 광합성에 의하여 식물 내에서 최초로 합성되는 탄수화물
  - 생체 내 에너지 대사의 기본물질(적혈구, 뇌 신경세포), 소장에서 흡수가 빠름
  - 지방으로의 전환이 많음[포도당 → 글리코겐(간 100g, 근육 200~300g) → 지방(여분)]
  - 혈액에서 0.1% 수준으로 호르몬을 조절받으며 혈당의 항상성 유지
  - 포도당의 환원으로 된 소르비톨은 vitC의 전구체
  - 지방의 불완전 연소로 인한 케톤체 발생 방지
- 갈락토오스(galactose)
  - 알도 헥소오스(Aldo-hexose)의 형태
  - 뇌신경 조직의 당지질. 자연계에서는 단당류 형태로 존재하지 않음
  - 체내에 흡수될 경우 간에서 포도당으로 전환되며, 당단백질, 당지질의 구성 성분
- 과당(fructose)
  - 케톤기가 있는 케토오스형태의 헥소오스
  - 포도당 부족 시 포도당으로 전환 가능(포도당과 함께 섭취 시 지방으로 전환되기 쉬움)
  - 감미도가 가장 높음
- 리보오스
  - 5탄당으로 핵산의 구성 성분인 RNA, DNA를 만듦
  - 에너지 대사의 조효소로서 작용(ATP, CoA, NADP의 구성 성분)

② 이당류

㉠ 맥아당(maltose)

전분(포도당+포도당) → 맥아당(α-1,4결합을 이당류의 단위로 가수분해)

㉡ 유당(lactose)

- 포도당+갈락토오스로 구성
- 유산균의 발육을 왕성하게 하여 장내 유용한 세균인 비피더스균의 발육 촉진
- 유해한 세균 번식을 억제, 정장 작용
- 장내 pH를 산성으로 변화시켜 Ca 흡수를 좋게 함

  ※ 유당불내증 : 유당 분해 효소(lactase)의 부족으로 소화하기 어려움

㉢ 서당(sucrose)

- 포도당 + 과당으로 구성
- 설탕이라고 표시되는 감미료 → 비만이나 충치를 유발하므로 제한사용

③ 올리고당

㉠ 단당류 3~10개 정도의 결합으로, 당단백질이나 당지질의 구성 성분

㉡ 비피더스균을 도와 정장 작용

㉢ 인체 내에는 소화 효소가 없어 저열량 공급

④ 다당류

분류	• 불용성 다당류 : 셀룰로오스, 헤미셀룰로오스, 리그닌 • 가용성(수용성) 다당류 : 식물성 검(gum), 해조다당류, pectin, CMC, polydextose

㉠ 전분

• 동물의 중요한 에너지원

• 포도당이 10개 이상~수십만 개 모여 형성

㉡ 글리코겐

• 동물성 전분으로 간에는 100g 정도, 근육에는 200~300g 정도 발견됨 → 포도당 저장고

• 혈당량 조절에 주로 사용, 운동에 필요한 에너지 만드는 데 사용

㉢ 섬유소

• 당, 스테롤, 무기질의 흡수를 지연 · 방해

• 대장미생물에 의해 발효되어 초산, 부티르산, 프로피온산 등 단쇄지방산을 합성

• 충분섭취량은 12g/1,000kcal로, 20~29세 기준 남 31g, 여 25g

• 과량 섭취 시 비타민이나 무기질의 생체 이용률 저하, 복부 팽만감 등의 위장장애

• 부족 섭취 시 심장병, 당뇨병, 결장암, 게실염(대장벽을 부풀려 주머니를 만듦)

㉣ 셀룰로오스

• glucose가 α-1,4 결합된 중합체

• 반추동물의 에너지원, 성인병 예방에 효과적인 당질

02 탄수화물의 소화와 흡수

(1) 탄수화물의 소화

① 구강에서의 소화

㉠ 타액에는 타액 아밀레이스라는 전분 분해 효소가 있어서 전분의 α-1,4 결합을 절단하여 전분을 덱스트린이나 맥아당으로 분해할 수 있음

㉡ 저작 시간이 길어지면 전분은 맥아당으로까지 분해되나 입안에서의 음식물은 저작 시간이 짧고 저작된 후에 삼켜지므로 효소의 작용이 크지 않음

② 위에서의 소화

㉠ 위 근육의 수축 작용과 위의 강산은 음식물은 유미즙으로 만들어 소장에서의 효소 작용이 효과적으로 이루어지도록 함

㉡ 위에는 당질 분해 효소가 없음

③ 소장에서의 소화

㉠ 위에서 십이지장으로 내려오면 세크레틴과 콜레시스토키닌이 알칼리성의 췌액과 담즙 분비를 촉진하여 유미즙으로 중화함

㉡ 췌장 아밀레이스는 전분의 α-1,4 결합을 절단하여 더욱 작은 입자인 맥아당, 이소맥아당으로 분해함

㉢ 서당, 유당, 맥아당, 이소맥아당은 장 점막의 미세 융모에 있는 이당류 분해 효소인 말테이스, 이소말테이스, 수크레이스, 락테이스에 의해 포도당, 과당, 갈락토오스의 단당류로 분해되어 당질의 소화를 완료함

④ 대장에서의 소화

㉠ 소장에서 소화되지 못한 식이섬유소는 대장에서 박테리아에 의해 분해되어 젖산, 초산, 프로피온산, 뷰티르산 등의 유기산과 가스를 생성

㉡ 기타 소화흡수되지 못한 물질들은 직장으로 이동하여 대변으로 배설

(2) 탄수화물의 흡수

① 당질의 소화가 완료되어 나온 포도당, 과당, 갈락토오스가 장 점막 세포막을 통과하여 세포 안으로 이동하는 것을 흡수라 함

② 포도당과 갈락토오스는 능동 수송으로 흡수됨

③ 능동 수송은 에너지를 소모하는 나트륨-칼륨 펌프에 의해 이루어짐

(3) 탄수화물의 운반

소장 융모의 상피 세포막을 통과함으로써 흡수된 단당류는 상피 세포 안쪽의 기저막을 통과한 후에 모세혈관으로 들어가 문맥 통해 간으로 운반됨

03 탄수화물의 생리적 기능

(1) 에너지 공급

① 1g당 4kcal의 에너지 공급

② 흡수된 당은 혈액 내에서 혈당 농도가 80~110mg/dl로 일정한 수준을 유지

③ 여분의 당 - 간과 근육에 글리코겐 형태, 나머지 - 지방

④ 근육에서 에너지 필요시 ATP, 크레아틴인산, 글리코겐, 지방산의 순서로 ATP를 생성

(2) 단백질절약 작용

탄수화물 섭취 부족 시 당 이외에 단백질로부터 포도당을 신생하여 에너지로 이용

(3) 케톤증 예방

① 당질 섭취 부족으로 지방산의 불완전 연소를 일으킴 → 산성이 강하여 산독증

② 당뇨가 제대로 조절되지 않아 세포에서 당질 이용 감소 또는 심한 기아 상태에서 발생

③ 하루에 50~100g의 당질을 섭취하여 예방

(4) 음식의 단맛 제공

감미도 : 과당 〉 전화당 〉 서당 〉 포도당 〉 맥아당 〉 엿당 〉 갈락토오스 〉 유당, 젖당

04 혈당 조절

(1) 혈당 조절

저혈당 상태일 경우 저장된 글리코겐을 포도당으로 분해하여 혈액으로 내보냄

① **혈당 저하 호르몬** : 인슐린

② **혈당 상승 호르몬** : 글루카곤, 글루코코르티코이드, 성장호르몬, 갑상선호르몬, 에피네프린, 노르에피네프린, 아드레날린 등

05 탄수화물의 섭취 기준 및 급원, 섭취 관련 문제

(1) 탄수화물의 섭취 기준

① 탄수화물은 케톤증 예방을 위해 최소한 1일 50~100g 섭취하여야 하며 그 외의 단백질 절약 작용, 에너지원으로써 섭취해야 함

② 2020 한국인 영양 섭취 기준에 따르면 한국인의 탄수화물 섭취 적정 비율은 총 에너지 섭취량의 55~65%이고 복합 탄수화물에서 섭취하도록 권고함

③ 1일 당류 섭취 기준은 총당류 섭취량을 총에너지 섭취량의 10~20%로 제한하도록 함

④ 과일, 채소, 우유 등의 식품 속에 있는 총당류를 에너지 10% 수준으로 섭취하도록 권장함

(2) 탄수화물의 급원

① 동양인의 주식인 곡류 및 전분류는 탄수화물의 가장 주된 급원 식품으로써 쌀, 보리 등의 곡류와 감자, 고구마 등의 서류, 밀가루 등이 있음

② 우유 및 유제품은 유당을 함유하고 있으며 설탕, 물엿, 사탕 등의 당류는 단순당의 급원임

(3) 탄수화물의 섭취 관련 문제

① **당뇨병**

㉠ 혈당치 170mg/dl 이상이면 신장 역치가 일어나 소변으로 당 배설

㉡ 췌장에서의 인슐린 호르몬의 부족으로 발생

㉢ 혈당 지수 : 비만, 당료 등 예방, 식사요법에 이용

② **변비** : 식이 섬유소 섭취 – 고지혈증, 허혈성 심장 질환 예방, 담석증 예방, 비만 예방

③ **유당불내증** : 소장 세포에서 충분한 양의 락타아제가 만들어지지 않아 유당이 소화되지 못한 채 대장으로 운반

④ **충치** : 당질과 박테리아가 모여 치아 표면에 플라크 형성

06 식이섬유

식이섬유는 사람의 체내 소화 효소로는 분해되지 않는 고분자 화합물로써 수용성과 불용성 식이섬유가 있음

(1) 수용성 식이섬유

① 세포가 서로 붙어 있도록 접착제 역할을 함

② 물과 친화력이 커서 쉽게 용해되거나 팽윤되어 겔을 형성함

③ 당, 콜레스테롤, 무기질과 같은 여러 영양 성분들의 흡수를 지연시키거나 방해하는 효과 있음

④ 대장 미생물에 의해 발효되어 초산, 프로피온산, 부티르산 등의 단쇄지방산을 합성하며 부티르산은 대장의 세포 속으로 들어가 에너지원으로 사용됨

⑤ 아라비아검, 구아검, 펙틴 등이 있고 샐러드드레싱, 잼, 젤리 등에 첨가됨

(2) 불용성 식이섬유

① 물과 친화력이 적어서 겔 형성이 어렵지만 장애 미생물에 의해 분해되지 않고 배설되기 때문에 배변량과 배변 속도를 증가시키는 생리 작용을 함

② 대장에서 박테리아에 의해 대사되지 않는 섬유소, 셀룰로오스, 일부 헤미셀룰로오스, 리그닌 등이 있음

3장 탄수화물의 대사

01 탄수화물의 대사

(1) 해당과정

① 당질이 pyruvic acid 또는 lactic acid로 분해 → 세포질에서 일어남

② 혐기적 해당 : glucose → 2 lactic acid + (2ATP)

호기적 해당 : glucose + O_2 → 2 pyruvate + $2H_2O$ + (8ATP)

(2) TCA 회로

TCA는 카르복실기를 세 개 가지고 있는 구연산을 말함

① TCA 회로가 진행되기 위해서는 산소가 필요하여 세포질에서 산소 없이 포도당으로부터 분해되어 나온 피루브산은 호기적 상태에서 산소가 충분한 미토콘드리아로 들어감

② 피루브산은 미토콘드리아 안으로 들어가 아세틸 CoA로 산화됨

→ 피루브산 + NAD^+ + CoA → 아세틸 CoA + NADH + H^+ + CO_2

③ 3탄소를 가진 피루브산은 탄소 하나를 CO_2로 떼어내고 2탄소의 아세틸 CoA로 전환

④ 티아민의 조효소 형태인 TPP(비타민 B_1 + 2분자의 인산)가 CO_2를 떼어 내는 탈탄산 반응을 도와주고 니아신의 조효소 형태인 NAD는 탄수소 반응을 도와 NADH가 됨

⑤ 이렇게 생성된 2NADH는 호기적 전자전달계를 거치면서 5ATP를 생성

⑥ 탄소 2개의 아세틸 CoA는 탄소 4개의 옥살로아세트산과 결합하면서 CoA가 빠지고 탄소 6개의 구연산을 생성

⑦ 1회전의 TCA 회로를 통해 3분자의 NADH, 1분자의 $FADH_2$, 1분자의 GTP, 2분자의 CO_2가 생성

⑧ 옥살로아세트산이 재생산되어 다시 새로운 아세틸 CoA와 결합하여 구연산을 생성함으로써 TCA 회로는 반복됨

(3) 오탄당인산회로

① glucose-6-phosphate의 호기적 분해

② 핵산 합성에 필요한 ribose-5-phosphate의 생성

③ 지방산의 생합성에 필요한 $NADPH_2$의 생성

④ 간, 부신, 유선 중 지질 생합성이 활발한 부분의 소포체에서 진행

(4) 전자 전달계

산소 공급이 충분할 때 미토콘드리아에서 일어나는 과정으로, 해당과정이나 TCA 회로에서 생성된 NADH, $FADH_2$는 전자와 수소를 전자 전달계에 주어 여러 단계를 거치면서 각각 한 분자당 1.5ATP, 2.5ATP를 생성

(5) 단당류 대사

① 포도당 해당과정과 TCA 회로를 거쳐 조직에 필요한 에너지를 즉시 공급 → 글리코겐 합성(간, 근육) → 지방으로 전환(중성지방 합성)

② 단당류의 흡수 경로 중 수용성 물질은 모세혈관 → 문맥 → 간과 같은 형태로, 지용성 물질은 유미관 → 림프계 → 간으로 이동

③ 티아민, 리보플라빈, 니아신, 판토텐산, 리포산(비타민 B군)이 탄수화물 대사 과정에서 조효소로 작용

(6) 포도당 신생

① 혈당이 저하되면 간이나 신장에서 당 이외의 물질, 아미노산이나 글리세롤, 피루브산, 젖산, 프로피온산 등을 이용하여 포도당이 합성되는 것을 포도당 신생 합성이라고 함

② 포도당 신생 합성은 세포질 내에서 해당과정과는 별도의 경로를 통해 이루어짐

③ 근육이나 적혈구의 말초 조직에서 완전히 산화되지 못한 대사 물질은 간으로 이동하여 합성에 쓰임

④ 적혈구에서 포도당은 해당과정을 통해 에너지를 내고 남은 피루브산은 산소가 없어, 호기적 산화 과정인 TCA 회로를 통하지 못하고 젖산을 되어 코리 회로를 거쳐 간으로 이동하여 다시 포도당 신생 합성 과정에 들어감

(7) 글리코겐의 분해와 합성

① 글리코겐의 분해

㉠ 포도당이 부족하여 혈당이 저하되면 글리코겐 분해 효소들에 의해 글리코겐이 포도당으로 분해

㉡ 간 글리코겐은 분해되어 혈중으로 방출됨으로써 혈당을 보충할 수 있음

㉢ 근육 글리코겐은 분해 마지막 단계인 포도당 6-인산에서 포도당 6-인산 가수 분해 효소가 없어서 포도당으로 전환되지 못하므로 혈당원이 될 수 없음

㉣ 포도당 6-인산은 근육에서 곧바로 해당과정을 통해 에너지원으로 이용

㉤ 이에 글리코겐 분해과정에는 비타민 B_6의 조효소 형태인 PLP가 필요

㉥ 글리코겐 합성과 분해는 에피네프린(근육), 노르에피네프린, 글루카곤(간) 등의 영향을 받음

② 글리코겐의 합성

㉠ 에너지를 생성하고 남은 여분의 포도당은 간과 근육에서 글리코겐 합성 효소의 도움으로 글리코겐으로 전환되어 저장

㉡ 단거리 달리기와 같은 격심한 운동이나 장시간 달리기 같은 운동을 할 경우 주된 에너지 급원임

4장 지질의 영양

01 지질의 분류 및 구조

(1) 지질의 개념

① 음식의 맛이나 향에 기여

② 구성은 C, H, O, P, N, S 등으로 1g당 9kcal의 열량

③ 상온에서 고체 상태인 것을 지방(fat), 액체 상태인 것을 기름(oil)이라고 부름

④ 공기와 장시간 접촉 시 산패가 일어남

⑤ 자연계의 천연지방산은 탄소수가 짝수여서 cis형으로 존재

⑥ 효과적인 에너지원 : 탄소와 수소에 비해 산소의 필요량이 커서 연소율이 높기 때문

⑦ 당질에 비해 포만감을 줌 : 서서히 소화되므로 위에서 머무르는 시간이 길고, 십이지장에 머무르는 동안 위를 자극하여 공복감을 억제하는 호르몬을 분비

(2) 지질의 분류

① 글리세롤(glycerol) 1분자 + 지방산 3분자의 에스테르(ester) 결합

② 한쪽 끝에는 메틸기, 다른쪽 끝에는 카르복실기가 존재함

③ 지방산은 탄소사슬의 길이, 불포화도, 이중 결합의 수, 이중 결합 위치에 따라 구분

지방산의 분류	지방산명	탄소수	식품
짧은사슬지방산	Butyric acid	4	버터
	Caproic acid	6	버터, 야자유
	Caprylic acid	8	야자유, 팜 종실유, 버터
중간사슬지방산	Capric acid	10	야자유, 팜 종실유, 버터
	Lauric acid	12	야자유, 월계수 종실유
	Myristic acid	14	야자유, 동식물유
긴사슬지방산	Palmitic acid	16	일반 동식물유지
	Stearic acid	18	우지, 일반 동식물유
	Arachidic acid	20	낙화생유, 채종유

지질의 분류	• 단순지질 : 유지, 왁스류, cholesterol ester • 복합지질 : 인지질, 당지질, 단백지질, 황지질
	이중 결합의 유무 • 포화지방산 : 분자 내에 이중 결합을 가지고 있지 않은 것 • 불포화지방산 : 이중 결합을 가짐 monoenoic acid(oleic acid) – 단일불포화지방산 dienoic acid(linoleic acid) – 다가불포화지방산 trienoic acid(linolenic acid) polyenoic acid

02 지질 분류에 따른 특징

(1) 지방산

① 포화지방산(Saturated fatty acid)

㉠ 탄소와 산소 사이에 단일 결합(–C–C–)으로만 구성

㉡ 탄소수가 증가함에 따라 물에 녹기 어렵고, 융점 상승, 상온에서 고체로 존재

㉢ 탄소수가 짧은 경우, 실온에서 액체 상태

㉣ 스테아릭산, 팔미틱산(천연 유지에 많이 존재), 미리스틱산, 라우릭산, 중급지방산 등

② 불포화지방산(Unsaturated fatty acid)

㉠ 분자 내에 이중 결합(–C=C–)을 갖는 지방산

㉡ 이중 결합 부분에 수소와 같은 할로겐 화합물이 결합 가능

㉢ 상온에서 액상, 불안정한 cis형을 취함(이중 결합에 의해 구부러진 구조)

㉣ 불포화지방산 + 수소 = 트랜스지방산 형성(포화지방산과 성격유사, LDL↑, HDL↓)

㉤ 과량의 PUFA(다가불포화지방산) 섭취 시 Vit E(항산화 역할)의 섭취 요구량을 증가시킴

㉥ 단일불포화지방산 : 올레산(올리브기름)

㉦ 고도불포화지방산 : 리놀레산(콩기름, 참기름, 옥수수유), 리놀렌산(들기름, 아마유, 달맞이꽃기름), 아라키돈산(간유), 에이코사헥사디엔산(EPA, 등푸른생선), 도코헥사에노산(DHA, 등푸른 생선)

불포화지방산의 오메가 분류법

① 지방산의 마지막 이중 결합 위치에 따라 불포화지방산을 분류하는 방법
② 지방산 한쪽에는 카르복실기가 있고, 다른쪽 끝은 메틸기가 있는데 메틸기가 붙어 있는 탄소인 메틸말단을 오메가탄소라고 함
③ 불포화지방산의 이중 결합은 메틸말단인 오메가탄소에서 3번째, 6번째, 9번째 탄소에 위치할 때
ω–3(n–3) : 올레산
ω–6(n–6) : 리놀레산, 아라키돈산
ω–9(n–9) : 리놀렌산, 에이코사펜타에논산, 도코사헥사에논산 계열이라고 표시
④ 한국인 영양섭취기준에 의하여 ω–6계 지방산은 총에너지의 4~8%, ω–3계 지방산은 0.5~1% 섭취 권장

필수지방산

① linoleic acid(18:2), linolenic acid(18:3), arachidonic acid(18:4) 등 고도의 불포화지방산
② 메틸말단인 오메가탄소가 지방산꼬리로부터 6번째(아라키돈산, 리놀레산), 3번째(리놀렌산) 탄소에 위치
③ 정상적인 성장, 생식 기능, 피부의 건강에 꼭 필요한 지방산으로 반드시 음식으로부터 섭취
④ 오메가-3계열 지방산은 등푸른 생선, 들기름, 콩기름에 많이 함유, 오메가-6계열 지방산은 식물성 종실유에 많이 포함

(2) 중성지질(TG, Triglyceride)

① 한 분자의 글리세롤(glycerol)에 세분자의 지방산 ester결합
② 식품이나 체내 지방산의 95% 존재
③ 중성지방 → (lipase로 분해) → 지방산 + 글리세롤
④ 저장지질로 주로 피하지방조직에 존재(인지질과 콜레스테롤은 구성지질로 세포막에, 지단백질은 운반지질로 혈액 내에 존재)
③ 자연계에서 지방산은 유리 상태에 존재하는 경우가 거의 없고 대부분 에스테르의 결합 형태

(3) 복합지질

① 인지질
㉠ 세포막의 주된 성분
㉡ 극성(친수성)과 비극성(소수성)의 양면성을 지님
㉢ 미셀을 형성하여 지질 소화를 돕는 유화제의 역할
㉣ 종류 : 레시틴, 세팔린 등(대두, 난황)

② 콜레스테롤
㉠ 스테로이드의 한 종류로써, 식품을 통해 먹지 않아도 간에서 생성
㉡ 간에서 아세틸 CoA로부터 합성되며 동물성 식품을 통해 섭취
㉢ 간에서 포도당 합성을 촉진하는 코티솔 합성
㉣ 인체에 존재하는 콜레스테롤의 90% 이상이 세포막에 존재(인지질과 함께 세포막을 구성)
㉤ 스테로이드 호르몬인 부신피질호르몬(글루코코르티코이드, 알도스테론)과 성호르몬(에스트로겐, 프로게스테론, 테스토스테론 등)을 합성하며, 비타민 D의 전구체인 7-데히드로콜레스테롤을 합성하고, 지질의 소화와 흡수에 중요한 담즙을 생성
㉥ 간에서 0.5~1g 정도 생합성하여 담즙산으로 전환(30~60%)되어 배설(0.5g), 대부분 회장에서 흡수되어 간으로 돌아가는 장 순환을 함
㉦ 간, 신장, 뇌 등에 많은 양 포함
㉧ 정상인의 혈중 콜레스테롤 농도는 200mg 미만

(4) 지단백 대사

지단백은 비중에 VDLD(초저밀도지단백), LDL(저밀도지단백), HDL(고밀도지단백)로 분류함

① 카일로마이크론(Chylomicron)
㉠ 중성지방의 함량이 많고, 소장에서 흡수된 중성지질을 간으로 운반

㉡ 지단백 중 지방구가 가장크고 밀도는 가장 작음(공복 시 발견되지 않음)

② VDLD(초저밀로지단백)

㉠ 간에서 합성된 중성지방을 주로 옮김

㉡ VLDL(간에서 방출) → (LPL, lipoprotein lipase에 의해 IDL을 걸침) → LDL

③ LDL(저밀도지단백)

㉠ 동맥경화인자, cholesterol ester가 가장 많은 지단백질

㉡ 대부분의 콜레스테롤을 조직으로 운반(간 → 조직)

㉢ 총지질 섭취량이 많을수록, 포화지방산이 많은 식사를 할 경우, 혈중 농도가 높아짐 → 심장병, 뇌졸중

④ HDL(고밀도지단백)

㉠ 항동맥경화성 인자(심혈관 질환의 위험 요인을 줄임)

㉡ 남자보다 여자가 높음

㉢ 콜레스테롤을 다른 지단백질로부터 받아들여 간으로 이동하여 콜레스테롤을 배설(혈중 콜레스테롤↓)

03 지질의 소화와 흡수

(1) 지질의 소화

① 구강, 위에서의 소화

㉠ 지질 분해 효소인 라이페이스는 짧은 사슬지방, 중간 사슬지방을 가수 분해하여 다이글리세라이드와 지방산을 생성

㉡ 음식물이 입안에 머무는 시간이 짧아 입안에서는 소량만 소화되고 트리글리세라이드 형태로 넘어감

㉢ 지질은 소수성의 긴사슬지방으로 유미즙에 섞이지 않은 상태로 십이지장에 넘어감

② 소장에서의 소화

㉠ 위의 산성 유미즙이 십이지장에 도달하면 세크레틴이라는 호르몬이 분비

㉡ 세크레틴은 췌장을 자극해서 중탄산나트륨 분비를 촉진시키고 유미즙을 중화함으로써 십이지장 벽을 산으로부터 보호하고 췌장 소화 효소들이 작용하기에 적당한 약알칼리성 환경을 만듦

㉢ 유미즙 중 지질이 십이지장에 도달하면 콜레시스토키닌이라는 호르몬이 분비

㉣ 콜레시스토키닌은 담낭을 수축하여 담즙 분비를 촉진하고 췌장을 자극하여 췌장 라이페이스의 분비를 촉진으로 본격 소화 시작

(2) 지질의 흡수

가수 분해되어 생성된 글리세롤, 유리지방산, 모노글리세라이드, 콜레스테롤 등 지질 가수 분해물들이 담즙과 복합 미셀 형태로써 소장 융모의 점막 세포 가까이에 이동하여 세포 안팎의 농도 차이에 의한 단순 확산을 통해 세포 내로 흡수

04 지질의 운반

지질은 소수성이기 때문에 지단백질 형태를 이루어 수용성인 혈액을 따라 자유롭게 운반됨

(1) 지단백질의 종류와 특성

① 지단백질의 내부는 중성지방, 콜레스테롤, 콜레스테롤 에스테르 등의 소수성 물질로 구성되어 있으며 표면은 친수기와 소수기를 가진 양친매성의 인지질과 아포단백질로 둘러싸여 있어서 혈액 내에서 자유롭게 운반

② 혈액 중에 밀도에 따라 카일로마이크론, VLDL, LDL, HDL의 4 종류 있음

③ 중성지방 함량이 많을수록 지단백질의 밀도는 작고, 아포단백질의 함량이 많을수록 밀도는 크며 크기는 카일로마이크론 〉 VLDL 〉 LDL 〉 HDL의 순서임

(2) 지단백질의 이동 경로

① 카일로마이크론

㉠ 림프관, 흉관을 거쳐 대정맥으로 들어가 혈류를 따라 근육과 지방조직으로 운반

㉡ 지단백질 분해 효소에 의해 분해되어 안에 함유되어 있는 다량의 중성지방을 방출하고 간 외의 조직 세포로 들어가 산화되어 에너지원으로 이용되며 남는 것은 지방 조직에 저장

② VLDL

㉠ 간은 중성지방과 콜레스테롤을 합성하여 식사성 콜레스테롤 에스테르나 인지질 등과 함께 VLDL을 생성하여 혈중으로 방출

㉡ 지단백질 분해 효소에 의해 분해되어 안에 함유되어 있는 내인성 중성지방을 다시 근육이나 지방조직으로 옮겨 에너지원으로 이용하나 주로 지방 조직에 저장

③ LDL

㉠ 음식으로 섭취하거나 간에서 합성된 콜레스테롤 에스테르를 방출 및 분해

㉡ 간과 간 이외의 말초 세포에서는 콜레스테롤을 여러 용도로 이용

㉢ 사용하고 남은 콜레스테롤은 간에서 합성된 HDL에 실려서 LDL에 포함된 후에 다시 간으로 운반

㉣ 담즙산으로 전화 및 분해

④ HDL

간에서 합성된 HDL은 레시틴-콜레스테롤 아실 전이 효소의 도움으로 조직 및 혈중의 유리형 콜레스테롤 에스테르를 간으로 이동

05 지질의 생리적 기능

(1) 에너지 생산

단백질, 탄수화물보다 2배 이상의 에너지를 공급함(9kcal)

(2) 열 발생과 체온 조절

① 보온재 역할을 하여 열의 부도체로써 열의 발산을 막는 작용

② 갈색 지방 세포의 지방 산화는 열 발생에 이용

(3) 필수지방산 공급

신체의 정상적인 성장과 유지, 생리 기능에 필수이지만 체내에서 합성하지 않아 식사를 통해 반드시 섭취해야 하는 지방산을 필수지방산이라 함

① 오메가-6 지방산인 리놀레산, 아라키돈산과 오메가-3 지방산인 리놀렌산

② 피부의 정상적인 기능에 필수적이며 결핍 시 피부가 건조해짐

③ 생체막의 구조적 완전성 유지

④ 두뇌발달과 시각기능 유지

⑤ 아이코사노이드의 전구체 합성

(4) DHA와 EPA

① DHA는 치매 예방과 두뇌 성장 발달을 촉진하는 효과가 있음

② EPA는 등 푸른 생선에 많으며 동맥경화증 예방에 효과가 있음

(5) 지용성 비타민 운반

지질에 용해되어 지질과 함께 흡수되므로 지질 섭취량이 적거나 흡수 불량증과 같이 지질 흡수에 장애가 있으면 지용성 비타민의 흡수량도 저하됨

(6) 체구성 성분

면역 기능 조절, 프로스타글란딘과 호르몬, 신경 보호막, 비타민 D, 소화 분비액의 구성 성분

06 지질 섭취 기준 및 급원, 섭취 관련 문제

(1) 지질 섭취 기준

① 지질의 에너지 적정 비율은 1~2세 20~35%, 3~18세 15~30%, 19세 이상 15~25%이고 생후 1년 이내의 영아는 25g/일의 충분섭취량을 설정

② 다중불포화지방산, 단일불포화지방산, 포화지방산의 섭취 비율은 1:1.5:1 임

(2) 지질 급원

① **다중 불포화지방산** : 면실유, 콩기름, 옥수수기름, 들기름 등 식물성 기름

② **단일 불포화지방산** : 올리브유, 미강유, 채종유

③ **포화지방산** : 동물성기름인 버터, 소기름, 돼지기름 등

(3) 지질 섭취 관련 문제

① 동맥경화증, 고혈압, 비만, 고지혈증, 비정상적인 심전도 등

② 불포화지방산 섭취는 오히려 심장 질환 발병을 낮춤

③ 알코올 과잉 섭취로 인해 간 조직에서 지질 합성이 유도되어 지방간이 됨

④ 포화지방산과 트랜스지방산의 섭취 증가로 인한 암 발생

5장 지질의 대사

01 중성지방 대사

(1) 지질의 분해

① 글리세롤의 산화

세포질에서 해당과정 중간 경로로 들어가 에너지원으로 대사되거나 포도당 합성의 전구체로 쓰임

② 지방산의 베타-산화

㉠ 산소가 필요하므로 미토콘드리아에서 이루어짐

㉡ 베타-산화는 지방산의 분해 시 베타 위치에 있는 탄소에서 탄수소 반응, 수화 반응, 티올 분해 반응 등에 의해 아세틸-CoA 보다 타소 수가 2개 적은 지방산 아세틸-CoA가 생성

㉢ 가정을 반복하면 여러 개의 아세틸-CoA가 생성되고 이것이 TCA 회로로 보내져 에너지 생성

㉣ 아세틸-CoA가 잘려져 나올 때마다 1개의 $FADH_2$와 NADH가 각각 생성되고 전자 전달계로 들어가 4ATP 생성

㉤ 지방 조직에서 지질 분해로 생성된 글리세롤은 간으로 이동하고 글리세롤 3-인산으로 전환되어 해당과정으로 들어가거나 포도당 신상 과정에서 포도당 합성의 전구체로 이용

(2) 지질의 합성

에너지원으로 이용되고 남을 정도로 고탄수화물식을 섭취했거나 과식한 경우, 혈당은 에너지를 생성하고 TCA 회로로 들어가지 않고 간과 지방 조직에 지방산을 생합성하여 중성지방 형태로 저장

① 지방산 생합성

㉠ 산소가 없이 진행되는 반응이기 때문에 세포질에서 일어남

㉡ 탄수 2개의 아세틸 CoA는 비오틴을 조효소로 하는 아세틸 CoA 카르복실화 효소에 의해 탄소 1개가 첨가되어 탄소 3개의 말로닐 CoA를 생성

㉢ 탄소 2개의 아세틸 CoA와 탄소 3개의 말로닐 CoA는 결합하면서 탄소 1개를 이산화탄소 형태로 제거함으로써 탄소 4개의 부티르산이 합성

㉣ 말로닐 CoA로부터 탄소 3개가 첨가되고 이산화탄소 형태로 탄소 1개가 제거되는 과정이 반복되면서 탄소 2개씩 증가되고 NADPH와 지방산 합성 효소가 필요

㉤ 탄소 2개의 아세틸 CoA를 시작으로 하여 탄소 2개씩 증가되는 과정이 되풀이되면서 체내에 있는 팔미트산이 합성되고 다시 탄소 2개가 첨가되어 스테아르산이 합성

02 케톤체 대사

(1) 케톤체 대사

① 지방산의 베타-산화에서 다량 생성된 아세틸 CoA에 비해 옥살로아세트산의 상대적 부족으로 TCA 회로가 진행되지 못할 때 아세틸 CoA의 축합 반응을 통해 산성의 케톤체가 생성되어 케톤증 유발

② 하루에 50-100g 이상의 탄수화물 섭취가 필수

③ 탄수화물을 섭취하면 옥살로아세트산의 공급이 증가하여 TCA 회로가 잘 진행되어 지방산의 베타-산화 감소

03 콜레스테롤 대사

(1) 콜레스테롤의 합성

① 주로 간에서 아세틸-CoA로부터 1.5~2.0g 생성

② 아세틸-CoA → 아세토아세틸-CoA → HMG-CoA → mevalonic acid → squalene → lanosterol → 콜레스테롤의 경로를 가짐

(2) 콜레스테롤의 분해

① 간에서 분해되어 담즙산의 성분이 되고 비타민 D, 성호르몬 등으로 전환

② 간에서 담즙을 형성하여 매일 장으로 배출

③ 담즙산은 소장에서 재흡수되어 문맥을 거쳐 간으로 되돌아가 다시 장에서 방출되며 일부는 변으로 배설

6장 단백질의 영양

01 단백질의 특징

(1) 단백질의 구성

① C, H, O, N, S로 구성

② 탄수화물과 지질과 함께 생체를 구성하거나 조절

③ 효소, 호르몬, 항체, 근육의 myosin, 세포원형질의 주성분

④ 피부, 머리카락, 손톱 등 모든 생체기능에 관여

(2) 아미노산

① 카르복실기와 아미노기를 지니며, 펩티드결합을 통해 단백질을 만듦

② 분자 내 질소가 단백질 구조의 16% 차지함

③ 필수아미노산과 비필수아미노산

㉠ 식품 중에 존재하는 아미노산의 종류는 약 20여 종

㉡ 필수아미노산은 체내에서 합성할 수 없으므로 반드시 음식으로 섭취해야 함

㉢ 비필수아미노산은 체내에서 합성 가능

필수아미노산	비필수아미노산
이소루이신, 루이신, 라이신, 메티오닌, 페닐알라닌, 트레오닌, 트립토판, 발린, 히스티딘(아르기닌은 어린이의 성장에 필요한 필수아미노산)	알라닌, 아르기닌, 아스파라긴, 아스파르트산, 시스테인, 시스틴, 글루탐산, 글루타민, 글리신, 프롤린, 티로신

02 단백질의 분류

(1) 완전단백질, 부분적 불완전단백질, 불완전단백질

① **완전단백질** : 필수아미노산의 충분한 함유로, 성장과 체중을 정상적으로 증가시키고 생리적 기능을 돕는 단백질

예 우유의 카제인(casein), 락트알부민(lactalbumin), 달걀의 알부민(albumin), 대두의 글라이시닌(glycinin)

② **부분적 불완전단백질** : 필수아미노산 중 몇 종류의 양이 부족한 단백질

예 밀의 글리아딘(glyadin), 보리의 호르데인(hordein), 쌀의 오리자닌(oryzanin)

③ **불완전 단백질** : 생명을 유지하거나 어린이가 성장하기엔 부족한 단백질

예 젤라틴(gelatin), 옥수수의 제인(zein)

(2) 제한아미노산

식품에 함유된 단백질 중 필수아미노산의 함량이 인체에 요구하는 양. 즉, 기준단백질의 필수아미노산 조성과 비교하여 가장 적게 들어 있는 아미노산

(3) 구성 성분에 의한 분류

① **단순단백질** : 아미노산으로 이루어진 단백질

예 우유의 알부민, 혈청의 글로불린, 대두의 글리시닌, 밀의 글루텐, 쌀의 오리지닌, 연골의 콜라겐 등

② **복합단백질** : 아미노산 이외에 핵산, 당, 지질, 인, 색소, 금속이온 등 유기물질이나 보결분자단을 함유하는 단백질

예 당단백질(난백의 오보뮤코이드), 철단백질(트랜스페린), 지단백질(혈액 내 지방운반), 아연단백질(인슐린), 인단백질(우유의 카제인, 난황의 오보비텔린), 색소단백질(혈색소인 헤모글로빈)

③ **유도단백질** : 천연의 단백질이 어떤 변화를 받아 생긴 것

예 젤라틴, 변성단백질 등

④ **단백질기능에 따른 분류**

효소	리보뉴클라아제, 시토크롬C, 트립신 등
호르몬	인슐린, 글루카곤, 아드레날린, 갑상선호르몬 등
운반작용	지단백질, 헤모글로빈, 혈장알부민, 미오글로빈
근육	액틴, 미오신, 튜블린
방어	항체, 면역글로불린, 혈액 응고 단백질
결합	콜라겐, 엘라스틴, 케라틴

⑤ **단백질의 상호보충 효과** : 완전단백질이 아닌 경우 필요한 필수아미노산을 골고루 얻기 위해 서로 다른 필수아미노산을 가진 단백질을 섭취

식품	부족한 아미노산	부족한 아미노산을 위한 좋은 급원
두류	메티오닌	곡식류, 견과류
곡식류	라이신, 트레오닌	두류
견과류	라이신	두류
채소, 옥수수	메티오닌, 트립토판, 라이신	곡식류, 견과류, 두류

03 단백질의 소화와 흡수

(1) 단백질의 소화

① 위에서의 소화

㉠ 위에 음식이 들어오면 위근육의 수축으로 기계적 소화가 이루어지고 가스트린이 분비되어 위세포에서 불활성형의 단백질 소화효소인 펩시노겐의 분비를 촉진

㉡ 위액의 염산이 펩시노겐을 활성형 효소인 펩신으로 전환시키면 펩신이 작용하여 단백질이 펩톤으로 분해

② 소장에서의 소화

㉠ 십이지장으로 펩톤이 들어오면 십이지장 벽에 세크레틴과 콜레시스토키닌이 분비되어 췌액 분비 촉진

㉡ 췌액의 단백질 분해효소인 트립시노겐과 키모트립시노겐은 활성된 후 단백질을 분해

㉢ 소장에서 분비되는 엔테로카이네이즈는 트립시노겐을 트립신으로 활성화하고 트립신은 키모트립시노겐을 활성화하여 키모트립신으로 만듦

㉣ 트립신과 키모트립신은 위에서 생성된 펩톤을 더욱 작은 펩타이드와 아미노산으로 분해

(2) 단백질의 흡수

① 아미노산은 소장 벽에서 단순 확산이나 특이한 운반체를 이용하는 능동 수송에 의해서 소장 내벽을 통과하여 문맥으로 흡수되어 간으로 이동

② 단백질의 흡수율은 90%로 동물성 단백질은 97%, 식물성 단백질은 78~85%임

04 단백질의 생리적 기능

(1) 체조직의 합성과 보수

뼈, 머리카락, 치아, 피부, 근육 등 각종 기관의 단백질 합성

(2) 효소, 호르몬 및 항체 형성

① **단백질이나 아미노산 유도체 호르몬** : 갑상선호르몬, 부신피질호르몬, 인슐린(췌장)

② **효소** : 생체내 화학 반응 속도를 빠르게 해주는 유기 물질로 대부분 효소는 단백질로 구성

③ **신경 전달 물질** : 세로토닌, 카테콜아민(티로신이 전구체)

(3) 신체 내 균형 유지

① **수분 평형 유지** : 혈중 단백질인 알부민과 글로불린 등

② **산-염기 평형 유지** : 혈중 단백질은 양성 물질로써 쉽게 수소이온을 내어 주거나 받아들여 완충제 작용

(4) 면역 기능

① 면역 체계에서 사용되는 세포들의 주요 성분을 구성하고 면역 세포에서 생성하는 항체의 구성 물질이므로 질병에 대해 저항력을 지님

② 이에 식이로 섭취하는 단백질이 충분하지 않으면 면역 체계의 세포가 부족하거나 작용하는 기능이 떨어져서 전염병에 치명적일 수 있음

(5) 포도당 신생과 에너지 공급원

① 뇌, 신경 조직, 적혈구, 신장의 세포들이 포도당만을 에너지원으로 이용하기에 항상 혈당을 일정하게 유지해야 함

② 탄수화물을 제한한다면 간이나 신장에서 아미노산이 이화되어 포도당을 새로이 합성하는 포도당 신생 합성 작용을 통해 혈당을 유지시키는 데 관여

05 단백질의 질 평가

(1) 생물학적 방법

① 단백질의 효율(Protein efficiency ratio, PER)

㉠ 성장하는 동물의 체중이 증가하는 양에 의해 단백질의 영양가를 평가하는 방법

㉡ 1g의 단백질을 섭취하면 체중 몇 g이 증가하는가를 나타내는 수치

㉢ 성장을 판단 기준으로 할 때 단백질의 영양적 가치를 평가하는 방법의 하나

㉣ 동물의 성장 단계나 식이의 단백질 함량 및 에너지 섭취량에 따라 영향을 받음

㉤ 단백질의 질적 내용에 의해 식이 내 단백질 함량과 단백질 효율의 관계가 영향받음

② 생물가

생체 내에서의 단백질 이용률로 흡수된 질소량에 대한 체내 질소 보유량의 백분율로 표시

③ 순단백질이용률

섭취한 단백질이 몸 안에서 이용된 비율(소화율 고려)

(2) 화학적 방법

① 아미노산가로 표준 단백질의 해당 아미노산 함량에 대한 비교단백질의 가장 부족한 아미노산(제1 아미노산)의 함량

② 식품에 함유되어 있는 아미노산의 조성에 의해 식품의 영양가를 평가하는 방법

③ 난단백질과 같은 이상적인 아미노산 조성을 표준으로 하고 어떠한 식품 중 단백질 100g당 아미노산 조성을 표준 아미노산 조성과 비교해서 각 아미노산의 표준 식품에 대한 값이 가장 적은 것을 백분율로 나타낸 것

06 단백질의 섭취 기준 및 급원, 섭취 관련 문제

(1) 단백질의 섭취 기준

① 단백질 권장섭취량 : 성인의 체중 1kg당 1.8g의 단백질 섭취

② 성인 남자 55g, 성인 여자 45g

③ 영아기에 체중당 단백질 필요량이 제일 높음

④ 임신과 수유기엔 단백질 권장섭취량 증가

(2) 단백질의 급원

① 식물성 식품과 동물성 식품에 골고루 분포되어 있지만, 곡류나 채소류에 비해 주로 콩류, 유제품, 어육류, 난류에 많음

(3) 단백질 섭취 관련 문제

① 단백질 결핍증

㉠ 콰시오커 : 지방간, 부종, 피부염, 머리털의 변색 등의 증상

㉡ 마라스무스 : 열량과 단백질이 모두 부족한 상태로 피부, 모발, 간 기능 등은 비교적 정상이지만 심하게 마른 상태

② 단백질 과잉증

여분의 아미노산 산화로 체지방 축적과 질소 노폐물 배설로 간과 신장에 부담을 줄 수 있고 뼈의 칼슘용출을 증가시키며, 그 외 심혈관 질환, 비만, 암, 신장결석, 골다공증 등 만성 퇴행성 질환과 관련

③ 호모시스틴요증, 단풍당뇨증, 페닐케톤요증

아미노산 대사에서 선천적 대사 결합은 아주 희귀한 질환으로 각 아미노산의 중간 물질이 축적되거나 비정상적인 물질이 생성되어 신경 장애와 육체적, 정신적 발육 지연

7장 단백질의 대사 및 아미노산

01 아미노산의 대사

(1) 아미노산 풀

① 크기는 식이 섭취량, 체내 함량, 재활용 등에 의해 결정

② 아미노산의 풀이 너무 크면 과잉 아미노산들이 에너지, 포도당, 지방 생성에 사용되는 반면에 단백질의 섭취가 부족하면 아미노산 풀이 감소하고 부족한 아미노산은 세포 내 단백질을 분해해 보충

③ 충분한 단백질을 섭취하여 단백질 합성에 필요한 필수 아미노산 공급하고 불필수 아미노산의 합성에 필요한 질소를 공급해 주어야 함

(2) 단백질 합성

① 세포핵의 DNA에 간직한 유전 정보에 따라서 세포질의 리보솜에서 생체의 필요에 따라 합성

② DNA에 간직한 유전정보는 전령 RNA인 mRNA에 전사되어 리보솜으로 전달

③ 전달된 유전 정보에 따라 세포질에 있는 아미노산 풀에서 선택한 아미노산들이 특정한 tRNA와 결합하여 리보솜으로 운반되고 아미노산들이 차례로 연결되어 폴리펩타이드 사슬을 만들어 단백질 합성

(3) 불필수아미노산의 합성

① 아미노기 전이 반응

㉠ 한 아미노산으로부터 탄소 골격에 아미노기를 전달하여 새로운 아미노산을 형성하는 과정

㉡ 아미노기 전이 반응은 주로 불필수 아미노산의 합성이나 아미노산으로부터 아미노기를 떼어 낸 탄소 골격을 당 신생 합성이나 에너지를 내는 데 사용하기 위해 이루어짐

㉢ 비타민 B_6의 조효소 형태인 피리독살인산이 아미노기를 옮겨 주는 역할

② 탈아미노기 반응

탈아미노 반응은 아미노산으로부터 아미노기를 떼어내는 과정으로 요소가 생성되는 것을 위해 글루탐산 등 암모니아가 떨어져 나오는 것

③ 아미노산 탄소 골격의 분해

㉠ 각각의 아미노산으로부터 질소들이 따로 떨어져 나가는 탈아미노 반응이 있은 후에 아미노산의 탄소 골격이 탄수화물이나 지방이 분해되는 경로로 합류하여 대사

㉡ 아미노산의 탄소 골격이 대사되는 경로에 따라서 포도당 생성이나 케톤 생성 아미노산으로 분류할 수 있음

02 질소배설

단백질 필요량이란 신체 활동 시 에너지 균형을 유지하면서 체내의 단백질 합성과 분해가 평형을 이루어 질소 평형을 유지하는 데 필요한 양을 말함

(1) 질소 평형 상태

질소의 섭취량과 배설량이 같은 상태로 인체의 배설량만큼 식품 단백질을 섭취하는 것

(2) 양의 질소 평형 상태

① 몸 안에 새로운 조직이 형성될 때 질소가 보유되기 때문에 질소의 섭취량이 배설량보다 많은 것

② 성장기, 임신기, 질병으로부터 회복기, 신체훈련, 인슐린 및 성장호르몬 분비 증가, 남성호르몬 분비나 투여

(3) 음의 질소 평형 상태

① 열량이 부족하거나 단백질 섭취 부족으로 인해 조직의 단백질이 분해되면서 질소 섭취량에 비해 배설량이 많은 것

② 단백질 및 필수 아미노산 부족, 굶거나 소화기 질병, 에너지 섭취 부족, 오랜 와병, 발열 및 감염, 수술, 신장 질환, 갑상선호르몬 분비 증가

03 핵산

(1) 핵산

핵산은 세포의 핵에서 발견되는 물질로 생명체의 발생, 증식, 재생 등 필요한 유전 정보 물질로 핵단백질 형태

(2) 핵산의 구성 성분

① 핵산 염기 종류

㉠ 퓨린은 아데닌(A), 구아닌(G)

㉡ 피리미딘은 우라실(U), 티민(T), 시토신(C)

② 뉴클레오티드(염기 + 오탄당 + 인산)

㉠ 뉴클레오시드의 인산 ester

㉡ 생리 활성의 뉴클레오티드는 ATP, NAD, FAD, CoA

(3) 핵산의 구조

① DNA

㉠ 핵에 단백질을 암호화하는 정보를 저장하며 유전 정보를 딸세포에게 전해 줌

㉡ 구조는 이중나선구조이며 구성 당질은 디옥시리보오스

㉢ 염기는 티민(T), 시토신(C), 아데닌(A), 구아닌(G)

② RNA

㉠ 단백질을 암호화하는 유전 정보를 운반하고 단백질 합성을 도움

㉡ 구조는 단일 가닥이며 구성 당질은 리보오스

㉢ 염기는 우라실(U), 시토신(C), 아데닌(A), 구아닌(G)

04 단백질 생합성, 유전자 발현

(1) 단백질의 생합성

① **아미노산의 활성화** : 아미노아실-tRNA 합성효소 mRNA 정보에 따른 아미노산을 tRNA가 리보솜으로 운반하기 위해 2ATP를 소모한 후 결합

② **개시반응**

㉠ mRNA가 리보솜에 결합하고 합성개시하고 아미노산이 운반 할 tRNA와 결합하여 개시복합체 형성

㉡ 개시복합체가 mRNA와 결합하여 단백질 합성 개시(중합개시 코돈은 AUG)

③ **신장반응** : 합성개시 아미노산에 펩티딜 트랜스퍼라아제(peptidyl transferase)의 작용으로 아미노산이 펩타이드 결합하여 길이가 길어짐

④ **종결반응** : 합성이 끝나면 종결코돈(UAA, UAG)을 식별하여 합성 중지(종결코돈은 UAA, UGA, UAG)

⑤ **변형**

㉠ 단백질의 N말단 아미노산인 합성개시 아미노산을 아미노펩티다아제로 가수분해하여 제거

㉡ 단백질은 접히는 과정을 거쳐 3차 구조 형성

(2) 유전자 발현

① 조절유전자는 억제인자를 만드는 정보를 가진 유전자

② 작동유전자는 억제인자가 결합하는 유전자

③ 촉진유전자는 RNA polymeraserk 결합하는 유전자

④ 구조유전자는 단백질을 합성하는 유전정보를 가진 유전자

05 효소

(1) 효소원

① **효소종류** : 펩시노겐, 트립시노겐, 키모트립시노겐, 피브리노겐, 포스포릴라아제

② **아포효소** : 효소를 구성하는 단백질

③ **보조효소** : 효소가 활성을 나타내기 위해 아포 효소와 결합해야 하는 부분

④ **완전효소** : 아포 효소와 보조 효소가 결합한 형태

⑤ **동위효소** : 같은 반응을 촉매하나 구조가 다른 효소

(2) 효소 활성의 영향 인자

① **기질 농도** : 효소 농도가 일정할 때 효소 반응 속도는 반응 초기에 기질 농도에 비례하지만 효소가 기질에 포화되어 일정함

② **효소 농도** : 기질 농도가 일정할 때 효소 반응 속도는 효소 농도에 비례하나 반응 생성물이 효소 활성을 저해하여 일정

③ pH : 효소 단백질의 아미노산의 R기가 pH에 따라 변화하므로 pH 활성이 변화됨

④ 온도

㉠ 온도가 상승함에 따라 반응 속도가 증가하지만, 일정 온도를 넘어서면 효소 단백질이 열변성되어 활성 소실

㉡ 동물, 미생물 효소는 30~40℃, 식물 효소는 50~60℃

⑤ 금속 이온 : 효소에 따라 활성을 증가시키거나 저해시킴

(3) 효소는 체내에서 생성되어 체내 반응을 촉매하는 작용을 하는 물질

(4) 불활성효소(단백질 부분) + 조효소(비타민, 무기질) = 활성형 효소

(5) 비타민이나 무기질은 조효소로 작용하여 효소가 제 기능을 할 수 있도록 도와줌

8장 에너지 대사

01 에너지측정

(1) 식품의 열량가와 생리적 열량가

① 폭발 열량계(bomb calorimeter)를 이용하여 식품의 열량가 측정(식품이 연소될 때 방출되는 열량을 직접 측정할 수 있는 기계)

② **생리적 열량가** : 열량 손실과 소화율을 감안한 신체 내에서의 열량가이기 때문에 폭발 열량계보다 적은 숫자가 나옴

③ 지방은 효과적인 에너지원으로 열량을 내는 구성 원소인 C와 H의 함량이 당질보다 훨씬 많은 반면, O가 적기 때문에 당질이나 단백질보다 더 많은 열량이 필요

※ 신체에서의 에너지는 모든 세포와 조직 및 기관의 기능 유지 및 활동에 필요

(2) 각 열량소의 영양가

열량소	폭발 열량계에서 측정 열량가(kcal/g)	체내에서 산화 열량가(kcal/g)	소화 흡수율(%)	생리적 열량가 (Atwater 계수)
탄수화물	4.10	4.10	98	4.0
지질	9.45	9.45	95	9.0
단백질	5.65	4.35	92	4.0
알코올	7.10	7.00	100	7.0

(3) 인체 내 열량 측정법

① **직접열량측정법** : 사람이 소비하는 에너지를 직접 측정하여 인체의 대사율을 비교적 정확하게 측정할 수 있는 방법

② **간접열량측정법**

㉠ 산소 소비량과 이산화탄소 배설량을 측정하며, 산화 과정에서 생산되는 에너지를 계산하는 방법으로 호흡시험법과 출납시험법이 있음

㉡ 호흡시험법 : 체내에 들어온 열량소들은 산소를 소비하고 이산화탄소를 발생하면서 연소되는 에너지를 생산하게 된다는 원리를 이용하여 일정 시간 소비한 산소의 양을 같은 시간에 배출한 이산화탄소의 양을 측정

02 신체 에너지 필요량

(1) 기초 / 휴식 대사량

① 기초대사량

㉠ 생명이 있는 한 호흡, 순환, 배설, 체온 유지 등의 생리 현상에 필요한 에너지

㉡ 체표 면적, 신장, 체중, 연령 등을 이용하여 계산에 의해 산출

㉢ 기초대사량에 영향을 주는 인자에는 체표 면적, 성별, 연령, 기후, 호르몬, 영양 상태, 임신, 체온, 체구성 성분, 수면, 카페인이나 흡연 등이 있음

㉣ 체구성 성분 중 근육의 양이 기초대사량을 증가시키는 데 가장 큰 영향을 줌

㉤ 기초대사량이 가장 높아지는 시기는 생후 1~2년이며, 생후 2년 후 점차 감소하다 사춘기에 이르러 상승

㉥ 오랫동안 기아 상태로 체중을 감소시키면 기초대사량이 10% 이상 감소

기초대사량 높음	기초대사량 낮음
• 체표 면적 넓음 • 발산되는 열량이 증가 • 임신, 갑상선기능 항진, 아드레날린 분비	• 수면의 경우(10% 감소) • 영양 불량 • 연령 증가, 근육량 감소

② 휴식 대사량

㉠ 휴식을 취하고 있는 상태에서의 에너지 소비

㉡ 개인의 제지방량(lean body mass)에 의해 차이가 남

㉢ 식이성 발열 효과(thermic effect of food, TEF)와 이전에 수행한 신체 활동의 영향으로 기초대사량보다 높게 나타나지만 그 차이가 적으므로 거의 같은 뜻으로 사용됨

(2) 활동 대사량

신체 활동에 따른 에너지소비량으로서 신체 활동수준에 근거하여 비활동적, 저활동적, 활동적, 매우 활동적 총 4단계로 구분

(3) 식품 이용을 위한 에너지 소모량(식이성 발열 효과, TEF)

① 체내에 들어온 식품이 소화 · 흡수 · 저장, 다른 영양소로 전환, 대사될 때 에너지 대사가 자극되어 소비되는 열량

② 지방은 0~5%, 당질은 5~10%, 단백질은 20~30%, 알코올은 20%

③ 탄수화물, 단백질, 지방이 모두 혼합된 균형 식사를 할 때는 10%

④ 단백질은 탈아미노 반응, 요소 합성 등을 통하여 배설되므로 이 과정에 식품 이용을 위한 에너지 소모량이 가장 큼

03 에너지 섭취 기준

(1) 한국인 영양 섭취 기준

① **평균 필요량** : 구성 집단에서 건강한 사람들의 절반에 해당되는 사람들의 1일 필요량을 충족시키는 수준이며 영양소 섭취상태를 민감하게 반영할 수 있는 기능적 지표가 존재

② **권장 섭취량** : 평균필요량에 표준 편차의 2배를 정하여, 표준 편차에 대한 충분한 자료가 없을 때에는 변이계수를 이용

③ **충분 섭취량** : 영양소 필요량에 대한 정확한 정보가 없을 때 주로 역학 조사에서 관찰된 건강한 사람의 섭취 수준으로 정함

④ **상한 섭취량** : 과량 섭취 시 건강에 악영향이 있다는 자료가 있는 영양소에 한하여 인체 건강에 유해한 현상이 나타나지 않는 최대 섭취 수준

(2) 1일 영양 필요량의 계산

① 1일 영양 필요량 = 휴식 대사량 + 활동 대사량 + 식품 이용을 위한 에너지 소모량

② 1일 영양 필요량 = (휴식 대사량 + 활동 대사량) × 1.1

04 에너지와 건강

(1) 에너지원 이용

① 식후 4~24시간 금식 시 주된 에너지 급원인 저장 에너지 글리코겐을 이용

② 1~5일 정도의 급성 기아 상태에서는 당 신생 과정을 통한 포도당 제공

③ 장기간 기아 상태에서는 근육을 보호하기 위한 케톤체가 에너지원으로 이용

(2) 지방세포

지방세포의 기능 : 연료의 저장(지방조직이 분해되어 ATP 발생)

① **갈색지방세포**

㉠ 등이나 견갑골, 겨드랑이

㉡ 추위에 노출되면 열을 발생시켜 체온을 상승

㉢ 과식을 하거나 추운환경에 노출되었을 때 갈색지방세포의 미토콘드리아를 활성화시킴

② **백색지방세포**

㉠ 피하, 고환, 장기 주변

㉡ 필요할 때 ATP 제공

(3) 비만

① 에너지를 과잉 섭취하면 정상보다 많은 지방이 체내에 축적되므로 비만 유발

② 체지방의 과잉 축적에 의한 체중 과다는 고혈압, 당뇨병, 장 질환 등에 걸릴 위험을 증가시키며, 직장암, 결장암, 유방암 등에 걸릴 위험 증가, 과도한 체중으로 인한 무릎 관절에 무리, 담석증, 호흡 곤란 증상을 일으킴

(4) 체중 감소로 인한 질병

① 체중 감소 지속 시 체지방뿐만 아니라 근육단백질 손실

② 어린이의 경우 신체적, 지적 성장 지연

③ 영양소 부족으로 인한 철 결핍성 빈혈, 골다공증, 무월경, 백혈구 감소로 인해 질병에 대한 저항력 감소 등

(5) 음식 섭취 이상

① 거식증 : 자신의 체형이 실제보다 훨씬 뚱뚱하다고 생각되어 계속 먹기를 거부

② 신경성 대식증 : 주로 사춘기나 총인초기에 정신장애로 복통, 수면, 자발성 구토가 일어날 때까지 먹는 것을 계속하는 증상

05 에너지 대사의 통합적 조절

(1) 에너지 균형

에너지 섭취량과 에너지 소모량이 같을 때를 말하며 건강한 체중을 유지함

(2) 에너지 불균형

① 과잉(+) : 에너지 섭취량 〉 에너지 소모량

㉠ 체중 증가, 당뇨, 고혈압, 비만 등 발생

② 부족(−) : 에너지 섭취량 〈 에너지 소모량

㉠ 체중 감소, 면역력 감소로 인한 질병 발생

06 알코올 대사

(1) 알코올 대사

① 알코올은 위와 소장에서 빠르게 흡수되며 흡수된 알코올은 주로 간에서 대사

② 체내로 들어온 알코올은 알코올탈수소효소에 의해 아세트알데히드로 바뀌고 아세트알데히드는 알데히드탈수소효소에 의해 아세테이트로 전환

③ 과량 알코올 섭취 시 간에서 약물, 이물질을 처리하는 시스템(MEOS)에 의해 대사되어 알코올 처리 속도가 빨라지며 대사되지 못한 아세트알데히드의 양이 빠르게 증가함

(2) 알코올과 영양 문제

① 알코올은 1g당 7kcal 에너지 발생

② 알코올에서 생성되는 에너지는 대부분 열로 발산

③ 과량 알코올 섭취 시 비타민과 무기질의 영양 상태 불량

④ 공복 상태에서 알코올 섭취는 저혈당 유발(당 신생 과정을 저해)

⑤ 지질대사를 교란

⑥ 과량의 알코올 섭취 시 간에서의 지질의 합성을 촉진하고 분해는 억제

9장 지용성 비타민

01 비타민의 개요

(1) 비타민의 특징

① 신체 내에서 합성이 되지 않으므로 음식이나 다른 급원으로 반드시 공급되어야 하는 필수물질
② 소량으로 성장, 재생산, 건강에 필요한 신체기능을 유지하고 조절
③ 용해도에 따라 지용성 비타민과 수용성 비타민으로 구분
④ 현재까지 지용성 4개, 수용성 11개로 총 15종류의 비타민 존재
⑤ 영양학적으로 한 그룹은 비타민 전구체라 하고, 한 그룹은 항비타민이라고 함

(2) 지용성 비타민과 수용성 비타민의 비교

지용성 비타민	수용성 비타민
• 섭취한 지방량이나 형태, 흡수 및 대사와 밀접한 관계 • 일반적으로 소변으로는 소량 배설 • 체내에 상당량 저장 가능하므로 매일 먹지 않아도 결핍증이 빨리 나타나지 않음 • 과잉 섭취 시 수용성 비타민과는 다르게 과잉증 발생	• 주로 소변으로 배설 • 체내의 저장이 안 되므로 여분량은 배설 • 결핍되면 쉽게 결핍증이 발생

02 지용성 비타민의 종류와 기능

(1) 비타민 A

- 비타민 A와 비타민 A 전구체로 존재
- 레티놀, 레티날, 레티노산 등으로 구성
- β-carotene은 비타민 A의 전구체들 중에서 가장 중요한 역할을 함
- 1RE(Retinal equivalent) = 1μg retinol = 6μg 베타카로틴

① 흡수와 대사

㉠ 비타민 A와 프로비타민 A(카로틴)는 소장에서 흡수되고, 이때 지방과 담즙에 의해 흡수가 촉진됨
㉡ 레티놀은 클로마이크론의 형태로 간으로 운반, 혈액에서는 레티놀결합단백질과 결합하여 존재함
㉢ 베타카로틴은 간에서 레티놀로 전환됨
㉣ 카로틴은 지방조직에 저장이 되므로, 다량의 카로틴 섭취 시 피부가 황색으로 변함
㉤ 베타카로틴의 흡수율은 레티놀의 1/3

② 기능

㉠ 시각유지(암적응) : 광학적으로 빛을 민감하게 느끼게 하는 로돕신 생성

㉡ 상피세포분화로 인한 상피조직의 보호 작용

㉢ 항암작용 : 카로티노이드, 항산화제의 역할

㉣ 성장 유지, 생식 기능의 증진

③ 결핍증 : 야맹증, 안구건조증, 각막연화증, 비토반점, 성장 지연, 식욕 감퇴, 모든 조직의 감염에 대한 저항력 약화

④ 과잉증

㉠ 임신기에 과잉 섭취 시 사산, 기형, 영구적 학습장애 증상 나타남

㉡ 독성 증상으로 인한 피부의 병변(가려움증과 두드러기), 머리카락 빠짐, 간과 뼈에 손상

⑤ 섭취 기준 및 급원

㉠ 영양 섭취 기준 : 1일 권장섭취량은 성인 남자(19~29세) 800㎍ RAE, 성인 여자(19~49세) 650㎍ RAE

㉡ 급원 식품

- 비타민 A : 간, 간유, 생선, 우유, 유제품, 버터, 난황 등
- 카로티노이드 : 적색, 과일류, 황색채소, 시금치, 당근, 풋고추, 복숭아, 살구, 감 등

(2) 비타민 D

- D_2(ergocalciferol), D_3(cholecalciferol) – 식품에는 널리 분포되어 있지 않음
- D_2 식품 : 효모나 버섯 등에 에르고스테롤(전구체)의 형태로 들어 있으며, 자외선에 의해 D_2 합성
- D_3 식품 : 생선 간유와 인간 피부에서 얻음
- 프로비타민 D 전구체는 피부에 존재하며 자외선에 의하여 D_3로 전환

① 흡수와 대사

㉠ 흡수 시 다른 지용성 비타민과 같이 지방과 담즙을 필요로 함

㉡ 클로미크론의 형태로 림프계를 거쳐 운반

㉢ 주로 간에 저장되며 피부, 뇌, 비장 및 뼈에도 소량 저장

② 기능 : 골격의 석회화 및 칼슘의 항상성 유지(칼슘과 인의 소장 흡수, 신장에서의 재흡수, 뼈로부터의 용출을 촉진하여 혈장 칼슘 농도를 높임)

③ 결핍증 : 구루병, 골연화증, 골다공증

④ 과잉증

㉠ 고칼슘혈증, 고칼슘뇨증 – 어린이의 경우 해가 큼

㉡ 연조직에 칼슘이 축적되어 신장이나 심혈관에 영구적인 손상

⑤ 섭취 기준 및 급원

㉠ 영양 섭취 기준 : 1일 충분섭취량은 성인 남녀 10㎍

㉡ 급원 식품 : 대구간유, 간, 난황, 기름진 생선(청어, 참치, 연어, 정어리 등), 비타민 D 강화우유, 버섯 등

(3) 비타민 E(토코페롤)

① 흡수와 대사

㉠ 소장에서 담즙의 도움을 받아 유화되고 효소에 의해 소화된 후 카일로마이크론의 형태로 림프관으로 흡수되어 혈액순환계로 들어감

㉡ 혈액 내에서 카일로마이크론속의 비타민 E는 혈액 내 LDL로 이동하여 필요한 조직으로 운반

㉢ 흡수율은 20-50%이며 섭취량이 많을수록 흡수율은 감소

㉣ 주로 지방조직, 세포막에 저장되며 간, 폐, 심장, 근육, 뇌 등에 소량 들어 있음

② 기능 : 항산화제로 식품 중 불포화지방산의 산화 방지(유리라디칼의 연쇄 반응을 중단시킴으로써 지질과 산화 반응을 억제하여 보호세포막을 산화적 손상으로부터), 적혈구막 보호, 면역 반응 관여, 노화 지연

③ 결핍증 : 신경장애, 적혈구와 산화수소 용혈 항진, 빈혈, 적혈구 수명 단축, 혈소판 증가, 부종, 습진 등

④ 과잉증 : 비타민 K 결핍으로 인해 생긴 혈액 응고 지연을 더욱 악화

⑤ 섭취 기준 및 급원

㉠ 영양 섭취 기준 : 1일 충분섭취량은 성인 남녀 12mg α-TE

㉡ 급원 식품 : 마가린, 식물성 기름, 전곡, 견과류, 콩 등

(4) 비타민 K

- 식물에서 추출한 필로퀴논과 생선기름이나 육류에 존재하는 메나퀴논의 합성화합물
- 담즙은 비타민 K의 흡수를 도움

① 흡수와 대사

㉠ 담즙의 도움으로 유화되고 췌액 효소에 의해 소화된 후 흡수된 비타민 K는 카일로마이크론에 합류

㉡ 림프계를 통해 혈액으로 들어온 후 간으로 이동

㉢ 지단백질 형태로 필요한 조직으로 운반되어 이용하거나 주로 간에 저장

② 기능 : 상처를 막고, 심한 출혈 방지 : 간에서 혈액 응고인자의 합성에 필요

③ 항비타민 K : 혈액 응고를 저해하는 항응고제로서, 비타민 K의 길항제

예 쥐약의 와파린, 디쿠마롤 : 비타민 K의 대사길항물질(항응고제, 비타민 K의 작용 억제)

④ 결핍증

㉠ 장관 내 세균에 의해 합성되므로 장기간 항생제 복용 시 혈액 응고장애 일으킴

㉡ 일반 식사로는 장내 세균에 의해 합성되므로 성인에게는 결핍증이 거의 없으나, 태어났을 때 유아는 체내에 매우 적은 양을 가지고 있으므로 신생아 출혈이 일어날 수 있음

⑤ 섭취 기준 및 급원

㉠ 영양 섭취 기준 : 1일 충분섭취량은 성인 남자 75㎍, 성인 여자 65㎍

㉡ 급원 식품 : 시금치, 케일, 양배추, 브로콜리 등의 푸른 잎채소, 간 등

10장 수용성 비타민

01 수용성 비타민의 종류와 기능

(1) 비타민 B_1(티아민)

- 최초로 발견된 비타민으로 체내 저장량이 적음
- 혈액순환, 식욕, 소화력, 신경조직 등의 정상적인 작용을 돕는 비타민

① 흡수와 대사

㉠ 소장상부 공장에서 대부분 신속하게 흡수되어 간으로 이동하여 인산화되고 조효소 형태인 TPP 형성

㉡ 포도당대사에서 피루브산이 아세틸 CoA로 되는 산화적 탈탄산반응에 TPP 관여

㉢ 해당과정, TCA 회로, HMP 경로와 같은 탄수화물 대사에 작용하는 조효소로, 에너지소비량이 증가할수록 필요량 증가

② 기능

㉠ TPP형태로 α-keto acid와 α-koto 당질대사의 보조효소로써의 기능

㉡ 신경전도에 참여하여 근육의 글리코겐을 통한 에너지유도 과정에 필수적

③ 결핍증 : 각기병, 다발성 신경염, 부종, 심장기능 이상 등을 초래

④ 섭취 기준 및 급원

㉠ 영양 섭취 기준 : 1일 권장섭취량은 성인 남자 1.2mg, 성인 여자 1.1mg

㉡ 급원 식품 : 햄, 돼지고기, 콩, 배아(현미 등), 효모 등

(2) 비타민 B_2(리보플라빈)

- FMN, FAD(수소전달 효소의 조효소 : 수소운반 과정에서 필요)
- 열에는 비교적 안정하나 자외선에 쉽게 파괴됨 – 우유를 불투명한 용기에 담는 이유
- 셀레늄과 연관

① 흡수와 대사

㉠ 리보플라빈, FAD, FMN 형태로 존재

㉡ 소장에서 리보플라빈으로 유리

㉢ 소장상부에서 능동수송에 의해 흡수

㉣ 장점막세포에서 인산화 되어 FMN으로 전환

㉤ 문맥을 통해 간으로 이동 후 FAD형태로 전환되어 이용

㉥ 일부는 저장되거나 필요량 이상은 소변을 통해 배설

② 기능

㉠ 탄수화물, 지방, 단백질 등의 영양소 대사에 관여

㉡ 단백질 대사와 건강한 피부 조직의 유지에 관련

③ 결핍증 : 조직손상, 빛 과민증, 성장 지연, 구순구각염, 설염, 두통 등

④ 섭취 기준 및 급원

㉠ 영양 섭취 기준 : 1일 권장섭취량은 성인 남자 1.5mg, 성인 여자 1.2mg

㉡ 급원 식품 : 우유, 치즈, 달걀, 육류, 요거트, 콩류, 내장, 강화곡류 등

(3) 비타민 B_3(니아신)

- nicotinic acid, nicotinamide의 총칭
- 급원식품 : 버섯, 닭고기, 참치, 땅콩 등

① 흡수와 대사

㉠ 식품에는 주로 보조효소 형태인 NAD와 NADP로 존재하며, 체내 가수분해 효소에 의하여 가수분해

㉡ 트립토판 60mg이 니아신 1mg으로 전환(B_2와 B_6 필요)

② 기능

㉠ 세포 내 산화 – 환원반응의 조효소로 작용하며, 체내에서 트립토판으로부터 전환됨

㉡ 탄수화물 대사, 지방대사, 단백질대사 과정에서 중요한 역할

③ 결핍증

㉠ 피로, 허약, 식욕 부진 등이 지속되면 혀, 입, 빈혈, 구토 발생

㉡ 시간 지난 후 펠라그라가 나타남

㉢ 4D병으로 피부염, 설사, 치매, 죽음의 순으로 진행

④ 과잉증 : 과량 섭취 시 홍조, 두통, 소화장애, 부정맥이 나타남

⑤ 섭취 기준 및 급원

㉠ 영양 섭취 기준 : 1일 권장섭취량은 성인남자 16mg NE, 성인여자 14mg NE

㉡ 급원 식품 : 육류 살코기, 생선, 견과류, 전곡 등

(4) 비타민 B_5(판토텐산)

- CoA는 판토텐산의 조효소 형태
- 지방산의 합성과 분해, 콜레스테롤 합성은 아세틸-CoA로부터 이루어짐

① 흡수와 대사

㉠ CoA의 성분으로 존재하며 소장에서 판토텐산으로 유리

㉡ 능동 수송이나 단순 확산에 의해 흡수되며 혈액을 통해 조직으로 이동되고 CoA 재형성 후 이용

② 기능 : 지방산의 합성, 지방산의 분해, TCA 회로를 순환하며 에너지대사 작용

③ 결핍증 : 모든 동물과 식물세포에 존재하므로 결핍증은 거의 없음

④ 섭취 기준 및 급원

㉠ 영양 섭취 기준 : 1일 충분섭취량은 성인 남녀 모두 5mg

㉡ 급원 식품 : 내장, 감자, 요거트, 브로콜리, 난황, 우유 등

(5) 비타민 B_6

- 피리독신(pyridoxine), 피리독살(pyridoxal), 피리독사민(pyridoxamine)의 3가지 형태가 인체 내에 이용됨
- 수용성 비타민이지만 인체 내 다량 저장
- 결핵 치료제인 이소니아지드, 과량의 알코올 섭취, 경구피임약의 복용 → 혈장 PLP(피리독살인산) 수준 감소
- 단백질섭취량이 늘면 비타민 B_6의 요구량 증가

① 흡수와 대사

㉠ PLP, PNP, PMP로 존재하며 소장에서 인산분해효소에 의해 탈인산화되어 피리독신으로 전환

㉡ 단순 확산에 의해 공장에서 흡수되며 문맥을 통해 간으로 운반되고 PLP로 전환

㉢ 근육에서 글리코겐 분해 대사에 관여하는 효소에 결합되고 필요량 이상은 소변으로 배설

② 기능

㉠ 주로 단백질대사에서 아미노기전이 반응(불필수아미노산 합성), 탈카르복실반응(세로토닌, 노르에피네프린 등의 신경전달물질 합성), 황전이반응, 탈아미노반응(포도당 신생)에서 조효소로 작용

㉡ 글리코겐의 분해를 도와 혈당 유지

③ 결핍증 : 구역질, 구토, 식욕 부진, 구각염, 결막염, 지루성 피부염, 설염, 다발성 신경염 등

④ 섭취 기준 및 급원

㉠ 영양 섭취 기준 : 1일 권장섭취량은 성인 남자 1.5mg, 성인 여자 1.4mg

㉡ 급원 식품 : 육류, 생선류, 가금류 등

(6) 비타민 B_{12}

- Co는 비타민 B_{12}의 구성 성분(코발트를 함유한 동물성 식품에만 존재)
- 채식주의자에서 결핍 증상이 많이 나타남

① 흡수와 대사

㉠ 위에서 분비되는 내적인자와 결합하여 주로 소장의 마지막 부위인 회장에서 능동 수송에 의하여 흡수

㉡ 흡수된 비타민 B_{12}는 단백질은 트랜스코발아민Ⅱ와 결합하여 간과 골수 등의 조직으로 운반

㉢ 호모시스테인에 메틸기를 제공하여 메티오닌을 합성하여 혈중 농도를 낮춤

② 기능

㉠ 단백질의 합성을 비롯해서 지질이나 당질의 대사에도 관여

㉡ 적혈구의 생성 및 악성빈혈증 조절, 신경조직의 수초합성, methylmalonate가 succinate로 전환, 메티오닌이나 단백질 합성에 관여, DNA합성에 관여

③ 결핍증 : 거대적아구성 빈혈, 악성빈혈증 환자(정맥주사를 통해 공급받아야 함)

④ 섭취 기준 및 급원

㉠ 영양 섭취 기준 : 1일 권장섭취량은 성인 남녀 모두 2.4㎍

㉡ 급원 식품

- 식물성 식품 : 된장 같은 발효식품, 해조류 등
- 동물성 식품 : 내장육, 어패류, 달걀, 우유 등

(7) 엽산

- THFA가 조효소

① 흡수와 대사

㉠ 엽산은 소장에서 monoglutamate의 형태로 가수분해되어 흡수

㉡ 엽산의 형태에 따라 흡수율 다름

㉢ 영양실조, 고령, 알코올중독, 비스테로이드계의 항염소제 등이 엽산흡수 저해

② 기능

㉠ 활성형인 THFA로 환원된 뒤 체내 대사 과정에서 메틸기 등과 결합하여 단일탄소기 전달

㉡ DNA, RNA합성에 필요한 퓨린과 피리미딘의 형성 과정에 관여

㉢ 엽산 부족 시 DNA 합성 저하로 적혈구의 분화가 제대로 일어나지 못하여 비정상적으로 크고 미숙한 형태의 거대적아구성 빈혈을 초래

③ 결핍증

㉠ 엽산의 활성형인 methyl-THFA를 THFA로 재생시키는 데 비타민 B_{12} 함유한 효소가 요구되므로 B_{12}와 엽산의 결핍증을 구분하기 어려움

㉡ 거대적아구성 빈혈, 성장 저하, 혀가 붓고, 설염과 이질, 조산, 사산, 저체중아 출산, 악성빈혈 등

④ 섭취 기준 및 급원

㉠ 영양 섭취 기준 : 1일 권장섭취량은 성인 남녀 400㎍ DFE

㉡ 급원 식품 : 시금치, 상치, 브로콜리 등의 푸른 채소, 간, 오렌지주스 등

(8) 비오틴

- 장내 세균에 의해 공급되고 회장에서 흡수되어 결핍증을 거의 찾아볼 수 없음
- 난백 속의 아비딘(일종의 단백질)은 비오틴 흡수를 방해
- 체내에서 아포효소와 결합하여 탄산화 반응
- 체세포 내에서 이산화탄소 고정작용에 관여

① 흡수와 대사

㉠ 비오시틴 형태로 존재하고 소장에서 단백질로부터 비오틴이 유리

㉡ 단순 확산이나 촉진 확산에 의해 흡수되고 문맥을 통해 간으로 이동

㉢ 혈액을 통해 카르복실화 효소가 많은 조직으로 이동된 후 이용

② 기능 : 카르복실기의 운반체로 카르복실화반응, 탈탄산반응에 관여하는 카르복실화효소, 탈탄산효소의 조효소로 작용

③ 결핍증 : 붉은 발진이나 습진, 탈모, 우울증, 식욕상실 등이 나타남

④ 섭취 기준 및 급원

㉠ 영양 섭취 기준 : 1일 충분섭취량으로 성인 남녀 모두 30㎍

㉡ 급원 식품 : 내장, 난황, 콩류, 효모, 견과류 등

(9) 비타민 C

- 식품 중의 철분 제2철(Fe^{3+})을 제1철(Fe^{2+})로 환원시켜 Fe의 흡수 촉진
- 수술 후 상처를 잘 아물게 함
- 인체 내에서 합성이 전혀 안되어 반드시 식이로 섭취해야 하는 영양소

① 흡수와 대사 : 능동 수송에 의해 공장에서 흡수되며 조직으로 운반되어 필요량 이상이 되면 소변을 통해 배설

② 기능

㉠ 콜라겐 생합성 : 프롤린, 리신이 히드록시프롤린, 히드록시리신으로 전환되는 과정에 필요

㉡ 방향족 아미노산 대사 : 티로신, 페닐알라닌의 정상적인 대사 과정에 절대적으로 필요

㉢ 지방산이 세포질에서 미토콘드리아로 이동하는 과정에 필요한 카르니틴 합성에 필요

㉣ 항산화제 : 면역 반응에 관여

㉤ 신경전달물질인 세러토닌, 노르에피네프린, 에피네프린 등의 합성에도 관여

② 결핍증 : 괴혈병, 만성피로, 우울증, 상처 회복 지연, 면역체계, 치아 손상, 근육 경련 및 허약증상, 빈혈 등

③ **과잉증** : 철분 독성, 신석증

④ **섭취 기준 및 급원**

㉠ 영양 섭취 기준 : 1일 권장섭취량은 성인 남녀 모두 100mg

㉡ 급원 식품 : 감귤류, 키위, 딸기, 풋고추, 브로콜리, 피망, 시금치, 양배추, 토마토 등

04 기타

① **상한 섭취량 제시 비타민** : 비타민 D, 비타민 E, 비타민 K, 비타민 B_6, 엽산, 비타민 C

② **충분 섭취량 제시** : 비타민 D, 비타민 E, 비타민 K, 판토텐산, 비오틴

③ **항비타민** : 화학적 구조와 성질이 비타민과 비슷하여 신체가 받아들이지만 체내에서 비타민의 작용을 방해하는 물질

④ **항산화제** : 비타민 C, 비타민 E, 베타카로틴

⑤ **빈혈 예방** : 비타민 B_6, 비타민 B_{12}, 비타민 C, 엽산

⑥ **치아 발육** : 비타민 A, 비타민 C, 비타민 D

11장 다량 무기질

01 무기질의 특징

㉠ 신체의 구성 요소로 체내의 유기물질이 완전히 산화된 후에도 남아 있는 회분의 구성 성분
㉡ 체내에서 합성되지 않음
㉢ 매우 적은 양으로 신체조절에 관여
㉣ 부족 섭취 시 결핍 증상, 과량 섭취 시 독성을 나타냄
㉤ 다량무기질(100mg/1day↑) – 칼슘, 인, 나트륨, 칼륨, 염소, 마그네슘, 황
㉥ 소량무기질(100mg/1day↓) – 불소, 철, 요오드, 구리, 아연, 셀레늄, 몰리브덴, 망간, 크롬, 코발트 등
㉦ 동물성 육류 및 어류는 P, S, Cl과 같은 음이온이 많아서 산성도가 높고, 과일과 채소는 Mg, Ca 등의 양이온이 많아서 알칼리도가 높음

무기질 종류	기능
칼슘, 인	뼈와 치아의 구조적 기능
황	단백질 구성 성분, 티아민, 비오틴에 함유
철	헤모글로빈 성분
염소	위산 성분
요오드	갑상선호르몬의 성분
인, 소디움, 염소	산, 염기 평형 – 체액의 pH 유지
나트륨, 칼륨	수분 평형
코발트	비타민의 구성 성분
구리, 망간, 몰리브덴, 셀레늄, 칼슘, 마그네슘	효소작용에 참여
아연, 구리, 망간	얼굴, 피부, 뼈, 주위 조직의 구성 성분인 연결 조직
칼슘, 요오드, 크롬	호르몬 조절
마그네슘, 망간, 인	에너지대사에 관여

02 무기질의 종류와 기능

(1) 칼슘 (Ca)

칼슘 중 99%는 뼈와 치아를 구성, 1%는 세포액과 혈액에서 여러 생리 작용에 관여

① 소화 및 대사

㉠ 칼슘의 흡수는 20~40% 정도로 영아기, 성장기에 높고 나이가 들수록 감소

㉡ 흡수경로 2가지 : 십이지장에서 비타민 D의 조절에 의해 흡수되는 능동 수송, 공장과 회장에서 비타민 D와 상관없이 이루어지는 수동적 확산

㉢ 신장에서 칼슘의 99% 이상 재흡수

㉣ 식이칼슘의 70~80%는 대변으로 배설

Ca 흡수 증진 인자	Ca 흡수 방해 인자	소변의 Ca 배설 증진 인자
장내의 산도가 증가 PTH 비타민 D – 골격에 Ca 과잉 증가 비타민 C 유당 lactose 단백질 Ca:P의 섭취 비율 = 1 : 1	수산 피틴산 비타민 A 과잉 섭취 과량의 아연, 마그네슘, 인 과량의 지방산 비타민 D 결핍 섬유소의 과량 섭취	나트륨 단백질 카페인

② 뼈의 대사와 칼슘

㉠ 혈액의 Ca 농도는 9~11(mg/dl)로 항상 일정하게 유지. 부갑상선호르몬이 혈중 칼슘량을 증가시키며, 칼시토닌은 혈중 칼슘량을 감소시킴

㉡ 부갑상선호르몬 : 비타민 D 활성화, 칼슘 흡수 증가, 신장에서 칼슘 재흡수 도움

- 칼리트리올 : 칼모듈린 합성 시 필요, 소화기관에서 칼슘 흡수 자극
- 칼시토닌 : 갑상선에서 합성, 혈액 칼슘 농도가 높을 때 칼슘 농도 낮춤, 신장에서 칼슘 재흡수 방해

③ 생리적 기능

㉠ 부갑상선과 칼시코닌을 통하여 체액의 칼슘 농도 조절

㉡ 뼈와 치아 형성

㉢ 혈액 응고에 관여 : prothrombin을 thrombin으로 전환시키는 과정에서 촉매제로 작용

㉣ 신경 자극 전달 기능 : 신경세포의 내부와 외부로 이온을 흘려보내고 신경전달물질을 방출

㉤ 근육의 수축, 이완 조절

㉥ 세포 내 칼모듈린과 결합하여 세포 내의 대사를 조절

④ 결핍증

㉠ 골다공증 : 주로 폐경기 여성에게서 여성호르몬 감소로 나타남

㉡ 골연화증, 구루병 : 비타민 D의 부족과 함께 나타남

㉢ 테타니 : 혈중 칼슘 농도저하로 일어나 근육운동 이상증

⑤ 과잉증 : 고칼슘혈증, 신장결석 형성(칼슘이 옥신산과 불용성인 화합물 생성)

⑥ 섭취 기준 및 급원

㉠ 영양 섭취 기준 : 1일 권장섭취량은 성인 남자 800mg, 성인 여자 700mg

㉡ 급원 식품 : 유제품, 뼈째 먹는 생선 등

(2) 인(P)

- 인의 흡수율은 대개 60~70%로 높은 편
- 성인의 경우 칼슘과 인의 비율이 1:1일 경우 가장 흡수율이 좋음
- 주로 소변의 배설을 통해 항상성을 유지
- 신장기능이 정상일 경우 섭취량의 2/3가 소변을 통해 배출됨

① 흡수와 대사

㉠ 흡수 증진 요인 : 소장의 산성 환경, 식사의 칼슘과 인의 비슷한 비율, 비타민 D

㉡ 흡수 방해 요인 : 마그네슘, 알루미늄 등 과량섭취, 부갑상선호르몬 등

② 생리적 기능

㉠ 골격 및 치아 형성 : 체내 인의 약 85%가 인산칼슘의 형태로 뼈와 치아를 구성

㉡ 에너지 저장 및 운반 : ATP의 구성 성분

㉢ 체액의 pH 조절 : 완충 작용으로 인한 혈액의 정상 유지

㉣ 핵산의 구성 성분 : DNA와 RNA의 구조에서 neucleotide를 연결

㉤ 티아민, 니아신 등의 비타민을 활성화하여 조효소로써 당질, 단백질, 지질의 대사에 관여

㉥ 지질의 운반체 : 인지질(세포막의 구성 성분), LDL, HDL

㉦ 단백질의 활성 조절 : 인산화와 탈인산화를 통해서 단백질 활성 조절

③ 결핍증

㉠ 제산제 같은 약 복용 시 저인산증

㉡ 어린이의 경우 성장 부진과 뼈의 기형, 성인은 골다공증

④ 섭취 기준 및 급원

㉠ 영양 섭취 기준 : 1일 권장섭취량은 성인 남녀 모두 700mg

㉡ 급원 식품 : 간, 우유, 유제품, 멸치, 어육류 등

(3) 마그네슘(Mg)

① 마그네슘의 특징

㉠ 신경 흥분 억제와 관련하여 마취제나 항경련제의 성분으로 이용

㉡ 운반 물질이 필요한 마그네슘 섭취가 낮을 때는 능동 확산, 마그네슘 섭취가 많은 경우에는 단순 확산이 일어남

㉢ 정상 섭취 시 마그네슘의 흡수는 40~60% 정도이지만 항상성을 유지

② 생리적 기능

㉠ 뼈와 치아의 성분 : 체내 마그네슘의 60%가 뼈에 존재함

㉡ 에너지 대사 : 에너지 운반체인 ATP와 ADP에 관여

㉢ 신경 안정 및 근육 이완

㉣ 효소활성의 참여 : 포도당과 지방산 대사, 아미노산 대사, ATP합성 등에 결정적인 역할

③ 결핍증과 과잉증

종류	원인	증상
마그네슘 결핍증	만성설사, 콰시오카, 알코올중독	테타니, 식욕 부진, 탈모, 피부병
마그네슘 과잉증	신장 이상	허약, 불쾌감, 혼수상태

④ 섭취 기준 및 급원

㉠ 영양 섭취 기준 : 1일 권장섭취량은 성인 남자 360mg, 성인 여자 280mg

㉡ 급원 식품 : 대두, 견과류, 전곡, 푸른 잎채소 등

(4) 나트륨(Na)

① 나트륨의 특징

㉠ 세포 외액에 전체량의 50% 함유. 10%는 세포 내액에, 40%는 뼈에 분포

㉡ 소디움은 부신호르몬인 알도스테론에 의하여 배설 조절

㉢ 섭취한 나트륨의 소량은 위에서 흡수, 98%가 소장에서 흡수

㉣ 나트륨의 배설은 주로 소변(섭취량 85~95%)으로 이루어지며 소량은 대변, 피부와 땀을 통해 배설

㉤ 나트륨이 세포 외액의 대표적 양이온이고, 칼륨은 세포 내액의 대표적 양이온

② 생리적 기능

㉠ 세포 내·외액의 pH 유지 : 체내에서 수소양이온과 상호 교환 가능하여 체액의 pH를 일정하게 유지

㉡ 세포 내·외액의 삼투압 조절 : 나트륨이온 농도에 따른 삼투압의 차이

㉢ 탄수화물, 단백질대사 조절 : 칼륨은 해당과정 촉진, 나트륨은 해당과정 억제

㉣ 근육과 신경세포의 흥분 조절 : sodium pump작용에 의한 능동적 수송을 하여 정상적인 근육의 자극 반응을 조절

③ 결핍증 : 지나치게 땀을 많이 흘리게 되면 구토, 현기증, 쇼크, 근육 연축, 메스꺼움, 혼수상태 초래

④ 과잉증 : 고혈압 유발, 심근 수축 증가

⑤ 섭취 기준 및 급원

㉠ 영양 섭취 기준 : 1일 최소 필요량은 500mg이며 1일 충분섭취량은 1500mg

㉡ 급원 식품 : 소금, 가공식품, 된장, 간장, 고추장, 절인 생선 등

(5) 칼륨(K)

① 칼륨의 특징

㉠ 칼슘, 인 다음으로 많은 세포 내의 주요 양이온

㉡ 체내의 95~98%는 세포 내에 존재

② 생리적 기능

㉠ 산과 염기의 균형 유지 : 나트륨과 함께 체내의 수소이온농도 교환 가능

㉡ 세포 내의 삼투압과 수분의 정상 유지

㉢ 근육과 신경 활동에 관여 : 심장근육, 횡문근, 평활근과 뇌신경 세포의 활동을 정상적으로 유지

㉣ 탄수화물과 단백질대사 조절 : 근육단백질과 세포단백질 내의 질소 저장을 위해 필요하며, 조직이 파괴될 때 칼륨은 질소와 함께 상실

③ 결핍증 : 저칼륨 혈증, 근육 약화, 신경 불안, 정신적 장애

④ 과잉증 : 고칼륨 혈증, 심장 박동 이상과 심장이 멎는 경우가 생길 수 있음

⑤ 섭취 기준 및 급원

㉠ 영양 섭취 기준 : 성인의 1일 충분섭취량은 3500mg

㉡ 급원 식품 : 감자, 바나나, 근대, 고구마, 토마토 등

(6) 황(S)

① 흡수와 대사

㉠ 함황아미노산의 성분으로 아미노산은 소장으로 흡수되고 필요한 조직으로 운반되어 이용

㉡ 대사산물로 호아산 음이온이 생성되고 신장에서 칼슘의 재흡수 낮춤

② 생리적 기능

㉠ 주요 물질의 구성 성분 : 황함아미노산인 메티오닌, 시스테인, 시스틴과 췌장호르몬인 인슐린, 비타민류 중 티아민, 비오틴, CoA 등의 구성 성분

㉡ 체내 산화, 환원 반응 : 글루타티온의 구성 성분

㉢ 산, 알칼리 균형 : 황의 이온화 형태인 황산염

㉣ 해독 작용에 관여 : 인체에 해로운 물질과 결합하여 비독성 물질로 전환시킨 후 소변으로 배설

③ 급원 식품 : 육류, 가금류, 통밀, 보리, 콩 등

(7) 염소(Cl)

① 생리적 기능

㉠ 수소이온과 결합한 염산으로 위액의 주요 성분

㉡ 삼투압과 산염기평형을 조절

② 섭취 기준 및 급원

㉠ 영양 섭취 기준 : 성인의 1일 충분섭취량은 2300mg

㉡ 급원 식품 : 소금의 형태로 섭취

12장 미량 무기질

01 무기질의 종류와 기능

(1) 철(Fe)

- 기능형태 철 – Hb, Mb, enzymes(헴 형태와 비헴 형태)
- 이동형태 철 – Transferrin
- 저장형태 철 – Ferritin, Hemosiderin
- 저장철은 페리틴이나 헤모시데린의 형태로 간 등에 저장되어 있고 철이 체내에서 이동될 경우에는 트랜스페린이란 당단백질에 결합되어 운반

① 흡수 및 대사

㉠ 모든 영양소 중 철의 흡수율이 가장 낮음

㉡ 헴형철(heme)과 철분과 결합되지 않은 비헴형철(non-heme)로 분류. 헴형철이 비헴형철보다 흡수율이 높은데 헴형철은 주로 동물성 식품(간, 육류, 난황)에 존재

㉢ 헴형철은 소장에서 흡수되고, 체내에서 이용됨

㉣ 비헴형철은 그대로 소장으로 이동되기도 함

철의 흡수 증진 요인	철의 흡수 저해 요인
HCL(위산) 동물성식품 젖산, 구연산 succinate, pyruvate 임신, 수유기, 성장기, 아동기 저영양 상태, 빈혈 ascorbate등 유기산 환원제 histidine등 아미노산 chelator 등 육류, 가금류, 어류 및 그 산물 mucin	식물성식품 탄닌산 인산, 수산, 과잉의 섬유소 식이 다량의 무기질 섭취 polyphenol 위산 분비 부족 시금치에 있는 oxalate 두류, 곡류에 있는 phytate등 EDTA 달걀노른자 칼슘, 아연, 망간, 니켈

② 생리적 기능

㉠ 헤모글로빈과 미오글로빈의 구성 성분

㉡ 페리틴(저장철)은 헤모글로빈 합성에 이용되어 골수에서 피를 만드는 데 사용됨

㉢ catalase, cytochroms, oxidase, peroxidase 등 철의 작용하는 효소들로 생체반응에 참여

③ **결핍증** : 철 결핍성 빈혈 발생으로 Hb의 감소, 저색소성, 소적아구성 빈혈, 혈청의 농도가 낮아짐

④ **과잉증** : 어린이의 경우 비타민이나 미네랄 첨가제를 많이 섭취할 경우 흔하지 않게 혈색소증이 유발하거나 또는 유전적으로 생길 수 있음

④ **섭취 기준 및 급원**

㉠ 영양 섭취 기준 : 1일 권장섭취량은 성인 남자 10mg, 성인 여자 14mg

㉡ 급원 식품 : 굴, 간, 홍합, 푸른 채소 등

(2) 아연

① **흡수 및 대사**

㉠ 메탈로타이오닌 : 소장 세포에서 아연 및 구리와 결합함으로써 흡수를 조절하는 물질로 소장점막세포 내에 존재하는 황함유 단백질

㉡ 모든 장기에서 발견되며, 간, 신장, 근육, 피부 그리고 뼈에 많이 저장

㉢ 아연의 섭취가 철과 구리에 비해 비율이 높을 때 철과 구리의 흡수에 지장 초래

아연의 체내 흡수 촉진 인자	아연의 체내 흡수 저해 인자
췌장 분비물, Citric acid Picolinic acid, Cysteine, histidine	Phytate, caffeine, 식이섬유 oxalate, phlyphenols, folic acid

② **생리적 기능**

㉠ 효소 활성에서의 역할 : 300여 가지 효소의 구성 요소

㉡ 핵산 대사를 비롯한 체내 대사에 작용 : 탄수화물 대사에 영향을 주며 인슐린의 기능을 증진, 단백질 합성을 조절하여 조직의 성장, 세포막의 구조를 안정시킴

㉢ 성장, 생식, 면역, 상처 회복 촉진에 관여, 정상적인 미각 유지

③ **결핍증**

㉠ 성장 불량, 근육 이상, 성격발달장애, 피부 각질화, 맛 감각 상실, 성장 이상 등

㉡ 결핍이 흔하지 않지만 알코올 중독증, 만성 질환, 신장 질환, 스트레스, 수술, 섭취 부족 등에서 비롯됨

④ **과잉증** : 과량의 아연 섭취는 독성

⑤ **섭취 기준 및 급원**

㉠ 영양 섭취 기준 : 1일 권장섭취량은 성인 남자 10mg, 성인 여자 8mg

㉡ 급원 식품 : 굴, 조개류 해산물, 새우, 간, 곡류, 콩류 등

(3) 구리

아연과 같이 화학적 성질이 비슷한 전이금속과 상호작용

① **흡수와 대사** : 아연과 마찬가지로 메탈로타이오닌과 결합하여 소장의 흡수세포를 통과하고 문맥으로 이동

구리의 흡수를 증진하는 성분	구리의 흡수를 저해하는 성분
Citiric acid, histidine, lactic acid, acetic acid, malic acid, methionine, cystine	phytate, 과량의 아연, 과량의 철 칼슘, 인, 비타민 C

② 생리적 기능

㉠ 결체 조직의 결합 형성 : 엘라스틴과 콜라겐의 결합에 관여

㉡ 다양한 효소의 구성 성분, 체내 면역 작용에 관여, gene expression, 혈액 응고, 콜레스테롤 대사

㉢ 헤모글로빈 합성에서의 역할 : 철분의 흡수를 돕고, 철분이 헤모글로빈을 합성할 때 필요

- Ascorbate : Serum ceruloplasmin 활성 감소
- 아연 : 길항 작용
- 철 : 구리 부족이 빈혈 유발
- 몰리브데늄, 황 : 구리와 불용성 복합체 만듦
- 셀레늄 : 구리부족은 glutathion peroxidase 활성 감소

③ 결핍증 : 빈혈, 피부 탈색, 머리카락 탈색, 성장 저하, 심장 질환, 뼈 손실 등

④ 과잉증 : 과잉증은 잘 나타나지 않으며, 구리 독성으로 인한 윌슨병은 유전적인 질병임

⑤ 섭취 기준 및 급원

㉠ 영양 섭취 기준 : 1일 권장섭취량은 성인 남자 850㎍ 성인 여자 650㎍

㉡ 급원 식품 : 굴, 새우, 조개류, 간, 바나나, 토마토, 곡류 등

(4) 요오드

① 흡수와 대사

㉠ 소장에서 흡수하여 혈중 단백질과 결합하여 갑상선으로 이동

㉡ 갑상선 안에서 티로글로불린의 티로신와 결합하여 갑상선 호르몬 합성

② 생리적 기능

㉠ 갑상선 호르몬의 작용으로 뇌의 정상적인 발달에 필수적으로 필요함

㉡ 카로틴을 비타민 A와 전환시키고 단백질 합성 및 탄수화물 흡수에 관여

③ 결핍증

㉠ 요오드 결핍 시 요오드를 더 얻어 호르몬을 더 생산하기 위해 갑상선이 커지는 갑상선종이 생김

㉡ 유아의 경우 정신 박약, 성장 지연, 근육각화증 등 초래하며 왜소증 증상이 나타나는 크레틴 증상이 나타남

④ 과잉증 : 갑상선기능항진증과 바제도병과 같은 중독증 초래

⑤ 섭취 기준 및 급원

㉠ 영양 섭취 기준 : 1일 권장섭취량은 성인 남녀 150㎍

㉡ 급원 식품 : 해조류, 해산물

(5) 불소(F)

① 흡수와 대사

㉠ 주로 소장에서 흡수되고 흡수율이 좋아 섭취된 불소의 80~90%가 흡수됨

㉡ 주로 소변을 통해서 배설이 이루어지며 연령이 증가함에 따라 배설량이 증가

② 생리적 기능

㉠ 뼈나 치아가 발달하는 과정에서 인과 칼슘과 함께 결합하여 산에 대한 저항력이 강한 플루오르아파타이트 결정을 형성

㉡ 수돗물에 미량 불소를 첨가하거나 치과에서 치아 표면에 불소를 도포하여 충치 예방하는 데 이용

㉢ 뼈에서 무기질이 빠져나오는 것을 막아 골다공증 지연시킴

③ 결핍증 : 결핍되면 충치 발생률이 증가하고 노년기에 골다공증의 위험도가 높음

④ 과잉증

㉠ 6mg 이상 섭취하면 뼈나 치아에 불소가 과다하게 침착되어 반점 모양이 생기는 불소증이 생김

㉡ 골격과 신장의 손상을 가져올 수 있음

⑤ 섭취 기준 및 급원

㉠ 영양 섭취 기준 : 성인을 위한 불소의 권장량은 설정되어 있지 않고 충분섭취량은 3.0~3.5mg

㉡ 급원 식품 : 고등어, 정어리, 연어, 해조류 등

(6) 셀레늄

① 흡수와 대사 : 셀레늄의 흡수율은 80% 이상이며 식품에 들어 있는 셀레늄은 시스테인, 메티오닌 유도체와 결합한 형태로 쉽게 흡수되고 셀레노메티오닌의 경우에는 대부분 흡수되며 혈중 단백질과 결합하여 운반

② 생리적 기능

㉠ 글루타티온 과산화효소라는 항산화 효소의 필수 구성 성분으로 작용

㉡ 글루타티온 과산화효소는 독성의 과산화물을 수용성 물질로 전환하여 중화시키고 과산화물에 의한 세포막이나 세포 파괴를 방지

㉢ 세포를 산화적 손상으로부터 보호하는 역할

㉣ 갑상선 호르몬을 활성화시키는 데 관여하고 유리라디칼의 생성을 억제하여 암 예방에 도움

③ 결핍증 : 정상 저하, 근육통, 근육 약화, 머리와 피부의 탈색

④ 과잉증 : 셀레늄 과잉 섭취 시 selenosis의 독성 증상이 나타남

⑤ 섭취 기준 및 급원

㉠ 영양 섭취 기준 : 1일 권장섭취량은 성인 남녀 60㎍

㉡ 급원 식품 : 육류의 내장과 살코기, 유제품, 곡류, 해산물 등

(7) 망간

① **흡수와 대사** : 체내 망간의 흡수율은 3~4% 정도이며 흡수된 후에는 혈중 트랜스망가닌과 결합하여 운반

② **생리적 기능**

㉠ 아르기닌 분해 효소, 글루타민 합성 효소의 성분

㉡ 골격 형성

㉢ 가수분해효소, 탈탄산효소 등을 활성화시킴

③ **결핍증** : 메스꺼움, 구토, 피부염, 혈중 칼슘 · 인 증가, 성장 저해, 생식 장애, 뼈의 이상 등

④ **과잉증** : 정신적 장애, 환상, 근육의 이상, 간 손상

⑤ **섭취 기준 및 급원**

㉠ 영양 섭취 기준 : 1일 충분섭취량은 성인 남자 4.0mg 성인 여자 3.5mg

㉡ 급원 식품 : 호두, 상추, 대두, 현미 등

(8) 몰리브덴

① 산화 환원 과정에 관여하는 효소인 잔틴 산화효소, 알데하이드 산화효소, 아황산염산화효소 등의 조효소로 작용

② **결핍증** : 정신적 변화, 황과 퓨린대사 이상, 허약 증세와 혼수

(9) 크롬(Cr)

① 내당인자로 인슐린과 세포막 사이에 교량 역할을 하여 세포막에 인슐린이 쉽게 결합하게 도움

② 혈중지질 수준을 개선

③ 지질대사에 관여하여, DNA나 RNA같은 핵산 구조 안정화

④ **결핍증** : 저개발국 영아에게 흔히 발견되거나 가끔 당뇨병 환자나 노인에게 발생. 성장 지연, 탄수화물, 단백질, 지방대사에 이상초래, 각막손상, 불임 등

⑤ **독성** : 간 손상, 신장이상, 소화관의 용혈, 치사현상

13장 수분

01 체내 분포

(1) 체내 분포

① 성인 신체는 약 60% 정도가 물로 구성되어 있으며 세포 내액과 세포 외액이 있음

② 세포 외액은 혈액과 세포 간질액으로 구분

③ 세포 내외액, 혈관 내외액은 수분의 통과가 용이한 반투과성의 막으로 구분되어 있어 무기질 균형에 따라 수분이 자유롭게 통과할 수 있음

02 생리적 기능

(1) 생리적 기능

① **영양소와 대사 물질 운반**

㉠ 세포 내에서 대사 작용이 일어나는 동안 생성되는 반응 물질

㉡ 영양소와 대사 물질을 필요에 따라 세포 안이나, 혈액을 통해 운반하여 세포 안에서 사용되거나 저장하는 데 도움

② **눈, 코, 입, 피부 등 촉촉함 유지** : 각종 상피세포 조직은 수분이 부족하면 점액의 분비가 원만하지 못하고 표면에 균열이 생겨 세균의 침입이 쉬워 면역력 저하될 수 있음

③ **체내 화학 반응에 관여** : 각종 화학반응은 물을 매개로 하여 이루어짐

④ **체액의 구성 및 적절한 체액량 유지**

㉠ 혈액을 포함하여 세포 내액과 외액을 구성

㉡ 세포 내액과 외액에 포함되어 있는 전해질의 농도에 따라서 반투막을 통해 이동하여 각 부위마다 적절한 양의 체액 유지

⑤ **노폐물 배출** : 대사 과정에서 생성된 질소 혼합물 등의 노폐물을 세포 밖으로 배출시켜 혈액을 통해 운반하고 신장이나 폐를 통해 몸 밖으로 배출

⑥ **정상 체온 유지** : 열이 날 때 체표면을 통해 땀의 형태로 수분을 증발시켜 빼앗기는 기화열이 체온을 낮춰 주는 역할을 담당

03 수분의 균형

(1) 탈수

① 신체의 수분이 지나치게 손실되는 것을 의미

② 수분량이 감소하면 혈액량이 적어지고 혈압이 저하됨

③ 10% 이상 감소하면 혈압 저하로 심부전, 심박수증가 등 탈수 증상

④ 체내 수분 공급이 부족했던 사람은 신장에 쌓여 있던 대사산물 때문에 신장 기능 손상될 수 있음

(2) 수분 과잉

① 세포 외액의 전해질 농도가 낮아져서 물이 세포 내액으로 들어가거나 칼륨이 세포 외액으로 이동

② 근육의 경련, 혈압이 낮아져 쇠약함을 느낄 수 있음

(3) 수분 균형의 조절

신장에서 알도스테론이 나트륨을 재흡수하고 항이뇨호르몬이 소변의 배출량을 조절하고 갈증을 유발시켜 수분을 섭취하도록 함

04 수분 요구량

(1) 수분 요구량

① 건강을 유지하게 위해서는 소변, 땀, 호흡, 대변 등으로 손실되는 수분을 계속 보충해 주어야 함

② 수분 섭취와 배설의 균형이 깨지면 갈증을 느끼고 부종, 사망에 이를 수 있음

③ 수분 요구량은 연령이 증가할수록 지속적으로 감소

14장 호르몬

01 호르몬의 특성

① 화학적 분류 : 스테로이드계, 단백질계

② 스테로이드계 호르몬 : 성호르몬(테스토스테론, 프로게스테론, 에스트로겐)과 부신피질호르몬(알도스테론, 코르티코스테론)이 있음

③ 단백질계 호르몬 : 티록신, 갑상선호르몬, 성장호르몬, 난포자극호르몬, 황체형성호르몬, 부신피질자극호르몬, 항이뇨호르몬 등

④ 혈당상승에 작용하는 호르몬 : 성장호르몬, 에피네프린, 글루카곤, 갑상선호르몬

02 호르몬의 주요 작용과 표적기관

(1) 갑상선, 부갑상선 호르몬

① 갑상선에서 분비되는 티록신은 티로신(아미노산)과 요오드가 결합되어 생성

② 부갑상선호르몬과 칼시토닌은 서로 상반되는 작용을 함

내분비선	호르몬	주요 작용	표적기관
갑상선	티록신(Thyroxine)	물질대사(기초대사 항진) 특히 이화작용의 촉진	모든 세포
	칼시토닌(Calcitonin)	칼슘 농도조절, 혈장칼슘 농도 저하	뼈, 신장, 부갑상선
부갑상선	부갑상선호르몬 (Parathormone)	체액내의 칼슘과 인의 대사 조절, 혈장칼슘 농도 증가	뼈, 신장, 장

(2) 췌장(이자) 호르몬

랑게르한섬의 α-cell에서 글루카곤 분비, β-cell에서 인슐린 분비

내분비선	호르몬	주요 작용	표적기관
췌장(이자)	인슐린(Insulin)	혈당량의 감소, 동화작용 수행	간, 근육
	글루카곤(Glucagon)	혈당량의 증가, 이화작용수행	간, 근육
	소마토스타틴	성장호르몬, 갑상선자극호르몬, 인슐린, 글루카곤 분비 억제	–

(3) 뇌하수체 호르몬

내분비선	호르몬		주요 작용	표적기관
전엽	성장호르몬(GH)		뼈, 근육, 내장기관의 생장, 단백질 합성 촉진, 기초대사량 상승	모든 세포
	갑상선 자극호르몬(TSH)		갑상선의 요오드 흡수 촉진, 티록신 분비 촉진	갑상선
	부신피질자극호르몬 (ACTH)		부신피질호르몬의 분비 촉진	부신피질
	성선 자극 호르몬 (GTH)	난포자극 호르몬 (FSH)	생식기관의 발달 촉진, 황체의 발달 촉진, 남성의 정자 형성 촉진	난포(여) 정세관(남)
		황체형성 호르몬	생식기관의 발달 촉진, 황체의 발달 촉진, 배란 촉진	황체(여) 간질세포(남)
		융모막성생식선 자극호르몬(CG)	황체의 퇴화 억제, 프로게스테론 분비 유지	난소
	황체자극호르몬(LTH)		젖 분비 촉진, 황체호르몬 분비 촉진	유선
	엔돌핀		진통 효과, 우울증 완화	뇌
중엽	멜라닌세포자극호르몬 (MSH)		표피의 멜라닌 합성 촉진	모든 세포
후엽	항이뇨호르몬 (Vasopressin)		말초의 혈관을 수축시켜 세뇨관의 수분 재흡수 촉진	신장
	옥시토신		자궁, 소화관 등의 평활근 수축	자궁, 유선

(4) 부신피질, 수질

내분비선	호르몬	주요 작용	표적기관
피질	알도스테론	Na 재흡수, K 배설을 통해 수분 보유에 관여	신장
	당질코르티코이드	당질대사에 관여하여 혈당량의 증가	근육, 면역계, 기타 조직
	안드로겐	남성호르몬과 같은 작용	전립선, 다양한 조직
수질	노르에피네프린	혈당량 증가, 혈압 상승, 교감신경과의 협조	대부분의 세포
	에피네프린	혈당량 증가, 혈압 상승, 교감신경과의 협조, 글리코겐 분해, 혈관 축소, 심근 수축	

※ 에디슨병 : 부신피질호르몬의 부족으로 나타나는 질병

(5) 성호르몬

내분비선		호르몬	주요 작용	표적기관
정소		테스토스테론	남성의 2차성장 발현, 기초대사량 상승	고환, 전립선
난소	난포	에스트로겐	여성의 2차성장 발현, 배란 촉진	유방, 자궁, 기타 조직
	황체	프로게스테론	배란 억제, 임신 지속, 젖 분비 억제	자궁

PART

02

생애주기 영양학

1장 성장과 발달

01 생애주기 분류와 특성

주기		기간	특징
태아기(임신기)		–	–
영아기 (수유기)	신생아기	생후 1개월	태아기 다음으로 성장 · 발달이 가장 빠름 수유 형태와 이유 방법에 의해 발육이 많은 영향을 받음
	영아기	생후 12개월 미만	
유아기		1~5세	완만한 성장과 사회 · 인지적 능력 발달, 모든 소화기능 미숙
아동기		6~11세	비교적 완만한 성장, 독립성 발달, 식습관 확립, 개인차에 의한 성장
청소년기		12~18세	왕성한 성장과 성적 성숙이 일어나는 시기 건강한 성인이 될 준비 단계, 두번째로 성장 속도 빠름
성인기		19~64세	생활 주기 중에서 가장 길며 신체적으로 안정된 기간 왕성한 사회활동과 더불어 스트레스를 많이 받는 시기
노인기		65세 이상	노인 인구의 증가와 평균 수명이 길어지는 추세

02 성장과 발달

(1) 성장 · 발달

① 증식 – 증식과 비대 – 비대 – 성숙

② 성장 · 발달은 대부분 유전에 의해 정해진 일정한 순서대로 질서 있게 진행

③ 성장 · 발달은 연속적으로 진행되며 항상 균일하지 않음

㉠ 성장의 두 시기
- 첫 번째 : 수정 후 2년 동안으로 태아기와 영아기
- 두 번째 : 청소년기(제2의 급성장)

㉡ 성장 속도 : 여아의 성장이 남아의 성장보다 2~3년 정도 빠름

㉢ 총신체 성장은 신체조직의 성장 속도가 각기 다르기 때문에 특정 조직의 성장을 대표하지 못함

㉣ 체내 어느 기관이나 기능의 성장 · 발달을 결정하는 시기가 다름

- 스카몬의 성장 패턴 네 가지 – 신체 성장, 신경계, 림프조직, 생식기관

> - 신체 성장(키, 체중 등) : 출생 시에서 성장이 완료될 때까지 S자형 곡선
> - 신경계(뇌, 척수) : 영유아기 초기에 급속히 성장하여 10세경 성인과 유사해짐
> - 생식기관(고환, 부고환, 난소, 자궁) : 사춘기에 급격히 성장
> - 림프조직(흉선, 편도선, 림프절 등) : 아동기(10~12세경)에 현저히 발육하여 성인의 2배에 달했다가 감소

- 결정적 시기 : 세포 분열이 빠르게 일어나는 때. 이 시기에 영양 결핍 등 정상적인 성장 · 발달에 지장을 초래하는 장애 요소가 있으면 기관의 세포수가 비가역적으로 감소하여 정상 성장으로의 완전 회복이 불가능해져서 영구적 결함이 생기거나 기능장애가 생길 수 있음

㉤ 성장 · 발달은 수직적이며 개인차가 매우 커서 자신의 성장 패턴을 가짐

(2) 세포의 성장

① 세포 숫자 증가(Hyperplasia)

② 세포 크기 커짐(Hypertrophy)

③ 세포 숫자 증가 + 세포 크기 커짐

(3) 기관과 조직의 발달

① **뇌** : 생후 2~3년 급속히 성장(뇌 무게 – 신생아는 성인의 30%, 만 1세는 60%, 6세는 90% 정도)

② 아동기의 림프조직은 성인의 2배였다가 그후 감소, 간 기능은 사춘기까지 가장 많이 발달, 폐는 가장 늦게 발달

(4) 신체 비율

갓 출생한 신생아는 4등신, 생후 1년부터 사춘기까지 급격히 자라면서 성인이 되면 7.5~8등신

(5) 골격 발달

① **신장** : 골격의 발달에 의해서 상태 결정

② 상피세포인 장골 끝의 연골 부분이 분열 증식 및 석회화 과정 → 점차 단단한 뼈로 변함 → 길이와 폭이 커짐

③ 인성이나 성에 따라 차이가 크며, 개인차도 있음

④ 단백질, 칼슘과 인의 비율, 지질, 비타민 D, 부갑상선 호르몬, 비타민 C 등이 관여하므로 균형 잡힌 영양소 섭취 중요

⑥ 저영양과 단백질 결핍은 골격 성장을 저해, 단백질 과잉 섭취는 골격 내 무기질침착 감소

(6) 근육과 지방조직

① 근육

㉠ 성장호르몬과 갑상선호르몬, 인슐린, 안드로겐 및 성호르몬의 영향을 받아 성장기에 꾸준히 증가

㉡ 남성은 10세 전후로 급성장하며, 여성은 남성에 비해 적음

㉢ 20세 이후에는 남녀 모두 근육량이 감소하는 경향

② 지방조직

㉠ 생후 1년간 급격히 축적, 6세 전까지는 서서히 증가함

㉡ 여성은 사춘기 이후 급격히 증가, 축적량은 남성보다 더 많음

(7) 호르몬

① **성장** - 유전, 영양, 환경적인 요인에 의해 영향을 받음

② **호르몬** - 성장호르몬, 갑상선호르몬, 인슐린, 안드로겐, 성호르몬 등

㉠ 성장호르몬 : 모든 조직과 기관에서 단백질을 합성하고 세포를 증식시켜서 뼈와 각 조직의 성장을 촉진

㉡ 갑상선호르몬 : 연골의 골화와 치아 성장, 안면 윤곽, 신체 비율 등에 다양한 영향

㉢ 안드로겐과 성호르몬 : 청소년기의 성장과 성기관의 발달을 주도

㉣ 아동기까지는 성장호르몬과 갑상선호르몬이, 청소년부터는 안드로겐과 성호르몬이 중요한 역할을 함

(8) 성장 · 발달에 영향을 주는 요인

유전, 영양, 운동, 질병, 정신적 여건, 연대별 추이, 성별, 사회, 경제적 여건, 호르몬

2장 임신기, 수유기 영양

01 임신기의 생리적 특성

(1) 여성 월경 주기와 호르몬

시상하부 → (생식인자방출호르몬, GnRH) → 뇌하수체 전엽 → 난포자극 호르몬(FSH), 황체형성 호르몬(LH)

① 시상하부에서 생식인자방출 호르몬 분비

난포자극 호르몬을 분비 → 난소를 자극 → 원시난포 세포를 성숙난포 세포로 → 자궁내막을 증식 → 혈액 내 에스트로겐이 일정량이 되면 뇌하수체 전엽을 자극하여 난포자극 호르몬 분비를 억제

② 황체형성 호르몬 분비

㉠ 성숙난포 세포를 파멸 → 난자 배출 → 난포강을 자극하여 황체 형성 → 황체에서 프로게스테론 분비 → 뇌하수체를 자극하여 황체형성 호르몬 분비 억제 → 황체퇴화 → 프로게스테론 분비 중단 → 자궁내막이 수축되면서 박탈(월경)

㉡ 생리는 보통 한 달(28일~30일)의 주기이며 3~7일간 지속

③ 임신장애 요인

- 유전 이상
- 체중 감소 〉 15%(에스트로겐 이용성이 떨어짐)
- 비만(에스트로겐 과다)
- 심한 운동(정상적인 월경 주기 지연 혹은 방해)
- 과도한 알코올 섭취(에스트로겐 수준을 감소시킴)
- 내분비장애(갑상선기능저하, 쿠싱질환)
- 생식기관의 구조적 이상
- 심한 스트레스
- 성병(매독, AIDS)
- 당뇨
- 경구피임약 복용(적어도 임신계획 3개월 전 중단)
- 거식증, 폭식증
- 채식, 고섬유소 섭취
- 20세 〉 연령 〉 35세
- 골반 염증성 질환(PID)
- 자궁내막증(혼전 많은 성경험)

(2) 임신 시 모체의 변화

① 호르몬 분비의 변화

㉠ 에스트로겐 : 태반, 프로락틴 기능 억제, 자궁 수축하여 분만을 도움

㉡ 프로게스테론 : 태반, 프로락틴 기능 억제, 자궁 수축 억제, 조기 출산 방지

㉢ 옥시토신 : 뇌하수체 후엽, 유즙 분비 촉진

㉣ 레닌, 안지오텐신 : 체내 수분과 나트륨 보유

ⓜ 프롤락틴 : 뇌하수테 전엽, 유즙 생성 촉진, 자궁 수축 억제(조기 출산 방지)

ⓗ 태반락토겐 : 글리코겐 분해를 촉진하여 혈당을 증가

② 태반과 신체조직의 발달

㉠ 태반의 작용

- 영양소와 노폐물의 운반(모체로부터 영양소와 산소가, 노폐물과 탄산가스는 모체 측으로)
- 영양소의 조절(태아에게 직접 영양소가 대량으로 이동되지 않도록, 부족한 경우 합성)
- 호르몬 분비(에스트로겐, 프로게스테론, 생식선자극 · 최유 · 성장호르몬 → 태아의 성장과 모체의 건강 유지)

㉡ 태아 부속물 생성

- 난막, 탯줄, 양막, 양수 등이 발달
- 양수 : 태아, 탯줄, 태반 등이 들어 있는 점성 용액
- 양수의 역할 : 외부의 충격과 태아운동의 자극으로부터 보호, 태아의 사지 발육 촉진, 유착 방지, 분만 시 태아가 쉽게 통과

③ 영양소 대사 변화

㉠ 임신 초기 에너지 확보를 위해 모체조직의 인슐린 민감성이 증가하여 글리코겐과 지방의 합성을 촉진하고, 임신 말기에는 태아의 우선적 당질을 열량 이용하기 위해 지방산이나 케톤체를 열량원으로 이용함

㉡ 모체 내 혈액 내 유리지방산과 중성지질과 콜레스테롤 농도 상승

㉢ 임신 초기 체중 증가 요인 : 모체의 체지방량 증가, 체액과 혈액 증가, 자궁과 유방 무게 증가, 태아, 태반, 양수 증가 → 임신 초기 체중 증가는 미비하나, 20주부터 1주일에 약 450g씩 증가

㉣ 에스트로겐 증가 → 트렌스페린(철운반)과 셀룰로플라스민(구리)의 혈장 농도 증가 → 철과 구리의 운반 증가

ⓜ 칼슘과 철의 소장 흡수 증가 → 비타민 C와 많은 영양소의 빠른 대사 회전

ⓗ 임신 1분기(1~12주) : 주요기관, 조직형성

ⓢ 임신 2분기(13~26주) : 메스꺼움이 없어지고, 식욕 왕성, 빈혈 발생

ⓞ 임신 3분기(27~40주) : 태아의 성장 속도가 가장 빠름, 임신중독증 위험

④ 생리기능의 변화

혈액량 증가	혈액량 증가 20%, 혈장량 증가 50%, 부종(60~70% 발생)
혈액 희석	혈중 비타민, 무기질의 농도 감소
혈중 지방 수준	LDL-콜레스테롤, 중성지방, HDL-콜레스테롤의 농도 증가
혈당 수준	인슐린 저항성 증가(혈당 감소, 인슐린 증가) 모체 조직 · 기관의 확장, 심장, 갑상선, 간, 신장, 자궁, 유방, 지방조직

순환계	심박출량 증가(30~50%), 심박동수 증가(16%), 임신 초기 혈압 감소(-9%), 2분기 성장 회복
호흡계	호흡량 증가(30~40%), 산소 소모량 증가(10%)
식품 섭취	식욕과 식품 섭취 증가, 체중 증가, 맛과 냄새의 선호도 변화 증가
소화계 변화	위 · 내장 통과 시간 증가, 구역질(70%) · 구토(40%), 위 쓰림, 변비
신장 변화	사구체 여과율 증가, 소디움 저류 증가, 비뇨기계 감염 등 위험 증가
면역계	면역성 감퇴, 비뇨기계, 생식계 감염 등 위험 증가
기초대사	임신후기 기초대사 증가, 체온 증가로 인한 수분 상실
호르몬	임신의 생리적 변화를 위해 필요한 호르몬이 태반에서 분비

㉠ 소화기계

- 짠맛에 둔감해지고 식품 혐오와 선호 정도가 강해짐
- 임신 초기에 식품이나 맛의 기호가 변하고 입덧
- 위장기관 장애 : 프로게스테론의 분비 증가 → 소화관을 이루고 있는 평활근 이완 → 위 배출속도 지연 → 소화기능 저하 → 장내 가스 발생 → 답답함과 식욕 저하
- 변비발생 : 자궁이 커짐 → 장의 위치 변하고 장벽이 이완 → 자궁압력이 하복부에 가해져 장운동 저해

㉡ 심순환계와 혈액

- 다량의 영양소와 산소가 필요하고, 많은 대사산물을 배출해야 하므로 심혈관계 기능이 증가
- 혈액 내 총 단백질, 알부민, 알부민/글로불린 비 저하, 콜레스테롤과 중성지방 증가 → 고지혈증
- 무기질은 변함이 없으나 혈청 철, 혈청 페리틴은 저하되어 빈혈

㉢ 비뇨기계

- 혈액량 증가 → 신장의 사구체 여과량 증가 → 세뇨관의 재흡수 범위 초과 → 소변으로 포도당 손실
- 신장은 나트륨과 수분 축적 → 혈액량과 세포 외액량 증가
- 레닌과 알도스테론의 활성이 크게 증가 → 수분은 약 7L 이상, 나트륨은 17g 정도 증가

㉣ 입덧과 식품기호 변화(임신 초 : 신맛 → 중 : 단맛 → 후기 : 짠 음식 선호)

- 임신 시 입덧과 잠이 많음 → 중기에 프로게스테론과 에스트로겐 농도가 상승하면서 식욕 왕성

⑤ 체중 증가와 신체조직의 발달

- 정상 체중에 속하는 경우 일반적으로 11~16kg 체중 증가가 이상적
- 체형에 따라 권장 체중 증가량이 다름
- 자궁비대로 인한 변비, 흉식 호흡, 빈뇨, 속 쓰림 현상이 일어남

㉠ 체중 증가의 요소

- 임신 중 체중 증가의 1/3은 태아 25%, 태반 5%, 양수 6%
- 체중 증가의 2/3는 체조직과 체액의 증가
- 구성 성분 : 수분 62%, 단백질 8%, 지질 30%(축적된 단백질의 2/3은 태아와 태반, 지질의 90%은 모체의 지방조직)

  예 태아 3.1kg, 태반 0.45kg, 양수 0.9kg, 유방과 자궁 증대 1.35kg, 혈액량 증대 1.85kg, 산모의 지방 조직축적 3.6kg, 세포 외액증가 1.35kg = 약 12.6kg

㉡ 임신 중 체중 증가와 임신부 합병증

- 표준 체중의 10% 이하 : 빈혈, 자연파수, 자궁내막염의 빈도가 높고 조산아의 비율이 2배 정도
- 임신 중 2.5kg 미만 또는 16kg 이상 증가된 임신부 : 고혈압
- 임신 중 체중 증가 과다 : 임신오조나 임신중독증, 제왕절개율이 높아짐

(3) 태아의 성장과 발달

① 수정란기 : 수정된 후 약 14일

② 배아기 : 수정 후 2~10주의 기간(결정적 시기)

③ 태아기 : 임신 11주 이후(양수, 태반)

④ 신생아기 : 임신 9개월 이후

- 임신기간은 약 280일(40주)로 태아가 성장 · 발달
- 수정 후 2주 정도에 세포 분화 → 배아 → 점차 분화 → 조직과 기관이 생김 → 신체기능 발달
- 결정적인 시기 : 어떤 심리적 특성이나 행동이 특정 시기에 획득되어야 하며, 그 시기가 지나면 획득하지 못한다.

(4) 분만

태아와 그 부속물이 모체 밖으로 완전히 배출되는 것

※ 예정일 = 마지막 월경 시작달+9와 마지막 월경 시작일+7

02 임신기의 영양관리

(1) 임신부의 영양섭취 기준

① 에너지와 열량영양소

㉠ 임신개월 수가 증가하면 기초대사량 상승(임신 중기 : +340kcal, 임신 말기 : +450kcal)

㉡ 탄수화물 : 단백질 : 지방 = 65 : 15 : 20

㉢ 분만 직전에 하루 40g 이상의 포도당이 필요 → 적어도 175g의 탄수화물 섭취 필요

㉣ 섬유소가 많은 식품은 산모의 변비를 예방함

㉥ 지방 : 리놀렌산, 리놀렌산과 같은 필수지방산과 EPA, DHA같은 n-3 지방산(뇌망막조직 발달) 필요

㉦ 아미노산과 단백질 : 태아, 태반 및 모체조직의 합성과 유지에 필요한 총단백질량은 350~450g

㉧ 아르기닌과 시스틴은 태아에게 필수아미노산으로 간주

② 무기질

㉠ 칼슘 : 성인여자의 칼슘권장량인 650mg에 280mg을 추가

㉡ 인 : 모체의 인 흡수율 증가로 신장의 재흡수율도 동시에 증가하므로 인 권장량을 추가하지 않음

㉢ 철 : 성인여자(14mg/day)에 10mg을 추가해 24mg/day → 철보충제 복용 권장

㉣ 아연 : 단백질 합성을 포함한 많은 효소의 보조인자 → 추가필요량은 약 2mg

③ 비타민

지용성	수용성
• 비타민 A 태아의 성장, 세포분화 및 정상적인 발달 과다 복용 시 독성 유발 • 비타민 D 칼슘 흡수에 필수적 섭취 부족 시 태아의 곡격석회질환 및 골밀도 감소, 저칼슘혈증과 조산아 출산율 증가	• 비타민 C 성장에 필수적인 콜라겐 합성, 호르몬 분비, 임신유지 역할 • 티아민, 리보플라빈과 니아신 : 에너지 추가 필요량을 고려 • 엽산 : 임신 중 태반 형성을 위한 세포증식, 혈액량 증가에 필요한 적혈구 생성, 태아성장, 부족 시 치명적인 신경관결손 • 비타민 : 엽산이 활성형으로 전환하는 데 필요 → 채식주의 임신부는 따로 보충 필요

④ 수분과 나트륨

㉠ 수분 : 하루 2,300ml 섭취하며 카페인, 감미료, 알코올이 함유된 것을 삼가함

㉡ 나트륨 : 신체의 수분 평형을 유지하는 데 중요한 작용 → 고혈압 발생과 부종을 피함

(2) 임신 결과에 영향을 미치는 요인

- 저영양
- 과잉영양
- 음주
- 흡연
- 카페인
- 심한 운동과 스트레스
- 매독, 풍진과 후천성 면역결핍증(AIDS)
- 약물(마리화나, 코카인 등)과 오염물질(수은, 톨루엔, 납)
- 임신연령(10대, 고령임신)
- 다태아 임신
- 고혈압
- 당뇨병
- 임신기 철결핍
- 임신중독증

(3) 임신부의 식생활관리

① 임신 경과에 따른 영양관리

㉠ 임신 초기 – 입덧 시 영양관리 잘 해야 함, 칼슘과 단백질 섭취 충분히

㉡ 임신 중기 – 체력 유지, 빈혈, 변비, 부종과 임신중독증을 예방

㉢ 임신 후기 – 규칙적인 식사와 간식을 적절히

㉣ 열량 섭취 제한 : 임신중독증, 당뇨, 단백뇨, 자간증상

㉤ 임신 시 단백질 결핍은 임신부의 면역력 감퇴, 태아 성장 저해, 모체의 빈혈, 임신중독증, 부종, 빈혈이 생기므로 양질의 단백질 섭취

② 임신, 수유부를 위한 식생활 지침

㉠ 우유 제품을 매일 3회(3컵) 이상 섭취

㉡ 고기나 생선, 채소, 과일 섭취 → 섬유질 많은 음식을 먹어 변비를 줄임

㉢ 청결한 음식을 알맞은 양으로 → 익혀서 먹음

㉣ 짠 음식을 피하고, 싱겁게 → 부종 예방

㉤ 술과 카페인, 담배 금지

㉥ 가공식품과 화학조미료 자제 → 임신 6~11주는 특히 태아의 정상 발육에 많은 영향

> 변비 개선 식사 (임신 후기 복부 압박에 의해 변비가 일어남 → 약제 사용은 되도록 자제)
> • 섬유소가 많은 잡곡, 두류, 채소, 해조류 – 잔사가 많은 곤약, 한천, 김, 미역, 파래
> • 수분 : 냉수, 과즙 – 당류, 꿀, 엿, 잼
> • 과일, 우유, 요쿠르트, 유산음료 – 향신료, 식초 이용

03 임신부 영양관련 문제

(1) 임신부 질환 시 식사관리

① **오조** : 임신 초기에 매스껍고 울렁거리며 토기가 비정상적 → 체중 감소, 피부 건조, 요량 감소 등 탈수상태

② **임신중독증** : 다른 특별한 합병증은 없으나 부종, 단백뇨, 고혈압 중 한 가지 이상의 증상이 생긴 경우(저열량식, 저탄수화물 · 저동물성 지방식, 양질의 단백질 식사, 나트륨 제한, 고비타민식, 수분 섭취)

③ **갑상선기능항진증** : 면역기능 변화 → 갑상선호르몬 과잉 → 뇌하수체호르몬 분비 억제 → 배란이 어려워지거나 착상이 어려워짐(바세도우병 환자)

④ **임신성 빈혈** : 임신 말기에 가장 현저히 나타남 → 임신합병증, 다태임신, 산후출혈, 산욕기 이환율이 더 높음(균형식사, 고열량식 및 고단백식, 고철분식)

04 수유기의 생리적 특성

(1) 모유수유의 의의

① 모유수유의 의의

세계보건기구(WHO)에서 최적의 성장, 발달 및 건강을 이루기 위해 아기에게 생후 첫 6개월 동안은 모유만 수유하는 완전 모유수유, 6개월부터는 영양이 풍부한 이유식을 먹이면서 3년 이상 계속해서 모유수유를 지속하도록 권장

영아 측면	모체 측면
• 성장발달에 따른 이상적인 영양급원 • 각종 감염성 질환 예방 • 뇌 발달 증진 • 알레르기 예방 • 과체중과 비만 예방 • 턱 근육과 치아발육 촉진 • 심리적 안정과 정서적 발달 증진	• 빠른 산후회복 • 산모의 자신감 증진 • 본래 체중으로의 회복 용이 • 유방암 예방 • 출산 후 우울증 예방 • 자연적 피임 • 경제적이고 간편

② 모유수유의 실패 원인

㉠ 전염병, 만성소모성 질환(폐결핵, 신장 질환), 산후합병증, 정신병(간질), 유선염, 유아의 입이 기형일 때

㉡ 모체가 약물을 복용할 경우(불가피하게 약복용해야 할 경우 가능한 한 아기에게 충분히 젖을 먹인 후 약을 복용(항우울제, 항생제, 경구피임약, 수면제, 혈압강하제, 항히스타민제), B형(만성)간염, 상태심한 미숙아, 엄마가 임신하였을 경우, 스트레스, 고혈압, 흡연, 유두함몰, 갑상선기능저하증 등

(2) 모유의 특성

① 모유 속 영양소

㉠ 일반적인 에너지, 단수화물, 단백질, 무기질, 엽산은 수유부 식사 내용과 모유 속 영양소 함량에 크게 영향을 미치지 않으나, 모유의 지질 함량과 비타민 함량은 그대로 반영(모유 성분 속 지방 : 수유부의 식사 섭취량, 영양 상태에 따라 개인차, 계절, 수유 기간, 출산 횟수 등의 영향을 가장 많이 받는 영양소)

㉡ 초유 속에는 면역물질(락토페린, 면역글로불린 등), 무기질, 단백질 함량이 성숙유보다 많으며, 성숙유에는 지질, 탄수화물, 유당 함량이 초유보다 많음

㉢ 칼슘은 700 + 400mg을 섭취하여야 하나, 인은 추가섭취량 없이 700mg만 섭취 (1.5:1)

㉣ 단백질 추가권장량 : + 25g(임신부와 같음)

㉤ 모유 100ml당 에너지 65kcal 함유

㉥ 2,100kcal(20~29세) 또는 1,900kcal(30~49세) + 490kcal(모유 750ml/일) - 170kcal(쟁여 둔 체지방량)

㉦ 5~6개월 이후 모유만 수유하는 것은 부적절 : 체내 저장된 철이 다 떨어져 철분이 부족하게 됨

㉧ 엽산 : 모유생성을 위해 150μg을 더 섭취. 모유를 통해 분비되는 엽산은 64μg

② 모유 속 면역성분

㉠ 면역글로불린(IgA) : 점막과 내장의 세균침입을 막음

㉡ 항포도상 구균 : 체계적인 포도상구균성 감염 방해

㉢ 락토페린 : 철과 결합하여 세균증식을 막음

㉣ 인테페론 : 세포 내 바이러스성 복제 방해

㉤ 리소자임 : 세포벽의 파괴를 통하여 박테리아를 용해

㉥ 비피더스균 : 장내 유해한 번식 방지

㉦ 그 외 림프구, 대식세포 등

③ 모체의 유즙능력 증가 및 감소 요인

수유부의 유즙능력 증가	수유부의 유즙능력 감소
• 충분한 식사를 하는 경우 • 수유 후 유방을 완전히 비울 경우 • 고단백질, 고지방식을 하는 경우 • 분만 후 빨리 젖을 빨렸을 경우	• 수유 후 유방을 완전히 비우지 않는 경우 • 영양의 흡유력이 약할 경우 • 수유부의 연령이 증가할 경우 • 흥분이나 공포, 불안 등의 감정적 요인 • 육체적, 정신적 피로 • 모체의 영양 불량

④ 모유 보관방법

금방 짜낸 것은 6~10시간 실온보관 가능, 해동한 모유는 바로 섭취 권장, 냉장실은 최대 8일, 냉동실은 3~4개월까지 보관가능

⑤ 수유부 호르몬변화

에스트로겐과 프로게스테론 감소, 프롤락틴과 옥시토신 증가

(3) 인체의 발달과 성숙

① 난소와 태반에서 에스트로겐, 프로게스테론 등의 호르몬이 분비하고 유선엽 중심 공간들이 커져 덩어리가 점차 팽창

② 새로운 지방조직, 혈관, 미세도관이 형성되며 큰 도관에 합쳐져 수유에 대비하여 분만 후 모유수유를 하게 되면 유선의 형성이 촉진

③ 분만 후 에스트로겐, 프로게스테론의 혈중 농도가 저하되고 모유 분비 시작

(4) 수유부의 영양소 섭취

① 에너지

㉠ 수유부에게 필요한 에너지는 모유 생산에 필요한 양

㉡ 1일 모유분비량(750ml)과 모유의 에너지 함량(65kcal/100ml)으로 산출

㉢ 모유로 방출되는 에너지를 490kcal/일(750ml × 65kcal/100ml)

㉣ 저장 지방조직으로부터 동원되는 잉여에너지(170kcal/일)를 빼면 320kcal로 산출

② 단백질

㉠ 모유의 단백질 함량(12.6g/L)과 모유분비량(750ml/일)으로 산출

㉡ 단백질 추가 평균필요량은 하루 모유로 분비되는 단백질 함량을 9.95g(12.6g/L × 750ml)으로 봄

㉢ 식이단백질이 유즙단백질로 전환되는 효율을 47%로 추산하면 20g/일로 산출

㉣ 개인변이계수 12.5%를 적용하게 되면 25g/일로 정해짐

③ 칼슘

㉠ 흡수율이 증가하고 섭취가 부족하게 되면 모체의 골격에서 동원되어 모유 생성에 이용됨

㉡ 적절하지 않은 칼슘 섭취 시 골밀도에 악영향을 줌

④ 철분 : 임신 수유로 인한 철분 손실로부터 회복을 위한 양이 필요하기 때문에 성인 여성과 같은 양으로 필요

⑤ 지용성 비타민

㉠ 비타민 A

- 비타민 A는 모유 내 비타민 A의 함량을 48㎍RE/100ml로 간주하고 350㎍RE를 추가 평균필요량으로 설정
- 20%의 변이계수를 고려하여 추가 권장섭취량은 490㎍RE 설정

㉡ 비타민 D

- 비타민 D의 섭취는 칼슘 평형을 유지하는 데 중요
- 비타민 D의 추가 충분섭취량은 5㎍

⑥ 수용성 비타민

㉠ 비타민 C

- 비타민 C는 모유에 풍부하게 들어 있으며 하루에 모유로 분비되는 비타민 C 함량은 30-45mg
- 수유부에게 필요한 추가 권장섭취량은 35mg 설정

㉡ 티아민, 리보플라빈, 니아신 등

- 모체의 필요량은 30~50% 증가
- 추가 권장섭취량은 티아민 0.4mg, 리보플라빈 0.4mg, 니아신 5mg NE로 설정

⑦ **수분** : 모유는 약 87% 정도가 수분으로 되어 있고 모유를 통한 수분의 손실량이 1일 700ml 정도이므로 순수하게 물과 음료를 통해 섭취해야 하는 양은 약 500ml(에너지의 섭취에 따라 음식을 통해 추가로 수분을 섭취하는 것이 180ml 정도이기 때문) 정도로 추정

05 수유기 영양관련 문제

(1) 당뇨

① 에너지 섭취를 조절해야 하고 수유에 필요한 에너지를 제공하기 위해 인슐린양을 조절

② 혈당을 잘 조절하는 것이 모유 생산을 가능하게 함

(2) 전염성 질환

폐결핵이나 간염 등의 전염성 질환이 있는 경우 영아 건강을 위협하므로 아기와 격리시키는 것이 좋음

(3) 유두염증

① 아기가 젖을 빨기 시작하면 유두가 아프고 유두가 갈라지면서 통증을 느낌

② 4~5일 지나면 익숙해져 유두도 정상으로 돌아옴

③ 유륜까지 깊숙이 젖을 물리도록 하며 유두를 건조하게 유지함

(4) 유선염

유선에 모유가 많이 축적되어 유방이 단단해지고 자극에 예민해져 감기처럼 두통이나 발열 등의 증상이 나타남

3장 영아기, 유아기(학령전기) 영양

01 영아기의 생리적 특성

(1) 영아의 특성(한 달~만1년)

① 일생 중 성장이 가장 왕성 → 뇌의 성장과 발달이 현저하게 이루어짐

② 소화나 흡수기능, 면역력과 환경 변화에 대한 적응력이 약함

③ 신생아기는 모체의 태반과 제대를 통한 영양 공급으로부터 자립해 입으로 영양을 섭취

④ 바람직한 식습관과 식생활 확립이 중요

⑤ 선천적과 후천적 요인에 따라 개인차가 나타남

(2) 영아의 외형적 신체 성장

- 신장, 체중으로 성장의 척도로 이용 → 영양 상태의 평가에 중요한 지표
- 내적인 요인 – 유전, 모체, 질병 / 외적인 요인 – 기후, 오염, 위생적인 면, 사랑 등

① **신장** : 태어난 직후 남아 50.8cm, 여아 50.1cm(보통 46~56cm), 3개월 이후 신장의 증가율이 빨라져 약 10cm 가량 성장, 생후 1년 출생 시의 약 1.5배

② **체중**

㉠ 남아 평균 3.4kg, 여아 평균 3.3kg, 3개월 이후 체중이 약 2배가 되고, 1년 뒤 3배가 됨

㉡ 신생아적 체중 감소 – 출생 후 3~5일이 되면 5%~10% 가량 체중 감소(태변, 요의 배설, 폐 및 피부로부터 수분 손실 등 생리적인 현상이기 때문에 일시적으로 일어난 후 7~10일 후 정상 회복)

③ **두위(머리둘레) / 흉부(가슴둘레)**

㉠ 두위

- 출생 시 평균 약 34cm, 남아 〉 여아
- 신체 중 가장 큰 모양, 몸의 중심이 위쪽이므로 잘 넘어지거나 부딪치게 됨
- 만 1세(11cm 가량 커짐)는 두위와 흉위가 비슷해지며 이후에는 흉위가 더 커짐

㉡ 흉위

- 신생아의 가슴둘레는 평균 33cm, 1세가 되면 13.8cm 가량 더 커지면서 머리둘레보다 더 커짐
- 질병이 생기거나 영양 상태가 나빠지면 체중보다 민감하게 감소

④ 신체비율

㉠ 신생아는 4등신, 2세가 되면 5등신, 6세는 6등신

㉡ 신생아의 다리길이는 전신의 3/1이며 성인이 되면 2/1이 됨

⑤ 치아 : 유치(젖니)는 생후 6~7개월, 2세~2.5세는 20개의 젖니, 그 후 영구치는 6세 전후 32개

⑥ 신체적 성장

㉠ 뇌는 생후 1년간 2배 이상 커지며, 6세에는 약 3배 이상 성장

㉡ 심장, 폐, 간은 생후 1년간 2배 정도 발달, 간기능은 사춘기까지 가장 많이 발달

㉢ 폐와 췌장은 가장 늦게 발달

㉣ 단위체중당 총 체수분 함량은 출생 시 74%에서 1년 후 60%로 감소

㉤ 단백질 함량은 생후1~2년 동안 계속 증가하여 성인과 비슷한 수준

㉥ 세포 외액의 감소, 체내 총 수분량 감소, 세포 내액과 혈장량 증가, 단백질, 근육조직, 지방질 증가

(3) 영아의 생리 발달

① 소장기능

㉠ 영아는 식이 단백질을 체중당 1.95g의 단백질을 소화할 수 있어 4개월 된 아기는 체중당 3.75g 소화할 수 있음

㉡ 신생아는 장점막 장벽기능이 성숙하지 못하여 단백질을 그대로 흡수하는 경우가 있음

㉢ 췌장에 있는 리파아제의 함량이 낮고 담즙산이 적어서 지방분해능력이 약함

㉣ 신생아는 모유에서 공급되는 지질 중 85-95%를 흡수하지만, 우유의 지방은 70% 이하의 흡수율을 보임

㉤ 췌액의 아밀라아제는 생후 4~6개월 에 분비되기 시작해서 6개월~2세가 되어야 완성됨

② 위장기능 : 출생 시 위의 용량은 10~12ml이고, 1년쯤이면 300ml로 증가하게 됨

③ 신장기능 : 설사, 구토 등으로 인해 수분 손실량이 많고 유즙 섭취량이 감소하면 신장기능의 미숙으로 체내 수분과 전해질 균형에 이상이 올 수 있으므로 주의가 필요

02 영아기의 영양관리

- 영아의 영양섭취기준은 0~5개월, 6~11개월 두 기간으로 분류
- 평균 1일 모유 섭취량은 750ml, 생후 6~11개월 영아는 600ml + 이유식 섭취

(1) 영아의 영양권장량

① 에너지와 다량영양소

㉠ 에너지 : 영아초기 에너지 섭취는 550kcal, 후기는 700kcal

ⓛ 탄수화물 : 총 열량 섭취의 60% 정도를 두뇌에서 소모

ⓒ 단백질 : 단위체중당 단백질 필요량은 일생 중 생후 1년간이 가장 높음

- 필수아미노산 : 루신, 페닐알라닌, 리신, 발린, 트립토판, 이소루신, 메티오닌, 히스티딘
- 신생아기의 조건적 필수아미노산 : 아르기닌 카르니틴 시스테인 타우린

ⓔ 지질

- 영아기의 급성장에 필요한 에너지 공급, 섭취하는 에너지의 40~50%를 차지
- 리놀레산, 리놀렌산 – 정상적인 성장 및 피부염 예방에 필수적인 물질

ⓜ DHA – 태아기 및 영아기에 뇌와 망막의 성장발달에 필수적인 지방산

ⓑ 무기질

- 칼슘과 인 – 영아 초기 칼슘과 인의 비율은 2 : 1

	칼슘(mg)	인(mg)
0~5개월	200	100
6~11개월	300	300

- 철과 아연 : 저장철은 대부분 4~6개월경이 되면 고갈(아연은 철과 달리 신생아의 체내에 저장되어 있지 않으므로, 출생 직후부터 섭취해야 함)

ⓢ 수분의 필요량 : 1일 700ml이며 영아후기는 800ml

(2) 유즙의 성분 (모유영양, 인공영양)

① 모유

㉠ 모유의 색깔 – 백색, 담황색 불투명 액체, 지질 함량이 적으면 약간 녹색을 띤 백색

ⓛ 우유보다 단맛이 강하며, 냄새가 없고, 리파아제 활성이 높음

ⓒ 초유(분만 후 1일~5일) : 점성이 있는 소량의 황색 액체. 성숙유에 비해 지질이나 탄수화물이 적게 나타나지만, 무기질이나 단백질 함량은 성숙유보다 높다. 면역성분 함량이 높아 감염으로부터 신생아 보호

ⓔ 모유의 항감염성 인자(면역성분) : 비피더스 인자, 항포도상구균성 인자, 락토페린, 락토퍼옥시다제, 류코사이트, 인터페론, 리소자임, 비타민 – 결합단백질, 림프구, 대식세포

ⓜ 기타 물질 : 카페인, 알코올을 마실 경우 모유에 함유, 약물이나 흡연, 중금속도 마찬가지

② 조제유

㉠ 우유조제유 : 유당을 첨가하고 단백질은 카제인을 줄이는 대신 알부민과 글로불린 첨가

ⓛ 두유조제유 : 우유단백질에 알레르기 반응을 나타내거나 유당불내증 영아에게 급여

ⓒ 특수조제유 : 단백질 가수분해물 조제유, 페닐케톤뇨증 조제유, 갈락토오스혈증용 조제유

(3) 미숙아 영양

① 미숙아 : 출생 시 체중이 2.5kg 이하이거나 재태기간 38주 미만 출생한 조산아. 영아사망률의 주요한 요인

② 임산부의 연령이 너무 낮거나 고령일 때

③ **미숙아의 영양소** : 정상아에 비해 더 많은 영양소가 필요하므로 칼슘과 인 보충과 철보충제나 철강화 조제유를 공급

④ **미숙유** : 일반 산모와는 성분이 다르게 나타남. 단백질과 비단백태질소 함량뿐 아니라 면역글로불린과 무기질 함량이 월등하게 높으며, 미숙아가 소화시키기에 좀 더 용이한 중쇄지방산도 많음

03 이유기의 영양관리

- 이유식의 목적 : 영아가 성장함에 따라 필요한 영양분을 모유가 충족시킬 수 없음
- 시기 : 영아의 성장 상태를 고려해서 보통 생후 4~6개월 시작(영아의 체중이 7kg이 되었을 때)

① 이유식의 원칙

㉠ 수유 시간과 간격이 불규칙해지면 위장장애와 이유식에 대한 거부감이 나타남

㉡ 새로운 식품은 양을 적게 시작하여 차츰 늘려감

㉢ 조리법 : 단순, 매끈함, 부드러움(유동식의 상태)

㉣ 미각이 발달하는 시기이므로 자극성 있는 식품을 피함

㉤ 안전과 위생에 있어서 음식은 신선, 깨끗하고, 소화가 잘 되는 것으로 선택

② 이유의 실행

㉠ 이유 초기(4~6개월) : 하루에 한 번 주는 것을 원칙으로 야채즙, 미음, 과즙 정도

㉡ 이유 중기(7~9) : 오전과 오후 2회로 주되, 반고형식 형태, 식품의 종류, 분량을 늘려 서 다양한 식품의 맛에 익숙해지도록 하고, 알레르기 반응을 일으킬 수 있는 식품 주의

㉢ 이유 후기(10~12) : 하루 3번으로 하되, 모유나 조제유는 2회로 줄임

㉣ 이유 완료기(1세 이후) : 성인처럼 아침, 점심, 저녁 3회로, 간식은 하루 1~2회 일정하게 줌

04 영아기 영양관련 문제

① **성장장애** : 가장 중요한 원인은 에너지와 단백질 결핍이며, 그 외로 철, 아연 등의 미량영양소 결핍

② **빈혈** : 불충분한 식품 섭취, 부적절한 이유식, 빠른 신체 성장과 혈액량 증가에 의한 철필요량 급증

③ **설사** : 설사 시 수분 손실이 증가하여 탈수 증상

④ **식품 알레르기** : 계란흰자, 땅콩버터, 견과류, 새우, 복숭아 등

⑤ **치아우식증** : 젖병을 물고 잘 경우 더 많이 생김

⑥ **선천성 대사장애** : 체내에 필요한 효소가 없어 성분을 정상적으로 대사시키지 못해 뇌나 신체에 손상 → 페닐케톤뇨증, 단풍시럽뇨증, 호모시스틴뇨증, 갈락토오스혈증 등

⑦ **다운증후군, 뇌성마비, 경련** : 흔히 저체중이나 발달장애가 일어남

05 유아기(학령전기)의 생리적 특성

(1) 신체적 성장

① 성장 속도는 영아기 후반에서부터 점차 완만해짐

② 체지방 비율이 감소하며 제지방 조직의 비율이 증가

(2) 신체 구성

① 유아기에는 체지방 비율이 14~18%

② 근육량은 점차 증가

③ 몸의 균형면에서도 팔과 다리의 성장이 큼

(3) 생리적 발달

① 신경계

㉠ 생후 1년 동안 뇌의 무게는 출생 때의 2배로 증가

㉡ 4세에는 성인의 75%, 6세는 90%로 빠르게 성장

② 소화기계와 치아

㉠ 소화기계는 유아 초기에 발달하여 성장기 어린이의 영양 필요량을 충족하도록 함

㉡ 소화효소계는 3~4세경 성인 수준으로 발달

㉢ 간에서 글리코겐을 저장하고 포도당을 공급하는 능력도 발달

㉣ 대장은 성숙함에 따라 물과 분비물을 흡수하는 능력이 개선되며 변이 더 단단해짐

㉤ 치아는 3세까지 20개 젖니가 모두 나오고 턱도 성장함

③ 비뇨기계

㉠ 신장기능은 유아 초기에 발달되어 2~3세가 되면 신장이 수분 균형을 유지하기 위해 소변량 조절

㉡ 1일 배뇨량은 600~1000ml

06 유아기(학령전기)의 영양관리

(1) 에너지

① 에너지 적정비율은 탄수화물 55~65%, 단백질 7~15%, 지질 15~30%로 설정

② 유아의 경우 지질 같은 에너지 밀도가 높은 식품의 선택이 필요

③ **권장섭취량** : 1~2세 900kcal, 3~5세 1400kcal

(2) 탄수화물

① 곡류, 채소, 과일 등을 공급하는 것이 좋으며 쿠키나 캔디, 탄산음료와 같은 단당류 제품의 섭취는 제한

② 1~5세는 총 에너지의 55~65%

(3) 단백질

① 새로운 조직의 합성이나 조직의 유지를 위해서 중요하며 필수아미노산의 공급이 필요

② 권장섭취량은 1~2세 20g, 3~5세 25g

(4) 지질

① 에너지 밀도가 높은 영양소이며 영아기 때보다 에너지원으로의 비율은 점차 감소

② 1~2세는 총 에너지의 20~35%, 3~5세 총 에너지의 15~30%

(5) 비타민

① 비타민 A는 세포의 성장과 분화에 중요하며 비타민 B군은 에너지와 단백질 대사에 필수적인 비타민

② 비타민 C의 경우 피부조직 등에 중요한 콜라겐을 합성시킴

③ 비타민 D는 면역력 향상이나 골격 성장에 도움을 주는 비타민

(6) 무기질

① 칼슘은 골질량 증가를 위해서 중요하며 우유나 유제품, 멸치 등이 좋음

② 철은 유아기 때 체내 저장량이 적기 때문에 간이나 달걀노른자, 녹황색 채소 등을 섭취하는 것이 좋음

07 유아기(학령전기) 영양관련 문제

(1) 비만

① 지방세포가 크고 수도 증가하여 성인 비만보다 치료하기 어려움

② 비만의 원인은 유전이나 식습관, 생활습관이라 볼 수 있고, 식사 조절이나 운동하면서 관리해야 함

(2) 충치

젖병에 익숙한 유아에게 문제가 되며 유치가 나기 시작한 직후 매일 양치질을 해야 충치의 발생률이 적음

(3) 유아 빈혈

① 철분 섭취 부족 시 발생하며 학습능력이나 체력이 떨어짐

② 유아 빈혈을 막기 위해서는 철분이 많이 있는 간, 살코기, 달걀노른자 등을 규칙적으로 공급하는 것이 좋음

4장 학령기, 청소년기 영양

01 학령기의 생리적 특성

(1) 특성

① 신장과 체중

㉠ 남자는 12~14세, 여자는 2~3년 빠르게 가장 크게 신장 증가

㉡ 체중 증가는 남 12~16세, 여 11~12세

② **신체구성** : 체지방률 여 16%, 남 13%가 최저점 → 이후 서서히 지방조직 증가

③ 기관과 조직

㉠ 신장은 성인의 60%, 심장과 간은 약 30%, 폐는 약 22%로 느리게 발달

㉡ 흉선 : 학동기에 가장 발달되어 성인의 두 배 정도로 성장을 보이다가 그 후 성장 속도 감소

④ **골격** : 여아가 남아보다 2~3세 빠름

(2) 기능적 발달

① **성장호르몬** : 가장 영향을 주는 요인. 모든 조직과 기관에서 단백질 합성 및 촉진, 세포를 증식, 뼈의 성장 촉진

② **갑상선호르몬** : 에너지 생산과 탄수화물, 단백질, 지방에 영향을 줌. 부족으로 크레틴병 발생 가능

③ **인슐린** : 에너지대사 관여, 정상적인 성장에 필수적

02 학령기의 영양관리

(1) 탄수화물

① 에너지 적정섭취 비율은 55~65%

② 식이섬유의 충분섭취량은 6~8세 여아 20g, 남아 25g, 9~11세 남아와 여아 각각 25g

(2) 지질

적정섭취 비율은 15~30%

(3) 단백질

새로운 세포와 조직의 형성을 위해 단백질 공급이 중요

(4) 비타민

리보플라빈의 경우 학령기에는 결핍되기 쉬우므로 구각염 예방을 위해서라도 섭취가 중요

(5) 무기질

① 칼슘은 골격 형성이나 치아의 영구치 전환으로 인해 많은 양의 섭취가 필요

② 철은 성장으로 인한 헤모글로빈의 양 증가와 근육 증가로 많은 양의 철이 필요

03 학령기의 영양관련 문제

(1) 식행동과 영양문제

① **환경요인** : 대중매체, 또래친구, 가족, 신체상

② **식행동 문제**

㉠ 아침결식 : 어린이의 주의 집중력 저하

㉡ 패스트푸드 위주 식사 : 성인병 주의

㉢ 탄산음료 소비증가 : 칼슘급원 식품인 우유 섭취량 감소

③ **식품 알레르기** : 우유 〉 달걀흰자 〉 감귤류 〉 초콜릿 〉 해산물 〉 밀가루 〉 견과류

④ **영양문제**

㉠ 영양성 빈혈 : 철, 단백질, 비타민, 엽산, 비타민 C의 부족

㉡ 아동비만 : 고지혈증, 고혈압, 당뇨병 야기, 식이섭취의 과잉, 활동의 부족, 심리적 원인과 식습관

㉢ 충치 : 서당류(사탕, 초콜릿, 아이스크림) 과잉 섭취, 청결관리 소홀

㉣ 과잉행동증 : 집중력 부족, 과격한 행동, 충동적이고 참을 수 없음 → 과다한 설탕이나 지나친 카페인 섭취 문제

㉤ 심혈관질환 : 동맥경화는 생애 초기부터 서서히 진행, 아동기혈압 증가는 체지방, 운동 량의 감소, 나트륨과 관련

㉥ 건강기능식품의 섭취 : 제품의 기능, 용도, 사용방법에 대하여 숙지

(2) 식생활관리

① 음식은 다양하게 골고루 먹음

② 많이 움직이고, 먹는 양은 알맞게

③ 식사는 제때에, 싱겁게 먹음

④ 간식은 안전하게(불량식품 X)

⑤ 식사는 가족과 함께 예의 바르게

⑥ **학교급식** : 학령기 아동에게 성장 발육에 대한 필요한 영양소를 함유한 균형식사 제공, 가정에서의 식습관 개선, 편식 교정, 공동체 의식 함량

⑦ **양적식사** : 성장, 활발한 신체 활동, 급속한 성장, 감염에 대한 저항력 증가

04 청소년기의 생리적 특성

(1) 청소년기 특성

① 신장과 체중

㉠ 급격한 성장, 특히 신장과 체중

㉡ 여자가 남자보다 먼저 성장

(2) 가슴둘레와 앉은 키

① 남자는 16세 이후 발육

② 여자는 11세~16세 급격히 증가, 그 이후는 20세까지 성장이 둔화

③ 신장이 증가해서 6~8등신으로 성장함

④ 남자는 13세 이후, 여자는 15세 이후에 앉은키 다소 증가

(3) 기능적 발달

① 기관과 조직

신장은 성인의 50~55%, 간은 94%, 폐는 34% 정도로 매우 느리게 발달

② 골격

여자의 골반너비가 현저히 증가

③ 근육

여자 16세 이후 근육량 일정, 남자는 성인 될 때까지, 13세부터 약 2배

④ 체지방

㉠ 여성 : 저장지방조직의 증가

㉡ 체지방 : 여자 〉 남자 2배 정도

㉢ 비지방 : 여자 〈 남자 50% 정도

05 청소년기의 영양관리

(1) 에너지

신장 및 체중과 각 기관들의 성장으로 인해 기초대사량이 증가하게 되고 에너지 필요량도 증가

(2) 단백질

성장, 호르몬의 변화가 나타나게 되면서 근육량이나 미오글로빈, 적혈구 등과 같은 체내 구성 성분의 변화로 인해서 단백질의 필요량이 증가

(3) 무기질

① 여성은 월경으로 인해 철의 손실이 많고, 남성은 여성보다 혈액량이 급격하게 증가

② 아연은 단백질의 합성에 관여하고 성장과 성의 성숙에 중요함

③ 칼슘은 골격 성장으로 인해 필요량 증가

(4) 비타민

대사 과정의 증가함에 따라 티아민이나 리보플라빈, 니아신 등의 수용성 비타민의 필요량 증가

06 청소년기의 영양관련 문제

(1) 식행동과 영양문제

① 전반적으로 남자의 섭취량이 여자의 섭취량보다 많아짐

② 칼슘, 에너지, 철, 비타민 A, 리보플라빈, 비타민 C 섭취가 권장섭취량보다 부족함

③ 단백질, 인, 티아민 섭취 증가

④ 청소년을 위한 영양관리나 지도가 반드시 필요함

⑤ 패스트푸드, 인스턴트, 청량음료같은 식품 섭취량 증가

⑥ 사춘기에 접어들면서 우유 섭취량 감소

⑦ 결식 및 불규칙한 식사 : 식사를 거르거나 외식. 주로 밖에서 활동 → 두통, 집중력 감소, 빈혈, 비만 등

⑧ 영양문제

빈혈	초경 이후 철 보충 X
고혈압과 고지혈증	가족력, 높은 식염 섭취량, 비만, 고지혈증, 운동 부족, 음주 등 → 수시로 혈압 체크 및 식이요법과 운동, 금연, 금주
10대 임신	성장영양 + 아기영양
흡연과 음주	청소년기에는 아직 폐가 미발달, 음주로 인하여 교통사고, 싸움, 흡연 및 약물 복용, 술은 높은 칼로리에 비해 영양 불균형
스트레스	부신의 남성호르몬 증가 → 성선자극호르몬의 분비 억제 → 성적성숙 지연
탐식증	음식을 먹다가 중간에 토하거나 다량의 하제를 복용하여 먹는 것을 중단
식욕 부진증	음식 외면 및 피함, 피로감, 부정맥, 체중 감소, 무월경, 탈모, 저혈압 등
즉석식품 과다 섭취 (empty calories)	고열량, 고나트륨, 고지방 섭취

(2) 식생활관리

① 외인성 요인 : 가족단위, 가족특성, 부모의 식습관, 우상적 인물, 사회적 · 문화적 규범과 가치관, 매중매체, 패스트푸드, 영양지식, 개인적 경험

② 내재적 요인 : 생리적인 특성, 생리적 요구량, 신체상(Body image), 개인적인 가치관과 믿음, 자아개념, 기호, 심리발달, 건강

③ 각 식품군을 골고루 섭취한다.

④ 짠 음식과 기름진 음식 적게 먹기

⑤ 체중을 바로 알고, 알맞게 먹기

⑥ 식사를 거르거나 과식하지 않기

5장 성인기, 노인기 영양

01 성인기의 생리적 특성

(1) 특성

① 생리적 측면

㉠ 신체적 변화가 적고 기능적으로 안정된 시기

㉡ 최대신장은 20세 초반, 최대근육 강도는 최대신장 5년 후

㉢ 소화계, 신장계, 호흡계 등 조직기능은 20~30세에 최대

㉣ 기초대사량 감소, 지방량 증가, 체단백질의 감소

㉤ 여성은 45~55세 폐경기를 경험하면서 갱년기에 접어듦 → 에스트로겐 분비 감소 → 골다공증, 심혈관계질환 유발

② 사회 · 심리적 측면

㉠ 심한 경쟁체제 속에서 스트레스

㉡ 직장여성은 일과 가사의 이중부담

㉢ 중년기는 성취감보다 하강과 은퇴를 감지하여 무기력해짐

③ 생활습관 측면

㉠ 교통 · 통신의 발달로 신체적 활동이 줄어듦

㉡ 음주 및 잦은 외식으로 과다한 열량

02 성인기의 영양관리

(1) 탄수화물과 지방

① 영양섭취기준은 다른 영양소와는 달리 에너지적정비율을 설정

② 만성질환예방, 지질 및 단백질 섭취량과 연계하여 설정

(2) 단백질 및 아미노산

① 단백질의 합성과 근육량의 감소로 청소년보다 필요량이 적음

② 단백질의 합성과 분해가 균형을 이루고 있음

(3) 식이섬유

식이섬유 섭취량을 절충하여 충분섭취량을 남자 성인 25g, 여자 성인 20g으로 설정

03 성인기의 영양관련 문제

(1) 식행동과 영양문제

① 남녀 모두 칼슘의 섭취량이 권장섭취량에 비해 낮게 나타남

② 철 : 남성은 권장량 이상섭취, 여자는 권장량에 미치지 못함

③ 아침결식이 전 연령층 중 가장 높음. 30~40대는 시간이 없고, 50대 식욕 부진

④ 2008년도 성인 남녀의 약 31.0%가 과체중이나 비만

(2) 영양문제

① **심뇌혈관계 질환** : LDL - 콜레스테롤의 증가가 가장 큰 원인, 흡연, 고혈압, 낮은 HDL - 콜레스테롤, 가족력 등

② **고혈압** : 뇌졸중, 심부전, 신장 질환 및 눈 질환을 일으킴. 원인은 비만, 음주, 노화, 고 혈압의 가족력, 인종 등 → 칼슘섭취 및 나트륨 제한

③ **당뇨병** : 인슐린 비의존형, 제2형 → 식상요법으로 혈당과 정상 체중 유지 필요함

④ **암** : 비만, 고지방식, 음주 등이 암발생 위험 증가, 채소, 과일, 식이섬유는 항촉진 인자로 작용

⑤ **비만** : 식생활의 서구화 및 교통 · 통신의 발달 → 심혈관 질환, 고혈압, 관절염, 성인 당뇨 발생의 주요 요인

⑥ **대사증후군** : 당불내인성, 고혈압, 이상지질혈증 등 당뇨병 및 심혈관 질환의 위험인자를 복합적으로 지닌 상태

(3) 식생활관리

① 성인병을 앓고 있는 사람은 질병의 증세에 따라 특정 영양소를 제한하거나 금지하는 식사요법 이용

② 건강보조식품이나 보약은 상담을 통해서 인증된 것을 섭취

③ 활동량을 늘리고 건강 체중 유지

④ 짠 음식을 피하고 싱겁게

⑤ 지방이 많은 고기, 튀긴 음식은 적게 섭취

⑥ 술을 마실 때 양을 제한하기

⑦ 스트레스 시 카테콜아민 호르몬 분비

⑧ 흡연 줄임

⑨ **권장섭취 초과** : 단백질, 인, 비타민 A, 티아민, 나트륨

⑩ 우리나라 여성의 가장 큰 문제는 운동 부족

04 노인기의 생리적 특성

(1) 노인기 특성

① 생리적 측면

㉠ 주름이 많아짐, 색소침착, 흰머리

㉡ 세포의 수, 세포의 재생 속도, 눈, 미각기능, 체내 수분량, 뼈조직의 고형분량, 근육, 연조직 및 골격을 포함하는 고형분의 양 감소, 지방 오히려 증가

㉢ 혈압 상승, 혈당량 증가, 효소분비의 저하, 뇌신경전달물질의 감소

㉣ 뇌세포 수 감소, 신경전달물질의 합성 감소

② 사회심리적 측면

㉠ 자율성 또는 자립성, 만족성, 자아실현을 느낄 경우 건강한 장수

㉡ 신체적 건강 약화, 질병에 따른 활동 제약, 빈곤, 경제적 여유의 부족, 배우자 사망, 자녀와의 불편한 관계 등은 불만, 좌절감, 욕구 감퇴 및 우울과 같은 심리적 · 행동적 불안 유발

(2) 기능적 발달

① 기초대사율 감소 : 30~90세 20%

② 장기기능 : 적혈구, 백혈구 함량 감소, 폐용량 및 폐활량 감소, 신혈류량, 사구체여과율, 포도당 재흡수 능력 감소, 위산 분비 감소로 인한 소화율 감소

③ 뇌 · 신경계 : 뇌세포 수는 감소되지만 신경 자극 전달 속도는 유지. 뉴런의 수 감소, 감각기관 저하

④ 내분비계 : 호르몬 분비 및 배설 기능에 이상

⑤ 포도당 내성 저하와 인슐린에 대한 저항성의 증가

05 성인기의 영양관리

(1) 탄수화물과 지방

① 총에너지의 55~65%로 에너지 섭취량 감소에 맞추어 섭취량 줄임

② 총열량의 15~30% 권장

(2) 단백질 및 아미노산

체내단백질은 감소하나 단백질의 체내이용률이 낮으므로 성인과 유사

(3) 식이섬유

변비 완화, 혈청콜레스테롤 저하 등의 효과가 있어 신선한 채소, 과일, 두류 등의 섭취를 권장

(4) 비타민

① 비타민 D

㉠ 자외선에 노출 기회가 적어 피부에서의 비타민 D 합성능력 감소

㉡ 부족 시 골다공증 위험도 증가

② 비타민 B_{12} : 호모시스테인 대사와 관련되고 내인자 분비 감소로 흡수가 저해되어 충분한 섭취가 필요

(5) 무기질

① 칼슘

㉠ 흡수율이 감소되고 소변으로의 손실량이 증가
㉡ 골격 내 칼슘 함량 감소로 골다공증, 골절 위험도 증가

② **철분** : 철분 손실량은 성인에 비해 낮지만 청분의 흡수율과 이용률은 감소

③ **나트륨** : 미각의 둔화로 인해 짜게 먹는 경향 증가

06 노인기의 영양관련 문제

(1) 식행동과 영양문제

① 잦은 감염과 만성질환으로 한 가지 이상의 약물을 복용하나 장기적인 복용인 식욕 감퇴, 미각 변화, 변비, 설사, 메스꺼움, 소화 흡수율 저하, 체내 대사이용률 감소 등의 부작용

② 열량, 지질, 칼슘, 리보플라빈, 비타민 A의 섭취량이 부족함

③ 빈곤 여부보다 동거 여부가 더 영향을 미침. 독거노인이 비독거 노인보다 영양 상태 나쁨

④ **과다식염 섭취** : 고혈압, 심장병, 부종, 위염 초래

⑤ **영양문제**

㉠ 저제중과 비만 : 여러 건강상 문제

㉡ 고혈압 및 순환기질환 : 고혈압은 심근경색, 뇌경색, 사진의 괴저, 복대동맥류 등을 초래. 뇌혈관 질환은 후유증으로 지체장애 및 언어장애, 즉 뇌졸중으로 활동에 큰 제한을 둠 → 균형잡힌 영양섭취, 나트륨 섭취 제한, 칼륨의 충분 섭취, 다가불포화지방산의 조절, 비타민 ACE 섭취

㉢ 당뇨병 : 동맥경화증, 신경염, 관절염, 백내장 등의 합병증 유발. 노인의 대부분 인슐린 비의존성. 식조절+운동

㉣ 골다공증 : 대부분 여자 노인에게 폐경에 의한 골소실 급증. 비타민, 불소를 칼슘과 보충 공급

㉤ 관절염 : 과도한 운동, 과체중 → 균형진 식사와 신체 활동

㉥ 빈혈 : 육류와 채소 기피 현상

㉦ 노인성 치매 : 뇌의 기능 노화

(2) 식생활관리

① 미각감퇴, 소화기능의 약화, 심리적 위축, 거동불편 등으로 다양하고 풍부한 식품 선택이 어려워지므로 질적으로 충분한 식사관리 요구

② 단맛의 역치가 증가하므로 과잉 섭취하지 않도록 주의

③ 칼슘보충 음식 섭취

④ 활동량 늘림, 건강한 체중 유지

⑤ 물을 많이 마시고 술은 적게

⑥ 짠 음식을 피하고, 싱겁게 먹자

⑦ 가급적 식사는 다른 사람들과 같이

6장 운동과 영양

01 운동 시 에너지 대사와 영양관리

(1) 운동 시 에너지 대사

① ATP와 크레아틴 인산

㉠ ATP는 근육이 바로 사용 가능한 에너지원이며 근육세포는 소량 가지고 있어, 2-4초 에너지로 공급 가능함

㉡ 크레아틴 인산은 근육이 수축되면 10초 정도 지속할 수 있는 ATP를 공급함

㉢ 쉬고 있는 근육은 크레아틴과 ATP로부터 크레아틴 인산을 합성함

② 포도당

㉠ 근육에 산소를 공급할 수 있는 양이 제한될 ,때 심한 운동 할 때 포도당을 젖산으로 분해시켜 에너지 공급함

㉡ 크레아틴 인산 다음으로 근육에 ATP를 공급할 수 있는 빠른 경로임

㉢ 근육에 산소 공급이 되고 중저강도의 운동을 하게 될 경우 해당과정에서 만들어진 피루브산이 미토콘드리아에서 호기적 대사 과정을 통해서 산화되어 에너지가 발생함

③ 글리코겐

㉠ 간과 근육 안의 포도당 저장 형태

㉡ 1-2시간 정도 연속되는 강한 운동 시의 포도당 급원

(2) 운동 시 영양관리

① 에너지 : 개인의 체격이나 체구성 등에 따라 차이 남

② 수분

㉠ 운동 중 많은 양의 수분 손실 발생

㉡ 탈수하게 되면 혈액량이 저하되고 최대 산소 소비량과 운동 능력도 감소됨

㉢ 운동 전후에 충분한 수분 공급이 필요

③ 전해질 : 운동할 때 땀을 통해 나트륨, 칼륨, 마그네슘, 염소 등의 손실 발생

④ 비타민과 무기질

㉠ 심한 운동을 하는 여자 운동선수에서 발생하는 운동성 무월경은 뼈의 손실을 가속화하기 때문에 칼슘 보충이 필요함

㉡ 운동성 빈혈은 강한 운동을 하는 여자선수나, 청소년, 장거리달리기 선수 등에서 많이 발생함

㉢ 운동성 빈혈은 훈련을 통해서 증가한 혈장 부피가 적혈구 증가를 많이 초과하여 발생하는 혈액희석현상임

1과목 영양학 및 생화학 출제예상문제

1 당뇨병과 대사증후군에 걸릴 위험이 증가한다는 판단으로 낮춘 탄수화물의 총 에너지 섭취량의 %는?

① 40%~50% ② 50%~60% ③ 55%~65%
④ 55%~70% ⑤ 65%~75%

해설
2015년 2차 영양소섭취 기준에서 탄수화물은 1차에 비해 낮게 개정하였다.

2 다음 중 6탄당으로만 묶인 것은?

가. 과당	나. 갈락토오스	다. 포도당	라. 리보오스

① 가, 나, 라 ② 가, 나, 다 ③ 나, 라
④ 라 ⑤ 가, 나, 다, 라

3 당질이 체내에 저장되는 형태로 옳은 것은?

가. galactose	나. starch	다. inulin	라. glycogen

① 가, 나, 다 ② 가, 다 ③ 나, 라
④ 라 ⑤ 가, 나, 다, 라

4 식품에너지에 대한 영양소 함량을 의미하는 지표는?

① 영양섭취량 ② 영양권장량 ③ 영양성분
④ 영양밀도 ⑤ 영양비율

해설
동량의 식품이면 영양소가 많을수록, 칼로리가 적을수록 영양밀도는 높아진다.

5 영양성분표시에서 의무표시 영양소는?

① 철분 ② 칼륨 ③ 마그네슘
④ 칼슘 ⑤ 나트륨

해설
9가지의 의무표시 영양소는 열량, 탄수화물, 나트륨, 지방, 당류, 트랜스지방, 포화지방, 콜레스테롤, 단백질이다.

정답 1 ③ 2 ② 3 ④ 4 ④ 5 ⑤

6 세포 내 소기관 중 이중막으로 이루어진 세포의 생명중추이며 유전정보를 함유하고 있는 곳은?

① 골기체 ② 세포막 ③ 리보솜
④ 핵 ⑤ 소포체

해설

핵(nucleus) : 이중막으로 이루어진 세포의 생명 중추이며 유전정보를 함유
※ 염색체 : 유전정도(DNA) 함유 / 핵소체(핵인) : rRNA 합성 및 저장 / DNA와 RNA 함유

7 생물체의 성장발달과정이 옳은 것은?

① 증식과 비대 – 비대 – 증식 ② 비대 – 증식과 비대 – 증식
③ 증식 – 증식과 비대 – 비대 ④ 증식 – 비대 – 증식과 비대
⑤ 비대 – 증식 – 증식과 비대

해설

정상단계는 세포의 수가 증가하는 단계, 세포의 수와 크기가 증가하는 단계, 세포의 크기가 증가하는 단계로 이루어진다.

8 다음과 같은 특징을 나타내는 세포 내외의 물질운반 과정은?

• 물질 농도가 높은 곳에서 낮은 곳으로 이동 • 에너지를 필요로 하지 않음 • 운반체를 필요로 함

① 촉진확산 ② 삼투 ③ 능동수송
④ 여과 ⑤ 확산

해설

세포막을 통한 물질이동으로 수동적 이동인 확산 · 삼투 · 여과는 에너지와 운반체가 필요없으나 능동적 이동은 에너지와 운반체를 필요로 한다. 촉진확산은 운반체를 필요로 하나 에너지는 요구하지 않으므로 수동적 이동에 속하며 과량의 흡수기전이 촉진확산에 속한다.

9 촉진확산에 대한 설명으로 옳은 것은?

① 농도의 기울기에 역행하여 물질의 운반이 이루어진다.
② 특별한 운반체를 필요로 하지 않는다.
③ 지용성 용질이 세포막을 통과하는 기전이다.
④ 운반체에 대한 포화와 경쟁의 특성을 나타낸다.
⑤ 에너지를 필요로 한다.

해설

촉진확산은 단순확산과 마찬가지로 농도차에 의해 ATP 요구없는 운반체-매개 수송이므로 포화와 경쟁의 특성을 나타낸다. 특히 혈당이 세포 내로 유입될 때 이용하는 물질의 운반기전이다.

정답 6 ④ 7 ③ 8 ① 9 ④

10 배변을 촉진시키는 다당류는?

가. lignin	나. cellulose	다. pectin	라. starch

① 가, 나, 다 ② 가, 다 ③ 나, 라
④ 라 ⑤ 가, 나, 다, 라

11 과일과 야채의 연조직에 많이 함유되어 있고 gel을 형성하는 성질이 있어 젤리를 만드는 데 이용하는 식이섬유소는?

① 알긴산 ② 카라기난 ③ 키틴
④ 헤미셀룰로오스 ⑤ 펙틴

12 전분을 가수분해하여 맥아당이 될 때까지의 중간생성물은?

① 전분 ② 덱스트린 ③ 펙틴
④ 셀룰로오스 ⑤ 이눌린

해설

덱스트린 : 전분보다 작고 맥아당보다 큰 여러 중간생성물. 분자의 크기에 따라 아밀로덱스트린, 에리트로덱스트린, 아크로덱스트린이 있다.

13 다음 식품에 함유된 당질과 그것을 분해하는 소화효소의 연결이 옳은 것은?

① 식혜 – 맥아당 – 타액 아밀아라제 ② 밥 – 전분 – 췌액 아밀라아제
③ 우유 – 갈락토오스 – 락타아제 ④ 포도 – 포도당 – 수크라아제
⑤ 설탕 – 서당 – 락타아제

해설

설탕에 함유된 서당의 소화효소는 장점막에 있는 수크라아제이고 포도에 함유된 포도당은 단당류이므로 소화효소가 필요 없다. 우유에 함유된 락토오스의 소화효소는 락타아제이고 식혜에 많은 맥아당의 소화효소는 장점막에 있는 말타아제이다.

14 소화와 관련된 호르몬 – 호르몬 분비를 자극하는 물질 – 호르몬 역할의 연결로 옳은 것은?

① 가스트린 – 단백질 – 장액 분비 촉진
② 에피네프린 – 당질 – 위액 분비 촉진
③ 인슐린 – 당질 – 장액 분비 촉진
④ 세크레틴 – 담즙 – 췌액 중화 촉진
⑤ 콜레시스토키닌 – 지질 – 담즙 분비 촉진

정답 10 ① 11 ⑤ 12 ② 13 ②

해설

소화와 관련된 호르몬은 가스트린, 세크레틴, 콜레시스토키닌이다. 세크레틴은 산성의 유미즙이 십이지장으로 들어오면 알칼리의 중탄산염을 함유한 췌액 분비를 촉진하여 유미즙을 중화함으로써 십이지장벽을 보호하고 소화효소들의 적정 pH를 맞춘다. 지질과 단백질이 십이지장으로 들어오면 콜레시스토키닌이 분비되어 담즙 분비를 촉진하여 긴사슬중성지방의 유화를 돕고 췌장으로부터 당질, 지질, 단백질을 분해하는 효소의 분비를 촉진한다.

15 당질의 흡수에 대한 설명으로 옳은 것은?

① 일반적으로 오탄당이 육탄당보다 빨리 흡수된다.
② 과당은 촉진확산에 의해 흡수된다.
③ 갈락토오스는 흡수과정에서 과당과 경쟁한다.
④ 흡수 속도가 가장 빠른 당은 포도당이다.
⑤ 흡수된 단당류는 유미관을 통해 문맥으로 간다.

해설

포도당의 흡수 속도를 100이라 하면 galactose(110), fructose(43), mannose(19), xylose(15), arabinose는 (9)이다. 오탄당보다 육탄당이 빠르며, 포도당과 갈락토오스는 능동수송과정인 Na펌프에 의해 흡수되며 그 과정에서 서로 경쟁하거나, 과당은 촉진확산에 의해 흡수된다. 흡수된 단당류는 모세혈관을 통하여 문맥으로 간다.

16 당대사 조절에 필요한 호르몬 중 췌장에서 분비되어 혈당 농도를 정상으로 유지하는 데 관여하는 호르몬은?

① 알도스테론　② 아드레날린　③ 티록신
④ 코티솔　⑤ 인슐린

해설

췌장에서 혈당을 정상으로 유지하기 위해 분비되는 대표적인 호르몬은 인슐린과 글루카곤이다.
- 저혈당일 때 : 글루카곤, 에피네프린, 글루코코르티 코이드, 갑상선호르몬, 성장호르몬이 분비되어 혈당을 높여준다.
- 고혈당일 때 : 인슐린이 분비된다.

17 혈당이 저하된 경우 체내에서 일어나는 대사과정으로 옳지 않은 것은?

① 근육 내 저장 글리코겐의 분해　② 케톤체 생성 증가
③ 체지방의 이동과 사용 증가　④ 근육의 아미노산 유리 증가
⑤ 간에서의 포도당 신생합성

해설

간에 저장된 글리코겐은 분해되면 포도당이 되어 혈액에 의해 각 조직으로 운반되나 근육에 저장된 글리코겐은 분해된 그 장소에서 사용된다.

정답 14 ⑤ 15 ② 16 ⑤ 17 ①

18 **단당류가 능동수송에 의해 흡수되기 위한 구조적인 특성으로 옳은 것은?**

① 2번 탄소에 H가 있다.
② 3번 탄소에 OH가 있다.
③ 6번 탄소에 메틸기 또는 메틸기 유도체를 가지고 있다.
④ 오탄당이다.
⑤ 피라노오스 구조이다.

해설
단당류가 능동수송에 흡수되기 위해서는 구조적 특성이 있어야 한다. 먼저 탄소에 OH기가 있어야 하며, 육탄당으로 피라노오스 구조를 가지고 있어야 한다. 마지막으로 5번 탄소에 메틸기 또는 메틸기 유도체를 가지고 있어야 한다.

19 **장벽을 통과할 수 있는 당류는?**

① 과당 ② 맥아당 ③ 전분
④ 서당 ⑤ 유당

해설
장벽은 단당류의 형태가 통과된다.

20 **체내에서 포도당의 역할로 틀린 것은?**

① 쓰고 남으면 지방조직에 지방으로 저장된다.
② 필수아미노산으로 전환된다.
③ 뇌세포와 적혈구의 에너지로 쓰인다.
④ 불필수아미노산의 합성에 이용된다.
⑤ 글리코겐으로 저장되어 혈당 유지에 이용된다.

21 **당뇨병에 대한 설명으로 옳은 것은?**

① 설탕의 과잉 섭취가 주요 원인이다.
② 제1형과 제2형은 각각 소아형과 성인형 당뇨병과 동일한 의미이다.
③ 인슐린 의존형 당뇨 환자의 70~80%는 비만이다.
④ 우선적으로 인슐린 치료가 필요하다.
⑤ 인슐린 비의존형 당뇨병의 혈중 인슐린 농도는 정상이거나 약간 높다.

해설
설탕의 과잉 섭취가 당뇨병을 유발하지는 않으나 일단 당뇨병이 발병하면 설탕과 같은 단순당의 섭취를 제한해야 한다. 인슐린 치료가 우선적으로 필요한 당뇨병은 주로 인슐린 의존형이고 인슐린 비의존형 당뇨는 일부에서만 인슐린 치료가 필요하다. 또한 당뇨병이 소아에게 발병하였더라도 비만이 원인이라면 성인형 당뇨인 인슐린 비의존형이고 인슐린 비의존형 당뇨환자는 인슐린에 대한 저항성 때문에 혈중 인슐린 농도가 약간 높아질 수 있다.

정답 18 ⑤ 19 ① 20 ② 21 ⑤

22 유당불내증에 대한 설명으로 옳지 않은 것은?

① 우유는 차갑게 먹는 것이 좋다.
② 요구르트, 치즈는 유당이 많이 제거되었으므로 우유를 대체해도 좋다.
③ 소화효소인 락타아제 부족으로 유당이 포도당과 갈락토오스로 분해되지 못한다.
④ 복부 경련, 설사 등을 유발한다.
⑤ 유전적인 요인과 장기간 유당을 섭취하지 않을 때 일어난다.

해설

유당불내증이란 락타아제 효소의 부족으로 유당이 포도당과 갈락토오스로 분해되지 못하여 많은 가스를 형성하여 발생한다. 락타아제가 부족해도 모두 다 유당불내증을 일으키는 것은 아니며 우유에 대한 면역체계의 알레르기 반응이 있는 사람에 한하여 일어난다. 유당불내증이 있는 사람은 락타아제를 첨가한 우유나 유당이 많이 제거된 유제품을 섭취하도록 하며, 우유의 칼슘과 리보플라빈, 단백질 등의 영양가를 생각하여, 따뜻한 우유와 다른 식품을 같이 섭취하도록 한다.

23 탄수화물이 흡수되는 곳은?

① 위벽의 모세혈관　② 위벽의 림프관
③ 소장벽의 모세혈관　④ 소장벽의 림프관
⑤ 위벽과 소장벽의 모세혈관

24 식이섬유소에 관한 내용으로 옳은 것은?

가. 변을 부드럽게 하여 대장벽에 가해지는 압력을 줄인다.
나. 수용성 식이섬유소는 혈청 콜레스테롤 농도를 낮춘다.
다. 펙틴은 당질 섭취 후 혈당의 급격한 상승을 막아준다.
라. 칼슘, 철분 등 무기질의 흡수를 촉진시킨다.

① 가, 나, 다　② 가, 다　③ 나, 라
④ 라　⑤ 가, 나, 다, 라

25 식이섬유의 종류와 주요 급원식품의 연결이 옳은 것은?

① 펙틴 – 보리　② 리그닌 – 사과　③ 검 – 통밀
④ 헤미셀룰로오스 – 감귤류　⑤ 셀룰로오스 – 현미

해설

불용성 섬유소에 해당되는 셀룰로오스, 헤미셀룰로오스, 리그닌은 주로 채소류, 곡류, 밀, 현미, 보리 등에 함유되어 있으며, 가용성 섬유소에 해당되는 펙틴, 검, 해조다당류는 과일류(감귤류, 사과, 바나나), 콩, 감자, 해조류 등에 함유되어 있다.

정답　22 ①　23 ③　24 ①　25 ③

26 대표적인 불용성 식이섬유의 기능은?

① 대변의 장 통과 시간을 단축시킨다.
② 급격한 인슐린 분비를 예방한다.
③ 소장의 당 흡수를 느리게 하여 당뇨병에 도움을 준다.
④ 혈청 콜레스테롤 농도를 저하시킨다.
⑤ 소장의 당 흡수를 느리게 하여 당뇨병에 도움을 준다.

해설

불용성 식이섬유는 장 내용물의 대장 통과 시간을 단축시키고, 배변량을 증가시킨다. 가용성 식이섬유는 혈당의 급격한 상승을 억제하여 인슐린 분비를 막음으로써 당뇨 및 고콜레스테롤혈증의 관리에 효과적이며, 대장에서 세균에 의하 분해되어 초산, 프로피온산 등의 단쇄지방산을 합성한다.

27 고섬유소 식사가 권장되지 않는 대상으로 옳은 것은?

① 철결핍성 빈혈환자 ② 이완성 변비환자 ③ 게실증 환자
④ 당뇨병 환자 ⑤ 이상지질혈증 환자 – 현미

해설

식이섬유는 일부 무기질 흡수를 저해하므로 이들 영양소의 섭취 상태가 불량한 사람에게는 과다 섭취가 해로울 수 있다.

28 탄수화물 대사 과정의 생성물이 바르게 묶은 것은?

① 해당과정 – 옥살로아세트산 ② 글리코겐분해 – 글리코겐
③ 글리코겐합성 – UTP글루코오스 ④ 오탄당 인산경로 – NADPH
⑤ 피루브산은 호기적 조건에서 TCA 회로를 거친다.

해설

탄수화물의 대사에는 다당류대사, 포도당 대사, 포도당신생합성과정, 글리코겐합성 및 분해과정 등이 있다.

29 당질대사에서 해당과정에 관한 설명으로 옳은 것은?

① 세포의 미토콘드리아에서 일어난다.
② 1분자의 포도당은 해당과정을 통해 32ATP를 생산한다.
③ 피부르산은 혐기적 조건에서 아세틸 CoA로 전환된다.
④ 포도당이 분해되어 피부르산을 생성한다.
⑤ 해당과정은 호기적 조건에서만 일어난다.

해설

해당반응은 포도당이 세포질에서 pyruvate까지 분해되는 반응으로 산소와 무관하게 일어나며 이 과정 중 2ATP가 생성된다.

정답 26 ① 27 ① 28 ④ 29 ④

30 세포 내의 피루브산은 혐기적 조건에서는 (　　)에서 (　　)(으)로 되고, 호기적 조건에서는 (　　)에서 (　　)를(을) 생성하여 TCA 회로로 들어간다. 괄호 안에 적합한 말은?

① 리보솜 – 아세틸 CoA – 미토콘드리아 – 옥살로아세트산
② 세포질 – 젖산 – 미토콘드리아 – 아세틸 CoA
③ 세포질 – 아세틸 CoA–미토콘드리아 – 옥살로아세트산
④ 미토콘드리아 – 아세틸 CoA – 세포질 – 젖산
⑤ 리보솜 – 젖산 – 세포질 – 아세틸 CoA

31 오탄당 인산경로에 대한 설명으로 옳은 것은?

① 핵산의 분해가 많이 일어나는 조직에서 활발하다.
② 간에는 오탄당 인산경로에 관여하는 효소의 활성이 없다.
③ DNA 합성에 필요한 오탄당을 공급한다.
④ 효율적인 에너지 생성과정이다.
⑤ 지방산 합성에 필요한 NADH를 공급한다.

해설
오탄당 인산경로는 주로 피하조직처럼 지방합성이 활발히 일어나는 곳에서 중요한 역할을 한다. 간, 부신피질, 적혈구, 유선조직 등에서 잘 나타나며, 이 경로를 통해서 포도당은 지방산과 스테로이드 호르몬의 합성에 필요한 NADPH를 생성한다.

32 해당과정에서 생성되는 고에너지 인산화합물로 조합된 것은?

가. 포스포에놀피루브산	나. 과당 6–인산
다. 글리세린산–1, 3–이인산	라. 포도당 6–인산

① 가, 나, 다　② 가, 다　③ 나, 라
④ 가, 나, 라　⑤ 가, 나, 다, 라

해설
해당과정에서 생성되는 고에너지 인산화합물에는 포스포에놀피루브산(phosphoenol pyruvate)와 글리세린산–1, 3–이인산(1, 3–diphosphoglycerol)이 있다.

33 해당과정에 대한 설명으로 틀린 것은?

① 세포질에서 일어난다.
② 포도당이 분해되어 피루브산이 된다.
③ 극심한 운동 시 피루브산은 젖산으로 된다.
④ 포도당 1분자로부터 10개의 ATP가 생성된다.
⑤ 피루브산은 호기적 조건에서 TCA 회로를 거친다.

정답 30 ② 31 ③ 32 ② 33 ④

34 근육에서 혐기적 해당에 의해 1분자의 포도당이 2분자의 젖산(lactate)으로 전환될 때 생성되는 ATP분자수는?

① 1　　② 2　　③ 4
④ 5　　⑤ 32

해설 젖산 또는 알코올 발효는 혐기적 해당과정으로 glucose로부터 2분자의 ATP를 생성한다.

35 글리코겐 대사에 대한 설명으로 옳은 것은?

① 극심한 운동 시 간의 글리코겐이 분해된다.
② 공복 시 간과 근육에서 글리코겐을 합성한다.
③ 간의 글리코겐 분자구조는 신속하게 포도당을 공급하기에 유리하다.
④ 글리코겐 분자구조는 신속하게 포도당을 공급하기에 유리하다.
⑤ 근육의 글리코겐은 혈당 유지에 관여한다.

해설 혈당 유지에 기여하는 것은 간의 글리코겐이다.

36 식사를 통해 섭취된 당질은 간에 (　　)으로서 저장되고, 혈액 내에 (　　)으로 존재하며, 여분은 (　　)으로 전환되어 저장된다.

① 글리코겐, 포도당, 단백질　　② 포도당, 글리코겐, 지방
③ 글리코겐, 지방산, 지방　　④ 지방, 포도당, 글리코겐
⑤ 글리코겐, 포도당, 지방

37 체내 글리코겐 합성과 분해에 대한 설명으로 틀린 것은?

① 간의 글리코겐은 공복 시 에너지원으로 사용된다.
② 개인의 근육 내 글리코겐 함량은 일정하다.
③ 글리코겐은 간보다 근육에 더 많이 저장된다.
④ 글리코겐의 합성과 분해는 서로 다른 대사과정으로 일어난다.
⑤ 인슐린은 글리코겐의 합성을 촉진한다.

38 포도당으로 합성되는 물질이 아닌 것은?

① 리보오스　　② 팔미트산　　③ 글루쿠론산
④ 알라닌　　⑤ 암모니아

해설
- 알리닌은 비필수아미노산으로서 해당과정의 중간산물이나 최종산물인 피부르산으로부터 합성된다.
- 암모니아는 아미노산의 대사과정에서 생성된다.

정답 34 ② 35 ④ 36 ⑤ 37 ② 38 ⑤

39 **심한 운동 시 근육 속에서 증가되어 간에서 포도당으로 전환될 수 있는 것은?**

① 피부르산 ② 지방산 ③ 젖산
④ 구연산 ⑤ 아미노산

해설
심한 운동을 하여 피로해지면 호흡에 필요한 산소가 부족할 때 glucose가 젖산으로 된다.

40 **포도당의 혐기성 산화과정으로 생성된 젖산이 포도당으로 재생되는 과정은?**

① 해당과정 ② 코리회로 ③ TCA 회로
④ 펜토오스 인산경로 ⑤ 글루쿠론산 회로

해설
적혈구에서 포도당은 해당과정을 통하여 에너지를 내는데, 생성된 피부르산은 미토콘드리아가 없는 적혈구에서 호기적 산화과정인 TCA 회로를 통하지 못하므로 젖산으로 되어 혈액을 통해 간으로 이동되어 포도당 신생합성과정을 통해 포도당으로 재생된다.

41 **식이로 섭취한 과당은 주로 간에서 어떤 물질로 전환되어 대사되는가?**

① 과당 1-인산 ② 포도당 6-인산 ③ 포도당 1-인산
④ 과당 6-인산 ⑤ 과당 1,6-이인산

42 **포도당 신생합성에 대한 설명으로 옳지 않은 것은?**

① 공복 시 혈당 유지를 위해 일어난다.
② 신장에서 가장 많이 일어난다.
③ ATP가 소모되는 과정이다.
④ 말초조직에서 완전히 산화되지 못한 대사물질이 포도당 합성에 이용된다.
⑤ 몇 단계를 제외하면 해당과정과 같은 효소에 의해 촉매된다.

해설
당신생 합성은 신장에서도 일어나지만 주로 간에서 일어난다.

43 **포도당의 대사과정 중 산화적 인산화를 통해 ATP를 생성하는 과정과 관련있는 것은?**

① 오탄당인산화 회로 ② 글리코겐 분해 ③ TCA 회로
④ 포도당 신생작용 ⑤ 해당과정

해설
TCA 회로는 미토콘드리아에서 일어나며, 여기서 생성되는 NADH와 FADH는 전자전달계를 통해 ATP를 생성한다.

정답 39 ③ 40 ② 41 ③ 42 ② 43 ③

44 TCA 회로의 시작물질은?

① 인산 ② 젖산 ③ 포도당
④ 피로브산 ⑤ 에탄올

해설
TCA 회로는 피루브산의 산화로 시작하는데, 아세틸 CoA의 완전산화는 TCA 회로(Kreb's cycle)을 따라서 이루어진다.

45 피루브산이 옥살로아세트산으로 전환될 때, 다음 제시된 조효소 중 필요로 하는 것은?

① 비타민B_{12} ② 비오틴
③ Pyridoxal phosphate ④ Flavin adenine dinucleotide
⑤ Thiamine pyrophsphate

해설
비오틴은 피루브산에서 옥살로아세트산을 형성하는 효소의 조효소로 작용한다.

46 피루브산이 아세틸 CoA로 산화되는 반응에 관여하지 않는 물질은?

① Mg^{2+} ② FAD ③ TPP
④ NADPH ⑤ lipoic acid

해설
Pyruvate dehydrogense complex는 3개의 효소와 5개의 보조효소(TPP, lipoic acid, coenzyme A, FAD, NAD+)로 구성되어 있다.

47 미토콘드리아에서 일어나는 ATP 생성반응은?

① 산화적 – 과산화반응 ② 산화적 – 카르복실화반응
③ 산화적 – 인산화반응 ④ 산화적 – 탈수소반응
⑤ 산화적 – 수소화반응

해설
TCA 회로에서 생성된 NADH와 $FADH_2$는 전자전달계를 거친 산화적 인산화를 통해 ATP를 생성한다.

48 NADH나 FADH2의 전자가 산소로 이동하는 과정에서 ATP 생성될 때 필요한 반응은?

① TCA 회로 ② 코리회로 ③ 당신생
④ 산화적 인산화 ⑤ 해당작용

해설
TCA 회로에서 생성된 NADH와 $FADH_2$는 전자전달계를 거쳐 산화적 인산화를 통해 ATP 생성한다.

정답 44 ④ 45 ② 46 ④ 47 ③ 48 ④

49 탄수화물 섭취가 없을 때, 지방이 불완전산화되어 생기는 물질을 에너지원으로 이용할 수 있는 기관은?

① 간 ② 폐 ③ 적혈구
④ 비장 ⑤ 신장

해설
간과 적혈구는 케톤체를 에너지원으로 사용할 수 없고, 뇌, 신장, 심장, 근육 등은 케톤체를 산화시킬 수 있다.

50 전자전달계에 관한 설명으로 옳은 것은?

① 기질수준의 인산화로 ATP가 생성된다.
② 전자가 전달되는 과정에 양성자기울기가 형성된다.
③ 전자는 최종적으로 물로 운반된다.
④ dinitrophenol은 전자전달을 억제한다.
⑤ 전자는 cytochrome으로부터 CoQ로 운반된다.

해설
dinitrophenol은 전자전달에는 영향을 주지 않으면서 ADP의 인산화반응을 저해한다.

51 식사 후 인슐린 분비 증가와 수반하여 증가되는 대사과정은?

① 글리코겐 합성 ② 지방 분해 ③ 단백질 분해
④ 케톤체 생성 ⑤ 당신생 과정

해설
인슐린은 글리코겐 생성, 해당과정, 지방 합성 및 단백질 합성을 증가시키며 글리코겐 분해, 지방 분해, 당신생 과정 및 케톤체 생성을 억제시킨다.

52 지방의 소화흡수에 대한 설명으로 옳지 않은 것은?

① 어른이 되면서 위장 리파아제의 역할이 커진다.
② 콜레시스토키닌은 췌장의 리파아제 분비를 촉진시킨다.
③ 소화와 흡수는 주로 소장에서 이루어진다.
④ 담즙은 거대지방구의 유화를 돕는다.
⑤ 지질분해조효소는 피라아제의 기질에 대한 친화성을 증진시킨다.

해설
위에서의 지질소화는 주로 유아기에서 많이 일어나나 성장하면서 점차 역할은 감소된다.

정답 49 ⑤ 50 ② 51 ① 52 ①

53 **지방의 소화 · 흡수에 관여하는 효소는?**

① 리파아제, 키모트립신 ② 리파아제, 콜레스테롤 에스터라아제
③ 리파아제, 디펩티다아제 ④ 콜레스테롤 에스터라아제, 디펩티다아제
⑤ 콜레스테롤 에스터라아제, 키모트립신

해설

중성지방은 리파아제에 의해 지방산과 모노글리세롤로, 지방산 에스테르는 콜레스테롤 에스터라아제에 의해 지방산과 콜레스테롤로 분해된다.

54 **체내의 구성지질로 세포막의 주된 성분은?**

① 인지질 ② 중성지질 ③ 트랜스지방
④ 스테로이드 ⑤ 지단백질

해설

중성지질은 저장지질로 주로 피하지방조직에, 인지질과 콜레스테롤은 구성지질로 세포막에, 지단백질은 운반지질로 혈액 내에 존재한다.

55 **위에서 지방의 소화가 활발하지 못한 이유는?**

① 지방의 분자량이 너무 크기 때문이다.
② 지방이 단단하여 소화가 일어나기 어려운 형태이기 때문이다.
③ 지방이 흡수되기 위한 준비과정이 일어나기 때문이다.
④ 자방을 가수분해하는 효소가 없기 때문이다.
⑤ 지방유화에 필요한 담즙 분비가 없기 때문이다.

해설

식이 내 지방은 대부분 중성지방 형태로서 소화효소의 작용을 위해서는 먼저 유화되어야 하며, 이 과정에서 담즙이 필요하다. 따라서 위에서의 리파아제 작용은 췌장 리파아제에 비해 매우 적으며, 주로 짧은사슬지방산과 중간 사슬 지방산에 작용한다.

56 **식품이나 체내에 존재하는 주된 형태이며 중요한 에너지원으로 이용되는 지질은?**

① 콜레스테롤 ② 지단백질 ③ 중성지질
④ 인지질 ⑤ 당지질

해설

자연계에서 지방산은 유리상태로 존재하는 경우가 거의 없으며, 대부분 에스테르결합 형태로 존재한다. 식품이나 체내 지방산의 95%는 중성지질 형태로 존재한다.

정답 53 ② 54 ① 55 ⑤ 56 ③

57 소화관 호르몬과 그 작용이 옳지 않은 것은?

① 세크레틴 – 담즙 분비 촉진
② 가스트린 – 위산 분비 촉진
③ 콜레시스토키닌 – 췌장액 분비 촉진
④ 콜레시스토키닌 – 담즙 배출 촉진
⑤ 세크레틴 – 췌장액 분비 촉진

해설
위에서 가스트린이 분비되어 위액분비를 촉진한다. 산성의 내용물이 십이지장에 도달하면 세크레틴이 분비되어 중탄산염이 풍부한 알칼리성 췌장액 분비를 촉진한다. 한편 지방과 단백질 식품이 십이지장에 도달하면 콜레시스토키닌이 분비되어 췌장효소 분비를 촉진하며, 담낭 수축을 통해 담즙 배출을 촉진한다.

58 지질의 체내 역할에 대한 설명으로 옳은 것은?

① 모든 지방산은 호르몬 유사물질의 생성을 돕는다.
② 콜레스테롤은 피하지방의 주요 성분이다.
③ 인지질은 담즙의 주성분인 담즙산을 생성한다.
④ 생체막의 주요 구성 성분인 인지질은 극성과 비극성 부분을 모두 가지고 있다.
⑤ 인지질은 지방산 합성에 관여한다.

해설
인지질은 구조적으로 극성과 비극성의 양면성을 나타내므로 미셀을 형성하여 지질 소화를 돕는 유화제 역할을 하고 세포막의 구성 성분으로 작용한다.

59 이것은 필수지방산이고 ω–3(오메가3)계 지방산으로 동물성기름보다 식물성기름에 더 함유되어 있다. 이것은 무엇인가?

① 리놀렌산
② DHA
③ 아라키돈산
④ 리놀레산
⑤ EPA

60 식품에 흔하게 함유되어 있는 포화지방산은?

① 아라키돈산
② DHA
③ 팔미트산
④ 올레산
⑤ 리놀레산

해설
올레산은 단일불포화지방산, 리놀레산과 DHA는 다가불포화지방산이다. 식품 중에 흔한 포화지방산은 팔미트산과 스테아르산이다.

61 지질소화 과정에서 생성된 미셀의 구성 성분으로 옳지 않은 것은?

① 담즙
② 모노글리세리드
③ 중성지질
④ 인지질
⑤ 지방산

정답 57 ① 58 ④ 59 ① 60 ③ 61 ③

해설

지질은 소장에서 담즙과 췌장 리파아제에 의해 지방산과 모노글리세리드로 분해된 후 소장세포로 이동하기 위해 지방산과 모노글리세리드는 담즙산염, 인지질, 콜레스테롤 등과 함께 미셀을 형성한다. 소장세포로 흡수된 지방산과 모노글리세리드는 중성지질로 재형성된 후, 콜레스테롤 에스테르, 인지질, 아포지단백질과 결합하여 카일로미크론을 형성한다.

62 밀도가 가장 낮은 지단백과 가장 높은 지단백으로 옳게 짝지어진 것은?

① VLDL - HDL
② VLDL - 카일로미크론
③ LDL - HDL
④ LDL - VLDL
⑤ 카일로미크론 - HDL

해설

- 카일로미크론은 중성지질이 풍부하여 밀도가 가장 낮다.
- HDL은 TG 함량이 낮고(6%) 단백질 함량이 높아 밀도가 가장 높다.

63 말초조직의 콜레스테롤을 간으로 운반시키는 지단백질의 형태는?

① HDL
② VLDL
③ IDL
④ LDL
⑤ chylomicron

64 콜레스테롤에 대한 설명으로 옳은 것은?

① 에스트로겐과 테스토스테론과 같은 성호르몬의 합성을 위한 전구물질이다.
② 담즙은 콜레스테롤로 전환되어 소장으로 간다.
③ 담즙과 비타민 K의 합성을 위한 전구물질이다.
④ 인체에서 합성되지 않으므로 일정량을 섭취해야 한다.
⑤ 정상인의 혈중 콜레스테롤 농도는 50mg 이하이다.

해설

- 콜레스테롤은 뇌와 신경조직에 많이 농축되어 있으며 담즙과 비타민 D의 합성을 위한 전구물질이다.
- 정상인의 혈중 콜레스테롤 농도는 200mg 미만이다.

65 지단백의 기능으로 옳은 것은?

① HDL - 여분의 콜레스테롤을 말초조직으로부터 간으로 운반
② LDL - 식이 콜레스테롤을 간으로 운반
③ VLDL - 식이 중성지방을 주로 지방조직으로 운반
④ IDL - LDL로부터 혈액내 전환되어 생성
⑤ 카일로마이크론 - 소장에서 흡수된 중성지방을 간조직으로 운반

정답 62 ⑤ 63 ⑤ 64 ① 65 ⑤

66 콜레스테롤 함량이 가장 많은 단백질은?

① HDL ② VLDL ③ LDL
④ 카일로미크론 ⑤ 개인에 따라 다르다.

해설 LDL은 콜레스테롤을 가장 많이 함유하고 있다.

67 지방의 소화 · 흡수에 관여하는 물질 중에 간에서 합성되는 것은?

① 콜레시스토키닌 ② 리파아제 ③ 담즙
④ 콜레스테롤 ⑤ 가스트린

해설 담즙은 간에서 만들어져 담낭에 저장되었다가 분비된다. 지질의 유화를 도와 지질소화효소의 작용을 돕는다.

68 간에서 합성된 중성지방을 운송하는 지단백은?

① HDL ② VLDL ③ LDL
④ 카일로미크론 ⑤ IDL

해설 카일로미크론은 식이지방을, VLDL은 간에서 합성된 중성지방을 운송한다. 식이지방은 95%가 중성지방이다.

69 식사로 섭취한 지질의 95% 이상 차지하는 지질의 형태는?

① 당지질 ② 콜레스테롤 ③ 인지질
④ 중성지방 ⑤ 지단백질

70 소장에서 합성되는 것은?

① 카일로미크론 ② VLDL ③ LDL
④ 레시틴 ⑤ HDL

해설
콜레스테롤, 중성지방, 인지질인 레시틴은 간에서 합성된다. 카일로미크론은 소장에서 합성되어 간으로 이동된다.

71 다음 중 필수지방산에 대한 설명으로 가장 옳지 않은 것은?

① 신체의 정상적 성장과 생식기능의 발달에 필요한 물질로 체내에서 전혀 합성되지 않는다.
② 필수지방산의 성인 1일 필요량은 총 섭취량의 1~2%이다.
③ 아이코사노이드를 합성하여 국소호르몬으로 작용한다.
④ 세포막의 구조적 완전성을 유지하는 데 필요하다.
⑤ 막의 트리엔과 테트라엔의 비율로 필수지방산의 결핍 유무를 알 수 있다.

해설
필수지방산은 체내에서 합성되지 않거나 합성량이 부족하여 식사를 통해 섭취해야하는 지방산이다. 필수지방산인 아라키돈산은 합성가능하나 그 합성량이 부족하다.

정답 66 ③ 67 ③ 68 ② 69 ④ 70 ① 71 ①

72 카일로미크론의 주된 구성 성분은?

① 단백질 ② 콜레스테롤 ③ 무기질
④ 트리글리세리드 ⑤ 인지질

해설

카일로마이크론은 지단백질 중에서 지방구가 제일 크고 밀도는 가장 작은 특성을 가지고 있다. 식사로 흡수한 중성지방을 간으로 운반하는 역할을 한다.

73 지질의 유화작용을 도와 소화를 촉진시키는 담즙성분은?

① 갈락탄 ② 담즙산염 ③ 알긴산
④ 지방산 ⑤ 콜레스테롤

74 인지질의 구조와 기능에 대한 설명으로 옳지 않은 것은?

① 세포막의 주요성분이다. ② 스테롤을 함유하고 있다.
③ 레시틴이 이에 속한다. ④ 유화제로 작용한다.
⑤ 지방의 소화작용을 돕는다.

해설

인지질 : 구조적으로 소수성과 친수성기를 둘 다 가지므로 미셀을 형성하여 지방소화를 돕는 유화제 역할을 하고, 세포막의 구성 성분으로 작용한다. 레시틴, 세파린 등이 있으며 달걀노른자에는 레스틴이 많이 들어있다.

75 인지질의 구조와 기능에 대한 설명으로 옳지 않은 것은?

① 세포막의 두 번째 주요 구성물질 ② 양쪽 친매성
③ 지단백의 외부층 구성 ④ 인산과 염기 부분은 친수성
⑤ 지방쪽은 소수성

해설

인지질은 세포막의 주성분이다. 세포막은 인지질의 이중층에 소량의 콜레스테롤과 단백질이 끼여 있는 구조이다.

76 혈중 HDL에 대한 설명으로 옳은 것은?

① 1갑 이하의 흡연은 오히려 상승효과가 있다.
② 간에서 다른 조직으로 콜레스테롤을 운반한다.
③ 일반적으로 남자가 여자보다 높다.
④ 심혈관 질환과 음의 상관관계가 있다.
⑤ 간에서 다른 조직으로 콜레스테롤을 운반한다.

해설 금연은 혈중 콜레스테롤을 낮추고 HDL 콜레스테롤을 정상 수준으로 회복시킨다.

정답 72 ④ 73 ② 74 ② 75 ① 76 ④

77 필수지방산의 기능에 해당하지 않는 것은?

① 세포막의 구조적 완전성 유지 ② 두뇌발달
③ 아이코사노이드 형성 ④ 비타민 D_3의 전구체
⑤ 혈청 콜레스테롤 감소

78 중성지질의 기능으로 옳은 것은?

① 글리코겐보다 비효율적인 에너지 급원이다.
② 대부분 체내 세포막에 존재하는 지방의 형태이다.
③ 수용성 향미성분을 녹일 수 있기 때문에 식품에 맛을 제공한다.
④ 탄수화물보다 위장관 통과 시간이 길어서 포만감을 준다
⑤ 탄소에 비해 수소의 비율이 높기 때문에 농축된 에너지원이다.

해설
중성지질은 당질에 비해 탄소에 대한 산소의 비율이 낮아 효율적인 에너지저장 물질이며, 지용성 향미성분을 용해시켜 식품에 맛을 제공한다. 세포막에 존재하는 지방의 형태는 인지질과 콜레스테롤이다.

79 성장촉진작용과 피부염 예방에 효과가 있어 반드시 식품으로 섭취해야 하는 식품은?

① 리놀레산 ② DHA ③ 팔미트산
④ 올레산 ⑤ EPA

해설
필수지방산이 부족하면 성장이 지연되고 피부병이 발생한다. 필수지방산에는 리놀레산과 리놀렌산이 있다.

80 세포막의 구조를 완전하게 하며, 혈청 콜레스테롤을 감소시키고, 두뇌발달 및 아이코사노이드 합성에 관여하는 지질은?

① 필수지방산 ② DHA ③ 팔미트산
④ 올레산 ⑤ EPA

81 지방의 체내 기능에 대한 설명으로 옳지 않은 것은?

① 지용성 비타민의 흡수를 촉진한다.
② 혈당을 공급한다.
③ 농축된 에너지원이다.
④ 외부와 절연체 역할을 한다.
⑤ 장기를 보호한다.

해설 단백질을 이루는 대부분의 아미노산은 혈당을 공급한다.

정답 77 ④ 78 ④ 79 ① 80 ① 81 ②

82 **중성지방의 구조와 기능으로 옳지 않은 것은?**

① 물보다 낮은 열전도율 → 체온조절 가능
② 향미 성분을 녹이는 성질 → 식품의 맛 제공
③ 탄수화물보다 긴 위장관 통과 시간 → 포만감
④ 글리코겐이나 근육단백질보다 높은 수화 → 효율적인 에너지 저장고
⑤ 탄소에 비해 낮은 산소의 비율 → 농축된 에너지원

해설
지방은 단백질이나 탄수화물과 달리 수분과 같이 저장되지 않으므로 효율적 에너지 저장고로 작용한다.

83 **여러 가지 세포기능을 조절하는 호르몬 유사물질인 프로스타글라딘(prostagladin, PG)의 생합성에 이용되는 지방산은?**

① 아라키돈산　② DHA　③ 팔미트산
④ 올레산　⑤ 스테아르산

해설
프로스타글라딘은 아라키돈산으로부터 고리산화효소 경로를 거쳐 생성된다.

84 **스테로이드에 대한 설명으로 옳지 않은 것은?**

① 콜레스테롤은 동물조직에서만 발견된다.
② 콜레스테롤은 신체 내에서 합성되기도 한다.
③ 콜레스테롤은 특히 뇌와 신경조직에 많이 존재한다.
④ 식물성 스테롤은 콜레스테롤 흡수를 증가시킨다.
⑤ 스테로이드는 4개의 탄화수소 고리구조를 갖는다.

해설
식물성 근원의 스테롤은 피토스테롤, 시토스테롤 등이 있는데 흡수율이 낮고 콜레스테롤 흡수도 감소시킨다.

85 **오메가 3계열(ω-3계)의 지방산으로 혈중 콜레스테롤을 감소시켜 동맥경화 예방 효과가 있는 지방산은?**

① 아라키돈산　② 스테아르산　③ 팔미트산
④ 올레산　⑤ EPA

해설
ω-3계 필수지방산은 메틸기 말단에서 세 번째 탄소에 이중결합이 처음 위치하는 필수지방산으로 리놀렌산이 속하며, 그 외 ω-3계인 DHA, EPA는 등푸른 생선에 다량 함유되어 있는 다가불포화지방산이다.

정답　82 ④　83 ①　84 ④　85 ⑤

86 정상 성인의 바람직한 n-6/n-3 지방산의 섭취 비율로 옳은 것은?

① 1:4~10　② 1:10~15　③ 1:15~20
④ 10~15:1　⑤ 4~10:1

해설
n-6와 n-3계 지방산의 적절한 균형은 체내기능과 연결되어 매우 중요한 것으로 알려지고 있으며, 한국인 영양섭취기준에서는 4~10:1의 비율로 권장한다.

87 바람직한 포화지방산 : 단일불포화지방산 : 다가불포화지방산의 섭취 비율은?

① 1:1:1　② 1:1.5:1.5　③ 1:1:2
④ 1:2:1　⑤ 1.5:1:1

해설
바람직한 P/M/S의 권장비율은 1:1~1.5:1이다.

88 천연적으로 포화지방산을 많이 함유하고 있는 식품성 유지는?

① 마가린　② 대두유　③ 올리브유
④ 코코넛유　⑤ 라드

해설
포화지방산은 주로 동물성 식품 중에, 불포화지방산은 식물성 식품 중에 많이 들어 있다. 그러나 식물성 기름 중 코코넛유와 팜유에는 천연적으로 포화지방산 함량이 높다.

89 P/S(PUFA/SFA)의 비가 1 이상인 유지는?

① 콩기름　② 버터　③ 팜유
④ 돼지기름　⑤ 야자유

해설
버터, 팜유, 코코넛유, 돼지기름 등 실온에서 고체인 유지는 포화지방산(SFA)의 함량이 다가불포화지방산(PUFA)보다 높다.

90 혈액 내 콜레스테롤을 감소시키고 산패가 비교적 적게 일어나는 기름은?

① 마가린　② 코코넛 기름　③ 옥수수유
④ 올리브유　⑤ 팜유

해설
단일불포화지방산인 올레산을 다량 함유한 올리브유는 혈중 콜레스테롤의 농도를 감소시키며 다른 불포화지방산에 비해 불포화도가 낮아 산패가 비교적 적게 일어난다.

정답　86 ⑤　87 ①　88 ④　89 ①　90 ④

91 100g당 콜레스테롤 함량이 상대적으로 많은 식품은?

① 백미 ② 달걀노른자 ③ 식빵
④ 닭고기 ⑤ 녹황색 채소

해설
달걀노른자(생) 100g당 1,300mg, 닭고기 100g당 75mg의 콜레스테롤이 함유되어 있다.

92 콜레스테롤에 대한 설명으로 옳지 않은 것은?

① 세포막 구성 ② 담즙산 생성
③ 스테로이드 호르몬 합성 ④ 동·식물성 식품에 포함
⑤ 뇌와 신경세포에 다량 분포

해설
콜레스테롤은 소수성의 스테롤로서 동물성 식품에만 포함된다.

93 정상성인의 바람직한 n-6/n-3 지방산의 섭취비율로 옳은 것은?

① 1:4~10 ② 10~15:1 ③ 1:15~20
④ 4~10:1 ⑤ 1:10~15

해설
n-6와 n-3계 지방산의 적절한 균형은 체내기능과 연결되어 매우 중요하며, 한국인 영양섭취 기준에서는 4~10:1의 비율로 권장한다.

94 한국인 영양소섭취 기준에 의한 지질의 에너지 적정비율은?

① 35~40% ② 15~30% ③ 25~30%
④ 45~50% ⑤ 15~50%

해설
지질의 적정에너지 비율은 15~30%이다.

95 정상성인의 바람직한 ω-6계 지방산의 섭취비율로 옳은 것은?

① 25~40% ② 20~25% ③ 15~30%
④ 4~10% ⑤ 1~2%

해설
4-ω-6계와 ω-3계 지방산의 적잘한 균형은 체내 기능과 연결되어 매우 중요한 것으로 알려져 있으며, 한국인 영양소섭취 기준에 의하면 ω-6계 지방산은 총 에너지의 4~10%. ω-3계 지방산은 1% 내외로 섭취할 것을 권장하고 있다.

정답 91 ② 92 ④ 93 ④ 94 ②

96 지방산과 대표적 함유식품의 연결이 옳은 것은?

① 리놀레산 – 대두유
② 아라키돈산 – 야자유
③ 올레산 – 어유
④ 리놀렌산 – 들기름
⑤ DHA – 쇠기름

97 지질 섭취 직후 상승하는 지단백질의 형태는?

① HDL
② VLDL
③ LDL
④ 카일로미크론
⑤ IDL

해설

소화 · 흡수된 지질성분은 장점막세포에서 다시 TG로 재형성된 후 소량의 단백질, 인지질, 콜레스테롤을 형성하여 림프계를 통해 혈액으로 들어간다.

98 담즙 분비에 문제가 생긴 경우 소화 · 흡수가 어려운 영양소는?

① 식이섬유소
② 비타민C
③ 중성지방
④ 단백질
⑤ 전분

해설

담즙은 중성지방, 콜레스테롤, 인지질 및 지용성 비타민과 같은 지용성 영양소의 소화효소와의 유화를 도와 소화 및 흡수를 돕는다.

99 혼자 사는 남성인 P씨는 푸드코트에서 파는 튀김음식을 자주 먹는다. 이로 인해 P씨에게 초래될 수 있는 질환의 원인물질로 가능한 것은?

① 팔미트산
② 불포화지방산
③ 스테아르산
④ 트랜스지방산
⑤ 부티르산

100 지질이 소화과정을 거친 후 미셀의 도움을 받지 않고 장세포 내로 흡수되는 물질은?

① 긴사슬지방산
② 중간사슬지방산
③ 스테아르산모노아실글리세롤(MG)
④ 리소인지질(lysophospholipid)
⑤ 콜레스테롤

해설

지질소화 효소에 의해 분해된 다이아실글리세롤, 모노아실글리세롤, 유리지방산, 콜레스테롤, 리소인지질 등은 메실의 형태로 소장세포에 흡수되나, 짧은사슬 및 중간사슬지방산은 미셀의 도움없이 소장세포 내로 흡수된다.

정답 95 ④ 96 ④ 97 ④ 98 ③ 99 ④ 100 ②

101 **뇌 · 심혈관계질환 예방을 위한 성인의 포화지방산의 에너지 적정비율은?**

① 1% 미만 ② 3% 미만 ③ 6% 미만
④ 7% 미만 ⑤ 9% 미만

해설
2015년 개정된 영양소섭취 기준에서 뇌 · 심혈관계질환 예방을 위한 포화지방산의 에너지 적정비율은 3~18세는 8% 미만으로, 성인의 경우 7% 미만으로 설정되어 있다.

102 **지방이 당질에 비해 에너지 생성이 큰 이유는 지방의 어떤 특성 때문인가?**

① 산소함량이 적어 연소율이 높기 때문에 ② 말단에 카르복실기를 갖기 때문에
③ 비중이 낮기 때문에 ④ 주로 탄소로 이루어졌기 때문에
⑤ 구조상 이중 결합이 있기 때문에

103 **탄소수가 홀수인 지방산의 최종산화물인 프로피오닐 CoA가 TCA 회로에서 대사되기 위해 어떤 물질로 전환되는가?**

① 아실 CoA ② 아세토아세틸 CoA ③ 숙시닐 CoA
④ 말로닐 CoA ⑤ 아세틸 CoA

해설
프로피오산은 홀수지방산 산화의 최종생성물이다. 프로피온산은 프로피오닐 CoA로 활성화된 다음 카르복실화반응으로 D-메틸말로니-CoA로 되고 D-메틸말로닐-CoA는 에피머화 반응으로 L-메틸말로닐-CoA로 된 다음 코빌아민의 작용으로 숙시닐 CoA로 된다.

104 **담즙산의 구성 성분인 콜산(cholic acid)의 전구물질은?**

① 지방산 ② 인지질 ③ 아미노산
④ 콜레스테롤 ⑤ 지방산

해설
체내에서 합성되는 스테로이드 계열의 물질은 콜레스테롤을 전구물질로 하여 합성된다. 담즙산은 스테로이드 물질로서 콜레스테롤을 전구물질로 하여 간에서 합성된다.

105 **케톤체가 증가하는 경우는?**

① 비타민D의 섭취가 부족할 때 ② 당질의 섭취가 부족할때
③ 식사 후 ④ 글리코겐이 많을 때
⑤ 포도당을 많이 섭취했을 때

해설 케톤체는 당질의 섭취 부족, 당뇨병, 기아, 단식상태일 때 발생한다.

정답 101 ④ 102 ① 103 ③ 104 ④ 105 ②

106 공복 시 증가하는 것은?

① 간에서의 VLDL 합성 ② 혈중 카일로미크론 함량
③ LPL의 활성 ④ 지방조직의 중성지방 분해 감소
⑤ HSL(hormone sensitive lipase) 활성

해설
LPL은 카일로미크론과 VLDL의 TG를 혈액을 통해 지방세포로 이동시키는 효소이고 HSL는 공복 시 지방세포 내외 저장 TG를 꺼내 쓰는 효소이다.

107 심한 당뇨나 기아상태일 때 간에서 과잉생성되며 혈액을 산성으로 기울게 하여 산독증을 일으키는 물질은?

① 아미노산 ② 글리세롤 ③ 케톤체
④ 과당 ⑤ 포도당

해설
케톤체는 체내에서 과량의 지방산이 불완전연소로 생성되는 지방산의 유도체이다. 특히 당질의 섭취 부족, 당뇨병, 기아, 단식 상태일 때 지질 합성과 지질 분해 간의 균형이 깨지면서 과량의 유리지방산이 간에서 케톤체를 형성하여 혈중 농도가 높아지고 산성이 강하기 때문에 이들이 체내에 축적되면 산독증을 일으킨다. 근육, 심장, 신장 등에서 에너지원으로 이용된다.

108 콜레스테롤로부터 합성되는 것은?

① 담즙산 ② 리폭신 ③ 인지질
④ 프로스타글라딘 ⑤ 글리세롤

해설
콜레스테롤은 인지질과 함께 세포막의 구성 성분이 되며 담즙산, 스테로이드호르몬, 비타민D의 전구체가 된다.
프로스타글라딘은 아라키돈산으로부터 합성된다.

109 콜레스테롤 함량이 가장 많은 지단백은?

① 카일로마이크론 ② LDL ③ HDL
④ VLDL ⑤ 개인에 따라 다르다.

해설 LDL은 콜레스테롤을 가장 많이 함유하고 있다.

110 담즙산과 결합하는 아미노산은?

① 트레오닌 ② 메티오닌 ③ 알라닌
④ 글리신 ⑤ 글루탐산

해설 담즙산은 글리신과 타우린과 결합하여 각각 글리코콜산, 타우로콜산으로 전환된다.

정답 106 ⑤ 107 ③ 108 ① 109 ② 110 ④

111 지단백의 특징으로 옳은 것은?

① 카일로마이크론은 공복상태에서 가장 많이 존재한다.
② HDL-콜레스테롤의 별명은 나쁜 콜레스테롤이다.
③ VLDL은 밀도가 가장 낮은 지단백이다.
④ 아포B100은 VLDL과 LDL에 있는 아포단백질이다.
⑤ LDL은 콜레스테롤에스테르가 가장 적은 지단백질이다.

해설 LDL-콜레스테롤은 콜레스테롤에스테르(CE)가 가장 많은 지단백이며 카일로마이크론은 식후에만 많다.

112 콜레스테롤의 생합성 중간체는?

① 메발론산 ② 콜산 ③ 트롬복산
④ 프로게스테른 ⑤ 아라키돈산

해설
콜레스테롤 생합성 경로 : 아세틸 CoA → 아세토아세틸-CoA → HMG CoA → L-메발론산 → 스쿠알렌 → 라노스테롤 → 콜레스테롤

113 지방산 대사와 TCA 회로에 공통적으로 관계하는 대사물질은?

① 말로닐 CoA ② 숙시닐 CoA ③ HMG CoA
④ 아세틸 CoA ⑤ 아세토아세틸 CoA

해설
아세토아세틸 CoA와 HMG-CoA는 케톤체와 콜레스테롤 생합성 중간체이고 말로닐 CoA는 지방산 생합성에 관여하여 숙시닐 CoA는 TCA 회로 중간체이다.

114 콜레스테롤을 전구체로 하여 합성되는 것이 아닌 것은?

① 담즙 ② 알도스테론 ③ 프로게스테론
④ 비타민D_3 ⑤ 글루카곤

해설
콜레스테롤은 스테로이드호르몬, 비타민D_3의 전구체인 7-디히드로콜레스테롤 및 지질의 소화와 흡수과정에 중요한 담즙을 생성한다.

115 스테아르산(18:0)이 모두 아세틸 CoA로 분해되려면 β-산화를 몇 번 반복해야 하는가?

① 4번 ② 6번 ③ 8번
④ 16번 ⑤ 18번

해설 β-산화 횟수는 (탄소수 ÷ 2) - 1의 값이다.

정답 111 ④ 112 ① 113 ④ 114 ⑤ 115 ③

116 총 지방 섭취량은 충분하지만 아래의 지방산을 함유하지 않은 식사를 상당 기간 했을 때, 결핍증이 나타날 수 있는 것은?

① 올레산 ② 리놀렌산 ③ 스테아르산
④ 아이코사트리에노산 ⑤ 팔미트산

해설 리놀레산과 리놀렌산이 필수지방산이며, 아라키돈산은 식사에 리놀레산이 부족할 경우에 필수이다.

117 스테아르산이 물과 이산화탄소로 완전히 산화분해될 때까지 아실 CoA 합성효소는 몇 회 작용하는가?

① 1회 ② 4회 ③ 6회
④ 8회 ⑤ 12회

해설
세포 내로 들어온 지방산이 β-산화과정을 거쳐 완전히 산화분해되기 위해서는 세포질에서 아실 CoA 합성효소의 작용에 의해 아실 CoA가 된다. 이때 관여하는 효소가 아실 CoA 합성효소이므로 1회의 작용을 받는다.

118 케톤체가 아닌 것은?

① 시트르산 ② 옥살로아세트산 ③ 프로피오산
④ 아세톤 ⑤ 아세토아세트산

해설
지방이 분해되어 다량생성된 아세틸 CoA는 포도당으로부터 생성되는 옥살로아세트산이 없으면 TCA 회로에 들어갈 수 없어 간에서 아세토아세트산 β-히드록시부티르산, 아세톤 등의 케톤체를 생성해 혈액과 조직에 축적된다.

119 다음 중 케톤체 형성을 가장 촉진시키는 식단은?

① 식빵과 아이스크림 ② 스파게티와 미트볼 ③ 도넛과 커피
④ 베이컨과 계란 ⑤ 사과와 오렌지

120 지방산 생합성에 필요한 말로닐 CoA를 생성할 때 관여하는 아세틸 CoA 카르복실화효소의 조효소로 옳은 것은?

① TPP ② NADP+ ③ FAD
④ 비오틴 ⑤ 리포산

해설
아세틸 CoA 카르복실화효소는 아세틸 CoA에 CO_2를 부가하여 말로닐 CoA를 생성하는 효소로 비오틴을 조효소로 요구한다.

정답 116 ② 117 ① 118 ① 119 ④ 120 ④

121 다음 중 콜레스테롤이 전구체인 것은?

① phosphatidyl choline ② testosterone
③ vitamin K ④ prostahlandins
⑤ sphigosine

122 1분자의 팔미트산을 생합성할 때 몇 분자의 말로닐 CoA가 필요한가?

① 4 ② 5 ③ 6
④ 7 ⑤ 8

해설
팔미트산(C16 : 0)이 생성되는 과정은 7회의 생합성 사이클을 거치고, 1회 생합성 사이클을 거칠 때마다 1개의 말로닐 CoA가 필요하므로 7개의 말로닐 CoA가 필요하다.

123 단백질의 소화가 시작되는 곳은?

① 구강 ② 위 ③ 공장
④ 회장 ⑤ 소장

124 단백질의 소화에 대한 설명으로 옳은 것은?

① 펩신은 카제인을 응고시킨다.
② 위액의 pH는 단백질의 소화효소와 관계가 있다.
③ 췌장에서 분비되는 트립시노겐은 활성형이다.
④ 단백질의 소화는 구강에서부터 일어난다.
⑤ 위에서는 단백질의 소화가 일어나지 않는다.

해설
단백질의 소화는 위에서부터 시작되며 소화기관은 pH의 영향을 많이 받는다. 단백질소화 효소인 pepsin의 최적 pH는 1.5~2.0이다. 영아의 위액에 함유되어 있는 레닌은 카제인을 응고시켜서 충분히 펩신의 작용을 받게 하여 십이지장으로 보낸다.

125 단백질소화 효소와 분비되는 기관을 연결한 것으로 옳은 것은?

① 디펩티다아제 - 췌장 ② 트립신 - 담낭 ③ 아미노펩티다아제 - 소장
④ 키모트립신 - 담낭 ⑤ 펩신 - 췌장

해설
카르복시펩티다아제는 췌장에서 분비된다. 소장에서 분비되는 단백질소화 효소는 아미노펩티다아제와 디펩티다아제가 있다.

정답 121 ② 122 ④ 123 ② 124 ② 125 ③

126 단백질에 대한 설명으로 옳은 것은?

① 분자 내에 평균 6.25%의 질소를 함유하고 있다.
② 아미노산이 수십~수만 개가 결합된 고분자 화합물이다.
③ 아미노산은 카르복실기를 제거한 뒤 에너지원으로 이용된다.
④ 신체에 구성하는 필수아미노산은 약 20여 종이다.
⑤ 신체에 필요한 아미노산은 모두 음식으로 섭취되어야 한다.

해설
신체를 구성하고 있는 아미노산은 약 20여 종으로 신체에서 합성되지 않아 반드시 음식으로 공급되어야 하는 필수아미노산과 신체에서 합성되는 비필수아미노산이 있다. 단백질은 분자 내 질소를 16% 함유한다. 아미노산은 아미노기를 제거한 뒤 에너지원이나 포도당으로 이용되고 남으면 체내 지방으로 축적된다.

127 위에서 분비되며 우유의 단백질인 카세인을 응고시키는 효소는?

① 스테압신 ② 레닌 ③ 에렙신
④ 뮤신 ⑤ 트립신

해설 유아의 위액 중에 들어 있는 효소 레닌은 유즙이 펩신의 작용을 받지 않고 그대로 위를 통과하는 것을 막아 준다.

128 단백질의 설명이 옳게 짝지어진 것은?

① 1차 유도단백질 – 프로테오스, 펩톤, 펩티드
② 구리단백질 – 인슐린
③ 완전단백질 – 젤라틴, 제인
④ 방어단백질 – 페리틴
⑤ 수축성 단백질 – 액틴, 미오신

해설
프로테오스, 펩톤, 펩티드는 2차 유도단백질이다. 페라틴은 철의 저장단백질이며 방어단백질의 예로는 감마-글로불린을 들 수 있다. 젤라틴과 옥수수의 제인은 불완전 단백질이다. 인슐린은 아연단백질이다.

129 단백질의 기능이 옳은 것은?

① 글로불린 – 항원 ② 라이소자임 – 당질 합성
③ 히스톤 – 지단백질 ④ 시토크롬 – 전자전달
⑤ 트랜스페린 – 철 저장

해설
라이소자임은 눈물에 많이 존재하며 세균의 세포벽인 펩티도글리칸을 분해하는 효소이다. 글로불린은 항체로 작용하며, 히스톤은 핵단백질이다.

정답 126 ② 127 ② 128 ⑤ 129 ④

130 단백질의 소화과정에 대한 설명으로 옳은 것은?

① 엔테로키나아제는 트립시노겐을 트립신으로 활성화한다.
② 콜레시스토키닌은 키모트립시노겐을 트립신으로 활성화한다.
③ 뮤신은 펩시노겐을 펩신으로 활성화한다.
④ 세크레틴은 트립시노겐을 트립신으로 활성화된다.
⑤ 트립신은 프로아미노펩티다아제를 아미노펩티다아제로 활성화한다.

해설

펩시노겐은 위액의 염산에 의해 펩신으로 활성화한다. 십이지장에서 세크레틴과 콜레시스토키닌은 췌액 분비를 촉진하고 트립시노겐은 엔테로키나아제에 의해 트립신으로 활성화된다. 트립신은 키모트립시노겐을 키모트립신으로, 프로카르복시펩티다아제를 카르복실펩티다아제로 활성화하며, 카르복시펩티다아제와 소장벽의 아미노펩티다아제는 각각 카르복실기말단과 아미노기말단 아미노산의 펩티드결합을 분해하여 아미노산을 생성한다.

131 식물성 식품에 많으며 감칠맛을 내고 뇌의 대사에 관여하는 아미노산은?

① 알라닌 ② 글루탐산 ③ 세린
④ 페닐알라닌 ⑤ 라이산

해설

글루탐산은 Na과 염을 형성하여 감칠맛을 가지며 밀단백질인 gliadin에 많이 있으며 뇌의 대사에 관여한다.

132 활성형으로 분비되는 단백질소화 효소는?

① 아미노펩티다아제 ② 트립신 ③ 카르복시펩티다아제
④ 키모트립신 ⑤ 펩신

133 니아신의 전구체가 되는 필수아미노산은?

① 페닐알라닌 ② 류신 ③ 메티오닌
④ 트립토판 ⑤ 라이신

해설 니아신은 간과 신장에서 트립토판으로부터 전환하며 전환율이 60:1이다.

134 골격근육에서 분해되어 에너지를 발생하는 아미노산은?

① 류신 ② 알라닌 ③ 메티오닌
④ 트립토판 ⑤ 글루타민

해설

측쇄아미노산인 류신, 이소류신, 발린 등은 특히 근육과 지방조직에서 분해되어 에너지를 발생한다.

정답 130 ① 131 ② 132 ① 133 ④ 134 ①

135 단백질의 내부펩티드 분해효소로 옳은 것은?

① 디펩티다아제, 펩신
② 아미노펩티아다제, 디펩티다아제
③ 트립신, 키모트립신
④ 트립신, 카르복시펩티다아제
⑤ 카르복시트립신, 아미노펩티다아제

해설
내부펩티드 분해효소는 펩신, 트립신, 키모트립신이 있으며 외부펩티드 분해효소로는 카르복시펩티다아제, 아미노펩티다아제, 디펩티다아제가 있다.

136 효소의 구성 성분이며, 삼투압 조절, 면역기능에 관여하는 것은?

① 칼슘
② 단백질
③ 나트륨
④ 글리코겐
⑤ 스테로이드호르몬

해설 단백질은 열량영양소이며 효소의 구성분이고 체내 삼투압 조절, 항체를 형성하여 면역기능에 관여한다.

137 단백질로부터 합성되는 호르몬은?

① 테스트로겐
② 에스트로겐
③ 성장호르몬
④ 알도스테론
⑤ 당코르티코이드

해설
호르몬은 단백질계 호르몬과 스테로이드계 호르몬이 있는데, 콜레스테롤이 전구체인 호르몬은 프로게스테론, 에스트로겐, 테스토스테론과 같은 성호르몬과 부신피질 호르몬이 있다.

138 절식으로 조직단백질의 감소가 제일 먼저 일어나는 곳은?

① 심장
② 피부
③ 근육
④ 뇌
⑤ 간

해설
탄수화물을 충분하게 섭취하지 못하는 경우, 아미노산을 전구체로 하여 간이나 신장에서 당신생과정을 통해 포도당을 합성한다.

139 청소년의 경우 체내에서 거의 합성되지 않으며, 단백질의 질을 좌우하는 아미노산은 몇 개인가?

① 4
② 6
③ 8
④ 9
⑤ 10

해설
필수아미노산은 체내에서 합성되지 않거나 소량만 합성되므로 꼭 먹어야 하는 아미노산은 히스티딘, 이소류신, 류신, 라이신, 메티오닌, 페닐 알라닌, 트레오닌, 트립토판, 발린으로 9개이다.

정답 135 ③ 136 ② 137 ③ 138 ⑤ 139 ④

140 두류단백질에 적게 들어 있는 필수아미노산은?

① 메티오닌 ② 트립토판 ③ 페닐알라닌
④ 라이신 ⑤ 류신

해설
두류에는 메티오닌, 곡식류에는 라이신, 트레오닌, 채소에는 메티오닌, 옥수수에는 트립토판, 라이신이 부족하다.

141 밀가루 음식만을 계속 먹는다면 가장 부족한 아미노산은?

① 류신 ② 페닐알라닌 ③ 트립토판
④ 메티오닌 ⑤ 라이신

해설 밀단백질의 제한아미노산은 라이신과 트레오닌이다.

142 수용성 비타민인 니아신의 전구체가 되는 필수아미노산은?

① 메티오닌 ② 페닐알라닌 ③ 트립토판
④ 리신 ⑤ 트레오닌

해설 필수아미노산인 트립토판은 체내에서 니아신으로 전환된다.

143 두가지 식품을 섞어서 음식을 만들었을 때 단백질의 상호 보족효과가 큰 것은?

① 쌀과 옥수수 ② 쌀과 두류 ③ 젤라틴과 옥수수
④ 옥수수와 밀 ⑤ 쌀과 젤라틴

해설
식물성 단백질에 부족한 필수아미노산은 동물성 단백질에 많이 들어 있어 식물성 식품을 섭취할 때 동물성 식품과 함께 섭취하면 부족한 필수아미노산을 보완할 수 있다.

144 제한아미노산을 이용하여 단백질의 질을 평가하는 방법으로 짝지어진 것은?

① 단백질 효율, 생물가 ② 화학가, 아미노산가
③ 아미노산가, 단백질 효율 ④ 생물가, 화학가
⑤ 화학가, 단백질 실이용률

해설
아미노산가와 화학가는 식품단백질의 아미노산 조성을 분석하고, 이를 각각 FAO/WHO가 인체의 단백질 필요량에 근거하여 만든 기준아미노산 조성 혹은 달걀단백질의 아미노산 조성과 비교하여 평가하는 방법으로서, 기준단백질에 대한 식품단백질 중의 제1제한 아미노산의 백분율을 말한다. 측정이 간단하고, 제한아미노산을 알 수 있어 보충효과를 예측할 수 있는 장점이 있으나, 소화율을 고려하지 않은 단점이 있다.

정답 140 ① 141 ⑤ 142 ③ 143 ② 144 ②

145 생물가(biological value, BV)가 가장 높은 식품은?

① 밀가루 ② 쇠고기 ③ 쌀
④ 달걀 ⑤ 우유

해설 달걀의 생물가가 가장 높고 다음은 우유, 쇠고기, 쌀, 밀가루의 순서이다.

146 식품과 제한아미노산의 연결이 옳은 것은?

① 쌀 – 라이신 ② 콩 – 트레오닌 ③ 밀가루 – 류신
④ 우유 – 트립토판 ⑤ 옥수수 – 시스틴

해설
곡류의 제한아미노산은 대부분 라이신이고, 옥수수를 주식으로 하면 트립토판이 부족하여 니아신의 부조증인 펠라그라를 일으킨다.

147 곡류, 견과류, 종실류에 공통적으로 부족한 아미노산은?

① 트레오닌 ② 리신 ③ 메티오닌
④ 트립신 ⑤ 트립토판

148 밀글루텐 중 라이신은 제한아미노산으로 107mg인데, FAO/WHO 표준단백질의 아미노산 조성은 라이신이 270mg이다. 밀글루텐의 아미노산가는?

① 20 ② 30 ③ 40
④ 45 ⑤ 60

해설 (107 / 270) × 100

149 임산부나 회복기 환자가 섭취하면 좋은, 양질의 단백질 식품으로 묶은 것은?

① 검정콩, 옥수수 ② 달걀, 옥수수 ③ 쇠고기, 족편
④ 쇠고기, 달걀 ⑤ 족편, 검정콩

해설 젤라틴으로 만든 족편은 불완전단백질 식품에 속한다.

150 테스토스테론의 전구체는?

① 인슐린 ② 알부민 ③ 단백질
④ 콜라겐 ⑤ 스테로이드

해설 대부분 호르몬의 주성분은 단백질이지만 성호르몬과 부신피질호르몬의 전구체는 스테로이드이다.

정답 145 ④ 146 ① 147 ② 148 ③ 149 ④ 150 ⑤

151 음식 100g 중 질소 함량이 8g이라면 몇 g의 단백질이 함유된 것인가?

① 25.0g ② 32.0g ③ 37.5g
④ 40.0g ⑤ 50.g

해설 단백질 계수는 6.25이다. 질소 g X 6.25 = 단백질 g수

152 대두의 제1제한 아미노산은?

① 페닐알라닌 ② 트립토판 ③ 메티오닌
④ 트레오닌 ⑤ 리신

해설

대두의 제1제한 아미노산은 메티오닌, 쌀의 제1제한 아미노산은 리신이다.

153 체중 1kg당 단백질 권장섭취량 설정 시에 반영되는 항목이 아닌 것은?

① 질소균형 실험 ② 개인간 차이 ③ 스트레스
④ 소화율 ⑤ 체중

해설

현재 한국인 단백질 평균필요량은 질소균형 실험 결과 남녀 구분 없이 0.66g/kg/일을 기준으로 하되 여기에 90%의 소화율을 적용하여 0.73g/kg/일로 하였으며, 체중당 평균필요량은 성별, 연령구간별 평균체중에 대입하여 각 군별 평균필요량을 산정하였다. 권정섭취량은 여기에 개인 차이를 허용하도록 평균필요량에 표준편차의 1.96배를 곱한 값, 즉 평균필요량의 1.25배를 하여 0.91g/kg/일로 산출하였다. 스트레스로 인한 가중치는 고려하지 않는다.

154 단백질 과잉 섭취 시 나타나는 증상은?

① 단백질 합성으로 요소 생성이 감소한다. ② 체지방의 분해가 일어난다.
③ 케톤체의 합성이 증가한다. ④ 당질의 연소율이 증가한다.
⑤ 소변으로 칼슘의 배설이 증가한다.

해설

단백질에 함유된 P, S는 음이온을 형성하며 양이온 Ca과 결합하여 배설한다.

155 단백질섭취 부족으로 지방간, 부종, 피부염, 머리털의 변색 등의 증상이 나타나는 결핍증을 무엇이라 하는가?

① 페닐케톤뇨증 ② 단풍당뇨증 ③ 마라스무스
④ 콰시오커 ⑤ 당뇨병

해설

단백질결핍 증세인 콰시오커는 성장 지연, 체중 감소, 저항력 감소, 머리털 탈색, 피부염, 그리고 지방간과 부종이 나타난다.

정답 151 ⑤ 152 ③ 153 ③ 154 ⑤ 155 ④

156 질소균형을 나타내는 경우로 옳은 것은?

① 임신 ② 건강한 성인 ③ 기아
④ 갑상선호르몬 분비 증가 ⑤ 성장

해설
질소섭취량과 배설량이 동일한 경우를 질소균형 또는 질소등가라 하며 건강한 성인의 경우에 해당한다. 성장, 임신은 양(+)의 질소평형의 경우이고 갑상선호르몬 분비증가, 기아는 음(−)의 질소평형에 속한다.

157 콰시오커의 특징이 아닌 것은?

① 심한 체중 감소 ② 부종 ③ 급성으로 발생
④ 지방간 ⑤ 근육의 소실

해설
콰시오커는 심한 단백질 부족인 경우 발생하며 부종, 지방간, 머리카락 탈색, 성장장애 등의 증상을 보인다. 콰시오커는 마라스무스에 비해 체중 감소가 심하지 않다. 마라스무스가 정상 체중의 60% 이하로 심한 체중 감소를 보이는데 비해 콰시오커는 약간 정도의 체중 감소가 특징이다.

158 아미노산 대사 과정이 아닌 것은?

① 베타산화 ② 아미노 ③ 탈아미노반응
④ 요소합성 ⑤ 탈탄산반응

해설
탈탄산반응은 아미노산에서 CO_2를 방출시켜 세로토닌 등의 신경전달물질을 형성하는 과정이다. 탈아미노반응은 아미노산에서 아미노기가 떨어져 나가 암모니아를 형성하는 과정이다. 요소합성은 탈아미노반응으로 아미노산에서 떨어져 나온 아미노기가 알칼리성 암모니아를 생성하는데 이를 중성인 요소로 전환시키는 과정이다. 아미노기전이반응은 한 아미노산으로부터 탄소골격에 아미노기를 전달하여 새로운 아미노산을 형성하는 과정이다. 베타산화는 지방산의 산화이다.

159 아미노산의 질소부분 대사로 옳은 것은?

① 케톤체 생성하여 에너지를 발생
② 지방산 합성하여 에너지원으로 사용
③ 케토산에 전달되어 다른 아미노산 합성
④ 연소되어 에너지를 발생
⑤ 포도당 합성하여 혈당 공급

해설
아미노산의 질소 부분은 암모니아로 떨어진 후 요소로 전환되어 소변으로 배설되거나, 케토산에 전달되어 새로운 아미노산을 합성하는 데 쓰인다.

정답 156 ② 157 ① 158 ① 159 ③

160 **아미노기 전이반응을 촉매하는 효소는?**

① 글루탐산 탈수소효소　② 아미노옥시다아제
③ 디카르복실리아제　④ 아미노기 전달효소
⑤ 아미노기 탈수소효소

해설
아미노기 전이반응은 한 아미노산으로부터 탄소골격에 아미노기를 전달하여 새로운 아미노산을 형성하는 과정으로 조효소로서 비타민 B_6(PLP)가 작용한다.

161 **요소회로에 대한 설명으로 옳은 것은?**

① 7ATP가 소모된다
② 요소 합성의 반응은 세포질과 미토콘드리아에서 일어난다.
③ 1차 조절은 카르니틴 인산 합성단계에서 일어난다.
④ 요소는 미토콘드리아에서 생성된다.
⑤ 숙신산(succinate)이 생성된다.

해설
요소회로는 1회전당 4mol의 ATP가 소비되고, 이 회로의 조절은 1차적으로 카바모일인산의 합성단계에서 일어난다. 오르니틴과 시트룰린 생성은 미토콘드리아에서, 아르기노숙신산과 아르기닌 생성은 세포질에서 일어난다. 요소는 세포질에서 생성된다.

162 **아미노산의 탄소골격으로부터 합성되는 물질이 아닌 것은?**

① 포도당　② 지방산　③ 케톤체
④ 크레아틴　⑤ ATP

해설
포도당생성 아미노산은 피루브산이나 TCA 회로 중간산물로 분해되어 포도당 합성에 이용될 수 있다. 케톤생성 아미노산은 아세토아세틸 CoA로 전환되어 케톤체를 생성하거나 지방산 합성에 이용될 수 있다.

163 **크레아틴(creatine)의 생합성에 참여하는 아미노산은?**

① 페닐알라닌　② 시스테인　③ 시스틴
④ 글리신　⑤ 티로신

해설
크레아틴은 근육 내 에너지저장 단백질로 아르기닌, 글리신, 메티오닌에 의해 생성된다. 아르기닌은 글리신과 결합하여 구아니디노아세트신과 되고 이어 메티오닌과 결합하여 크레아틴이 된다.

정답　160 ④　161 ②　162 ④　163 ④

164 단백질대사 과정에서 생성되는 암모니아가 배설되는 형태는?

① 오르니틴 ② 시트룰린 ③ 요소
④ 요산 ⑤ 크레아틴

해설
아미노산의 탈아미노 반응으로 생성된 세포 내의 유독한 암모니아는 혈액을 통해 간으로 운반된 후 요소회로를 통해 요소로 전환되어 신장을 통해 배설된다.

165 아미노기전달 효소의 보조효소는?

① PALP(PLP) ② CoA ③ NAD+
④ TPP ⑤ THF

해설
pyridoxal phosphate(PLP)는 아미노기 전달반응의 보조효소로 비타민 B_6 유도체이다.

166 DNA에 대한 설명으로 옳지 않은 것은?

① 유전정보를 가지고 있다.
② 핵에 있다.
③ DNA를 구성하는 염기조성은 종에 따라 다르다.
④ 소의 간과 뇌에서 분리한 DNA 염기조성은 같다.
⑤ 아무리 높은 열을 가해도 변하지 않는다.

해설
아중나선 구조의 DNA는 유전정보를 지니고 있으며, 생명의 필수도구인 단백질 합성을 결정한다. DNA의 염기서열은 종에 따라 다르지만, 동일한 종의 세포에는 같은 조성으로 이루어진다.

167 DNA와 RNA의 오탄당의 어느 위치에 뉴클레오티드가 연결되는가?

① 2, 3 ② 1, 4 ③ 2, 5
④ 3, 5 ⑤ 3, 7

해설 포스포디에스테르 결합(phosphodiester bond)에 의해 연결된다.

168 어떤 DNA의 아데노신 잔기는 15개, 시티딘 잔기는 22개라고 한다. 티미딘 잔기는 몇 개인가?

① 10개 ② 15개 ③ 20개
④ 22개 ⑤ 37개

해설
DNA 이중나선구조에서 아데닌과 티민, 구아닌과 시토신은 각각 동일한 개수를 지니고 있다.

정답 164 ③ 165 ① 166 ⑤ 167 ④ 168 ②

169 트립토판으로부터 합성되는 신경전달물질은?

① GABA ② 세로토닌 ③ 도파민
④ 히스타민 ⑤ 에피네프린

해설
아미노산으로부터 합성되는 신경전달물질은 다음과 같다.
- 티로신 → 도파민, 노르에피네프린, 에피네프린
- 트립토판 → 세로토닌
- 히스티딘 → 히스타민
- 글루탐산 → GABA

170 단백질 합성의 주형 역할을 하는 것은?

① DNA ② deoxyribose ③ mRNA
④ rRNA ⑤ tRNA

해설
- DNA : 유전정보의 저장
- mRNA : 단백질 합성을 위해 DNA로부터 정보를 그대로 복사하여 운반, 즉 폴리펩티드 사슬을 암호화한다.
- rRNA : 세포 내에서 가장 많이 존재하는 RNA로서 약 80%를 차지하며, 3차 구조는 매우 복잡하다.
- tRNA : 단백질 합성을 위해 아미노산을 리보솜으로 운반하며 20개의 아미노산 중 적어도 한 타입의 tRNA가 존재한다.

171 요소회로에 관한 설명 중 옳은 것은?

① 요소를 분해하여 에너지로 이용한다.
② 암모니아를 요소로 전환하는 데 에너지를 사용하지 않는다.
③ 히스티딘이 중간체로 작용한다.
④ 미토콘드리아 내에서만 일어난다.
⑤ 암모니아는 배설을 위해 요소로 전환된다.

해설
요소회로 : 척추동물의 간에서 아미노산 분해로 생긴 암모니아를 ATP를 사용하여 요소로 배설하는 일련의 순환과정이다.

172 요소형성에 관여하는 아미노산은?

① β-알라닌 ② 아스파르트산 ③ 글리신
④ 히스티딘 ⑤ 라이신

해설
요소형성에 관여하는 아미노산은 아스파르트산으로 시트룰린과 축합하여 아르기노숙신산을 생성한다.

정답 169 ② 170 ③ 171 ⑤ 172 ②

173 뉴클레오시드(nucleoside)의 구성 성분이 아닌 것은?

① 글라이코실아민 ② 염기 ③ 리보오스
④ 인산 ⑤ 피리미딘

해설 뉴클레오시드(염기 + 당) + 인산 = 뉴클레오티드

174 에피네프린은 어떤 아미노산의 대사로 생성되는가?

① 아스파르트산 ② 티로신 ③ 글리신
④ 시스테인 ⑤ 히스티딘

해설 에피네프린은 티로신으로부터 생성되는 부신수질호르몬이다.

175 요소회로에서 1몰의 요소를 합성하는 데 몇 몰의 ATP가 필요한가?

① 1몰 ② 2몰 ③ 3몰
④ 4몰 ⑤ 8몰

해설
요소회로에서 1몰의 요소를 합성하려면 4몰의 ATP가 필요하며, carbamoyl phosphate 합성과 argininosuccinate 합성에 각각 2몰씩 필요하다.

176 아미노기 전이반응에 관여하는 비타민은?

① 코발아민 ② 피리독신 ③ 리보플라빈
④ 티아민 ⑤ 니아신

해설
아미노기 전이반응은 transaminase에 의하여 조효소로 pyridoxine(비타민B_6)유래의 PLP가 관여한다.

177 근육에서 glutamate로부터 α-아미노기를 받아 간으로 운반하는 형태는?

① glycerol ② lactic acid ③ pyruvate
④ glucose ⑤ alanine

해설
근육조직에서 해로운 암모니아를 간으로 운반하는 아미노산은 세포막을 통과할 수 있는 중성아미노산인 alanine이다.

178 RNA에만 있는 염기는?

① 아데닌 ② 우라실 ③ 티민
④ 구아닌 ⑤ 시토신

해설 2-RNA만의 피리미딘 염기는 U(uracil)이며 DNA만의 피리미딘 염기는 T(thymine)이다.

정답 173 ④ 174 ② 175 ④ 176 ② 177 ⑤ 178 ②

179 핵산과 결합하여 존재하는 단백질은?

① 헤모글로빈 ② 글로불린 ③ 글루텔린
④ 알부민 ⑤ 히스톤

해설
핵단백질은 단순단백질에 핵산이 결합한 고분자 화합물이다. 단백질 부분은 protamine, histone 및 기타 단순염기성 단밸질로 이루어지며 protamine은 어류의 정자핵 중에서 DNA와 결합형으로 histone은 동물의 체세포핵이나 정자핵 중에서 DNA와 결합형으로 존재한다. 이들은 염기성 단백질로서 arginine과 lysine의 함량이 높다.

180 통풍(gout) 환자의 혈액 내 함량이 증가되는 물질은?

① 요산 ② Ca ③ Co_2
④ 요소 ⑤ NH_3^+

해설 통풍은 혈액 내의 요산농도 상승으로 일어나는 대사성 질환인 관절병이다.

181 IMP에 질소를 제공하여 AMP를 생성하는 아미노산은?

① aspartate ② arginine ③ glutamine
④ glycine ⑤ valine

해설 purine nucleotide의 생합성에 aspartate, glutamine, glycine이 질소를 제공한다.

182 헴 단백질(heme protein)이 아닌 것은?

① myglobin ② cobalamin ③ hemoglobin
④ cytochrome ⑤ catalase

해설 cobalamine은 코발트가 들어 있는 화합물이다.

183 인체 내에서 요산이 만들어 지는 곳은?

① 간 ② 소장 ③ 신장
④ 근육 ⑤ 췌장

해설 요산은 퓨린 뉴클레오티드의 최종 분해대사산물로서 간에서 생성되어 신장을 거쳐 오줌으로 배설된다.

184 다음 중 tRNA의 역할은?

① rRNA 식별 ② 전사과정 참여 ③ 유전자 정보 전달
④ 아미노산 운반 ⑤ DNA 수복

해설
mRNA는 직접 아미노산을 선택할 수 없으므로 단백질 합성 시에는 rRNA가 mRNA codon을 식별하고 아미노산을 운반하는 역할을 한다.

정답 179 ⑤ 180 ① 181 ① 182 ② 183 ① 184 ④

185 DNA복제의 기전은?

① 분산적 복제 ② 비례적 복제 ③ 혼합적 복제
④ 이중나선적 복제 ⑤ 반보전적 복제

해설
두 개의 새로운 DNA 분자 각각의 한 가닥은 원래 있던 가닥이고 나머지 가닥은 새로운 가닥이므로 반보전적 기전이라 한다.

186 경쟁적 억제의 특징은?

① Km 증가, Vmax 불변 ② Vmax 증가, Km 불변 ③ Km 감소, Vmax 불변
④ Vmax, Km 모두 감소 ⑤ Vmax 감소, Km 불변

187 단백질 생합성에 필요한 과정의 설명으로 옳은 것은?

① mRNA의 DNA 번역
② 만들어진 펩티드 사슬의 아미노기 말단에 새로운 아미노산 결합
③ 아미노산의 aminoacyl-UMP 형태로 활성화
④ 단백질 생합성에 필요한 과정에서는 ATP 소모가 없다.
⑤ 리보솜 위에서 mRNA와 tRNA의 결합

해설
아미노산이 aminoacyl-tRNA 형태로 활성화되며 mRNA의 DNA 복사 과정이 필요하다. 만들어진 펩티드 사슬의 카르복시 말단에 새로운 아미노산이 연결된다.

188 효소반응에 대한 설명으로 옳은 것은?

① 경쟁적 저해 시에는 Km값이 감소한다.
② Km값이 높을수록 기질친화력이 높다.
③ 반응생성물이 많아질수록 반응 속도가 빨라진다.
④ Km은 1/2Vmax에 도달하기 위해 필요한 기질의 농도이다.
⑤ 기질농도가 Km값보다 높아질수록 효소반응 속도는 직선적으로 증가한다.

189 단백질을 가공하여 주소를 부여하는 세포 내 소기관은?

① 미토콘드리아 ② 리소좀 ③ 활면소포체
④ 조면소포체 ⑤ 골지체

해설
단백질은 조면소포체에 붙어 있는 리보솜에서 합성된 후, 골지체로 이동하여 황산염, 당, 또는 지방질이 첨가되어 변형이 일어나면서 가공되어 역할을 부여받는다.

정답 185 ⑤ 186 ① 187 ③ 188 ④ 189 ⑤

190 활성화 에너지란?

① 기저상태와 전이상태의 에너지 차이
② 전이상태의 에너지
③ 반응 후의 에너지
④ 반응 전과 후의 에너지 차이
⑤ 기저상태의 에너지

해설

활성화 에너지 : 기질이 기저상태(안정되고 에너지가 낮은 형태의 분자)에서 전이상태(반응의 정점)까지 올리는 데 필요한 에너지이다. 충돌하는 분자들이 활성화 에너지를 가지고 있을 때 화학반응은 일어난다.

191 영양소 1g당 폭발열량계에 의한 열량과 생리적 열량이 옳은 것은?

① 알코올 – 7.3 kcal, 7kcal
② 단백질 – 4.35kcal, 4kcal
③ 단백질 – 5.85kcal, 4kcal
④ 당질 – 4.15kcal, 4kcal
⑤ 지방 – 9.85kcal, 9kcal

해설

탄수화물은 4.15kcal, 지질은 9.45kcal, 단백질은 5.65kcal, 알코올은 7.1kcal 이다.

192 지방이 당질에 비해 더 많은 열량을 발생하는 이유는?

① 산소의 비율이 높기 때문
② 탄소의 비율이 낮기 때문
③ 수소의 비율이 높기 때문
④ 산소의 비율이 낮기 때문
⑤ 산소의 비율이 높기 때문

해설

지방은 효과적인 에너지원으로 열량을 내는 구성 원소인 탄소와 수소의 함량이 당질보다 훨씬 많은 반면 산소가 적기 때문에 더 많은 열량을 발생한다.

193 어떤 식품 100g 중의 질소함량이 6g이라면 단백질로부터 얻을 수 있는 열량은?

① 150kcal
② 400kcal
③ 337.5kcal
④ 230.5kcal
⑤ 300kcal

해설

단백질 내 질소함량이 평균 16%이므로 질소의 단백질환산 계수는 6.25이다. 단백질 1g당 에너지는 4kcal이다.
6 X 6.25 X 4 = 150kcal

194 다음 중 기초대사량에 포함되지 않는 생리대사는?

① 신경전달
② 체온조절
③ 호흡작용
④ 심장운동
⑤ 소화작용

정답 190 ① 191 ④ 192 ④ 193 ① 194 ⑤

195 기초대사량을 증가시키는 요인은?

① 근육량 감소　② 연령증가　③ 체온상승
④ 수면　⑤ 갑상선기능 저하

해설
수면 시에는 BMR이 10~15%가 낮고 체온이 정상 36.5℃보다 1℃ 상승에 따라 13%가 증가된다. 갑상선기능저하일 때는 30~50% 감소되고 체표면적이 넓을수록 기초대사량이 항진된다.

196 기초대사량이 저하되는 경우로 옳은 것은?

① 영양 불량　② 임신　③ 발열
④ 갑상선기능 항진　⑤ 아드레날린 분비

해설
체온이 상승함에 따라 기초대사량은 증가되고 영양 불량일 때 낮으며 갑상선기능 저하일 때도 감소한다.

197 단위체표면적당 기초대사량이 가장 높은 사람은?

① 성인 남자　② 성인 여자　③ 노인
④ 여아　⑤ 남아

해설 일생을 통해 기초대사율이 가장 높아지는 시기는 생후 1~2년이다. 생후 2년 후 전체적으로 감소된다.

198 활동대사에 대한 설명으로 옳은 것은?

① 활동의 종류, 강도, 활동시간 등에 따라 개인차가 크다.
② 체중의 영향을 받지 않는다.
③ 에너지 요구량 중 60~75%를 차지한다.
④ 활동계수가 높을수록 가벼운 활동을 하는 것이다.
⑤ 호흡과 심장활동에 필요한 에너지도 포함된다.

해설
활동대사량은 노동 · 운동 시에 일어나는 근육활동에 필요한 에너지로 1일 총 에너지의 30%를 차지하며 활동계수가 높을수록 격심한 활동을 하는 것이다.

199 열량영양소의 혼합식이를 하는 경우 흡수율이 큰 순서로 나열한 것은?

① 탄수화물, 단백질, 지질　② 탄수화물, 지질, 단백질
③ 단백질, 탄수화물, 지질　④ 단백질, 지질, 탄수화물
⑤ 지질, 탄수화물, 단백질

해설 열량영양소의 소화흡수율은 탄수화물이 98%, 지방이 95%, 단백질이 92%이다.

정답　195 ③　196 ①　197 ⑤　198 ①　199 ②

200 성인의 1일 에너지 소모량을 결정하는 요인은?

① 휴식대사량, 활동대사량, 식품 이용을 위한 에너지 소모량
② 적응대사량, 활동대사량, 식품 이용을 위한 에너지 소모량
③ 호흡대사량, 활동대사량, 식품 이용을 위한 에너지 소모량
④ 휴식대사량, 식품 이용을 위한 에너지 소모량, 적응대사량
⑤ 휴식대사량, 호흡대사량, 적응대사량

해설

1일 영양필요량은 기초대사량(휴식대사량) + 활동대사량 + 식품 이용을 위한 에너지 소모량이다.

201 우리나라 성인여자가 2,000kcal를 섭취하였다면 적절한 탄수화물 섭취량은?

① 100g ② 150g ③ 220g
④ 270g ⑤ 325g

해설

탄수화물 에너지 적정비율(55~65%)을 고려한 탄수화물 섭취량은 275~325g이다.
탄수화물 에너지를 65% 섭취한다고 가정할 때 탄수화물 섭취량 계산은 다음과 같다.
2,000 × 0.65 = 1,300kcal
1,300 ÷ 4 = 325g

202 다음 ( ) 안에 적합한 말을 고르시오.

> 평균필요량은 대상 집단의 필요량 분포치 ( )으로부터 산출한 값이다.

① 최상위값 ② 최저값 ③ 중앙값
④ 삼사분위값 ⑤ 일사분위값

203 백색지방세포와 비교했을 때 갈색지방세포의 특징은?

① 중앙에 커다란 지방구가 존재한다. ② ATP 합성효소의 활성이 높다.
③ 미토콘드리아가 더 적다. ④ 혈관 분포가 더 적다.
⑤ 등, 견갑골, 겨드랑이에 더 많이 분포한다.

해설

갈색지방세포에는 미토콘드리아가 많이 있으며 혈액의 공급이 풍부하기 때문에 색을 띠게 된다. 갈색지방세포에는 ATP합성효소의 활성이 적어 ATP를 생성하기 보다 열을 주로 발생하며 등, 견갑골, 겨드랑이에 더 많이 분포되어 있다.

정답 200 ① 201 ⑤ 202 ③ 203 ⑤

204 알코올이 독성을 나타내는 원인이 되는 대사물질은?

① 알데하이드 탈수소효소 ② 아세트아세트산 ③ 아세트알데하이드
④ 짧은사슬지방산 ⑤ 아세트산

해설
알코올은 알코올 탈수소효소에 의해 아세트알데하이드를 생성하는데, 이물질이 독성을 나타내어 두통, 세포막 손상 등을 일으킨다.

205 기초대사율에 대한 설명으로 옳은 것은?

① 운동선수는 일반인보다 기초대사율이 낮다.
② 생후 1~2년에 기초대사율이 가장 높다.
③ 임신부는 비임신부보다 기초대사율이 낮다.
④ 남성호르몬은 기초대사율을 감소시킨다.
⑤ 수유부는 비수유보다 기초대사율이 높다.

해설
기초대사율은 남성호르몬 분비, 임신기에 증가하며, 운동선수가 일반인에 비해 기초대사율이 높다. 수유기에는 기초대사율이 낮아지는 경향이 있으며, 생후 1~2년의 경우 기초대사율은 가장 높다.

206 근육 조직에서 에너지를 저장하는 물질은?

① 포스포에놀피루브산(phosphoenolpyruvate)
② 크레아틴 인산(creatine phosphate)
③ ATO
④ ADP
⑤ cAMP

해설
creatine phosphatesms 근육조직의 에너지저장 물질이다.

207 영양소의 생리적 열량가를 계산할 때 고려하는 내용의 조합으로 옳은 것은?

① 소화흡수율, 체내 보유율 ② 호흡으로 배설되는 알코올 양, 수분 섭취량
③ 식품의 열량가, 단백질의 불완전연소량 ④ 식품의 열량가, 체내 보유율
⑤ 소화흡수율, 수분 섭취량

해설
생리적 열량가는 식품의 열량가에 소화흡수율, 단백질의 불완전연소, 알코올의 흐름으로 배설되는 양을 고려하여 계산한다.

정답 204 ③ 205 ② 206 ② 207 ③

208 장기간 음주로 인해 나타나는 증상의 조합으로 옳은 것은?

① 식도염, 빈혈, 과체중
② 지방간, 식도염, 빈혈
③ 지방간, 통풍, 과체중
④ 신경염, 비만, 통증
⑤ 면역증진, 빈혈, 부종

해설

장기간 음주는 당질, 비타민과 무기질 대사에 영향을 미쳐 지방간, 지방염, 통풍, 알부민 부족에 의한 부종, 식도염 및 위장염, 빈혈, 면역저하에 의한 감염, 신경염 등이 나타날 수 있다.

209 지용성 비타민의 특성에 대한 설명으로 옳은 것은?

① 가열조리 과정에서 쉽게 파괴된다.
② 결핍증세가 빨리 나타난다.
③ 독성이 나타날 수 있다.
④ 조효소의 형태로 전환된다.
⑤ 전자레인지를 이용한 조리법이 손실량을 줄인다.

해설

결핍증세는 서서히 나타나고, 비타민 K는 카르복실화 효소의 조효소 형태로 작용하지만, 대부분 수용성 비타민이 조효소로써의 역할을 도와준다. 가열조리 과정에서 쉽게 파괴되지 않으므로 전자레인지를 이용한 조리법이 손실을 크게 줄이지는 않는다.

210 어두운 곳에서 시각기능을 유지하는 데 관여하는 비타민A의 형태로 옳은 것은?

① 레티닐 팔미느산
② 베타카로틴
③ 레티노산
④ 레티날
⑤ 레티놀

해설

비타민A는 레티날, 레티놀, 레티노산 등으로 구성되어 있으며, 식물성 급원인 카로티노이드는 체내에서 비타민A로 전환된다. 간상세포에서 레티날은 단백질인 옵신과 결합하여 로돕신 색소를 형성하며, 로돕신은 어두운 곳에서 시각기능에 관여한다.

211 레티놀 활성당량의 의미로 옳은 것은?

① 비타민 A의 화학적 명칭
② 카로틴의 종류별 비타민 A 함량
③ 비타민 E의 비타민 A 역할 정도
④ 비타민 A의 화학적 명칭
⑤ 비타민 A활성의 정도를 레티놀을 기준으로 나타내는 단위

정답 208 ② 209 ③ 210 ④ 211 ⑤

212 비타민 A의 결핍증상으로 옳지 않은 것은?

① 성장지연　　② 근무력증
③ 비토 반점　　④ 안구건조증
⑤ 각막건조증

해설
비타민 A는 시각유지, 상피세포 분화, 성장 유지 등의 작용을 하며, 카로틴은 항산화제로서 작용한다. 결핍 시에는 야맹증, 각막건조증, 각막연화증, 비토반점, 성장지연과 기타 포상각화증, 설사, 호흡기 염증 등이 발생한다.

213 비타민 D를 신장에서 활성화시키는 호르몬은?

① 부신호르만　　② 갑상선호르몬
③ 부갑상선호르몬　　④ 글루카곤
⑤ 칼시토닌

해설
혈중 칼슘 함량이 감소했을 때 비타민 D를 신장에서 활성화시키는 호르몬은 부갑상선호르몬(PTH)이다.

214 비타민 D에 대한 설명으로 옳지 않은 것은?

① 부갑상선 호르몬은 간에서 1, 25-$(OH)_2$-비타민 D의 형성을 촉진한다.
② 신장에서 칼슘의 배설을 감소한다.
③ 소장점막 세포에서 칼슘과 인의 흡수를 촉진한다.
④ 혈장의 칼슘 항상성을 유지한다.
⑤ 파골세포에서 뼈의 칼슘이 혈액으로 용해되어 나오는 것을 촉진한다.

해설
비타민 D는 부갑상선 호르몬과 함께 혈장의 칼슘농도를 증가시키기 때문에 신장에서 칼슘의 배설을 감소시켜 혈장의 칼슘 농도를 증가시킨다.

215 비타민 D의 결핍증에 걸리기 쉬운 사람으로 옳지 않은 것은?

① 지방흡수불량증 환자　　② 야간근무자
③ 노인　　④ 광부
⑤ 농부

해설
노인은 피부에서 비타민 D를 합성하는 효소의 활성이 저하되며, 지하에서 일을 하는 사람들은 일광에 의한 비타민 D 활성이 제한되어 결핍증에 걸릴 가능성이 있다.

정답 212 ② 213 ③ 214 ④ 215 ⑤

216 **구루병에 대한 설명으로 옳지 않은 것은?**

① 비타민 D의 부족이 직접적인 원인이다.
② 심각한 지방흡수장애가 있는 경우에도 발생한다.
③ 골밀도가 저하되어 뼈의 총량이 감소된다.
④ 햇볕을 많이 쬐도록 한다.
⑤ 주로 성장기 어린이에게서 나타난다.

해설

비타민 D가 부족하면 뼈에 칼슘과 인이 촉진되는 석회가 적절하지 못하게 되어, 뼈가 약해지고 압력을 받으면 뼈가 굽게 되는데, 이러한 형상이 어린이에게 발생한 경우를 구루병이라고 한다.

217 **비타민 E의 기능 및 역할에 대한 설명으로 옳지 않은 것은?**

① γ-토코페롤 α-토코페롤에 비하여 활성산소 라디칼과의 반응도가 높다.
② 비타민 E는 지용성 영양소의 이중결합을 보호한다.
③ 비타민 E는 막의 연쇄적 산화반응을 억제한다.
④ 자유라디칼의 연쇄 반응을 차단하여 산화적 스트레스를 억제한다.
⑤ 비타민 E는 주로 세포막에서 작용한다.

해설

비타민 E는 형태에 따라 항산화 반응 기전이 다른데 γ-토코페롤(감마 토코페롤)은 α-토코페롤(알파 토코페롤)에 비해 활성산소 라디칼과 반응도가 낮다.

218 **자연에 존재하는 비타민E의 화합물 중 활성이 가장 높은 형태는?**

① α-토코페롤 ② β-토코페롤 ③ γ-토코페롤
④ α-토코트리에놀 ⑤ β-토코트리에놀

219 **지용성 비타민의 결핍증으로 옳은 것은?**

① 비타민 D - 피부염 ② 비타민 E - 망막증 ③ 비타민 K - 신경장애
④ 비타민 A - 비토반점 ⑤ 비타민 E - 감염성 질환

해설

비타민 E가 적혈구막 보호작용을 하여 결핍 시 용혈성 빈혈이 생긴다. 또한 신경전달을 돕는 수초의 형성이 방해되어 신경장애가 생긴다.

220 **비타민 E의 체내 기능으로 옳지 않은 것은?**

① 심혈관질환 예방 ② 면역 반응 증진 ③ 적혈구막 보호작용
④ 골격 성장 ⑤ 항산화작용

정답 216 ③ 217 ① 218 ① 219 ④ 220 ④

해설
비타민 E의 체내 기능으로는 항산화, 적혈구막 보호, 면역 반응 증진, 심혈관질환 예방, 암 예방, 신경과 근육의 기능 유지 및 운동능력의 개선 등이 있다.

221 **다음 중 혈중 프로트롬빈 농도를 통해 영양상태를 평가할 수 있는 비타민은?**

① 비타민 K ② 비타민 A ③ 비타민 C
④ 비타민 D ⑤ 비타민 E

해설
비타민 K의 영양상태를 평가하기 위해서는 혈중 비타민 K, 프로트롬빈의 농도, 혈액응고시간을 측정한다.

222 **간, 브로콜리, 시금치, 콩류 등의 식품에 풍부하게 함유된 비타민은?**

① 비타민 A ② 비타민 D ③ 비타민 E
④ 비타민 C ⑤ 비타민 K

해설
우유는 비타민 K의 급원이 아니다. 간, 녹색채소, 브로콜리, 콩류가 급원식품이다.

223 **티아민의 결핍증으로 옳지 않은 것은?**

① 위산 과다 ② 심근의 약화 ③ 심한 부종
④ 운동기능 장애 ⑤ 사지 감각 장애

해설
에너지대사에 필요한 조효소인 TTP가 부족되어 소화기관의 평활근과 분비선이 포도당으로부터 에너지를 충분히 얻지 못하기 때문에 위산의 분비가 감소하고 위무력증이 나타난다.

224 **티아민의 급원식품이 아닌 것은?**

① 전곡 ② 사과 ③ 두유
④ 돼지고기 ⑤ 땅콩

해설
티아민의 급원식품은 돼지고기, 두류, 전곡, 땅콩 및 종실류, 내장육 등이다. 돼지고기를 제외한 다른 육류, 우유와 유제품, 어패류, 채소 및 과일 등은 티아민 함량이 낮다.

225 **펠라그라의 증세로 옳지 않은 것은?**

① 치매 ② 피부염 ③ 치아 손상
④ 사망 ⑤ 설사

해설 펠라그라는 피부염, 설사, 치매, 사망의 순으로 진행된다.

정답 221 ① 222 ⑤ 223 ① 224 ② 225 ③

226 **아미노산 대사에서 탈탄산효소의 조효소로 작용하며 도파민, 노리에피네프린, 세로토닌 등의 신경전달물질 합성에 관여하는 비타민은?**

① 티아민 ② 니아신 ③ 엽산
④ 비타민 B_{12} ⑤ 비타민 B_6

해설
비타민 B_6는 주로 단백질 대사에서 아미노기전이반응(불필수아미노산 합성), 탈아미노반응(세린, 트레오닌), 탈탄산반응(신경전달물질 합성) 등의 조효소로 작용한다.

227 **심한 우울증, 두통, 복부팽만 등 일부 여성에게서 나타나는 월경전증후군(premenstral syndrome, PMS)은 무슨 영양소로 완화시킬 수 있는가?**

① 비타민 B_6 ② 비타민 A ③ 비타민 B_2
④ 비타민 C ⑤ 비타민 E

해설
비타민 B_6를 섭취하면 뇌에서 세로토닌의 합성이 증가하여 PMS를 완화시키는 데 효과적이다.

228 **엽산의 생리적 기능으로 옳지 않은 것은?**

① 세포분열이 정상적으로 이루어지도록 도와 거대적아구성 빈혈을 예방한다.
② 콜라겐의 합성에 필요한 효소를 활성화시킨다.
③ 동맥경화성 물질인 호모시스테인에 메틸기를 제공하여 메티오닌으로 전환시킨다.
④ THF의 형태로 메틸기, 메틸렌기 등 단일 탄소의 운반체로 작용한다.
⑤ 세포분열과 성장에 필요한 퓨린과 피리미딘의 합성에 필요하다.

해설 콜라겐 합성에 필요한 효소인 수산화효소를 활성화시키는 영양소는 비타민C이다.

229 **코엔자임A의 구성 성분이 되는 비타민은?**

① 피리독신 ② 엽산 ③ 판토텐산
④ 니아신 ⑤ 비오틴

해설 판토텐산은 코엔자임A의 구성 성분으로 작용한다.

230 **수술 후 상처가 잘 아물기 위해 가장 필요로 하는 비타민으로 옳은 것은?**

① 비타민 B_6 ② 비타민 A ③ 비타민 B_{12}
④ 비타민 C ⑤ 비타민 E

해설
상처가 잘 아물기 위해서는 콜라겐이 많이 생성되어야 한다. 이를 위해 단백질과 비타민 C의 요구량이 증가한다.

정답 226 ⑤ 227 ① 228 ② 229 ③ 230 ④

231 비타민 K에 의해 간에서 활성화되는 인자와 그 기능의 연결로 옳은 것은?

① 프로트롬빈 – 혈액 응고
② 피브리노겐 – 혈전 용해
③ 트롬보플라스틴 – 혈액 응고
④ 칼시토닌 – 석회화
⑤ 오스테오칼신 – 뼈 용해

해설
비타민 K는 간에서 프로트롬빈의 합성에 관여하며 합성된 프로트롬빈은 혈액으로 방출되어 혈액 응고에 관여한다. 프로트롬빈이 트롬보플라스틴과 칼슘에 의해 트롬빈으로 활성화되고 활성화된 트롬빈이 피브리노겐을 피브린으로 분해시킴으로써 혈액 응고가 이루어진다.

232 우리나라에서 상한섭취량이 정해지지 않은 비타민으로 옳은 것은?

① 비타민 B_6
② 니아신
③ 비타민 B_{12}
④ 비타민 C
⑤ 판토텐산

해설
판토텐산과 비오틴, 비타민 K는 평균필요량이나 권장섭취량, 상한섭취량은 정해지지 않았고, 충분섭취량만 정해져 있다.

233 무기질을 분류할 때 편의상 그 소요량이 1일 100mg 이상인 것을 다량무기질이라고 한다. 다음 중 다량무기질이 아닌 것은?

① 철분
② 황
③ 칼슘
④ 나트륨
⑤ 염소

해설
- 다량무기질 : 칼슘, 인, 나트륨, 칼륨, 염소, 마그네슘, 황
- 미량무기질 : 철분, 아연, 구리, 요오드, 불소, 셀레늄, 망간, 크롬, 몰리브텐, 코발트

234 칼슘의 흡수를 저해시키는 식이 요인으로 옳은 것은?

① 포도당
② 수산
③ 유당
④ 엽산
⑤ 비타민 C

해설
수산이 많이 함유된 시금치, 무청, 근대외 피틴산을 함유하는 밀기울, 콩류 등을 섭취하면 장내에서 칼슘과 불용성의 염을 형성하여 칼슘 흡수를 저해한다.

235 우리나라 식생활에서 부족하기 쉬운 무기질로 옳은 것은?

① 마그네슘
② 나트륨
③ 염소
④ 칼슘
⑤ 인

해설 칼슘은 우리나라 식생활에서 가장 결핍되기 쉬운 영양소 중의 하나이다.

정답 231 ① 232 ⑤ 233 ① 234 ② 235 ④

236 칼슘결핍 시 나타나는 증상으로 옳지 않은 것은?

① 테타니 ② 성장 저해 ③ 골질량 저하
④ 골다공증 ⑤ 생식장애

해설
생식장애는 구리, 아연 등의 결핍증상이다.

237 칼슘을 다량섭취할 경우에 나타나는 문제가 아닌 것은?

① 아연의 흡수를 저해한다. ② 근육 경련이 생긴다.
③ 철분의 흡수를 저해한다. ④ 변비가 생길 수 있다.
⑤ 신장결석의 위험도가 증가한다.

해설
근육경련(테타니)은 혈중 칼슘이온 농도가 감소하여 근육이 계속적인 신경 자극을 받아 생긴다.

238 나트륨을 장기간 과잉 섭취했을 때 나타나는 건강상의 문제는?

① 빈혈 ② 열사병 ③ 심부전
④ 호흡곤란 ⑤ 고혈압

해설
나트륨을 장기간 과잉 섭취하면 부종, 고혈압 및 위암과 위궤양의 발병률을 증가시킨다.

239 세포외액의 주된 양이온으로 체액의 삼투압 유지에 관여하는 무기질은?

① 칼슘 ② 칼륨 ③ 인
④ 마그네슘 ⑤ 나트륨

해설
세포내외의 삼투압을 유지하는 데는 나트륨(세포외액)과 칼륨(세포내액)이 중요한 인자로 작용한다.

240 다량무기질 중에서 목표섭취량이 설정되어 있는 영양소는?

① 칼슘 ② 칼륨 ③ 나트륨
④ 마그네슘 ⑤ 인

해설
다량무기질 중에서 나트륨, 염소, 칼륨은 충분섭취량만 제정되어 있으며, 특히 나트륨의 섭취 과다의 문제점 때문에 목표섭취량이 설정되어 있다.

정답 236 ⑤ 237 ② 238 ⑤ 239 ⑤ 240 ③

241 무기질과 결핍증이 옳게 연결되지 않은 것은?

① 망간 – 성장장애 ② 아연 – 성장지연 ③ 크롬 – 악성빈혈
④ 마그네슘 – 근육경련 ⑤ 구리 – 빈혈

해설
크롬은 인슐린의 작용을 강화하는 내당인자로 혈당량을 유지하는 작용을 한다.

242 철을 함유하고 있는 물질로 옳지 않은 것은?

① 히스티딘 ② 헤모글로빈 ③ 퍼옥시다아제
④ 미오글로빈 ⑤ 사이토크롬

해설
철분은 헤모글로빈, 미오글로빈의 구성 성분으로 그 밖에 사이토크롬의 구성 요소로써 전자전달의 반응에 기여하고 퍼옥시다아제와 카탈라아제 등 효소의 구성 성분으로 대사에 관여한다.

243 우리나라 성인의 평균 철 흡수율은?

① 8% ② 12% ③ 15%
④ 20% ⑤ 24%

해설
모든 영양소 중에서 철의 흡수가 가장 낮다. 영양섭취 기준에서 성인의 철 흡수율은 12%, 노인, 아동, 청소년의 철 흡수율은 12%, 임산부는 14%로 적용하였다.

244 철의 초기 결핍단계에서 정확한 판정을 위해 측정해야하는 물질은?

① 헤마토크리트 ② 페리틴 ③ 트랜스페린
④ 헤모글로빈 ⑤ 적혈구 프로토포르피린

해설
철 결핍증의 초기 단계에서는 페리틴의 농도 저하를 확인해야 하며, 결핍상태 2단계에서는 트랜스페린 포화도가 감소하고, 적혈구 프로토포르피린은 증가한다. 철 결핍의 마지막 단계에서는 헤모글로빈과 헤마토크리트의 농도를 측정해야 정확한 판정을 할 수 있다.

245 철의 흡수를 저해시키는 인자로 옳은 것은?

① 식이섬유 ② 헴철 ③ 저장 철의 저하
④ 체내 요구량 증가 ⑤ 시트르산

해설
식이섬유는 철과 결합하여 불용성 분자로 만들거나 소장점막의 흡수 세포막을 통과할 수 없는 분자량이 큰 형태로 만들어 철 흡수를 저해한다.

정답 241 ③ 242 ① 243 ② 244 ② 245 ①

246 아연의 결핍 시 나타나는 증세로 옳지 않은 것은?

① 악성빈혈　② 면역기능 저하　③ 성장지연
④ 상처 회복 지연　⑤ 식욕 부진

해설
아연이 결핍되면 성장이 지연되고 생식기 발달이 저하된다. 면역기능 또한 저하되고 식욕 부진 및 미각의 감퇴가 나타난다.

247 아연이 풍부한 식품으로 구성된 것은?

① 견과류, 사과　② 다시마, 시금치　③ 귀리, 콩
④ 미역, 새우　⑤ 굴, 쇠고기

해설 아연의 주된 급원은 동물성 식품으로 쇠고기 등의 육류, 굴, 게, 새우, 간, 콩류, 전곡, 견과류가 좋은 급원이다.

248 혈액 중에서 구리와 결합하여 필요한 조직으로 운반하는 물질로 옳은 것은?

① 콜라겐　② 셀룰로플라스민　③ 헤모글로빈
④ 알부민　⑤ 카일로미크론

해설 혈액을 통해 구리를 조직으로 운반하는 물질은 셀룰로플라스민이다.

249 요오드가 풍부한 식품이 아닌 것은?

① 대구　② 김　③ 미역
④ 다시마　⑤ 쌀

해설 요오드는 미역, 김, 등의 해조류나 해산물에 풍부하다.

250 크롬함량이 풍부한 식품이 아닌 것은?

① 전곡류　② 육류　③ 과일류
④ 계란　⑤ 간

해설
- 크롬이 풍부한 대표적 식품 : 간, 계란, 전밀, 밀겨, 밀배아 등 도정하지 않은 곡류, 육류, 이스트
- 크롬의 함량이 적은 식품 : 과일과 채소, 여러 해순물, 가공식품, 우제품 등

251 무기질과 그 함유식품의 연결이 옳지 않은 것은?

① 구리 – 간　② 칼슘 – 멸치　③ 칼륨 – 시금치
④ 인 – 달걀　⑤ 아연 – 미역

해설
- 칼슘 : 우유 및 유제품, 뼈째 먹는 생선, 해조류 등
- 칼륨 : 시금치, 감자, 콩류, 우유
- 인 : 어육류, 달걀, 우유 등
- 구리 : 간, 콩류, 해산물

정답　246 ①　247 ⑤　248 ②　249 ⑤　250 ③

252 **체내 수분 분포 및 필요량에 대한 설명으로 옳은 것은?**

① 단위 체중당 수분 필요량은 어릴수록 적다.
② 신체를 구성하는 성분 중 가장 많은 양을 차지한다.
③ 여자가 남자보다 체내 수분비율이 높다.
④ 체지방이 증가할수록 체액의 비율이 증가한다.
⑤ 신체 내 수분의 함량은 체중의 약 70% 정도이다.

해설

수분은 신체조직을 구성하는 성분 중에서 가장 많은 양을 차지한다. 남자는 피하지방이 적고 근육이 많으므로 체수분 함량이 55~65%이며, 여자의 45~60%에 비해 높다. 나이가 어릴수록 단위체중당 체수분 함량이 높고 나이를 먹음에 따라 감소한다.

253 **성인 체중에서 물이 차지하는 평균함량은?**

① 80%　② 50%　③ 40%
④ 70%　⑤ 60%

해설

성인남자의 체수분 함량은 55~65%, 여자는 45~60%(평균 60%)이다.

254 **체온이 1℃씩 올라갈 때마다 요구되는 수분의 양은?**

① 50ml　② 100ml　③ 200ml
④ 300ml　⑤ 400ml

해설

하루의 섭취필요수분량은 미국의 경우 남자 3.7L, 여자 2.7L이며 한국은 남자 2.7L, 여자 2.1L이므로 체온 1℃ 상승할 때 평균 300ml이다.

255 **수분 균형에 대한 설명으로 옳은 것은?**

① 수분 섭취가 배설보다 많아야 건강하다.
② 수분의 배설은 피부를 통한 불감성 손실이 가장 많다.
③ 열량 영양소의 산화에서 약 300ml 정도의 수분이 생성된다.
④ 수분의 충분섭취량은 음료 섭취만을 반영한 것이다.
⑤ 날씨가 덥거나 신체활동이 증가하면 소변량이 증가한다.

해설

신체 수분의 균형은 수분 섭취와 배설에 의해 이루어지는데 한국인 영양소 섭취기준에서 성인의 1일 수분의 충분섭취량은 약 1ml/kcal이다. 음료는 1,000ml, 음식은 700ml, 대사성 수분은 300ml에 의해 공급되며 수분의 배설은 소변 1,100ml, 피부발산 600ml, 폐호흡 200ml을 통해 이루어진다.

정답 251 ⑤　252 ②　253 ⑤　254 ④　255 ③

256 **임신기 영양지도로 적합한 것은?**

① 입덧 시에는 자극적인 음식으로 식욕을 돋군다.
② 빈혈 예방을 위해 단백질, 나이아신을 공급한다.
③ 임신후기에는 한 번에 다량의 식사가 요구된다.
④ 임신 5개월 후에 엽산 보충제가 필요하다.
⑤ 부종, 고혈압 예방을 위해 짠 음식을 피한다.

해설

임신후반기에는 자궁 증대로 위를 압박하므로 소화가 잘 되는 음식을 조금씩 여러 번 나누어 섭취하는 것이 좋다. 엽산은 세포분열 시 필요하므로 임신초기와 임신 전에 충분히 섭취하는 것이 중요하다.

257 **입덧 시 식사관리로 적합한 것은?**

① 따뜻하고 기름진 음식을 섭취하는 것이 좋다.
② 입덧 시에는 기호를 존중한다.
③ 육류를 많이 섭취한다.
④ 공복 시에는 입덧이 완화되므로 가벼운 간식을 먹는 것이 좋다.
⑤ 소화가 잘 되는 음식을 세 끼에 나누어 먹는다.

해설

입덧 시에는 담백하고 시원한 음식이 메스꺼움을 완화시킨다. 변비는 입덧에 좋지 않으므로 변비예방을 위해 채소와 과일을 섭취한다.

258 **임신 중독증의 증세는?**

① 탈수 ② 이식증 ③ 단백뇨
④ 저혈압 ⑤ 갑작스러운 체중 감소

해설

임신 중독증의 증세는 얼굴과 손발이 붓고 혈압이 높아지며 갑작스럽게 체중이 증가하고 단백뇨를 보인다. 심하면 경련과 발작을 일으키는 자산이 발생하기도 한다.

259 **임신 후반기에 변비 등의 위장장애를 보이는 임신부에게 적합한 음식으로 옳은 것은?**

① 고단백 식품 ② 방향성 식품 ③ 기름진 음식
④ 자극적인 음식 ⑤ 식이섬유가 풍부한 식품

해설

임신 시에는 위장기관이 이완되어 속 쓰림이나 변비 등의 위장장애가 보인다. 소화가 쉬운 부드러운 음식, 변비를 완화시키는 섬유소가 풍부한 식품이 좋다.

정답 256 ⑤ 257 ② 258 ③ 259 ⑤

260 임신 기간 동안 섭취한 알코올이 태아에게 미치는 영향 중 옳은 것은?

① 안면기형을 유발한다. ② 지적장애와는 관련이 없다.
③ 얼굴이 비대해진다. ④ 영양 과잉이 초래될 수 있다.
⑤ 신장과 체중의 발육이 정상적이다.

해설
태아알코올증후군은 성장지연이나 소뇌증, 안면이상, 지적장애, 심장병 등의 증세를 수반한다.

261 정규식사 사이 간식과 기분전환으로 제공하는 간식의 양은 1일 에너지의 몇% 정도가 적당한가?

① 10~15% ② 20~25% ③ 30~35%
④ 40~45% ⑤ 50~55%

해설
간식은 정규식사에 영향을 주지 않아야 하며, 전분 중심보다는 정규식사에 부족하기 쉬운 영양소를 중심으로 간식의 양이나 종류를 선택한다.

262 이유식을 처음 실시할 때 주의 사항 중 옳은 것은?

① 자극적인 식품이나 향신료를 사용한다. ② 유즙을 먹고 난 후에 이유식을 제공한다.
③ 매일 다양한 음식을 공급한다. ④ 조리법은 복잡하게 한다.
⑤ 간은 싱겁게 한다.

해설
이유식을 실시할 경우 새로운 식품은 반드시 한 숟가락씩 증가시키고, 급격히 증량하지 않도록 하며, 하루에 2종류 이상의 새로운 식품은 제공하지 않는다.

263 모유보다 우유에 더 많은 영양소는?

① 유당 ② 단백질 ③ 철분
④ 지방 ⑤ 나이아신

해설
우유의 단백질은 모유 3배 정도이고 모유의 유당 함량은 7%로 우유보다 더 많이 함유되어 있다.

264 100일 된 아기가 우유 알레르기를 보이면 먹을 수 있는 것은?

① 가당연유 ② 멸균우유 ③ 두유
④ 조제분유 ⑤ 무당연유

해설
두유를 제외한 제품은 우유제품으로 우유의 단백질이 우유 알레르기를 가진 영아에게 문제를 일으킬 수 있다.

정답 260 ① 261 ① 262 ⑤ 263 ② 264 ③

265 **모유만으로 6개월 이상 양육할 경우 아이에게 부족하기 쉬운 영양소는?**

① 지방　② 단백질　③ 비타민C
④ 철　⑤ 칼슘

해설
건강한 영아는 상당량의 철을 보유하고 태어나 생후 5개월까지는 모유만으로도 필요량을 충족시킬 수 있으나 그후 저장량이 소모되어 이시기에 모유만으로 철을 섭취하면 철 결핍 및 철 결핍성 빈혈에 걸릴 위험이 증가한다.

266 **한국인 영양소섭취 기준에서 제시하는 1~2세 유아의 에너지 적정비율은?**

① 탄수화물 55~65%, 지방 20~35%, 단백질 7~20%
② 탄수화물 55~70%, 지방 20~25%, 단백질 10~20%
③ 탄수화물 55~70%, 지방 20~35%, 단백질 7~20%
④ 탄수화물 60~65%, 지방 15~25%, 단백질 7~20%
⑤ 탄수화물 60~65%, 지방 20~30%, 단백질 15~20%

해설
탄수화물, 지방, 단백질의 에너지 적정비율은 1~2세의 경우, 각각 55~65%, 20~35%, 7~20%이며, 3~18세는 55~65%, 15~30%, 7~20%이다.

267 **유아의 편식 예방을 위한 사항으로 옳은 것은?**

① 식사량을 많게 하면서도 영양공급이 적게 한다.
② 가족 중 일부만 편식을 하게 한다.
③ 싫어하는 음식을 먹으면 보상한다.
④ 유아가 싫어하는 음식도 강제로 먹이도록 한다.
⑤ 식사환경을 즐겁게 만든다.

해설
유아의 편식 원인은 모친의 육아 태도에 문제가 있을 때도 있다.

268 **유아기 젖병증후군(유치우식증) 발생원인으로 옳은 것은?**

① 젖병을 물고 자는 습관 때문이다.
② 수유 후에 치아관리를 하지 않았기 때문이다.
③ 사탕, 캐러멜 등을 좋아하는 습관 때문이다.
④ 태아기 칼슘 섭취 부족 때문이다.
⑤ 너무 활동적으로 우유를 먹기 때문이다.

해설
영아기 젖병을 물고 자거나 계속해서 젖병을 사용하는 것은 충치의 원인이 된다.

정답 265 ④ 266 ① 267 ⑤ 268 ①

269 **초유가 성숙유에 비해 특히 더 많은 성분은 무엇인가?**

① 당질 ② 지질 ③ 수분
④ 비타민 ⑤ 단백질

해설
초유는 분비량이 적고 점성이 있으며 단백질은 3배 가량 많고 무기질의 함량도 많다. 면역글로불린A와 백혈구도 많이 포함되어 있다. 유당과 지방은 적게 함유되어 있어 성숙유보다 에너지 함량이 낮다.

270 **영양면을 고려하여 4~6개월 된 모유영양아에게 제공해야 할 보충식은 무엇인가?**

① 단호박 미음 ② 연두부죽 ③ 두유
④ 연하게 으깬 달걀노른자 ⑤ 삶아서 으깬 어죽

해설
건강한 신생아는 상당량의 철을 간에 보유하고 태어나나 생후 6개월이 되면 저장량이 다 소모된다.

271 **이유기에 알레르기를 일으키기 쉬운 식품은?**

① 미음 ② 달걀 ③ 배
④ 채소 ⑤ 흰살생선

해설
우유, 달걀흰자, 꽁치, 고등어, 복숭아, 새우, 돼지고기 등은 알레르기 반응을 일으키는 위험이 있는 식품으로 생후 8~9개월부터 섭취하는 것이 좋다.

272 **충치 발생을 촉진하는 영양소는?**

① 지질 ② 불소 ③ 단백질
④ 탄수화물 ⑤ 칼슘

해설
당질은 충치의 발생에 큰 영향을 미치고 단백질, 칼슘, 불소, 지방질 등은 충치 발생을 억제한다.

273 **체중 kg당 단백질 필요량이 가장 많은 시기는?**

① 남자 16~19세 ② 여자 13~15세 ③ 7~9세
④ 4~6세 ⑤ 1~3세

해설
체중 kg당 단백질 필요량은 1~3세 1.40g/kg, 4~6세 1.24g/kg, 7~9세 1.20g/kg이며, 여자 13~15세는 1.21g/kg, 남자 16~19세 1.17g/kg이다.

정답 269 ⑤ 270 ④ 271 ② 272 ④ 273 ⑤

274 우리나라 학령기 아동의 영양문제는?

① 인스턴트 식품의 과다 섭취 ② 카페인 섭취 감소 ③ 높은 칼슘섭취량
④ 식욕 부진 ⑤ 설탕섭취량의 감소

해설 학령기의 영양문제는 아침결식률이 높아지고 열량 위주의 간식과 외식이 증가하는 것이다.

275 학령기 아동에게 나타나는 알레르기의 주된 원인이 되는 식품이 아닌 것은?

① 밥 ② 밀가루 ③ 달걀흰자
④ 우유 ⑤ 고등어

해설
우유, 밀, 달걀은 가장 흔한 알레르기 유발식품이다. 식품알레르기는 어떠한 식품에 대해 면역학적으로 일어나는 과민반응으로 특히 위장관이 미숙한 영유아, 어린이에게 자주 나타난다.

276 사춘기의 신체발달 및 특성에 대한 설명으로 옳지 않은 것은?

① 체세포량 증가 ② 생식기능 발달 ③ 두뇌조직의 발달
④ 신장의 증가 ⑤ 골격의 발달

해설 두뇌조직은 출생 시 거의 성장이 완료된다.

277 청소년(15~18세) 남자의 에너지 1일 필요추정량은?

① 3,000kcal ② 2,700kcal ③ 2,500kcal
④ 2,3000kcal ⑤ 2,000kcal

해설 남자의 경우 전 생애를 통해 가장 에너지 필요추정량이 가장 많은 시기로 15~18세에 2,700kcal를 권장한다.

278 청소년기 여자는 남자보다 체격은 작지만 철 권장섭취량이 같다. 그 이유는 ?

① 골다공증 예방 ② 골반 발달 ③ 근육 발달
④ 월경으로 인한 철 손실 ⑤ 혈액량 증가

해설 남자는 근육량이 증가하고 여자는 월경에 따른 혈액이 손실되므로 철 요구량이 증가한다.

279 청소년이 주로 많이 이용하는 즉석식품의 영양적 결함은 무엇인가?

① 대부분 식이섬유질의 함량이 높다. ② 지질이 농축되어 있는 것이 적다.
③ 소금함량이 비교적 낮다. ④ 다른 영양소의 함량과 비교했을 때 열량가가 높다.
⑤ 필수영양소의 함량이 높다.

해설 즉석식품은 대부분 고열량, 고지방이며, 소금이나 나트륨 함량이 높고 식이섬유와 비타민의 함량이 낮다.

정답 274 ① 275 ① 276 ③ 277 ② 278 ④ 279 ④

280 비만 아동의 식사지도에 관한 사항으로 옳은 것은?

① 총 에너지 섭취를 줄이고 운동을 권장한다.
② 성인이 되면 없어지므로 걱정하지 않아도 된다고 한다.
③ 단백질을 제한하고 한꺼번에 많이 먹지 않게 한다.
④ 간식은 살이 찌므로 절대 먹지 않게 한다.
⑤ 식사 제한을 엄격하게 하고 하루 1끼를 굶게 한다.

해설

비만의 치료방법은 식사요법이나 운동요법, 행동수정요법 등이 있다. 무리한 체중 감량보다는 식사량 조절과 잘못된 식습관을 수정하도록 하는 것이 좋다.

281 학령기 아동에게 나타날 수 있는 주의력결핍증, 과잉행동증(ADHD)에 대한 설명으로 옳은 것은?

① 사춘기가 되면 증상이 악화된다.
② 집중력이 있으며 참을성이 있다.
③ 식사요법만으로 완치될 수 있다.
④ 일반 아동보다 지능이 떨어진다.
⑤ 남아가 여아보다 더 많이 발생한다.

해설

남아가 여아보다 3~4배 발생률이 높으며 이들 어린이의 지능은 정상이나 집중 시간이 짧고 수업 시 침착하지 못하다. 쉽게 산만해지고 충동적인 행동을 보인다.

282 청소년기의 신경성 식욕 부진증(거식증)에 대한 설명으로 옳은 것은?

① 치아의 부식과 식도염 등이 생긴다.
② 무월경과 고혈압이 나타난다.
③ 정신건강과는 무관하다.
④ 체중 변화가 오르락내리락 반복된다.
⑤ 저체중임에도 불구하고 계속 체중을 감량하려고 한다.

해설

신경성 식욕 부진증은 음식을 외면하고 피하는 반면, 탐식증은 때로는 음식을 먹다가도 토하거나 다량의 하제를 복용함으로써 먹는 것을 중단하기도 한다. 이와 같은 경우 신체적이나 정신적으로도 뚜렷한 장애가 온다.

283 성인기의 생리적 특징에 대한 설명 중 옳은 것은?

① 신체기능은 20대 중반에 최대가 된다.
② 성인기는 신체의 변화가 매우 큰 시기이다.
③ 신체의 기능 감소 및 퇴화는 누구에게나 일정하다.
④ 연령이 증가할수록 체내 칼륨양은 증가한다.
⑤ 체중에서 차지하는 체지방 비율이 감소한다.

해설

성인기는 다른 생애주기에 비하여 거의 변화가 없는 안정된 시기이다. 대부분의 신체기능은 20대 중반까지 발달하여 최대가 된다.

정답 280 ① 281 ⑤ 282 ⑤ 283 ①

284 성인기에 발생할 수 있는 심뇌혈관계 질환의 위험을 낮추기 위해 식사에서 섭취를 줄여야 하는 요인으로 가장 옳은 것은?

① 나트륨, 지질　② 지질, 식이섬유　③ 칼슘, 칼륨
④ 칼륨, 나트륨　⑤ 식이섬유, 칼슘

해설
심뇌혈관계 질환을 예방하기 위해서는 나트륨과 콜레스테롤을 비롯한 지질 섭취를 줄이고 식이섬유 섭취는 증가시켜 체내 콜레스테롤을 감소시켜야 한다.

285 노인의 식사로 적당한 것은?

① 신선한 과일과 채소를 많이 섭취할 것　② 많은 양의 음식을 섭취할 것
③ 혈당 지수가 높은 식품을 섭취할 것　④ 동물성 지방을 충분히 섭취할 것
⑤ 짭짤한 음식을 섭취할 것

해설
노인의 식사에서 음식의 양은 적게 하고 짠 음식과 동물성 지방을 피하고 신선한 채소와 과일을 많이 섭취하여 소화가 쉬운 음식으로 제공한다.

286 노년기에 수분 섭취가 중요한 이유는?

① 잠이 없어지기 때문이다.　② 신장의 농축능력이 감소되기 때문이다.
③ 갈증을 많이 느끼기 때문이다.　④ 변비가 있기 때문이다.
⑤ 배뇨량이 늘어나기 때문이다.

해설
나이가 들면 갈증을 예민하게 느끼지 못하여 수분 섭취량이 적어져서 탈수가 생기기 쉽다. 노인들은 항이뇨호르몬의 분비가 감소하기 때문에 소변을 농축시키는 능력이 저하된다.

287 부족 시 심장 질환이나 뇌졸중의 위험인자로 인식되는 호모시스테인의 혈중농도 증가를 일으킬 수 있는 영양소는?

① 비타민 E　② 티아민　③ 비타민 B_{12}
④ 비타민 C　⑤ 리보플라빈

해설
비타민 B_6는 호모시스테인을 시스테인으로, 엽산과 비타민 B_{12}는 호모시스테인을 메티오닌으로 전화시키는 효소의 조효소 구성 성분이다.

288 과일 섭취 시 노인성 치매를 일으킬 것이라고 추측되는 무기질은?

① 알루미늄　② 인　③ 아연
④ 철　⑤ 칼륨

해설 알츠하이머성 치매환자 뇌조직의 알루미늄 농도는 정상 뇌조직의 농도보다 10~30배 정도 높다.

정답 284 ① 285 ① 286 ② 287 ③ 288 ①

289 노인영양에 관한 설명으로 옳은 것은?

① 당질이 많은 식품이 좋다.
② 불포화지방산이 다량 함유된 식물성 유지가 좋다.
③ 혈중지방량이 감소한다.
④ 콜레스테롤이 많은 식품을 알맞게 공급한다.
⑤ 활동량이 적으므로 단백질과 비타민의 필요량이 감소한다.

해설 불포화지방산이 다량 함유된 식물성 유는 혈중지질농도를 저하시키는 효과가 있다.

290 50세 이후 여자의 1일 에너지섭취기준이 19~49세 여자보다 적은 영양소는?

① 비타민 E ② 철분 ③ 비타민 D
④ 단백질 ⑤ 칼슘

해설
50세 이상 여성은 폐경을 하는 것으로 가정하여 월경손실량을 제하므로 19~49세보다 낮게 설정된다.

291 노인은 성인에 비해 미각이 둔화되어 짜게 먹게 된다. 이로 인해 발생되는 주된 문제는?

① 골다공증 ② 빈혈 ③ 치매
④ 당뇨병 ⑤ 고혈압

해설
고혈압의 중요한 위험요인으로 나트륨 과량 섭취를 들 수 있다. 미각이 둔화되는 노인은 성인에 비해 더욱 짜게 먹으므로 주의가 필요하다.

292 노년기에 나타나는 신체변화로 옳은 것은?

① 뇌신경 전달물질의 증가 ② 효소 분비의 증가 ③ 혈당량의 증가
④ 혈압 저하 ⑤ 근육량의 증가

해설
노인의 공복 시 혈당은 젊은이들과 비슷하지만, 노인은 급격히 혈당치가 올라가며 정상치로 회복될 때까지의 시간이 길다.

293 노인의 생리적 특징으로 옳은 것은? ?

① 신장기능의 증가 ② 호르몬 분비 증가 ③ 짠맛의 역치 감소
④ 위산 분비 감소 ⑤ 기초대사량 증가

해설
노인기에는 위산의 분비가 감소되어 소화력이 떨어지며, 산성조건 하에서 흡수가 잘 되는 영양소의 흡수가 감소된다.

정답 289 ② 290 ② 291 ⑤ 292 ③ 293 ④

294 흡연을 할 경우 권장량보다 더 섭취하도록 하는 영양소는?

① 단백질
② 비타민 C
③ 비타민 K
④ 칼슘
⑤ 포화지방

해설

비타민 C는 흡연에 의해 증가된 활성산소를 제거해 주는 항산화 영양소이다.

295 노인기의 소화 및 흡수에 대한 설명으로 옳은 것은?

① 장액 분비량의 저하로 철분의 흡수가 저하된다.
② 위액 분비량의 저하로 당질 소화, 흡수가 저하된다.
③ 타액 분비량의 저하로 단백질 소화, 흡수가 저하된다.
④ 담즙 분비량의 저하로 지질 흡수가 감소된다.
⑤ 췌액 분비량의 저하로 비타민 B_{12} 흡수가 저하된다.

해설

노년기의 지질 소화 및 흡수는 소장액의 리파아제와 췌장액의 스테압신의 활성도가 저하되고 담즙의 분비도 저하되어 떨어진다. 당질은 프티알린의 감소가 있기는 하지만 지장을 초래하지 않고 장의 락타아제 양과 활성 감소로 유당 섭취 시 주의해야 한다.

296 우리나라 노인의 영양섭취를 조사하였을 때 가장 부족하기 쉬운 영양소와 결핍증의 연결로 옳은 것은?

① 비타민 A – 백내장
② 비타민 K – 구루병
③ 티아민 – 치매
④ 비타민 C – 골관절염
⑤ 리보플라빈 – 구순구각염

해설

국민건강영양조사에 의하면 노인기에 부족해지기 쉬운 영양소는 리보플라빈, 칼륨, 칼슘 등이다.

297 운동선수의 경기 전 식사로 옳은 것은?

① 고단백질식
② 고지방식
③ 고무기질식
④ 고비타민식
⑤ 고당질식

해설

운동 중 에너지 생산을 위한 가장 좋은 에너지원은 당질이다.

정답 294 ② 295 ④ 296 ⑤ 297 ⑤

298 운동을 장시간 동안 하였을 때 일어나는 생리적 변화는?

① 혈당감소 ② 호흡계수 증가 ③ 근육의 젖산 감소
④ 티아민 요구량 감소 ⑤ 글리코겐 저장 증가

해설

심한 근육 노동이나 운동을 장시간 하게 되면 혈당 저하, 호흡계수 저하, 소변 중 칼륨 · 인 · 티아민 배설량 증가, 적혈구의 수 감소 등이 나타난다.

299 운동 시 가장 나중에 사용되는 에너지원은?

① 포도당 ② 지방산 ③ ATP
④ 글리코겐 ⑤ 크레아틴인산

해설

운동 시 열량원의 사용 순서는 ATP → 크레아틴인산 → 글리코겐, 포도당 → 지방산이다.

정답 298 ① 299 ②

PART

03

영양교육

1장 영양교육의 개념과 배경

01 영양교육의 개요

(1) 영양교육의 정의와 목적

① 영양교육

㉠ 영양과 건강에 도움이 되는 행동이 자발적으로 일어나도록 고안된 다양한 학습경험

㉡ Combination of learning experiences designed to facilitate voluntary adoption of behaviors conductive to nutritional health

㉢ KAP(KAB, Knowledge-Attitude-Behavior) : 영양 관련 지식, 태도, 행동·학습 경험을 통해 식생활 개선하도록 유도

② 영양교육의 목적 및 목표

㉠ 지식 보급 : 식품, 영양, 건강

㉡ 태도 변화 : 식생활 문제점 이해, 관심, 개선의욕

㉢ 식생활 관련 기술(Skill) 증진

㉣ 식행동 변화 : 영양상태 개선

㉤ 건강증진 및 질병 예방

㉥ 의료비 절감

㉦ 국민 복지

③ 지속적인 영양교육의 필요성

㉠ 영양의 역할 : 건강증진 – 질병 예방 – 질병 조기 발견·치료 – 악화 방지 – 재활

㉡ 건강 : 신체적, 정신적, 사회적으로 양호

㉢ 스트레스 : 건강한 사람 수 감소

㉣ 영양부족, 과잉의 문제 공존 → 성인병 유발

㉤ 생애주기별 신체적, 영양소 필요량의 변화

㉥ 인구통계학적, 사회적 변화 : 노인인구 증가, 맞벌이 가구, 독신 가구 증가, 식비 중 외식 비율 증가, 건강보조식품, 식품표시제

㉦ 식품산업, 광고산업의 발달

㉧ 정보의 범람 : Misconception

㉨ 대상, 교육 주제의 다양화

④ 영양교육과 관련된 법

㉠ 국민건강증진법(1995)

㉡ 지역보건법(1995)

- 국민건강증진, 보건교육, 영양개선 사업하도록 규정
- 보건소 : 전문 인력으로 영양사를 확보하게 규정(시, 군, 구 보건소에 영양사 1인, 보건의료원이 있는 군에 2인)

㉢ 초중등교육법

- 영양교사 : 제도화(2004), 시행(2006)

㉣ 사회복지시설

- 영유아보육법 : 100인 이상 보육시설에 영양사 1인 두도록 규정
- 아동양육 · 일시보호시설, 노인복지시설 : 50인 이상 시설에 영양사 1인

⑤ 앞으로의 영양교육 분야

㉠ 질병치료보다 생활습관 개선, 질병 예방, 건강증진

㉡ 지식증진보다는 행동 변화 수반

㉢ 영양교육 분야

- 생애주기별 영양교육의 다양화, 질병별 영양교육, 사회적 소외집단을 위한 영양교육
- 저소득층, 사회복지시설, 단체급식 제공자, 단체급식소에서의 영양교육, 교육 매체의 개발 보급, IT 사업과 연계한 영양교육, 영양컨설팅 분야

⑥ 건강한 식습관의 ABCDE

㉠ Adequacy of diet : 충분한 식사

㉡ Balance in diet : 균형 잡힌 식사

㉢ Caloric control : 에너지 조절

㉣ Diversity in food choice : 다양한 음식 선택

㉤ Exercise : 규칙적인 운동

02 영양교육의 과정과 요구진단

(1) 영양교육의 과정

① 프로그램 계획

㉠ 목적, 목표, 방법 등을 제시

㉡ 내용, 방법, 교육자료를 선정

㉢ 평가에 대한 계획을 세움

② 프로그램 실행

㉠ 식행동 변화가 어떻게 발생하는지 고려

㉡ 올바른 식행동 습득, 수정방법은 무엇인지 생각해 봄

㉢ 영양교육을 통한 학습환경을 고려

③ **프로그램 평가**

㉠ 과정평가와 효과평가(장기, 단기로 구분)를 통해 프로그램을 평가

㉡ 계획했을 때의 목적, 목표와 비교하고 평가

(2) 영양교육의 요구진단

① 대상집단의 건강, 영양문제를 생각함

② 영양문제의 원인을 판단

③ 대상 집단에게 필요한 영양서비스가 무엇인지 생각해 봄

④ 기존의 서비스는 무엇이 있었는지 생각함

(3) PRECEDE 모델, PROCEED 모델

① PRECEDE 모델(Predisposing, reinforcing and enabling constructs in educational and environmental diagnosis and evaluation의 약자)

㉠ 건강, 영양문제, 관련 요인 찾는 과정

㉡ 프로그램 계획 전에 무엇을, 어떻게 변화시킬지 초점을 맞추는 과정

㉢ 교육에 필요한 요구 진단(needs assessment) 과정

② PROCEED 모델(Policy, regulatory, organizational constructs in educational and environmental development의 약자)

실행, 평가단계, PRECEDE phases에서 설정한 우선순위, 목적, 목표에 따라 실행, 평가

㉠ 1단계 : 사회적 진단(Social diagnosis)

- 삶의 질, needs에 관한 인식을 알아보는 과정
- 사람들의 인식(필요성을 느끼는 정도. 삶의 질), 사람들의 참여 등을 고려
- 건강이 삶에서 차지하는 위치, 정도는 어느 정도를 고려
- 정보수집에 여러 technique 이용
- 지역사회에 대한 이해
- 사회적 진단의 목적
  - 프로그램 계획자, 교육 대상자간 주요 문제에 대해 알아보고 공감대를 형성하기 위함
  - target population에서 삶의 질과 관련된 주관적 관심사를 결정하기 위함
  - 표적 집단과 지역사회의 주관심사는 무엇이고, 건강과 관련 있는지 알아봄
  - 특정건강문제를 프로그램의 중점으로 했는지에 대한 근거를 마련

㉡ 2단계 : 역학적 진단(Epidemiological diagnosis)

- 대상집단에게 어떤 건강문제가 중요한지 찾는 과정
- 위험요인은 무엇인지 진단
- 문제 선택에 있어 고려해야 할 부분 예 역학(Epidemiology)

• 대중(Population) : 질병발생에 관한 연구
• Risk factor와 질병 간 관계에 대한 연구
(예 심장병 : 흡연, 식사, 운동, 음주, 유전, 연령, 성별)
• 사망률, 발생률, 유병률 등을 조사
• 건강목표 설정 : 역학적 진단 후
- 건강문제 및 영향을 미치는 위험요인을 파악하고 프로그램의 목적을 설정
- 목표 : 누가-프로그램 참여자, 무엇을-어떤 이득, 얼마나-효과의 정도, 언제까지-목적 달성기간(예 서울시 - 초등학교 어린이 비만을 20%로 낮춘다.)

㉢ 3단계 : 행동적 진단(Behavioral diagnosis)
• 건강문제와 관련, 행동적 요인을 찾는 과정
• 건강문제와 관련, 행동적, 비행동적 요인으로 구분

예 심장병 관련 위험인자의 경우
㉠ 비행동적 : 연령, 성별, 가족력, 당뇨병
㉡ 행동적 : 흡연, 식사(고지방), 음주, 운동 부족
• 행동 관련 : 혈중 콜레스테롤, 고혈압, 비만, 스트레스
- 행동을 중요성에 따라 구분한다[건강문제와 관련성 정도(강도) 파악, 건강문제의 발생 정도 판단].
- 변화 가능성에 따라 구분한다(영양교육을 통해 변화될 가능성을 판단).
- 프로그램에서 다룰 행동 선택

㉣ 4단계 : 교육적 진단(Educational diagnosis)
• 교육적 진단의 목적
- 행동적 진단과정에서 정한, 프로그램의 초점이 될 행동(식행동)에 어떤 요인이 영향을 미치는지 파악하기 위함
- 영양교육 프로그램의 초점이 될 만한 부분
- 무엇을 교육할 것인지에 대한 진단
• 교육적 진단의 방법
- 식행동에 영향을 미치는 요인을 찾고 predisposing, reinforcing, enabling factor로 구분
[교육 대상자와의 인터뷰, 설문조사, 교육담당자(영양전문가)간 협의, 문헌 조사]
- 어떤 요인에 중점을 두고, 어떤 순서로 교육할 것인지 우선순위를 정함
[3종류의 요인(P, R, E)이 모두 포함되게, 요인의 중요성, 요인의 변화 가능성]

Predisposing factors	• 영양행동이 변화될 수 있게 동기를 부여하는 요인 • 종류 : 지식(knowledge), 신념(beliefs), 태도(attitudes), 행동수행, 변화에 관한 자신감(self-efficacy, confidence) 등
Enabling factors	• 행동 변화를 가능하게 하는 요인 • 종류 : 자원(resources), 기술(skills), 시설, 인적, 물적 자원 등 ㉾ 지질섭취 ↓ 관련 요인 : 식품선택, 대치 관련 기술, 식사계획, 조리기술, 식사정보의 유용성 : 보건소, 병원, 인터넷 자료 등, 저지방 식품의 가격
Reinforcing factors	• 행동이 계속 일어나도록 강화하는 요인 • 주위사람들의 지지(social support) : 가족, 친구, 부모, 동료, 영양사, 의사, 간호사. 조리자의 도움(저칼로리 음식 준비), 주변인의 식 행동, 영향 • 식환경 영향 • 행동 결과로 나타나는 요인 ㉾ 이점 – 외모(attractive), 편의성(Physical benefits), pain, 합병증 감소

③ 교육적 진단의 순서

㉠ 요인(P, R, E) 리스트 만들기(Brainstorming, 문헌 등을 참고)

㉡ 우선순위 정하기(요인의 중요성, 변화 가능성을 고려한 요인을 수정해서 식행동, 영양문제가 변화할 수 있는지 고려)

㉢ 프로그램에서 다룰 요인 선택

㉣ 선택한 각 요인에 대해 교육 목표 작성(누가, 무엇을, 얼마나, 언제를 고려하여 목표 설정)

2장 영양교육의 이론 및 활용

01 영양교육 이론의 개요

(1) 영양교육 이론(Theory)의 정의

① 논리적으로 상호 연관된 현상을 체계적으로 설명하는 내용을 말함

② 설명, 예측, 검증이 가능해야 함

(2) 행동설명 이론의 종류

① 건강신념 모델(Health belief model)

② 계획적 행동이론(Theory of planned behavior)

③ 사회인지론(Social Cognitive theory)

④ 행동변화단계 모델(Stages of change)

02 영양교육 이론의 종류

(1) 행동설명 이론의 종류 및 내용

① 건강신념모델(Health Belief Model, HBM)

㉠ 질병 가능성, 심각성에 대해 인식

㉡ 인지된 이득과 인지된 장애에 대해 고려

- 인지된 이득(Perceived benefits) : 권장행동 시 이익(건강, 실제적 이익)
- 인지된 장애(Perceived barriers) : 권장행동을 따르려고 할 때의 장애요인(신체적, 경제적, 사회적 등)

② 계획적 행동이론(Theory of Planned Behavior, TPB)

㉠ 행동의향이 크고 행동수행에 대한 통제력(자신감)이 높을수록 행동이 일어나기 쉬움

㉡ 행동의향

- 개인적 요인 : 개인의 태도(Attitude)
- 사회적 요인 : 주관적 규범(Subjective norms)
- 통제적 요인 : 행동수행에 대한 통제력(Perceived control)

각 요인들은 신념에 근거

• 행동신념 : 행동결과에 대한 인식(예 식사의 지방량을 줄일 때 장점, 단점)
  – 장점 : 건강, 혈액 콜레스테롤 ↓, 합병증 ↓, 외모 등
  – 단점 : 비용 ↑, 음식준비 시간 ↑, 맛 ↓ 등
• 규범적 신념 : 내가 특정행동을 하는 것에 대한 주위의 인식(예 성인 – 배우자, 가족, 동료, 의사, 영양사)
• 통제 신념 : 행동수정에 대한 자신감과 관련된 요인

③ 사회인지론(Social Cognitive Theory, SCT) : 개인, 행동, 환경의 지속적인 상호작용

㉠ 개인(행동결과 : 기대, 가치, 자아효능감)과 행동(행동수행력, 자기통제력), 환경[주위환경, 상황 · 관찰학습 · 강화(보상)]이 서로 영향을 미침

ⓐ 한 가지 요인만 중점적으로 다루는 것보다 환경, 개인적 요인 등 여러 가지를 고려

ⓑ 결과 기대와 결과 가치를 고려

• 결과 기대(Outcome expectations) : 행동의 결과(긍정, 부정적)에 대한 예측, 기대
• 결과 가치(Outcome expectancies) : 행동결과(Outcome)에 두고 있는 가치(value)

㉡ 개인

ⓐ 자아효능감(Self-efficacy)

• 새로운 행동의 습득, 유지에서 매우 중요
• 노력의 여부 · 행동의 정도에 따라 다름
• 상황에 따라 다르므로 일반화하도록 함(예 과식 – 주말, 여행, 모임, 친구와 만남 등)
• 자아효능감의 형성 및 증진 → 실제 경험 : 가장 강력한 요소, 간접 경험 : 관찰 또는 다른 사람의 경험

㉢ 행동

ⓐ 행동수행력(Behavioral capability)

• 특정행동을 하는데 필요한 지식, 기술을 말함
• 훈련, 지적능력, 학습에 따라 달라짐

ⓑ 자기통제력(Self-control)

• 영양교육에서 자기조절 능력 배양하도록 함
• 최종적으로 스스로 식행동을 습득하고, 통제할 수 있게 함
• 자기관찰(Self-observation, Monitoring)을 통해 문제 해결 능력을 향상시킴

㉣ 환경

ⓐ 환경(Environment)

• 행동에 영향을 미칠 수 있는 개인의 외적요인 → 사회적 환경 : 가족 · 친구 · 동료 · 영양사 등 주위인, 물리적 환경 : 공간 · 시설 · 식품의 유용성
• 식행동을 형성, 유지하는 기회, 사회적 지지를 제공

ⓑ 상황(Situation)

• 환경에 대한 개인의 주관적 인식

• 실제 또는 왜곡된 것이 많음
• 개인의 생각, 행동을 지도하거나 제한함

ⓒ 관찰학습(Observational learning)
• SCT에서 환경의 중요성을 배울 수 있음
• 식행동 수행, 타인의 행동을 보고 배우는 기회를 제공
• 타인의 행동을 관찰하고, 어떤 영향을 받는지 관찰하면서 행동을 배우게 됨(역할 모델)
• 시행착오를 줄이고, 어떤 방법, 행동이 적합한지 판단

ⓓ 강화(Reinforcement)
• 행동을 통해 결과에 따라 보상을 내림
• 외적보상(상금, 칭찬)과 내적보상(스스로에게 칭찬)을 통해 강화함(외적보상보다는 내적보상이 더 중요함)

④ **행동변화단계 모델(Stages Of Change, SOC)** : 여러 행동을 설명, 행동 변화 전략에 사용

㉠ 고려전 단계(Precontemplation)
ⓐ 행동을 바꿀 의향이 없는 단계
ⓑ 건강문제 · 영양문제에 대해 인식이 없는 상태
ⓒ 행동결과에 대해 정보 부족
ⓓ 행동변화에 대한 동기 부족
ⓔ 행동변화에 대해 부정적인 시각
• 정보 제공, 문제(건강 · 영양)의식 갖게 함
- 행동변화에 대한 의식을 증가시킴
- 행동, 행동결과에 대한 인식을 높임
- 자신의 문제에 대해 자각하도록 함
• 지식, 인식수준에 대해 평가함
- 행동변화에 대한 감정을 표현하게
- 캠페인, 행동에 대한 피드백 등을 통해서 문제를 인식하도록 함

㉡ 고려단계(Contemplation)
ⓐ 문제 인식, 변화를 생각하는 단계
ⓑ 행동변화 시의 장점, 단점을 인식
ⓒ 행동을 바꿀 의향이 있으나, 약속은 하지 않음
ⓓ 행동습득에 관한 자신감을 높이도록 함
• 행동변화의 장애 요인 파악, 줄이는 방법 등을 생각하도록 함
• 행동변화 능력에 대한 칭찬, 긍정적인 피드백 등을 생각하도록 함

ⓔ 자신평가(Self-evaluation)
- 개인에 대해 건강 행동을 할 때와 하지 않을 때에 대해 인지적, 감정적 평가를 시킴

ⓕ 환경평가(Environmental-evaluation)
- 행동이 물리적, 사회적 환경에 어떤 영향을 미치는지 진단함

ⓒ 준비단계(Preparation)

ⓐ 가까운 장래에 행동을 바꿀 의향이 있는 단계

ⓑ 대부분 이미 행동변화를 시도해봄

ⓒ 작은 행동변화

ⓓ 약속을 구하도록 함

ⓔ 구체적인 action plan 마련
- 구체적, 실현 가능한 목표 설정하도록 함
- 작은 변화를 격려하고 강화시킴

ⓕ 자아효능감 증진
- 긍정적인 재구성
- 행동변화에 대한 결심, 약속하기

ⓡ 행동단계(Action)

ⓐ 행동시행 · 변화 단계

ⓑ 생활양식 · 식행동의 변화가 발생

ⓒ 행동변화를 위해 노력하는 시기

ⓓ 행동변화에 필요한 기술 습득이 필요함
- 자기관리 능력을 배양해야 함(자기 모니터링, 목표 설정, 자기강화 등)

ⓔ 자극조절(Stimulus control)
- 불건전한 행동요인을 제거하고, 건전한 행동요인을 추가

ⓕ 대체조절(Counter conditioning)
- 건강하지 않은 행동을 바람직한 행동 · 생각으로 변화시킴

ⓖ 사회적지지, 조력관계
- 동호회, 인터넷 모임 등을 통해 행동 변화를 강화시킴

ⓜ 행동유지 단계(Maintenance)

ⓐ 행동변화의 유지 단계

ⓑ 조력관계 · 지지(helping relationships)
- 사회적 · 환경적 지지
- 불건전한 행동 시 바람직한 행동으로 돌아가게 격려
- 다른 식이변화 권장, 유도

ⓑ 종료단계(Termination)
- 예전의 행동 · 습관으로 돌아갈 가능성이 거의 없는 상태

3장 영양교육 프로그램의 계획

01 영양문제의 선정 및 프로그램 목표 설정

(1) 영양문제의 선정

① 프로그램에서 다룰 영양문제 정하기

② 기준

㉠ 영양문제의 중요도

㉡ 영양문제의 발생 빈도

㉢ 영양교육의 효과성, 효율성

㉣ 관련기관의 정책적 지원

(2) 프로그램의 전체 목적(Goal), 목표(Objectives) 설정

① 목적 : 장기적, 포괄적

② 목표 : 목적 도달을 위한 구체적인 것(누가, 무엇을, 얼마나, 언제 등을 고려)

③ 구체적, 분명하게, 실현가능한 수준으로 설정

02 영양교육 프로그램 계획단계

(1) 영양교육 프로그램 계획

- 영양교육활동 설계로, 즉 무엇을, 어떻게 교육할 것인가에 대한 계획
- 내용, 방법, 교육자료 선택 및 제작, 교육장소, 시간, 인력, 예산 등에 대한 계획

① 교육 과정의 설계

㉠ 대상자의 특성 고려

- 연령, 교육, 경제 수준, 생활양식, 주거 환경 등 고려

㉡ 교육내용 정하기

ⓐ 요구진단 결과에 따라 교육내용 선정

ⓑ 내용

- 타당성, 정확성, 신뢰성, 최신성에 근거
- 문헌, 전문서적, 학술지 등 참고

㉢ 교육내용의 체계화

ⓐ 교육대상자의 특성, 목표에 맞게 교육내용을 분류하고 순서 정하기

• 논리적, 단계적으로
• 순서 : 간단한 것에서 복잡한 내용으로 전개되도록, 일반적인 것에서 전문적인 내용으로 전개되도록
• 내용 : 지식, 기술 배양, 사회적 지지 등 요구진단 결과를 고루 포함

ⓑ lesson plan 당(즉, session 당) 2-3 concept(목표) 정도만 포함되게 구성
• 대상자의 이해도, 수용 능력 고려

㉣ 교육 방법 선택 (교재 4장)
• 강의, 토의, 시연, 실험형 지도 방법, 게임 등
• 대상자의 능동적 참여 유도

㉤ 영양교육 자료, 매체 선택 및 개발

㉥ 교육연습 및 pre-test

ⓐ 교육 전에 사전연습
• 교육방법, 매체 등의 적합성
• 시간배정 고려

ⓑ 사전평가 후 수정

㉦ lesson plan 수정 및 완성

② 교육프로그램 계획에서 고려할 사항

㉠ 교육시기 및 장소

ⓐ 대상자에게 적합한 시기, 장소인가?
• 이용의 편이성, 적합성 등 고려

ⓑ 하루 중 교육시기는?(오전, 오후)
• 대상자에 따라 고려

㉡ 교육 시간

ⓐ 일반적으로 40~50분 내외가 적당
• 성인 : 60~90분, 중고생 : 40~50분, 초등학생 · 노인 : 30~40분

ⓑ 배분 : 교육내용의 도입(10%), 전개(80%), 종결(10%)

㉢ 교육대상

ⓐ 대상자 수
• 이에 따라 교육방법, 장소, 교육자료의 종류 등이 결정되므로 예상인원 고려
• 예상인원 vs 참석인원

ⓑ 대상자의 연령 분포

ⓒ 대상자의 수준 : 교육 정도 등

㉣ 교육시행에 필요한 자원

ⓐ 인력(인원수, 비용 : 참여시간×시간당 비용)

• 전문 인력

• 보조 인력

ⓑ 재료비

• 교육 자료 제작, 구입 등

• 기자재 구입, 대여 등

• 실제 프로그램을 운영할 때 장소 및 기타 소요비

• 홍보비

③ 영양교육홍보 전략

㉠ 홍보할 때 : 교육프로그램의 목표, 내용, 장소, 시간, 참석방법, 참석 시 좋은 점(영양개선, 건강증진, 기념품 증정, 행사 마련 등) 알리기

㉡ 방법 : 초청장 발송, 영양조사 · 건강검진, 영양관련 이벤트, 식단전시회, 지역방송, 대중매체 등 활용

④ 영양교육평가 계획

㉠ 과정평가

㉡ 효과평가

㉢ Input · output 평가

4장 영양교육의 도구

01 영양섭취 기준의 목표와 정의

(1) 영양섭취 기준(Dietary Reference Intakes)

① 영양섭취 기준 DRI(Dietary Reference Intakes)의 목표

㉠ 건강을 최적 상태로 유지

㉡ 영양소 부족 · 과잉으로 인한 위험을 예방하도록 함

㉢ 만성질환 발생의 위험을 줄이도록 새로운 지표 제안

② DRI(Dietary Reference Intakes)의 정의

㉠ 평균필요량(EAR)

- 건강한 인구집단의 50%에 해당하는 사람들의 1일 영양필요량을 충족시키는 값

㉡ 권장섭취량(RI)

- 평균필요량에 표준편차의 2배
- 건강한 집단의 97~98%의 영양필요량을 충족
- EAR의 표준편차에 대한 자료가 부족한 영양소(예 티아민, 리보플라빈, 비타민B_6, 엽산) : 변이계수를 10%로 가정하고 산출

㉢ 충분섭취량(AI)

- 영양소 필요량에 대한 자료가 부족, 권장섭취량 산출할 수 없을 때
- 역학조사에서 관찰된 건강인의 영양소 섭취수준을 기준으로 정함

※ RI, AI : 목표 섭취량

㉣ 상한섭취량(UL)

- 건강에 유해 영향이 나타나지 않는 최대 영양소 섭취수준
- 상한섭취량 이상 섭취 시 건강에 악영향 위험이 있다는 자료가 있을 때 설정
- 최대 무독성량, 최저독성량에 불확실계수를 고려하여 책정
- 비타민, 무기질

③ 에너지 영양섭취 기준

㉠ 에너지 필요추정량(EER, Estimated Energy Requirements)만 제시

㉡ 성인 에너지 소비량

㉢ 영유아, 아동, 청소년 : 성장에 소요되는 에너지 추가 필요

㉣ 성인

- 남자 : 2,600kcal(20대), 2,500kcal(30~49세), 2,200kcal(50~64세)
- 여자 : 2,000kcal(20대), 1,900kcal(30~49세), 1,700kcal(50~64세)
- 임산부 : 본인 연령의 에너지 소비량 + 0/340/450kcal
- 수유부 : 본인 연령의 에너지 소비량 + 340kcal
- 노인(65세 이상) : 2,000kcal(남), 1,600kcal(여)

[생애주기에 따른 한국인의 1일 에너지섭취 기준]

생애주기	연령	에너지 필요추정량 · 에너지(Kcal/일)	
영아기	0~5개월	500	
	6~11개월	600	
유아기	1~2세	900	
	3~5세	1,400	
아동기		남	여
	6~8세	1,700	1,500
	9~11세	2,000	1,800
청소년기	12~14세	2,500	2,000
	15~18세	2,700	2,000
성인기	19~29세	2,600	2,000
	30~49세	2,500	1,900
	50~64세	2,200	1,700
노인기	65~74세	2,000	1,600
	75세 이상	1,900	1,500

④ 열량영양소의 적정섭취 비율(%)

[한국인 영양소섭취 기준 중 에너지적정 비율]

영양소		에너지적정비율		
		1~2세	3-18세	19세 이상
탄수화물	-	55~65%	55~65%	55~65%
단백질	-	7~20%	7~20%	7~20%
지질	총지방	20~35%	15~30%	15~30%
	포화지방산	-	8% 미만	7% 미만
	트랜스지방산	-	1% 미만	1% 미만
	콜레스테롤	-	-	300mg/일 미만

02 영양교육 도구의 종류

(1) 식품구성자전거

① 식품구성자전거의 개요

㉠ 식품군은 나라마다 4~7개군으로 나타낸다.

㉡ 6개의 식품군에 권장식사 패턴의 섭취 횟수와 분량에 맞추어 바퀴면적을 배분한 형태로, 기존의 식품구성탑보다 다양한 식품 섭취를 통한 균형잡힌 식사와 수분 섭취의 중요성, 적절한 운동을 통한 비만예방이라는 기본 개념을 나타낸다. 식품군별 대표식품의 1인 1회 분량을 기준으로 섭취 횟수를 활용하여 개인별 권장섭취 패턴을 계획하거나 평가할 수 있다.

- 곡류군 : 곡류는 우리나라에서 주식으로 많이 섭취한다. 밥, 국수, 옥수수, 미숫가루, 식빵, 떡, 과자, 케이크, 시리얼, 도토리묵 등이 있다. 곡류는 우리의 식생활에서 가장 풍부하고 값이 싼 에너지 공급원이다.
- 채소군과 과일군 : 식물성 식품인 채소 및 과일류는 양적으로 많이 섭취한다. 채소 및 과일군은 무기질, 비타민 A, 비타민 C를 주로 공급하고, 식이섬유질도 많이 함유하고 있다. 녹황색 채소에 들어 있는 카로틴이 체내로 흡수되면 비타민 A로 전환된다.
- 고기, 생선, 계란 및 콩류군 : 고기, 생선, 계란 및 콩류는 부식으로 섭취되는 동물성 식품. 콩류는 식물성 식품으로서 대두만을 말함. 팥, 완두, 강낭콩, 녹두 등은 곡류에 속함. 질이 좋은 단백질을 얻을 수 있으며 지방, 철, 비타민 B_1 등도 공급받을 수 있음
- 우유 및 유제품류군 : 유제품은 요구르트(마시는 것과 떠먹는 것 모두 포함), 치즈, 아이스크림 등이 있으며, 우유 및 유제품은 하루 식사에서 섭취량은 적으나 칼슘의 섭취를 위해 중요하다. 칼슘 이외에도 질이 좋은 단백질을 공급하며 비타민 B_2, 비타민 A도 함유하여 영양적인 가치가 매우 높은 식품군이다.
- 유지 및 당류군 : 유지 및 당류는 대체로 섭취량이 적다. 조리에 필요한 기름을 제외하고는 되도록 적게 섭취하는 것이 질병 예방이나 건강 유지에 바람직하다.

(2) 식사구성안

① 식사구성안의 목적 및 기준

㉠ 식사구성안의 목적 : 일반인이 식사 구성을 제대로, 손쉽게 하기 위해 고안

㉡ 균형식은 영양권장량을 충족하고, 만성병을 예방, 최적의 건강을 유지시킴

㉢ 기준

- 양적 : 영양섭취 기준
- 질적 : 한국인의 식생활지침 활용

㉣ 최근의 연구 결과를 반영(영양소, 식품성분, 국민건강 영양조사 결과 등)

㉤ 전체 식생활을 주 대상으로 한다.

㉥ 손쉽게 이용하도록 구성(식품군 분류, 1회 분량 등)

㉦ 영양섭취 목표를 실생활에서 실용적으로 사용

② 식사구성안의 내용

㉠ 식품을 종류에 따라 분류, 6식품군으로 구분

㉡ 1인1회 분량(Serving size) 설정(식품군별 대표식품 선정, 섭취 빈도, 영양소별 기여도 고려)

㉢ 대표식품의 1인1회 분량 설정

㉣ 일상섭취량에서 열량, 영양소 고려하여 조절

㉤ 권장식사 패턴(식품군별 1일 섭취 횟수) 제시

㉥ 일상적인 식사 섭취 패턴 반영

㉦ 양념사용량 고려 : 계획된 열량보다 40~60kcal(소아), 70~90kcal(성인) 적게 배분

㉧ 식품군별 대표 영양가표 이용하여 식품군 배분 횟수 조정

(3) 식품교환표

① 일상생활에서 섭취하고 있는 식품을 영양소 구성이 비슷한 것끼리 6가지 식품군으로 나누어 묶은 표

② 같은 식품군 안에 있는 식품들은 영양소의 구성이 비슷하므로 칼로리가 같으면 자신의 기호에 따라 식품을 선택하여 서로 바꾸어 먹을 수 있음

③ 1회의 섭취량을 기준으로 영양소 함량이 동일한 중량을 1교환단위라고 하고, 같은 식품군 내에서는 같은 교환 단위끼리는 서로 자유롭게 바꾸어 먹을 수 있음(예 1,500kcal의 식단은 한 끼에 밥 2/3공기, 생선이나 고기 1토막, 김치나 채소 2~3가지를 섭취하고 간식으로 우유 1컵, 사과 1개 정도를 섭취)

(4) 기타 도구

식사기록지, 식사일기, 식품성분표, 성장발달 자료, 영양교육 매체, 영양교육 기록지 등

5장 영양교육 매체

01 영양교육 매체

(1) 영양교육 매체의 종류와 특성

① 영양교육 매체의 개요

㉠ 벌로의 S(송신자), M(전달내용), C(통신수단), R(수신자)

㉡ 매체의 필요성 : 교육자와 대상자 사이에서 인체의 감각기관을 동원하여 교육효과를 극대화시키기 위한 모든 교육적 수단

㉢ 데일의 경험원추이론 : 1969년 시청각적 교수방법에서 실제와 일치 정도를 구체성과 추상적을 분류한 경험의 원추매체의 선정기준 → 적합성, 구성과 균형, 신뢰성, 가격, 효율성, 편리성, 기술적인 질, 흥미

㉣ 사전평가 요소

- 매체의 이해도
- 흥미도
- 수용도

(2) 영양교육 매체의 종류와 특징

① 인쇄매체

㉠ 팸플릿 : 표지제목이나 소제목은 대상자의 관심을 모으고 친밀감을 주도록 정함

㉡ 리플릿 : 20×10cm 크기 종이를 한, 두 번 접어 만든 형태의 유인물로 사진이나 그림을 넣어 시선을 끌도록 고안(간단하고 명확하게)

㉢ 광고지 : 회람이나 신문 사이의 간지, 홍보활동 차에 의해 배포되는 것. 한 장으로 된 간단한 광고문

㉣ 벽신문 : 포스터, 학교, 병원, 회사, 공장 등의 구내식당이나 도서실, 역 대합실, 일반 식당에 게시하여 대기하는 동안 읽음. 효과적

㉤ 지역통신 : 신문의 일종. 지역주민들로 제한, 지역사회와 관련 있는 것, 정기적 간행, 활동 진행 상황이나 1개월간의 계획 · 조사 · 결과를 알림

㉥ 신문 : 전국적으로 홍보할 수 있는 매체로 많은 대중에게 전달할 수 있으므로 큰 효과가 있음

㉦ 포스터 : 간단한 영양정보를 인산적으로 전달할 수 있는 매체이며, 전달 목적을 한 가지로 뚜렷하게 갖도록 함

㉧ 만화 : 웃음, 감동, 지식을 주므로 모두가 좋아하며, 특히 어린이에게 인기가 좋음

㉨ 스티커 : 간단한 슬로건 1~2줄 쓴 것을 식당, 대합실, 학교복도, 화장실 벽에 붙여 놓은 것. 어린이들에게 식품구성탑의 구성을 익히게 하는데 도움

㉫ 표어 : 간단명료하며 가장 중요한 문구를 크게, 달리하여 대상자들이 협력하거나 실천할 의지를 갖도록 유도하는 호소력이 있어야 함

㉬ 기타 : 달력, 가계부, 풍선, 우표, 실, 식탁매트, 컵, 자석, 단추, 브로치, 핀, 열쇠고리

② **전시, 게시매체** : 디자인을 단순화, 통일감 있도록 구성. 자료 배치의 균형감, 강조

㉠ 탈부착자료 : 대상자의 주의집중에 효과적, 전후의 과정을 쉽게 표현. 주제를 필요에 따라 바꿀 수 있어 폭넓게 사용

㉡ 괘도 : 차트, 그래프, 그림, 사진 등 한 장에 단일 주제만 담는 시각자료로 소수의 청중만 볼 수 있으며 복잡한 아이디어는 표현하기 어려움

㉢ 그림 : 시청각 매체의 중요한 요소로 많이 이용. 책이나 잡지 등 쉽게 구할 수 있어 제작이 간편함, 제작비용 저렴하여 경제적

㉣ 사진 : 사실성이 강하여 실제에 가깝지만 평면적 자료로 동적인 입체감이 중요시되는 교육에는 적합하지 않음

㉤ 도표 : 설명이나 글만을 표현하려면 복잡하고 길어지는 것을 간략하게 요약한 것

③ **입체매체**

㉠ 실물 : 가장 효과적인 시각교육자료. 휴대가 불편, 실물 식품은 구입과 보존에 제한이 있으며 경제성이 떨어짐

㉡ 모형 : 시간과 공간의 제약 초월, 다루기 쉬움, 생략과 편집 가능, 내부구조를 관찰 가능, 오랫동안 보관 가능

- 리플리카 푸드 : 실물 식품을 그대로 플라스틱으로 만든 모형, 20파운드 복부 체지방 조끼 → 과잉 체지방을 바로 경험할 수 있도록 만들어진 모형
- 인형 : 어린이들에 동화적 세계를 다양하게 경험시키고 상상력을 자극하여 부드럽고 친밀한 정서를 키우는 교육이 큰 매체
- 디오라마 : 실제 장면과 사물을 축소하여 실제 상황을 재현하므로 강한 현실감을 줄 수 있음. 입체감, 원근감이 표현 가능

④ **영사매체**

㉠ 슬라이드 : 가장 많이 사용되어온 매체. 확대된 영상을 제공하므로 주의집중에 효과적

㉡ OHP(투시물, 환등기) : 투명한 아세테이트에 제작한 투시 자료를 영사하는 기기

㉢ 실물 환등기 : 실물을 그대로 확대하여 투시할 수 있는 기계로 실물이나 사진, 그림 등의 불투명체를 보여줄 수 있어 이용 범위가 매우 넓음

㉣ 영화 : 강한 현실감, 주의 집중에 가장 효과적인 매체, 시간적 요인을 조작 가능, 크기를 확대 · 축소하여 사람의 육안으로 볼 수 없는 과정을 제시 가능, 몇 번이고 재생하여 영사할 수 있음

(3) 영양교육 매체 중 컴퓨터 활용의 영양상담

① 상담 과정을 표준화할 수 있으며, 빠르고 쉽게 상담 가능, 효율적이고 정확한 결론을 얻을 수 있음

② **우리나라 영양상담 프로그램** : CAN(한국영양학회 부설 영양정보센터에서 개발)인터넷 상담 프로그램(울산대학교 생활과학대학 영양교육 상담센터)

③ **매스미디어** : 정보를 동시에 수많은 사람에게 전달할 필요성이 제기되면서 놀라운 속도로 발달되어 왔으며, 현대사회의 중요한 정보전달 수단(대량의 의사소통 또는 의사전달 수단)

④ **매스커뮤니케이션 과정 5개 요소**

- 전달자
- 수용자
- 정보의 내용
- 매체(각종 매스미디어)
- 효과의 영역(TV)

⑤ **매스미디어 효과** : 수용자들의 인지, 태도, 행동(RAB)에 미치는 영향을 효과

⑥ **매스미디어의 기능**

- 환경감시 역할
- 사회적 조정 역할
- 사회적 유산을 전수
- 오락을 제공

⑦ **긍정적 효과**

㉠ 자신의 식생활에 대한 관심과 개선의지를 고취
㉡ 사고가 발생할 때 대처 방안을 제시
㉢ 소비자를 보호
㉣ 고유의 식생활 전통과 문화를 전파
㉤ 식품수급 조절의 역할

⑧ **부정적 효과**

㉠ 잘못된 영양 정보가 제공
㉡ 깊이 있는 보도가 되지 못하고 있음
㉢ 지속성이 결여
㉣ 특정상품의 광고 소지

⑨ **영양정보를 모니터할 때**

- 공익성
- 공정성
- 객관성
- 전문성
- 해설성
- 시의성(제때)
- 윤리성

02 영양사와 영양교육 내용

(1) 영양사의 정의 및 업무

① **영양사의 정의**

㉠ FAO : 영양요법과 급식 교육을 받은 후 급식관리의 실제적 경험을 쌓은 자, 영양교육을 포함한 영양개선의 실제적 훈련을 받은 자

㉡ 국제노동기구(ILO) : 국제직업표준분류에 의하면 일반영양사, 공중보건영양사, 기타영양사(한국 : 임상, 급식관리, 보건 및 상담, 기타영양사)

② 영양사 업무

㉠ 식단관리
㉡ 구매 관리와 수요예측
㉢ 저장관리와 재고관리
㉣ 조리, 배식업무 및 작업관리
㉤ 예 · 결산 업무 및 원가관리
㉥ 인사관리
㉦ 시설 및 설비관리
㉧ 위생 및 안전관리
㉨ 교육 및 영양상담
㉩ 급식평가 및 연구
㉪ 급식 사무 관리

(2) 생애주기별 영양교육 목표

① 유아교육 목표

㉠ 다양한 종류의 식품을 먹도록 유도
㉡ 즐거운 식사 시간과 간식 시간이 되도록 교육
㉢ 부모와 협력하여 어린이의 건강한 식습관이 형성하도록 함
㉣ 건강한 식습관의 모범을 보임
㉤ 식품과 건강의 관계에 대한 이해를 증진시킴

※ 영양소나라 신호등 : 초록집(칼슘, 비타민) – 노랑집(단백질) – 빨강집(당질, 지방) – 검정집(단순당)

② 초등학교 영양교육 목표

㉠ 현재 영양과 관련된 문제점을 이해하는데 필요한 지식, 기술, 태도를 갖게 함
㉡ 음식과 질병의 관계에 관한 많은 연구를 근거로 질병의 위험을 감소시킴
㉢ 우리나라 식량자원의 생산, 분배, 합리적인 소비에 대한 지식을 갖도록 함

학교에서의 영양교육에서 가장 큰 비중을 차지하는 것은 학교급식을 통하여 식습관을 교정하고 식사예절을 배움

③ 중 · 고등학교 영양교육 : 신경성 섭식장애로 식욕 부진증(거식증)과 탐식증(신경성 대식증) 등 성장해야 하는 청소년의 건강위협 지적

④ 산업체의 교육

㉠ 올바른 식생활 습관
㉡ 만성퇴행성질환자 비율 감소
㉢ 흡연율 줄임
㉣ 혈중 콜레스테롤 200mg/dl 이상 비율 감소
㉤ 알코올의 적절한 섭취량 및 방법
㉥ 정상 체중 유지
㉦ 아침식사를 꼭 하도록

⑤ 보건소 영양교육

㉠ 좋은 식습관 형성을 통하여 영양 상태 증진
㉡ 만성퇴행성 질환자의 비율 감소
㉢ 노인의 신체기능 저하를 극복할 수 있는 식사요법 실천
㉣ 모자건강교실을 운영

⑥ 병원 영양교육

㉠ 환자의 질병이 빨리 회복되도록

㉡ 환자 자신에게 알맞은 식사의 양

㉢ 환자가족의 교육을 통해 실천을 도울 수 있도록

㉣ 동기를 부여함으로써 식사요법을 오랫동안 지속할 수 있도록

(3) 영양표시제

① 영양표시제의 배경

㉠ 국민의 영양불균형 증가

㉡ 가공식품 이용 증대

㉢ 식품산업의 기술 발달

㉣ 방대한 영양정보(식품의 영양에 대한 적절한 정보를 소비자에게 제공함으로써 합리적인 식품선택을 돕는 제도)

(4) 건강기능식품

① 건강기능식품의 종류

㉠ 건강(보조)식품 : 건강에 좋은 영양성분이 어느 정도 함유되어 있어 효과가 있을 것으로 생각되는 식품

㉡ 특수영양식품 : 식품의 성분을 조절하여 다이어트 등 특수 목적에 의해 만든 식품

㉢ 건강기능식품 : 일상식사에서 부족하기 쉬운 성분을 보충할 목적으로 섭취, 식사를 대신하거나 다른 성분의 섭취가 목적인 경우는 제외

- HACCP은 식품의 안전성을 보증하기 위해 특정위해를 확인하고, 예방조치를 하는 위생관리제도
- 국민건강, 영양조사 : 국민영양조사는 1998년부터 국민건강증진법에 의거해 국민건강, 영양조사의 형태로 매3년마다 실시하게 됨
- 8차 개정 : 영양권장량만을 설정하였던 체제를 변경하여 2005년 영양소의 종류에 따라 필요필요량(EAR), 권장섭취량(RI), 충분섭취량(AI),상한섭취량(UL) 등으로 세분화한 영양섭취 기준(DRIs)으로 변화시킴
- 보건복지가족부 : 영양행정의 중앙기관, 국가영양사업의 기획 및 정책을 총괄, 국민건강증진법의 시행과 식품위생법, 국민영양개선령 등 관장
- 보건소 : 지역사회에서 주민들의 건강문제를 직접적으로 담당하며, 만성질환의 치료 및 관리 사업, 모자보건사업, 가정방문사업
- 식품의약품안전청 : HACCP 제도 채택 및 리콜제도 도입, 검정 및 평가. 독성연구 및 안전관리에 관한 사무 관장

6장 영양상담과 영양교육 평가

01 영양상담

(1) 영양상담의 정의

① 영양관련 정보 제공, 영양관리능력 배양 등을 통하여 식행동 변화를 유발하도록 개별화된 지도를 제공하는 과정

② 내담자가 스스로 자기관리 능력을 배양하도록 만들어야 함

③ 영양상담의 종류 : 개별 상담, 집단 상담, 가족 상담

(2) 영양상담의 과정

① 상담시작

㉠ 내담자와 상담자는 친밀관계를 형성하여 상담이 매끄럽게 진행되어야 함

㉡ 상담자는 내담자를 이해하고, 수용하도록 함

② 자료수집

㉠ 면접, 기록, 관찰 등을 통해서 내담자의 자료를 수집

㉡ 면접을 통해서 식행동을 파악하고, 요인 찾음

㉢ 내담자가 문제점을 이야기하도록 분위기를 조성

㉣ 상담자는 내담자를 경청함

③ 영양판정

㉠ 객관적 자료를 통해 영양판정

㉡ ABCD를 활용(A : 신체계측, B : 생화학적 측정, C : 임상적 조사, D : 식사섭취조사)

㉢ 행동변화 단계인지 아닌지 판단

④ 목표설정

목표가 도달 가능한지, 실천 가능한지 고려하여 설정

⑤ 실행

상담자는 내담자가 행동변화를 실행하는 데 편하도록 식행동수정 방법 등을 제시

⑥ 상담평가

㉠ 상담이 끝나면 인식, 태도, 지식 변화 등을 평가

㉡ 식행동, 영양소 섭취 변화 등을 평가

- 상담에 앞서 내담자, 상담자는 친밀하고 신뢰하는 관계를 형성

㉢ 편안한 상담환경을 조성하고 시간을 고려

- 처음 내담자 만날 때에는 인사와 함께 상담에 대한 기대 · 동기, 결과 파악, 상담과정 등을 알려줌
- 상담자는 내담자의 비언어적 행동을 관찰하여 상담이 원활하게 진행되도록 유도
- 공감적 이해, 경청, 존중, 반영, 질문 등의 상담 기술을 활용하여 촉진적인 관계를 형성

(3) 영양상담의 기술

① 경청반응

㉠ 수용 : 내담자의 말을 이해, 받아들임을 상담자의 태도로 나타냄

㉡ 명료화 : 내담자의 말속에 내포된 관계, 의미를 명확히 하는 것을 말함. 내담자에게 자신이 이해를 받고 있고, 상담이 잘 진행된다는 느낌을 갖게 함

㉢ 반영 : 내담자의 말과 행동에서 표현된 감정, 생각, 태도를 상담자가 다시 표현하는 과정. 내담자의 자기 이해를 돕고, 이해받고 있음을 표현함

㉣ 요약 : 상담자가 내담자의 말, 내용, 감정 등을 요약하는 과정

② 행동반응

㉠ 질문 : 상담자가 내담자의 식습관, 관련요인에 관한 정보를 구할 때 사용하며, 내담자의 이해도를 알아볼 때에도 사용함

㉡ 직면 : 내담자가 내면에 지닌 자신에 대한 그릇된 감정, 여러 가지 의견 등을 드러내어 스스로 인지하도록 하는 기술. 내담자 자신의 상황에 대한 인식, 생각, 감정을 바꾸기 위해서 사용

㉢ 해석(Interpretation) : 내담자가 직접 진술하지 않은 내용을 그의 과거경험이나 진술을 토대로 추론하여 말하는 것. 내담자의 의견을 다시 표현하는 과정. 상담자의 이해, 의견을 포함

㉣ 조언(Advise) : 상담의 초기, 중반기, 종결단계에서 활용, 타당한 정보를 제공함. 일상생활에서 적용가능한 내용으로 조언을 하고, 내담자가 조언에 너무 의존하지 않게 함. 상담자의 주관적 판단에 의한 조언이 되지 않도록 함

02 영양교육 평가

(1) 영양교육 평가의 정의 및 종류

① 영양교육 평가 : 영양교육 목표의 달성 정도, 이를 위한 과정이 제대로 수행되었는지 점검, 확인하는 과정

② 종류

㉠ 과정평가(Process Evaluation) : 프로그램에서 어떤 일이 진행되고 있는지 판단, 물적, 인적 자원이 제대로 공급되었는지 평가

㉡ 효과평가(Effectiveness or Impact Evaluation) : 교육으로 지식, 태도, 기술, 식행동, 질병 등 요인에 변화되었는지 평가

(2) 영양교육 평가의 종류와 특징

① 영양교육 과정평가

㉠ 교육진행에 대한 물적 · 인적 자원을 평가

- 교육담당자, 직원에 대한 평가 : 노력, 시간 배분, 역할분담 등을 평가
- 영양교육 참여에 대한 평가 : 프로그램 참여율, 서비스 이용도(상담) 등을 평가
- 교육 매체 · 자료 평가 : 교육 내용, 방법, 교육 자료의 타당성, 이해도, 흥미도 등을 평가, 교육 목적에 맞는지, 대상자의 이해도 등을 평가

② 영양교육 효과평가

㉠ 목적

- 프로그램이 효과적이었는지 판단하기 위함

㉡ 평가방법

- 교육전후 비교 연구(One group pretest &posttest)
- 대조군 연구(Nonequivalent control design)
- 실험군 연구(Experimental design)
- Time series

㉢ 영양교육 평가의 목적

- 교육목표의 달성, 수준을 결정하는 데 사용
- 차후 교육의 계획에 활용
- 프로그램구성 요소의 장점, 단점을 파악
- 교육내용, 방법의 적절성을 평가

㉣ 영양교육평가 대상

- 학습자 : 교육의 효과를 평가
- 교육담당자 : 방법, 자료, 내용 등을 평가
- 교육과정 : 계획한 교육과정의 적절을 평가
- 학습환경 : 교육의 환경, 장소, 시설 등을 평가

PART

04

식사요법 및 생리학

1장 식사요법의 개요

01 식사요법의 중요성

(1) 식사요법의 목적

식사요법은 질병치료를 위해 중심적 또는 보조적 역할을 하고 질병의 재발을 방지하며, 환자의 영양상태 증진은 신속한 건강 회복에 필수적이다. 또한, 식사요법 원칙은 질병취약군에서 발병 예방을 위해서도 그대로 적용된다.

(2) 식사요법과 영양관리

우리나라 주요사망원인은 뇌혈관 질환, 간질환, 당뇨병, 고혈압성 질환, 암 등으로 국민의 영양관리는 사회적으로 중요한 부분이다.

① 질병의 종류와 상태에 따라 환자의 개인적인 특성, 기호도, 식욕 등을 고려
② 영양적으로 균형 잡힌 식단으로 다양하게 제공
③ 소화가 잘되는 식품과 조리법의 선택
④ 식사의 적정온도와 농도, 안정성 등을 고려
⑤ 식감을 생각하여 질감의 대비, 색의 배합, 모양 등을 고려
⑥ 저단백 식사일수록 단백가가 높은 양질의 단백질 사용

02 식단 작성

(1) 한국인 영양섭취 기준 이용

① 평균필요량, 권장섭취량, 충분섭취량, 상한섭취량
② 영양섭취 기준은 건강인을 기준으로 한 것이므로 환자의 영양과 질병 상태에 따라 영양소기준을 조절

(2) 영양소 필요량 산정 - 한국인 영양섭취 기준 이용(2020년 기준)

① 에너지 적정섭취 비율
19세 이상 : 탄수화물 55~65%, 단백질 7~20%, 지방 15~30%

② 에너지 필요추정량과 주요 영양소별 1일 권장섭취량

나이	성별	에너지 필요추정량	단백질	비타민C	칼슘	철
19~29	남자	2,600kcal	65g	100mg	800mg	10mg
19~29	여자	2,000kcal	55g	100mg	700mg	14mg

(3) 식사구성안과 식품교환표를 이용한 식단 작성

① **식사구성안** : 식품군에 따른 1인 1회 분량과 1일 섭취 횟수를 제시한 것으로 만성퇴행성 질환을 예방하고 건강을 최적의 상태로 유지시키기 위한 영양교육을 실시할 목적으로 한국영양학회에서 만들었음

② **식품교환표** : 영양소 구성이 비슷한 것끼리 6가지 식품군(곡류군, 어육류군, 채소군, 지방군, 우유군, 과일군)으로 나뉘져 있으며, 같은 군 내에서는 자유롭게 바꿔 먹을 수 있도록 설정

식품군		교환단위의 예	열량(kcal)	영양소(g)		
				탄수화물	단백질	지방
곡류군		쌀밥 · 보리밥 70g(1/3공기), 식빵 · 모닝빵 35g(1쪽), 마른 국수 30g, 삶은 국수 90g(1/2공기), 밀가루 · 녹말가루 30g(5큰술), 옥수수 50g(1/2개), 떡 50g, 인절미 4개, 시리얼 30g, 도토리묵 200g(1/2모), 녹두묵 100g, 감자(중) 1개, 고구마(중) 1/2개, 콘플레이크 30g(3/4컵), 밤 60g, 크래커 5쪽	100	23	2	–
어육류군	저지방군	기름기를 제외한 닭고기 · 돼지고기 · 쇠고기 40g, 생선(조기 · 가자미 · 동태 · 물오징어) 50g, 멸치 15g, 뱅어포 1장, 북어포 15g(1/2마리), 마른 오징어(채) 15g, 낙지 100g(1/2컵), 어묵 30g, 새우 50g(중 3마리), 명란젓 40g, 창난젓 40g	50	–	8	2
	중지방군	쇠고기 · 돼지고기(안심, 등심) 40g, 달걀 55g(중 1개), 두부 80g(1/6모), 삼치	75	–	8	5
	고지방군	닭다리 40g(1개), 소시지 40g(비엔나소시지 5개), 치즈 30g(1.5장), 소갈비 30g(소 1토막), 생선통조림(참치, 꽁치, 고등어) 50g	100	–	8	8
채소군		가지, 당근, 시금치, 콩나물, 물미역, 양배추(2/5통), 풋고추(7개), 샐러리(보통 6개), 고구마순, 가지, 애호박(중 1/4개), 포기김치, 달래, 양송이 버섯, 오이(1/3개) 등 대부분의 채소 70g, 냉이 · 도라지 · 아욱 · 양파 · 청경채 · 연근 · 깍두기 · 김치 50g, 마늘종 · 우엉 25g, 김 2g	20	3	2	–
지방군		콩기름 · 참기름 등 1TS, 버터 · 마가린 1.5t.s, 호두 8g(중 1.5개), 땅콩 8g(8개), 잣 8g(1스푼), 아몬드 7개, 마요네즈 1t.s	45	–	–	5

식품군		교환단위의 예	열량 (kcal)	영양소(g)		
				탄수화물	단백질	지방
우유군	일반	우유 200cc(1컵), 두유 200cc(1컵)	125	10	6	7
	저지방	저지방우유 200cc(1컵)	80	10	6	2
과일군		귤 100g(중 1개), 오렌지 100g(대 1/2개), 포도 100g(약 19알), 거봉 100g(약 10알), 키위 100g(대 1개), 메론 120g, 자몽 150g(중 1/2개), 수박 250g, 파인애플 100g, 참외 120g(소 1/2개), 딸기 150g(약 10알), 복숭아 150g(중 1/2개), 방울토마토 250g(약 20개) 앵두 120g, 자두 80g(1개), 마른 대추 20g(8개), 토마토 200g, 사과 중 1/3개, 바나나 중 1/2개, 오렌지주스 1/2컵	50	12	–	–

2장 병원식의 종류와 영양지원

01 병원식의 종류

병원식	일반식	정상식, 회복식, 연식, 유동식
	치료식	열량 조절식, 단백질 조절식, 지방 조절식, 위장관 질환식, 염분 조절식, 기타 조절식
	검사식	지방변 검사식, 5-HIAA 검사식, 레닌 검사식, 칼슘 검사식, 위 배출능 검사식, 경구 내당능 검사식

02 일반식

(1) 정상식(상식, Regular Diet)

① 특정한 영양소 제한 없이 환자에게 공급하는 식사로 특별한 식사구성이나 영양소 조절이 필요하지 않으며 성별, 연령, 체중, 안정도에 따라 결정

② 여섯 가지 기초식품군을 배합한 균형식으로 다양한 식품과 조리법으로 소화가 잘 되도록 제공

③ 환자가 구토와 메스꺼움이 있는 경우 일회 분량을 적게 자주 섭취하고, 식후에 휴식을 취하되 눕지 않도록 하며, 고지방 음식이나 향신료가 강한 음식은 자제. 냉음료나 탄산음료, 주스를 제공

(2) 회복식(Light Diet)

① 연식에서 병의 회복에 따라 일반식을 제공하기 전 환자에게 공급하는 식사

② 소화하기 쉽고 위장의 부담 주지 않으며, 주식은 진밥

③ **제한음식** : 섬유소와 지방이 많고 단단한 음식, 튀김

(3) 연식(죽식, Soft Diet)

① 주식을 죽 정도의 부드러운 형태로, 일반식 적응이 불가능한 환자에게 제공하며, 영양소 부족을 방지하기 위해서 1일 5~6회 이상 급식

② 지방 함량 적고, 위 안에서 머무르는 시간이 짧은 식품을 선택

③ 소화하기 쉽고 부드러우면서 영양소를 충족하는 액체와 반고체 형태의 식사

④ 쌀의 도정도가 높은 것으로 선택

⑤ **무자극 연식** : 섬유소가 적은 식품을 다룬 연식

⑥ **음식의 예** : 흰죽, 연한 닭고기, 과일주스, 식혜, 달걀찜, 반숙 계란

(4) 유동식

① 전유동식(Full Liquid Diet)

㉠ 수분보충이 주목적이며, 연식으로 이행되는 중간식으로 영양소 부족을 방지하기 위해서 1일 5~6회 이상 급식

㉡ 상온(20℃)이나 체온(37℃)에서는 액체로 되는 액체 또는 반액체 상태의 음식

㉢ 모든 영양소가 공급되며, 특히 단백질, 철분, 비타민 B 복합체가 부족하지 않도록 함

㉣ 3일 이상 사용해야 할 때는 영양보충액이나 혼합영양식품 이용(유아용 균질육, 난황, 탈지분유, 영양제 등)

㉤ 음식의 예 : 우유, 크림스프, 채소 으깬 즙, 육즙, 미음, 우유 및 유제품, 버터, 마가린, 크림, 두류 및 두유음료, 균질육 등

② 맑은 유동식(Clear Liquid Diet)

㉠ 수술 후 주로 수분을 공급하기 위한 식사로 장내 가스와 가래가 나오면 공급

㉡ 위장관의 자극을 최소화, 탈수 방지, 갈증 해소를 위함

㉢ 각종 영양소가 부족할 수 있으므로 단기간(1~3일) 사용

㉣ 음식의 예 : 옥수수차, 보리차, 맑은 주스, 맑은 육즙, 오렌지주스, 사과주스, 레몬에이드, 맑은 장국, 묽은 미음, 연한 홍차 등

03 치료식

환자의 질병 상태에 수반되는 증상을 완화시키거나 질병을 치료하기 위한 방법으로 환자에게 제공되는 식사

(1) 치료식의 종류

치료식	종류
에너지 조절식	당뇨식, 체중조절식
단백질 조절식	신장질환식, 간질환식, 고단백식
지방조절식	무지방식, 저지방식, MCT 보충식, 저콜레스테롤식
위장질환식	궤양식, 저섬유소식, 고섬유소식, 저잔사식
염분조절식	무염식, 저염식, 경저염식
기타치료식	고칼슘식, 저퓨린식, 요오드 제한식, 알레르기식, 케톤식

(2) 주요치료식

① 저퓨린식 : 요산을 발생하는 퓨린체가 적은 식사로 통풍요법에 사용, 계란, 우유, 과일식으로 제공

② 저잔사식(Low-residue Diet)

㉠ 대변의 양과 빈도를 줄여 장에 대한 자극을 감소시킴

㉡ 섬유소 제한 : 섬유소 1일 8g~10g 이하

㉢ 우유 제한 : 장관 내 자극과 운동을 감소시키기 위함

㉣ 전곡, 견과류, 채소, 과일, 질긴 육류, 조개류 등을 피함

㉤ 장기간 계속할 경우 정상적인 장운동을 위축시키고 변비를 초래하며 증상을 악화시킬 수 있음

(3) 영양소별 주요식품

① **칼슘급원** : 우유, 요구르트, 크림, 멸치 등

② **퓨린급원** : 육즙, 멸치, 청어, 내장, 고등어 등

③ **칼륨급원** : 오렌지, 감자, 코코아, 치즈, 바나나, 강낭콩 등

④ **철분급원** : 간, 달걀노른자, 푸른잎 채소 등

⑤ **글루텐** : 밀, 보리, 귀리, 호밀, 메밀, 기장, 오트밀 등

04 검사식

임상검사의 정밀도를 높이기 위해 임상진단 검사 전에 처방되는 식사. 지방변 검사식, 5-HIAA 검사식(세로토닌 검사식), 칼슘 검사식, 레닌 검사식, 위배출능 검사식, 내당능 검사식 등이 있음

분류	내용
지방변 검사식	• 위장관 내의 소화불량, 흡수불량을 확인하기 위한 식사 • 2~3일전 1일 100g 지방 함유
5-HIAA 검사식 (세로토닌 검사식)	악성종양이 의심되는 경우(세로토닌 다량 함유식품의 섭취 제한) → 위의 호르몬을 얼마나 분비하느냐 확인
칼슘검사식	고칼슘 식사 후 고칼슘뇨증 여부를 조사하여 신결석 여부를 진단
레닌검사식	고혈압 환자의 레닌 활성도를 평가하기 위해 사용 → 나트륨과 칼륨 함량을 제한시킴으로써 레닌이 생성되도록 자극하는 것
위배출능 검사식	위의 운동기능부전과 폐색을 진단하기 위한 검사 → 방사선 물질 함유된 식품을 섭취시킨 후 위장 내 방사능 변화로서 위 배출능력평가
내당능 검사식	혈당에 대한 인슐린의 반응을 조사(적절한 에너지, 단백질과 당질 함량이 높은 식사) → 30분 간격으로 2시간까지 혈당을 측정하여 포도당 처리 능력을 알아봄

기타 : 갑상선기능 검사식, 분변 잠혈 검사식 등

05 영양지원 정의 및 분류

질병이나 수술 등의 원인에 의하여 구강으로 식품 섭취가 곤란하거나 금지된 경우, 에너지 섭취량이 요구량에 비하여 낮은 경우 구강을 경유하지 않고 위장관 또는 정맥으로 영양소를 공급하는 것

	분류	내용
영양지원법	경장영양	경구영양
		경관급식
	정맥영양	말초정맥영양
		중심정맥영양

(1) 경장영양

① **경구영양** : 일반식사로 영양섭취 충족이 부족할 때 식사와 함께 경장영양을 경구로 제공하는 것

② **경관급식(Tube Feeding)**

- 수술 또는 기계적 장애(심한 혼수, 구강 인두수술, 연하곤란, 식도장애) 등으로 구강으로 음식을 섭취할 수 없는 환자에게 적용되는 영양지원
- 위장관이 비정상적인 경우에는 사용금지

㉠ 이상적 경관급식 조건

- 경비 저렴한 것, 열량밀도 1kcal/mℓ, 영양소 조성의 균형, 적당한 점도 유지, 오염되지 않은 것
- 튜브음식은 항상 체온과 동일한 온도 유지
- 경관급식에 사용되는 관은 연령, 공급경로, 영양액의 점성 · 점도에 따라 달라짐
- 장기적으로 경관급식을 하는 환자의 경우 체중, 수분 섭취와 배설량, 위장관 기능은 매일 모니터링을 해야 하는 검사이며, 혈청 전해질, 혈청 알부민, 간기능 검사 등은 2~6개월마다 검사를 실시
- 경관급식에서의 설사의 원인은 불충분한 섬유소, 빠른 주입속도, 미생물 감염, 고장성 경장영양액, 당질흡수불량, 유당불내증, 지방흡수불량, 중쇄중성지방의 빠른 주입, 빠른 위 배출, 차가운 경장영양액 공급 등으로 기인함

㉡ 경관급식 공급경로

- 비위관 : 단기간의 경관급식이 예상되고 흡인의 위험이 적은 경우, 식도 역류가 없고 위장관의 기능이 정상인 경우에 공급. 6주 미만의 단기간에 관급식을 할 경우에 사용
- 비십이지장관, 비공장관 : 단기간 경관급식이 예상되고 흡인의 위험이 높은 경우, 위무력증 환자, 식도역류 환자의 경우에 사용
- 위조루술 : 흡인의 위험 적음. 비강으로 관 삽입 어려울 때 사용. 위 운동이 정상이지만 6주 이상 장기간 관급식을 할 경우에 공급함

• 공장조루술 : 흡인의 위험 높음. 장기간 급식 예상, 상부 위장관으로 관 삽입이 어려운 경우, 식도역류 환자, 위무력증 환자의 경우에 사용

ⓒ 상업용 경관급식용 영양액

• 식이섬유소 급원 : 콩의 다당류 등

• 당질급원 : 포도당과 말토덱스트린

• 단백질 급원 : 펩티드 또는 L형 아미노산이 사용

• 지방급원 : 중쇄중성지방으로 공급, 필수지방산 포함

• 비타민은 필요량 충분히 공급

ⓓ 영양액의 성분

• 가능한 한 에너지 1ml당 1~1.2kcal(고에너지는 2kcal/mℓ)

• 고단백식 : 스트레스를 많이 받는 환자

• 지방 : 포만감을 주므로 총에너지의 20~30%

• 변비예방을 위한 식이섬유 공급

ⓔ 특수질환용 영양액 성분

• 간 질환자는 영양액 내에 분지형 아미노산을 높이고 방향족 아미노산을 낮춤

• 신장 질환자는 전해질량을 낮추고 필수아미노산과 칼로리 함량을 높임

• 당뇨병 환자의 경우 고섬유소를 제공

• 호흡기 질환의 경우 탄산가스의 생성을 최소화하기 위해 탄수화물의 비중을 낮추고 지방의 비율을 높임

ⓕ 소화흡수에 이상이 있는 환자의 경우 가수분해 영양액을 공급함

ⓖ 성분영양제 : 음식물의 저작 및 연하기능이 있을 때 사용. 필요할 때 용해해서 사용하는 분말 경장영양제(당질은 포도당과 덱스트린, 단백질은 단쇄펩티드 또는 유리 아미노산, 지방은 필수지방산과 중쇄중성지방으로 구성, 비타민과 무기질은 필요량을 공급), 식욕 부진이나 흡수불량이 있을 때 경구로 공급할 수 있음

(2) 정맥영양

일시적 또는 영구적으로 위장관의 기능이 없는 환자에게 영양소를 직접 정맥으로 공급하는 영양지원

① 말초정맥영양(Peripheral Parenteral Nutrition, PPN)

ⓐ 손이나 팔의 말초혈관을 통해 영양을 공급하는 방법

ⓑ 영양소의 농도가 제한되어 있어 환자의 영양요구량 충족이 어려움

ⓒ 에너지보다는 단백질 요구량의 100% 공급 목적

ⓓ 말초정맥염의 발생 위험으로 2주 이하 사용

② 중심정맥영양(완전정맥영양, Total Parenteral Nutrition, TPN)

㉠ 위장관의 소화, 흡수기능이 없을 때 대정맥을 통해 덱스트로오스, 아미노산, 지질유화액, 전해질, 비타민, 미량원소 등을 제공, 비타민 K는 주 1회 근육주사나 피하지방 주사로 공급

㉡ 환자 : 췌장염이 심한 환자, 소장의 많은 부분을 절제한 환자, 위장관 협착, 장피 누공, 방사선 장염, 염증성 장질환, 화학요법 및 방사선요법으로 치료 중인 암, 골수이식 환자, 대수술한 경우, 심한 영양 불량, 7~10일 이내에 경장영양을 하지 못한다고 예상되는 경우, 심한 설사, 구토 및 흡수불량

㉢ 패혈증 : PTN을 하는 환자에게 있어서 가장 흔하게 발생하는 합병증(고농도의 영양액이므로 박테리아가 번식하기 쉬움)

③ 완전정맥영양의 영양적 고려 사항

㉠ 수액의 pH를 7.4정도 되도록 조절

㉡ 단백질 : 체중 kg 당 1.0~2.0g의 단백질량 섭취

㉢ 비타민과 무기질 : 소화, 흡수과정을 거치지 않으므로 권장섭취량보다 적게 공급

㉣ 혈관으로 투여되는 지방유화액(Fat Emulsion)

- 말초정맥이나 대정맥을 통해 주입되는 유화된 지방
- 필수지방산, 칼로리, 전해질 등을 공급
- 다른 주사액에 비해 낮은 삼투 농도

(4) 영양상태 평가(생화학적 검사항목)

① 혈청 페리틴과 적혈구 프로토포피린은 철분 결핍 상태를 알 수 있는 지표

② 혈청 빌리루빈은 간기능, 혈청 LDL-콜레스테롤은 고지혈증 여부를 판정하는 지표

③ 혈청 트랜스페린은 철분영양상태 평가를 위한 분석 항목이면서, 단백질 영양 상태의 지표

3장 소화기 질환

01 식도질환

(1) 질환에 참고할 식품

① **위액분비 적게 하는 무자극 식품** : 흰살 생선, 정제한 곡류, 반숙달걀, 두부, 토스트, 감자, 우유, 익힌 채소, 크림 등

② **위액분비 촉진 식품** : 구운 고기, 붉은살 생선, 고기국물, 고기수프, 알코올, 강한 향신료, 카페인음료, 튀긴 음식, 섬유질 식품

③ **위액분비 및 위운동촉진 인자** : 스트레스(뇌하수체 자극 → 부신피질자극 호르몬 촉진 → 위벽 자극), 자극적인 음식, 히스타민, 흡연, 부신피질자극호르몬(ACTH)

④ **지방** : 위산 분비를 억제하여 소화 지연

⑤ **알코올** : 위와 췌장, 소장에 염증을 일으켜 티아민, 비타민 B_{12}, 엽산, 비타민 C와 같은 영양소 흡수를 저해하여 영양 불량을 초래

(2) 연하곤란

① **연하보조식으로 섭취하기 좋은 음식 형태** : 밀도가 균일하고 적당한 점도가 있어서 흩어져 떨어지기 어렵고, 되직한 액체 음식, 구강이나 인두를 통과할 때 변형이 용이하고, 끈끈하여 입안에 달라붙지 않아야 함

② 국물이 많은 음식을 주게 되면 흡인이 있을 수 있으므로 증상의 정도에 따라 조절

③ 너무 뜨겁거나 찬 음식은 피하고, 단 음식, 우유제품 및 감귤류같은 타액이 증가하는 식품은 피함

④ 식사 시 자세를 바르게 하여 음식이 잘 소화되게 함

(3) 위식도 역류

① 위 팽창을 줄이기 위해 1회 섭취량을 줄이며, 과식, 취침 전의 식사나 간식을 피함

② 하부식도 괄약근을 약화시키는 음식 자제. 식도점막 자극을 완화하기 위하여 감귤류, 토마토와 관련된 제품, 파이, 케이크 등의 섭취 제한

③ 술, 초콜릿, 고지방식품, 신 음식, 향신료, 커피, 탄산음료, 차거나 뜨거운 음식 등 금함

④ 위산 분비 억제를 위해서 저지방단백질 식품이나 저지방당질 식품을 위주로 섭취

⑤ 신경계이상 환자는 맑은 음식보다는 걸쭉한 형태의 농후제 사용

⑥ 넉넉한 옷을 입어 복압 증가를 막음

(4) 식도열공 헤르니아

① 식도가 통과하는 횡격막의 열공이 느슨해져 위의 일부가 흉곽 내로 돌출하는 증상

② 예방 : 복압을 항진시키는 요인을 제거, 식사를 소량으로 자주하며, 제산제를 투여

(5) 식도정맥류

① 간경변 환자의 문맥압 항진으로 발생

② 식사요법 : 출혈 시 금식하고 지혈되면 유동식에서 연식으로 제공. 소화 · 흡수 잘 되는 음식을 공급

02 위질환

(1) 급성위염

① 위점막을 자극하지 않도록 무자극성 위주로 영양관리. 신맛이 적은 과일과 저섬유소 채소로 비타민 C 공급

② 1~2일간 절식을 하거나 맑은 유동식을 공급한 후 전유동식, 연식 등으로 이행한 후 미음에서 죽과 진밥 순으로 식사를 진행

③ 탈수 상태가 되면 수액주사나 소량의 물을 공급하고, 저잔사식으로 조금씩 자주 공급

(2) 만성위염

자극성 식품의 장기복용으로 발병하기도 하며, 잦은 폭음과 폭식이 원인이다. 위액의 산농도 차이에 의해서 과산성과 무산성으로 구분한다.

① 무산성 및 저산성 위염

㉠ 음식을 충분히 익히고, 양질의 단백질을 섭취하고 천천히 식사한다.

㉡ 자극성 음식 위주로 위산 분비를 촉진(우동, 과일, 채소, 멸치 국물, 진한 고기국물 등의 연식)

② 과산성 위염

㉠ 소화성궤양의 식사요법에 준하며, 공복 상태가 오래 지속되지 않도록 식사 시간과 횟수를 조절

㉡ 당질을 주로 하여 충분한 열량의 무자극 식사를 제공하며, 염증 회복을 위해서 적당량의 단백질을 공급

㉢ 자극에 예민하므로 자극성 식품을 제한

(3) 소화성 궤양

① 원인 : 위장과 십이지장의 손상된 점막부분이 펩신에 의하여 자가소화된다.

㉠ 염산과 펩신의 과잉 분비, 항생제의 과잉 복용, 헬리코박터 파일로리 감염, 필수아미노산 부족, 스트레스가 원인

㉡ 상부위장의 궤양 증상은 식후 30~60분에 통증이 오고 이로 인하여 혈변은 암갈색이며, 궤양으로 출혈이 생기면 토혈도 있을 수 있고, 위나 십이지장에 천공이 생기면 출혈이 됨

② **합병증** : 에너지와 단백질 결핍증(상처 지연), 비타민 결핍증(특히 C), 철 결핍성 빈혈(위산 분비 감소로 철의 흡수 저하), 알칼로시스(다량의 제산제 사용)

③ **치료법** : 약물치료(위산 부분억제제), 영양관리(연질 무자극식), 행동요법(규칙적인 생활, 정서적 안정, 알코올 및 흡연 제한) 등

④ **식사요법**

㉠ 산도를 낮추고 자극성 심한 음식 제한하고 무자극성 식사

㉡ 과식과 야식을 피하며, 튀김이나 구이보다는 찜을 조리법으로 사용

㉢ 소화하기 쉬운 음식을 조금씩 자주 먹음. 섬유질이 적은 채소와 정제된 곡류를 이용하고 기호식품은 위산 분비가 증가하므로 제한

㉣ 지방은 유화지방질 및 양질의 식물성 지방을 위주로 식사하고, 비타민C 섭취

㉤ 양질의 단백질 : 위산 분비를 촉진시키긴 하나, 상처의 회복을 돕기 때문에 부드러운 단백질 식품을 적절히 공급

㉥ Sippy diet : 소화성 궤양에 출혈증상이 있을 경우, 위산의 중화를 위하여 우유, 크림 등을 급식

㉦ 제한식품 : 알코올과 카페인 음료, 고섬유식품과 신맛이 강한 주스, 멸치국물, 고기국물 등의 육즙

(4) 덤핑증후군

① 전체적 위절제 수술이나 유문괄약근 제거 수술 후 나타나는 증세

② **증상**

㉠ 초기증상 : 식후 15~30분 사이에 발생하며, 상복부 팽만감, 복통, 복부경련, 구토, 설사, 고혈당, 얼굴출혈 등과 맥박수 증가, 발한, 저혈압 등의 혈관증상으로 혈액순환량이 소장 부위로 집중되는 결과로 인해 나타난다.

㉡ 후기증상 : 식후 1.5~3시간 후, 고혈당으로 인해 인슐린이 과잉 분비되어 저혈당으로 인한 탈력감, 오한, 경련, 무력감, 불안, 허기 등이 나타난다.

③ **식사요법**

㉠ 1회 식사량을 줄이고 1일 5~6회 이상 자주 먹는다.

㉡ 초기에는 식사 중간의 수분 제한, 유당함유 식품 제한 및 조절 필요

㉢ 고농도의 단순당질보다는 복합당질인 곡류와 전분음식 섭취, 고단백질 식사, 비타민의 충분한 섭취, 빈혈이 있으면 고철분식이를 제공

(5) 위절제수술

① **수술 후 대사변화** : 위산의 부족으로 단백질 소화와 철분 흡수가 어려워 철분부족, 내인자 분비 감소로 비타민 B_{12} 흡수 저하, 칼슘흡수장애로 인한 골다공증 유발, 질소대사의 항진으로 소변에 질소 배설량 증가, 혈중 수분의 장내 이동으로 혈액량 감소를 초래하여 저혈압 발생 등

② 식사요법

㉠ 단순당이나 농축당을 피하고 저당질식

㉡ 양질의 단백질을 충분히 섭취하며, 소화 흡수가 잘되는 식품을 제공한다.

㉢ 음식의 부담을 느끼지 않고 소화할 수 있게 소량의 식사를 자주 섭취한다.

㉣ 섬유소는 고혈당을 방지하여 후기 덤핑증후군인 저혈당을 방지하므로 충분히 섭취한다.

(6) 위하수증

① 위가 아래로 길게 이완되어 위의 기능이 저하

② 식사요법

㉠ 소화가 잘 되며, 장시간 머무르지 않는 음식을 선택하고 수분이 많은 식품은 피함

㉡ 진밥이나 토스트 제공, 3식 외에 간식을 주어 영양을 보충

㉢ 위의 근육을 튼튼하게 하기 위해서 단백질을 충분히 섭취하며, 지방은 버터, 크림 등의 유화된 형태로 섭취

㉣ 튀김, 섬유질 많은 채소나 식품, 질긴 채소를 피하고, 향신료를 적게 사용

(7) 위암

① 부드러운 음식 제공, 녹황색 채소를 매일 섭취하면 위암발생률 감소(비타민A, C 함유)

② 저섬유소, 무자극성식을 주고 담백하고 지방이 적은 양질의 단백질 공급

③ 식욕이 없는 경우 구미를 돋우는 산뜻한 음식을 공급

03 장질환

- 간 : 담즙이 분비되어 지방의 유화를 도움
- 췌장 : pancreatic lipase가 분비되어 지방을 분해(지방흡수불량과 관련)
- 회장 절제 시 : 비타민의 부족으로 빈혈 초래

(1) 급성장염

① 증상 : 설사, 식욕 부진, 오심, 구토, 권태감, 복통, 복부 팽만감, 혈변, 점액변, 탈수 등

② 식사요법

㉠ 초기 : 1~2일간 금식 후 당질 위주의 맑은 유동식 공급

㉡ 저잔사식으로 조금씩 자주 공급. 우유는 설사 유발

㉢ 제한식품 : 자극적인 음식, 섬유소 많은 식품, 발효되기 쉬운 음식, 뜨겁거나 찬 음식, 유지류

㉣ 설사 시 수분과 염분을 섭취하여 손실을 보충

(2) 만성장염

① 장점막에 기계적, 화학적 및 온도의 자극을 피함

② 양질의 단백질, 유화된 형태의 지방, 비타민 및 무기질 충분 공급

③ 소량으로 고열량, 고단백식을 주로하며 구강섭취 어려울 경우 정맥영양으로 보충

④ 저섬유 · 저잔사식을 공급하고, 생채, 생과일 등의 식품을 제한하고 튀김, 볶음 등의 조리법을 피함

(3) 변비

① 이완성 변비

㉠ 직장 벽의 민감도가 저하되어 연동운동이 약해지면서 변이 천천히 이동하는 것

㉡ 식사요법

- 채소나 과일은 생것으로 먹는 것이 좋으며, 부드러운 채소의 고섬유소식, 고지방식 권장
- 수분은 공복 시 공급하고 유제품 섭취와 장내에서 발효되기 쉬운 당 공급이 필요
- 기계적, 화학적 자극이 있는 식품을 제공
- 꿀 : 유기산은 배변운동을 촉진하므로 변비에 효과
- 해조류 : 섬유소가 수분을 흡수해서 장의 연동운동을 촉진
- 탄산음료는 탄산가스가 들어있어 변비에 효과적이며, 알코올은 배변에 도움을 줌

② 경련성 변비

㉠ 식사요법

- 무자극 식사 권장 : 저잔사식, 저섬유질 식사 제공하여 과도한 장운동 억제
- 부드러운 음식을 제공
- 우유, 달걀, 정제된 곡류, 흰 빵, 버터, 곱게 간 쇠고기, 흰 살생선, 닭고기 살, 섬유질이 적은 채소와 과일 등
- 피해야 할 음식 : 탄산음료, 자극적인 음식, 섬유소가 많은 채소

(4) 게실증 · 게실염

① 게실증

㉠ 대장의 근육 내벽에 작은 주머니 같은 점막돌기인 게실이 여러 개 발생한 상태. 만성적 변비로 인해 압력 증가로 근육 내벽 약한 부위를 따라 점막이 돌출

㉡ 식사요법

- 고섬유소 식사로 식이섬유를 하루에 30g 이상 섭취 권장
- 수분 8컵 이상, 단백질을 적절히 섭취

② 게실염

㉠ 대장 내막에 형성된 작은 주머니 모양의 게실 점막층에 생긴 염증

㉡ 식사요법

• 급성기에는 금식하고 정맥으로 영양 공급

• 상태가 좋아지면 맑은 유동식에서 점차적으로 하여 저잔사식 공급

(5) 설사

① 수분과 전해질의 보충, 무자극성 저잔사식 제공

② **발효성 설사** : 당질의 섭취 제한, 수분보충, 섬유질 많은 식품과 발효되기 쉬운 식품 제한, 지나치게 뜨겁거나 차가운 음식 제한

③ **부패성 설사** : 단백질 제한

④ **만성설사** : 생채소나 생과일은 제한하고, 더운 음료 공급, 저섬유식, 저잔사식, 고열량, 고단백식, 기름과 결합조직이 적은 육류섭취, 수분과 전해질 보충, 구강으로 급식이 어려울 경우 정맥주입으로 보충

⑤ **유당불내증** : 소화되지 않은 유당에 의해 설사를 일으킴 → 우유를 단독으로 마시는 것보다 전분과 함께 푸딩, 커스터드, 크림수프, 케이크의 형태로 섭취한다.

(6) 궤양성 대장염

① **증상** : 설사가 주증상이며 복통, 발열, 혈변 등을 수발, 영양 결핍, 식욕감퇴 등

② **식사요법**

㉠ 치료기간 장의 휴식을 위해 정맥영양이나 경장영양으로 영양지원을 실시

㉡ 영양소 결핍을 예방하기 위해 고에너지, 고단백질, 고영양식, 고철분식, 저자극, 저지방, 저섬유소식

㉢ 급성기에는 당분간 저잔사식

㉣ 크론병은 만성 궤양성 대장염과 유사하나 소화기관 어디에서나 발생 가능하며, 회장 말단부가 가장 흔하며 궤양이 점막 깊숙이 발현함. 소화흡수 불량으로 영양 불량이 나타나며, 합병증으로 장폐색, 천공, 출혈 등이 발생함. 동양인보다 백인, 유태인에 많이 발병

(7) 글루텐 과민성 장질환(만성 소화장애증, 비열대성 스프루)

① **증상** : 효소대사 과정에서 유전적 결함으로 글루텐을 이루는 글리아딘 단백질의 한 성분에 의해 소장 점막을 손상시켜 영양소 흡수에 장애를 일으킴

② **식사요법**

㉠ 글루텐이 함유된 보리, 밀, 호밀, 메밀 등 잡곡의 섭취 제한(㉨ 오트밀, 보리밥, 햄버거, 칼국수 등)

㉡ 글루텐 성분 제거

(8) 열대성 스프루

① 소장이 지방질, 비타민, 무기질 등을 흡수하는 데 장애가 생기는 것

② 증상 : 지방변증

③ 설사로 인한 탈수방지를 위해 수분과 전해질 공급

④ 고에너지 · 고당질 · 고단백, 고비타민식 : 철분, 엽산, 비타민 등 비타민과 무기질을 충분히 섭취

(9) 유아의 소화불량증

① 주의 사항

㉠ 우유 : 설사가 회복될 때까지 제한, 회복함에 따라 조금씩 경구적으로 수분을 섭취할 수 없는 경우 정맥을 통한 수액요법 실시

㉡ 수분공급은 설탕류나 과즙 등을 혼합

㉢ 증상이 가벼울 경우 수분을 많이 먹이며, 구토하면 소량을 여러 번 줌

(10) 췌장질환

지방과 단백질은 췌액 분비를 촉진하여 췌장에 자극을 주므로 제한하고, 당질 위주의 식사를 제공. 지방은 계속적으로 제한하며 단백질은 초기에는 제한하나 조직회복을 위하여 점차 증가해야 함

① 급성췌장염

㉠ 원인 : 담석증과 음주, 고지방 섭취 등으로 트립시노겐의 분비가 증가. 췌세포 내에서 트립신으로 활성화될 때 췌세포가 손상

㉡ 증상 : 상복부의 심한 통증, 구토, 멀미, 발열 등

㉢ 식사요법

- 식사요법의 목적은 췌장액의 분비를 억제하는 것으로 당질 중심의 부드러운 식사제공
- 적은 양으로 조금씩 자주 공급하며, 음료수와 식품 제공 금지
- 3~5일 절식시키고 영양결핍을 예방하기 위해 정맥영양으로 수분과 영양공급
- 지방 많은 식품, 알코올음료, 커피, 향신료 등의 사용을 금함
- MCT oil : 탄소수가 8-10개인 중쇄지방산으로 케톤식이나 지방흡수불량증 등에 이용. 췌장효소에 의존하지 않고 장액의 리파아제에 의해 쉽게 분해되어 흡수

② 만성췌장염

㉠ 소화효소의 분비가 안 되고 당 조절이 안 되며 췌관에 불규칙한 확장과 손상이 영구적으로 발생하여 회복되지 못함. 대부분 만성적 음주 환자에게서 발생

㉡ 열량원은 주로 당질을 이용, 증세에 따라 단백질과 지방을 증가시킴

㉢ 지방은 유화된 지방사용(버터나 크림), 소화, 흡수가 좋은 식품을 공급

㉣ 채소나 과일은 처음에는 잘 삶은 것을 갈아서 사용

㉤ 합병증으로 당뇨병으로 발전할 수 있음

4장 간 및 담낭질환

01 간질환

(1) 간질환의 개요

① 간의 역할 : 글리코겐 저장, 독성물질에 대한 저항력이 강함

② 간질환 발생 시

㉠ 혈장 단백질의 합성 저하로 저단백혈증의 발생

㉡ 알부민, 피브리노겐, 글로불린 등의 합성 저하

㉢ 혈청 빌리루빈, GOT, GPT 등 상승, 요중 빌리루빈과 우로빌리노겐이 증가

㉣ 혈장 알부민과 글로불린(A/G)의 비율 저하

㉤ 요소합성이 감소하며 혈중 암모니아 함량 증가, 비필수아미노산의 합성이 감소

③ 간질환 식사요법

㉠ 다른 영양소와 균형을 맞추어 당질을 충분히 섭취, 지방은 소화되기 쉬운 유화된 상태로 이용

㉡ 고당질 식사요법 이용 : 간기능 보호, 단백질 절약 작용

④ SGOT나 SGPT : 간 검사 시 사용, 간세포 속에 들어있는 효소들을 말하며 간염이나 지방간 등에 의해 간세포에 손상이 생기면 이런 효소들이 혈액으로 많이 나와서 혈중치가 높아짐

(2) 간염

① 급성간염

㉠ A, B, C, D 및 E형 바이러스에 의해 간에 염증이 생기는 것

㉡ 증상 : A형과 B형은 피로, 권태, 우울증, 식욕 부진, 메스꺼움, 구토, 두통, 체중 감소, 복부팽만감, 황달 등

㉢ 식사요법

- 간에 부담을 주지 않는 식품을 선택하되, 충분한 에너지 공급
- 고열량, 고당질, 고단백, 중등도의 지방 필요(고열량식으로 하되 비만이 되지 않게 조절)
- 신선한 야채를 통해 비타민과 무기질을 공급하여 저항력을 높임
- 우유, 크림, 버터, 달걀 등 소화되기 쉬운 지방을 섭취
- 제한음식 : 기름기 많은 음식, 고섬유소 식품(잡곡류 · 채소), 건조과일 등

② 만성간염

㉠ 간에 염증이 있는 상태로 급성에서 6개월 이상 호전되지 않고 장애가 계속되는 경우

㉡ 식사요법

- 지나친 열량 공급은 삼가고, 표준 체중 유지, 단백질은 양질로 1.5g/kg으로 충분히 공급
- 복수가 있을 때는 저염식, 간성혼수가 있을 때는 저단백식
- 혼수상태로 음식의 섭취가 불가할 경우 경관급식 실시

(3) 지방간

① 간의 지방대사 장애로 중성지방이 지나치게 증가하여 중성지방이 지단백을 만들지 못하고 그대로 간에 저장됨

② **원인** : 저단백식(양질의 단백질 섭취 부족), 알코올 중독, 고지방식 등

③ **항지방간성 인자** : 메티오닌, 콜린, 레시틴, 비타민E, 셀레늄, 이노시톨, 베타인 등

④ 식사요법

㉠ 당뇨병과 비만환자 : 열량과 당질을 감소

㉡ 영양 불량 환자 : 고열량, 고단백을 공급

(4) 간경변

① 증상

㉠ 초기 : 피로, 위장장애, 식욕 부진 등

㉡ 진행 : 황달, 저알부민혈증, 프로트롬빈 저하, 저콜레스테롤혈증, 담즙생성 저하, 고암모니아혈증, 간성혼수, 문맥압 항진, 위와 식도 정맥류, 출혈 등

㉢ 부종이나 복수, 다발성 신경염(티아민 부족)

㉣ 황달 원인 : 적혈구 용혈항진으로 빌리루빈의 과잉생산

② **원인** : 알코올 과음에서 오는 오랜 영양결핍증, 만성간염, 약물중독, 자기면역결핍, 대사질환 등

③ **부종의 원인** : 신장에서 항이뇨호르몬 작용으로 인해 Na를 재흡수

④ 식사요법

㉠ 고열량, 고단백, 고비타민, 저나트륨식

㉡ 부종 발생 시 : 나트륨 제한, 칼륨 손실 주의, 충분한 비타민 공급

㉢ 식도 및 위정맥류 발생 시 : 기계적인 자극을 피함, 부드러운 연식 및 저섬유식, 무자극식

㉣ 간손상 회복과 강화를 위하여 결핍되기 쉬운 비타민 B 복합체 섭취

(5) 간성뇌증

① 암모니아를 요소로 전환시키지 못하고 고암모니아혈증을 초래할 경우에 발생하며, 간세포가 파괴되거나 기능 저하되어 뇌까지 영향을 주어 운동장애와 의식장애를 초래

② 혈중 암모니아 증가요인 : 내인성 질소화합물로부터 장내 세균에 의한 증가

③ 식사요법

㉠ 저단백 식사

㉡ 회복기 : 분지아미노산(측쇄아미노산)의 농도를 높이고, 방향족 아미노산의 농도를 낮추는 식사

㉢ 복수 동반한 환자 : 저단백, 고당질, 나트륨과 수분 제한

02 담낭질환

(1) 담석증

① 담석의 종류 : 콜레스테롤 결석(콜레스테롤, 담즙산, 빌리루빈 등으로 구성), 빌리루빈 칼슘 결석, 탄산칼슘 결석 등

② 식사요법

㉠ 무자극, 저열량, 저지방, 고당질식

㉡ 저콜레스테롤식, 충분한 당질 공급, 단백질은 담즙 분비를 촉진하므로 섭취 제한

㉢ 충분한 수분 섭취

㉣ 급성담석증 호전 시 : 저열량, 고단백질, 저지방, 고비타민식

㉤ 제한 : 포화지방, 콜레스테롤, 섬유소, 가스 발생식품, 자극성 식품 등

- 가스 발생식품 : 채소류 중에서 콩류, 양파, 배추, 콜리플라워, 옥수수, 오이, 풋고추, 무 등, 과일류 중에서 사과, 참외, 멜론, 수박 등
- 지방이 많은 식품 : 담낭 수축, 담즙 분비를 증가시킴. 회복 시 소화 잘 되는 지방을 소량씩 증가하면서 섭취함

5장 심장혈관계 질환

01 심장질환

(1) 심장질환의 원인과 종류

① 원인 : 열량, 염분, 콜레스테롤, 포화지방산의 과잉 섭취와 스트레스

② 울혈성 신부전

㉠ 심장의 펌프작용에 장애가 생겨 심장에서 신체가 필요로 하는 혈액을 충분히 내보낼 수 없는 질환으로 심박출량의 저하와 정맥의 울혈이 발생함

㉡ 식사요법

- 과량의 식사는 호흡곤란을 일으키므로 소량씩 여러 번 제공하고, 심부전이 심할 경우 1,000kcal 정도의 열량을 공급함
- 양질의 단백질을 공급하며, 소화가 잘 되는 식품과 저염식을 제공함. 지방은 불포화지방산이 많은 들기름이나 등푸른 생선을 섭취함
- 제한 : 겨자와 자극성 식품인 고춧가루, 나트륨 함량이 문제되는 맛소금과 MSG

③ 허혈성 심장질환

㉠ 관상동맥 경화나 협착 또는 확장기 저혈압으로 인해 심장 내 혈류 불충분 → 산소 공급량 부족

㉡ 위험요인 : 고령, 가족, 흡연, 고혈압, HDL - 콜레스테롤 감소, 당뇨병

㉢ 종류 및 증상

- 협심증 : 관상동맥의 경화로 협착 → 심근에 산소 공급량이 감소 → 일시적 심근 허열
- 심근경색증 : 관상동맥이 막힘 → 심근이 괴사

(2) 식사요법

① 심장병 식사요법

㉠ 열량제한식 : 심부전이 심할 경우 1,000kcal 정도의 열량을 공급

㉡ 충분한 비타민 공급

㉢ 포화지방산 과잉 섭취 억제 : 불포화지방산이 함유된 들기름이나 등 푸른 생선을 섭취

㉣ 나트륨 제한식사

㉤ 무염식

- 식욕을 잃기 쉽고, 영양실조를 유발할 우려가 있음
- 식초, 설탕 등의 조미료로 식욕을 돋움

㉥ 저염식(나트륨 제한식사)

• 나트륨의 제한 정도는 질병 상태와 환자 개인의 민감도 등에 따라 달라짐
• 신장, 간장, 심장혈관계통, 부종 및 고혈압에 효과
• 칼륨은 요 중 Na 배설을 촉진하고 혈압강하작용을 함

② 나트륨

㉠ 1mgEq의 나트륨 = 23mg의 나트륨

㉡ 소금 1g = 나트륨 약 400mg

㉢ 가벼운 나트륨 제한식사는 하루 3,000~4,000mg의 Na를 함유, 중정도의 Na 제한은 2,000mg이고, 엄격한 Na 제한은 400mg

㉣ 동물성 식품이 식물성 식품보다 나트륨 함량이 많음

㉤ 나트륨 함량 많은 채소 : 셀러리, 당근, 시금치, 근대 등

02 고혈압

(1) 고혈압의 정의와 원인

① 고혈압의 정의

㉠ 육체적, 정신적 요인이 안정되어 있을 때 혈압이 지속적으로 어느 한도 이상으로 높은 상태

㉡ WHO의 정의 : 수축기 혈압이 140mmHg 이상이거나 이완기 혈압이 90mmHg 이상일 때

㉢ 칼륨과 고혈압과의 관계 : 나트륨 혈압 상승에 대해 길항작용을 하여 고혈압 환자 중 이뇨제를 복용하는 환자는 Na/K의 섭취비를 1 또는 그 이하가 되도록 함

② 고혈압의 원인

㉠ 유전적 요인, 스트레스, 과음, 과식, 식염과잉 및 비만, 임신중독증 등

㉡ 혈압을 높이는 인자 : catecholamine, adrenaline, noradrenaline 분비, 레닌엔지오텐신계 활성, 심박출량 상승, 혈액 점성의 증가

(2) 고혈압의 종류 및 식사요법

① 고혈압 분류

㉠ 일차성(본태성 고혈압) : 명확한 원인 없이 혈압이 상승되어 있는 상태. 고혈압의 95%가 해당

㉡ 이차성 : 질병에 의하여 발생하는 고혈압. 전체 고혈압 발생 빈도의 5~10%

② 식사요법

㉠ 약물치료 : 이뇨제, 교감신경 억제로 물과 나트륨 배설 증가

㉡ 비약물요법 : 규칙적인 운동, 체중조절, 식단

㉢ 저열량식사와 저당질식사 : 1일 1,500kcal~2,200kcal 정도의 범위 내에서 표준 체중을 목표로 하여 제공

㉣ 양질의 단백질 섭취 : kg당 1~1.5g으로 소화되기 쉬운 닭고기, 지방이 적은 생선, 달걀, 탈지유 등과 콩류, 두부, 청국장 등을 섭취

㉤ 지질 : 총 열량의 15~20% 범위로 동물성 지방과 식물성 지방의 균형에 유의

㉥ 과도한 음주와 흡연은 절대 금함

㉦ 부종이 있을 경우 염분과 수분을 제한

㉧ 식품의 조리 · 가공 시 염분이 들어가는 조림, 통조림제품, 훈연제품, 염장제품 등과 해산물 제한

㉨ DASH 식단

- 칼륨과 칼슘, 마그네슘의 섭취를 늘리고, 콜레스테롤과 포화지방, 염분의 섭취를 줄임
- 풍부한 섬유소와 항산화 영양소를 많이 섭취할 수 있어 혈압을 낮추고, 총 지방량과 포화지방, 콜레스테롤의 섭취를 줄임
- 선택 : 과일, 채소, 저지방 유제품, 전곡류, 견과류, 일부 생선과 조개, 가금류, 돼지고기 등
- 제한 : 붉은 육류

㉩ 캠프너식 : 고혈압과 신장질환의 치료를 위해서 쌀, 과일과 과즙, 설탕으로 이루어진 저콜레스테롤, 저염식 및 저단백식

03 이상지질혈증(고지혈증)

(1) 이상지질혈증 관련 지질의 특징

① 지단백의 종류

㉠ 클로미크론 : 고지방식사 후 합성되는 지단백질, 외인성 중성지방을 운반

㉡ VLDL : 간에서 합성된 내인성 중성지방을 운반

㉢ LDL : 콜레스테롤을 간으로부터 말초조직으로 운반

㉣ HDL : 말초조직의 콜레스테롤을 간으로 운반

② 콜레스테롤 특징

㉠ 고콜레스테롤 식품 : 100g의 식품에 200mg 이상의 콜레스테롤이 함유되어 있는 식품

㉡ 혈청 콜레스테롤 낮추는 식품 : 필수지방산(면실유, 참기름, 옥수수기름 등)

㉢ 공복 시 혈청 지질농도 : 50~150mg/dl, 인지질 150~250mg/dl, 콜레스테롤 130~230mg/dl, 유리지방산 5~10mg/dl

㉣ 성인의 혈청 콜레스테롤 농도가 200~240mg/dl이면 동맥경화의 유발가능성, 240mg/dl 이상이면 동맥경화유발의 위험수준

㉤ 대부분의 혈장 콜레스테롤은 LDL의 형태로 존재하며, 중성지방은 VDLD의 형태로 존재

㉥ 혈청 콜레스테롤의 증가 : 포화지방산 및 고열량 섭취, 담즙이 십이지장으로 배설되는 기능에 장애

(2) 이상지질혈증의 분류 및 식사요법

① 이상지질혈증의 분류 (Fredrickson)

혈중의 LDL, 콜레스테롤, 유리지방산, 트리글리세리드량이 정상보다 많음

표현형	이름	혈중 지질의 특성
I	고킬로미크론혈증	고지방식에 의해 발병
II a	고LDL혈증	고열량식, 고콜레스테롤 및 고포화지방식에 의해 초래
II b	고LDL, 고VLDL혈증	고열량식, 고콜레스테롤, 고포화지방식 및 고당질식에 의해 발병
III	고IDL혈증	고지방 및 고당질식에 의해 발병
IV	고VLDL혈증	고당질식에 의해 발병되며 고중성지방혈증이 나타남, 당뇨병환자에 많이 나타남
V	고킬로미크론혈증, 고VLDL혈증	고지방 및 고당질식에 의해 발병하며, 고킬로미크론혈증과 고중성지방혈증이 나타남

② 식사요법

㉠ 나트륨 섭취 제한

㉡ 나트륨 제한식 허용식품 : 우유, 커피, 식초, 참기름, 감자, 고구마, 설탕 등

㉢ 적절한 총 열량 섭취

㉣ 식이섬유, 다가불포화지방산 섭취 : 혈중 콜레스테롤치를 낮추고 비만 예방

㉤ 당질섭취량과 지방 섭취량의 조절

04 동맥경화증

(1) 동맥경화증의 정의와 유발인자

① 동맥경화증의 개요

㉠ 동맥벽이 두꺼워지고 단단해지는 증상으로 허혈성 심장병질환의 중요한 원인

㉡ 동맥 내벽에 콜레스테롤, 인지질, 칼슘 등이 축적되어서 굳어진 플라그, 죽종 섬유상 덩어리가 생겨서 혈관이 탄력성을 잃은 현상

- 죽상동맥경화증 : 고지혈증(특히 LDL), 고혈압, 흡연, 당뇨병 등이 유발인자, 대동맥, 관상동맥, 대뇌의 동맥에 발생하여 심근경색, 뇌경색을 일으킴
- 죽막동맥경화증 : 대퇴동맥, 경골동맥 등 말초동맥의 중막에 칼슘이 침착되어 석회화가 일어난 것으로 노년층에 발병이 많음
- 세동맥경화증 : 소동맥, 특히 신장, 비장, 췌장, 간장 등 내장의 세동맥에 경화가 일어난 것
- 관상동맥경화증 : 허혈성 심장질환인 협심증이나 심근경색이 나타남

② 동맥경화 유발인자

㉠ 조절할 수 없는 인자 : 연령, 성별, 종족, 유전 등

㉡ 조절 가능한 인자 : 흡연, 고혈압, 비만, 운동 부족, 스트레스 및 고지혈증 등

㉢ 기타인자 : 당뇨병, 45세 이후의 남성, 폐경된 55세 이후의 여성 등

③ 혈장지질 변화

총 지질량의 변화, TG의 상승, 콜레스테롤 증가, 총 지방산량의 증가, 인지질 증가, 유리지방산의 증가, 콜레스테롤 · 인지질의 비 상승, 지방산 구성의 변화, lipoprotein lipase 감소

(2) 식사요법

① 지방 섭취량을 제한하지만 가능한 식물성 기름과 양질의 단백질을 이용하여 식사

② 식이섬유를 많이 섭취하여 동맥경화를 예방

③ 적당한 당질섭취 : 과잉 섭취 시 혈중 중성지방의 농도가 높아짐

④ 동맥경화 예방 영양소 : 니아신, 비타민, 비타민 C, 비타민 E, 식이섬유 및 칼슘 등

⑤ 지속적인 유산소 운동과 금연을 해야 함

05 뇌졸증

(1) 뇌졸증의 특징

① 허혈의 결과 → 뇌의 영양소와 산소공급이 차단되어 뇌손상이 일어남

② 위험인자 : 고혈압, 당뇨병, 고지혈증, 비만 등

③ 주요증상 : 언어장애, 의식장애, 반신불수 등

④ 식사요법 : 나트륨 제한, 동맥경화 식사요법

6장 비만과 체중부족

01 비만

(1) 원인

유전, 기초대사의 저하, 열 발생의 저하(교감신경 둔화), 식사행동, 활동량 감소, 내분비 대사 장애, 정신적, 심리적 요인, 사회적 요인, 인종적 요인, 약물의 사용, 섭취 열량 〉 소비 열량 등

(2) 분류

① 원인에 의한 분류

㉠ 단순성 비만 : 과식이나 운동 부족에 의한 비만

㉡ 내분비 장애에 의한 비만 : 부신피질자극호르몬이나 부신피지호르몬 과잉 분비에 의한 쿠싱증후군, 갑상선호르몬 분비저하로 인한 기초대사율 감소, 에스트로겐 감소로 인한 피하지방 합성, 촉진과 관련 → 체내 열 발생이 비정상적으로 일어남

㉢ 유전성 비만 : 유전적으로 기초대사율이 낮고, 에너지소비를 촉진시키는 렙틴에 대한 감수성이 낮음

② 지방조직의 형태에 의한 분류

㉠ 지방세포 증식형 비만(소아비만) : 비만유전자, 호르몬대사 이상, 식습관 → 이미 생성된 지방세포의 수는 감소되지 않음

㉡ 지방세포 비대형 비만 : 성인비만의 경우 지방세포의 크기 증가

(3) 판정법

① 신체계측

㉠ 허리둘레 : 남성은 90cm 이상, 여성은 85cm 이상

㉡ 피하지방 두께

- 켈리퍼 이용 : 피하지방 두께를 측정하는 기구
- 남성은 35mm 이상, 여성은 45mm 이상

㉢ 허리와 엉덩이 둘레의 비율(W/H) : 남성 0.95 이상, 여성 0.85 이상

② 체격지수

㉠ 체질량지수(BMI) = 체중(kg)/신장(m^2)

저체중	〈 18.5
정상	18.5 ~ 22.9
과체중	23 ~ 24.9
경도비만	25 ~ 29.9
중등도비만	30 ~ 34.9
고도비만지수	≥ 35

㉡ 브로카 지수

- 표준 체중 = (신장 − 100) × 0.9
- 비만도 = 실제체중 / 표준 체중 × 100

(80 이하 허약, 81~89 저체중, 90~110 정상, 111~119 과체중, 120 이상 비만)

㉢ LBM(lean body mass)

- 신체조직의 지방, 수분, 고형물 성분 중 수분과 고형물을 합한 것
- LBM가 동일한 경우 비만자의 지방량은 정상인과 비교하여 증가하고, 수분의 비율은 감소

(4) 합병증

① 대사증후군, 제2형 당뇨병, 심장순환계질환, 지방간, 담낭질환, 통풍 및 관절염, 암, 생식기 장애, 임신중독증, 수면무호흡증 등

② **통풍성 관절염** : 기아나 단식요법에 의한 비만치료 시 생기기 쉬움

③ **소아비만아** : 고혈압, 동맥경화, 고지혈증, 고인슐린혈증, 성장호르몬의 분비 감소 등

(5) 비만 치료법

① 식사요법

㉠ 저에너지식 : 1주일에 0.5~1.0kg의 체중을 감소(1kg은 약 7,700kcal에 해당)

㉡ 질소평형유지 : 양질의 단백질 섭취, 체중 1kg당 1~1.5g 권장

㉢ 당질 : 1일 총 에너지의 50~60% 정도

㉣ 당질을 적게 먹을 시 케톤증이 유발되므로 주의

㉤ 단백질, 식이섬유, 비타민, 무기질은 제한하지 않음

㉥ 통풍치료 : 퓨린이 많은 동물성 식품 제한

㉦ 공복감을 느낄 시 에너지 함량이 낮은 채소나 해조류 등을 자주 섭취

② 운동요법

㉠ 중간 이하 강도의 운동을 지속적으로

㉡ 적당한 운동은 스트레스를 감소시켜 음식 섭취를 줄임

㉢ 달리는 것보다는 꾸준히 걷는 것이 중요

③ 행동수정요법 : 일정한 장소에서 규칙적으로 식사, 작은 용기를 사용하고 식후 바로 식탁에서 일어남, 식사일지 기록과 규칙적인 운동, 식품 구입 시 인스턴트, 조리된 음식을 피함, 실천 가능한 목표설정, TV나 책을 보면서 식사 금지

02 저체중

(1) 정의

표준 체중의 90% 이하 또는 BMI가 18.5 이하인 경우

(2) 치료요법

① 환자의 체중부족의 근본 요인을 파악하여 심리적 원인일 경우 심리적 원인을 고치도록 노력하고, 소모성 질환이라면 우선 병을 고침

② 토스트, 크래커, 치즈 등 식욕을 증진시킬 수 있는 음식물 선택

③ 신선한 과일, 채소도 꾸준히 섭취

④ 소화에 부담되지 않는 에너지농축 음식을 선택하여 섭취

03 식사장애

(1) 신경성 식욕 부진(거식증)

① 비만을 두려워하여 음식 섭취를 극도로 거부하는 증세

② 주로 사춘기 때 왜곡된 신체상으로 인함

③ 지나친 식사제한과 심한 육체활동 → 기초대사 저하, 피부건조, 저혈압, 골다공증, 수면장애, 월경불순, 빈혈, 갑상선기능저하, 맥박수의 감소 등

(2) 신경성 폭식증

① 자신의 행동이 비정상임을 인정하고 비밀리에 폭식과 장 비우기를 시도

② 체액과 전해질 평형에 문제가 있으며 잦은 구토로 위산에 의한 치아, 후두, 식도, 타액선에 자극이 있음

7장 당뇨병

01 당뇨병

- 췌장에서 인슐린 분비가 잘 안되거나, 분비되어도 기능을 제대로 작동되지 못하여 대사에 이상이 생김
- 혈당치가 신장의 역치(160~180mg/dl)를 넘게 되면 신세뇨관에서 포도당의 재흡수 불능으로 당뇨 발생
- 대한당뇨병학회에서는 공복 혈당이 126mg/dl 이상, 당부하 2시간 혈당이 200mg/dl 이상이면 당뇨로 정의

(1) 원인

인슐린의 생산 감소, 대사질환, 유전(가족력), 성별(남 > 여, 3배), 연령(중년 이후), 비만(대부분 성인형 당뇨, 인슐린 저항성), 운동부족(인슐린 민감도 저하), 영양 불량(단백질, 아연 및 크롬 부족으로 인슐린 분비장애), 스트레스(당내성 감소), 내분비 이상, 감염 및 약물복용(고혈압 치료제, 이뇨제, 부신피질호르몬제) 등

(2) 당뇨환자의 대사변화

① **당대사 장애** : 체지방 분해가 촉진되어 혈중 지질농도가 상승하여 아세틸 CoA로부터 케톤체가 다량 생성되어 케톤증을 유발

② 체지방 조직의 이화현상이 촉진되어 체중과 병에 대한 저항력이 감소

③ 간에서 콜레스테롤 합성 증가로 혈중 콜레스테롤치가 증가

④ 간에서 글리코겐의 합성이 저하되고 분해 증가, 혈액으로 포도당 방출 증가

⑤ 혈중 pyruvic acid와 lactin acid 상승

⑥ **인슐린부족** : 세포 내로 혈액 포도당의 이동 감소로 혈당 상승

⑦ **아미노산** : 탈아미노기화되어 아미노기가 없는 부분은 포도당으로 전환되어 이용

(3) 진단방법

① 정상인의 공복 시 혈당량은 70~100mg/dl이며, 식후에는 120~160mg/dl로 상승하나 약 2시간 후면 정상치로 돌아옴

② **검사방법** : 소변검사, 혈당검사, 케톤체검사, 경구 내당능 검사 등

③ **포도당 부하검사** : 12시간 공복 후에 포도당 경구로 투여하여 당의 연소능력을 측정

(4) 당뇨병의 분류

① 제1형 당뇨병

㉠ 케토시스의 잦은 발생. 인슐린 의존형 당뇨로 평생 인슐린 주사를 맞아야 함

㉡ 유년기나 청소년기에 많이 발생

② 제2형 당뇨병

㉠ 인슐린의 상대적 부족으로 나타나거나 인슐린에 대한 감수성 저하와 인슐린 저항으로 발생

㉡ 인슐린 비의존형이지만 경우에 따라 인슐린 주사가 필요

㉢ 40세 이후 비만자에게 많이 나타남

㉣ 혈관합병증이 흔하며 구강혈당강하제 복용이 효과적

③ 임신성 당뇨병

㉠ 임신 중 포도당 불내성이 나타남

㉡ 말초조직에서 인슐린 저항성이 생겨 포도당보다 지방을 에너지원으로 사용

④ 이차성 당뇨병 : 다른 질병(췌장질환, 간질환 등)으로 인해 2차적으로 발생

(5) 합병증

① 통풍 : 인슐린 저항성으로 당질 대신 지방이나 단백질을 주된 에너지로 이용 → 퓨린 농도 증가로 혈중 요산농도 증가

② 저혈당증(인슐린 쇼크) : 식사섭취 부족, 지나친 운동, 인슐린 과다 사용 등으로 인해 구토나 설사, 쇼크를 일으킴 → 설탕이나 꿀, 요구르트, 사탕으로 흡수를 빠르게 하여 혈당량이 빠르게 회복시킴

③ 당뇨병성 혼수(당뇨병성 케톤산증)

㉠ 인슐린의존형 당뇨병 환자가 인슐린 주사를 중단, 식사량이 적을 때 인슐린 부족이 심해질 경우

㉡ 지방의 불완전한 연소로 인해 생긴 중간분해산물이 혈액 내에 쌓여서 케토시스 유발

㉢ 증상 : 산독증, 당뇨병성 혼수, 케톤체가 증가 시 호흡할 때 아세톤 냄새 유발

㉣ 치료법 : 인슐린 요법, 전해질과 수분 공급

④ 고삼투압 고혈당 비케톤성 증후군 : 제2형 환자에서 고혈당으로 인한 심한 탈수, 혼수 등 → 수분과 전해질 공급

⑤ 대혈관 합병증 : 공복감, 시력장애, 말초혈관장애 등의 증상

⑥ 미세혈관 합병증 : 당뇨병성 망막증, 당뇨병성 신증, 당뇨병성 신경장애 등 3대 합병증

⑦ 기타 : 세균감염, 신경장애, 병에 대한 저항력 떨어짐

(6) 치료방법

① 인슐린 주사

㉠ 가장 흔하게 사용하며, 환자의 증상이나 합병증에 따라 종류나 시간 간격이 다름

㉡ 인슐린 주사 종류에 따라 열량 및 영양 배분을 다르게 함

㉢ 중간형 인슐린(NPH) 사용 환자 : 오후간식 섭취(점심 식사 이후 저혈당이 올 수 있음)

㉣ 지속성 인슐린 사용 환자 : 밤에 야식을 주어 새벽에 저혈당이 안 오도록 함

② 운동요법

㉠ 심한 운동보다는 가볍고 꾸준한 운동. 저혈당을 대비하여 사탕 등의 당분식품 준비

㉡ 합병증이 심한 경우, 운동에 주의를 요함

㉢ 인슐린 투여 후 1시간 이후, 식사 후 1~2시간 후 실시

③ 약물요법

㉠ 제1형 당뇨병 환자 : 인슐린 사용

㉡ 제2형 당뇨병 환자 : 경구혈당강하제, 당뇨병이 심한 경우 인슐린 사용

(7) 식사요법

① 표준 체중일 경우 열량, 단백질, 비타민, 무기질은 정상인과 동일공급 가능

② 지방은 20% 정도로 권장하되, 콜레스테롤 섭취 제한. 제2형 당뇨병의 경우, 불포화지방산과 포화지방산의 비는 1/1 ~ 1.5/1로 공급

③ 알코올, 염분 섭취 제한하며 적절한 열량 섭취로 정상 체중 유지

④ 섬유소 많은 잡곡밥, 현미 섭취, 단순당 섭취 제한

⑤ **포도당** : 당뇨병 환자의 혈당치에 가장 영향을 많이 미치는 당

⑥ 당질양은 최소 100g 이상이거나 하루 에너지양의 50~60% 섭취하되, 당질 300g 이상은 섭취 피함

⑦ **제한식품** : 햄, 소시지류, 혈당지수 높은 음식, 파이, 비스킷, 꿀, 건포도, 도넛, 아이스크림, 과일 등

⑧ 공복 시 미역, 김, 버섯, 생채소 등 섭취 권장

⑨ **연근** : 당질함량이 많으므로 섭취 주의

⑩ 혈당지수(GI)에 맞추어 식사요법 실시 : 섭취한 음식물 중 당질이 바로 혈당에 미치는 정도를 나타낸 것, 포도당을 100을 기준으로 하여 특정 식품을 섭취하였을 때의 혈당의 상대비율로 비교한 것

⑪ 식사 시간의 간격을 일정하게 하여 열량을 섭취 분배하고 영양소의 균형적인 분배로 공급

8장 신장질환

01 신장질환 특성

① 신장의 역할은 노폐물배설, 체액량의 조절, 전해질 및 산알칼리 평형에 관여, 혈압 조절, 칼슘 흡수, 조혈작용 등이 있음

② 신증후군과 만성신염을 제외한 신장질환일 때에는 저단백식을 공급

③ 식품교환표를 이용해 고려해야 하는 영양소는 단백질, 열량, 인, 나트륨, 칼륨, 수분 등

④ 신장이식 후 면역억제제 이용 환자는 고단백질식을 제공

02 사구체신염

(1) 급성사구체신염

① **원인** : 감기나 폐렴 후 발병, 주로 세균이나 바이러스 감염(연쇄상구균)

② **증상** : 신기능 장애, 부종, 고혈압, 단백뇨, 혈뇨 등

③ **식사요법**

㉠ 연쇄상구균에 의한 감염 : 항생제 사용

㉡ 고에너지식, 저단백식, 저염식

㉢ 단백질 제한 : 신장기능의 저하로 인한 질소화합물 배설이 어려움

(2) 만성사구체신염

① **원인** : 급성 사구체신염에서의 이행이나 처음부터 만성으로 진행되는 경우가 있음

② **증상** : 피로, 빈혈, 호흡곤란, 고혈압, 단백뇨, 혈뇨

③ **식사요법**

㉠ 충분한 에너지 공급, 당질 위주의 식사 제공

㉡ 단백뇨 : 고단백식

㉢ 다뇨 : 나트륨과 수분 섭취량을 크게 제한

㉣ 고혈압 : 나트륨의 양을 1,000mg~2,000mg/day로 제한

㉤ 부종 : 무염식

03 신증후군(네프로제 증후군)

① **정의** : 다량의 단백뇨와 저알부민혈증, 부종, 고지혈증 등의 특징을 보이는 질환

② **원인** : 신장의 사구체를 이루는 모세혈관에 이상이 생겨 혈액 내의 단백질이 신장으로 빠져나가 다량의 단백뇨가 나오고, 이로 인해 몸 안의 단백질이 소실되어 저알부민혈증(hypoalbuminemia)이 발생한다.

③ **증상** : 다량의 단백뇨, 저단백혈증, 저알부민혈증 수반, 심한 부종, 고콜레스테롤 혈증, 기초대사율 저하, 오심, 구토, 복통

④ **식사요법**

㉠ 상실된 알부민 보충을 위한 양질의 단백질식을 제공하되 과다 섭취하지 않도록 함

㉡ 충분한 에너지 공급, 지방과 콜레스테롤 제한

㉢ 엄격한 저염식(1,200~2,000mg/day)

04 신부전

(1) 급성신부전

신장기능이 수시간에서 수일에 걸쳐 급격하게 저하되는 현상. 신장기능 저하의 결과로 신체 내에 질소노폐물이 축적되어 혈액 내에 고질소혈증이 일어나고, 체액 및 전해질 균형에 이상이 생김

① **원인**

㉠ 신전성 신부전 : 대부분의 환자가 속함. 대량의 출혈, 화상, 심한 탈수, 쇼크 및 혈압강하제 복용

㉡ 신장성 신부전 : 급성사구체신염이나 독성 물질에 의해 사구체 여과율 감소

㉢ 신후성 신부전 : 신장 기능은 정상이나 신장을 지나는 요로의 폐색, 신결석 및 전립선 종양 등

② **증상**

㉠ 핍뇨기 : 산독증, 고칼륨혈증, 부종 및 고혈압 증상

㉡ 이뇨기 : 소변 배설량 증가, 다량의 수분전해질 상실

③ **식사요법**

㉠ 핍뇨기 : 엄격한 수분제한, 고질소혈증 개선을 위한 고에너지식, 나트륨 1,000~2,000mg/day

㉡ 이뇨기 : 보통식 공급, 다뇨가 심할 경우 수분 및 전해질 공급

(2) 만성신부전

① **원인**

㉠ 당뇨병, 사구체신염, 고혈압 등

㉡ 크레아티닌과 요소제거율이 감소하여 혈청 내 크레아티닌 농도와 요소질소 농도가 증가

② 증상

㉠ 네프론수의 감소로 황산, 인산, 유기산 등의 배설장애를 일으켜 대사성 acidosis를 일으킴

㉡ 수분, 전해질, 산염기 장애 : 다뇨, 야뇨, 갈증이 수반되어 탈수, 저혈압, 저나트륨혈증, 의식장애, 경련이 나타남

㉢ 심혈관계 장애 : 고혈압, 고지혈증, 당불내성, 심박출량의 증가

㉣ 혈액학적 장애 : 빈혈(erythropoietin의 합성 감소), 혈소판 기능장애

㉤ 위장관 장애 : 식욕감퇴, 오심, 구토 등

㉥ 신경학적 장애 : 불면증, 집중력장애, 기억력 장애, 졸음, 피로감, 우울증, 경련, 혼수 등

㉦ 기타 : 면역기능 저하로 인산 감염, 칼슘 흡수가 저하됨(비타민 D의 활성화 장애), 신기능이 떨어지는 요독증이 나타남

③ 식사요법

㉠ 이상 체중을 위한 충분한 에너지를 공급하며, 사탕, 젤리, 꿀, 잼 등을 자연스럽게 자주 섭취해야 함

㉡ 단백질 제한 : 요독증의 증상을 막고 잔여 신장 기능을 유지해야 함

㉢ 나트륨 제한 : 1,500~3,000mg/day, 나트륨 배설 능력이 감소되어 부종, 고혈압, 심장 울혈 등의 합병증이 가능함

㉣ 칼륨제한식 : 고칼륨혈증이 나타날 경우 심장에 악영향을 주고 부정맥 등을 유발

㉤ 칼슘과 인 : 인을 하루 800mg 이하로 제한하며 필요시 인결합제나 탄산칼슘 복용, 투석하지 않는 신부전 환자는 1,200mg/day 필요

㉥ 수분 : 개인에 따른 차이를 고려해야 함

05 요독증

① 정의 : 신기능이 정상의 1/5~1/10 이하로 떨어지고, 네프론의 90% 손상

② 증상 : 결뇨, 핍뇨, 고질소혈증, 호흡에서 암모니아 냄새, 오심, 구토, 설사, 출혈, 빈혈, 신경 증상, 부종, 혼수 등

③ 식사요법

㉠ 단백질 제한 : 체내 암모니아 축적 방지

㉡ 구토 시 : 단백질이 완전히 제거된 흰죽, 과일통조림, 과즙과 같은 식품 제공

06 투석요법

① 혈액투석의 목적 : 요독증 방지, 부종과 고혈압 방지, 전해질과 수분평형을 수정

② 혈액투석과 복막투석이 있음

③ 비투석 신부전 환자의 문제점 : 열량 섭취량의 불균형, 단백질 고갈, 나트륨과 수분 불균형, 혈중 인 농도의 상승과 혈장 칼슘 농도의 저하로 인한 신선골이양증, 식욕 부진으로 인한 식사 섭취 부족

④ 복막투석

㉠ 체내 과다한 수분과 노폐물을 인위적 제거

㉡ 지속성 외래 복막투석과 지속성 주기 복막투석이 있음, 후자는 어린 환자들 이용

㉢ 식사요법 : 비교적 자유로우나, 지속성 주기 복막 투여 시 투석액이 포도당 용액이므로 포도당으로부터 얻은 열량을 제외한 나머지를 공급

07 신결석

① 공통적으로 다량의 수분 섭취 권장

② 수산칼슘결석, 인산칼슘결석

㉠ 과잉의 생선, 육류, 가금류, 달걀 등을 피함

㉡ 수산 제한, 체내에서 수산으로 전환하는 비타민C 제한, 고섬유소식

③ 요산결석

㉠ 저단백식

㉡ 저퓨린식

㉢ 1일 수분 4L 이상 섭취

㉣ 알칼리성 음식 삼가

④ 시스틴결석

㉠ 고퓨린 식품 제한 : 내장, 고기국물, 연어, 조개, 효모

㉡ 과일과 채소 등의 알칼리성 식품을 보충

9장 감염 및 호흡기 질환

01 감염성 질환

(1) 감염 시의 체내 대사

① 발열 시 체온 1℃ 상승 → 기초대사량 13% 증가

② 단백질대사와 당질대사 항진

③ 수분, 염분, 칼륨의 손실 증가

④ 글리코겐 저장량과 영양소 흡수력 감소

⑤ **열병환자 식사요법** : 고열량식, 고단백식, 고당질식, 고비타민식

(2) 감염 시의 영양관리

① 고에너지, 고단백질, 고비타민식을 기본으로 함

② 고열, 설사, 구토 시에는 수분, 나트륨, 칼륨을 보충

(3) 장티푸스

① **증상** : 설사, 장출혈과 장천공, 발열로 인한 40~50% 신진대사 증가

② **식사요법** : 고에너지, 고단백식, 무자극식, 저잔사식 및 수분 공급

(4) 콜레라

① **증상** : 극심한 설사로 인한 탈수 증세

② **식사요법** : 탈수환자에게는 손실된 수분과 전해질을 정맥영양으로 주고, 설사가 멈출 때까지 유동식이나 반유동식

(5) 세균성 이질

① **증상** : 심한 복통, 경련, 고열, 메스꺼움, 구토 증세

② **식사요법** : 탈수환자는 정맥주사로 보충, 설사가 멈출 때까지 유동식이나 반유동식

(6) 류머티즘열

① **증상** : 류머티즘성 관절염의 초기증세와 같음. 조기치료 불이행 시 심장판막에 영구적 손상

② **식사요법** : 발병 초기 유동식이나 연식, 점차 에너지, 단백질, 비타민 공급 증가, 급성환자에게 스테로이드제 처방 시 나트륨 제한 식사

02 호흡기질환

① 호흡부전 시 증상 : 기침, 두통, 복수, 부종

② 호흡부전 환자 식사요법

㉠ 열량은 적정량 공급, CO_2가 많이 발생하는 당질 제한, 지방과 단백질 증가

㉡ 부종이 생기면 수분, 염분 제한

(1) 급성폐렴

① 증상 : 오한, 발열로 시작하여 기침, 가래, 식욕 부진, 빈번한 호흡과 호흡곤란, 때때로 흉통

② 식사요법 : 충분한 에너지와 단백질 공급, 폐의 부담을 덜기 위해 소량씩 자주 공급, 수분 섭취, 우유 섭취, 커피와 탄산음료, 자극적인 음식, 찬음식 제한

(2) 폐결핵

① 증상 : 발열, 기침, 혈담, 피로, 체중 감소 등의 증상이 있는 소모성 질환

② 식사요법

㉠ 고단백식(단백질 손실 보충), 고에너지식, 고비타민식(비타민C : 저항력 증진)

㉡ 철과 구리 : 각혈을 할 경우 빈혈 예방

㉢ 칼슘 : 결핵병소를 석회화하여 세균활동을 억제

㉣ 열이 심할 경우 열량 증가

(3) 만성 폐쇄성 폐질환

① 기도가 폐쇄되어 호흡하기가 곤란한 질환 : 만성기관지염과 폐기종

② 증상 : 호흡곤란 증세

③ 식사요법

㉠ 탄수화물 적게 섭취 : 탄수화물은 체내 대사된 후 탄산가스 많이 생성

㉡ 지방 섭취량 증가, 단백질은 적당량 섭취

㉢ 호흡부전 시 수분 및 소금 섭취 제한

㉣ 경관급식 시 흡인의 위험이 있으므로 위보다는 장으로 관을 연결

10장 빈혈

01 빈혈판정지표

① 초기 빈혈판정 지표 : 혈청 페리틴
② MCV : 평균적혈구 용적
③ MCH : 평균적혈구 혈색소량
④ MCHC : 평균적혈구 헤모글로빈 농도
⑤ 적혈구수, 헤마토크리트치

02 영양성 빈혈

빈혈발생에 관여하는 영양소 : 철, 단백질, 엽산, 구리, 아연, 비타민 C, 비타민 E, 비타민 B_6, 비타민

(1) 철결핍성 빈혈

① 소적혈구성, 저색소성 빈혈
② 월경으로 혈액을 손실하기 쉬운 사춘기 소녀들에게 발생하기 쉬움
③ 체내의 철 부족으로 인하여 적아구의 헤모글로빈 합성이 장애를 받아 발생
④ 철, 비타민 C, 동물성 단백질 등의 부족으로 인해 발생
⑤ 식사요법
㉠ 고열량, 고단백, 고철분, 고비타민 등의 균형 있는 식사
㉡ 난황을 제외한 동물성 식품에는 헴 형태의 철을 다량 함유하므로 흡수율이 좋음
㉢ 철 함량이 많은 식품 : 간, 콩팥, 쇠고기, 내장, 난황, 말린 과일(살구, 복숭아, 자두, 건포도 등), 완두콩, 강낭콩, 땅콩, 녹색채소류, 당밀 등
㉣ 철의 흡수 저해 : phytic acid, 인삼염, 타닌
㉤ 철의 흡수 촉진 : 비타민 C, 동물성 단백질

(2) 엽산결핍 빈혈

① 거대적아구성 빈혈, 악성빈혈 : 엽산, 비타민 B_{12} 부족에 의해 발생
② 신선한 채소와 과일, 간, 육류, 어패류와 말린콩 섭취

03 비타민결핍 빈혈

① 악성빈혈 : 비타민 B_{12}, folic acid가 결핍되어 생김

② 비타민 부족 시 적혈구 합성과 성숙 불완전 → 거대적아구성 빈혈 발생

③ 그 외에 구리 결핍 빈혈, 단백질-에너지 영양 불량 빈혈이 있음

04 출혈성 빈혈

① 급성출혈 시 적혈구수 감소, 만성출혈 시 적혈구 수와 크기 모두 감소

② 급성출혈 시 수분, 단백질, 철과 비타민 C 충분히 공급, 만성출혈 시 우선적으로 치료 권장

05 재생불량성 빈혈

① 적혈구뿐만 아니라 백혈구 및 혈소판도 감소

② 혈청 철이 높으므로 철 함량이 적은 식품 선택

③ 고단백, 고비타민 B_{12}, 고비타민 C, 고엽산

06 용혈성 빈혈

① 아연과 비타민E 부족으로 발생

② 소변 중 빌리루빈 농도가 증가, 노인의 경우 위액분비가 저하되어 내적인자가 부족해짐

③ 식사요법 : 철 제한, 비타민 E, 엽산 보충

11장 대사장애성 질환과 신경계 질환

01 아미노산 대사장애

(1) 페닐케톤뇨증(PKU, phenylketonuria)

① **원인** : 페닐알라닌이 티로신으로 전환되는데 필요한 효소(페닐알라닌 히드록실라아제)가 결핍

② **증상** : 무관심, 지능저하, 성장부진, 운동발달 저하, 혈압저하, 멜라닌색소 저하로 인한 백색 피부 등 → 치료하지 않으면 전면적인 기능저하 초래

③ **식사요법** : 페닐알라닌이 함유된 단백질 식품 제한

(2) 단풍당밀뇨증(ketoaciduria)

① **원인** : 측쇄아미노산인 leucine, isoleucine 및 valine의 대사장애증

② **증상** : 소변, 땀, 타액에서 단풍당밀 냄새, 저혈당, 케톤성 산독증, 탈아미노화된 케토산의 농도 상승

③ **식사요법** : 루신, 이소루신, 발린 등이 낮은 식사 권장

(3) 그 외 : 시스틴뇨증(함황아미노산 대사 이상), 티로신 대사장애, 호모시스테인뇨증 등

02 당질대사

(1) 갈락토오스혈증

① **원인** : 갈락토오스가 글루코오스로 전환되지 못함

② **증상** : 식욕 부진, 체중저하, 안면 창백, 무기력, 발육지연

③ **식사요법** : 탈지분유, 우유, 요구르트, 아이스크림 등 유제품 제한

(2) 기타

① **과당불내증** : 설탕, 소르비톨, 전화당, 과당 등의 식사금지, 비타민 C 결핍(과일 섭취 제한)

② **이당류 소화불량증**

㉠ 유당불내증 : 선천적인 경우 우유 및 유제품을 제한하고 대체식품 제공. 후천적인 경우 우유를 소량씩 데워 마시거나 커스터드, 밀크쉐이크, 크림수프, 케이크 등 조리하여 섭취

㉡ 맥아당 소화불량증 : 회복되기 전까지 글리코겐 함유 식품 및 전분 섭취를 금함

㉢ 자당 소화불량증 : 설탕 및 당밀시럽, 젤리, 케이크, 설탕함량이 많은 과일이나 채소 제한

03 치매

① **원인** : 알츠하이머병, 혈관성 장애, 파킨슨병, 뇌종양, 퇴행성 뇌질환 등

② **증상** : 기억력감퇴, 언어장애, 공간지각능력 장애, 실행능력 장애, 판단장애, 행동과 인격 변화 등

③ **식사요법** : 스스로 규칙적인 식사 불가능, 정상 체중 유지할 수 있도록 에너지 공급, 치매 말기는 양질의 단백질과 충분한 비타민 공급

04 간질

① **원인** : 선천적인 이상, 분만 시의 상해, 무기질이 감소하는 대사장애, 바이러스 감염

② **증상** : 발작 → 체내에 알칼리성이 높아지며, 자동적으로 조절

③ **식사요법** : 저당질, 고지방 식사(케톤식), 산 형성 식사

※ 케톤식 : 케톤체의 항경련 효과를 이용하여 소아의 간질 경련을 조절하는 식사로써, 뇌세포가 포도당을 에너지원으로 사용하지 않고 지방으로부터 공급되는 케톤체를 에너지원으로 사용하게 하는 방법. 케톤식은 식사의 부피가 작고 지방이 많이 함유되어 변비를 유발할 수 있으므로 섬유소 및 수분 섭취량을 증가시킴

05 파킨슨병

① **원인** : 바이러스성 뇌염 감염, 면역기전, 유전, 유리기에 의한 신경파괴, 신경독성물질의 중독

② **증상** : 운동기능의 상실, 어색한 걸음걸이, 손발 떨림, 우울증, 언어장애, 수면장애, 치매 등

③ **식사요법** : 손 · 발 경련으로 인한 음식 섭취 감소 → 고열량식, 영양보충음료나 영양 간식

12장 골격계 질환

01 골다공증

① **원인** : 골아세포 감소, 파골세포 활성화, 폐경 후 여성에게 에스트로겐의 분비 부족

② **증상** : 골질량의 감소로 인한 골절

③ **치료와 식사요법**

㉠ 비타민 D 합성을 위해 피부를 자외선에 충분히 노출

㉡ 칼슘은 1,200~1,500mg/day, 인과의 비율은 1:1

㉢ 동물성 단백질이나 식이섬유소는 칼슘배설을 촉진하므로 적정량으로 제한

㉣ 우유 및 유제품 권장 : 칼슘 흡수가 좋은 식품

※ 뼈 형성 관여 : 칼슘, 인, 마그네슘, 불소, 비타민 D

02 골연화증

① **원인** : 칼슘과 비타민 D의 결핍증, 자외선 노출 차단, 장의 염증 또는 흡수불량증 등

② **증상** : 뼈의 통증, 유연화, 근육약화 등

③ **식사요법** : 양질의 단백질과 우유 등의 칼슘섭취

03 구루병

① **원인** : 비타민 D 섭취 부족, 자외선 차단, 칼슘섭취 부족, 인섭취 부족, 신장기능 저해, 부갑상선호르몬의 감소

② **증상** : 무릎, 다리 혹은 팔이 휘는 증상

③ **식사요법** : 비타민 D를 충분히 공급

04 관절염

① **골관절염** : 관절 주위나 내부의 연조직과 골연골의 손실(퇴행성 관절질환)

② **류머티즘성 관절염** : 만성 염증성 질환으로 관절의 활막이 감염되어 다른 관절에까지 퍼짐

③ **치료와 식사요법**

㉠ 양질의 단백질 충분히 섭취

㉡ 과체중이나 비만인 경우 잘 나타남 : 적정 체중 유지

㉢ 빈혈의 경우 철분대사의 손상에 의한 것으로 병세의 호전에 따라 자연적으로 회복 가능

㉣ 걷기운동, 무릎주변 강화운동

05 통풍

① **원인** : 요산의 과잉 생성과 배설 저하로 인한 체내에 요산 축적

② **식사요법**

㉠ 이상 체중을 유지하거나 체중 10% 감소

㉡ 과량의 동물성 지방 섭취를 피함

㉢ 수분의 충분 공급

㉣ **고퓨린 식품 섭취 제한** : 멸치, 고깃국물, 간, 콩팥, 쇠고기, 청어, 조개 등

㉤ **저퓨린 식품 섭취 권장** : 곡류, 달걀, 우유, 치즈, 아이스크림

㉥ 소변의 알칼리도 유지를 위해 채소와 과일 권장

㉦ **Na, K 제한** : 요산의 침전을 촉진

13장 식품 알레르기

01 알레르기 식품

(1) 알레르기를 일으키기 쉬운 식품

① 식품 알레르기 : 식품에 대한 임상적 이상반응, 어떤 식품에 대해 면역적으로 일어나는 과민반응

② 알레르기 반응 : 찬 우유 〉 뜨거운 우유나 가당연유, 붉은살 생선 〉 흰살 생선이나 담수어

③ 동식물의 단백질, 곰팡이 핀 식품, 삶아서 담가야 하는 채소 등이 알레르기를 일으키기 쉬움

구분	동물성 식품	식물성 식품
유발 정도가 강한 식품	돼지고기, 우유, 달걀흰자, 고등어, 연어, 오징어, 꽁치, 가다랑어, 전갱이, 새우, 조개류, 게, 가재 등	밀, 메밀, 콩, 땅콩, 아몬드, 완두, 겨자, 카레, 피망, 고추냉이
중간 정도의 유발식품	쇠고기, 말고기, 고래고기, 다랑어, 정어리, 낙지, 대구, 청어, 어묵, 송어, 소시지 등	토란, 밤, 은행, 근대, 두릅, 머위, 가지, 버섯, 우엉, 생강, 무즙, 고춧가루, 쑥갓, 시금치, 딸기, 감, 바나나, 죽순
저유발식품	닭고기, 야생조류, 옥돔, 바닷장어, 은어, 양미리, 잉어, 도미, 뱀장어, 붕어 등 주로 흰살 생선	쌀, 보리, 밀기울, 면류, 빵류, 감자, 고구마, 사탕류, 식물성기름, 마가린, 호박, 솔잎, 브로콜리, 당근, 양배추, 무, 파, 양파, 배추, 콩나물, 연뿌리, 토마토 등

(2) 소아에게 알레르기 발생빈도가 높은 식품

우유 〉 초콜릿, 콜라 〉 옥수수, 달걀 〉 콩류, 귤 〉 토마토 〉 밀, 밀가루 〉 사과 〉 바나나

02 알레르기 원인 식품에 따른 제한 식품과 대체 식품

구분	제한 식품	대체 식품
우유	커피우유, 밀크코코아, 치즈, 분유, 아이스크림, 요구르트, 버터, 우유가 함유된 음식 및 제품	두유, 두부, 커피크림, 칼슘과 비타민
달걀	달걀, 메추리알, 오리알, 마요네즈, 핫케이크, 커스터드, 푸딩, 돈가스, 크로킷	달걀이 들어가지 않은 제과제품, 스파게티
밀	밀가루제품, 튀김과자, 크래커, 마카로니, 스파게티, 국수, 간장, 핫도그, 소시지	쌀로 만든 빵, 떡, 옥수수가루, 당면, 쌀전분, 옥수수전분
대두	콩, 팥, 땅콩, 완두, 두유, 두부, 유부, 간장, 데리야키소스, 우스터소스, 팥을 이용한 과자, 팥죽, 시리얼, 마가린, 피넛버터	견과류, 우유, 코코넛밀크
옥수수	옥수수빵, 팝콘, 콘시럽, 베이킹파우더	설탕, 메이플 시럽, 꿀, 소다
초콜릿	사탕, 콜라, 초콜릿이 들어간 제과제품	

03 알레르기 식품 특성

① 모든 식품은 알레르기를 일으킬 수 있는 식품으로 작용
② 알레르기 체질은 유전적 소질을 가지고 있음
③ 발병연령이 낮아 영유아기에 잘 발생 → 알레르기 예방을 위해 4~6개월로 이유식을 놓침
④ IgE : 혈액이나 조직에 존재하며 식품 알레르기 반응에 관여
⑤ **알레르기성 반응** : 장내 세포에서 항원과 항체의 균형에 이상이 있을 때
⑥ ω-3계열의 불포화지방산 섭취비율 증가 시 알레르기를 완화시킴
⑦ 같은 식품을 매일 먹으면 그 음식물이 알레르겐이 될 가능성이 있음
⑧ 항원이 강한 식품을 중지 후 몇 개월 후 소량씩 섭취하거나 조리법을 변경
⑨ **알레르기 치료** : 비타민 B 복합체, 비타민 C를 충분히 섭취
⑩ **알레르기 증상 부위** : 순환기계, 소화기계, 근육골격계, 신경정신계, 호흡기계 및 피부계

14장 수술과 화상

01 수술과 영양

(1) 수술과 대사

① **수술이나 화상같은 심한 스트레스 상황에서 분비되는 호르몬** : 코르티솔, 글루카곤, 에피네프린, 노르에피네프린, 알도스테론, 항이뇨호르몬

② **수술 후 변화**

㉠ 저단백혈증 : 체단백상실 과다, 질소대사의 항진, 단백질 공급의 어려움, 간 장애에 따른 알부민 합성의 감소 → 체중 감소 및 조직 내의 질소 손실량 커짐

㉡ 스트레스 : 체단백질 소모를 촉진하여 영양 불량 초래

㉢ 조직변화 : 조직분해 시기, 조직합성 시기, 지방축적 시기 순서로 회복진행

㉣ 회복기 : 양의 질소평형 → 칼륨 보유, 나트륨과 수분 배설 증가, 체중 증가, 장기능 정상화

(2) 수술 전 환자의 영양관리

① **합병증 위험도 높은 환자 선별 기준** : 혈장 알부민(단백질)

② **고당질식** : 간 글리코겐 저장 증가, 단백질 절약, 산독증과 구토증 방지

③ 일반적으로 수술 8시간 전부터 경구로 음식물 섭취 금지

(3) 수술 후 환자의 영양관리

① **수술 후 단백질 공급** : 부종방지, 조직재생, 저항력 향상, 감염 예방, 출혈로 손실된 단백질 보충

② **수술 후 결핍 쉬운 영양소** : 철분, 비타민 C, 단백질, 아연 등 → 새로운 조직의 보수 시 필요

③ **편도선수술** : 아이스크림, 차가운 음료 섭취 → 수술환부의 출혈을 막고 염증을 없앰

④ **위절제** : 소량씩 자주 먹음, 양질의 단백질 공급, 금식을 너무 오래 하지 않음

⑤ **덤핑증후군 환자** : 단순당질 섭취 낮춤, 중정도의 지방과 고단백 섭취, 식사 중 수분 섭취 자제

⑥ **담낭절제수술** : 지방이 많은 음식 제한 → 시원한 보리차, 작은 얼음, 꿀차, 유자차 등 수분 보충

⑦ **회장절제수술** : 담즙산염을 재흡수하는 기능저하, 담즙산 고갈, 지방의 흡수 불량과 지방변 초래

02 화상과 영양

(1) 화상과 생리적 변화

① 화상의 정도는 피부의 손상정도 및 괴사에 따라 1도, 2도, 3도로 나누어짐

② 상처로 인한 수분 손실, 체온 유지를 위한 열생산 증가 → 에너지 요구량 증가

③ 단백질 분해와 요 중 질소 배설 증가, 체액 나트륨 다량 손실

④ 면역기능 저하, 감염 가능성 높아짐

⑤ 심한 화상 후 질소평형이 음(−)이 됨

(2) 화상환자의 영양관리

① **에너지 요구량** : 화상 정도 및 크기에 따라 다름

② **체중 감소율 목표** : 화상 전 체중의 10% 이상을 넘지 말아야 함 → 질병감염률과 사망률과 연관

③ **쇼크상태의 화상환자** : 수분과 전해질 우선 공급

④ **심한 화상을 입은 환자** : 고에너지, 고단백식, 고비타민식, 고당질식, 수분과 전해질 충분 공급

⑤ **비타민 및 무기질** : 비타민 A, C 충분히 공급, 나트륨, 칼륨 저하되지 않도록 주의, 칼슘 · 아연 · 인 등의 보충 필요

15장 암

01 암의 발생

(1) 암의 발생

① **암발생 요인** : 훈제식품, 흡연, 과음, 곰팡이, 대기오염, 방부제, 뜨거운 음식, 고열량식, 고지방식, 저섬유식, 고질산 화합물, 담즙산의 과잉 분비 등

② **암 종류별 발생요인**

㉠ 위암 : 자극적 식품, 고염식, 훈제식품, 고질산 식품 등

㉡ 대장암 : 저섬유소식, 고지방식, 맥주 등

㉢ 간암 : 알코올, 곰팡이 등

㉣ 유방암, 전립선암 : 고지방식, 고열량식

③ **암발생 억제요인** : 우유, 유제품, 과일, 채소, 고섬유식, 비타민 A · C · E, 카로틴

(2) 암발생 시 신체변화

① 식욕 부진, 급격한 체중 감소, 빈혈, 영양소 흡수불량, 무력증, 부종, 메스꺼움

② 체조직 합성 감소, 기초대사율 증가

③ 포도당 신생을 위한 체단백질 분해, 근육소모

02 암과 영양관리

(1) 암과 영양소

지방과잉 섭취 : 유방암, 대장암, 직장암, 자궁내막암, 전립선암, 담낭암 등의 발생 관련

(2) 암 치료 시 영양문제

① **암 환자의 1일 영양상태 판정** : 신체계측, 생화학적 검사, 임상검사, 식생활조사

② **암 환자의 영양상태 파악** : 암이 발생한 부위와 진행 정도, 암 치료법과 그에 따른 부작용, 일상생활을 수행할 수 있는 정도, 정신적 스트레스 등

(3) 암 환자의 식사요법

① 저섬유소, 무자극성식, 지방이 적은 양질의 단백식, 소화가 잘되는 고열량식

② 메스꺼움을 느낄 때에는 음식을 차게 공급

③ **식욕 부진 시** : 소량씩 자주 공급, 간식과 야식, 향기, 맛, 색 등을 조절

④ **이미각증** : 차거나 상온에서 공급, 베이킹소다를 물에 타서 식전에 입안을 헹굼
⑤ **연하곤란 시** : 조리 후 음식을 갈아 주거나 인공타액을 처방
⑥ **위암환자** : 저당질, 고지방 및 고단백식, 유당 함유된 유제품 피하고, 식후 20~30분 정도 눕혀 휴식
⑦ **골수이식 환자** : 무균식

03 암 발생 예방

① 과식, 야식을 피하며 5군 식품을 균형적으로 섭취하여 표준 체중 유지
② 지방은 1일 20% 이내 섭취
③ 카로틴, 비타민 A, 비타민 C, 비타민 E를 충분히 섭취
④ 금연, 절주, 나트륨 섭취를 줄임
⑤ 염장식, 훈연제품, 질산염을 함유한 식품 줄이기
⑥ **섬유소 섭취** : 보수성으로 발암물질 희석, 배변량 증가, 배변 횟수 증가 등

16장 약물과 영양소

01 약물과 영양소의 상호작용

(1) 약물이 음식물 섭취에 미치는 영향

① 미각과 후각의 변화 → 메스꺼움, 구토, 식욕을 억제하거나 증진시킴

② 타액 분비 감소로 인한 구강 건조, 구강 및 위장에 염증과 손상

③ **항암제** : 미각 변화, 구강 건조, 메스꺼움, 구토 유발, 음식물 섭취에 장애

④ **신경안정제와 항우울제** : 중추신경계에 영향을 미쳐 체중 증가

(2) 약물이 영양소의 흡수에 미치는 영향

약물의 영향을 쉽게 받는 영양소 : 칼슘, 엽산, 철분, 비타민 C, 레티놀, 피리독신

- 하제 지용성 비타민, 칼슘, 칼륨의 손실
- 고지혈증 치료제 지방, 지용성 비타민, 비타민
- 제산제 인 결핍(저인산혈증), 빈혈
- 해열제 위장점막 파괴로 인한 출혈, 빈혈발생
- 통풍치료제 비타민 흡수 저해 → 거대적아구성 빈혈
- 항생제 지방, 단백질, 무기질의 흡수 저해
- 소염제 엽산 흡수 저해, 골 중량 감소, 성장 지연
- 경구피임약 비타민 , 엽산의 결핍 초래
- 항고혈압제 칼륨의 재흡수 감소(저칼륨혈증), 장기간 복용 시 칼륨, 마그네슘, 아연 등
- 항경련제 비타민 D의 결핍 초래
- 결핵치료제 비타민의 대사 방해

(3) 약물이 영양소의 대사 및 배설에 미치는 영향

소화효소계의 불활성화 → 영양소 흡수 및 배설에 영향

(4) 음식물이 약물의 흡수와 작용에 미치는 영향

공복에서 약물의 흡수 속도 〉 음식물이 있는 상태에서의 약물의 흡수 속도

02 약물의 부작용에 따른 식사관리

① **식욕 저하** : 기호에 맞는 음식과 간식을 준비

② **매스꺼움** : 기름진 음식을 피하고 차거나 개운한 음료를 마심

③ **설사** : 가능한 한 따뜻하게 섭취

④ **변비** : 생채소나 생과일, 전곡, 두류 등으로 섬유소 충분히 섭취

⑤ 구강 건조 및 구강 내 상처 : 음식이나 간식은 차게 하거나 찬 식품과 곁들여 먹음

⑥ **식욕 증진 및 체중 증가** : 에너지가 적은 음식, 음료, 간식 섭취

⑦ **아스피린 또는 스테로이드제 사용하는 관절염 환자** : 저염식사(부종 예방)

2과목 영양교육, 식사요법 및 생리학 출제예상문제

1장 영양교육

1 다음 중 영양교육의 의의로 가장 옳은 것은?

① 건강상태를 판정하기 위한 기술을 습득시킨다.
② 식품조리기술을 습득시킨다.
③ 식생활에 대한 관심을 유도한다.
④ 영양과 건강에 대한 지식을 증가시켰다.
⑤ 식생활을 개선하고자 하는 태도를 변화시켜 스스로 실천하게 한다.

해설

영양교육 대상자의 영양개선, 건강증진, 질병 예방, 직업에의 의욕촉진과 쾌적한 생활유지 등이 영양교육의 작은 의 의이다.

2 다음 중 영양교육의 의의로 옳지 않은 것은?

① 영양지식의 이해 ② 건강증진 ③ 국민체력 향상
④ 질병 예방 ⑤ 영양상태 개선

해설

영양교육의 의의는 목적과 같은 것으로 대상자의 영양개선, 건강증진, 질병 예방, 국민 건강을 위한 의료비용 절감, 직업에의 의욕촉진과 쾌적한 생활 유지, 국민의 체력 향상과 국가 경제의 안정 도모, 국민과 국가의 복지와 번영에 기여 등이다. 영양지식의 이해 및 증가는 목적이나 의의를 달성하기 위한, 보다 좁은 의미의 영양교육 목표이다.

3 다음 중 영양교육의 궁극적인 목적은?

① 식생활 개선
② 식태도를 변화시켜 올바른 식생활 유도
③ 식생활에 대한 관심 유도
④ 영양과 건강에 대한 지식 향상
⑤ 건강상태 판정 기술 습득

해설

영양교육의 궁극적인 목적은 대상자의 영양 개선, 대상자의 건강 증진 등 포괄적이고 광범위한 목적이 아니라, 대상자가 바른 식생활을 꾀하도록 유도하는 것이다.

정답 1 ⑤ 2 ① 3 ②

4 영양교육의 목표에 속하지 않은 것은?

① 영양지식의 이해　② 식태도 변화　③ 영양문제 발견
④ 식습관 변화　⑤ 식행동 변화

해설

영양교육의 목표는 포괄적이고 광범위한 목적에 비해 보다 구체적이고 세부적인 하위단계의 것으로 K(knowledge), A(attitude), P(practice)와 관련된 행위이다. 따라서 영양교육의 목표에는 영양지식의 이해, 식태도의 변화, 식행동의 변화가 포함되며 이를 통해 궁극적으로 식습관의 변화를 가져온다. 영양문제 발견은 영양교육 실시과정의 첫 단계인 대상의 진단과정에 포함된다.

5 우리나라의 국민건강증진법에 기초한 영양교육의 방향은?

① 질병 발생 이후의 건강증진　② 질병 예방
③ 식량자원　④ 질병 치료
⑤ 영양지식 향상

해설

보건문제에 대해 질병 치료에 의존하기보다는 질병발생 이전 건강증진과 질병 예방을 도모하는 적극적인 정책을 추진하기 위해 국민건강증진법을 제정하였다.

6 영양교육의 내용을 선정하는 방법으로 적합하지 않은 것은?

① 교육 내용은 일반적인 내용에서 전문적인 내용으로 전개되게 구성한다.
② 지식 증진이나 식행동 변화를 유도하기 위한 내용으로 구성한다.
③ 1회 교육에서 가능한 많은 내용의 소주제를 다루도록 구성한다.
④ 영양교육을 통해 영양교육의 목표에 도달하도록 교육 내용을 구성한다.
⑤ 영양교육의 내용은 타당성 · 정확성 · 최신성을 갖도록 구성한다.

해설

영양교육의 목표를 달성하려면 1회 교육에서 2~3개의 소주제만 다루도록 하며, 너무 많은 양을 전달하지 않도록 구성한다.

7 영양교육 실시의 어려운 점으로 옳지 않은 것은?

① 대상자의 교육수준이나 경제수준이 다양하다.
② 교육의 효과는 빨리 나타나지만 단기적이다.
③ 대상자의 식생활과 기호도 변화가 쉽지 않다.
④ 여러 원인이 복합적이어서 영양교육의 효과로 국한시켜 해석하기 힘들다.
⑤ 대상자의 식습관이나 기호도가 다양하다.

해설 영양교육 실시의 어려움

① 대상자의 구성이 다양하여 나이, 성별, 교육수준, 노동정도, 경제수준, 기호도, 식생활 및 식습관 등에 차이가 많다.
② 효과가 나타나는 시간이 장기적이고 완속적(緩速的)이며 비가시적이다.
③ 여러 가지 원인이 복합되어 어떤 변화로 나타나는 경우가 많아서 영양교육의 효과로 국한시켜 해석하기 힘들다.

정답　4 ③　5 ①　6 ③　7 ②

8 **현대사회에서 영양교육의 필요성이 강조되는 배경과 관련이 적은 것은?**

① 국민의 건강수면 연장과 건강형평성 확보를 위한 국가정책적 변화
② 식품이나 영양에 관련된 질병의 증가 등 현대인의 질병구조의 변화
③ 가족 형태, 주거 형태의 변화 및 식생활의 개인화 등 인구사회학적 변화
④ 식품 소비의 감소 등 식생활에 대한 가치관의 변화로 인한 영양결핍
⑤ 가공식품, 편의식품, 국제화된 외식산업 등 식품산업과 식환경의 변화

해설

영양교육은 보건 · 의료나 예방의 어떤 한 단계에서 필요한 것이 아니라 모든 단계에서 필요하다. 그 배경으로는 현대사회의 인구사회적 변화, 질병구조의 변화, 식품산업과 식환경의 변화, 국가정책적 변화 등을 들 수 있다.

9 **고혈압 유병률 감소를 위한 영양프로그램 개발을 위해 지역사회 주민대상의 요구도를 파악하려고 한다. 지역사회를 대표할 수 있는 표본을 추출하여 조사를 계획하고 주민의 참여를 높이기 위해 하루를 정해 오전 중에 조사를 마칠 수 있도록 하였다. 조사방법으로는 24시간 회상법을 이용한 식사섭취조사, 식습관 건강에 관한 설문조사, 혈압측정이 포함되었다. 이와 관련된 설명으로 옳은 것은?**

① 고혈압인 대상자와 정상인 대상자의 식품 섭취다양성을 비교 평가하여 고혈압 예방을 위한 식사시침 개발에 이용할 수 있다.
② 조사설계는 전향적인 설계이다.
③ 대상자의 혈압 측정 결과와 식습관을 분석하여 혈압을 증가시키는 식습관을 교정하기 위한 프로그램 개발에 이용할 수 있다.
④ 조사된 영양소 섭취량을 평균필요량을 기준으로 평가하여 고혈압으로 진단된 대상자들의 미량영양소 결핍 유병율을 산출하고 프로그램의 목표 설정에 반영한다.
⑤ 프로그램에서 목표로 한 영양소의 섭취량 변화를 효과평가지표로 설정하여 개발된 프로그램 적용 후 24시간 회상법을 반복 실시하여 프로그램의 효과를 평가할 수 있다.

해설

단면조사 설계에서 단순한 혈압증가와 식생활 현황 간에는 그 선후관계를 알 수 없기 때문에 혈압증가의 원인이 되는 식생활을 단정할 수 없다. 다만, 기존에 고혈압으로 진단받지 않아 고혈압 진단으로 인한 식생활 변화가능성을 배제할 수 있다면 그 연관성을 추정할 수 있다. 하루의 섭취수준으로 미량영양소 섭취수준의 절대적인 평가는 할 수 없으나 프로그램의 도입 전후를 비교하여 프로그램효과 평가의 지표로 사용할 수 있다.

10 **영양교육 대상자의 진단과정에 포함되어야 하는 내용으로 옳지 않은 것은?**

① 교육목적 설정
② 영양문제 원인분석
③ 영양문제 발견
④ 실태 파악
⑤ 영양문제 관련 요인 분석

정답 8 ④ 9 ② 10 ①

해설

영양교육 실시과정의 첫 단계인 대상자의 진단에서는 실태파악을 통하여 대상자가 안고 있는 영양문제를 발견하고 그 영양문제의 원인 및 관련 요인들을 분석하는 과정이 포함된다.

11 영양교육 대상의 진단과정에서 대상자나 집단의 영양문제를 알아내기 위한 실태 파악 방법으로 옳지 않은 것은?

① 생화학적 조사
② 신체계측
③ 임상진단
④ 식품 섭취실태조사
⑤ 기존의 영양서비스 분석

해설

대상자의 실태 파악 방법으로는 대상자의 식품 및 영양소 섭취량을 분석하는 식품 섭취실태 조사, 영양소의 결핍증과 과잉증을 알아보는 임상진단, 신장 · 체지방률 등을 측정하는 신체계측, 혈액이나 조직 및 요의 영양소나 대사산물의 농도를 분석하는 생화학적인 방법 등이 있다.

12 영양교육 대상을 진단하는 과정에서 기존의 영양서비스에 대한 검토방법으로 적당하지 않은 것은?

① 영양교육 프로그램이 정부의 정책적 차원에서 효과적으로 운영될 수 있는지 검토
② 기존의 영양서비스의 문제점을 보충할 수 있는지 검토
③ 다른 영양서비스와 항상 별도로 운영할 수 있는지 검토
④ 현존의 영양서비스가 대상자의 요구를 만족시키기에 적당한지 검토
⑤ 계획하려는 다른 영양서비스가 기존의 서비스와 중복되지 않는지 검토

해설

영양서비스의 적절성을 평가하기 위해서는 기존 영양서비스에 대한 검토를 해야 한다. 대상자의 요구를 만족시키는 데 현존의 영양서비스가 적절한지, 다른 영양서비스가 기존의 영양서비스와 중복되지 않는지, 다른 영양서비스와 연계 · 협력할 수 있는지 등의 방법으로 검토해야 한다.

13 우리나라에서 영양개선 사업을 실행하는 데 있어 문제점으로 옳지 않은 것은?

① 지역과 대상에 맞는 영양교육 자료의 개발이 부족하다.
② 소득계층과 지역 간의 영양불균형의 격차가 감소하고 있다.
③ 일반국민들은 영양에 대한 관심과 인식이 부족하다.
④ 국민영양개선 프로그램을 뒷받침할 기초 자료가 행정부처에 충분하지 않다.
⑤ 국민건강을 위한 국가차원의 행정기관이 활성화되어 있지 않다.

해설

우리나라는 경제적 발전과 아울러 소득계층과 지역 간의 영양불균형의 격차가 증가하여 영양개선 사업의 방향이 다양해져야 할 필요성이 높아지고 있다.

정답 11 ⑤ 12 ③ 13 ②

14 **영양교육 대상의 진단결과 많은 영양문제가 발견된 경우, 영양문제의 해결을 위한 우선순위를 정할 때의 기준으로 옳지 않은 것은?**

① 교육의 효과성 및 문제해결 가능성
② 정부나 영양관련 공공기관의 정책지원
③ 영양문제의 긴급성 및 심각성
④ 영양문제의 크기 및 이환율
⑤ 교육실시의 용이성 및 편리성

해설

영양교육 대상집단은 많은 영양문제를 지니는데 먼저 해결해야 할 우선순위를 정할 때에는 대상자들에게 가장 흔한 영양문제(이환율 등), 영양교육에 의해 개선의 가능성이 많은 문제, 영양교육을 하지 않았을 때 나타나는 문제의 긴급성과 심각성 등을 고려한다. 정부나 영양관련기관, 지역단체의 정책 지원이나 법규, 지원의 정당성, 경제성, 수요성, 자원의 이용도 등도 고려한다.

15 **사회인지론을 적용하여 영양교육을 계획하고 실시하는 내용으로 적합하지 않은 것은?**

① 자아효능감 증진을 위하여 바람직한 행동에 대해서 칭찬과 보상을 한다.
② 행동수행 시 부정적 결과를 느끼게 하여 인식의 변화를 유도한다.
③ 행동변화 외에 개인적 요인, 환경적 변화 등을 유도한다.
④ 행동수행력을 키우기 위하여 바람직한 행동에 대해서 칭찬과 보상을 한다.
⑤ 관찰학습, 행동강화, 자기조정 등의 개념을 적용한다.

해설

사회인지론을 적용할 경우 행동결과에 대한 기대로서 행동수행 시 긍정적 결과를 인식하게 하고 부정적 결과는 덜 느끼게 인식의 변화를 유도한다.

16 **교육대상자에게 유방암의 위험성, 유방암에 걸렸을 때 건강에 미치는 심각한 증상을 교육하고, 다양한 채소, 과일을 많이 섭취하고 지방 섭취를 줄였을 때의 이득을 교육한다면 이것은 어떤 영양교육 적용한 것인가?**

① 합리적 행동이론
② 건강신념모델
③ 계획적 행동이론
④ 행동변화단계모델
⑤ 사회학습이론

해설

질병에 대한 위험과 심각성을 인지시키고 요구되는 행동이 주는 이득이 장애를 초과할 때 행동병화가 가능하다는 이론은 건강신념 모델이다.

17 **영양교육을 실시할 때 건강신념 모델을 적용한 예가 아닌 것은?**

① 건강행동할 때 장애요인을 줄이는 방법을 교육한다.
② 질병의 경험담, 질병의 심각성에 관한 자료를 제시하여 질병으로 인한 신체적, 사회적 문제에 대한 인식을 갖게 한다.

정답 14 ⑤ 15 ② 16 ② 17 ⑤

③ 건강행동을 할 때 건강상의 이점, 실제적 이점이 무엇인지 제시한다.
④ 유명인의 사례를 들어 특정 질병에 걸릴 가능성에 대한 인식을 갖게 한다.
⑤ 격려, 칭찬 등 주변인들의 도움을 구하는 방법을 교육한다.

해설
건강신념 모델은 질병에 걸릴 위험이 있는 사람이 질병을 진단하고 예방하는 프로그램에 왜 참여하지 않는지를 알기 위해 개발된 이론이다.

18 행동을 결정하는 직접적인 결정 요인을 그 행동에 대한 의도로 보고 있는 행동이론은 무엇인가?

① 계획적 행동이론 ② 건강신념 모델 ③ 사회학습 이론
④ 행동변화단계 모델 ⑤ 혁신확산 이론

해설 합리적 행동이론과 계획적 행동이론에서는 행동은 행동의도를 측정함으로써 예측 가능하다고 한다.

19 직장인 대상 나트륨 저감화 영양교육을 실시하려고 할 때 사회인지론의 행동적 요인을 적용한 예로 적합한 것은?

① 간식으로 칼륨이 많이 포함된 채소와 과일을 제공한다.
② 직장급식소에서 저염식을 제공한다.
③ 식품선택 시 영양표시의 나트륨을 확인하도록 한다.
④ 싱겁게 먹기를 실천하였을 때 직장에서 보상을 준다.
⑤ 저염식 실천을 통하여 혈압이 정상으로 회복된 사례를 소개한다.

해설 사회인지론은 인간의 행동, 개인적 요인, 환경적 요인이 상호작용하며 서로에게 영향을 주는 과정이다.

20 계획적 행동이론을 근거로 임신부에게 모유수유에 관한 영양교육을 실시하려고 한다. 이들에게 공공장소에서 모유수유하는 법, 유선염에 걸린 경우 모유 먹이는 법, 제왕절개를 했을 때 모유수유하는 법에 대해 교육한다면 이는 무엇을 목적으로 하는 것인가?

① 모유수유에 대한 주관적 규범 증진
② 관찰학습 기회 증대
③ 순응동기 증진
④ 인지된 행동조절력 증진
⑤ 모유수유에 대한 태도 증진

해설
어떤 행동에 대한 의도가 있어도 방해요인이 있으면 행동으로 옮기기 어렵다. 모유수유의 방해요인을 극복하는 방법을 교육하면 인지된 행동조절력을 증대시켜 모유수유를 실천할 수 있게 한다.

정답 18 ① 19 ③ 20 ④

21 행동변화단계 모델에 의하면 행동은 5단계를 거쳐 변화한다고 한다. 변화의 순서로 옳은 것은?

① 고려 전단계 - 고려단계 - 준비단계 - 실천단계 - 유지단계
② 고려 전단계 - 준비단계 - 고려단계 - 실천단계 - 유지단계
③ 고려 전단계 - 고려단계 - 실천단계 - 준비단계 - 유지단계
④ 고려 전단계 - 고려단계 - 준비단계 - 유지단계 - 실천단계
⑤ 계획단계 - 준비단계 - 고려단계 - 유지단계 - 실천단계

해설
행동변화단계 모델은 행동의 변화가 고려 전단계 - 고려단계 - 준비단계 - 실천단계 - 유지단계를 거쳐서 변화한다고 본다. 교육대상자가 어느 단계에 속하는지 파악하고 각 단계에 맞는 교육을 한다면 더욱 효과적일 것이다.

22 계획적 행동이론을 적용하여 영양교육을 실시하는 내용으로서 적합하지 않은 것은?

① 통제적 신념을 수정하기 위해서 주변인들이 도움주는 방법을 제시하고 행동수행에 대한 자신감을 갖게 격려한다.
② 바람직한 행동을 할 때 단점을 가능한 한 적게 느끼도록 한다.
③ 행동결과에 대한 신념을 수정하기 위해서 바람직한 행동을 할 대의 건강상의 이점과 실제적 이점을 강조한다.
④ 규범적 신념을 수정하기 위해서 주변인이 도움 주는 방법, 주변인의 도움을 구하는 방법을 제시한다.
⑤ 통제적 신념을 수정하기 위한 방법으로 바람직한 영양 지식을 습득할 수 있도록 교육한다.

해설
통제적 신념을 수정하기 위해서는 올바른 식행동의 방해요인을 극복하는 방법을 제시하고 구체적으로 식행동 변화를 초래할 수 있는 기술을 습득하도록 하며, 바람직한 식행동을 실천하는 기회를 제공한다.

23 사회인지론을 적용하여 초등학생을 대상으로 편식 예방 교육을 실시하려고 할 때 환경적 요인을 활용한 예로 적합한 것은?

① 학교급식에서 다양한 식품 섭취 기회를 제공한다.
② 골고루 먹을 수 있다는 자신감을 높인다.
③ 골고루 먹으려는 태도를 가지도록 유도한다.
④ 편식의 장단점에 대해 설명한다.
⑤ 골고루 먹을 때 더욱 건강해짐을 인식시킨다.

해설 사회인지론은 인간의 행동, 개인적 요인, 환경적 요인이 상호작용하며 서로에게 영향을 주는 과정이다.

정답 21 ① 22 ⑤ 23 ①

24 **혁신확산 이론을 근거로 볼 때 새로운 아이디어나 행동이 성공적으로 확산되기 위해서 갖추어야 할 조건으로 옳지 않은 것은?**

① 현재의 가치관과 일치해야 한다.
② 동기 유발이 쉽게 되어야 한다.
③ 이익이 크다고 생각되어야 한다.
④ 결과를 쉽게 관찰할 수 있어야 한다.
⑤ 기술적으로 쉬워야 한다.

해설
새로운 아이디어나 행동이 한 사회에 빠르게 확산되기 위해서는 기술적으로 쉽고, 결과를 쉽게 관찰할 수 있고, 채택했을 때 이익이 크고, 현재의 가치관과 일치해야 한다.

25 **행동변화 단계에 따른 영양교육방법으로 적합하지 않은 것은?**

① 준비단계 대상자에게 건강행동을 하겠다는 약속을 받는다.
② 고려단계 대상자에게 건강행동을 할 때의 장점을 더 인식하게 한다.
③ 고려 전단계 대상자에는 인식변화에 초점을 둔다.
④ 행동단계 대상자에게 행동수정을 위한 방법을 실천하도록 한다.
⑤ 유지단계 대상자에게 바람직하지 못한 행동의 문제점을 인식하게 한다.

해설 유지단계에서는 이전 습관으로 돌아가기 쉬운 상황에 대처하는 능력을 키운다.

26 **관내 기업이 많은 A구에서는 나트륨섭취 감소를 위해 관내 식당에서 점심시간에 저염식단을 제공하도록 하고 있다. 직장인의 저염식단운영 식당 이용을 높이기 위한 프로그램을 마련하고자 한다면 어떤 건강행동 이론을 활용할 수 있겠는가?**

① 사회인지론
② 변화단계 모델
③ 사회지지 이론
④ 혁신확산 이론
⑤ 사회마케팅

해설
마케팅믹스의 요소별 전략을 수립하여 저염식단 운영식당과 실제 식단을 홍보하는 프로그램을 계획한다. 변화단계 모델은 건강행동의 실천에 있어 개인의 인식, 태도, 실천수준을 설명하는 이론이다. 사회인지론은 개인의 행동수행력과 인지적 특성을 포함하는 개인적 요소와 사회적 영향을 고려하는 이론이고 사회적 지지는 타인으로부터 얻을 수 있는 개인의 건강행동 변화에 도움이 되는 물질적, 비물질적 자원에 관한 이론이다. 혁신확산 이론은 지역사회 내 건강행위의 실천을 확대시키기 위해 선구자적인 구성원의 효과를 나머지 구성원이 확인하고 동참하도록 유도하는 모델이다.

정답 24 ② 25 ⑤ 26 ⑤

27 **비만 성인을 대상으로 영양교육을 실시하려고 한다. 교육대상자는 비만이 건강에 미치는 영향에 대해 인식이 부족하고 체중 감량 시도도 하지 않고 있다. 이들은 행동변화단계 모델의 어느 단계에 속하며 적합한 교육은 어떤 것인가?**

① 준비단계 - 비만의 위험성에 관한 비디오 상영
② 유지단계 - 저칼로리 음식 조리 시연
③ 고려단계 - 체중 감량 식이요법에 대한 정보 제공
④ 실천단계- 목표 달성에 대한 보상
⑤ 고려 전단계 - 비만의 위험성에 관한 강의

해설

문제에 대한 인식이 부족하고 변화에 대한 의지가 없는 단계는 고려 전단계이고 이때는 문제를 인식하도록 하는 것이 중요하다

28 **PRECEDE-PROCEED 모델에서 역학적 진단에 속하는 과정은?**

① 건강에 영향을 미치는 요인을 유전, 행동, 환경적 관점에서 알아본다.
② 행정적으로 문제가 되는 부분이 무엇인지 진단한다.
③ 프로그램을 수행하는 기관의 정책, 자원, 환경 등을 조사한다.
④ 삶의 질에 대한 대상 집단의 주관적인 관심사를 알아본다.
⑤ 행동과 환경적 요인에 영향을 미치는 요인을 구체적으로 찾는다.

29 **당뇨병 환자에게 식품교환표 사용, 간식과 외식을 식사요법에 맞게 선택하는 법, 음주를 절제하는 법 등을 교육한다면 이는 무엇을 목적으로 하는 것인가?**

① 주관적 규범 향상
② 인지된 위협성 증대
③ 자아효능감 증진
④ 인지된 위협성 감소
⑤ 행동에 대한 태도 향상

해설

자아효능감은 특정행동을 성공적으로 할 수 있다는 개인의 자신감을 말한다. 당뇨환자의 식사요법 실천에 대한 자기효능감을 높이기 위해서는 식사요법 실천에 필요한 기술과 지식에 대한 교육이 필요하다.

30 **PRECEDE-PROCEED 모델에 대한 설명으로 적합하지 않은 것은?**

① 이 모델을 활용하면 요구진단을 매우 체계적으로 할 수 있는 장점이 있다.
② PRECEDE에는 사회적 진단, 역학적 진단, 교육적·생태학적 진단 등이 포함된다.
③ PRECEDE는 요구진단에 근거하여 영양사업을 실행 및 평가하는 단계이다.
④ PRECEDE는 영양교육의 계획에 필요한 정보를 수집하는 요구진단 과정이다.
⑤ 요구진단에서 찾은 행동에 영향을 미치는 요인의 변화를 유도하기 위해 어떤 방법이나 전략을 써야 할지 상세히 분석할 수 있다.

정답 27 ⑤ 28 ① 29 ③ 30 ⑤

해설
행동에 영향을 미치는 요인의 변화를 유도하기 위해 어떤 방법이나 전략을 써야 할지에 관한 부분은 미흡하다.

31 **PRECEDE-PROCEED 모델에 대한 설명으로 옳지 않은 것은?**

① 건강증진 프로그램의 계획 · 실행 · 평가에 실제적으로 활용되어 건강증진 종합계획 수립모델로 이용되었다.
② 영양을 포함한 건강증진 프로그램의 요구를 체계적으로 진단하는데 이용된다.
③ 단계별 진단결과는 프로그램 실행 후 그 변화를 파악하여 프로그램 평가의 근거로 이용된다.
④ 과정평가는 역학적 진단을 통해 나타난 건강과 관련된 행위가 프로그램 적용을 통해 어떤 변화를 가져왔는지를 평가하는 것이다.
⑤ 요구진단에는 사회적 진단, 교육적 · 생태학적 진단, 행정적 · 정책적 진단과정을 거친다.

해설
과정평가는 건강행동에 영향을 미치는 동기부여요인, 강화요인, 가능요인을 교육적 생태학적 진단을 통해 파악하고 이러한 요인들이 프로그램 적용을 통해 목표하던 대로 변화하였는지를 평가하는 과정이다. 이러한 요인들이 목표한 대로 변화하여 역학적 진단을 통해 나타난 건강과 관련된 행위와 건강결과의 긍정적인 변화를 유도하였는지 평가하는 과정은 효과평가과정이다.

32 **영양교육 계획 시 사회마케팅의 개념을 적용하는 과정으로 옳지 않은 것은?**

① 표적집단의 마음속에 제품이 가치 있게 여겨지도록 포지셔닝한다.
② 추상적이고 미래지향적인 목표를 설정한다.
③ 최적화된 제품, 가격, 유동, 촉진 등 마케팅 믹스를 전략적으로 개발한다.
④ 목표행동에 대한 거시적 환경요인을 조사한다.
⑤ 이질적인 집단을 세분화하고, 표적집단을 선정한다.

해설 목표는 구체적이고 측정 가능하게 설정한다.

33 **초등학교 어린이의 당류 섭취 감소를 위해 가당음료 대신 물을 마시자는 사회마케팅 계획 시, 마케팅 믹스의 요소별 전략수립에 관한 내용으로 옳지 않은 것은?**

① 프로그램의 구체적인 목표 설정 ② 프로그램 홍보매체 결정
③ 프로그램 참여와 실천의 장애요인 파악 ④ 프로그램의 내용 결정
⑤ 프로그램 시행 장소의 결정

해설
마케팅믹스 : 제품(Product), 가격(Price), 장소(Places), 촉진(Promotion)의 4P로 사회마케팅 계획 시 각 요소별 전략수립이 요구된다.
• 제품 : 구체적인 프로그램
• 가격 : 프로그램 참여와 건강행동 변화의 물적, 정신적, 신체적 비용
• 장소 : 프로그램의 시행 장소
• 촉진 : 프로그램참여 독려 메시지 및 전파 경로 설정

정답 31 ④ 32 ② 33 ①

34 **과음예방 영양교육 계획 시 사회마케팅을 적용하는 전략이 아닌 것은?**

① 술을 마시지 않으므로 얻게 되는 사회 · 경제적 이득을 강조한다.
② 표적집단에 더 널리 알리도록 포스터, 대중매체 등을 이용한다.
③ 표적집단에 접근할 수 있는 가장 효과적인 경로를 모색한다.
④ 과음을 삼갔을 때 작은 선물, 물질적인 보상 등 강화를 이용한다.
⑤ 술을 마시는 상황에서 술을 대신할 다른 활동을 제시한다.

해설

사회마케팅 전략을 위한 마케팅믹스에는 제품, 가격, 유통, 촉진 등이 있다.

35 **A회사에는 신청자를 받아 구내식당의 저염식단 이용과 그에 따른 건강상태를 주기적으로 관찰하는 프로그램을 시행하였다. 프로그램의 긍정적인 건강 효과 소개와 함께 호응이 좋은 저염식단의 레시피 가이드를 제작하여 직장 내 홍보하고 가정에도 배포하여 저염식 실천 참여자를 증가시키고자 하였다. 이 프로그램은 어떤 이론을 활용한 것인가?**

① 사회인지론　② 혁신확산 이론　③ 합리적 행동이론
④ 사회지지 이론　⑤ 건강신념 모델

해설

- 혁신확산 이론 : 지역사회 수준에서의 건강행동 변화를 설명하는 이론. 지역사회 내 건강행위의 실천을 확대시키기 위해 선구자적 구성원의 효과를 나머지 구성원이 확인하고 동참하도록 유도하는 모델
- 건강신념 모델, 합리적 행동이론 : 건강행동 변화에 있어 개인적 요소를 설명하는 이론. 사회인지론의 개인행동수행력과 인지적 특성을 포함하는 개인적 요소와 사회적 영향을 고려.
- 사회적지지 : 타인으로부터 얻을 수 있는 개인의 건강행동 변화에 도움이 되는 물질적, 비물질적 지원에 관한 이론

36 **영양교육실시 과정의 일반원칙을 진행 순서대로 옳게 나열한 것은?**

① 대상의 진단 – 실행 – 평가 – 계획
② 계획 – 대상의 진단 – 실행 – 평가
③ 대상의 진단 – 계획 – 실행 – 평가
④ 계획 – 실행 – 평가 – 대상의 진단
⑤ 대상의 진단 – 계획 – 평가 – 진단

해설

영양교육은 대상의 진단, 계획, 실행, 평가의 순으로 실시되며 평가의 결과를 계획에 반영함으로써 보다 좋은 계획을 수립하여 효과적인 영양교육이 될 수 있다.

37 **영양교육 대상의 진단 후 계획단계에서 포함되어야 하는 내용으로 옳지 않은 것은?**

① 대상집단의 실태 파악을 통해 영양문제를 발견하고 분석한다.
② 대상집단의 영양문제 가운데 가장 시급한 문제를 선정한다.

정답　34 ④　35 ②　36 ③　37 ①

③ 영양문제를 해결하기 위한 목적과 목표를 설정한다.
④ 목적을 달성하기 위한 적절한 영양중재방법을 선택한다.
⑤ 영양교육 활동을 설계하고 홍보 및 평가를 계획한다.

해설
대상집단의 실태파악을 통한 영양문제의 발견과 원인분석은 계획수립단계 이전의 단계인 대상의 진단과정에 포함되는 내용이다.

38 **일반성인 대상의 영양교육을 계획할 때 고려할 사항으로 옳지 않은 것은?**

① 단기, 장기 목표를 구체적으로 측정할 수 있게 설정한다.
② 교육시간은 도입 15%, 내용 전개 80%, 종결 5%가 되도록 배정한다.
③ 일반인에게 전문적인 영양지식을 알려주기 위해 전문용어를 많이 사용한다.
④ 교육 시 실생활에 적용 가능한 방법이나 예를 많이 들 수 있도록 구성한다.
⑤ 영양교육을 계획하기 전에 대상자의 영양교육에 대한 요구도를 파악한다.

해설
영양교육은 대상자의 요구도를 진단한 후 계획되어야 하며, 단기 목표(ex. 영양지식의 변화), 장기 목표(ex. 체중변화)가 구체적으로, 측정할 수 있게 설정되어야 한다. 영양교육은 논리적, 체계적으로 진행되어야 하며 일반인들의 이해를 돕기 위해 전문적인 용어는 쉽게 풀어서 설명한다. 실생활에 적용 가능한 방법 위주로 구성한다.

39 **영양교육을 위한 교육과정을 설계할 때 유의점으로 옳지 않은 것은?**

① 교육대상자의 수준이나 환경에 적합한 내용을 수집 · 분석 한다.
② 교육내용은 간단한 것에서 복잡한 것으로 구성한다.
③ 교육에 활용할 시청각 자료를 수집하거나 개발한다.
④ 교육활동의 질을 높이기 위하여 교수 · 학습과정안을 작성한다.
⑤ 교육내용은 영양지식의 증가를 위해 전문적인 것으로만 구성한다.

해설 영양교육내용은 일반적인 것에서부터 전문적인 것으로 설계해야 한다.

40 **영양교육의 목표를 진행순서에 따라 옳게 연결한 것은?**

① 식행동의 변화 – 식태도의 변화 – 건강상태 개선
② 식행동의 변화 – 영양지식 이해 – 건강상태 개선
③ 영양지식 이해 – 식행동의 변화 – 식태도의 변화
④ 영양지식 이해 – 식태도의 변화 – 식행동의 변화
⑤ 식태도의 변화 – 식행동의 변화 – 영양지식 이해

해설
영양교육의 목표는 KAP(Knowledge : 영양지식의 이해, Attitude : 식태도의 변화, Practice : 식행동의 변화)와 관련된 것으로서, 영양지식의 이해를 통해 의욕이나 동기를 유발시키고 이를 식생활에 실천하도록 한다.

정답 38 ③ 39 ⑤ 40 ④

41 **영양교육의 목표를 진행순서에 체중조절에 관한 영양교육을 실시할 경우, 중간 목표에 해당되지 않는 것은?**

① 교육대상자의 50%가 식사일지를 기록할 수 있다.
② 교육대상자의 50%가 자신의 섭취 열량을 계산할 수 있다.
③ 교육대상자의 50%가 자신의 식단을 분석할 수 있다.
④ 교육대상자의 50%가 저열량 샐러드드레싱을 만들 수 있다.
⑤ 교육대상자의 50%가 정상체질량지수에 도달할 수 있다.

해설 중간목표란 결과목표를 달성하는 데 필요한 관련요인에 관한 목표이다.

42 **여자 중학생의 부적절한 식사요법에 의한 빈발한 체중 감소라는 영양문제의 원인은 알맞은 체중조절에 대한 지식과 태도의 부족이라는 진단이 내려졌다. 이에 대해 영양 교육자가 영양문제를 개선하기 위해 설정할 수 있는 목표로 적당하지 않은 것은?**

① 대상학생의 50%가 영양소의 기능에 대해 잘 기억하게 한다.
② 대상학생의 30%까지 체중조절에 대한 태도를 바람직하게 변화시킨다.
③ 전년도에 비해 체중조절로 2kg 이상 줄이는 학생 수를 25% 이상 감소시킨다.
④ 대상학생의 50%까지 체중조절에 대한 정확한 지식을 증가시킨다.
⑤ 대상학생의 25%까지 체중조절에 대한 행동을 바람직하게 변화시킨다.

해설 영양교육의 실행은 단순히 영양지식을 증가시키는 수준이어서는 안 되며 목표가 구체적이어야 한다.

43 **영양교육활동에서는 목적을 달성하기 위한 적당한 영양중재방법을 선택해야 한다. 철 결핍성 빈혈이 부적절한 식품선택에 의해서 발생했다고 할 때 적절하지 않은 시도는?**

① 철 흡수율 향상에 대한 교육
② 식품표시에 대한 교육
③ 철의 영양적 중요성에 대한 대중 홍보
④ 철 급원식품에 대한 교육
⑤ 식사량을 증가시키는 방법

해설

철의 공급을 증가시키는 방법과 올바른 식품선택을 증진시키는 방법을 시도해야 한다. 단순히 식사량을 증가시키는 것은 좋은 영양개선방법이 아니다.

44 **영양교육을 실행한 후에 효과를 평가하는 것으로 옳은 것은?**

① 영양교육과정이 계획과 일치하는지 평가한다.
② 대상자들이 영양교육에 참여한 이유를 평가한다.
③ 식행동의 변화를 관찰하여 평가한다.
④ 영양교육 참여에 필요한 시간, 경비, 노력을 평가한다.
⑤ 식생활과 관련된 지출의 변화를 측정한다.

정답 41 ⑤ 42 ① 43 ⑤ 44 ③

해설

영양교육이 끝난 후에는 영양문제의 해결 또는 영양상태 개선 여부를 평가한다.

45 영양교육의 과정평가에 대한 설명 중 옳지 않은 것은?

① 교재나 매체가 대상자의 수준에 적절한지 평가한다.
② 영양교육이 계획대로 진행되고 있는지 자료를 수집하여 평가한다.
③ 교육내용이 목표에 적합한지 파악한다.
④ 교육내용이 너무 전문적이어서 대상자가 이해하는 데 어려움이 있는지 파악한다.
⑤ 식행동에 변화가 일어났는지 평가한다.

해설

영양교육의 과정평가는 영양교육이 실행되는 과정에 대한 평가이다. 교육내용이 목적, 목표에 적합한지, 교육 매체나 방법이 대상자의 수준에 적절한지 등을 파악하는 것이다.

46 영양교육의 효과평가에 대한 설명으로 옳은 것은?

① 계획과정에서 설정된 목표달성 여부에 대한 평가이다.
② 영양교육실시에 사용된 자원 및 실행과정에 대한 평가이다.
③ 효과평가는 영양교육의 실시 전에 이뤄진다.
④ 교육 후 다음 날 바로 건강상태의 변화를 파악한다.
⑤ 대상자의 소득, 학력, 건강상태의 변화를 파악한다.

해설

영양교육의 효과평가는 목표 및 목적의 달성 여부를 확인하는 것으로 영양교육의 실시 전과 후 그리고 교육 후 일정한 기간이 지난 다음에 이루어진다. 교육의 실시 전과 후에 대상자의 지식, 태도, 행동 및 건강상태수준을 조사하여 비교한다.

47 조리종사원에게 영양교육을 효과적으로 수용할 수 있는 방법을 모색하고자 소수의 영양사들이 모임을 갖고자 할 때 가장 옳은 방법은?

① 심포지엄
② 배석식 토의
③ 연구집회
④ 두뇌충격법
⑤ 사례 연구

해설

연구집회 : 공통적인 문제를 가진 사람들이 모여 서로 경험하고 연구하고 있는 것을 토의하는 것

정답 45 ⑤ 46 ① 47 ③

48 **다음 중 영양교육의 자료로 매체를 사용할 때의 유의점으로 올바른 것은?**

가. 영양 지도용으로 가장 많이 사용한다.	나. 간단한 그림을 넣어 설명한다.
다. 내용을 대상에 맞추어 만든다.	라. 나타내고 싶은 내용을 명확하게 설명한다.

① 가, 나, 다, 라　② 가, 나, 다　③ 가, 다
④ 나, 라　⑤ 라

해설
대상자의 흥미유발을 위하여 매체를 사용하는 것이 바람직하다. 간단한 그림을 첨부하여 설명하거나 내용을 명확하게 설명하면서 교육대상에 맞추어 제작한다.

49 **시청각 교재를 평가하는 기준이 아닌 것은?**

① 모형과 설득　② 명확성　③ 방법
④ 경제성　⑤ 구성

해설
시청각 교재는 내용 구성과 방법, 명확성과 경제성으로 평가를 할 수 있다.

50 **강연의 특징을 잘못 설명한 것은?**

① 강의 분위기는 주의 · 집중이 어렵다.
② 다수인을 대상으로 계통적으로 지도할 수 없다.
③ 자세하게 강의할 수 없다.
④ 여러 사람을 대상으로 단시간에 지도할 수 있다.
⑤ 각자의 생각을 정리할 수 있고 사기가 높아진다.

해설
교육자가 다수의 교육대상자에게 동시에 교육 내용을 전달하므로 자세한 강의 내용 전달이 어려울 수 있으며, 강의 분위기는 주의 · 집중이 어렵다.

51 **영양교육을 실시할 때 운영위원회를 조직하고 논제를 정한 후 전문성이 있는 연사 2~3명에게 연구결과나 사례 발표를 의뢰하고 관련자들에게 홍보 후 필요한 시설, 장비 등을 준비한다. 집회에 참석한 후 참가자들이 논제에 대한 연구결과나 사례를 중심으로 토의한 후 결론을 내리는 교육방법은?**

① 브레인스토밍　② 공론식 토의법　③ 좌담회
④ 시범교수법　⑤ 연구집회

정답　48 ①　49 ①　50 ⑤　51 ⑤

해설

연구집회 : 전문가들이 모여서 특정 주제에 관한 연구나 경험이 있는 2~3명의 명사로부터 연구결과나 사례 발표를 들은 후 서로 토의하여 문제를 해결하는 것

52 유아나 초등학교 저학년 학생의 영양교육 시 유용한 교육방법은?

① 역할 연기법 ② 시뮬레이션 ③ 영화
④ 그림극 ⑤ 디오라마

해설

그림극은 어린이의 상상력을 자극할 수 있어 추상적인 표현이 가능하다. 유아나 초등학교 저학년 어린이를 대상으로 소규모 인원에 대해서 실행하는 것이 효과적이다.

53 교육대상자가 주어진 원교육자료를 이용하여 스스로 배우는 형태로 교육대상자의 능동적인 참여가 필요한 교육방법은?

① 실험형 ② 강의형 ③ 독립형
④ 토의형 ⑤ 개인형

해설

교육대상자가 주어진 원교육자료를 이용하여 스스로 배우는 방법이 실험형 교육방법이다.

54 실제의 문제상황을 단순명료화시킨 모의상황 속에서 이루어지는 교육활동으로 실생활을 간접적으로 경험하고 이를 통해 문제를 인식하여 생각이나 태도가 변화되는 교육방법은?

① 역할 연기법 ② 견학 ③ 그림극
④ 인형극 ⑤ 시뮬레이션

해설

실제상황 중 가장 기본적이고 중요한 부분만을 선택하여 설정한 교육상황 속에서 이루어지는 교육이 시뮬레이션 교육방법이다.

55 대상자의 반응을 살펴보면서 교육속도를 임의로 조절할 수 있고 대상자들이 직접 만들기도 하고 탈부착판에 부칠 수도 있어 주의집중이 잘 되는 매체는?

① 융판 ② 괘도 ③ 도표
④ 패널 ⑤ 모형

해설

식품의 분류, 식사구성안, 식품교환표 등을 지도할 때 대상자들이 직접 만들어보기도 하고 탈부착판에 붙일 수 있어 주의집중이 잘되는 교육 매체는 융판이다.

정답 52 ④ 53 ① 54 ⑤ 55 ①

56 **영양교육 매체를 선택할 때 고려해야 할 기준으로 옳은 것은?**

① 구체성, 적절성, 번복성, 가격
② 적절성, 구체성, 대량성, 가격
③ 적절성, 신빙성, 조직과 균형, 가격
④ 속보성, 직접성, 반복성
⑤ 대량성, 기술적인 질, 가격

해설
매체선정 기준 : 가격, 기술적인 질, 적정성, 신빙성, 흥미, 조직과 균형

57 **교육 매체를 효과적으로 활용 시 유의 사항으로 옳은 것은?**

① 내용보다 시청각 테크닉에 중점을 둔다.
② 기능에 대한 적절한 사전검사 후 사용한다.
③ 교육대상자들이 적응 못하면 적응할 때까지 지속적으로 사용한다.
④ 질보다는 양이 중요하다.
⑤ 교육자 대용으로 사용한다.

해설
교육 매체를 활용할 때 교육자 대용으로 사용하지 않고 기능에 대한 적절한 사전검사 없이 사용하지 않으며, 교육대상자들이 사용매체에 적응하지 못하면 사용하지 않는다. 내용보다 시청각 테크닉을 중점을 두지 않으며 질적으로 불량한 매체는 사용하지 않는다.

58 **비만환자들에게 식품교환법을 교육할 때 가장 효과적인 매체는 ?**

① 융판자료 ② 슬라이드 ③ 리플릿
④ 식품모형 ⑤ 포스터

해설
모형을 이용한 영양교육은 대상자가 습득할 때까지 직접 반복하여 교육하므로 효과적이다.

59 **영양교육에 이용되는 전자매체에 속하는 것으로 옳은 것은?**

① 라디오, 슬라이드, 영화 ② 텔레비전, 모형, 레코드
③ 융판, 포스터, VTR ④ 라디오, 텔레비전, 컴퓨터
⑤ 라디오, 디오라마, 영화

해설
• 영사매체 : 슬라이드, OHP, 영화 등
• 전자매체 : 녹음자료, 비디오테이프, 컴퓨터, TV, 라디오 등

정답 56 ④ 57 ② 58 ④ 59 ④

60 다음 중 소수전달방법은?

① 전시에 의한 방법
② 벽보에 의한 방법
③ 소책자를 이용하는 방법
④ 인쇄물 배포에 의한 방법
⑤ 상담에 의한 방법

해설

- 상담에 의한 방법 : 소수전달방법
- 집단전달방법 : 전시, 인쇄물, 소책자, 벽보, 융판그림, 포스터 등

61 대중홍보방법으로 이용되는 것은?

① 소책자
② 상담
③ 인쇄매체
④ 벽보
⑤ 융판그림

해설

대중홍보방법 : 신문, 방송, 잡지, 전시, 포스터, 게시판, 인쇄매체 등

62 매스미디어 영양교육의 긍정적인 효과로 옳은 것은?

① 과장되고 잘못된 광고로부터 소비자 보호
② 잘못되거나 과장된 영양정보 제공은 국민이 판단
③ 식품광고의 잘못된 식행동 충동
④ 흥미, 유행, 시청률 위주의 진행, 단편적인 사건보도
⑤ 불완전한 영양정보로 시청자 혼란 가중

해설

식생활 관련 사고에 대해 즉각적이고 정확한 대처 방안 제시, 국민 개인의 식생활에 대한 관심과 개선 의지 고취, 고유의 식생활 전통과 문화 전파, 식품수급조절 역할, 과장되고 잘못된 광고로부터 소비자 보호 등이 매스미디어 영양교육의 긍정적인 효과이다.

63 영양상담 실시과정을 순서대로 바르게 나열한 것은?

① 영양상담 시작－영양판정－자료수집－친밀감 형성－목표설정－실행－평가
② 영양판정－자료수집－영양상담 시작－친밀간 형성－목표설정－실행－평가
③ 영양판정－영양상담 시작－친밀감 형성－자료수집－목표설정－실행－평가
④ 영양상담 시작－친밀감 형성－자료수집－영양판정－목표설정－실행－평가
⑤ 자료수집－영양판정－영양상담 시작－친밀감 형성－목표설정－실행－평가

해설

영양상담 실시과정 : 영양상담 시작 → 친밀감 형성 → 자료수집 → 영양판정 → 목표설정 → 실행 → 효과평가

정답 60 ⑤ 61 ③ 62 ① 63 ④

64 **영양상담 시 사용하는 도구 중 식사계획할 때 도움이 되고 국민의 건강을 증진하기 위해 다빈도 식품을 중심으로 1인1회 분량과 섭취 횟수를 설정해 둔 것은?**

① 식품표시제
② 식생활지침
③ 영양성분 표시
④ 한국인 영양섭취기준
⑤ 식사구성안

해설
우리나라 국민이 자주 섭취하는 다빈도 식품을 바탕으로 각 식품군의 대표식품을 바탕으로 각 식품군의 대표식품을 선정하여 1인1회 분량 및 섭취 횟수를 제시한 것이 식사구성안이다.

65 **대국민 영양교육 매체로 많은 사람에게 다량의 정보를 신속하게 전달할 수 있고 시간과 공간적인 문제를 초월하여 구체적인 사실까지 전달이 가능하며 지속적인 정보의 제공으로 행동변화를 쉽게 유도할 수 있는 매체는?**

① 인터넷
② 라디오
③ 미디어
④ 텔레비전
⑤ 신문

해설 매스미디어는 대량의 의사소통 또는 의사전달 수단으로 대국민 영양교육의 효율적인 매체가 될 수 있다.

66 **영양 상담자가 갖추어야 할 태도는?**

① 뚜렷한 주관을 가지고 대상자에 따라 일정한 기준을 가져야 한다.
② 주의 깊게 듣고 상대의 입장을 이해하며 공감대를 형성한다.
③ 듣기보다는 전문가 입장에서의 충고와 정성어린 상담을 해준다.
④ 계획을 실천할 수 있도록 훈계하고 설득한다.
⑤ 상대방을 깊게 파악하기 위해 반드시 충고를 한다.

해설
영양 상담자는 객관성을 유지하며 개별 상담할 때에는 흔히 범하기 쉬운 오류인 충고, 명령, 설득, 권고, 훈계 등을 하지 않는다.

67 **우리나라에서 어린이 성장기준치로 사용하는 영양상담 도구는?**

① 소아 · 청소년 성장곡선
② 비만지수
③ 뢰러지수
④ 체질량지수
⑤ 비체중

해설
영양상담에 필요한 내담자에 관한 자료는 내담자의 면담, 체위 측정, 상담자의 관찰, 의무 기록, 식사 기록 등으로 얻을 수 있다.

정답 64 ⑤ 65 ③ 66 ② 67 ①

68 **영양상담 기록표에 기술되는 내용으로 맞는 것은?**

① 개인정보, 적용 상담이론, 상담내용, 상담일정
② 개인정보, 영양평가내용, 상담계획, 상담일정
③ 개인정보, 식사섭취량, 체중변화량, 상담일정
④ 주관적 정보, 상담내용, 상담일정
⑤ 주관적 정보, 객관적 정보, 평가, 계획

해설
영양상담 기록표에는 주관적 정보(S), 객관적 정보(O), 평가(A), 계획(P)을 기록하며 SOAP 기록법이라 한다.

69 **다음 중 영양상담의 실시과정을 옳게 표시한 것은?**

① 영양판정–자료수집–목표설정 – 실행 – 효과판정
② 자료수집–영양판정–목표성정 – 실행 – 효과판정
③ 목표설정–자료수집–영양판정 – 실행 – 효과판정
④ 목표설정–자료수집–실행 – 영양판정 – 효과판정
⑤ 자료수집–목표설정–영양판정 – 실행 – 효과판정

해설
영양상담 실시과정은 영양상담 시작 후 친밀관계 형성, 자료수집, 영양판정, 목표설정, 실행, 효과평가의 순으로 진행된다.

70 **개발도상국 아동의 구제 · 복지 · 건강의 개선을 목적으로 식품 · 의복 · 약품 등을 아동 · 임신부에 공급하고 있는 국제연합의 전문기관은?**

① AID
② UNICEF
③ Paece Corps
④ FAO
⑤ CARE

해설
UNICEF는 개발도상국의 영양문제를 조사하고 원조하는 역할을 한다.

71 **다음 국제기구 중 보건향상, 재해 예방과 모자보건 향상, 전염병 및 질병의 예방과 검역관리 지원, 국제적인 보건사업과 보건문제의 합의, 규제와 권고안을 제정하는 기구는?**

① FAO
② UNICEF
③ CARE
④ ILO
⑤ WHO

해설 세계보건기구(WHO)는 인류의 보건 향상에 이바지하고자 노력한다.

정답 68 ⑤ 69 ② 70 ② 71 ⑤

72 식품영양표시제도의 효과는?

① 국민의 식중독 등의 급성질환 발병을 감소하고 예방을 위한 식생활 변화를 기대할 수 있다.
② 식품업계로부터 국민건강에 유용한 제품개발의 노력을 가질 수 있게 유도할 수도 있다.
③ 소비자에게는 영양문제의 선택은 가능하나, 식품안전 문제를 해결하기는 어렵다
④ 특정건강식품의 영양성분을 강조표시하는 오남용과 과대광고로 인한 소비자 피해가 커지는 단점이 있다.
⑤ 생산자는 표시기준에 부합하지 않을 경우 제품의 영향 수준을 거부할 수 있다.

해설
식품영양표시제도는 식품업계로부터 국민건강에 유용한 제품개발의 노력을 가질 수 있도록 유도할 수 있으며 소비자들에게 식품에 대한 영양정보를 제공할 수 있다.

73 영양교육의 교수 · 학습과정안에 대한 평가 내용으로 옳은 것은?

① 주제에 적합한 학습목표를 제시하였는지 학습목표 진술방식에 맞게 진술하였는지 평가한다.
② 도입, 정리, 평가, 전개의 순서대로 진행하여 학습효과를 높이는지 평가한다.
③ 동기 유발 계획이나 학생활동에 대한 구체적인 전략보다 교수의 전문적인 지식을 더 중요하게 평가한다.
④ 교수학습과정안 평가는 수업 후 학습자 스스로 하는 것이 효과적이다.
⑤ 학습목표를 달성하기 위해 학생수준보다 높은 내용으로 선정하도록 평가한다.

해설
교수 · 학습과정의 평가계획은 학습목표의 도달 정도를 측정하는 내용으로 평가문항을 2~3개 정도의 질문으로 제시한다.

74 균형식에 대한 영양교육의 예로 적합한 것은?

① 경제수준에 따라 균형식의 내용이 다른 교육
② 1인 1회의 분량의 목측량 교육
③ 식사구성안을 이용한 식단 작성교육
④ 식품기호에 적합한 식단 작성교육
⑤ 식품의 색과 맛에 대한 교육

해설 식사구성안은 일반인이 균형잡힌 건강한 식생활을 영위할 수 있도록 도움을 주기 위한 영양도구이다.

정답 72 ② 73 ① 74 ③

75 노인복지시설 급식에 대한 식단 작성 및 급식 시 실천하기 가장 어려운 항목은?

① 노인의 기호보다는 새로운 식습관을 심어 주도록 한다.
② 영양권장량을 설정한다.
③ 향신료는 적당하게 제공한다.
④ 식비가 적어 식단이 단순해지기 쉬우므로 가급적 변화 있는 식단을 연구한다.
⑤ 소화흡수를 충분히 고려하고 음료는 과다하지 않도록 한다.

해설

노인기는 체력의 약화로 면역력과 정신기능이 떨어지므로 올바른 영양섭취방법을 지도하여 노인기의 질병 예방과 치료에 도움을 준다.

76 모유영양을 성공적으로 유도하기 위한 노력으로 옳은 것은?

① 체력 소모가 일어나지 않도록 몸의 움직임을 적게 한다.
② 수유에 좋다는 음식을 찾아서 열심히 섭취한다.
③ 수유부의 엄격한 체중조절이 필요하다.
④ 시간에 맞추어 수유하는 방법을 지도한다.
⑤ 자신의 모유분비량과 모유성분에 대한 자신감을 갖고 실천 동기를 갖게 한다.

해설

성공적인 모유수유를 위해 본인의 적극적인 의지와 가족의 도움이 필요하며 엄격한 체중관리는 모유분비량이 줄어들 우려가 있다.

77 유아의 간식지도로 옳은 것은?

① 간식은 결식의 원인이 되므로 정해진 분량만큼 준다.
② 간식 먹는 시간을 반드시 지키도록 한다.
③ 간식은 주로 인스턴트 식품을 주는 것이 바람직하다.
④ 간식은 가볍게 열량과 영양가가 낮은 식품을 선택한다.
⑤ 간식은 세 끼의 식사와 마찬가지로 꼭 먹어야 한다.

해설

유아의 간식은 정규식사 외로 부족한 단백질, 비타민, 무기질과 같은 영양소를 보충하는 의미와 더불어 유아에게 활력과 기분전환을 제공하는 데 의미가 있다.

정답 75 ① 76 ⑤ 77 ①

78 **비만예방을 위한 영양지도법으로 옳은 것은?**

① 열량을 줄이기 위해 단백질과 지방의 섭취를 줄인다.
② 하루에 한 끼나 두 끼만 식사한다.
③ 섭취 열량과 소비 열량의 균형을 유지한다.
④ 탄수화물 식품은 성장을 위하여 줄여서는 안 된다.
⑤ 체중조절을 위해 하루 4시간 이상의 운동을 실시한다.

해설
비만은 과다한 영양섭취와 체내에너지 소비의 불균형으로 지방이 지나치게 축적되어 나타나는 현상이다.

79 **노인의 식생활에서 면역능력을 높여주는 아연이 충분히 함유된 식사는?**

① 생선 등 양질의 동물성 단백질 식품
② 식품성 기름
③ 식빵이나 콩류 제품
④ 우유 등 고칼슘 식품
⑤ 신선한 과일과 채소

해설
아연은 면역에 중요하며 굴, 게, 돼지고기, 쇠고기, 새우 등에 함유되어 있다.

80 **병원의 외래환자에 대한 영양교육이 꼭 필요한 질환은?**

① 임산부, 골절환자
② 대장암, 골절환자
③ 고혈압, 골절환자
④ 신경통, 맹장염
⑤ 당뇨, 신장병

해설
병원의 영양교육은 환자의 치료, 회복, 재발 방지에 도움이 되는 식사요법을 중심으로 진행된다.

81 **비만아의 영양지도 방법 중 맞지 않는 것은?**

① 적당한 운동을 한다.
② 섭취 열량과 소비 열량의 균형을 유지한다.
③ 열량감소를 위해 당질, 지방질 식품을 절제한다.
④ 단백질 식품은 성장을 위해 섭취한다.
⑤ 1일 1식이나 2식을 하여 체중을 감소시킨다.

정답 78 ③ 79 ① 80 ⑤ 81 ⑤

해설

비만아는 소량으로 나누어서 1일 3식을 제공한다.

82 **병원급식에서 영양사의 임무가 아닌 것은?**

① 식단 작성
② 진단에 따른 식사처방의 발행
③ 조리지도
④ 급여기준량의 산출
⑤ 급식업무 기준의 작성

해설

병원급식에서 영양사는 식사처방에 따른 식단을 계획하고 조리 및 공급을 감독하는 업무를 수행한다.

정답 82 ②

2장 식사요법 및 생리학

1 식사요법의 목적으로 옳은 것은?

가. 건강을 증진한다.	나. 질병을 예방하고 치료한다.
다. 좋은 영양상태를 유지한다.	라. 영양결핍 상태를 치료한다.

① 가, 나, 다, 라　② 가, 나, 다　③ 가, 다
④ 나, 라　⑤ 라

해설
식사요법의 목적은 건강 증진, 질병 예방과 치료, 좋은 영양상태 유지, 영양결핍 상태를 치료하는 것이다.

2 우리나라의 주요 사망 원인이 아닌 것은?

① 뇌혈관 질환　② 신장병　③ 간질환
④ 교통사고　⑤ 암

해설
우리나라 최근 주요 사망 원인은 뇌혈관 질환, 운수사고, 간질환, 당뇨병, 고혈압성 질환, 암 등이다.

3 식이요법의 기본에 대한 설명으로 옳은 것은?

① 치료식은 환자의 질병 상태에 수반되는 증상을 완화시킨다.
② 일반 병인식은 특정 영양소의 제약이 있을 수 있다.
③ 스테인리스 재질 식기가 가장 좋다.
④ 환자의 개인적인 특성, 기호도, 식욕 등은 중요한 고려 사항이 아니다.
⑤ 고단백 식사일수록 단백가가 높은 양질의 단백질을 사용한다.

해설
스테인리스 재질 식기는 식욕을 저하시키는 효과가 있다.

4 다음 식품 중 1교환단위당 에너지 함량이 가장 많은 것은?

① 식빵　② 참기름　③ 포도
④ 우유　⑤ 쇠갈비

해설
1교환단위당 에너지 함량은 곡류군 100kcal, 고지방 어육류군 100kcal, 지방군 45kcal, 우유군 125kcal, 과일군 50kcal이다.

정답 1 ① 2 ② 3 ③ 4 ⑤

5 **다음 어육류군 중에서 1교환단위당 지방이 가장 많이 함유된 것은?**

① 도미　② 물오징어　③ 갈치
④ 달걀　⑤ 소갈비

해설
식품교환표의 어육류군 중에서 1교환단위당 지방이 가장 많이 함유된 것은 고지방 어육류군에 속하는 닭다리, 소시지, 치즈, 소갈비, 생선통조림 등이다.

6 **다음 식품 중 1교환단위당 지방 함량이 가장 높은 것은?**

① 버터　② 달걀　③ 우유
④ 소고기 안심　⑤ 두부

해설
버터, 달걀(중지방), 우유, 소고기안심(중지방), 두부(중지방)의 1교환단위당 지방 함량은 각각 5g, 5g, 7g, 5g, 5g이다.

7 **다음 채소 중에서 g당 열량함유량이 가장 낮은 채소는?**

① 우엉　② 마늘종　③ 호박
④ 냉이　⑤ 양파

해설 우엉과 마늘종은 25g, 냉이와 양파 50g, 호박은 70g이 1교환이다.

8 **다음 중 저열량식을 하는 사람의 밤참으로 가장 적당하지 않은 것은?**

① 메밀묵 1/2모 무침　② 찐 옥수수 중간크기 1/2개
③ 오렌지주스 1컵　④ 두유 200g
⑤ 시루떡 100g

해설
메밀묵은 1/2모, 오렌지주스는 1/2컵, 옥수수는 중간크기 반 개, 두유는 1컵이 1교환이다. 떡 50g이 1교환단위이다.

9 **사과 중간크기 1/3개, 바나나 중간길이 1/4개, 오이 1/3토막(70g)을 마요네즈 2작은 스푼에 버무린 과일샐러드의 열량은?**

① 115kcal　② 150kcal　③ 160kcal
④ 185kcal　⑤ 205kcal

해설
과일 1교환단위의 열량은 50kcal, 1교환단위의 크기는 사과 중 1/3개, 바나나 중 1/2개이며, 오이는 1교환단위가 70g, 열량은 20kcal, 마요네즈 1교환단위는 1작은 스푼으로 45kcal이다.

정답　5 ⑤　6 ③　7 ③　8 ⑤　9 ④

10 **다음 중 열량이 가장 많이 함유된 간식은?**

① 중간크기 고구마 1개 ② 중간크기 귤 2개 ③ 인절미 4개
④ 오렌지주스 1컵 ⑤ 중간크기 바나나 1개

해설
중간크기 바나나 1/2개, 귤(중) 1개, 오렌지주스 1/2컵, 인절미 4개, 고구마(중) 1/2개는 각각 1교환이다. 1교환당 곡류군 열량은 100kcal이며, 과일군 열량은 50kcal이다.

11 **간식으로 찐밤 6개(60g), 우유 1컵(200ml), 귤 중간크기 1개를 제공할 때 열량과 단백질의 함량은?**

① 275kcal, 8g ② 250kcal, 8g ③ 325kcal, 8g
④ 250kcal, 6g ⑤ 375kcal, 6g

해설
밤(60g) 1교환단위의 열량과 단백질은 각각 100kcal, 2g, 우유 1교환단위는 각각 125kcal, 6g, 귤 1교환단위(중간크기)는 각각 50kcal, 0g이므로 합하면 275kcal, 8g이다.

12 **고단백식을 처방받은 환자에게 가장 적합한 간식은?**

① 마른 오징어 15g + 사과주스 1컵 ② 식빵 1쪽 + 버터 1.5작은술 + 우유 1컵
③ 굴 1/3컵 + 사이다 1컵 ④ 달걀 중간크기 1개 + 보리차
⑤ 치즈 1.5쪽 + 크래커 5쪽

해설
치즈 1.5쪽, 달걀 1개, 굴 1/3컵, 마른 오징어 15g이 1교환으로 8g의 단백질을 함유한다. 식빵 1쪽과 크래커 5쪽은 1교환이 2g의 단백질을 함유하며, 우유 1컵은 1교환이 6g의 단백질을 함유한다.

13 **식품교환표의 식품군에 대한 설명으로 옳은 것은?**

가. 삼치, 참치, 새우는 저지방 어육류에 속한다.
나. 달걀과 돼지고기 안심은 중지방 어육류에 속한다.
다. 우유 1팩의 영양가는 당질 11g, 단백질 6g, 지방 10g이다.
라. 밥 1/3공기의 영양가는 단백질 2g, 당질 23g, 열량 100kcal이다.

① 가, 나, 다, 라 ② 가, 나, 다 ③ 가, 다
④ 나, 라 ⑤ 라

해설
삼치는 중지방 어육류이고, 우유 1팩, 즉 1교환단위의 지방 함량은 6g이며, 밥 1/3공기는 곡류군 1교환단위이다.

정답 10 ① 11 ① 12 ⑤ 13 ④

14 환자의 식사를 계획할 때는 다음의 어떤 조건이 만족되어야 하는가?

가. 소화가 잘 되는 음식을 선택한다.	나. 환자의 식품기호를 가능한 한 맞춘다.
다. 음식이 위생적으로 안전해야 한다.	라. 환자의 영양권장량을 100% 충족시킨다.

① 가, 나, 다, 라　② 가, 나, 다　③ 가, 다
④ 나, 라　⑤ 라

해설
영양권장량은 건강인을 기준으로 한 것이므로 환자의 영양과 질병 상태에 따라 에너지 및 필요한 영양소의 양 조절이 요구된다.

15 병원식 중 연식이나 유동식을 제공할 때 나타나기 쉬운 영양소 부족을 방지하기 위해 영양사가 취해야 할 사항은?

가. 식사횟수를 1일 5~6회 이상으로 늘린다.
나. 중심정맥영양(TPN)으로 영양소를 보충시킨다.
다. 가급적 단시일 내에 회복식이나 연식으로 이행한다.
라. 식사 내의 지방과 식이섬유 함량을 엄중히 제한한다.

① 가, 나, 다, 라　② 가, 나, 다　③ 가, 다
④ 나, 라　⑤ 라

해설
중심정맥영양은 소화흡수가 불가능한 환자에게만 적용되며, 연식이나 유동식에서 지방이나 식이섬유를 엄중하게 제한할 필요가 없다.

16 입원환자의 식사에 대한 설명으로 옳지 않은 것은?

① 일반식은 특정한 영양소의 제한 없이 환자에게 공급하는 식사이다.
② 일반식은 여섯 가지 기초식품군을 배합한 균형식이다.
③ 연식은 향신료의 사용에 제한이 없다.
④ 맑은 유동식의 주목적은 수분 공급이다.
⑤ 맑은 유동식을 3일 이상 제공하는 것은 바람직하지 않다.

해설
연식에는 가능한 한 강한 향신료의 사용을 제한한다.

정답 14 ② 15 ③ 16 ③

17 다음 중 수술 후의 환자에게 맑은 유동식으로 줄 수 있는 음식은?

① 옥수수차 ② 채소주스 ③ 오렌지주스
④ 묽은 된장국 ⑤ 요구르트 음료

해설
맑은 유동식은 수술 후의 환자에게 주로 수분 공급을 목적으로 주는 것으로서 소화작용에 전혀 부담을 주지 않는 것을 공급하는 것이 보통이다.

18 맑은 유동식에 대한 설명으로 옳은 것은?

가. 수분 공급과 갈증 예방이 목적이다.
나. 수술 직후 경구급식을 시작할 때에도 사용된다.
다. 영양소의 부족이 예상되므로 영양보충 없이 3일 이상 제공하지 않는다.
라. 가급적 단기간 제공하고 유동식 등의 다음 단계로 이행한다.

① 가, 나, 다, 라 ② 가, 나, 다 ③ 가, 다
④ 나, 라 ⑤ 라

해설
맑은 유동식은 수술 후 주로 수분을 공급하기 위한 식사로 각종 영양소가 부족할 수 있으므로 3일 이상 제공하지 않는다.

19 연식의 식단에 포함시킬 수 없는 음식은?

① 흰죽 ② 연한 닭고기 ③ 달걀찜
④ 고등어조림 ⑤ 과일주스

해설
연식은 주식이 죽 정도의 부드러운 식사형태이며, 소화하기 쉽고 부드러우며 영양소를 충족하는 액체와 반고체 형태의 식사가 적합하다.

20 저잔사식(Low-residue diet)에 대하여 옳게 설명한 것은?

가. 저섬유소를 의미한다.
나. 섬유소만을 제한한다.
다. 식이섬유질을 하루에 15~20g으로 제한한다.
라. 전곡, 견과류, 채소, 과일과 함께 우유, 고기힘줄 부분도 제한시킨다.

정답 17 ① 18 ⑤ 19 ④ 20 ⑤

① 가, 나, 다, 라　　② 가, 나, 다　　③ 가, 다
④ 나, 라　　⑤ 라

해설

저잔사식은 대변의 양과 빈도를 줄여 장에 대한 자극을 감소시킨다. 1일 8g 이하로 섬유소를 제한하고 장관 내 자극과 운동을 감소시키기 위해 우유도 제한한다. 질긴 육류, 조개류, 견과류 등은 제한한다.

21 **검사식은 임상검사의 정밀도를 높이기 위해 임상진단 검사 전에 처방되는 식사이다. 다음 중 신장결석 환자의 진단을 위한 검사식인 것은?**

① 지방변 검사식　　② 5-HIAA 검사식(세로토닌 검사식)
③ 칼슘검사식　　④ 레닌검사식
⑤ 위배출능 검사식

해설

- 지방변 검사식은 위장관 내의 소화불량, 흡수불량을 확인하기 위한 식사
- 5-HIAA 검사식은 악성종양이 의심되는 경우 사용하는 검사식
- 칼슘검사식은 고칼슘 식사 후 고칼슘뇨증 여부를 조사하여 신결석 여부를 진단
- 레닌검사식은 고혈압 환자의 레닌 활성도를 평가하기 위해 사용하는 검사식
- 위배출능 검사식은 위의 운동기능 부전과 폐색을 진단하기 위한 검사식

22 **다음과 같은 경우의 환자에게 일차적으로 적용시켜야 할 식사요법의 종류는?**

- 음식물을 씹고 삼키는 데 어려움이 없으나 식욕 부진이 심하다.
- 소화기관은 어느 정도 작동하지만 흡수불량의 문제가 있다.

① 표준식　　② 맑은 유동식　　③ 경관영양
④ 경장성분영양　　⑤ 완전정맥영양

해설

음식물의 저작 및 연하기능이 있으므로 경구투여를 한다. 식욕 부진과 흡수불량의 문제가 있으므로 성분영양제를 경구로 공급하여 영양상태를 개선시킨 후 식욕과 흡수능력이 개선되면 연식으로 적용시켜 일반식으로 이행한다.

23 **다음 중 관급식이 사용되는 상황 중 가장 옳은 것은?**

① 장천공이 된 경우　　② 말기질환, 의식이 거의 없는 경우
③ 매우 심한 구토를 할 경우　　④ 화상환자
⑤ 위장관 출혈이 심한 경우

해설

화상환자

정답　21 ③　22 ④　23 ④

24 경관급식용 성분영양액 조성의 옳지 않은 것은?

① 당질원으로는 포도당과 덱스트린이 사용된다.
② 비타민의 필요량은 충당될 수 있다.
③ 지방원은 소량의 필수지방산과 중쇄중성 지방으로 구성된다.
④ 단백질원으로는 단쇄펩타이드 또는 유리아미노산으로 구성된다.
⑤ 무기질은 충분하게 공급된다.

해설
무기질은 종류에 따라 필요량에 비해 약간 적은 편이므로 특정 무기질은 보충을 한다.

25 환자 중 완전정맥 영양(TPN)으로 영양지원을 해야 하는 경우는?

가. 심한 췌장염 환자	나. 광범위한 소장 절제 환자
다. 설사와 구토가 극심한 환자	라. 관상심장동맥의 경화가 심한 환자

① 가, 나, 다, 라　② 가, 나, 다　③ 가, 다
④ 나, 라　⑤ 라

해설
소화기관의 소화흡수 기능이 매우 손상되어 경구영양 및 경장영양이 가능하지 않는 환자에게 적용하므로, 관상심장병 환자는 적용하지 않는다.

26 장기적으로 경관급식하는 환자의 모니터링 검사 중 매일 해야 하는 검사는?

가. 체중	나. 혈청 알부민	다. 위장관 기능	라. 혈청 전해질

① 가, 나, 다, 라　② 가, 나, 다　③ 가, 다
④ 나, 라　⑤ 라

해설
장기적으로 경관급식하는 환자의 경우 매일 모니터링을 해야 할 검사는 체중, 수분 섭취와 배설량, 위장관 기능이며, 혈청 전해질, 혈청 알부민, 간기능 검사 등은 2~6개월마다 실시한다.

27 정맥영양의 용액성분에 관한 설명 중 틀린 것은?

① 탄수화물은 덱스트로오스로 공급한다.
② 질소급원으로는 가수분해된 폴리펩티드 형태로 공급한다.
③ 지방은 지질유화액을 사용한다.

정답 24 ⑤ 25 ② 26 ③ 27 ②

④ 30%의 지방유화액에는 3kcal/㎖의 열량을 공급할 수 있다.
⑤ 비타민K는 주 1회 근육주사나 피하지방주사를 한다.

해설
정맥영양에서는 질소급원으로 합성된 결정 아미노산이 이용된다.

28 경관급식 환자의 설사 원인은?

가. 빠른 주입속도	나. 저장성 경장영양액
다. 당질흡수 불량	라. 실온의 경장영양액 공급

① 가, 나, 다, 라 ② 가, 나, 다 ③ 가, 다
④ 나, 라 ⑤ 라

해설
설사의 원인은 불충분한 섬유소, 빠른 주입속도, 미생물 감염, 고장성 경장영양액, 당질흡수 불량, 유당불내증, 지방흡수 불량, 중쇄중성 지방의 빠른 주입, 빠른 위 배출, 차가운 경장영양액 공급 등이다.

29 위운동과 위기관이 정상이면서 6주 미만 단기간 관급식을 해야할 경우 가장 적절한 경장영양 공급경로는?

① 비위관 ② 비십이지장관 ③ 비공장관
④ 위조루관 ⑤ 장조루관

해설
위운동이 정상이면서 6주 미만의 단기간 관급식을 할 경우에는 비위관을 사용하는 것이 좋고, 6주 이상 장기간 관급식을 할 경우 위조루관을 이용한다.

30 다음 환자에게 적합한 경장영양 투여경로는?

> A씨는 뇌막하출혈로 입원 후 7년간 경장영양을 주입하고 있으며, 위무력증과 흡인위험이 높아 상부 위장관으로 관 삽입이 어려운 환자이다.

① 비위관 ② 비십이지장관 ③ 비공장관
④ 위조루술 ⑤ 공장조루술

해설
식도역류 환자, 장기경관급식 환자, 상부위장관으로 관 삽입이 어려운 환자, 흡인 위험이 높은 환자, 위무력증 환자의 경우 공장조루술을 이용한다.

정답 28 ② 29 ① 30 ⑤

31 다음 환자에게 적합한 영양공급방법은?

중등도 이상의 췌장질환자, 소장절제 환자, 골수이식 환자, 임신오조가 심한 환자

① 유동식　② 맑은 유동식　③ 연식
④ 경관급식　⑤ 중심정맥영양

해설
중심정맥영양은 영양소를 정상적인 경로인 소화관을 이용하지 않고 정맥으로 공급하는 방법으로 위장관 소화흡수가 불량하거나 다량의 화학요법, 방사선요법을 받은 환자와 골수이식 환자, 췌장질환 환자, 영양 불량 여부에 상관없이 5~7일 이상 위장관을 사용하지 못하는 환자 등에게 적합하다.

32 특수 질환용 영양액 성분으로 적당하지 않은 것은?

① 간 질환자는 영양액 내에 분지형 아미노산을 높이고 방향족 아미노산을 낮춘다.
② 신장 질환자는 전해질량을 낮추고 필수아미노산과 칼로리를 높인다.
③ 당뇨병 환자의 경우 섬유소 함량을 증가시켜 만든다.
④ 호흡기 질환의 경우 탄수화물의 비중을 높이고 지방의 비율을 낮춘다.
⑤ 소화흡수에 이상이 있는 환자의 경우 가수분해 영양액을 공급한다.

해설
호흡기 질환의 경우 탄산가스의 생성을 최소화하기 위해 탄수화물의 비중을 낮추고 지방의 비율을 높인다.

33 단백질 영양상태를 평가하는 생화학적 검사 항목은?

① 혈청 페리틴　② 혈청 빌리루빈　③ 혈청 트랜스페린
④ 혈청 LDL-콜레스테롤　⑤ 적혈구 프로토포피린

해설
혈청 페리틴과 적혈구 프로토포피린은 철분결핍 상태이고, 혈청 빌리루빈은 간기능, 혈청 LDL-콜레스테롤은 고지혈증 여부를 판정하는 지표이다. 혈청 트랜스페린은 철분 영양상태 평가를 위한 분석항목이면서, 단백질 영양상태의 지표로 활용된다.

34 다음 중 경관급식을 해야 하는 경우는?

가. 장염증 환자	나. 위장관 수술환자
다. 식도 장애 환자	라. 심한 혼수에 의한 영양섭취가 불가능한 환자

① 가, 나, 다, 라　② 가, 나, 다　③ 가, 다
④ 나, 라　⑤ 라

정답　31 ④　32 ④　33 ③　34 ①

해설

경관급식은 수술 또는 기계적 장애(심한 혼수, 구강 인두수술, 연하곤란, 식도장애) 등으로 구강으로 음식을 섭취할 수 없는 환자에게 적용되는 영양지원이다.

35 구토와 메스꺼움을 완화하기 위한 환자관리 요령으로 옳은 것은?

가. 일회 분량을 적게 자주 섭취시킨다.
나. 식후에 휴식을 취하되 눕지 않도록 한다.
다. 고지방 음식이나 향신료가 강한 음식은 제한한다.
라. 더운 음료를 자주 공급한다.

① 가, 나, 다, 라　② 가, 나, 다　③ 가, 다
④ 나, 라　⑤ 라

해설

구토와 메스꺼움이 있는 경우, 음료는 탄산음료나 주스를 차갑게 공급한다. 음용수는 식사와 식사 사이에 섭취시킨다.

36 연하곤란증이 있는 환자에게 줄 수 있는 음식 형태로서 좋은 것은?

가. 맑은 액체음식　나. 끈적끈적한 음식
다. 작은 조각으로 된 음식　라. 입안에서 부드러운 덩어리를 형성하는 음식

① 가, 나, 다, 라　② 가, 나, 다　③ 가, 다
④ 나, 라　⑤ 라

해설

연하보조식으로 섭취하기 좋은 음식 형태는 밀도가 균일하고, 적당한 점도가 있어서 흩어져 떨어지기 어렵고, 되직한 액체 음식, 구강이나 인두를 통과할 때 변형이 용이하고, 끈끈하여 입안에 달라붙지 않아야 한다.

37 역류성 식도염 환자를 관리하는 요령 중 잘못된 것은?

① 위 팽창을 줄이기 위해 1회 섭취량을 줄인다.
② 메스꺼움을 피하기 위하여 과온 · 과랭 식품을 섭취한다.
③ 복압의 증가를 막기 위해 꼭 끼는 옷은 피한다.
④ 양파, 마늘 등 가스 발생 식품의 섭취를 제한한다.
⑤ 위산 분비 억제를 위해 지방과 알코올, 카페인의 섭취를 제한한다.

해설

식도점막 자극을 완화하기 위하여 감귤류, 토마토와 관련된 제품, 파이, 케이크, 과온, 과랭 식품 등의 섭취를 제한한다.

정답 35 ② 36 ④ 37 ②

38 급성위염의 영양관리에 대한 설명으로 옳은 것은?

가. 위점막을 자극하지 않도록 무자극성 위주로 관리한다.
나. 양질의 단백질을 2g/kg 공급한다.
다. 신맛이 적은 과일과 저섬유소 채소로 비타민 C를 공급한다.
라. 위의 산도를 감소시키는 음식을 피한다.

① 가, 나, 다, 라 ② 가, 나, 다 ③ 가, 다
④ 나, 라 ⑤ 라

해설
양질의 단백질은 필요하지만 위를 자극하므로 적당량만 공급한다.

39 만성위염의 발생에 대한 설명으로 옳은 것은?

가. 장기복용한 자극성 식품에 의해 발병하기도 한다.
나. 과산성과 무산성의 구분은 위액의 산농도 차이에 따른 것이다.
다. 잦은 폭음과 폭식이 원인이 될 수 있다.
라. 처음부터 만성형으로 발병하는 경우는 없으며, 급성위염으로부터 이행된다

① 가, 나, 다, 라 ② 가, 나, 다 ③ 가, 다
④ 나, 라 ⑤ 라

해설
위액의 산농도 차이에 의해 과산성과 무산성 위염을 구분한다.

40 소화성 궤양의 증상으로 옳은 것은?

가. 식도와 위의 분문부 궤양은 식후 2~3시간 후에 심한 통증을 느낀다.
나. 궤양으로 출혈이 생기면 토혈도 있다.
다. 선홍색의 혈변을 보게 될 수도 있다.
라. 위나 십이지장에 천공이 생기면 출혈이 된다.

① 가, 나, 다, 라 ② 가, 나, 다 ③ 가, 다
④ 나, 라 ⑤ 라

해설
상부 위장의 궤양은 식후 30~60분에 통증이 오고 이로 인한 혈변은 암갈색이다.

정답 38 ③ 39 ② 40 ④

41 소화성 궤양의 치료법으로 옳은 것은?

가. 알코올 및 흡연 제한을 위한 행동수정요법
나. 연질 무자극식을 이용한 식사요법
다. 헬리코박터 파일로리 제거를 위한 약물요법
라. 위산 분비 촉진 및 위장 근육 강화를 위한 운동요법

① 가, 나, 다, 라 ② 가, 나, 다 ③ 가, 다
④ 나, 라 ⑤ 라

해설

소화성 궤양의 치료법은 약물치료(위산부분 억제제), 영양관리(연질무자극식), 행동요법(규칙적인 생활, 정서적 안정, 알코올 및 흡연 제한) 등이 있다.

42 소화성 궤양에 대한 영양관리방법으로 옳지 않은 것은?

① 우유는 위산중화 효과가 있으므로 자주 사용한다.
② 섬유질이 적은 채소와 정제된 곡류를 이용한다.
③ 기호식품은 위산 분비를 증가시키므로 피한다.
④ 튀김이나 구이보다는 찜을 조리법으로 사용한다.
⑤ 부드러운 단백질 식품을 적절히 사용한다.

해설

우유는 단백질 성분으로 인한 위산 분비 증가 효과가 있으므로 너무 자주 섭취하는 것은 피하도록 한다.

43 덤핑증후군의 식사요법으로 옳은 것은?

가. 당질급원으로는 소화흡수가 쉬운 단당류를 주로 이용한다.
나. 수분 함량이 많은 부드러운 액체형 음식을 공급한다.
다. 단백질은 소화가 어려우므로 제한한다.
라. 식사 횟수를 늘리고 1회 식사량을 줄인다.

① 가, 나, 다, 라 ② 가, 나, 다 ③ 가, 다
④ 나, 라 ⑤ 라

해설

위절제수술 후 덤핑증후군은 열량, 단백질 및 비타민의 충분한 섭취, 단순당의 섭취를 제한하고 복합당질 섭취, 식사 중간의 수분 제한, 유당함유 식품의 제한 및 조절이 영양관리 원칙이다.

정답 41 ② 42 ① 43 ⑤

44 덤핑증후군 증상에 대한 설명으로 옳지 않은 것은?

① 위절제수술로 인해 나타나는 증후군이다.
② 초기증후군은 식후 15~30분에 나타난다.
③ 초기증후군은 혈액순환량이 소장 부위로 집중되는 결과로 인해 나타난다.
④ 후기증후군으로는 저혈당으로 인한 탈력감 등이 나타난다.
⑤ 후기증후군의 저혈당 증세는 인슐린 부족으로 인한다.

해설

덤핑증후군의 초기 증상은 식후 15~30분 후에 복부팽만감, 복통과 함께 소장 부위로 이동함에 따라 순환혈액량과 심박출량이 감소되어 탈력감 등이 나타나는 경우이며 후기 증상은 식후 2~3시간에 나타나는 저혈당으로 인한 탈력감, 식은땀, 무기력 등인데 후기 증상은 식사 직후 지나친 소화흡수에 의해 고혈당 증세가 일시적으로 발생한 결과 인슐린 분비가 과다하게 유발되어 나타난다.

45 위 절제 후 초기의 식사요법에 대한 설명으로 옳은 것은?

가. 소화흡수가 잘되는 식품을 이용한다.
나. 소량 자주 먹는 것이 좋다.
다. 양질의 단백질 식품을 충분히 공급한다.
라. 식욕이 없으므로 강한 조미료나 향신료를 사용한다.

① 가, 나, 다, 라　② 가, 나, 다　③ 가, 다
④ 나, 라　⑤ 라

해설

수술 후에는 빠른 회복을 위해서 양질의 단백질을 공급하고 소화기능이 약하므로 무자극식으로 소량씩 자주 급식하여야 한다.

46 위 절제 수술 후 동반되는 영양장애에 대한 설명으로 옳지 않은 것은?

① 내인자 분비가 감퇴되어 비타민 B_{12} 흡수가 저하된다.
② 위산 부족에 의해 단백질 소화와 철분흡수가 어렵다
③ 질소대사가 항진되고, 소변 중의 질소배설량이 감소한다.
④ 혈중 수분의 장내 이동으로 혈액량 감소를 초래하여 저혈압이 나타난다.
⑤ 칼슘 흡수장애에 의한 골다공증을 일으키는 경우가 있다.

해설

위 수술 후 질소대사가 항진되어 소변에 질소배설량이 증가된다.

정답 44 ⑤ 45 ② 46 ③

47 과산성 위염의 영양관리에 대해 옳은 것은?

가. 소화성궤양의 식사요법에 준한다.
나. 공복상태가 너무 오래 지속되지 않게 식사 시간과 횟수를 조절한다.
다. 당질을 주로 하여 충분한 열량을 섭취한다.
라. 지방은 유화지방으로 섭취하는 것이 좋다.

① 가, 나, 다, 라 ② 가, 나, 다 ③ 가, 다
④ 나, 라 ⑤ 라

해설
당질과 유화지방은 위에 부담을 적게 준다.

48 위하수증의 식사요법으로 옳은 것은?

가. 소화가 잘되며 위에 장시간 머무르지 않는 음식을 선택한다.
나. 단백질은 소화되기 어려우므로 적은 양을 공급한다.
다. 섬유소가 많은 채소는 피한다.
라. 주식은 소화가 잘 안 되므로, 수분함량이 많은 부드러운 죽 종류로 공급한다.

① 가, 나, 다, 라 ② 가, 나, 다 ③ 가, 다
④ 나, 라 ⑤ 라

해설
위의 근육을 튼튼하게 하기 위해서 단백질을 충분히 섭취하며, 지방은 버터, 크림 등의 유화된 형태로 섭취하는 것이 좋다. 식사는 소량이면서 소화가 잘되고 영양가가 높은 것을 섭취한다.

49 소화성 궤양환자를 위한 식사요법에 대한 설명으로 잘못된 것은?

① 소화가 쉬운 조리법을 택한다.
② 손상 조직의 회복을 위해 단백질을 적절히 공급한다.
③ 술과 카페인 음료의 섭취를 제한한다.
④ 지방 공급은 유화지방질을 사용한다.
⑤ 충분한 우유를 공급하여 위산을 중화하도록 한다.

해설
우유는 단백질 성분으로 인한 위산 분비 증가 효과가 있으므로 자주 섭취하는 것은 피하도록 한다.

정답 47 ① 48 ③ 49 ⑤

50 위궤양 환자에게 줄 수 있는 반찬으로 짝지어진 것은?

가. 애호박나물	나. 과일샐러드	다. 달걀반숙	라. 토마토주스

① 가, 나, 다, 라 ② 가, 나, 다 ③ 가, 다
④ 나, 라 ⑤ 라

해설
과일샐러드는 고섬유식품이고, 신맛이 강한 주스는 금지식품이다

51 MCT oil에 대한 설명으로 옳은 것은?

가. 탄소수가 8~10개의 중쇄지방산을 가진 지방이다.
나. 불포화지방산의 함량이 높으므로 심장순환기계 환자에게 좋다.
다. 담즙의 도움 없이 소화흡수가 잘 되므로 지방흡수불량증 환자에게 좋다.
라. 열량이 비교적 낮으므로 비만환자에게 좋다.

① 가, 나, 다, 라 ② 가, 나, 다 ③ 가, 다
④ 나, 라 ⑤ 라

해설
mCT oil이란 탄소수가 8~10개인 중쇄지방산으로 케톤식이나 지방흡수불량증 등에 이용한다.

52 글루텐 과민성 장질환 환자에게 줄 수 있는 음식은?

① 오트밀, 우유, 스크램블드 에그 ② 흰밥, 불고기, 시금치나물
③ 보리밥, 생선조림, 김치 ④ 햄버거, 오렌지주스, 감자튀김
⑤ 칼국수, 애호박나물, 달걀찜

해설
글루텐 과민성 장질환은 글루텐을 이루는 글리아딘 단백질의 한 성분에 의해 유발되는 것으로써 보리, 밀, 호밀 등의 잡곡의 섭취를 제한해야 한다.

53 이완성 변비에 대한 영양관리법으로 옳은 것은?

가. 해조류 섭취 권장	나. 부드러운 채소 섭취 권장
다. 수분 및 유제품 섭취 권장	라. 탄닌 성분 섭취 권장

① 가, 나, 다, 라 ② 가, 나, 다 ③ 가, 다
④ 나, 라 ⑤ 라

정답 50 ③ 51 ③ 52 ② 53 ②

해설

섬유소가 수분을 흡수해서 장운동 촉진하는 해조류와 수분 및 유제품의 섭취를 권장하며, 부드러운 채소를 섭취한다.

54 이완성 변비의 식사요법으로 옳은 것은?

가. 해초는 수분을 많이 흡수해서 장운동을 촉진하므로 좋다.
나. 과일이나 채소는 익힌 것은 좋으나 생것은 좋지 않다.
다. 말린 자두, 살구는 장운동을 촉진시키므로 좋다.
라. 알코올음료는 변비를 악화시키므로 제한한다.

① 가, 나, 다, 라 ② 가, 나, 다 ③ 가, 다
④ 나, 라 ⑤ 라

해설

해조류는 수용성 섬유소를 많이 함유하여 보수성이 강하여 장의 연동운동을 촉진시킨다. 채소나 과일은 생것으로 먹는 것이 좋으며 특히 과일은 껍질 채 그대로 먹는 것이 좋다. 알코올 음료는 배변에 도움을 준다.

55 경련성 변비에 대한 영양관리로 옳은 것은?

① 과민한 장을 자극하지 않도록 부드러운 음식을 준다.
② 식욕을 촉진시키기 위해 자극성 있는 향신료를 사용한다.
③ 장을 적당히 자극하기 위해 탄산음료를 준다.
④ 변을 부드럽게 하기 위해 섬유소를 섭취한다.
⑤ 식욕을 촉진시키기 위해 식사 전에 과일이나 신 음료를 섭취한다.

해설

경련성 변비는 저잔사식, 저섬유질 식사를 제공하며, 과도한 장운동 등을 억제해야 하므로 부드러운 음식을 제공한다.

56 궤양성 대장염에 대한 설명으로 옳은 것은?

가. 복통, 발열, 혈변을 수반한 설사가 나타난다.
나. 증상이 심한 경우 정맥영양으로 영양을 공급한다.
다. 저섬유소식 및 저잔사식을 실시한다.
라. 대장 자극을 최소화하기 위해 소량씩 자주 공급한다.

① 가, 나, 다, 라 ② 가, 나, 다 ③ 가, 다
④ 나, 라 ⑤ 라

해설

궤양성 대장염은 치료기간 장의 휴식을 위해 정맥영양이나 경장영양으로 영양지원을 실시하며, 영양소 결핍을 예방하기 위해 단백질, 철분 등의 섭취에 유의하며, 저자극식, 저지방식, 저섬유소식으로 소량씩 자주 공급한다.

정답 54 ③ 55 ① 56 ①

57 크론병에 대한 설명으로 옳은 것은?

> 가. 소화흡수 불량으로 영양 불량이 나타난다.
> 나. 합병증으로 장폐색, 천공, 출혈 등이 나타날 수 있다.
> 다. 백인, 유태인에 많고 동양인은 적다.
> 라. 대장과 항문 부위에만 염증이나 궤양이 생긴다.

① 가, 나, 다, 라 ② 가, 나, 다 ③ 가, 다
④ 나, 라 ⑤ 라

해설
크론병은 만성 궤양성 대장염과 유사하나 소화기관 어디에서나 발생 가능하며, 소장과 대장 모두에서 나타난다. 회장 말단부가 가장 흔하며 궤양이 점막 깊숙이 나타난다.

58 췌장염의 식사요법에 대한 설명으로 옳지 않은 것은?

① 급성기에도 식사를 공급한다.
② 당질을 중심으로 한 부드러운 식사를 공급한다.
③ 영양결핍을 예방하기 위해 영양지원이 필요하다.
④ 적은 양으로 조금씩 자주 공급한다.
⑤ 자극성 음식 및 향신료 사용을 피한다.

해설
췌장염은 지방질 소화가 가장 장애를 받고, 단백질 소화도 잘 안되므로 가장 소화가 쉬운 당질 위주로 식사를 공급해야 한다. 알코올음료나 향신료, 기타 자극성 있는 음식을 피해야 하며, 급성의 경우에는 3~4일 절식을 하고 정맥주사 등을 통해 영양지원을 받도록 한다. 지방은 회복기에도 오랫동안 제한해야 하는데, 점차 유화지방 위주로 조금씩 공급하도록 한다.

59 만성설사 시 제한해야 하는 것으로 옳은 것은?

① 생채소와 생과일 ② 부드러운 채소 나물
③ 결합조직이 적은 육류 ④ 음료수와 과일 주스
⑤ 조류와 생선류

해설
생채소 및 생과일은 피하고, 고영양식을 공급하며, 수분을 충분히 섭취하도록 한다.

60 회장을 절제한 환자들에게 부족하기 쉬운 비타민은?

① 비타민 B_1 ② 비타민 B_2 ③ 나이아신
④ 비타민 B_6 ⑤ 비타민 B_{12}

정답 57 ② 58 ① 59 ① 60 ⑤

해설

비타민 B_{12}는 회장에서 흡수되므로 회장 절제 시 비타민 B_{12}가 결핍되어 빈혈을 초래할 수 있다.

61 만성장염 환자에게 줄 수 있는 음식은?

① 샐러드, 새우튀김 ② 병어조림, 호박나물 ③ 생선전유어, 무생채
④ 미역나물, 청국장 ⑤ 달걀프라이, 김치

해설

만성장염 시에는 저섬유 · 저잔사식을 공급하고 생채, 생과일 등의 식품과 튀김, 볶음 등의 조리법을 피하고 지방은 유화된 형태로 사용하도록 한다.

62 만성설사에 대한 영양관리로 옳은 것은?

가. 수분과 전해질을 충분히 공급한다.
나. 식욕이 저하되어 있으므로 음료는 차게 해서 준다.
다. 영양 불량을 막기 위해 고열량, 고영양식을 공급한다.
라. 생과일과 채소를 충분히 공급한다.

① 가, 나, 다, 라 ② 가, 나, 다 ③ 가, 다
④ 나, 라 ⑤ 라

해설

만성설사 시에는 저섬유식 · 저잔사식을 공급하고 수분과 전해질 손실을 보충해 주며 음료는 데워 주어야 한다.

63 췌장염에 대한 설명으로 옳은 것은?

가. 담석증의 합병증으로 발병할 수 있다.
나. 지방식 후 2시간 내에 상복부 통증이 오면 췌장염을 의심할 수 있다.
다. 합병증으로 당뇨병으로 발전 할 수도 있다.
라. 알코올 과음이나 지방식의 과식이 원인이 될 수 있다.

① 가, 나, 다, 라 ② 가, 나, 다 ③ 가, 다
④ 나, 라 ⑤ 라

해설

- 급성췌장염 : 췌장의 급성염증성 질환. 상복부에 심한 통증을 동반하며 대체로 췌장의 기능이나 구조에 손상을 주지 않고 회복된다. 대표적인 원인은 담석증과 음주, 지방식의 과식이다.
- 만성췌장염 : 췌장의 만성염증성 질환. 소화효소의 분비 및 당 조절이 안 되며 췌관의 불규칙한 확장과 영구적 손상이 발생하여 회복되지 않는다. 대부분 만성적 음주 환자에게 발생한다.

정답 61 ② 62 ③ 63 ①

64 췌장염의 식사로 적당한 것은?

① 고당질식 ② 고단백식 ③ 고지방식
④ 고섬유소식 ⑤ 저염식

해설
당질은 비교적 소화가 잘 되므로 당질을 위주로 한 식사를 이용한다. 지방과 단백질은 췌액 분비를 촉진하여 췌장에 자극을 주므로 제한한다.

65 췌장염 환자에게 가장 제한해야 할 영양소는?

① 단백질 ② 지방 ③ 수분
④ 칼슘 ⑤ 탄수화물

해설
췌장은 소화효소를 분비하는 조직으로 염증이 있으면 소화효소 분비에 이상이 생겨 영양결핍이 되기 쉽다. 따라서 췌장의 자극을 최소화하는 방향으로 식사요법을 실시한다. 열량은 주로 탄수화물로 공급하고 지방 섭취는 계속적으로 제한하며 단백질은 초기에는 제한하다 조직회복을 위하여 점차 증가시킨다.

66 게실염에 대한 설명으로 옳은 것은?

가. 게실염은 주로 소장에서 가장 많이 발견된다.
나. 게실증은 연령이 증가함에 따라 발생률이 저하된다.
다. 게실염의 자극을 피하기 위해 저섬유소 식사를 주어야 한다.
라. 쉽게 배변시키고 대장 내 압력을 저하시키기 위하여 고섬유소 식사를 권장한다.

① 가, 나, 다, 라 ② 가, 나, 다 ③ 가, 다
④ 나, 라 ⑤ 라

해설
대장의 근육 내벽에 작은 주머니같은 점막돌기인 게실이 여러 개 발생하며 상태가 좋아지면 점차적으로 저잔사식을 공급하고 초기에는 고섬유소 식사를 제공한다.

67 알코올에 의해 장내 흡수가 저해되는 영양소는?

가. 티아민	나. 비타민 B_{12}	다. 엽산	라. 비타민 C

① 가, 나, 다, 라 ② 가, 나, 다 ③ 가, 다
④ 나, 라 ⑤ 라

정답 64 ② 65 ② 66 ⑤ 67 ①

해설

알코올은 위와 췌장, 소장에 염증을 일으켜 티아민, 비타민B_{12}, 엽산, 비타민 C와 같은 영양소의 흡수를 저해하여 영양 불량을 일으킨다.

68 간경변의 가장 중요한 위해요인과 환자에게 복수가 생겼을 때 엄격히 제한하여야 할 것은?

① 음주 – 나트륨, 알코올
② 스트레스 – 탄수화물, 단백질
③ 흡연 – 단백질, 알코올
④ 포화지방 – 비타민 C, 나트륨
⑤ 불포화지방산 – 철분, 물

해설

간경변은 알코올 과음에서 오는 오랜 영양결핍증, 만성 간염, 약물중독, 자기면역 결핍, 대사질환 등이 중요 발병 원인이다.

69 간염환자가 회복단계에 있을 때 다량제공해야 할 영양소는?

① 나트륨
② 단백질
③ 수분
④ 지방
⑤ 탄수화물

해설

간세포의 재생을 위하여 단백질이 필요하다.

70 알코올성 간질환의 식사요법으로 적절치 않은 것은?

① 알코올 제한
② 비타민의 충분한 섭취
③ 단백질 제한
④ 충분한 열량 공급
⑤ 유화된 지방의 공급

해설

알코올성 간질환은 알코올을 제한하고 열량과 유화된 지방, 비타민의 충분한 공급이 필요하다.

71 간질환의 식사원칙에 속하지 않는 것은?

① 지방은 일체 금한다.
② 알코올은 금한다.
③ 열량을 충분히 섭취한다.
④ 부종과 복수 시 염분과 수분을 제한한다.
⑤ 단백질은 양질의 단백질로 섭취한다.

해설

다른 영양소와 균형을 맞추어 당질을 충분히 섭취하고 지방은 소화되기 쉬운 유화된 상태로 이용하며 간기능 보호와 단백질 절약작용을 위해 고당질 식사요법을 이용한다.

정답 68 ① 69 ② 70 ③ 71 ①

72 급성간염 환자의 식사요법 기본을 바르게 제시한 것은?

① 고열량 – 고단백질 – 저지방
② 고비타민 – 고섬유질 – 저염식
③ 저열량 – 고지방 – 고비타민
④ 저단백 – 저염식 – 고섬유질
⑤ 고섬유질 – 저열량 – 고단백질

해설
충분한 에너지 공급을 위해 고열량, 고당질, 고단백식을 권장하며 소화되기 쉬운 중등도의 지방을 섭취한다.

73 급성간염 환자의 식사요법과 제한 식품이 바르게 짝지어진 것은?

① 저열량식 – 과일
② 고지방식 – 유자차
③ 고섬유질식 – 섬유질이 많은 채소
④ 고비타민식 – 고기튀김
⑤ 저단백식 – 우유

해설
고섬유소 식품(잡곡류)은 제한하나 신선한 야채를 통해 비타민과 무기질의 공급은 제공한다.

74 과도한 음주로 인해 남성에게 나타나기 쉬운 질병과 이 때 비음주자들보다 더 많이 섭취해야 하는 영양소는?

① 골다공증 – 단백질, 철분
② 동맥경화증 – 비타민, 탄수화물
③ 폐암 – 철분, 지방
④ 간경변 – 단백질, 비타민
⑤ 뇌출혈 – 탄수화물, 지방

해설
간경변은 알코올 과음에서 오는 오랜 영양결핍증으로 고열량, 고단백, 고비타민, 저나트륨식을 권장한다.

75 간경변증 환자에게 가장 적절한 식사요법은?

① 고열량 – 고무기질식
② 고단백식 – 저칼륨식
③ 고열량 – 고지방식
④ 고열량 – 고섬유식
⑤ 고열량 – 고단백식

해설
간경변은 알코올 과음에서 오는 오랜 영양결핍증으로 고열량, 고단백, 고비타민, 저나트륨식을 권장한다.

정답 72 ① 73 ④ 74 ④ 75 ⑤

76 장기간 음주로 인하여 발생한 간질환의 식사요법으로 적절치 않은 것은?

① 충분한 열량 공급 ② 알코올 제한 ③ 단백질 제한
④ 비타민의 충분한 섭취 ⑤ 나트륨 제한

해설
간질환의 식사요법은 고열량, 고단백, 고비타민, 저나트륨식을 권장한다.

77 간의 기능으로 옳은 것은?

가. 담즙의 농축	나. 해독작용	다. 췌액의 분비	라. 혈당 유지

① 가, 나, 다, 라 ② 가, 나, 다 ③ 가, 다
④ 나, 라 ⑤ 라

해설
담즙은 간에서 합성되고 담낭에서 농축되어 저장된다.

78 간의 기능에 대한 설명으로 바르지 못한 것은?

① 무기질 평형 유지 및 혈압조절 ② 영양소 대사
③ 담즙 생성 ④ 해독 작용
⑤ 요소생산기능

해설
간은 영양소의 합성, 분해, 저장 등의 대사에 관여하며 담즙을 생성하고 요소생산기능과 해독작용이 있다.

79 간기능에 대한 설명으로 옳은 것은?

① 담즙의 합성과 농축 ② 인슐린의 합성과 분비 ③ 소화효소 합성과 분비
④ 영양소 대사와 해독 ⑤ 글루카곤의 합성과 분비

해설
인슐린과 글루카곤을 합성하고 분비하는 장소는 췌장이다.

80 담석증의 식사요법으로 적절한 것은?

① 지방을 많이 섭취한다. ② 자극적인 음식을 준다.
③ 섬유질이 많은 음식을 준다. ④ 자극이 적고 소화하기 쉬운 음식을 먹는다.
⑤ 알코올은 적게 섭취한다.

해설
담석증은 무자극, 저열량, 저지방, 고당질식으로 자극이 적고 소화하기 쉬운 음식을 섭취한다.

정답 76 ③ 77 ④ 78 ① 79 ④ 80 ④

81 담석증 환자의 식사요법에 대한 설명이다. 옳은 것은?

① 지방과 콜레스테롤은 담낭기능을 촉진하므로 충분히 섭취한다.
② 단백질은 간 기능을 좋게 하지만 담즙 분비를 촉진하므로 호전되어도 제외한다.
③ 섬유소는 담석 제거에 도움이 되므로 충분히 섭취한다.
④ 탄수화물은 담낭기능에 영향을 미치지 않으므로 충분히 섭취한다.
⑤ 수분은 제한하여 섭취한다.

해설

포화지방, 콜레스테롤, 섬유소는 제한하며, 무자극식을 권장한다. 단백질은 담즙 분비를 촉진하므로 섭취를 제한하였다가 호전되면 고단백식으로 제공한다.

82 다음 담석증 환자의 식사요법에 대한 설명으로 적절치 않은 것은?

① 과식하지 말고 비타민은 충분히 섭취한다.
② 담낭의 수축을 촉진시키기 위해 지방식품을 많이 섭취한다.
③ 담낭 수축에 영향을 미치지 않는 탄수화물을 충분히 섭취한다.
④ 자극적인 음식, 섬유질이 많은 음식은 피하도록 한다.
⑤ 수분은 충분히 섭취하여 담석이 배출되도록 돕는다.

해설

담석증 환자의 기본적인 식사요법은 포화지방, 콜레스테롤을 제한한다.

83 담석증 환자의 식사요법으로 올바르지 않은 것은?

① 담낭보호를 위해 단백질을 적정량 공급한다.
② 담낭 수축을 자극하는 탄수화물의 섭취는 제한한다.
③ 자극성 식품이나 가스 발생 식품을 피한다.
④ 섬유질이 많은 식품의 섭취를 제한한다.
⑤ 수분은 충분히 섭취하도록 한다.

해설

단백질은 담즙 분비를 촉진하므로 과다 섭취는 피하고 담낭을 보호하기 위해 적정량 공급하며, 탄수화물은 충분히 공급한다.

84 담낭증 환자의 식사요법으로 옳지 않은 것은?

① 동물성 식품의 섭취를 제한한다.
② 맵고 짠 자극성 식품이나 가스 발생 식품은 피한다.
③ 수분은 충분히 섭취하도록 한다.
④ 담즙생성에 도움을 주는 단백질과 나트륨을 다량공급한다.

정답 81 ④ 82 ② 83 ② 84 ⑤

⑤ 담낭 수축을 자극하는 지방의 섭취는 제한한다.

해설

담석증 환자는 단백질이 담즙 분비를 촉진하므로 초기에는 섭취를 제한한다.

85 **담낭제거수술 후의 식사로 적당한 것은?**

① 계란 후라이 ② 치즈피자 ③ 잣죽
④ 흑임자죽 ⑤ 흰죽

해설

담낭제거수술 후 지방이 많은 식사를 제공하면 담낭이 자극 · 수축되므로 지방이 적은 흰죽으로 제공한다.

86 **담즙에 의한 지방의 소화 · 흡수 증진효과에 대한 설명이다. 옳은 것은?**

① 담즙성분의 물리화학적 특성에 의한 것이다.
② 담즙에 함유되어 있는 지방분해효소에 의한 것이다.
③ 담즙 분비를 촉진하는 콜레시스토키닌에 의한 것이다.
④ 담즙성분에 의해 지방이 용해되기 때문이다.
⑤ 담즙 생성에 관여하는 콜레스테롤에 의한 것이다.

해설

담즙염은 미셀(micelle)을 형성함으로써 지방의 흡수를 활성화시키고, 세정효과를 통해 지방의 소화를 돕는다.

87 **담석에 대한 설명으로 옳은 것은?**

① 담즙성분인 콜레스테롤과 담즙산의 조성비가 변경되어 형성된 것이다.
② 담즙성분인 콜레스테롤과 칼슘이 결석을 만들어 형성된 것이다.
③ 간에서 담즙의 합성이 잘못되어 결석이 형성된 것이다.
④ 담즙의 장간 순환이 잘못되어 결석이 형성된 것이다.
⑤ 담석은 콜레스테롤 결석, 빌리루빈 탄산 결석, 칼륨결석이 대표적이다.

해설

콜레스테롤 결석은 콜레스테롤, 담즙산, 빌리루빈 등으로 구성되어 있다.

88 **간성 뇌경변증 환자의 식사요법에서 가장 주의해야 할 영양소는?**

① 탄수화물 ② 무기질 ③ 비타민
④ 단백질 ⑤ 당질

해설

간성 뇌경변증은 암모니아를 요소로 전환시키지 못하고 고암모니아혈증을 초래할 경우 발생하므로 단백질 섭취를 줄여야 한다.

정답 85 ⑤ 86 ① 87 ① 88 ④

89 고콜레스테롤혈증의 식이요법에서 강조하는 것은?

① 돼지고기, 쇠고기의 지방 제거
② 지방과 단백질 섭취 증가
③ 콩류 섭취 제한
④ 식이섬유질 섭취 감소
⑤ 고열량 섭취

해설
혈중 콜레스테롤치를 감소시키기 위해서 지방 섭취량을 조절해야 한다.

90 고콜레스테롤혈증의 식사요법에서 제한하여야 하는 영양소와 식품은?

① 식이섬유소와 콩류
② 단일불포화지방산과 옥수수기름
③ 콜레스테롤과 난황
④ 단백질과 식이섬유소
⑤ 칼슘과 유제품

해설
혈중 콜레스테롤치를 감소시키기 위해서 콜레스테롤 함유식품 섭취를 제한하여야 한다.

91 고콜레스테롤혈증 환자는 콜레스테롤이 많이 함유된 식품을 제한하여야 한다. 1인분 기준으로 볼 때 콜레스테롤이 상대적으로 가장 많이 들어있는 식품은?

① 계란, 소간 ② 참치, 고등어 ③ 당근, 미역
④ 우유, 요구르트 ⑤ 밀가루, 옥수수

해설
동물의 장기는 고콜레스테롤 식품이다.

92 이상지질혈증의 식사요법에 대한 바른 것은?

가. 고중성지방혈증에는 과일도 제한한다.	나. 식물성 기름을 사용한 고구마튀김은 무방하다.
다. 등푸른 생선을 주 2회 섭취한다.	라. 고중성지방혈증에는 알코올을 제한할 필요가 없다.

① 가, 나, 다, 라 ② 가, 나, 다 ③ 가, 다
④ 나, 라 ⑤ 라

해설
고중성지방혈증은 과일과 알코올을 제한해야 한다.

정답 89 ① 90 ③ 91 ① 92 ③

93 최근 우리나라에서 허혈성 심장질환과 이로 인한 사망이 급증하고 있다. 이 질환의 위험요인으로 볼 수 없는 것은?

① HDL콜레스테롤 증가 ② 당뇨병 ③ 흡연
④ 고혈압 ⑤ 가족

해설
허혈성 심장질환의 위험요인은 고령, 가족, 흡연, 고혈압, HDL-콜레스테롤 감소, 당뇨병 등이다.

94 흡연을 과도하게 하는 여성에게서 나타나기 쉬운 질병과 이때 비흡연자보다 더 많이 섭취해야 하는 영양소는?

① 폐암, 위암 - 철분, 지방 ② 식도암, 간경화 - 나트륨, 요오드
③ 골다공증, 간질환 - 단백질, 칼슘 ④ 고지혈증, 간암 - 지방, 탄수화물
⑤ 동맥경화증, 폐암 - 비타민 A, 비타민 C

해설
과도한 흡연은 폐암의 원인이 될 수 있다.

95 심장마비 후 식이요법으로 적절치 않은 것은?

① 알코올은 엄격히 제한한다.
② 심장 기능을 원활히 하기 위해서 2,000kcal 이상 공급한다.
③ 쇼크가 진정될 때까지 음식을 주지 말고 정맥주사를 준다.
④ 카페인 음료를 엄격히 제한한다.
⑤ 저나트륨식을 고려한다.

해설
쇼크가 진정될 때까지 음식을 주지 말고 정맥주사를 준다.

96 다음 중 심장마비 후의 식사요법으로 적절하지 않은 것은?

① 몇 시간 후에는 저염유동식을 준다.
② 계속 식사량을 제한하고 저열량 저단백 식이를 한다.
③ 쇼크가 진정될 때까지는 입으로 아무것도 주지 않는다.
④ 5~10일 후에는 식이를 상태에 따라 맞추고, 저지방식을 준다.
⑤ 알코올과 카페인 음료는 엄격히 제한한다.

해설
쇼크가 진정될 때까지 음식을 제공하지 않으며 정맥주사 후 저염유동식과 저지방식을 고려한다.

정답 93 ① 94 ⑤ 95 ② 96 ②

97 **심장병과 고혈압이 있는 노인에게 섭취량을 제한하여야 할 영양소는?**

① 나트륨, 칼슘
② 단백질, 비타민 C
③ 동물성 지방, 비타민 C
④ 나트륨, 동물성 지방
⑤ 칼륨, 비타민 A

해설

심장병과 고혈압이 있는 환자는 나트륨과 동물성 지방을 제한하여야 한다.

98 **노인들은 두 가지 이상 질병을 가진 경우가 많은데 심장병과 고혈압이 있는 노인에게 섭취량을 제한하여야 할 영양소는?**

① 나트륨, 동물성 지방
② 단백질, 비타민 C
③ 동물성 지방, 비타민 C
④ 나트륨, 칼슘
⑤ 식물성 지방, 칼륨

99 **칼륨섭취와 고혈압과의 관계가 바르지 않은 것은?**

① 강압이뇨제를 복용하는 환자의 Na/K 섭취비율은 1정도가 좋다.
② 칼륨함량이 많은 식품은 두류, 종실류, 어패류, 채소류 등이다.
③ 고혈압 환자에게는 칼륨 함량은 많지만 나트륨 함량이 적은 식품을 권한다.
④ 칼륨은 혈압을 저하시키는 작용을 한다.
⑤ 신부전 합병증이 있는 고혈압 환자는 고칼슘혈증을 일으키지 않도록 주의한다.

해설

신부전 합병증이 있는 고혈압 환자는 고칼륨혈증을 주의한다.

100 **우리나라에는 동맥경화증 환자가 아주 많다. 동맥경화증 환자에게 권장하는 사항이 아닌 것은?**

① 육류, 달걀 등 동물성 단백질의 엄격한 제한
② 금연
③ 지속적 유산소 운동
④ 포화지방산과 콜레스테롤 제한
⑤ 식이섬유 섭취

해설

식물성 기름과 양질의 단백질, 식이섬유 섭취를 권장하며 적당한 당질 섭취가 필요하다.

정답 97 ④ 98 ① 99 ⑤ 100 ①

101 **울혈성 심부전 환자의 식사요법으로 적당한 것은?**

가. 양질의 단백질을 충분히 공급한다.	나. 식사는 적은 양으로 자주 섭취한다.
다. 소화가 잘 되는 식품을 섭취한다.	라. 섬유질이 많은 식품을 충분히 섭취한다.

① 가, 나, 다, 라 ② 가, 나, 다 ③ 가, 다
④ 나, 라 ⑤ 라

해설
울혈성 심부전은 심장의 펌프작용에 장애가 생겨 신체가 필요로 하는 혈액을 충분히 내보낼 수 없는 질환이다. 과식은 호흡곤란을 일으킬 수 있으므로 소량씩 자주 제공하며 양질의 단백질을 공급하고 소화가 잘되는 식품을 섭취한다.

102 **심혈관계 질환의 위험요인인 고혈압의 예방을 위한 바람직한 생활습관은?**

가. 매일 저녁 공원에서 1시간씩 걷는다.
나. 담배는 즐겨 피지만 술은 전혀 안 마신다.
다. 나물, 생채를 자주 먹는다.
라. 스트레스가 쌓이면 달고 기름진 음식을 먹어 풀어 버린다.

① 가, 나, 다, 라 ② 가, 나, 다 ③ 가, 다
④ 나, 라 ⑤ 라

해설
고혈압 예방을 위해서는 과도한 음주와 흡연은 절대로 금하며 동물성 지방과 식품성 지방의 균형에 유의하여 지방을 섭취한다. 규칙적인 운동과 과일 및 채소의 섭취를 권장한다.

103 **고혈압과 동맥경화가 있는 환자에게 저나트륨 식사를 제공하는 경우 조리상 주의해야 할 점으로 잘못 설명한 것은?**

① 독특한 맛과 향기가 있는 채소와 레몬, 들깻잎, 풋고추 등을 이용한다.
② 식초, 레몬, 귤, 유자 등을 이용한다.
③ 조리용 간장, 소금을 사용하지 않고 마늘, 카레, 후추 등을 이용한다.
④ 국물을 이용한 음식을 만들어 다 먹도록 한다.
⑤ 식사량을 줄이고 5~6회 나누어 주되 가공식을 제한한다.

해설
국물은 나트륨의 함량이 많으므로 가능한 한 국물을 이용한 음식은 제공하지 않는다.

정답 101 ② 102 ③ 103 ④

104 다음 중 동맥경화의 식사요법으로 바르게 짝지어진 것은?

가. 단백질 식품 제한	나. 지방 섭취량 제한
다. 체중 감량	라. 육류, 달걀 등의 충분한 섭취

① 가, 나, 다, 라 ② 가, 나, 다 ③ 가, 다
④ 나, 라 ⑤ 라

해설
식물성 기름을 섭취하고 양질의 단백질을 충분히 섭취한다. 식이섬유를 많이 섭취하여 동맥경화를 예방한다.

105 심장근육의 힘이 약해져 혈액을 충분히 방출하지 못할 때 나타나는 증후군을 울혈성 심부전이라 한다. 이 질병의 식사요법으로 적절하지 않은 것은?

① 변비예방을 위해 섬유소를 충분히 섭취한다.
② 심부전이 심할 경우 1,000kcal 정도의 열량을 공급한다.
③ 양질의 단백질을 충분히 공급한다.
④ 들기름, 등푸른 생선을 섭취한다.
⑤ 과량의 식사는 호흡곤란을 일으킬 수 있으므로 소량씩 자주 섭취한다.

해설 양질의 단백질을 공급하며 소화가 잘 되는 식품과 저염식을 제공한다.

106 다음 중 비만환자의 식사요법으로 옳은 것은?

① 탄수화물은 아주 적게, 수분 섭취를 제한한다.
② 음식은 짜고 맵게 먹는다.
③ 식사를 규칙적으로 하고 저단백질식을 한다.
④ 섬유소가 많은 채소류와 해조류를 적게 섭취한다.
⑤ 단순당의 섭취를 제한한다.

해설
비만환자는 단백질, 무기질, 비타민, 식이섬유를 제한하지 않는다.

107 다음 중 비만환자의 식사처방으로 옳은 것은?

① 저열량 · 질소평형유지 식사 ② 저당질 · 무지방 식사
③ 질소평형유지 · 저당질 식사 ④ 저열량 · 저단백질 식사
⑤ 저단백질 · 무지방 식사

해설
비만환자의 식사는 질소평형 유지를 위해서 양질의 단백질을 공급하고 저열량식을 제공한다.

정답 104 ④ 105 ① 106 ⑤ 107 ①

108 비만예방을 위한 바람직한 식생활이 아닌 것은?

① 저녁식사는 과식을 하지 않고 가볍게 먹는다.
② 평소에 포만감을 줄 수 있는 채소와 해조류를 섭취한다.
③ 단순당의 섭취를 제한한다.
④ 지방이 많은 삼겹살이나 갈비의 섭취를 줄인다.
⑤ 열량 섭취를 줄이기 위해 아침식사를 자주 거른다.

해설
비만은 불규칙한 식습관에서 기인하는 경우가 많다. 지방 섭취를 줄이고 포만감을 줄 수 있는 과일, 해조류의 섭취를 늘리며 과식이나 결식을 하지 않고 세끼 식사를 규칙적으로 하는 것이 바람직하다.

109 다음 중 비만판정에 사용되는 체질량지수의 특징으로 틀린 것은?

① 통상적으로 24 이상을 비만으로 판정한다.
② 체중과 신장을 가지고 산정한다.
③ 국제적으로 통용되고 있는 체격지수이다
④ 체지방과 상관관계가 높아 널리 이용되며 성인에게 유용하다.
⑤ 지방축적량을 반영한다.

해설
WHO는 30 이상을 비만판정 기준으로 제시하고 있으나 우리나라는 25 이상을 비만으로 판정하고 있다.

110 비만증의 식사요법으로 옳은 것은?

① 식사 전 신선한 채소로 포만감을 채운다.
② 단백질은 음의 질소평형을 유지하도록 한다.
③ 당질과 수분의 섭취를 엄격하게 제한한다.
④ 에너지 밀도가 높은 식품을 이용한다.
⑤ 동일한 열량이라도 횟수를 줄여서 섭취한다.

해설
체중 감소를 위해서 엄격한 당질제한식을 하는 경우 케톤증을 유발하기 쉽고 수분의 엄격한 제한은 탈수를 유발할 수 있다.

111 비만증의 식사요법에서 제한하지 않아도 되는 영양소는?

① 탄수화물　② 지방　③ 단백질
④ 열량　⑤ 염분

해설 단백질은 체세포의 소모를 방지하기 위해서 충분한 양을 섭취해야 한다.

정답 108 ⑤ 109 ① 110 ① 111 ③

112 비만인의 식사행동에 관련된 설명으로 옳은 것은?

① 식사 간격이 길수록 뇌의 포만중추가 자극되어 과식을 멈출 수 있다.
② 밤에는 교감신경 작용이 활발하므로 밤참은 체중 증가와는 관련이 없다.
③ 식사속도가 빠를수록 소화흡수 속도도 빨라서 뇌의 포만중추를 자극한다.
④ 동일 에너지라도 하루에 여러 번 나누어 먹는 것이 체중 감소에 좋다.
⑤ 단식이나 하루 1,000kcal 미만의 저열량식은 체중 감량을 위한 가장 좋은 방법이다.

해설

동일 에너지라도 하루에 여러 번 나누어 먹는 것이 허기를 면할 수 있고 체중 감소에 도움이 된다.

113 비만의 병태와 치료에 대한 설명으로 옳은 것은?

① 비만의 대부분은 에너지 과잉 섭취와 신체활동에너지 감소때문에 발생한다.
② 당뇨병을 동반한 비만자의 치료에 저열량식은 위험하다.
③ 비만치료를 위한 열량 제한은 최저 1,200kcal까지이다.
④ 비만치료를 위한 저열량식은 지방세포의 수를 정상화시킨다.
⑤ 열량소모량이 같아도 무산소 운동을 하는 경우 체중이 더 감소한다.

해설

비만은 에너지 과잉 섭취와 신체활동 감소로 유발되는 경우가 많으며 열량소모량이 같아도 유산소운동이 체중 감소에 효과적이다.

114 비만인의 운동에 대한 설명 중 옳은 것은?

① 운동초기에는 체지방 감소가 크지 않아 체중은 크게 변하지 않는다.
② 적당한 운동은 스트레스를 감소시켜 음식 섭취를 조절할 수 있다.
③ 운동 초기부터 체지방이 감소되어 체중의 감소로 이어진다.
④ 운동의 강도는 높게, 시간은 짧게 하는 것이 효과적이다.
⑤ 운동의 효과는 운동빈도보다는 운동강도와 지속시간이 중요하다.

해설

격렬한 운동은 산소소모량이 크므로 당질을 연소해서 에너지를 소모하지만 중강도의 운동은 체지방을 소모한다.

115 저체중자는 적정체중으로 증가시키는 것이 건강상 중요하다. 체중 증가를 위한 방안으로 적절치 않은 것은?

① 포도주, 알코올 음료를 매일 한 병씩 마신다.
② 사탕, 초콜릿 등을 자주 먹는다.
③ 간식으로 땅콩, 바나나, 치즈 등을 먹는다.

정답 112 ④ 113 ① 114 ② 115 ①

④ 매일 밤참으로 빵, 국수 등을 먹는다.
⑤ 농축된 형태의 열량을 늘리는 것이 바람직하다.

해설
식욕을 증진시킬수 있는 음식을 선택하며 신선한 과일, 채소도 꾸준히 섭취한다. 체중 증가를 위해서 알코올 음료를 매일 섭취하는 것은 바람직하지 못하다.

116 **저열량 식이를 하는 경우 식품과 조리방법이 적절한 것은?**
① 탄수화물은 엄격히 제한하고 단백질을 주 에너지원으로 공급한다.
② 국과 죽 등의 수분, 섬유질이 많은 음식을 먹는다.
③ 밥을 적게 먹고 감자칩, 초콜릿 등 간식을 많이 먹는다.
④ 해조류, 채소류 등을 적게 섭취한다.
⑤ 당질은 하루 50g 이상 섭취해야 하며 바나나, 아이스크림 등을 제공한다.

해설
체중 증가를 위해서 열량이 높은 식품을 제공한다. 당질은 하루 100g 이상 섭취한다.

117 **당뇨병 환자의 영양대사에 대한 설명으로 바른 것은?**
① 체조직 내의 포도당의 이용률이 증가한다.
② 지방합성이 증가하고 지방분해는 감소한다.
③ 케톤체 생성이 증가하고 케톤산혈증이 발생 될 수 있다.
④ 지방분해가 증가하고 혈액 중 지방산과 콜레스테롤치가 감소한다.
⑤ 체지방 감소로 인해 혈청 지질농도는 감소한다.

해설
당뇨병 케톤증은 체내 포도당 이용이 감소되어 저장지방이 에너지원으로 되는 과정에서 중간대사물인 케톤체의 생성이 증가하여 초래되는 일종의 산독증이다.

118 **지속성 인슐린을 사용하는 당뇨병 환자의 식사요법으로 옳은 것은?**
① 당질 섭취를 제한하여 케톤증을 예방한다.
② 아침을 다른 끼니보다 조금 많이 제한한다.
③ 잠들기 전에 야식을 섭취한다.
④ 콜레스테롤은 하루 100mg 이상 섭취한다.
⑤ 규칙적인 식사와 양은 자유롭게 조절한다.

해설
효과가 24시간 지속되는 지속성 인슐린은 공복이 지속되는 새벽에 저혈당증이 올 수 있으므로 잠들기 전 야식을 섭취하여야 한다.

정답 116 ② 117 ③ 118 ③

119 혈당을 조절하는 당뇨환자의 식사요법으로 선택하기 적합한 식단은?

① 우유와 찐고구마 ② 흰식빵과 오렌지잼 ③ 바나나주스와 피자
④ 베이글과 구운 감자 ⑤ 사과주스와 단팥빵

해설
혈당을 조절해야 하는 당뇨환자는 당지수가 낮은 식품을 위주로 선택하여 식단을 작성해야 한다. 당지수는 사과(50), 오렌지(60), 감자(80), 흰빵(100)이다.

120 대한당뇨병학회에서 정한 당뇨병진단 기준은 공복혈당 얼마 이상인가?

① 80mg/d*l* ② 110mg/d*l* ③ 126mg/d*l*
④ 150mg/d*l* ⑤ 200mg/d*l*

해설
대한당뇨병학회에서는 공복혈당이 126mg/d*l* 이상, 당부하 2시간 혈당이 200mg/d*l* 이상이면 당뇨로 정의한다.

121 다음은 당뇨병 환자의 식사에 관한 설명이다. 당질에 대한 설명으로 옳은 것은?

① 복합당질은 체내에서 서서히 포도당으로 가수분해되므로 좋다.
② 가능한 단당류나 이당류 형태를 공급하는 것이 바람직하다.
③ 당질의 종류는 혈당에 영향을 주지 않는다.
④ 비영양 감미료의 사용은 소량이라도 제한한다.
⑤ 섬유소는 혈당조절에 효과가 없다.

해설 복합당질은 포도당으로 천천히 분해되기 때문에 혈당을 천천히 증가시킨다.

122 제1형 인슐린 의존형 당뇨병 환자의 치료와 식이요법에서 반드시 필요한 조치가 아닌 것은?

① 식사 시간의 간격을 일정하게 하여 열량 섭취를 분배한다.
② 식사 시간마다 영양소의 균형적인 분배와 공급을 한다.
③ 반드시 인슐린을 투여한다.
④ 당질은 총열량 30~40%를 공급하되 흰밥을 제공한다.
⑤ 지방은 총열량의 20% 정도로 권장하며, 콜레스테롤은 제한한다.

해설 당질은 하루 필요에너지양의 50~60%를 공급하는 것이 좋다.

123 다음 중 제2형 당뇨병의 식사요법으로 옳은 것은?

① 오메가-3 지방산 섭취 제한 ② 열량 섭취 제한
③ 채소 섭취 제한 ④ 단순당을 권장
⑤ 포화지방의 섭취 권장

정답 119 ① 120 ② 121 ① 122 ④ 123 ⑤

해설

지방은 총열량의 20% 정도로 권장하며, 불포화지방산과 포화지방산의 비는 1/1~1.5/1로 하며, 콜레스테롤은 제한한다.

124 **당뇨병성 혼수는 빨리 치료하지 않으면 치명적이다. 이 환자의 증상과 필요한 조치는?**

① 혈중 케톤체 상승 - 인슐린 요법, 수분과 전해질 주사
② 혈중 요산 상승 - 히스타민 투여, 포도당 주사
③ 혈중 요산 상승 - 에스트로겐 요법, 전해질 주사
④ 혈당 증가 - 티록신 투여, 수분 주사
⑤ 혈중 케톤체 상승 - 티록신 투여, 포도당 주사

해설

인슐린 의존형 당뇨병 환자가 인슐린 주사를 중단하거나 식사량이 적어 인슐린 부족이 심해질 경우에 당뇨병성 혼수가 초래된다. 당뇨병성 혼수에는 인슐린, 전해진, 수분 공급이 필요하다.

125 **다음 중 당뇨병 환자식으로 옳은 것은?**

① 설탕의 과잉사용을 억제하기 위해서 인공감미료의 사용이 허용된다.
② 당뇨환자는 엄격한 당질 제한이 중요하다.
③ 인슐린 처방시 식사 간격보다 식사량 조절이 더 중요하다.
④ 섭취지방 총량이 중요하므로 지방산의 종류는 고려하지 않는다.
⑤ 섬유질 과잉 섭취는 급격한 혈당 상승을 유발한다.

해설

당뇨환자에게 설탕 대체로 인공감미료를 이용할 수 있으며, 섬유질 과잉 섭취는 혈당의 급격한 상승을 억제한다. 당뇨환자는 고지혈증도 발생하므로 불포화 지방산같은 지방산의 섭취를 권장한다.

126 **간에서 대사되며 대사 시 인슐린을 필요로 하지 않는 당으로 혈중 중성지방 합성을 촉진할 수 있는 감미료는?**

① 자일리톨
② 설탕
③ 덱스트로오즈
④ 과당
⑤ 맥아당

해설

자일리톨과 과당은 대사 시 인슐린을 필요로 하지 않는 당이며, 특히 과당은 중성지방 합성을 촉진한다.

정답 124 ① 125 ① 126 ④

127 **다음 중 당뇨환자의 당질 섭취방법으로 옳은 것은?**

① 열량 배분 시 당질을 최소로 하고 지질 배분을 높인다.
② 혈당 지수가 높은 음식을 제공한다.
③ 인공감미료는 가능한 제한한다.
④ 현미, 콩 등 섬유질이 많은 것은 제한한다.
⑤ 산독증을 예방하기 위해 최소 당질량을 유지한다.

해설 산독증을 예방하기 위한 최소 당질량은 100g 이상이다.

128 **만성신부전 시 혈액 중에 현저히 증가되어 투석기를 통해서 제거해주어야 하는 물질은?**

① 요소, 과잉이온 ② 칼슘, 칼륨 ③ 나트륨, 마그네슘
④ 요산, 단백질 ⑤ 당질, 나트륨

해설
만성신부전은 네프론수의 감소로 황산, 인산, 유기산 등의 배설장애를 일으켜 대사성 산중독증(acidosis)을 일으킨다. 투석기를 통해서 요소나 과잉이온을 제거해 주어야 한다.

129 **투석을 하는 신부전 환자에게 제공하는 식이요법 중 제한해야 하는 영양소가 아닌 것은?**

① 수분 ② 나트륨 ③ 당질
④ 칼륨 ⑤ 인

해설
체중유지를 위한 충분한 에너지를 공급하며 부종, 고혈압 등의 합병증 예방을 위해 나트륨을 제한하고 부정맥에 의한 고칼륨혈증을 예방하기 위해 칼륨을 제한한다. 또한 수분은 개인적 차이를 고려하여 제한하며 인도 하루 800mg 이하로 제한한다.

130 **다음 질환 중 단백질을 권장량보다 제한해야 하는 질환은?**

① 위궤양 ② 간경변 ③ 고혈압
④ 급성신부전 ⑤ 동맥경화증

해설
급성신부전은 신장기능이 수 시간에서 수 일에 걸쳐 급격하게 저하되는 현상이다. 신장기능 저하의 결과로 신체 내 질소노폐물이 축적되어 혈액 내에 고질소혈증이 일어나고, 체액 및 전해질 균형에 이상이 생기는 질환이다.

131 **신증후군의 식사요법으로 적절하지 않은 것은?**

① 사구체 여과율이 감소하면 단백질 공급을 증가시킨다.
② 고지혈증을 예방하기 위해서 콜레스테롤을 감소시킨다.
③ 체단백의 분해를 방지하기 위해서 열량을 충분히 공급한다.

정답 127 ⑤ 128 ① 129 ③ 130 ④ 131 ①

④ 부종 예방과 이뇨를 위해서 나트륨을 제한한다.
⑤ 에너지는 충분히 공급한다.

해설 상실된 알부민 보충을 위해서 양질의 단백질식을 제공하나 과다 섭취하지 않도록 한다.

132 신부전환자에게 나트륨과 함께 제한하여야 할 영양소는?

① 비타민 C ② 칼륨 ③ 철분
④ 비타민 D ⑤ 당질

해설
신부전환자는 고칼륨혈증이 나타날 경우 심장에 악영향을 주고 부정맥 등을 유발할 수 있으므로 칼륨을 제한하여야 한다.

133 급성사구체신염 핍뇨기의 식사요법 원칙으로 옳은 것은?

① 단백질 공급 ② 칼륨 보충 ③ 나트륨 보충
④ 충분한 에너지 공급 ⑤ 수분 공급

해설
고칼륨혈증으로 인한 심장정지를 초래할 수 있으므로 칼륨을 제한하며 체단백질 분해를 막기 위해 충분한 에너지 공급을 해야 한다.

134 급성신염의 식사요법에서 단백질을 제한하는 이유는 무엇인가?

① 신장의 기능 저하로 질소대사물의 배설이 어렵기 때문
② 신장의 기능 저하로 단백질의 배설이 증가하기 때문
③ 체내에서 단백질의 분해가 높아지기 때문
④ 체내에서 단백질의 필요량이 감소하기 때문
⑤ 요단백질의 배출이 심하기 때문

해설 급성신염 등의 신장질환은 신장의 기능 저하로 질소대사물의 배설에 장애가 있으므로 단백질을 제한한다.

135 다음 중 만성신부전의 식사관리로 옳게 설명한 것은?

① 에너지원으로는 신장에 부담이 적은 불포화지방에 의존한다.
② 에너지의 밀도가 높은 식품을 제한한다.
③ 양질의 단백질을 충분히 공급한다.
④ 신선한 채소류의 섭취를 증가한다.
⑤ 꿀, 사탕, 잼 등을 이용한다.

해설
만성신부전은 요독증 방지를 위해 단백질을 제한하고 채소 및 과일을 통한 칼륨 섭취를 제한한다. 체조직 분해를 방지하기 위해 에너지는 충분히 섭취하여야 한다.

정답 132 ② 133 ④ 134 ① 135 ⑤

136 다음 중 요독증의 식사요법에 해당하는 것은?

① 단백질 제한　② 당질 제한　③ 나트륨 제한
④ 지방 제한　⑤ 수분 제한

해설
요독증환자는 체내 암모니아 축적을 방지하기 위해 단백질을 제한한다.

137 신부전환자의 열량 공급으로 주로 사용해야 하는 영양소는?

① 단백질과 단순당　② 복합당과 동물성 지방　③ 복합당과 단백질
④ 단순당과 식물성 지방　⑤ 단백질과 동물성 지방

해설
신부전환자는 신장기능을 유지하기 위해 저단백질 식사를 권장하며 열량 공급을 위해 단순당과 식물성 지방을 제공한다.

138 수산칼슘 결석의 식사요법에서 제한할 필요가 있는 비타민은?

① 비타민 C　② 나이아신　③ 비타민 B_{12}
④ 비타민 E　⑤ 비타민 K

해설
체내에서 수산으로 전환이 가능한 비타민 C는 섭취를 제한한다.

139 다음 중 신장결석 환자의 식사요법으로 옳은 것은?

① 요산결석과 시스틴결석 환자는 수분을 충분히 제공한다.
② 시스틴결석 환자에게 고단백식을 제공한다.
③ 칼슘결석 환자에게 수산함유식품을 제공한다.
④ 요산결석 환자에게 어류, 육류 등을 제공한다.
⑤ 수산결석 환자에게 시금치, 오렌지 등을 충분히 제공한다.

해설
신장결석 환자는 원인식품의 섭취를 제한하며, 수분을 충분히 섭취하도록 한다.

140 다음 중 시스틴결석의 식사요법으로 옳은 것은?

① 함황아미노산 보충　② 퓨린 제한　③ 수분 제한
④ 과일, 채소 보충　⑤ 산성식품 보충

해설
산성결석인 시스틴결석은 과일과 채소 등 알칼리성 식품을 보충한다.

정답　136 ④　137 ④　138 ①　139 ①　140 ④

141 심한 고열에 시달리는 폐렴환자에게 공급할 수 있는 음식은?

① 아이스크림 ② 잣죽 ③ 된장국
④ 불고기 ⑤ 흑임자죽

해설

목에 염증이 심해 음식을 삼키기 힘들 수 있으므로 부드러운 음식을 제공한다.

142 최근 우리나라에 폐결핵환자가 늘고 있다. 폐결핵환자의 식사요법으로 옳은 것은?

가. 비타민의 섭취를 증가시킨다.
나. 지방은 소화가 잘 되는 유지식품인 버터, 우유 등을 많이 이용한다.
다. 양질의 고단백질 식이를 한다.
라. 칼슘의 섭취를 증가시킨다.

① 가, 나, 다, 라 ② 가, 나, 다 ③ 가, 다
④ 나, 라 ⑤ 라

해설

폐결핵은 소모성 질환이므로 고단백 · 고에너지로 영양을 충분히 공급한다. 지방은 중정도로 공급한다.

143 폐결핵환자의 식사요법으로 적절치 않은 것은?

① 고열량식사 제공 ② 고나트륨식사 제공
③ 양질의 단백질 식품 제공 ④ 고비타민 및 무기질식사 제공
⑤ 철 보충식

해설

142번 해설 참조

144 폐결핵 환자의 식사원칙으로 옳은 것은?

① 각혈을 할 경우에는 빈혈예방을 위해 철과 구리를 충분히 공급한다.
② 저에너지 식사를 공급한다.
③ 단백질은 정상인 수준으로 공급한다.
④ 항생제로 아이소나이아지드를 사용할 경우 비타민 B_2의 섭취를 증가시켜야 한다.
⑤ 무기질, 특히 칼슘은 엄격히 제한한다.

해설

폐결핵 환자에게는 특히 무기질과 비타민이 풍부한 음식을 제공해야 한다.

정답 141 ① 142 ① 143 ② 144 ①

145 폐결핵은 결핵균이 폐를 감염시켜 염증을 일으키는 질병이다. 폐결핵 환자의 식사요법으로 바르게 짝지어진 것은?

가. 충분한 열량을 공급	나. 고나트륨식사 제공
다. 양질의 단백질 식품 제공	라. 저칼슘식사 제공

① 가, 나, 다, 라 ② 가, 나, 다 ③ 가, 다
④ 나, 라 ⑤ 라

해설
142번 해설 참조

146 항결핵제인 나이드라지드(nidrazid)의 약제를 복용하는 폐결핵 환자에게 주어야 할 비타민은?

① 리보플라빈 ② 비타민 C ③ 비타민 B_6
④ 비타민 B_{12} ⑤ 티아민

해설
결핵 치료제인 나이드라지드는 비타민 B_6 배설을 야기시킨다.

147 폐결핵의 식사요법으로 옳은 것은?

① 소화가 잘되고 식욕을 촉진하는 식사계획을 한다.
② 고열인 경우에는 저열량식을 준다.
③ 저항력을 증진시키기 위해 비타민 C의 함량을 제한하도록 한다.
④ 항생제로 아이소나이아지드를 사용할 경우 비타민 B_{12}의 섭취를 증가시켜야 한다.
⑤ 단백질은 정상치보다 약간 적게 공급한다.

해설
폐결핵은 만성 감염성 질환으로 저항력을 증진시키기 위해 비타민 C의 공급을 증가시키고, 단백질의 손실이 있으므로 단백질의 공급을 높이며, 열이 심할 경우에는 열량을 증가시킨다.

148 부종이 없는 폐결핵 환자의 식사요법으로 옳지 않은 것은?

① 비타민 섭취 증가 ② 양질의 고단백 식사 제공
③ 수분 섭취 감소 ④ 충분한 에너지 공급
⑤ 칼슘 섭취 증가

해설
합병증 예방과 세균에 대한 저항력 증가를 위해 비타민을 보충하고 부종이 없을 때에는 수분을 충분히 공급한다.

정답 145 ③ 146 ③ 147 ① 148 ③

149 빈혈은 우리나라에서 많이 발생하고 있다. 어느 영양소의 결핍에 의한 것이며 이것이 많이 들어 있는 식품은?

① 칼슘 – 멸치
② 비타민 C – 풋고추, 시금치
③ 철분 – 달걀, 간
④ 요오드 – 미역, 다시마
⑤ 비타민 A – 당근, 호박

해설
철분의 결핍으로 빈혈이 발생하며 동물의 간이나 달걀에 철분의 함유량이 높다.

150 거대적아구성 빈혈의 원인이 되는 영양소와 걸리기 쉬운 사람이 맞게 짝지어진 것은?

① 비타민 A – 야맹증 환자
② 비타민 B_{12} – 위절제, 위종양 환자
③ 철분 – 채식주의자
④ 마그네슘 – 채식주의자
⑤ 요오드 – 갑상선 이상 환자

해설
비타민 B_{12} 섭취가 불량한 경우 거대적아구성 빈혈에 걸리기 쉽다.

151 임신부와 젊은 여성에게 많은 빈혈을 치료하기 위하여 특히 공급해야 할 두 가지 영양소와 좋은 식품이 맞게 짝지어진 것은?

① 칼슘, 단백질 – 멸치, 우유
② 철분, 단백질 – 달걀, 간
③ 비타민 B_{12}, 요오드 – 미역, 다시마
④ 칼슘, 요오드 – 멸치, 시금치
⑤ 칼륨, 비타민 D – 당근, 표고버섯

해설
빈혈을 치료하기 위해서는 철분과 단백질이 공급되어야 한다.

152 거대적아구성 빈혈환자 발생이 어려운 경우는?

① 채식주의자
② 회장 염증과 절제 환자
③ 위절제, 위종양환자
④ 비만자
⑤ 임신 초기 엽산 섭취

해설
비타민 B_{12}는 대부분 동물성 식품에 함유된 경우가 많으므로 채식주의자는 거대적아구성 빈혈이 발병할 가능성이 높다.

정답 149 ③ 150 ② 151 ② 152 ④

153 **우리나라는 노인이나 여성의 빈혈이 아주 많으므로 철분흡수를 증가시키는 것이 중요하다. 철분의 흡수율이 증가하는 경우는?**

가. 식물성 식품에 함유된 상태로 먹을 때	나. 헴철의 급원인 육류를 먹을 때
다. 제산제와 같이 먹을 때	라. 오렌지주스와 같이 마실 때

① 가, 나, 다, 라 ② 가, 나, 다 ③ 가, 다
④ 나, 라 ⑤ 라

해설 비타민 C는 철 흡수를 촉진하므로 같이 섭취하면 효과적이다.

154 **용혈성 빈혈의 원인이 아닌 것은?**

① 비타민 B_1의 부족 ② 과다한 불포화 지방산의 섭취
③ 아연과 비타민 E 부족 ④ 화학 약품 노출
⑤ 기생충 감염

해설 아연과 비타민 E 부족으로 발생하며, 철은 제한하고 비타민 E와 엽산은 보충해야 한다.

155 **다음은 체내에서 철 흡수율을 증진시키기 위한 방법이다. 바르지 않은 것은?**

① 하루에 우유를 3~4잔 이상 꼭 마시게 한다.
② 분식류는 철분이 강화된 밀가루를 쓴다.
③ 오렌지주스, 푸른잎 채소 등을 먹게 한다.
④ 쇠간, 쇠고기 등을 먹게 한다.
⑤ 비타민 C 보충제를 같이 섭취한다.

해설
헴철의 급원식품과 비타민 C는 철 흡수를 촉진하므로 같이 섭취하면 효과적이다.

156 **철 결핍성 빈혈의 식사지침과 관련된 설명으로 옳은 것은?**

① 철의 흡수를 촉진하기 위해서는 단백질과 함께 비타민 C를 섭취한다.
② 식품성 식품에는 헴철이 많아서 흡수율이 좋으므로 충분히 섭취한다.
③ 흡수율이 좋은 비헴철의 급원으로 파래가 좋으므로 섭취를 권장한다.
④ 채소와 과일에 많은 비타민 A는 철의 흡수를 촉진하므로 섭취를 권장한다.
⑤ 난황에 함유된 황은 철의 흡수를 방해하기 때문에 달걀은 먹지 않는 것이 좋다.

해설
동물성 단백질과 비타민 C는 철의 흡수를 촉진하고 난황을 제외한 동물성 식품에 함유된 철은 헴 형태로 철을 다량 함유하므로 흡수율이 좋다. 파래를 비롯한 식품성 식품에 함유된 철의 비헴철로서 흡수율이 낮다.

정답 153 ④ 154 ① 155 ① 156 ⑤

157 악성빈혈의 원인이 되는 영양소는?

① 비타민 A ② 비타민 K ③ 비타민 B_{12}
④ 철분 ⑤ 단백질

해설 악성빈혈은 거대적아구성 빈혈로 비타민 B_{12}와 엽산이 결핍되어 발생하는 빈혈이다.

158 철 결핍성 빈혈환자에게 권장할 수 있는 식품은?

① 식빵 ② 우유 ③ 홍차
④ 난황 ⑤ 콜라

해설 홍차, 녹차 등 차 종류에는 탄닌이 함유되어 있어 철의 흡수를 방해한다.

159 간질환자에게 주어야 하는 식사는?

① 저당질 · 고지방 식사 ② 저당질 · 저단백 식사 ③ 고당질 · 고지방 식사
④ 고단백 · 저지방 식사 ⑤ 고당질 · 저지방 식사

해설

간질은 체내에서 알칼리성이 높아져서 이를 조절하기 위해 발작이 일어나므로 케톤체 식사 및 산형성 식사를 제공하여야 한다.

160 케톤식의 특징으로 옳은 것은?

① 인슐린 투여로 저혈당증의 위급 시 공급되는 식사이다.
② 체중을 줄이는 데 매우 효과적이므로 비만자에게 권장되는 식사이다.
③ 당질함량은 많고 지질함량이 극도로 적은 식사이므로 맛이 없다.
④ 혼수를 나타내는 케톤증 환자에게 공급되는 식사이다.
⑤ 항경련성 효과가 커서 간질 발작을 조절하는 데 도움이 된다.

해설

발작을 보이는 간질환자에게 공급되는 식사로서 항경련성 효과가 커서 발작을 조절하는데 도움이 된다. 지질함량은 많고 당질함량이 극히 적은 식사이다.

161 케톤식을 실시하는 질병은?

① 당뇨병 ② 동맥경화증 ③ 위궤양
④ 간질 ⑤ 고혈압증

해설

케톤식은 환자의 산과 알칼리 균형에 변화를 초래하여 케토시스 상태를 만들도록 구성되는 식사로 간질환자에 공급된다.

정답 157 ③ 158 ④ 159 ① 160 ⑤ 161 ④

162 **골다공증의 칼슘섭취에 대한 설명 중 옳은 것은?**

① 유당불내증이 있는 노인들도 우유를 섭취하도록 한다.
② 곡류와 채소류에 많은 수산은 칼슘의 흡수를 도우므로 권장한다.
③ 우유 및 유제품은 체내이용률이 높은 이상적인 칼슘급원이다.
④ 골격 건강을 위해 단백질을 다량섭취한다.
⑤ 칼슘은 식사보다는 보충제로 섭취하는 것이 바람직하다.

해설
우유와 유제품은 칼슘 흡수가 가장 좋은 식품이며, 수산은 칼슘과 불용성염을 형성하여 흡수를 억제한다.

163 **연하곤란이 있는 치매환자의 식사요법으로 옳지 않은 것은?**

① 미음과 맑은 국 등의 액상음식을 제공한다.
② 입 안의 음식을 모두 삼킨 후 액체를 마시도록 한다.
③ 식사는 똑바로 앉아서 하도록 한다.
④ 흡인이 되지 않도록 확인한다.
⑤ 연하촉진을 위해 후두 위쪽을 쓰다듬어 준다.

해설
액상음식은 환자의 연하능력에 따라 적절한 점도로 제공한다.

164 **칼슘배설량을 높이는 요인이 아닌 것은?**

① 저단백식　② 고염분식　③ 알코올
④ 카페인　⑤ 식이섬유소

해설
고단백식, 고염분식, 알코올, 카페인은 신장에서 칼슘의 재흡수를 억제하여 칼슘배설량을 증가시킨다.

165 **다음 중 골다공증의 위험이 가장 큰 사람은?**

① 평소 운동을 안하는 비만인　② 출산 경험이 많은 마른 여성
③ 다이어트 실패를 많이 한 비만인　④ 평소 운동을 좋아하는 마른 여성
⑤ 난소를 절제한 마른 여성

해설
난소를 절제하여 여성호르몬 분비가 안되는 조기폐경과 동시에 체지방이 적은 마른 여성일 경우 골다공증의 위험이 가장 크다. 비만여성은 지방 세포에 의해 에스트로겐이 합성되므로 마른 여성보다 골다공증 위험이 적다.

정답 162 ③ 163 ① 164 ① 165 ⑤

166 골다공증 예방을 위해 가장 바람직한 식품 조합은?

① 돈가스, 김치, 홍차
② 뱅어포, 잡곡밥, 비타민 D 강화우유
③ 계란찜, 치즈, 와인
④ 쇠고기구이, 멸치볶음, 저지방우유
⑤ 두부김치, 커피, 시금치

해설

- 칼슘 흡수에 도움을 주는 요인 : 비타민 D, 유당, 권장량의 단백질 등
- 칼슘 흡수를 저해하는 요인 : 흡연, 섬유소, 음주, 수산, 카페인, 피틴산, 지방, 나트륨, 인, 아연, 마그네슘 등

167 골다공증의 예방과 치료를 위한 식사요법으로 옳은 것은?

① 인과 칼슘의 섭취는 2:1로 한다.
② 대두 및 대두식품의 섭취를 증가시킨다.
③ 비타민 D의 섭취 증가가 우선되어야 한다.
④ 동물성 급원으로 단백질의 섭취를 증가시킨다.
⑤ 인의 섭취를 증가시킨다.

해설

비타민 D는 칼슘의 흡수를 증가시키지만 골용해를 증가시키므로 과량섭취하지 않도록 해야 한다. 동물성 단백질 과잉섭취는 칼슘 배설을 증가시키며 인과 칼슘의 섭취는 1:1이 바람직하지만 현대인의 식사는 인의 섭취량이 높은 추세이다.

168 통풍환자의 식사로 좋지 않은 것은?

① 오렌지주스와 채소샐러드
② 초콜릿과 스파게티
③ 쌀밥과 콩나물
④ 고등어와 연어
⑤ 토스트와 우유

해설 통풍환자는 고등어, 연어 및 멸치 등 고퓨린 함유(100g당 퓨린 100~1,000mg) 식품의 섭취를 제한한다.

169 통풍환자의 식사요법으로 옳지 않은 것은?

① 퓨린 함량을 하루 600~1,000mg으로 제한한다.
② 표준 체중을 유지하도록 한다.
③ 알코올, 커피, 홍차, 간, 콩팥, 고등어, 연어를 피한다.
④ 매일 3L의 수분을 섭취한다.
⑤ 지방 섭취를 제한한다.

해설

통풍환자는 표준 체중을 유지하며 퓨린 함량이 많은 식품과 술을 제한하고 충분한 수분 섭취와 지방 섭취를 제한하여 비만과 혈관질환을 예방하도록 한다. 정상인의 하루 평균 퓨린 섭취량은 600~1,000mg이며 통풍환자는 하루 100~150mg으로 제한한다.

정답 166 ④ 167 ② 168 ④ 169 ①

170 우유 알레르기에 대한 옳은 설명은?

① 유당불내증과 동일하다.
② 주로 성인에게 발병한다.
③ 성장함에 따라 증상이 완화된다.
④ 치즈, 요거트는 섭취가능하다.
⑤ 락타아제 결핍이 원인이다.

해설
우유알레르기는 우유 알레르겐에 대한 속발형 과민반응이고, 유당불내증은 락타아제 결핍 또는 활성 감소에 의해 위장관 증상이 유발되는 것이다. 우유 알레르기는 주로 영아때 발병하고 성장하면서 증상이 완화되거나 사라진다. 치즈, 요거트 등의 우유발효식품도 우유 알레르기를 유발할 수 있다.

171 알레르기를 가장 적게 일으키는 식품은?

① 달걀
② 복숭아
③ 메밀
④ 고등어
⑤ 쌀

해설
모든 식품은 알레르기를 일으킬 수 있으며 특히 동식물에 있는 단백질은 알레르겐이 될 수 있다. 곡류 중 쌀은 알레르기를 잘 일으키지 않는다.

172 식품 알레르기에 대한 설명으로 옳지 않은 것은?

① 식품 알레르기는 영유아기보다 노인에서 잘 발생한다.
② 겨자, 고추, 향신료는 신경성 알레르기를 잘 일으킨다.
③ 히스타민과 콜린이 함유된 식품이 알레르기를 잘 일으킨다.
④ 오래된 생선은 트리메달아민 함량이 높아 알레르기를 잘 일으킨다.
⑤ 식사요법에서는 원인이 되는 식품을 먹지 않는 것이 최선책이다.

해설 영유아는 면역력이 약하고 위장관 발달이 미숙하여 식품 알레르기가 잘 발생한다.

173 달걀에 대한 알레르기를 가지고 있는 사람이 먹어도 좋은 것은?

① 요구르트
② 핫케이크
③ 인스턴트 라면
④ 프렌치토스트
⑤ 마요네즈

해설 달걀이 포함된 모든 식품의 섭취를 삼간다. 요구르트에는 달걀이 포함되어 있지 않다.

174 대두 및 두류에 알레르기를 가지고 있는 사람에게 제한할 필요가 없는 식품은?

① 들기름
② 대두유
③ 청국장
④ 마가린
⑤ 콩가루

해설 들깨를 짠 기름이 들기름이므로 두류 · 대두에 알레르기가 있는 사람이 섭취해도 된다.

정답 170 ③ 171 ⑤ 172 ① 173 ⑤ 174 ①

175 식사성 알레르기의 식사요법으로 옳지 않은 것은?

① 식품재료는 신선한 것을 사용한다.
② 의심스러운 식품은 식사에서 완전히 제거한 후 관찰한다.
③ 일상식품으로 꼭 필요한 경우는 유사 식품으로 대체한다.
④ 비타민 B 복합체, 비타민 C가 많이 든 과일, 채소를 충분히 섭취한다.
⑤ 조리법의 변경으로 알레르기를 방지할 수 있다.

해설
알레르기는 식품에 함유된 성분에 의한 질환으로 조리법을 변경하여도 식품의 함유성분은 변화가 없으므로 식사성 알레르기를 방지할 수 없다.

176 수술 전 식사요법으로 옳은 것은?

① 일반적으로 수술 2~3일 전부터 금식을 시행한다.
② 나트륨 섭취를 제한한다.
③ 수분 섭취는 1l를 넘지 않는다.
④ 총열량의 40% 이상을 지방으로 공급한다.
⑤ 양질의 단백질 섭취를 증가시켜 양의 질소평형을 유지한다.

해설
일반적으로 수술 전날 금식을 시행하고 수술 전 식사의 원칙은 고열량, 고단백, 고비타민 식사이다. 탈수 상태에서의 수술은 위험하므로 충분한 수분과 전해질을 공급한다.

177 수술 후 환자에게 탄수화물을 충분히 공급해 주어야 하는 이유는?

① 소화 흡수가 잘 되는 영양소이므로
② 에너지의 이용 효율이 가장 크므로
③ 단백질의 절약작용을 할 수 있으므로
④ 열량을 농축된 형태로 제공하므로
⑤ 체지방의 분해를 억제하므로

해설
수술 후에는 체조직의 합성이 필요하고, 탄수화물과 같은 에너지원이 부족하면 단백질이 체조직 재생에 쓰이지 못하고 에너지원으로 사용되므로 이를 막기 위해 충분한 양의 탄수화물을 공급해 준다.

178 수술 전 장내용물을 적게 하기 위해 처방되는 식사는?

① 연식　② 유동식　③ 중심정맥영양
④ 저잔사식　⑤ 경관급식

해설 수술 전 장내용물을 적게 하기 위해서 섬유소, 우유, 육류의 결체조직을 적게 함유한 저잔사식을 제공한다.

정답 175 ⑤　176 ⑤　177 ③　178 ⑤

179 수술 후에 단백질을 공급할 때 양질의 단백질을 공급하는 것이 좋은 이유는?

① 단백질 합성에 필요한 필수아미노산을 골고루 함유하므로
② 체내에서 에너지 효율이 가장 크기 때문에
③ 회복기에 필요한 에너지를 쉽게 공급할 수 있으므로
④ 소화 흡수가 잘 되어 인체가 이용하기 쉬우므로
⑤ 체지방 합성에 필요한 비필수 아미노산을 많이 함유하므로

해설
수술 후에는 상처치료를 위해 새로운 체조직의 합성이 증가한다. 따라서 체단백 합성에 필요한 필수아미노산을 고루 함유한 양질의 단백질을 공급해야 한다.

180 화상환자에게 필수적인 영양소로 짝지어진 것은?

① 비타민 D, 철　② 비타민 C, 아연　③ 비타민 A, 철
④ 비타민 E, 칼슘　⑤ 비타민 E, 칼륨

해설
조직의 콜라겐 합성을 위해서 비타민 C를 충분히 공급한다.

181 화상환자의 식사요법에 대한 설명으로 옳지 않은 것은?

① 심한 화상환자일 경우 수분과 전해질의 공급이 가장 중요하다.
② 고혈당과 간기능 저하 우려가 있으므로 당질은 열량의 50% 이하로 공급한다.
③ 오메가 3 지방산이 높은 지방을 투여하여 면역기능을 높인다.
④ 3,500~5,000cal의 열량을 공급한다.
⑤ 화상환자의 열량요구량은 화상 크기에 따라 다르다.

해설
단백질이 열량으로 사용되지 않게 하고, 고혈당과 간기능 저하 우려가 있으므로 당질은 열량의 60~65%로 공급한다.

182 암예방을 위한 식사방안으로 옳지 않은 것은?

① 붉은색 육류 섭취를 늘린다.　② 등푸른 생선 섭취를 늘린다.
③ 탄 음식 섭취를 피한다.　④ 녹황색 채소 섭취를 늘린다.
⑤ 버섯 섭취를 늘린다.

해설
암예방을 위하여 녹황색 채소, 버섯, 콩 및 된장, 등푸른 생선, 해조류, 마늘 및 양파 등의 섭취를 늘리고 탄 음식의 섭취를 피하는 것이 바람직하다.

정답 179 ① 180 ② 181 ② 182 ①

183 대장암 예방을 위한 식사요법에 대한 설명으로 옳은 것은?

① 불포화지방산이 많이 함유된 식물성 지방 섭취를 감소시킨다.
② 우유 및 유제품을 1일 3회 이상 섭취한다.
③ 식이섬유 섭취를 증가시킨다.
④ 베타카로틴 정제의 섭취를 증가시킨다.
⑤ 양질의 단백질 급원식품 위주의 고단백 식사를 한다.

해설

대장암을 유발하는 식사적 요인은 고지방식, 저섬유소식이다. 대장암 예방을 위해서는 식이섬유 섭취를 증가시키고 포화지방 섭취를 감소시킨다.

184 식도암의 위험인자는?

① 과다한 단백질 섭취
② 염장식품의 과량 섭취
③ 과다한 섬유질 섭취
④ 뜨거운 음식의 잦은 섭취
⑤ 과다한 탄수화물 섭취

해설

식도암은 뜨거운 음식에 의해 발생하기 쉽다.

185 암의 발생과 지방의 관계에 대한 설명으로 옳은 것은?

① 담즙산의 과잉 분비는 암발생을 촉진시킬 수 있다.
② 비가시적 지방은 암발생과 관련이 없다.
③ 불포화지방산이 많은 오메가 3 지방 섭취가 많을 때 암 발생이 증가한다.
④ 포화지방의 섭취 부족은 암발생을 증가시킨다.
⑤ 지방의 과잉 섭취는 위암, 구강암, 식도암 등의 발생과 밀접한 관계가 있다.

해설

지방 소화에 관여하는 담즙산이 과잉 분비될 경우 암 발생률이 증가한다.

186 암환자를 위한 식이요법의 일차적인 목표는?

① 열량 섭취 증가
② 충분한 수분 섭취
③ 충분한 과일 · 채소 섭취
④ 영양 불량 방지
⑤ 충분한 미량영양소 섭취

해설

암환자의 가장 기본적인 식사 목표는 영양 불량을 방지하는 것이다.

정답 183 ③ 184 ④ 185 ① 186 ⑤ 187 ④

187 위암환자의 식사섭취량을 증가시키기 위한 가장 바람직한 방법은?

① 식욕 증진을 위해 조미가 강한 음식을 섭취한다.
② 식사와 함께 음료를 제공한다.
③ 아이스크림, 초콜릿 등을 사용하여 입맛을 돋운다.
④ 고열량 영양보충액을 섭취한다.
⑤ 열량보충을 위해 고지방식이를 먹는다.

해설

암환자가 식욕 부진 시 식사와 함께 음료를 섭취하면 식사섭취량이 감소하므로 음료는 식후 섭취하도록 한다. 레몬 등을 사용하여 입맛을 돋우는 것이 바람직하나 조미가 강한 음식은 위에 자극을 줄 수 있고 강한 향으로 인해 음식 섭취에 대한 거부감을 줄 수 있다.

188 암환자의 구토증상을 줄이기 위한 식사방법으로 옳지 않은 것은?

① 식사를 천천히 한다.
② 상온 이하의 상태로 공급한다.
③ 자극성이 강한 음식은 피한다.
④ 소량씩 자주 공급한다.
⑤ 식사는 음료와 함께 공급한다.

해설

메스꺼움이 덜한 아침에 식사를 충분히 공급하고 차가운 음식이 메스꺼움을 줄인다. 또한 소량씩 자주 공급하여 속이 거북하지 않도록 하며 구토증상이 있을 때는 상온 이하의 음식을 소량씩 자주 천천히 섭취하도록 한다.

189 항암제 치료를 받으면서 오심 · 구토가 심한 환자가 비교적 잘 먹을 수 있는 식품은?

① 크래커
② 채소샐러드
③ 커피
④ 갈비찜
⑤ 따뜻한 우유

해설

오심과 구토가 심한 환자에게는 지방이 적은 것, 맑고 차가운 음료, 크래커나 토스트 같은 마른 음식을 준다.

190 위암환자의 식사요법으로 옳지 않은 것은?

① 부드러운 무자극성 음식 공급
② 충분한 영양공급
③ 담백하고 지방이 적은 음식 공급
④ 양질의 고단백식 공급
⑤ 충분한 식이섬유 공급

해설

위암환자에게는 충분한 영양과 양질의 고단백식, 담백하고 지방이 적은 음식과 부드러운 무자극성 음식을 공급한다.

정답 188 ⑤ 189 ① 190 ⑤

차 례

2권

식품학 및 조리원리, 급식관리, 식품위생, 식품·영양 관계법규

Part 5 식품학 및 조리원리

Part 6 급식관리

Part 7 식품위생

Part 8 식품 · 영양 관계법규

PART

05

식품학 및 조리원리

1장 개요

01 조리의 기본 개념

(1) 조리의 목적

① 위생의 개선 및 향상

② 소화율의 증진

③ 영양소의 보존

④ 기호성 및 관능성의 향상

⑤ 저장성의 향상

(2) 열원

도시가스를 이용하지만, 그 외에도 프로판가스, 전기, 장작, 인덕션 등으로 다양하다.

(3) 열의 전달

대부분의 조리 과정은 한 가지 방법이거나 병행하여 열을 전달한다.

전도	열의 전달 속도는 느림, 사용하는 그릇 재질에 따라 다름 은 〉 구리 〉 알루미늄 〉 철 〉 유리 〉 공기
대류	공기, 물, 기름 등의 밀도 차를 이용, 오븐요리, 튀김, 습열 조리에 주로 이용
복사	직화구이, 전, 토스팅, 전자레인지 요리, 열 전달 속도가 가장 빠름

(4) 열 전달매체

공기	공기의 대류를 이용, 물보다 비열이 낮음 로스팅(roasting), 베이킹(baking), 브로일링(broiling) 등의 건열조리법은 대류, 복사열 모두 해당
기름	기름의 대류에 의하여 열전도가 일어남
물	끓이기, 찜, 삶기, 데치기 등의 습열조리법

(5) 열효율

열원에서 발생되는 발열량 중에서 실제로 유용하게 이용되는 정도를 백분율(%)로 나타낸 수치를 말한다. 도구의 재질은 매끈한 것보다 거친 것이, 색은 어두울수록, 모양은 좁을수록 열효율을 증가시킬 수 있다. 밥을 지을 때의 평균 열효율은 다음과 같다.

전력 50~65%, 가스 45~55%, 연탄 30~40%, 장작 25~45%

02 조리의 기본 조작

(1) 계량 단위

우리나라에서는 주로 미터법을 사용하며 부피는 리터(L)로, 무게는 그램(g)으로 나타낸다. 표준 쿼트(Standard quart)법에서는 쿼트(quart), 온스(ounce) 등으로 나타낸다. 온도 단위는 섭씨(℃)와 화씨(℉)로 나타낸다.

- 1파운드(lb) = 453.6g = 16온스(oz)
- 1컵(C) = 240mL = 8oz = 1/2pt = 1/4qt = 1/16gal
- 1T = 3t

※ 단, 우리나라 경우는 200cc

℃ = (℉−32)/1.8

℉ = (1.8×℃)+32

(2) 계량 방법

식품	계량 방법
액체식품	투명계량컵을 사용하며 컵을 수평상태로 놓고 눈높이를 액체의 아랫면에 일치되게 하여 눈금을 읽는다. 농도가 있는 식품의 경우는 공간이 없도록 눌러서 담고 위를 깎아서 측정한다.
가루식품	계량컵이나 계량스푼을 이용할 경우, 누르거나 흔들지 않고 가득 담은 후 윗면이 평면이 되도록 깎아서 측정한다.
고체식품	적은 양의 버터, 마가린, 쇼트닝 등을 컵이나 계량스푼을 이용하여 잴 경우에는, 실온에 두어 반고체상태가 되도록 한 후 컵이나 스푼에 꾹꾹 눌러 담아 빈공간이 없도록 채워서 스패튤라로 수평으로 깎아 계량한다.

03 기초 조리 과정의 분류

기계적 조리 조작	계량하기, 씻기, 담그기, 갈기, 치대기, 섞기, 무치기, 담기
습열(濕熱)에 의한 조리	데치기, 시머링, 삶기, 끓이기, 찌기
건열(乾熱)에 의한 조리	굽기, 석쇠구이, 볶기, 튀기기
전자레인지에 의한 조리	초단파(전자파) 이용

(1) 기계적 조리 조작

① 씻기 : 불순물이나 유해성분과 비린내, 미끈거림 등의 바람직하지 않은 요인을 제거하는 과정이다. 수용성 영양소의 손실을 줄이고 갈변을 막기 위해서는 가급적 썰지 않고 통째로 씻는 것이 좋다.

㉠ 굴은 소금물에 담가서 헹구며 낙지, 오징어 등과 같은 연체류는 소금을 넣고 문지른 후 물에 헹군다. 물미역, 감태, 톳 등과 같은 해조류는 물을 넣지 않고 소금만 넣고 여러 번 문지른 후 바다 비린내가 나지 않게 헹구어 준다. 또한 매생이는 볼에 넣고 여러 번 헹구어 잡티를 제거하고 비린내가 나지 않게 헹구어 준다. 일반적으로 조개는 소금물에 해감한 후 사용하나, 꼬막은 물을 넣지 않고 볼에 넣은 후 뻘이 다 빠질 때까지 문지르기와 헹구기를 반복한다.
㉡ 열무 씻기 : 열무김치를 담그기 위해서 열무를 세척할 때에는 이물질과 잔털을 제거하고 열무를 가볍게 흔들어야 풋내를 방지할 수 있다.
㉢ 아욱 씻기 : 아욱은 줄기 부분의 껍질을 꺾어 잡아당겨 억센 섬유질을 벗겨 낸 다음, 큰 볼에 담고 소금을 넣어 푸른 물이 빠져나올 때까지 많이 주물러 씻는다. 푸른 물이 빠져 나온 아욱을 찬물에 헹구어 꽉 짠다.

② 불리기, 침출, 변색 방지
㉠ 불리기 : 목적은 수분흡수, 팽윤, 연화에 있으며 보통 표고는 4~5배, 다시마는 5~6배, 미역은 7~8배, 당면은 6~7배, 콩은 3배로 늘어난다. 물을 매체로 하는 경우 수용성 영양소의 손실이 문제이다.
㉡ 성분의 침출 : 재료가 가지는 불필요한 성분을 제거하는 것이 목적으로 우엉, 도라지, 고비 등의 쓴맛, 떫은맛, 아린 맛, 고기의 핏물, 해조류의 염분, 시금치의 수산 등도 제거한다. 조개류는 3%, 염장식품의 짠맛 용출에는 1.5% 소금물을 사용한다.
㉢ 식품의 변색 방지 : 재료를 물에 담가 산소와의 접촉을 차단한다.

③ **썰기** : 조리에 적합하도록 자르는 과정으로, 불필요한 부분을 제거하고 먹기 적당하고 외관을 아름답게 하는 것이 목적이다. 표면적이 커져 가열할 때 열 전달이 쉬워 조리 시간이 단축되며, 양념도 재료에 스며들기가 쉬워 맛도 좋아진다.

④ **갈기, 분쇄, 다지기** : 다지기는 더 곱고 작은 입자로 만드는 과정으로 블렌더나 그라인더를 사용하기도 한다. 소화를 용이하게 하는 반면, 비타민 C가 파괴되고 갈변이 일어난다.

⑤ **혼합교반** : 섞기는 믹싱과 블랜딩이라 하며, 재료를 혼합하는 과정을 뜻한다.

⑥ **냉각과 냉장** : 음식의 온도를 내려 주어 원하는 맛의 질감, 미생물 번식 억제, 성형 등이 목적이다.

⑦ **동결** : 식품을 0℃ 이하로 냉각시켜 미생물의 발육을 저지하고 식품의 효소작용을 억제하고자 한다.

⑧ **해동(Thawing, defrosting)** : 해동방법은 완만해동법과 급속해동법이 있다. 완만해동법은 냉장고 온도에서 또는 찬물에서 천천히 해동하는 방법으로서 해동 이후 드립을 줄일 수 있다. 급속해동법은 전자레인지를 이용하여 해동하는 방법과 조리된 상태에서 냉동된 식품을 그대로 조리하는 것이 있다.

(2) 습열조리

습열조리는 물을 열 전달매체로 하므로 수용성 영양소의 손실이 있다.

① **데치기** : 조직의 연화와 효소의 불활성화, 불미성분 및 지방의 제거, 전분의 호화 등이 목적이다.

② **시머링** : 육수, 설렁탕, 곰탕 등은 시머링으로 85~95℃의 끓기 직전의 온도에서 오랫동안 끓여 식품의 조직을 부드럽게 해서 맛난 성분이 충분히 우러나도록 한다.

③ **삶기** : 재료의 연화 및 불순물 제거가 목적이며 당면, 국수, 파스타 등과 같은 면류의 호화를 가져온다. 가열 시간은 데치기보다는 길고, 끓이기나 시머링보다는 짧다. 죽순, 무, 배추 등은 쌀뜨물과 함께 삶으면 효소작용으로 연화되고, 색이 희어지며 불미성분이 제거된다.

④ **끓이기** : 재료를 익힘으로써 조직을 연화시켜 소화를 돕는 것이다.

⑤ **찌기** : 수증기가 갖고 있는 잠열(1g당 539kcal)을 이용하여 식품을 가열하는 조리법이다. 끓이는 조작보다 수용성 물질의 손실이 적다.

(3) 건열조리

건열조리는 물을 사용하지 않는 조리방법으로 구이, 볶음, 튀김 등이 있다.

① **구이**

㉠ 직접구이 : 복사열을 이용한 것으로 방사열이 강하고 방사면이 넓은 숯불같은 것이 효과적이다.

㉡ 간접구이 : 복사열, 전도열, 대류열을 이용하며 팬, 냄비, 철판, 오븐 등을 사용해서 조리하는 방법으로 로스팅, 팬브로일링, 베이킹, 소테, 스터프라잉, 팬프라잉, 딥프라잉이 있다.

㉢ 구이에 적합한 재료 : 누린내가 나는 수조육류나 지방이 많은 식품에 적합하다.

㉣ 영양성분 변화 : 구이를 하면 당분의 캐러멜화가 일어나 식품 표면의 갈색화를 가져와 식욕을 돋우어 주나, 열에 약한 비타민 B_1의 파괴가 일어난다.

② **볶기** : 열 전달매체로 기름을 사용하므로 건열조리에 속하며, 튀김과 구이의 중간 형태의 요리이다. 고온에서 단시간에 조리할 수 있어 수용성 영양소의 손실을 줄이며 카로틴 같은 지용성 영양소의 체내 이용률을 증가시킬 수 있다.

③ **튀기기** : 주로 박력분을 사용하며 바삭함을 위해 튀김옷에 탄산수소나트륨을 0.2% 정도 넣기도 하는데 비타민 C, 비타민 B_6 등의 영양소 손실을 가져오기도 한다. 기름은 발연점이 높고 향미가 좋고 점조성이 없으며 산도가 높지 않은 것을 선택한다.

03 전자레인지에 의한 조리

(1) 전자레인지 조리의 특징

① 표면이 타거나 갈변되지 않는다.

② 영양소의 손실을 줄일 수 있다.

③ 재료 자체의 향과 풍미를 그대로 유지할 수 있다.

④ 식품의 수분 및 지방 함량에 따라 가열되는 정도가 다르며 수분의 손실이 많다.

⑤ 조리의 용기는 내열성이 강하고 열의 용량이 적은 것이 좋다.

⑥ 소량의 식품은 가열하기에 적합하다.

⑦ 중량 감소가 많다.

(2) 전자레인지와 조리용기

사용 가능한 그릇은 도자기, 내열성 플라스틱, 파이렉스이며, 전자레인지에 사용 불가능한 그릇은 알루미늄호일, 캔, 법랑그릇, 스테인리스, 석쇠, 칠기, 도금한 식기, 크리스털 제품, 금테 및 은테가 새겨진 금속성분의 그릇 등으로 반사를 한다.

2장 수분

01 조리수로서의 물의 역할

식품의 물은 자유수(Free Water, 유리수)와 결합수(Bound Water)로 존재하게 된다. 자유수(유리수)와 결합수(화합수, 수화수)의 성질은 다음과 같다.

자유수	결합수
식품 내 단순한 물로 존재	식품의 구성 물질과 결합
수용성 성분을 녹임(용매로 작용)	용매로 작용하지 못함
0℃ 이하에서 동결	0℃ 이하에서도 동결되기가 어려움
미생물 번식과 발아에 이용됨	미생물의 번식과 발아에 이용되지 못함
동 · 식물의 조직에 존재할 때 그 조직에 압력을 가하여 압착시키면 제거됨	압력을 가하여 압착해도 제거되지 않음
밀도가 물과 같음	밀도가 물보다 큼

02 식품의 수분활성도(Water Activity, AW)와 저장성

(1) 수분활성도

① 수분활성도는 미생물이 이용 가능한 자유수를 나타내는 지표

② 수분활성도가 크면 미생물이 번식하기 쉽다고 이해할 수 있다.

③ 순수한 물은 식품 성분과 결합되어 있지 않으므로 수분활성도(AW)가 1이다.

④ 세균은 수분활성도가 0.9 이상에서, 곰팡이는 0.8, 효모 0.88 정도에서도 생육이 가능하다. 따라서 수분활성도를 0.6 미만으로 낮추면 미생물이 성장 · 번식하기가 어렵게 된다.
수분활성도(AW)는 임의의 온도에서 식품 내 물의 수증기압(p)을 그 온도에서 순수한 물이 가지는 수증기압(Po)으로 나눈 비율로 아래의 식과 같이 계산된다.

$$\text{수분활성도} = \frac{\text{식품 내 물의 증기압}}{\text{순수한 물의 증기압}} = \frac{P}{Po}$$

⑤ 식품 중의 수분활성도는 탄수화물, 단백질, 지질 등의 용질이 녹아 있으므로 수분활성도가 1보다 작다. 용질의 농도가 높을수록 수분활성도는 낮아진다.

> 수분이 많은 채소와 과일류 0.98~0.99, 육류나 생선 0.98, 수분이 적은 곡류나 콩류 0.60~0.64
> 건조식품은 0.2 이하, 동결 건조된 식품 0.2 이하, 잼 0.65~0.85

(2) 평형수분함량

식품을 밀폐용기에 넣고 수분이 출입하지 못하도록 하여, 식품의 수분이 용기 내의 상대습도와 평형상태를 유지할 때의 수분함량(평형에 도달했을 때의 식품의 수증기압)을 말한다.

(3) 등온흡습곡선

상대습도와 평형수분함량과의 관계를 표시한 곡선 대부분 S형 곡선이다.

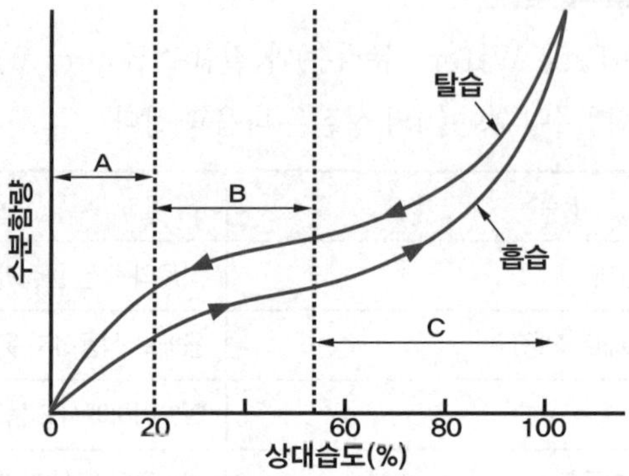

① 각 영역의 특징

영역	특징	저장성	형태
A영역 (0~0.2)	물분자들이 단분자층 형성, 지방산패 가능	저장성이 낮음	이온결합, 결합수
B영역 (0.2~0.6)	등온곡선에서 상대습도 증가에 따라 수분함량이 급격히 증가하여 다분자층 형성	건조식품의 저장성이 가장 높음	수소결합, 결합수
C영역 (0.6~1.0)	여러 식품 성분에 대해 용매로 작용하는 모세관응고, 용매로 작용, 효소반응과 화학반응 활발, 미생물 성장에 사용	저장성 나쁨	자유수

② 이력현상

대부분의 식품에서는 수분의 흡습 및 탈습곡선이 불일치하며, 건조식품이 대기중에서 수분을 흡수하고 방출할 때의 수분함량이 높게 되어 차이가 생긴다. 이런 비대칭현상을 히스테리시스, 즉 이력현상이라고 한다.

03 조리 시 물의 분산 상태

(1) 분산용액의 종류

분산 상태는 식품의 종류에 따라 다르며, 분산액을 분산매라 하고, 녹아 있는 용질을 분산질이라 한다. 분산질의 크기에 따라 진용액, 콜로이드용액, 현탁액으로 분류된다.

① 진용액

진용액은 소금, 설탕과 같이 분산질의 크기가 작아 물에 완전히 용해되며 안정적이다.

② 콜로이드용액

콜로이드용액(교질용액)은 우유, 사골국, 계란물 등이 여기에 속한다. 진용액보다 분산질의 크기가 커서 용해되거나 침전되지 않고 분산되어 퍼져 있는 상태이다. 이러한 콜로이드 용액은 이물질을 흡착하는 성질이 있어, 비린내나 잡내를 없애기 위해 우유에 담가 두거나 계란 등을 풀어 제거할 수 있다.

㉠ 졸과 겔 : 액체에 콜로이드입자가 분산되어 흐를 수 있는 상태를 졸이라 한다. 그리고 이 교질용액이 어떤 요인들로 인해 흐르지 않고 굳은 상태가 되면 겔이라 한다. 가역적 겔에는 사골국, 생선조림 등이 있고, 비가역적 겔에는 전분물, 묵 등이 있다.

㉡ 유화액 : 유화액의 형태는 수중유적형(O/W형)과 유중수적형(W/O형)이 있다. 수중유적형은 물속에 기름이 분산되어 있는 상태로 우유(88.2%), 마요네즈가 해당된다. 유중수적형은 기름 속에 물이 분산된 형태로 버터(수분 함량 18%)나 마가린(14~17%)이 해당된다.

③ 현탁액

현탁액은 분산질의 크기가 1㎛ 이상으로 커서 물에 용해되지 않고 가라앉는다. 용액을 저어주면 분산 상태가 되지만, 그대로 두면 분산질은 바닥에 가라앉고 위에는 맑은 용액이 된다.

3장 탄수화물

탄수화물의 구성원소는 C(탄소), H(수소), O(산소)이며, 일반적으로 당질이라 부른다.

01 탄수화물의 분류

(1) 단당류(monosaccharides)

카르보닐기와 부제탄소원자를 가지므로 여러 개의 이성체가 있을 수 있고, D형과 L형이 입체이성체를 가지며, 편광면을 회전시키는 광학적인 성질을 갖는다.

① Anomer : 쇄상구조가 환상구조로 되면 C1의 -OH 위치에 따라 α형과 β형이 되는데 이에 따라 당의 용해도, 감미도, 미생물의 발효성이 달라진다.

② Epimer : 카보닐기에서 가장 먼 비대칭탄소의 입체배위가 D-glyceraldehyde와 같은 것이 D계열, 반대쪽에 있는 것이 L형이다.

단당류의 종류

• 5탄당(pentose) : 자연에 유리상태로 존재하지 않고 효모에 의해 발효되지 않음. 사람에게 소화흡수가 잘 되지 않으므로 영양적 가치가 없음. 초식동물의 사료로 이용함.

리보스(ribose)	핵산(RNA)과 비타민 B_2의 구성 성분
크실로스(xylose)	식물세포벽의 구성 성분, 밀짚, 옥수수, 목재 등에 존재, 목당(木糖)
아라비노오스 (arabinose)	식물 검(gum), 펙틴(pectin), 헤미셀룰로오스(hemicellulose) 배당체에 결합 상태로 존재, 점질성이 강하여 접착제로 이용

• 6탄당(hexose) : 중요한 에너지원, 효모에 의해 발효

포도당(Glucose)	단맛이 있는 과일, 혈액(약 0.1%) 등에 함유
과당(Fructose)	과즙, 벌꿀에 존재. 감미는 β형이 α형보다 1.5배 강함, 용해도가 큼, 결정화가 어려움, 점도가 낮아 감미료로 이용 범위 낮음 당류 중 감미가 가장 강함
갈락토오스 (Galactose)	유당의 구성 성분으로 존재, 한천과 아라비아고무의 구성단위 뇌, 신경조직
만노스(Mannose)	mannan의 구성당, 곤약의 주성분, 당지질, 당단백질의 구성

단당류의 성질

- 결정성 : 무색이나 백색의 결정 형성
- 용해성 : 물에 용해되고, 알코올에는 용해되기 어렵고, 에테르에는 용해되지 않음
- 감미 : 단맛, 당의 종류에 따라 다름
- 환원성 : 자신은 산화되고 다른 화합물을 환원시킴(설탕은 비환원당)
- 발효성 : 대부분 효모에 의해 발효되며 알코올과 이산화탄소를 생성
- 당의 갈색화 : 캐러멜화, 아미노-카르보닐 반응, 조리 시 착색제로 쓰임
- 단당류의 유도체 형성 : 당산화물, 당알코올, 아미노당, 티오당 등 형성

(2) 소당류(oligosaccharides)

① 소당류의 성질

- 단당류 2~7개가 결합된 것, 산, 효소 등에 가수분해되면 단당류가 됨. 일반식은 $C_{12}H_{22}O_{11}$이다.
- 설탕, 맥아당, 유당 등은 이당류, 맥아당과 유당은 환원력이 있다.
- 라피노오스(raffinose)는 3당류, 사탕무, 종자 등에 함유되어 있다.
- 스타키오스(stachyose)와 스코로도오스(scorodose)는 4당류, 두류, 마늘에 함유

② 이당류의 종류

맥아당(엿당, maltose)	포도당 2분자의 화합물, 감미도 60, 엿기름, 발아 중의 곡류
자당(설탕, sucrose)	포도당과 과당의 화합물, α, β의 이성질체 없음, 감미도 100, 온도 변화에 따른 감미의 변화 없음, 사탕무, 사탕수수 전화당은 가수분해하여 생성된 포도당과 과당이 1:1로 혼합된 것, 서당의 1.7배 감미도, 비환원당
유당(젖당, lactose)	포도당과 갈락토오스의 화합물, 우유 3~4%, 모유 5~8%(galactose 뇌신경을 형성), 환원성 포유동물의 성장과 뇌신경 조직, 정장작용, 장관 내 Ca흡수 촉진

※ 당질의 감미도

과당(170) 〉 전화당(90~130) 〉 설탕(100) 〉 포도당(50~74) 〉 맥아당(35~60) 〉 갈락토오스(33) 〉 유당(16~28)

(3) 다당류(polysaccharides)

① 다당류의 성질

- 여러 개의 단당류와 당 유도체가 탈수와 축합작용을 일으켜 생성된 화합물이다.
- 물에 잘 녹지 않으며, 녹으면 콜로이드(colloid) 상태가 된다.
- 산이나 효소로 가수분해되면 단당류가 된다.
- 다당류는 복합 다당류로 나누어지는데, 자연계에 널리 분포되어 있어 많이 이용된다.
- 전분과 이눌린(inulin) 등은 식물의 저장 물질을 이루고, 섬유소와 펜토산(pentosan)등은 식물의 구성 물질을 이루고, 글리코겐 등은 동물의 저장물질을 이룬다.

② 다당류의 종류

전분	• 식물의 씨, 뿌리, 열매 등에 함유, 포도당으로 이루어진 다당류 • 보통전분은 아밀로오스(15~30%), 아밀로펙틴(70~85%)으로 구성됨 • 찹쌀전분(아밀로펙틴90~100%). 무색, 무미, 무취의 가루, 불용, 비중(1.55~1.65)
덱스트린	• 녹말이 가수분해되는 과정의 중간 생성물, 물에 잘 녹으며 점성이 있음 • 싹, 팽창식품, 엿, 조청, 우표 풀로 이용
글리코겐	• 동물의 저장다당류, 간, 근육, 어패류, 효모 등에도 존재
식이섬유소 (Cellulose)	• 식물의 세포벽에 존재, 소화되기 어려운 난소화성 성분, 장의 연동작용을 자극하여 배설작용을 도와줌 • 펙틴(Pectin), 리그닌(Lignin), 키틴(Chitin) 이눌린(Inulin), 한천(Ager), 알긴산(Alginic Acid)

※ 단순다당류 : starch, glycogen, cellulose, inulin, araban, xylan

※ 복합다당류 : hemicellulose, pectin, plant gum, alginic acid

02 전분의 조리가공 이용

① 전분의 호화(교질화, α화, Gelatinization)

호화촉진 인자 : 온도가 높을수록, 도정도가 높을수록, 전분입자가 클수록, 알칼리성일 때

전분립을 물에 현탁해서 가열하여 유백색의 콜로이드용액을 만들고, 농도가 크거나 냉각하였을 때 반고체의 gel을 형성하는 과정을 호화라 한다.

② 전분의 노화(β-화, Retrogradation)

호화된 전분을 그대로 실온에 방치하면 서서히 분자의 재배열이 일어나 부분적으로 결정성을 회복해서 생전분(β-전분)과 같은 불용성의 상태로 변화하는 것을 노화라 한다.

노화촉진인자	노화방지법
• 온도 : 0~4℃일 때 • 수분 : 30~70%일 때 • pH : 산성일 때 • 전분구조 : 아밀로오스 함량이 많을수록	• 0℃ 이하로 동결 • 고온 건조 : 70% 이상, 15% 이하 • 설탕 첨가 • 유화제 첨가 • pH 7이상 • 염류

(3) 전분의 호정화(dextrinization)

전분에 물을 가하지 않고 160℃ 이상으로 가열하면 여러 단계의 가용성 전분을 거쳐 덱스트린(호정)으로 분해된다. 이 현상을 전분의 호정화라 하며, 호정은 호화전분보다 물에 잘 녹고 소화가 잘된다. 쌀, 옥수수 등을 팽화시킨 식품(뻥튀기), 미숫가루, 볶은 식품, 토스트 등

(4) 전분의 당화

전분이 당화효소나 산에 의해 가수분해 되어 단당류, 이당류 또는 올리고당으로 만들어지는 것을 당화라 한다. 식혜, 조청, 엿, 물엿, 시럽 등이 있다.

종 류	공급원	특 징
α-아밀라아제 (액화효소)	발아 중인 곡류	전분의 α-1,4 결합을 무작위로 가수분해
β-아밀라아제 (당화효소)	감자, 곡류, 두류, 엿기름, 타액	맥아당 단위로 비환원성 말단에서부터 가수분해
글루코아밀라아제 (액화효소)	곰팡이, 효모, 세균 등	비환원성 말단부터 포도당 단위로 절단

03 탄수화물의 기능

① **에너지의 공급원** : 열량원으로 1g당 4kcal의 열량을 발생, 총 섭취 열량의 65%

② **필수영양소** : 탄수화물의 공급이 부족하게 되면, 지방과 단백질이 에너지원으로 대치되어 체단백의 소모가 발생하게 되고 케톤체가 체내에 증가하게 되는 케토시스를 유발하게 된다. 케토시스는 탈수, 허약 및 심한 경우에는 혼수에 이르게 되므로 탄수화물은 필수영양소라 할 수 있다(케토시스를 예방하기 위해서 1일 50~100g 이상의 당질 섭취를 해야 함).

4장 지질

지질의 구성원소는 C, H, O이며 물에 녹지 않고 유기용매(사염화탄소, 에테르, 아세톤, 뜨거운 알코올, 벤젠, 클로로포름 등)에 녹으며, 지방산의 에스테르(ester) 또는 지방산의 에스테르가 되며 생체조직이 이용할 수 있다.

01 지질의 분류

유(油)는 상온에서 액체상태, 지(脂)는 상온에서 고체상태인 것이며 이를 합쳐 유지라고 부른다.

분류			특징	함유물질
단순지질 (글리세롤 1분자, 지방산 3분자)	중성지질	포화지방산	• 상온에서 고체, 탄소수 증가함에 따라 물에 녹기 어렵고, 융점 상승	팔미트산, 스테아르산, 버터, 육류, 팜유, 코코넛유
		불포화지방산	• 상온에서 액체, 이중결합 많을수록 융점이 반응성 크고 산화용이, cis형	식물성 유지
			• 수소를 첨가하면 고체지방이 됨(트랜스지방산)	쇼트닝, 마가린
		필수지방산	• 신체의 성장과 유지 • 반드시 외부로부터 공급되어져야 하는 지방산	리놀레산, 리놀렌산, 아라키돈산
	왁스		• 고급 1가 알코올과 고급지방산과의 에스테르 결합 • 동 · 식물 피부 보호, 해충 · 미생물 침입 방지 • 소화흡수가 잘 되지 않아 영양적 가치 없음. 높은 융점, 물에 불용	Carnauba wax 밀납, 경랍, 양모지 등
복합지질 (단순지질, 인산, N 화합물, 당류 결합)	인지질		• 동물의 뇌, 골수, 심장, 간, 신장 등 • 식물체 중에서는 종자, 특히 두류, 효모 등에 존재	글리세로인지질 – 레시틴(콜린) – 세팔린(세린) 스핑고인지질
	당지질		• 동물의 뇌, 신경조직에 존재 • 지질의 운반에 중요한 역할	글리세로당지질 스핑고 당지질
	지단백질		• 간에서 생성되어 세포막 등 • 지질의 운반에 작용	
유도지질 (지방산, 고급 알코올, 스테롤, 스핑고신 등)	콜레스테롤		• 세포, 근육, 뇌, 신경조직, 담즙, 혈액, 생체 내에서, 자외선에 의해 비타민 D_3로 전환되는 프로비타민 D	
	에르고스테롤		• 자외선에 의해 칼시페롤(비타민 D_2)로 변하는 프로비타민 D	맥각, 효모, 곰팡이, 버섯, 경엽류 등
가공유지	트랜스지방산 경화유		• 불포화 지방산에 니켈을 촉매로 수소를 첨가하면 이중결합에 수소가 흡수되어 단일결합인 고체지방이 됨	감자튀김, 닭튀김, 팝콘, 케이크, 마가린, 쇼트닝

02 유지의 물리적 성질

① **융점** : 유지의 구성지방산의 탄소수가 많을수록 불포화도가 커지고 녹는점이 낮아진다.

② **비중** : 비중은 15℃에서 0.92~0.94로 불포화지방산의 함량이 많을수록 증가하고, 지방산의 분자량이 클수록 감소한다.

③ **발연점** : 유지를 가열하는 경우 유지 표면에서 연푸른 연기가 발생될 때의 온도를 말함. 분해되어 나온 연기 성분은 지방산, 알데히드, 케톤, 아크롤레인 등의 자극성 냄새가 유지에 침투되어 맛과 냄새를 나쁘게 함. 튀김기름은 발연점이 높은 기름을 선택. 가열횟수, 유리지방산 함량, 이물질이 많을수록 발연점이 낮다.

④ **가소성** : 외부 조건에 의하여 유지의 상태가 변했다가 외부 조건을 원상태로 복구해도 변형된 상태 그대로 있다. 실온에서 고체인 버터, 마가린, 쇼트닝, 라드 등은 매우 높다.

⑤ **점도**: 유지를 고온에서 지속적으로 가열하면 거품이 일고 기름이 열에 의해 분해되며 중합이 생겨 점도가 증가한다. 가열 시간이 길수록, 가열온도가 높을수록 증가된다.

⑥ **굴절률** : 유지의 굴절률은 탄소수 및 불포화지방산이 증가할수록 증가한다.

03 유지의 화학적 성질

① **검화가** : 유지를 알칼리용액으로 가수분해하면 글리세롤과 지방산염이 형성되는 것을 검화 또는 비누화라 한다. 저급지방산 함량이 높을수록 검화값이 커진다.

② **산가** : 유지를 가열 또는 저장하면 가수분해하여 유리지방산을 형성하게 되는 데, 이러한 유리지방산을 중화하는 데 소요되는 KOH의 mg수를 산가라 한다.

③ **요오드가** : 유지 100g에 첨가되는 요오드의 g수를 요오드가라 한다. 불포화도를 측정하는 데 사용되며 불포화도가 높을수록 요오드가가 높아진다.

④ **과산화물가** : 지방의 산패를 결정하는 척도이다. 유지가 자동산화나 가열산화에 의해 산패되면, 이중결합에 산소가 결합된 과산화물이 형성된다.

⑤ **아세틸가** : 유지 속에 존재하는 수산기(OH)를 가진 지방산의 함량을 나타낸 것이다.

⑥ **폴렌스케가** : 유지 5g을 비누화한 후 얻어진 휘발성 불용성 지방산을 중화하는 데 필요한 O.IM KOH의 mg수로 표시하며, 버터 중의 팜유 혼합량을 검사하는 데 사용한다.

⑦ **라이메르트-미아슬가** : 물에 잘 녹는 부티르산, 카프로산과 물에 약간 녹는 카프릴산, 카프리산의 양을 결정한다. 유지 중의 수용성의 휘발성 지방산량을 나타내는 척도이다.

04 유지의 저장 시 변화

① **유지의 산패** : 식용 유지나 지방질 식품은 조리 과정 중이나 저장 중에 여러 원인으로 인해 색, 맛, 냄새의 변화가 일어나고 점도가 증가하기도 한다. 독성물질이 생성되는 것을 산패라고 한다.

㉠ 유지의 산패를 일으키는 원인

종류	원인
가수분해	물 · 산 · 알칼리 · 지방분해효소 등에 의해 글리세롤과 유리지방산으로 가수분해
자동산화	공기 중의 산소, 산화적 산패
가열산화	고온에서 가열할 때
산화효소	리폭시다아제와 리포히드로페르옥시다아제에 의해 지방산을 산화시킴
변향	불포화도가 높은 기름은 정제하기 전의 유지의 냄새로 복귀하는 현상 linolenic acid 함량이 많은 대두유, 아마인유 등도 변향이 쉬움

㉡ 산패에 영향을 미치는 인자

인자	특성
유지의 불포화도	불포화지방산〉포화지방산 산화 용이
효소 작용	가수분해 효소 작용으로 유리지방산 형성 → 자동산화 촉진 lipoxidase : 필수지방산에 작용하여 과신화물 생성
광선	광선에 노출 시 히드로퍼옥시드를 분해하여 산화 촉진
온도	온도가 상승함에 따라 산화 속도 증가
중금속	Co, Cu, Fe, Mn, Ni 등은 과산화물을 분해하여 산화연쇄반응 촉진

5장 단백질

01 단백질의 구성

- 아미노산이 중합된 거대한 분자, 아미노기(−NH_2)와 카르복실기(−COOH)를 갖는 화합물
- 탄소, 수소, 산소, 질소 등으로 조성, 질소 함량은 평균 16%(질소계수 = 6.25)
- 대략 21종의 서로 다른 아미노산들이 펩티드 결합으로 이루어진 중합체(polymers)

(1) 단백질의 이화학적 분류

분류		특성			종류
		물용해	알코올	열응고성	
단순 단백질	알부민	o	o	o	혈청(serum albumin), 젖(lactalbumin), 난황(livetin), 난백(conalbumin, ovoalbumin)
	글로불린	x	o	o	젖(lactoglobulin), 난백(lysozyme, ovoglobulin), 근육(myosine), 콩류(glycinin)
	글루테린	x	x	x	쌀(oryzenin), 밀(glutenin), 보리(hordenin)
	프로라민	x	o	x	밀(gliadin), 보리(hordein), 옥수수(zein), 귀리(sativin)
	히스톤	o	x	x	적혈구(globin), 흉선(thymushistone)
	프로타민	o	x	x	연어(salmin), 고등어(scombrin), 정어리(clupeine), 상어(sturin)
	알부미노이드	x	x	x	털, 뿔(keratin), 견사(fibroin), 건(elastin), 뼈(collagen)
복합 단백질	핵단백질	단순단백질 + 핵산 감칠맛 부여, 발효성 조미료로 이용			백혈구, 적혈구, 흉선 : 뉴클레오히스톤(DNA) 효모핵산 단백질(RNA)
	당단백질	단순단백질 + 당 물, 염류용액에 불용, 알칼리에 가용, 독특한 점성이 있으므로 동식물의 조직과 세포 보호작용			난백(ovomucoid, ovomucin), 혈액(seromucoid, serogluycoid)
	인단백질	단순단백질 + 인산 산성단백질로서 묽은 알칼리 용액에 가용, 동물성 식품에만 존재			우유(casein), 난황(vitellin, vitellenin, phosvitin)

분류		특성			종류
		물용해	알코올	열응고성	
복합 단백질	색소 단백질	단순단백질 + 색소, 혈액, 근육색소, 산소운반			혈색소(Hemoglobin), 근육색소(Myoglobin), 시홍 : 로돕신
	지단백질	단순단백질 + 지질 지질운반, 세포막구성			난황(lipovitellin, lipovitellenin)
	금속단백질	단순단백질 + 금속(Cu, Fe, Zn) 효소, 호르몬 구성			ferritin(철), insulin(아연), Hemocyanin(구리), 폴리페놀산화효소(구리)
유도 단백질	제1차 유도 단백질	천연단백질이 물리적, 화학적 및 효소적인 작용으로 분자량 변화			달걀(egg albumin), 프로테안(proteans) 메타프로테인(metaprotein)
	제2차 유도 단백질	제1차 유도단백질에서 변성이 더욱 진행된 상태로 다시 분해되어 아미노산이 되기 전까지의 중간생성물			프로테오스(proteose), 펩톤(peptone), 펩티드(pepticde)

(2) 아미노산의 종류

① **중성아미노산** : 글리신(glicine), 트레오닌(threonine), 알라닌(alanine), 발린(valine), 이소류신(isoleucine)

② **방향족아미노산** : 트립토판(tryptophan), 타이로신(tyrosine), 페닐알라닌(phenylalanine)

③ **염기성아미노산** : 아르기닌(arginine), 히스티딘(histidine), 리신(lysine)

④ **산성아미노산** : 글루탐산(glutamic acid), 아스파르산(aspartic acid)

⑤ **함황아미노산** : 시스테인(cysteine), 시스틴(cystine), 메티오닌(methionine)

⑥ **필수아미노산** : tryptophan, valine, threonine, isoleucine, leucine, lysine, phenylalanine, methionine

⑦ **제한아미노산** : 전체적인 효과를 결정해 주는 가장 섭취량이 적은 필수아미노산, 식품단백질에서 가장 낮은 비율을 가지는 필수아미노산

(3) 단백질의 성질

① **용해성** : 단백질의 용해는 용액 중 분산되어 점성이 있는 콜로이드용액이 되는 것. 종류에 따라 물, 묽은 산, 묽은 알칼리, 묽은 중성 염류 용액, 알코올, 암모니아수 등에 가용. 각 단백질의 특성으로 조리 및 가공에 이용, pH에 따라 용해도가 다르며 등전점에서 용해도가 가장 낮음

② **양성전해질** : 한 분자 중에 염기성인 아미노기(amino group, $-NH_2$)와 산성인 카르복실기(carboxyl group, $-COOH$)를 가지고 있기 때문에 용액의 pH에 따라 산 또는 염기로 작용

③ **등전점** : 산성용액에서는 (+)하전되며, 알칼리용액에서는 (−)하전됨. 그 중간의 전하가 0이 되고 전장에서 움직이지 않게 되는 pH를 아미노산의 등전점이라 함. 중성아미노산의 등전점은 pH 7.0, 산성아미노산의 등전점 pH 산성 쪽, 염기성 아미노산의 등전점은 pH 알칼리 쪽, 단백질은 등전점에서 수화, 팽윤, 용해도, 점도, 최소 흡착력, 기포력 최대가 됨

(4) 단백질의 반응

분 류	소 재	등전점
뷰렛 반응	2개 이상의 펩티드에서 적자색	단백질, 폴리펩티드
잔토프로테인	단백질에 진한 질산 → 백색침전 → 가열에 의해 황색	방향족 아미노산 : 티로신, 트립토판
밀론반응	단백질에 밀론 시약 → 백색침전 → 가열에 의해 적색	페놀성 아미노산 : 티로신
닌히드린 반응	단백질에 닌히드린 용액 → 적자색	α−아미노산 펩티드, 단백질, 아민, 암모니아
홉킨스−콜 반응	단백질 용액에 글리옥살산이나 무수초산 → 적자색의 환	트립토판
유황반응	단백질에 40% 수산화나트륨 용액 + 흑색 침전	시스틴, 시스테인 가능 메티오닌 불가
사카구찌 반응	단백질 용액에 알칼리를 가하고 나프톨 용액과 차아염소산나트륨 → 적색	아르기닌(구아니딘기에 의함)

(5) 단백질의 변성

변성은 불가역적 상태로 용해도 감소, 결정성 소실, 부피 증가, 소화율 증가 등이 일어난다.

① **물리적 변성요인**: 가열, 동결, 교반, 고압, 방사선 조사, 초음파 처리 등

② **화학적 변성요인** : 산, 알칼리, 요소, 알코올, 계면활성제, 알칼로이드, 중금속염 등

02 단백질의 기능

(1) 열량원으로 1g당 4kcal의 열량을 발생하고 전체 섭취 열량의 15%(성인 1일 70~80g)를 차지한다.

(2) 체조직, 혈액 단백질을 구성한다.

(3) 항체를 형성하며 체내의 생리작용의 조절에 관여한다.

(4) 가열 및 무기염류(Mg, Ca)에 응고하는 성질을 갖고 있다.

(5) 점성이 크고 교질성이 있다.

(6) 과잉증 : 체지방 축적, 간과 신장 기능 저하, 뼈의 칼슘 용출 증가

(7) 결핍증 : 카시오카(성장정지, 피부 변색 등). 고단백 식이로 치료

6장 식품의 색과 향미

01 식물성 식품의 색소

클로로필색소와 카로티노이드계는 지용성으로 세포 원형질의 색소체에 들어 있으며, 플라보노이드계와 안토시안계 색소는 세포액에 녹아 있는 수용성 색소이다.

지용성	클로로필	식물의 광합성에 중요한 역할 녹색채소류, 해조류 등 산성에서 갈색으로 변화, 알칼리, 철, 구리 등에 안정
	카로티노이드	배당체나 에스테르 형태 또는 단백질과 결합한 형태로 존재 카로틴계(당근, 고구마, 호박), 크산토필계(감귤, 고추, 옥수수 등) 지용성, 비타민A의 전구체, 산, 알칼리에 안정
수용성	플라보노이드 (안토크산틴)	곡류, 황색 채소류, 과일류 등 알칼리에서 황색으로 변화, 산성에서는 선명한 백색
	안토시아닌	꽃, 딸기, 포도 등의 과일 산성에서 적색, 중성에서 보라색, 알칼리, 금속에서 암청회색이나 적갈색

분류			특징
클로로필		Chlorophyll a	청록색
		Chlorophyll b	황록색
카로티노이드	카로틴류 (carotene)	α-카로틴	1 β-이오논 핵, 1 α-이오논 핵 →1분자의 비타민A 생성 당근, 차, 밤, 수박 등
		β-카로틴	2 β-이오논 핵 → 2분자의 비타민A 생성 당근, 고구마, 호박, 감귤, 녹차 등
		γ-카로틴	1 β-이오논 핵, 1 슈도-이오논 핵 →1분자의 비타민A 생성 당근, 살구 등
		리코펜	2 슈도-이오논 핵, 비타민A 효력 없음 토마토, 감, 수박, 앵두 등
	크산토필류 (xanthophyll)	크립토크산틴	감, 감귤, 옥수수 등의 황색 색소 비타민A 생성
		루테인	옥수수, 밀, 오이, 난황 등의 황색 색소, 비타민A 효력 없음
		제아크산틴	녹엽, 난황, 간장, 옥수수, 오렌지 등의 황색 색소 비타민A 효력 없음
		아스타크산틴	갑각류(새우, 게), 연어, 송어 등에 단백질과 결합한 형태로 존재(청록색)
		푸코크산틴	갈조류(미역, 다시마) 등의 적색계 색소
		캅산틴, 캅소루빈	고추, 파프리카 등의 적색계 색소
		칸타크산틴	송이버섯류 등의 적색 색소
플라보노이드 (안토크산틴)		플라본	아피제닌(옥수수, 담황색), 아핀(파슬리, 무색)
		플라보놀	케르세틴(양파껍질 황갈색), 루틴(메밀, 무색)
		플라바논	헤스페리딘(감귤껍질, 무색),나린진(감귤껍질, 무색)
		플라바노놀	디하이드록시 케르세틴(단풍잎, 황색)
		이소플라본	다이드진, 다이드제인 (콩류, 황색)
안토시안		페랄고니딘계	칼리스테핀(딸기), 프라가린(야생딸기), 페랄고닌(석류)
		시아니딘계	크리산테민(검정콩), 시아닌(자소), 케라시아닌(버찌)
		델피니딘계	델피닌(포도), 히아신(가지), 나스닌(가지)
		페투니딘계	페투닌(포도)

단 맛	당류	과당(150), 전화당(120), 자당(100), 포도당(70), 맥아당(50), 갈락토오스(30), 유당(27)
	당알코올	자일리톨(75), 솔비톨(48), 에리스리톨(45), 이노시톨(45), 만니톨(45)
	인공 감미료	사카린(Saccharin), 둘신(Dulcin), 소디움 사이클라메이트(Sodium cyclamate), 나린진 및 네오헤스페리딘 디히드로칼콘의 유도체
	특수 감미료	글리시긴진(Glycyrrhizin), 피로둘신(Phyllodulcin), 페릴라틴(Perillartin), 스테비오사이드(Stevioside)
신 맛	식초(식초산), 살구, 감귤류(구연산), 포도(주석산), 사과, 배(사과산), 유산음료, 요구르트(젖산), 버터, 치즈(낙산)	
짠 맛	염화나트륨(식염), 디소디움 말레이트, 디암모늄 말로네이트, 디암모늄 세바시네이트 및 소디움 글루코네이트 등은 소금과 유사한 짠맛을 가짐	
	① 짠맛의 강도 : 황산이온 〉 염소이온 〉 브롬이온 〉 요오드이온 〉 탄산이온 〉 질산이온 ② 양이온의 짠맛 : Na^+, Li^+, K^+, NH_4^+ 등 ③ 쓴맛과 짠맛 : Ca^{2+}, Mg^{2+} 등 ④ 떫은맛과 불쾌한 맛 : K+, NH_4^+	
쓴맛 (음이온)	알칼로이드	커피, 차(카페인), 코코아, 초콜릿(테오브로민), 귤껍질(헤스페리딘)
	배당체	감귤류(나린진), 오이꼭지(쿠크르비타신), 양파껍질(케르세틴), 메밀(루틴)
	케톤	맥주(호프), 고구마(미포메아메론)
	무기염류	간수(염화마그네슘), 두류(사포닌)
매운 맛	방향족 알데히드 및 케톤류	생강(zingerone, shogaol, gingerol), 울금(curcumin), 바닐라콩(vanillin), 계피(cinnamic aldehyde)
	산아미드류	고추(capsaicine, dihydrocapsaicine), 후추(chavicine), 산초(sanshol)
	유황화합물	흑겨자유(allylisothiocyanate), 백겨자유(ρ-hydroxybenzylisothio-cyante), 마늘, 양파, 파, 부추 등 파류의 정유(diallyl disulfide류), 파래, 고사리, 아스파라거스, 파슬리, 양배추의 매운맛(dimethyl sulfide), 마늘류(allicin, diallyl disulfide)
	아민류	아민, 히스타민, 티라민
아린 맛	토란, 가지, 고사리, 고비, 우엉, 죽순(호모젠티스산), 팥(시아닌)	
떫은 맛	미숙한 감(시부올), 녹차(카테킨, 테아닌), 밤 속껍질(엘라그산), 커피(클로로겐산)	

02 동물성 식품의 색소

근육에 분포하는 혈색소인 헤모글로빈과 근육색소인 미오글로빈(myoglobin)에 의해 수육의 색이 결정된다.

종류		특징
수육류	헤모글로빈 (혈색소) 10%	산소운반 산화(옥시헤모글로빈 → 메트헤모글로빈) 가열 시 암갈색
	미오글로빈 (육색소) 90%	연령이 높아지거나 활동 빈도가 높았던 근육일수록 미오글로빈 함량이 증가 공기 중(옥시미오글로빈 → 회갈색의 메트미오글로빈) 가열 시(메트미오글로빈 → 헤마틴)
어패류		헤모글로빈(어패류), 카로티노이드(연어, 송어) 크산토필(도미의 홍색), 아스타크산틴이 가열 시 아스타신(새우, 게 등 갑각류)이 됨

03 식품의 맛

식품의 기본적인 맛은 단맛, 쓴맛, 신맛, 짠맛이 있다(Henning이 분류한 4원미). 신맛과 쓴맛은 취미의 맛이라고도 하며, 단맛과 짠맛은 생리적으로 요구되는 맛으로 알려져 있다.

※ 맛과 냄새 : 화학분자가 미각 및 후각신경 표피에 작용하여 발생되는 전기적 신호를 뇌가 분석하여 인지하는 것이다.

04 식품의 냄새

식물성 식품의 냄새 성분	
에스테르	장미(geraniol), 셀러리(sedanolide), 파슬리(apiol), 사과(methyl butyrate)
알코올	양파(propanol), 송이버섯(1-octen-3-ol), 오이(2,6-nonadienol), 계피(eugenol)
카르보닐 물질	차엽(hexenal), 육계향(cinnamic aldehyde), 바닐라(vanillin)
정유류	박하(menthone), 레몬(citral), 생강(zingiberene)
유황화합물	무(methyl mercaptan), 양파(propyl mercaptan), 양배추,순무(S-methyl cysteine sulfoxide), 고추냉이(alkyl sulfide), 와사비(아릴이소티오시아네이트), 간장(a-methyl mercapto propyl alcohol), 커피(furfuryl mercaptan)
동물성 식품의 냄새 성분	
육류	신선한 고기(아세트알데히드), 썩은 고기(암모니아, 황화수소, 메르캅탄류)
생선류	신선한 물고기(트리메틸아민 옥시드), 비린냄새(트리메틸아민), 민물고기(피페리딘, 델타-아미노 발레알데히드, 델타-아미노산발레르산)
유제품류	우유(지방산 및 카보닐 화합물), 버터(디아세틸), 치즈(에틸 베타-메틸 메르캅토 프로피오네이트)

7장 식품 미생물

01 미생물

원시생물이나 원핵생물로서 개체가 매우 작아서 육안으로 볼 수 없는 아주 작은 생물. 미생물은 사람에게 병을 일으키는 병원성 미생물과 식품의 부패나 변패의 원인이 되는 유해한 것과 발효, 양조 등 유익하게 이용되는 미생물인 비병원성 미생물로 구분

- 발효 : 탄수화물이 미생물의 작용에 의해 알코올, 젖산, 식초산, 아미노산 등의 유용한 물질이 생기는 현상
- 부패 : 식품의 변질로 인한 유해성분 생성(주로 단백질이 변질)되는 현상

식품 부패 원인	녹말식품, 채소, 과실의 변패	Mucor숙(털곰팡이)
		Rhizopus(거미줄곰팡이)
		Aspergillus(누룩곰팡이)
		Penicillium(푸른곰팡이)
		Neurospora속
	곰팡이 독 생성	Aspergillus flavus
		Penicillium 속 중 일부
식품에 이용되는 곰팡이	된장, 간장, 약탁주, 청주	Aspergillus속
	구연산의 생산	Penicillium속
	효소류의 생산	Aspergillus속
	Amylase	Aspergillus속, Rhizopus속
	Protease	Aspergillus속

(1) 미생물의 분류

미생물은 진균류, 세균, 리케차, 바이러스, 스피로헤타 등으로 분류되며 미생물의 크기순은 곰팡이 > 효모 > 스피로헤타 > 세균 > 리케챠 > 바이러스 순

	원핵 세포	진핵 세포
구조	단순, 하등미생물	복잡한 구조, 고등생물
조직	핵막, 미토콘드리아, 소포체, 골지체 없음	핵막이 존재, DNA, 리보솜, 골지체, 소포체와 미토콘드리아 등의 구조체가 발달
예	남조류, 방사균	원핵동물, 조류, 곰팡이, 효모,버섯
호흡	세포막 또는 mesosome에 부착	미토콘드리아
세포벽 성분	펩티도글리칸	셀룰로오스, 키틴

① 세균

㉠ 세균의 형태와 종류 : 형태는 구균 · 간균 · 나선균의 세 가지가 있고, 협막 · 아포 · 편모 등을 가지는 것이 있다. 2분법으로 증식하며, 세균성 식중독 · 경구 전염병과 부패를 일으키는 부패세균 등이 이에 속한다. 산소를 좋아하는 호기성 세균과 산소를 싫어하는 혐기성 세균으로도 구분한다.

형태	배열형태	대표균
구균	단구균 · 쌍구균 · 연쇄구균 · 포도상구균	화농균, 폐렴구균
간균(막대형)	단간균 · 쌍간균 · 연쇄간균 등	살모넬라균, 이질균, 결핵균
나선균	콤마상 나선균 · 일반 나선균	콜레라균, 장염비브리오균

㉡ 세균의 분류 : 그람염색에 의한 분류 기준, 염기조성, 핵산 서열에 의한 분류 기준, 연관계수 등 여러 실질적 분류기준을 이용하여 분류한다.

• 그람염색에 의한 분류

특징	그람양성	그람음성
염색 후	보라색	분홍색
세포벽	펩티도글리칸이 두꺼움	펩티도글리칸이 얇음
구조	세포벽–세포막	외막–세포벽–세포막(이중막)
테이코산	있음	없음
페니실린	세포벽 합성 저해, 양성균 죽임	효과 없음, 대신 스트렙토마이신으로 단백질합성 억제 효과적
lysozyme 작용	세포벽(펩티도글리칸)이 분해되어 용균됨	세포벽 분해 안 됨
대표균	구균(coccus) 포자형성균(Bacillus, Clostridium), 젖산균(Lacto Bacillus, Pediococcus, Streptococcus)	장내세균(Salmonella, Escherichia) 초산균(Acetobacter)

식품에 중요한 세균류

㉠ 바실루스(Bacillus)속
㉡ 슈도모나스(Pseudomonas)속
㉢ 비브리오(Vibrio)속
㉣ 미크로코쿠스(Micrococcus)속
㉤ 세라티아(Serratia)속
㉥ 프로테우스(Proteus)속
㉦ 에스체리치아(Escherichia)속
㉧ 락토바실루스(Lactobacillus)속
㉨ 크로스트리디움(Clostridium)속 등

② **곰팡이** : 진균류(眞菌類) 중에서 균사체를 발육기관으로 하는 곰팡이를 사상균이라 한다. 곰팡이를 식품에 이용하는 이로운 것은 누룩 · 메주 등이 있으며, 식품을 변질시키는 것과 독소를 만들어 인체에 해를 주는 것도 있다.

㉠ 형태 및 번식 : 여러 세포가 모여 형성된 실모양의 관에 다핵의 세포질을 가진 균사의 집합체이다. 균사체와 자실체 전체를 균총이라 하며, 균사체는 영양기관이고 자실체는 번식기관이다.

- 유성포자 : 세포핵이 융합함, 난포자, 접합포자, 자낭포자, 담자포자
- 무성포자 : 세포핵의 융합 없이 분열에 의해 무성식 포자 형성, 내생포자인 포자낭포자, 외생포자인 분생포자, 분절포자, 후막포자

㉡ 분류

분류	특징	종류
조상균류	격벽이 없음, 내생포자, 접합포자	mucor속(털곰팡이), rhizopus속 (거미줄곰팡이), absidia속(활털곰팡이), thaminidium속
자낭균류	격벽이 있음, 자낭포자, 분생포자	aspergillus속(누룩곰팡이), penicillium속(푸른곰팡이), monascus속(홍국곰팡이), neurospora속(붉은곰팡이)
불완전균류	균사체와 분생자만으로 증식하는 균류	monilia속, oidium속, botrytis속, fusarium속
담자균류	격벽은 dolipore-parenthesome 구조로 되어 있음	대부분의 버섯

- 뮤코아(Mucor)속 : 전분의 당화나 치즈 숙성 및 과일 부패에 관여
- 리조푸스(Rizopus)속 : 원예작물 부패
- 아스퍼질루스(Aspergillus)속 : 전분의 당화나 유기산 제조
- 페니실리움(Pellicillum)속 : 황변미독
- 누룩곰팡이 : 된장, 고추장, 간장 속에 들어 있는 염장식품의 유해균 – 발암물질 생성 효모 당분을 함유하는 산성 식품을 주로 변패시키는 미생물

③ 효모

㉠ 특징 : 출아법 증식, 핵막, 인, 미토콘드리아 있음, 알코올 발효능이 강함, 과피, 과즙, 수액, 토양 등, 난형, 타원형, 구형 레몬형 등 있음

㉡ 식품에서 중요한 효모 분류

- 자낭균 : 사카로미세스(Saccharomyces)속, 지고삭카로미세스 (Zygosaccharomy ces)속, 피키아(Pichia)속, 한센눌라(Hansenuls)속
- 무포자 : 토룰라(Torula)속, 칸디나(Candida)속, 로도토눌라(Rhodotorula)속

㉢ 대표적인 효모와 그 이용

구분	종류	용도
Saccbaromyces 속	Saccbaromyces cerevisiae	양조효모, 빵효모
	Saccbaromyces Sake	청주효모
	Saccbaromyces carlsbergensis*	맥주발효
Zygosaccbaromyces 속	Zygosaccbaromyces rouxii	간장효모
Candida 속	Candida utilis	메탄올, 균체사료
	Candida tropicalis	균체단백제조

* 현재는 Saccbaromyces carlsbergensis로 포함됐음

구분	상면발효효모	하면발효효모
형태	달걀형	난형, 타원형
배양	액 표면에 뜸, 발효액이 혼탁, 균체가 균막 형성	액 저면에 침강, 발효액이 투명, 균체가 균막 형성하지 않음
생리	발육온도 10~25℃, 발효작용 빠르다	발육온도 5℃~10℃, 발효작용 느리다
종류	saccharomyces cerevisiae	saccharomyces carlsbergensis

④ 리케차 : 원형, 타원형 등의 모양이며 세균과 바이러스의 중간에 속한다. 2분법으로 증식하며 운동성이 없고 살아 있는 세포 속에서만 증식한다. 매우 작아 보통 현미경으로는 볼 수 없다. 발진열 · 발진티푸스의 병원체 등이 있다.

⑤ 바이러스 : 여과성 병원체라고 하며 전자현미경으로 모양을 볼 수 있는 정도로 작으며 천연두 · 인플루엔자 · 일본뇌염 · 광견병 · 소아마비 등이 있다.

⑥ 스피로헤타 : 단세포식물과 다세포식물의 중간미생물이며 연약한 나선형을 하고 있고 항상 운동하고 있다. 매독균 · 재귀열 · 서교증 · 바일(와일씨) 등의 있다.

(2) 미생물 생육에 필요한 조건

환경요인으로는 영양소 · 수분 · 온도 · pH · 산소 등이 있으며 그 미생물의 생육에 적합한 환경을 인위적으로 제어할 수도 있다. 그러나 미생물 중에는 이러한 환경 조건이 그 생육에 적합하지 않으면 아포를 형성하였다가 환경 조건이 좋아지면 다시 생육하는 것이 있는데, 아포는 열이나 약품에 대하여 저항성이 매우 강하며 100℃로 끓여도 파괴되지 않는다.

① **영양소** : 미생물의 발육 · 증진에는 탄소원 · 질소원 · 무기염류 · 생육소 등의 영양소가 필요하며 필요한 양이 충분히 공급되어야 한다.

② **수분** : 적당량의 수분은 미생물의 몸체를 구성하고 생리기능을 조절하는 성분이다. 건조상태에서는 휴면 상태에 들어가 장기간 생명을 유지하는 경우도 있으나 발육 · 증식은 할 수 없다.
※ 생육 시 수분 필요량 순서 : 세균 > 효모 > 곰팡이

③ **온도** : 균의 종류에 따라서 각각 일정한 발육가능 최적온도가 있으며, 일반적으로 0℃ 이하와 80℃ 이상에서는 발육하지 못하고 고온에서보다 저온에서 저항력이 강하다.

㉠ 저온균 : 0~25℃이고, 최적온도가 15~20℃인 균으로, 저온에 보존하는 식품에 부패를 일으키는 세균

㉡ 중온균 : 15~55℃이고, 최적온도가 25~37℃인 균으로, 병원균을 비롯한 대부분의 세균

㉢ 고온균 : 40~70℃이고, 최적온도가 50~60℃인 균으로 온천수 등에 살고 있는 세균

④ **pH(수소 이온 농도)**

- 곰팡이와 효모는 산성 쪽에서 잘 자라며 최적 pH 4.0~6.0, 최저 pH 2.5~3.0
- 세균은 중성 내지 약알칼리성, 최적 pH 6.5~7.5 최고 pH 8.0~8.5, 최저 pH 4.5~5.0

⑤ **산소**

㉠ 호기성균 : 산소를 요구하는 균, 곰팡이 · 효모 · 식초산균 등

㉡ 혐기성균 : 산소를 필요로 하지 않는 균, 낙산균

㉢ 통성혐기성균 : 산소가 있거나 없거나 상관없이 어느 편에서도 발육, 젖산균

㉣ 편성혐기성균 : 산소를 절대적으로 기피하는 균

(3) 미생물 생육곡선

① **유도기**: 세포가 일정기간 적응기간을 가짐. 균수 증가하지 않고 크기 커짐

② **대수기** : 세포수가 기하급수적으로 증가하는 시기. 대사산물 증가, 증식곡선 직선

③ **정지기** : 영양분이 고갈되고, 용존산소가 부족, 세포수가 최고 정점이 되는 시기, 생장속도는 0

④ **사멸기** : 생균수가 감소하는 단계로 세포들이 모두 사멸되고 용해가 일어나는 시기. 감소하는 속도는 대수기보다 훨씬 느림

(4) 미생물 배양법

① **중층배양** : 혐기성균 배양

② **액체배양** : 미생물의 발효생산물 생성시

③ **사면배양** : 호기성 미생물의 이식, 저장시

④ **천자배양** : 통기혐기성, 절대혐기성균의 배양

③ **혐기배양** : 혐기성균 배양

(5) 식품의 부패 판정

① **대장균 검사의 목적** : 음식물, 물의 병원성 미생물 오염 여부 판정

② **생균수 검사의 목적** : 식품의 신선도(초기부패)판정

㉠ 정상 : 식품 1g당 일반세균 10^5

㉡ 초기부패 : 식품 1g당 일반세균 10^8

㉢ 완전부패 : 식품 1g당 일반세균 15×10^8 이상

8장 곡류, 서류 및 당류

01 쌀

(1) 쌀의 구조

① 벼(현미 80%, 왕겨층 20%)

㉠ 현미는 과피, 종피, 호분층과 배유, 배아로 구성, 소화율 98% 정도, 호분층과 배아에 단백질, 지질, 비타민이 많이 분포

㉡ 도정에 의해 정백의 비율이 커질수록 단백질 · 지방 · 섬유 및 비타민B_1 감소

㉢ 쌀 단백질은 오리제닌으로 아르기닌이 풍부, 라이신이 부족. 지방(0.8%, 배아에 함유)이 있고, P(인), K(칼륨), Mg(마그네슘) 풍부하며, Ca(칼슘)과 Fe(철) 부족

(2) 쌀의 조리

① 밥 짓기

㉠ 생쌀의 수분함량은 13~15% 정도, 불린쌀의 최대 수분 흡수율은 20~30% 정도(물량의 용적비는 불린 쌀 : 물 = 1:1, 햅쌀 : 물 = 1:1.2, 묵은 쌀 : 물 = 1:1.5)

㉡ 밥의 수분함량(밥을 지었을 때)은 65% 정도

㉢ 생쌀로 밥을 하였을 경우 중량은 2.3~2.5배

② 밥맛의 구성요소

㉠ 밥물은 pH 7~8 정도일 때 밥맛 향상(산성이 높아질수록 밥맛이 나쁘다).

㉡ 약간의 소금(0.03%)을 넣으면 밥맛 증가

㉢ 햅쌀이 밥맛이 좋고 수확 후 오래된 것이나 변질된 것, 지나치게 건조된 쌀은 밥맛 감소

02 밀가루(소맥분)의 조리

(1) 밀가루의 특성

① 밀가루의 품질

㉠ 회분 함량으로 구분하며 회분이 많을수록 등급이 낮아진다. 회분은 껍질에 많이 존재하므로 껍질이 많이 들어가면 착색이 되고 글루텐 형성이 방해되며 빛깔, 외관, 소화율 등도 나빠진다.

㉡ 글루텐 : 밀단백질로서 글리아딘과 글루테닌으로 구성, 글루텐(점탄성)이 증가. 단백질 함량에 따라 강력분(10%이상), 중력분(7~10%), 박력분(7% 이하) 분류

㉢ 설탕, 지방, 달걀 등을 첨가하면 글루텐 형성 방해

(2) 제빵

① 원료의 특성

㉠ 밀가루 : 글루텐 함량이 높고 시스테인, 시스틴, 글루타티온(glutathione) 등이 많으면 반죽이 단단해지고 탄성이 크며 CO_2의 보유력이 커서 제빵에 좋음

㉡ 효모(Saccharomyces Cerevisiae) : 반죽 안에 있는 포도당(glucose)을 발효시켜 CO_2 발생으로 부피 증가

㉢ 베이킹파우더 : 팽창제로서 가열하면 CO_2, 암모니아 (NH_3)를 발생, 알칼리성

㉣ 설탕 : 단맛 · 효모의 영양원(밀가루의 2~4%)

㉤ 소금 : 1~2%의 첨가는 점성과 탄성을 증가

㉥ 지방 : 버터, 마가린, 라드, 쇼트닝 등. 빵을 연하게 하며 향기, 영양 및 맛향상

㉦ 달걀 : 영양가를 높이고 빛깔, 향기, 맛을 좋게 함

㉧ 팽창제(leavening agents) : 반죽을 가열할 때 반죽 내에서 팽창하여 글루텐을 외부로 밀려 늘어나게 하여 반죽을 부풀게 함. 공기, 증기, 이산화탄소 등이 있음

공기	반죽과정 때 혼합된 공기가 가열되면 팽창하고 용적을 증가시킴, 밀가루를 체에 칠 때와 난백을 거품 낼 때, 크리밍(creaming), 비팅(beating) 등
증기	밀가루 반죽을 굽거나 찌기 위해 열을 가하면 수분이 증발하여 수증기가 되면서 팽창
이산화탄소 (탄산가스)	이산화탄소는 기체이므로 가열하면 팽창하여 음식을 부풀게 하는데, 베이킹파우더 등의 화학적 팽창제와 이스트 등의 생리적 팽창제로 분류

② 발효빵의 원리

㉠ 1차 발효 : 반죽을 발효실(약 28℃, 습도 75%)에서 2~3시간 발효

㉡ 가스빼기 : 1차 발효한 것을 반죽의 온도와 발효를 고르게 하기 위해서 가스(gas)를 빼기를 함

㉢ 다시 발효실(30℃, 습도 80~85%)에서 2~3시간 발효

(3) 제면

① 원료의 특성

㉠ 중력분을 이용

㉡ 소금 : 밀가루의 글루텐을 파괴하는 프로테아제(protease)의 작용을 억제

㉢ 식용유 : 면이 서로 붙는 것을 방지

㉣ 제법 : 밀가루 → 혼합(소금물 첨가) → 반죽 → 면대제조 → 절단 → 건조 → 제품

03 서류

(1) 서류의 특징

- 전분 축적 : 고구마(덩이뿌리), 감자, 토란, 참마, 뚱딴지(땅속줄기)에, 곤약(둥근 뿌리)
- 전분 이용 : 글루탐산나트륨 등의 원료, 맥주나 알코올 등 공업의 원료, 연제품 제조 또는 작물용

① 감자

감자의 단백질은 튜베린이고, 감자의 독성은 솔라닌이며 반드시 제거한다. 세포 간의 결합력, 전분의 충실도와 단백질의 함량 등에 따라 나뉜다.

점질감자 (waxy potato)	단백질 함량이 높아 물 11컵에 소금 1컵을 녹여 감자를 껍질째 담갔을 때 뜨면 비중이 낮은 감자
분질감자 (mealy potato)	전분이 충실하게 형성되어 전분 함량의 비중이 높아 가라앉는 감자

㉠ 감자의 갈변(효소적 갈변반응)

껍질을 벗긴 감자를 공기 중에 방치하면 감자 절단 시 세포가 손상되고 파괴되어 세포내의 티로시나아제(tyrosinase)라는 산화효소가 노출되면서 타이로신(tyrosine)과 반응하여 멜라노이딘(melanoidine)이라는 갈색물질을 형성

㉡ 티로시나아제는 수용성이므로 껍질 벗긴 감자를 물, 비타민 C 용액에 담가 놓음

② 고구마(sweet potato)

㉠ 주성분은 당질(전분) 이외에 덱스트린, 포도당, 자당, 맥아당 등이 있어 단맛을 내며, 생고구마를 저장해 두면 전분은 감소하고, 당분이 증가

㉡ 색은 노란색(카로틴)을 띠고, 고구마를 자르면 나오는 유백색의 점액(얄라핀 ; jalapin)이라고 하는 수지배당체이며, 흑반병에 걸렸을 때 고구마의 쓴맛은 이포메아메론임

③ 토란

㉠ 주성분은 전분이고 칼륨이 풍부한 알칼리성 식품

㉡ 미끈미끈한 점질물. 갈락토오스와 단백질의 결합체인 수용성의 당단백질로 갈락탄이라 함

㉢ 아린 맛은 호모겐티스산이며 쌀뜨물이나 소금물로 데치면 없어지고 점질물도 제거됨

④ 산마

㉠ 주성분은 전분과 점액물질

㉡ 뮤신 : 점액물질은 단백질과 만나 결합한 것으로, 위벽을 보호하는 효과가 있으며 α-아밀라아제 등의 소화효소가 많아 소화를 도와줌

⑤ 카사바

㉠ 타피오카전분 제조에 이용되며 전분이 20~25% 정도 함유되어 있고, 당질, 지질, 콜레스테롤은 거의 없으며, 칼슘과 비타민 C가 풍부

㉡ 독성이 있는 사이안산을 생성하는데, 삶거나 물에 담가 두면 가수분해되므로 제거. 생으로는 먹지 않음

⑥ 구약감자

아린 맛이 강하여 가루를 내어 응고제를 첨가하여 곤약으로 사용

04 당류의 조리

(1) 당류의 특성

① 단맛

당의 종류와 온도에 따라 감미도가 서로 다르다. 설탕은 α, β형의 이성질체가 존재하지 않아 감미도의 표준이 됨. 0℃ 이하 그리고 50℃ 이상에서는 단맛이 저하

② 용해성

당류는 친수기인 수산기(-OH)를 가지므로 물에 모두 용해. 당의 입자가 적을수록 용해시키는 물의 온도가 높을수록 용해성 증가

③ 흡습성

천연당류는 친수성이므로 수분을 보유하는 능력이 크다. 꿀과 과당은 흡습성이 매우 큼

④ 가수분해

당류는 가열과 산, 효소에 의해 가수분해

⑤ 결정성

설탕은 높은 온도에서 농축시킨 후 냉각하면 과포화되어 설탕 결정 생성. 먼저 핵이 생기고, 핵 위에 용해물질들이 붙어 결정이 커져 가는 것이다. 결정 크기에 따라 폰단트, 퍼지, 얼음사탕 등이 있으며 이러한 결정 형성에 영향을 주는 요소들은 다음과 같다.

㉠ 용액의 성질 : 용해성이 낮은 당이 결정이 큼. 유당은 결정성이 큰 반면, 포도당은 결정이 서서히 형성되며 결정의 크기도 작음

㉡ 용액의 농도 : 용액이 농축되면 핵의 형성이 빠르고, 결정의 크기도 커짐

㉢ 용액의 온도 : 높은 온도에서는 핵의 형성이 빠르고, 용해물질들이 잘 붙어서 결정의 크기도 커짐

㉣ 교반 : 젓는 속도가 빠를수록 크기는 작지만 미세한 결정이 생성

㉤ 불순물의 존재 : 당 용액 이외의 다른 물질, 포도당, 과당, 시럽, 버터, 초콜릿, 전화당, 꿀, 난백, 우유 등의 첨가는 결정을 방해

㉥ 비결정성 캔디 : 제조할 때에 당의 결정을 방해하면 비결정성 캔디가 되며, 방해물질은 시럽, 꿀, 우유, 크림, 버터, 달걀흰자, 유기산 등. 캐러멜, 마시멜로, 토피와 브리톨 등 제조

⑥ 캐러멜화 반응(비효소적 갈변반응)

설탕을 170℃에서 계속 가열하면 캐러멜화 반응에 의해 갈색화가 일어나며, 설탕공예, 캐러멜캔디, 약식, 제빵 등에 사용

⑦ 보존성

고농도의 당은 수분을 탈수시켜 미생물의 증식을 억제하고 보존성이 높아져 열매의 엑기스나 잼 등 식품 저장에 이용

9장 육류

01 육류의 구조

(1) 근육조직

① 근원섬유(미오신과 액틴을 기본)

㉠ 고기라고 말하는 부위인 근육조직은 주로 횡문근으로 구성(동물체의 30~40%), 근육의 수축, 이완에 관여

㉡ 근육조직은 연령이 낮을수록 연하고, 같은 동물이라도 운동이 심한 사태, 목심과 같은 부분보다 운동이 적은 등심, 안심 같은 부분의 고기가 연함

② 결체조직(교원섬유과 탄성섬유)

㉠ 교원섬유는 콜라겐이 주성분이며 65~80℃에서 젤라틴으로 변하며 젤라틴으로 많이 변할수록 고기는 연해진다. 이것을 식혀서 굳힌 것이 쇠머리 족편이다.

㉡ 탄성섬유는 엘라스틴을 주성분으로 하고 고무와 같은 탄력성을 가지며 인대, 힘줄 등에 있고 열과 화학적 처리에도 강함

㉢ 나이가 많이 들거나 운동을 많이 하면 결체조직이 발달하는데, 암컷보다 수컷, 돼지고기와 닭고기보다 소고기에 많다. 목심, 양지, 사태, 갈비 등이 해당

③ 지방조직

근육 내 결합조직 사이에 존재하며, 근육 내에 흰색반점이 분포되어 있는 지방조직을 '근내지방(마블링)'이라 한다. 등심, 꽃등심, 목살에 분포

④ 고기의 색소

㉠ 글로빈 한 개와 철을 포함하는 헴 하나로 구성

㉡ 미오글로빈은 적자색이고 연령이 증가할수록 더 많아 소가 송아지보다 더 붉고, 돼지고기〈송아지고기〈소고기 순으로 미오글로빈을 많이 함유

㉢ 옥시미오글로빈이 산화되면 적갈색인 메트미오글로빈을 형성

02 사후강직과 숙성

(1) 사후경직

① 도살 직후 : 육류가 신장력이 떨어져 보수력이 저하되며 산소의 공급이 제한되므로 글리코겐은 젖산으로 분해되어 근육의 pH가 저하되기 시작하면서 사후경직 시작

② pH 6.5로 저하 : 포스파타아제 작용으로 ATP가 분해되고, 근육은 액토미오신 상태로 수축되어 뻣뻣해지며 보수성과 신장성이 감소

③ pH 5.4 : 해당효소의 불활성화로 젖산 생성이 정지되고 더 이상 pH가 내려가지 않음, 최대 사후경직 시기

④ pH 재상승 : 단백질 분해효소가 활성화되어 근육을 분해하기 시작. 이때 맛 성분 생성

(2) 숙성

사후경직이 일어나고 이 기간이 지나면, 자체 효소의 작용으로 부드럽고 맛이 향상됨

① 숙성 조건 : 냉장온도에서는 10~20일, 대체로 0~4℃에서 쇠고기는 도살 후 10일, 돼지고기는 3~5일, 가금류는 12~24시간, 온도가 높아질수록 숙성 기간은 단축

② 숙성된 육의 특색 : 색은 선명한 붉은 색, 숙성 후 크레아틴, IMP, 이노신산 등의 맛성분 생성

③ 부패 : 숙성 기간이 지나면 혐기성 세균에 의해 분해되어 식용에 부적합

03 육류의 조리

(1) 육류의 가열, 조리방법

① 건열요리

운동량이 적은 연한 부위의 결합조직이 없고 얼룩지방이 적절히 분포된 등심, 안심, 염통, 콩팥, 간 등을 이용. 적, 스테이크, 로스팅 등에 쓰임. 콜라겐이 많은 결합조직에는 부적합

㉠ 구이 : 직화구이와 팬 구이, 바비큐, 숯불구이 등. 직화에 의해 고기 표면의 단백질이 응고되어 내부의 육즙 손실이 적고 단백질, 당질, 지방분해물과의 메일라드 반응과 당류의 캐러멜화 등으로 색과 풍미 향상

② 습열조리

분 류	특 징	부 위
탕	결체 조직이 많은 부위 이용, 처음부터 찬물에 고기를 넣고 비교적 저온인 중불에서 3~4시간 정도 끓여야 젖산, 아미노산, 핵산 분해물질 등의 추출물 성분이 국물에 용출	양지육, 사태육, 꼬리, 도가니 등
찜	양념을 미리 하여 조리하면 부드러운 맛이 나지 않기 때문에, 먼저 고기를 삶아 익힌 후 양념과 여러 고명을 넣고 끓이는 것이 중요	소갈비, 소혀, 소사태, 돼지갈비, 닭고기 등
장조림	지방질이 적고 근육 섬유의 묶음이 많은 부위, 처음부터 간장을 넣으면 삼투현상에 의해 고기 육즙이 빠져나가 맛이 없어지고 질겨짐	홍두깨살, 대접살, 우둔살, 사태 등
편 육	끓는 물에 고기를 넣어 근육 표면의 단백질을 응고시켜 수용성 물질이 용출되는 것을 막아야 편육의 맛을 향상시킬 수 있음	양지육, 사태, 우설, 우랑, 쇠머리, 콩팥, 족, 삼겹살, 돼지머리 등

(2) 가열에 의한 육류의 변화

① **중량과 보수성의 감소** : 가열하게 되면 근육 단백질의 2, 3차 구조의 분해에 의해 소수기들의 노출로 수화성이 감소하게 되고, 추출물 유출 및 수분 증발로 중량 20~40% 감소

② **수축과 분해** : 육류를 60℃ 이상 가열하면 응고가 시작되고 수축되어 용적이 감소되는데, 육류의 내부 온도가 높고 장시간 가열할수록 수축이 심해짐

③ **단백질의 변성** : 육단백질은 결합, 공존하는 지방과 당, 염류의 영향을 받으므로 단백질 단독의 응고점보다 약간 높은 65℃ 정도에서 응고

④ **지방조직의 변화** : 동물성 지방은 융점이 높아 가열하면 액상이 되어 풍미, 질감, 소화성 향상

⑤ **결합조직의 변화** : 고온에서 장시간 물과 함께 가열하면 결합조직이 완전히 젤라틴화되어 고기가 연해짐

⑥ **풍미의 변화** : 저분자 수용성 물질인 아미노산이나 폴리펩티드, 저분자 탄수화물 등의 상호작용, 유리 지방산 증가 등으로 풍미 증가

⑦ **변색** : 미오글로빈과 혈색소인 헤모글로빈은 가열에 의해 제일철(Fe^{2+})인 햄(heme) 색소가 제이철(Fe^{3+})인 헤마틴(hematin)으로 산화되어 갈색화됨

⑧ **영양가의 손실** : 육류는 가열 시간이 길수록 비타민 B_1, 비타민 B_2와 나이아신(niacin) 등 비타민의 손실이 많으나, 튀김의 경우에는 비타민의 손실이 적음

(3) 고기의 연화

① **기계적 방법** : 칼로 얇게 저미거나 망치로 두들기거나 기계로 갈아 내는 방법

② **냉동법(동결)** : 고기 속의 수분이 단백질보다 먼저 얼어서 용적이 팽창되어 조직이 파괴되어 연화됨

③ **가열법** : 사태육을 오래 끓이면 콜라겐이 젤라틴으로 변하기 때문에 연해짐

④ **효소 첨가법** : 고기 단백질을 분해하는 효소를 이용하는 방법. 파인애플의 bromelin(브로멜린) · 무화과의 ficin(휘신) · 파파야의 papain(파파인)

⑤ **수소이온농도 조절법** : 보통 고기는 pH가 5~6에서 가장 연하므로 pH를 조절

⑥ **수화에 의한 방법** : 소금은 단백질의 수화력을 증가시켜 연화효과 향상 식염도는 1.3~1.5%가 가장 좋고, 5% 이상 시 탈수작용에 의해 고기가 오히려 질겨짐

⑦ **설탕첨가법** : 단백질을 연화시키며, 효소의 활성을 높임

10장 어패류

01 어패류의 분류

(1) 서식장소에 따른 분류 및 특징

분 류	특 징	
해수어	흰살 생선	• 지방을 5% 미만 함유 • 깊은 바다 속에 살고 있으며, 운동량이 적고 담백 • 도미, 광어, 조기, 민어, 갈치, 준치
	붉은살 생선	• 지방을 5~10% 함유 • 바다 표면에 살며, 운동량이 많음 • 고등어, 꽁치, 참치
담수어	메기, 가물치	

(2) 어류의 지방량에 따른 분류

구 분	종 류
저지방(5& 미만)	명태, 홍어, 대구, 도미, 가오리, 조기, 복어, 광어, 아지, 숭어 등
중지방(5~15%)	갈치, 삼치, 잉어, 병어, 우럭, 민어, 도루묵, 전갱이, 멸치, 붕어, 연어, 메기 등
고지방(15% 이상)	고등어, 붕장어, 꽁치, 전어 등

(3) 연체류의 종류

① 두족류(오징어, 낙지, 꼴뚜기)

② 복족류(전복, 소라, 골뱅이)

③ 이매패류(굴, 대합, 가막조개, 모시조개)

(4) 패류의 종류

전복, 굴, 대합, 모시조개, 소라, 가리비, 우렁, 바지락

(5) 갑각류의 종류

꽃게, 성게, 멍게, 새우 등

02 어류의 특징과 성분

(1) 어패류의 사후강직 및 숙성

① **사후 강직** : 1~4시간 동안 최대의 경직 상태 유지

② **숙성** : 자기소화 효소에 의해 연화됨

③ **부패** : 지방이 많을수록 자가소화가 빠르며, 부패도 빠름

(2) 생선의 근육

① 생선의 근육도 다른 동물의 근육과 같이 근섬유가 치밀하게 모여 있으며, 사후경직을 일으키고 사후경직 후 자기소화와 부패 발생

② 생선은 산란기 직전의 것이 가장 살이 찌고 지방도 많으며, 맛이 좋다.

③ **자기소화** : 적색어류 〉 백색어류, 담수어 〉 해수어보다 낮은 온도에서 일어남

(3) 어육의 성분

① **단백질** : 15~24% 정도를 함유, 머리 부분에 단백질 함량이 높고, 완전단백질임

㉠ 섬유상단백질 : 미오신(myosion), 액틴(actin), 액토미오신(actomyosin)으로 되어 있고 전체 단백질의 약 70%를 차지하며, 소금에 녹는 성질이 있어 어묵의 형성에 이용

㉡ 구상단백질 : 콜로이드액으로서 물과 희석한 소금물에 잘 녹으므로 생선토막을 물로 씻을 때 쉽게 유실

② **지방** : 꼬리나 배쪽에 많이 분포. 약 80%가 불포화지방산이고 나머지 약 20%가 포화지방산으로 되어 있음. 생선에 들어있는 고도의 불포화지방산은 산화분해되기 쉬움

③ **탄수화물** : 당질이 1% 이하로 존재. 극소량의 글리코겐

④ **기타성분** : 비타민 A, 비타민 B_1, 비타민 B_2, 나이아신 등이 있으며, 특히 어유와 간유에는 비타민 A와 D 함량이 풍부

⑤ **어취** : 비린내는 트리메틸아민 옥시드(trimethylamine oxide)가 환원되어 트리메틸아민(trimethylamine)으로 나는 냄새이다. 체표 점액과 껍질, 혈액에 많이 존재

⑥ **색** : 연어와 송어의 붉은색(아스타크산틴(astaxantine)), 새우나 게 등의 갑각류의 가열 시 붉은 색(아스타신(astacin), 오징어의 먹물은 멜라닌(melanin), 오징어와 낙지의 표피색소(오모크롬(omochrom)), 갈치껍질의 은색(구아닌(guanine)과 요산이 섞인 침전물)

(4) 생선의 조리 시 변화

① **젤라틴화, 열응착성, 탈수**

㉠ 젤라틴화 : 단백질(콜라겐)은 40~50℃에서 수축되기 시작하고 젤라틴화됨. 생선껍질에는 콜라겐이 풍부하여 가열로 인해 껍질이 수축되므로 수축이 덜 일어나도록 칼집을 넣어 줌

㉡ 열응착성 : 생선은 열응착성이 있어서 가열에 의해 생선이 도구에 달라붙어 생선살이 부서지거나 껍질이 벗겨짐

㉢ 탈수 : 근육단백질은 50℃에서부터 근육이 응고하고 수축하여 탈수되기 시작, 살은 더 단단해지고 중량이 감소. 붉은살 생선(생선무게의 20~25%), 오징어나 문어(30~40% 정도)

② **소금에 의한 변화** : 구이(생선무게의 2~3% 정도), 젓갈(14~20% 정도)

③ **생선의 조리**

㉠ 조림 : 처음 몇 분간은 냄비의 뚜껑을 열어 비린 휘발성 물질을 휘발시키고 흰살생선은 지방 함량이 적고 살이 연하므로 최소한도로 가열. 오래 끓이면 오히려 단단해지고 비린내가 남. 지방 함량이 높고 신선도가 낮은 생선은 다소 양념을 진하게 하고, 다소 오래 가열. 소금첨가는 신선한 생선의 경우 생선 무게의 2%가 적당

㉡ 구이 : 양념구이에 적합한 생선은 지방 함량이 높거나 비린내가 많이 나는 것이 적합

㉢ 튀김 : 광어, 대구 같은 지방 함량이 낮은 흰살 생선이 적합

④ **전** : 민어, 광어, 대구, 동태 등 지방 함량이 낮은 흰살 생선을 사용하는 것이 적합

(5) 어취 해소법

① **물로 씻기** : Trimethylamine은 수용성으로서 씻을 때 많이 제거됨

② **산의 첨가** : 산은 trimethylamine과 결합하여 냄새가 없는 물질을 생성

③ **생강의 첨가** : 신미 성분인 zingeron과 shogaol에 의해 미각의 감각을 마비시켜 맛을 느끼지 못함. 그러나 생선 단백질 중에는 생강의 탈취작용을 방해하는 물질이 있으므로, 반드시 생선단백질이 응고, 변성된(생선이 익은 후) 후에 생강을 넣는 것이 효과적

④ **마늘, 파, 양파의 첨가** : 맵고 냄새가 강하여 비린내를 감지하는 능력을 약화시킴

⑤ **간장과 된장의 첨가** : 된장은 콜로이드상이기 때문에 흡착성이 강해 비린맛을 흡착시킴

⑥ **고추, 후추의 첨가** : 매운맛이 미뢰를 마비시켜 비린 맛을 감지 못함

⑦ **알코올 첨가** : succinic acid가 있어 어취 제거와 맛의 향상에 도움

㉠ 알코올에는 호박산과 지미성분이 함유되어 있어 어취 제거와 풍미 향상

㉡ 포도주는 어취 제거와 음식의 맛을 살려주고, 알코올과 효소의 작용으로 고기가 연화됨

⑧ **우유의 첨가** : 카제인이 여러 가지 물질, 즉 비린 맛(트리메틸아민)을 흡착시킴

⑨ **무 첨가** : 무에는 methyl mercaptan과 mustard oil이 있어 어취 억제 효과

11장 난류

01 달걀의 구성(단백질 100%)

(1) 무게 : 약 50~60g

(2) 구성

구성	비율	pH	조성	응고온도
껍질(난각)	10%		큐티클층, 케라틴과 뮤신	
난백	60%	7.6	11%가 단백질(오브알부민, 콘알부민, 오보글로불린, 오보뮤신, 아비딘), 오보뮤코이드(트립신의 작용억제), 리코자임(항균작용)	60℃에서 부터 응고 시작 65℃에서 완전히 응고
난황	30%	6.3	50%가 단백질(리포비텔린, 리포비텔레니온, 포스비틴, 리베틴), 지방과 인, 철, 캐라티노이드계	65℃에서부터 응고 시작 70℃에서 완전히 응고

(3) 조리 시 달걀의 특성

① **열응고성** : 알부민(열응고성), 알찜, 소스, 커스터드, 푸딩 등(농후제), 전이나 튀김(결합제)로 이용. 설탕 첨가(응고성 감소), 우유(Ca, 응고성 촉진), 가열온도 높을수록(응고속도 증가)

② **흡착제** : 난백은 저어 주면 변성이 일어나 응고하는 성질이 있음. 콩소메 조리 시 난백거품을 넣어 끓이면 국물 내의 이물질을 응고, 흡착, 침전시켜 국물을 맑게 함

③ **소화시간(반숙 〉 완숙)**

㉠ 반숙 : 100℃에서 5분 정도

㉡ 완숙 : 100℃에서 10~12분 정도

④ **녹변현상** : 계란을 15분 이상 가열 시 많이 생성되고, 난백에서 유리된 유화(황화)수소가 난황 중의 철분과 회합해서 유화(황화) 제1철을 생성하는 현상

㉠ 가열 시간이 길수록

㉡ 알칼리성에서 황이 더 쉽게 분리되어 잘 일어나므로, 오래된 달걀일수록

㉢ 삶은 후 즉시 냉수에 담가 두지 않을수록

㉣ 가열 온도가 높을수록

⑤ **난백의 기포성**

오보글로불린은 표면활성이 강하여 저어 주면 기포가 생김. 과자, 기타의 요리에 사용

㉠ 1~2주 지난 것이 수양난백이 많으므로 난백의 점도가 떨어져 거품을 내는 데 효과적

㉡ 온도 : 30℃ 정도면 좋고 달걀의 온도가 낮으면 거품의 안정성이 높음

ⓒ pH : 오브알부민(ovalbumin)은 pH 4.8인 등전점 부근에서 기포성이 가장 큼

ⓔ 첨가물 : 기름, 난황, 주석산, 식염, 설탕의 첨가는 거품 내는 것을 저하시킴. 거품을 낸 후 첨가하며, 첨가물이 많을수록 안정도가 높고, 한 번에 넣는 것보다 여러 번에 나누어 넣음

ⓜ 용기 : 밑이 평평한 그릇보다는 밑이 좁고 둥근바닥을 가진 것

ⓗ 교반기 종류 : 수동교반기는 부피가 크지만 묽어지고, 전동교반기가 거품이 더 많이 일어남

⑥ **난황의 유화성** : 난황에 있는 지단백(lipoprotein)인 레시틴(lecithin)과 단백질이 결합한 레시토프로테인(lecithoprotein)에 의해 형성됨. 마요네즈, 프렌치드레싱, 크림수프, 미음의 안정성 유지

(3) 신선도 판정법

① **투시법** : 달걀에 광선을 투과하여 기실의 크기, 난황의 색, 난황의 크기, 혈란, 이물질 혼입 등을 검사. 시간이 경과하면서 까칠까칠하던 표면은 매끈해지고 광택이 난다. 또한 달걀 표면에 있는 기공을 통해서 탄산가스와 수분이 증발되면서 기실이 커지고 공기로 채워져 가벼워진다. 또한 난백의 양이 감소하여 묽어지고 풀어진다.

② **할란검사법** : 난황계수(0.36~0.44) 및 난백계수(0.14~0.17)가 높을수록 신선하다.

※ 난황계수 = $\frac{\text{난황의 높이}}{\text{난황의 직경}}$

※ 난백계수 = $\frac{\text{농후난백의 높이}}{\text{농후난백의 직경}}$

③ **비중법** : 신선한 달걀의 비중은 1.08~1.09이며, 6%의 소금물에서 비중 측정, 가라앉으면 신선한 달걀이며, 위로 뜨면 오래된 것

(4) 달걀의 조리성을 이용한 음식

① **농후제** : 알찜, 소스, 커스터드, 푸딩

② **팽창제** : 머랭, 케이크, 카스테라

③ **흡착제** : 콩소메

④ **유화제** : 마요네즈, 케이크류

⑤ **결착제** : 전, 커틀릿, 햄버거, 고기완자

(5) 달걀의 저장 중 변화

① **수분감소, 알칼리화** : 달걀 난각의 기공을 통해서 내부의 수분이나 탄산가스가 증발하게 됨. 따라서 수분이 감소된 만큼 기실의 크기는 커지고 가벼워져 비중이 작아짐. 신선한 달걀의 난백은 pH 7.6 정도이지만, 탄산가스의 증발로 2~3일 내에 pH가 알칼리화 되기 시작

② **수양화** : 수분이 난황막을 통해 난백에서 난황으로 이동하여 난황계수는 감소되고 난황막은 약해짐. 농후난백은 점차 수양화하는데, 농후난백의 점도가 저하되면서 묽어짐

12장 우유 및 유제품

01 우유

(1) 우유의 구성

구성 성분	함량	특성
유당	4.1~5.0%	유산균 증식에 좋은 환경을 제공
단백질	카세인(75~80%)	레닌이라는 응유효소를 넣으면 불용성 커드를 형성 등전점인 pH 4.5에서 불용성 커드를 형성
	유청단백질(20~25%)	락트알부민과 락토글로불린, 면역글로불린 등, 열응고
지방	탄소수가 4~10개인 저급 지방산	콜레스테롤, 레시틴, 리놀레산과 아라키돈산
비타민 및 무기질	무기질은 0.5~1.1%	칼슘, 인, 마그네슘, 칼륨, 나트륨, 염소, 황 등 비타민 A · B_1 · B_2 · B_6 · D, 니아신 등의 공급원 식이섬유, 철, 비타민 C와 E는 부족
색	인지질, 카로티노이드, 비타민 B_2	콜로이드 상태의 불투명한 흰색, 황색 및 형광색

(2) 조리 시 우유의 역할

① 과자류 : 설탕의 캐러멜 형성 반응과 우유 중의 아미노산과 환원당(還元糖)의 의한 메일라드 반응

② 화이트소스와 같이 요리를 하얗게 함

③ 콜로이드 용액이므로 수프, 스튜, 크림 요리 시 우유 특유의 부드러운 풍미 제공

④ 커스터드푸딩을 할 경우에는 우유 중의 칼슘, 기타의 염류에 의해서 단백질의 겔화를 용이하게 하여 겔 강도도 강하게 함

⑤ 흡착하는 성질 : 우유 중에는 미세한 지방구나 카세인 입자가 많이 포함되어 있어 생선의 비린내 제거

(3) 우유의 가열에 의한 변화

① 가열취 생성

② 피막형성 : 단백질인 락토알부민과 락토글로불린은 인산칼슘[$Ca_3(PO_4)_2$]과 결합하여 불용성이 되며, 냄비의 뚜껑을 닫거나 중탕을 하거나 가볍게 저으면서 데우면 방지됨

③ 갈색화 : 우유속의 아미노기와 락토오스와의 메일라드 반응과 가열에 의해 수분은 증발되고, 농축된 락토오스가 캐러멜화가 일어남

(4) 산에 의한 변화

카제인은 산이나 레닌에 의해 응고되므로 이러한 성질을 이용하여 치즈 제조. 카제인은 등전점인 pH 4.6 이하로 내려가게 되면 침전하여 응고됨. 우유 조리 시 토마토, 레몬과 라임주스, 유산균 등을 첨가할 때는 산을 휘발시킨 후 넣어야 우유가 응고하여 혼탁해지는 것을 막을 수 있음

(5) 레닌에 의한 변화

레닌, 렌네트는 우유를 응고시키는 효소. 카파-카제인은 레닌에 의해 펩티드 결합이 깨지며 망상 구조를 이루며 응고됨

(6) 폴리페놀 물질에 의한 변화

과일과 채소, 차와 커피에 함유된 탄닌성분은 우유와 혼합되면 우유단백질이 탈수되어 응고됨

(7) 염에 의한 변화

우유는 소금과 같은 염에 의해 응고되므로 햄을 우유와 같이 가열하면 응고된다.

(8) 우유의 가공

① 살균처리 : 시판우유의 성분 규격은 지방 3.0% 이상, 세균수 1㎖당 5만 이하, 대장균 1㎖당 10 이하, 산도 젖산으로 0.18 이하, 비중 1.028~1.034 등으로 규정

㉠ 저온 살균법 : 62~63℃에서 30분간 가열 처리

㉡ 고온단시간 살균법 : 72~75℃에서 15~30초간 처리

㉢ 초고온 살균법 : 120~140℃로 1~2초간 처리

② 균질처리 : 균질화하는 이유는 지방을 작은 덩어리로 만들어 크림층 형성을 방지하는 것임. 점성이 높아지고 풍미도 증진되며 소화흡수율도 증진된다. 지방층 분리를 방지하고, 우유의 색은 더욱 희게 되며, 부드러운 맛을 증진됨. 반면, 지방구가 세분화되면서 표면적이 커져 산패되기가 쉬우므로 균질화 전에 살균처리를 하여 리파아제 등의 효소를 불활성화시켜야 함

02 유제품의 종류

우유나 유제품은 젖산균을 접종시켜 버터밀크, 요구르트, 사워크림(sour cream)등의 여러 발효유 제품과 치즈 등의 제조에 이용

(1) 발효유(fermented milk)

포유동물의 젖산균을 배양·발효시켜 제조한 젖산 음료. 원유와 유가공품을 35%이상 함유한 것, 젖산만을 발효시킨 젖산 발효유와 젖산 발효는 물론 알코올까지 발효시킨 알코올 발효유로 분류. 요구르트, 버터, 밀크, 에시도필러스 밀크 등이 있음

(2) 버터

우유에서 분리된 크림은 유지방구막을 파괴하여 유지방을 분리시키는데, 버터는 이 유지방만 모아 압착시킨 후 남아 있는 수분을 분산시켜 유화상태로 만든 것. 유중수적형이며 크림의 발효 여부에 따라 발효 버터와 비발효 버터, 즉 생버터로 나눠지는데, 발효 버터는 풍미가 좋고 생버터는 향기가 적은 대신 담백하여 보존하기에 용이

(3) 크림

유지방이 18% 이상인 것. 우유를 오래 방치하거나 원심 분리 시 생기는 지방이 많은 부분이 서로 응집하여 모인 것을 크림이라 함. 지방 함량이 20~25%인 커피 크림, 30~36%인 포말크림, 40~45%인 휘핑(whipping)크림으로 분류. 지방이 많을수록, 하루가 지난 것, 냉장온도에서 거품이 잘 생김

(4) 치즈

우유의 단백질과 지방, 무기질, 비타민 등을 포함하고 있는 영양가 높은 식품이며, 숙성 여부에 의해 자연치즈(natural cheese)와 가공치즈(process cheese)로 분류. 가공치즈는 두 가지 이상의 자연치즈를 분쇄, 가열, 용해, 유화한 것으로 영양가와 저장성을 높인 것이고, 퐁듀치즈, 몬티레잭 치즈가 있으며 자연치즈에는 파마산, 모짜렐라, 체다, 고다, 에멘탈, 카망베르 등이 있음

① 우유에 유산균을 첨가하여 발효시킨 후 레닛(rennet)이나 응유효소를 작용시켜 파라카제인을 칼슘이온과 결합시켜 응고한 것

② 카세인의 등전점을 이용하여 산을 첨가하여 카세인을 응고한 것

(5) 가당연유

탈지우유 또는 보통우유를 진공농축기에서 원액의 1/3 정도로 농축시켜 고농도의 설탕을 첨가하여 만들어진 제품. 약 60%의 수분을 증발시킨 것으로 유지방 7.5% 함유

(6) 분유

우유, 탈지유를 농축 · 건조시켜 분말로 만들어 저장과 수송이 용이. 탈지분유, 전지분유, 조제분유, 분말유청 등이 있음

(7) 아이스크림

크림을 주원료로 하여 유제품(탈지유, 버터밀크, 탈지분유, 연유), 감미료, 달걀제품, 안정제, 유화제 등이 첨가됨

(8) 요구르트

유고형분이 15% 정도가 되도록 1/2로 농축시킨 탈지유를 8%의 설탕을 넣고 살균한 후, 2%의 젖산 박테리아를 넣어 33~37℃로 4~5시간 발효시켜 제조

한글	영어명	지방 함량
탈지우유	skim milk	0.5% 이하
저지방 우유	low fat milk	1%, 2%
요쿠르트	yogurt	3.25%
우유	whloe milk	3.4%
하프앤하프	Half & Half	18%
사워크림	sour cream	18%
라이트크림	light cream	18~30%
휘핑크림(묽은 농도)	light whipping cream	30~36%
휘핑크림(진한 농도)	heavy whipping cream	36%

13장 두류

01 두류의 성분

- 곡류에 비하여 단백질과 지방질 그리고 비타민B_1이 많은 것이 특징이며, 칼륨과 칼슘 등이 풍부한 알칼리성 식품이다.
- 대두는 단백질 함량이 40% 정도로 질적으로 우수한 고단백질 식품이며 생물가가 높아 경제성도 높고 영양학적으로 가치가 높은 식품이다.
- 생콩은 소화율이 낮은 반면, 익힌 콩은 소화율이 70~80% 정도이어서 가공품으로서 두부를 제조하여 이용하며, 지방의 함량이 높은 땅콩은 땅콩버터를 제조할 수 있다.

(1) 두류의 종류

① 고단백, 고지방, 저탄수화물의 두류 : 대두, 낙화생

② 저단백, 고탄수화물 두류 : 팥, 녹두, 강낭콩, 완두

③ 채소의 성질을 띤 것 : 풋완두, 조림콩

(2) 두류의 가열 시 변화

① **흡수성** : 수온은 20℃ 내외에서 5~7시간 동안 불린다. 식소다나 탄산칼슘의 첨가는 콩을 연화시키지만 빨리 무르게 되며, 비타민 B_1을 파괴시키므로 1%의 소금물을 사용하는 것이 바람직하다. 물의 흡수 속도는 백태가 가장 빠르고, 흑대두, 강낭콩, 팥 등의 순이다.

② **응고성** : 콩의 주된 단백질인 글리시닌의 응고성을 이용하여 만든 것이 두부이다. 글리시닌은 묽은 염류용액에 녹으며, 등전점인 pH 4~5 정도에서 침전하며, 열에는 응고되지 않으나 금속염과 산에는 불안정하여 응고 침전된다. 첨가하는 금속염에 따라 응고물의 질감, 응집성이 달라진다.

③ **기포성** : 콩, 팥의 껍질에는 사포닌 성분이 있어 장을 자극하여 설사를 유발한다. 사포닌은 기포성이 있어 거품을 내는 성질이 있으므로 반드시 처음 삶은 물은 버려 사포닌 성분을 일부 제거한 후 다시 물을 부어 삶아야 좋다.

④ **독성물질 파괴와 단백질 이용률 증가** : 날콩 속에는 단백질의 소화액인 트립신의 분비를 억제하는 안티트립신이 들어 있어 소화가 잘 안 되는데, 가열하면 안티트립신을 불활성화시켜 소화율을 높일 수 있다.

(3) 두부의 제조

① 콩을 10시간 정도 물에 불려 갈아서 끓이면 콩 속의 글리시닌 단백질 이외에도 가용성 성분들이 추출된다.

② 비지를 제거하면 두유가 된다.

콩(재료) → 불림(팽윤) → 삶기 → 마쇄(갈기) → 끓이기 → 여과 → 콩국(두유) → 끓이기 → 성형 → 압착 → 두부

여과 ↓ 비지

끓이기 ↑ 응고제 투입 (콩의 1~2%)

③ 두유를 끓여 약 70~80℃ 온도에서 칼슘과 마그네슘을 첨가하여 저어 주면 글리시닌의 등전점이 pH 4~5이므로 이 pH에서 불용성이 된다. 이렇게 응고가 되면 형틀에 헝겊을 깔고 눌러 굳혀서 만든 것이 두부이다. 응고제의 양은 대두의 1~2%로 응고제의 종류에 따라 두부의 질감이 달라지고, 두유의 가열 온도가 높으며 응고제의 첨가량이 많을수록 단단하다.

14장 유지류

01 천연유지

(1) 유지의 분류

<table>
<tr><td rowspan="9">천연유지</td><td rowspan="4">식물성 유지</td><td rowspan="3">식물성 유</td><td>건성유</td><td>아마인유, 동유, 들기름</td></tr>
<tr><td>반건성유</td><td>참기름, 대두유, 면실유</td></tr>
<tr><td>불건성유</td><td>올리브유, 땅콩기름, 피마자유</td></tr>
<tr><td>식물성 지</td><td colspan="2">야자유, 코코아유</td></tr>
<tr><td rowspan="5">동물성 유지</td><td rowspan="3">동물성 유</td><td rowspan="3">어유</td><td>어유</td></tr>
<tr><td>간유</td></tr>
<tr><td>해수유</td></tr>
<tr><td rowspan="2">동물성 지</td><td>체지방</td><td>쇠기름, 돼지기름</td></tr>
<tr><td>유지방</td><td>버터</td></tr>
<tr><td>가공유지</td><td>가공유지</td><td colspan="3">쇼트닝, 마가린</td></tr>
</table>

요오드가에 따른 식물성유의 분류

- 건성유 : 아마인유, 들기름, 호두기름(요오드가 130 이상)
- 반건성유 : 콩기름, 옥수수기름, 면실유, 참기름(요오드가 100~130)
- 불건성유 : 올리브유, 피마자유, 낙화생유(요오드가 100 이하)

02 유지의 조리

(1) 발연점

유지를 가열하여 표면에 푸른 연기가 발생할 때의 온도를 발연점이라 한다. 발연점이 낮은 기름은 분해온도가 낮고 빨리 분해하여 색깔이 검게 되고 맛이 나빠지기 때문에, 튀김용 기름은 발연점이 높은 것을 골라야 한다.

① 발연점이 낮아지는 요인

㉠ 유리지방산의 함량이 높을수록

㉡ 그릇의 표면적이 넓을수록

㉢ 기름 이외의 이물질이 많을수록

㉣ 여러 번 반복해서 사용할수록

(2) 유화작용

한쪽의 액체가 다른 액체 속에 분산되어 있는 것을 유화액이라 한다.

① 유화액의 분류

㉠ 수중유적형(O/W형, Oil in Water Type) : 우유, 마요네즈, 아이스크림

㉡ 유중수적형(W/O형, Water in Oil Type) : 버터, 마가린 등

(3) 연화작용

밀가루 제품에 지방을 첨가하여 반죽하면 지방이 얇은 층으로 퍼져 글루텐 표면을 둘러싸서 글루텐 형성을 막고, 반죽할 때 마찰을 감소시켜 글루텐이 서로 결합하지 못하게 하기 때문에 음식이 부드럽고 연해지는데, 이것을 연화라고 한다. 크래커, 페이스트리, 비스킷 등

(4) 크리밍성(Creaming)

고형지방은 교반에 의해 내부에 공기를 품는 성질을 말한다. 교반에 의해 공기를 함유하여 부피가 증가되고 부드럽게 되므로 버터크림이나 파운드케이크를 만들 때 이용한다. 마가린과 쇼트닝 등

(5) 유지의 가공 처리 시 변화

① 수소화(hydrogenation) : 니켈촉매에 의해 불포화지방산의 이중결합에 수소결합을 첨가하는 것. 수소화를 시키면 포화도가 증가하고 지방의 녹는점이 상승하게 되어 상온에서 고체상태가 되며, 이를 트랜스지방이라 하며 마가린, 쇼트닝이 있다.

② 동유처리(winterization) : 식물성 기름의 냉장 보관 시 기름이 뿌옇게 되는 현상. 동유처리된 기름은 녹는점이 낮아져 냉장온도에서 결정화되지 않는다.

③ 에스테르 교환(interesterification) : 유지에 금속염을 가하여 촉매하면 글리세리드에서 지방산이 분리되어 지방산을 서로 교환하여 다른 글리세리드를 형성하게 되는데 이 과정을 에스테르 교환이라 한다. 따라서 녹는점이 높아지고, 에스테르화된 라드는 크리밍성이 좋아지고 부드러운 질감을 갖게 된다.

(2) 항산화제

유지의 산화 속도를 억제하는 물질로서 유리라디칼의 생성을 저해하거나 자동산화를 중지 또는 지연시키는 산화방지제이다.

① 천연항산화제 : 토코페롤(각종 식물성 종자유), 세사몰(참깨), 고시폴(면실유), 케르세틴(양파), 캡사이신(고추), 유제놀(정향), 진저론(생강), 쿠쿠민(강황) 등

② 합성항산화제 : BHA(butylated hydroxyanisole), BHT(butylated hydroxytoluene), PG(propyl gallate), EP(ethyl protocachuate)

15장 채소 및 과일류

01 채소

(1) 채소류의 분류

분류	종류
엽채류	상추, 배추, 시금치, 쑥갓, 갓, 아욱, 근대, 양배추 등
과채류	가지, 오이, 고추, 호박, 토마토, 수박, 참외 등
근채류	감자, 고구마, 당근, 우엉, 연근, 무 등
종실류	콩, 수수, 옥수수 등

(2) 채소의 조리원리

① 질감의 변화

㉠ 가열에 의해 세포벽 성분인 해미셀룰로오스와 프로토펙틴이 분해되어 펙틴으로 되면서 질감이 연화됨

㉡ 채소의 조직을 단단하게 삶으려면 산을 첨가하거나 마그네슘 및 칼슘을 함유한 호염을 넣고 조리함

② 아린 맛과 불순물 제거

㉠ 생죽순, 토란 : 쌀뜨물로 삶으면 호모겐티스산이 상당량 제거되어 떫은맛 감소

㉡ 가열 시 탄닌이나 사포닌 등의 떫은맛이나 쓴맛 감소

㉢ 시금치, 근대, 아욱 등의 녹색 야채 : 비타민 손실을 줄이기 위해서는 가급적 소량의 물로 데쳐야 하며 물이 끓을 때 데쳐내고, 뚜껑을 반드시 열어 휘발성 유기산 및 수산을 휘발시킴

③ 향기성분의 변화 : 양배추류, 배추류를 가열 조리하면 배추 중에 함유되어 있는 유황화합물이 분해되어 형성된 황화수소(SH)나 기타 휘발성 유황화합물인 이소시아네이트류에 의한 불쾌취를 생성

④ 영양성분의 변화 : 물을 이용한 조리 시 유리당, 유리아미노산, 무기질, 색소 등 수용성 성분이 용출된다. 볶음 및 튀김은 물을 사용하지 않으며, 높은 온도에서 단시간 조리하므로 무기질, 비타민의 손실이 적음

(3) 조리 시 색의 변화

① 엽록소(Chlorophyll) 색소 : 녹색색소, 지용성

㉠ 산성에 의해 클로로필이 갈색의 페오피틴이 됨

㉡ 데칠 때에는 뚜껑을 열고 끓는 물에서 다량의 물을 사용하여 유기산을 희석시키고 고온 단시간에 데쳐 냄. 녹색을 유지하려면 중탄산소다(알칼리성분)나 황산동으로 처리. 알칼리에 안정하므로 진한 녹색의 클로로필린이 됨

㉢ 가열하면 클로로필은 지용성이지만 클로로필라제에 의해 피톨기를 잃으면 수용성으로 되며 오랜 시간 가열하면 유기산이 유리되어 조리수가 산성화되어 녹갈색으로 변색

② **안토시안(Anthocyan) 색소** : 산성에서는 적색, 중성에서는 보라색, 알칼리에서는 청색. 주석, 철, 알루미늄 등의 금속이온과 결합하면 청색을 띠고, 가지를 삶을 때 백반을 넣으면 보라색을 유지

③ **플라보노이드(Flavonoid) 색소** : 약산성에서는 무색이고, 알칼리에서는 황색, 산화하면 갈색으로 변함. 감자, 곡류(쌀, 밀), 연근, 콩류 등의 흰색이나 엷은 노란색 색소

④ **카로티노이드(Carotenoid) 색소** : 황색이나 등황색 색소. 공기 중의 산소나 산화효소에 의해 쉽게 산화되어 퇴색. 지용성, 체내에서 비타민 A로 전환. 리코펜은 붉은 토마토에 많이 함유되어 있으며 비타민 A 효과는 없음

⑤ **탄닌** : 폴리페놀을 총칭하는 것으로 공기 중에 노출되었을 때 적갈색이나 흑색으로 변색됨

02 과일

(1) 과일의 성분

① **일반성분** : 수분함량이 70~95%, 당분이 주성분, 비타민과 무기질이 풍부한 알칼리성 식품. 단백질, 지방은 거의 없으나 아보카도(18%), 올리브(24%), 호두(66%), 잣(68%)

② **당분과 유기산** : 과일의 맛을 좌우, 전분은 수확기가 되면서 포도당과 과당으로 분해되어 단맛이 증가. 과일이 숙성되면서 프로토펙틴은 펙틴으로 분해되어 연화되고 떫은맛이 감소됨

③ **향기** : 과실의 특성이나 선도의 매우 중요한 성분

④ **색소** : 클로로필은 감소하고 다른 색소량은 증가하여 고유의 색을 형성. 과일의 절단 시 갈변효소에 의한 갈변 현상을 방지하는 방법으로 열탕처리, 식염수침지(저농도), 설탕용액침지(고농도), 산용액처리, 진공보존, 아황산침지 등이 있음

(2) 과일의 성숙과정 중 변화

① **색소의 변화** : 과일이 성숙되면서 클로로필색소가 분해되어 카로티노이드 색소가 생성

② **질감의 변화** : 미숙과에 들어있는 프로토펙틴이 펙틴으로 분해되어 딱딱한 질감이 부드러워짐

③ **과일의 호흡작용** : 과일은 저장과정 중에 증산작용, 호흡작용, 후숙이 일어남

후숙과일	미숙한 과일을 수확하여 일정 온도에서 후숙	바나나, 토마토, 복숭아
호흡기 과일	수학 후 호흡률 급상승, 미숙과 수학	사과, 배, 아보카도, 살구, 감
비호흡기 과일	비호흡률 급상승, 완숙 후 수학	수박, 딸기, 레몬, 포도, 오렌지

④ **과일의 연육작용** : 과일에 함유된 단백질 분해효소는 고기의 육질을 부드럽게 해 준다. 파인애플(브로멜린), 무화과(피신), 파파야(파파인), 배즙 등

⑤ **영양소의 변화** : 과일이 성숙되면서 당도, 향기, 단맛 증가, 유기산은 감소. 또한 비타민C, 카로티노이드의 함량 증가. 탄닌의 감소로 떫은맛 감소

(4) 과일의 저장

① **냉장** : 과일의 과당은 β-형태가 10℃에서 주로 활성화되므로 과일은 이 온도에서 저장. 호흡기 과일은 호흡률을 낮추기 위해 냉장온도에서 저장해야 하며, 비닐이나 용기에 넣어 보관하며 비호흡기과일과 분리저장. 반면, 열대과일은 냉장온도에서 저장하면 냉해를 받아 조직이 연화되고 반점이 나타나며 갈색화된다.

② **CA저장** : 에틸렌가스는 과일 숙성 중에 생성되어, 과일의 호흡을 증가시켜 미숙과일을 숙성시킴. 따라서 과일의 호흡량을 감소시키고 장기간 저장하기 위해 산소와 이산화탄소(CO_2) 또는 질소(N_2)가스를 주입시키는 방법을 이용

③ **피막제 저장** : 신선도를 유지하기 위해 저장물의 표면에 적당히 왁스를 발라 호흡작용을 억제하는 방법. 이외에도 몰호린 지방산염, 초산비닐수지 등을 피막제로 이용

④ **과일통조림의 저장** : 미생물을 가열에 의하여 사멸시켜 변패를 막고 장기간 저장성을 유지시킴. 또한 생과일이 갖고 있던 효소를 불활성화시켜 색을 유지하며, 칼슘염과 산을 첨가하여 단단한 질감을 유지

(5) 과일의 조리

① **젤리** : 과일주스에 설탕을 첨가하여 계속 가열하면 용액이 농축되어 젤라틴화가 일어남. 설탕 농도는 60~65%, 과일의 당도는 10~15% 정도

② **잼** : 과육에 설탕을 넣어 가열하여 농축한 것으로, 겔 형성의 최적조건은 펙틴의 양(1~1.5%), 유기산은 pH 3.0~3.3이 최적조건이고, 설탕의 농도는 65% 정도

③ **마멀레이드** : 젤리 속에 과일의 과육이나 과피의 조각을 섞은 것

(6) 펙틴질

펙틴물질의 기본 구조는 α-D-갈락투론산이 α-1,4 결합으로 연결된 직선상 고분자인 갈락투론산의 중합체

① **프로토펙틴** : 덜 익은 과일에 있으며, 과실류나 채소류에서는 익어감에 따라 프로펙티나아제 효소의 분해에 의해 펙틴, 펙트산 등으로 가수분해됨

② **펙트산** : 과숙한 과일에 있으며, α-갈락투론산의 중합체로 겔 형성 능력이 저하됨

③ **펙틴산** : 펙틴에 효소 또는 알칼리에 의해 가수분해 되어 형성되며, 물과 교질용액을 형성

④ **펙틴** : 당과 산의 존재 하에서 겔을 형성한다. 여기에 유기산(pH 3.3~3.5)과 당(50% 이상)을 함께 가열하면 겔화하는 성질

③ **펙틴의 겔 형성에 영향을 주는 요인** : 수소이온 농도(pH 3.0~3.3), 당(60~65%), 펙틴(0.2~1.5%)

16장 해조류 및 버섯류

01 해조류

(1) 해조류의 특징

주성분이 점성 다당류로 소화율이 낮으며 칼로리가 거의 없음. 해조류에서 추출한 물질인 카라기난, 알긴산, 한천 등은 식품의 물성계량제, 유해물질 제거 기능, 사료용, 의약용, 화장품 첨가제, 비료로 이용

(2) 해조류의 종류

① 녹조류 : 청태, 청각, 파래, 클로렐라, 청각은 김장김치에 시원한 맛을 줌.칼슘과 철분이 많이 들어 있으며 알칼리성 식품으로 질이 매우 우수한 식품

② 갈조류(동해안)

㉠ 미역 : 칼슘, 요오드 함량이 매우 높고 섬유질인 알긴산, 만니톨, 라미나린 등이 다량으로 함유. 생미역의 검은색은 클로로필이 지단백질과 결합되어 있기 때문이며, 85~100℃의 뜨거운 물에 30~60초 정도 데치면 결합되어 있던 지단백질이 변성되어 클로로필의 녹색이 표면화되기 때문에 녹색으로 변함

㉡ 말린 톳 : 녹미채, 토의채라고 부르며 알긴산 함량이 풍부하여 농약, 중금속 등의 배설을 촉진하는 효과로 해독작용을 함

㉢ 다시마 : 곤포, 바다의 채소라고 부르며 다시마 표면의 흰가루는 만니톨 성분

③ 홍조류(남해안)

㉠ 김(laver) : 해태라고도 하며, 단백질 함량(약 38%), 특히 타우린 다량 함유. 김의 붉은 색은 푸코에리트로빈이고, 김을 구울 때 녹색으로 변하는 것은 피코에리트린(phycoerythrin)이 탈수소화되어 청색의 피코시아닌(phycocyanin)으로 변했기 때문. 건조과정에서는 습기가 많으면 클로로필이 분해되고, 피코빌린(phycobilin)색소가 많이 잔존하여 흑자색에서 흑갈색으로 변하고 향도 나빠짐. 오래된 김은 광선과 공기와 접촉하여 크산토필(xanthophyll)이나 클로로필이 분해되었기 때문에 녹색으로 변하지 않음

㉡ 우뭇가사리 : 물을 넣고 푹 고아서 즙을 분리하여 한천을 만든 후 식용, 약용, 연구용, 공업용 등으로 많이 사용

(3) 한천

- 우뭇가사리 등의 홍조류(紅藻類)를 삶아 얻는 액을 냉각시켜 엉기게 한 것
- 주성분은 아가로오스(agarose)와 아가로펙틴(agaropectin)이며 겔화되는 성질이 있음
- 인체 내에서 소화되지 않으나 물을 흡수하여 팽창함으로써 장을 자극하여 변비를 예방
- 요리에 사용할 때의 농도는 0.5~3.0%, 응고온도는 38~40℃
- 미생물의 배지, 과자, 아이스크림, 양갱, 양장피의 원료로 사용

① 한천의 성질

㉠ 보수성과 겔 형성능력 : 한천의 응고는 한천의 농도가 높을수록, 설탕의 농도가 높을수록 응고온도는 높아지고 농도가 진할수록 단단한 형태의 겔을 형성하며, 보통 0.2~0.3% 용액으로 겔을 형성하나 1~2%에서 매우 단단한 형태의 겔을 형성

㉡ 이수 : 한천을 겔화 한 후 가만히 두면 겔에 함유되어 있는 분산매가 겔 밖으로 분리되어 나오는 현상. 한천 농도 1% 이상, 설탕 농도 60% 이상이면 이장은 일어나지 않는다.

㉢ 조리 시 첨가물의 영향

첨가물	한천의 특성
설탕	응고 온도는 더 높아짐
산	겔의 강도가 약해짐
우유	겔의 강도가 약해짐

(4) 젤라틴

- 동물의 가죽이나 뼈에 다량 존재하는 단백질인 콜라겐의 가수분해로 생긴 물질
- 콜라겐에 물을 넣고 가열하면 젤라틴이 되는데, 이 젤라틴은 130℃ 이상으로 끓이면 다시 콜라겐으로 변함
- 단백질이기는 하나 트립토판 등 영양상 중요한 아미노산이 없거나 적으므로 그 영양적인 가치는 적으며 소화가 잘 됨
- 응고온도는 13℃ 이하이며 농도는 3~4%
- 젤리, 족편, 마시멜로, 아이스크림에 이용, 식용젤라틴(아교풀을 정제함)

① 조리 시 첨가물의 영향

첨가물	젤라틴 특성
산	젤라틴 응고 형성을 방해
염류	단단한 응고물을 형성
설탕	겔의 강도를 감소
효소	응고형성을 방해 → 가열 후 사용

02 버섯

(1) 버섯의 성분과 종류

버섯이란 균류 중에서 눈으로 식별할 수 있는 우산 모양의 자실체. 생버섯의 수분함량은 70~95%이고, 유기 및 무기성분은 5~30%. 말린 버섯은 단백질 15~30%, 지방 2~10%, 가용성 무기질 50%로 들어있고, 비타민 B_1, B_2, B_6와 비타민D의 전구체인 에르고스테롤이 다량 함유. 그리고 버섯의 구수한 맛을 내는 아데닐산, 구아닐산, 글루타민산 함유

① **표고버섯** : 봄과 가을에 밤나무, 졸참나무, 떡갈나무 등 활엽수의 줄기에서 군생. 제주도에서 많이 나는데 초기전, 초기죽이라 부름. 표고버섯의 갓 부분에는 에르고스테롤, β-글루칸이 풍부하며, 품종의 이름은 채취상태에 따라 동고, 향고, 향신 등으로 분류

② **송이버섯(Pine mushroom)** : 우리나라를 비롯한 일본, 북한, 중국대륙에서 생산되며, 살아 있는 소나무의 실뿌리에서 기생. 글루탐산, 아스파르트산과 구아닐산은 감칠맛을 주며 비타민 B_2, C, D가 많이 들어있을 뿐만 아니라 고단백, 저칼로리 식품. 송이 회 · 구이 · 산적 · 국 · 전골 등으로 이용

③ **느타리버섯(Agaric mushroom)** : 참나무나 오리나무 등의 뿌리에서 자라며, 비타민B_2와 나이아신이 풍부, 비타민D의 전구체인 에르고스테롤이 많이 들어 있다. 섬유소와 수분이 많아 포만감을 주며 혈액 속 콜레스테롤 수치를 낮춰 비만, 당뇨, 대장암을 예방

④ **양송이버섯(Button mushroom)** : 진균식물인 갓균목 송이버섯과의 담자균류에 속하는 식용버섯으로 비타민 B_2, 엽산을 많이 함유하고 있으며, 수프, 샐러드, 볶음 등에 사용

⑤ **팽이버섯(Winter mushroom)** : 송이과에 속하는 것으로, 활엽수의 마른나무에서 발생하여 순백색이나 크림색이며 갓이 적고 가지런히 있는 것이 좋음

⑥ **석이버섯(Stone mushroom)** : 나무줄기나 바위에 붙어서 자라며 말려서 보관. 말린 석이버섯은 미지근한 물에 불렸다가 뒷면의 돌을 잘 제거하고, 안쪽의 껍질을 벗겨 흐르는 물로 씻어 사용한다.

⑦ **목이버섯(Juda's ear mushroom)** : 활엽수의 고목에서 자라며 뽕나무, 참나무에서 인공으로 재배되고 있으며 잡채 · 무침 · 볶음 · 수프에 이용

1과목 식품학 및 조리원리 출제예상문제

01장 개요

1 조리의 목적으로 옳은 것은?

① 위생적으로 안전하게 하고 소화를 용이하게 한다.
② 조리 시 식품첨가제를 많이 사용하여 저장성을 높인다.
③ 맛에는 상관없이 외관상으로 식욕을 자극하게 한다.
④ 농약 등 화학성분의 잔류를 없애기 위해 높은 온도에서 조리한다.
⑤ 모든 식품은 조리하면 저장성이 향상된다.

해설

조리의 목적은 위생의 개선 및 향상, 소화율의 증진, 영양소의 보존, 기호성 및 관능성의 향상, 저장성 향상 등이다. 조리 후 저장성이 모두 길어지는 것은 아니다.

2 열 전달 매체 중 공기를 이용한 것이 아닌 것은?

① 로스팅(roasting) ② 브로일링(broiling)
③ 브랜칭(branching) ④ 베이킹(baking)
⑤ 그릴링(grilling)

해설

공기의 대류를 이용한 조리법은 로스팅(roasting), 베이킹(baking), 브로일링(broiling)이 있다. 브랜칭은 물을 이용한 데치기이다.

3 열의 전달방법에 관한 설명으로 옳은 것은?

① 전도는 사용하는 그릇의 재질에 따라 열 전달 속도가 다르다.
② 열 전달 속도는 대류, 전도, 복사 순으로 빠르다.
③ 대류는 열 전달 속도가 가장 빠르다.
④ 대류는 습열조리에 주로 이용한다.
⑤ 복사는 공기의 밀도 차를 이용한 방법이다.

해설

열 전달 속도는 복사 〉 대류 〉 전도 순으로 빠르고, 그릇의 재질은 은 〉 구리 〉 알루미늄 〉 철 〉 유리 〉 공기 순이다. 공기의 밀도 차를 이용한 방법은 대류이다.

정답 1 ① 2 ③ 3 ⑤

4 에너지 전달에 관한 설명으로 옳은 것은?

① 국수를 빨리 호화시키기 위해 철로 된 냄비보다 알루미늄 냄비를 사용했다.
② 맛있는 밥을 하기 위해 유리냄비보다 알루미늄 냄비를 사용했다.
③ 고구마는 삶기보다 직화구이가 더 달다.
④ 조리시간 단축을 위해 튀기기보다 오븐구이를 사용했다.
⑤ 죽의 보온성 유지를 위해 알루미늄 냄비를 사용했다.

해설

알루미늄은 열 전달이 빨라 빨리 데워지는 반면 빨리 식는다. 전분의 호화를 빨리하려면 열 전달이 빠른 재질의 도구를 선택해야 하는 반면, 전분의 당화를 위해서는 전분분해 효소의 활성을 위해 열 전달이 느린 방법과 도구를 선택해야 한다.

5 밥을 지을 때 열효율을 높이기 위한 방법으로 옳은 것은?

① 인덕션 조리기기에 알루미늄 냄비로 밥을 하였다.
② 표면이 반짝이는 알루미늄 용기를 사용했다.
③ 냄비 표면이 매끈한 것을 사용했다.
④ 냄비가 넓은 것을 사용하였다.
⑤ 열효율을 위해 장작보다 전기밥솥을 사용했다.

해설

도구의 재질은 매끈한 것보다 거친 것이, 색은 어두울수록, 모양은 좁을수록 열효율을 증가시킬 수 있다. 평균 열효율은 전력 50~65%, 가스 45~55%, 장작 25~45%, 연탄 30~40%이며, 알루미늄은 전기저항이 작기 때문에 인덕션 기기에는 발열되기 어려우며 밑이 평평한 철, 법랑, 스테인리스스틸 냄비가 이용된다.

6 계량하는 방법 중 옳지 않은 것은?

① 액체식품은 수평상태로 놓고 눈높이에서 액체의 아랫면에 일치하게 한다.
② 곡류는 계량컵에 담고 살짝 흔들어 수평이 되게 한다.
③ 버터는 고체상태에서 눌러 담아 윗면을 깎아서 계량한다.
④ 가루 식품은 계량컵으로 가득 담은 후 윗면을 깎아서 측정한다.
⑤ 고체 식품은 반고체 상태가 된 후 꾹 눌러 채워 윗면을 수평으로 깎아 계량한다.

해설

실온에 두어 반고체 상태가 되도록 한 후 컵이나 스푼에 꾹꾹 눌러 담아 빈공간이 없도록 채워서 스패튤라로 수평으로 깎아 계량한다.

7 씻기 조작에 대한 설명으로 옳지 않은 것은?

① 꼬막은 물을 넣지 않고 문지르기와 헹구기를 반복 한다.
② 연채류는 소금을 넣고 문지른 후 물에 헹군다.
③ 해조류는 소금을 넣고 여러 번 주물러 헹군다.
④ 아욱은 푸른 물이 빠져나올 때까지 많이 주물러 씻는다.
⑤ 열무는 이물질과 잔털이 빠지도록 주물러 씻는다.

정답 4 ⑤ 5 ⑤ 6 ③ 7 ⑤

해설

열무김치를 담그기 위해서 열무를 세척할 때에는 이물질과 잔털을 제거하고 가볍게 흔들어 씻는다. 주물러 씻으면 풋내가 난다.

8 **조작의 목적이 옳지 않은 것은?**

① 불리기 – 수분흡수, 팽윤, 연화
② 씻기 – 불순물 제거, 변색 방지
③ 썰기 – 조리시간 단축, 불필요한 부분 제거
④ 갈기 – 소화 용이
⑤ 냉장 – 미생물 번식 억제, 성형

해설

씻기 : 불순물이나 유해성분을 제거하는 과정이며, 위생적 청결 외에도 비린내, 미끈거림 등의 바람직하지 않은 요인들도 제거한다.

9 **영양소의 손실을 최소한으로 줄이기 위한 조리방법으로 옳은 것은?**

① 감자는 껍질을 벗긴 후 채썬 다음 씻는다.
② 미역을 하룻밤 동안 불린 후 씻어 사용한다.
③ 튀김을 할 때 중조를 넣어 튀긴다.
④ 시금치를 데칠 때 소량의 물에 소금을 넣고 삶는다.
⑤ 생선은 비늘, 내장 등을 제거하고 씻은 후 자른다.

해설

감자의 비타민 C는 껍질 안쪽에 있으며 무기질은 수용성이므로 오래 담가두지 않는다. 중조를 넣으면 비타민 C, 비타민 B_6 등의 영양소 손실을 가져온다. 채소를 데칠 때 물의 양이 적으면 데치는 시간이 길어져 수용성 영양소 손실이 더 커진다.

10 **채소를 냉동시킬 때에 냉동 전에 데치기를 하는 이유로 옳지 않은 것은?**

① 미생물 살균 ② 탈색하기 위하여 ③ 효소의 불활성화
④ 부피 감소 ⑤ 색을 고정시키기 위하여

해설 채소가 함유하고 있는 효소를 불활성화시켜 색을 유지한다.

11 **데치기의 목적과 거리가 먼 것은?**

① 조직의 연화 ② 소화 용이 ③ 지방의 제거
④ 효소의 불활성화 ⑤ 불미성분 제거

해설 데치기의 목적 : 조직의 연화, 효소의 불활성화, 불미성분 및 지방의 제거, 전분의 호화 등이다.

정답 8 ② 9 ⑤ 10 ② 11 ②

12 식품을 끓는 물에 넣어 끓여야 하는 것은?

① 설렁탕 ② 감자탕 ③ 편육
④ 곰탕 ⑤ 소고기무국

해설

고기를 맛있게 조리하려면 끓는 물에 넣어 근육 표면의 단백질을 응고시킴으로써 수용성 물질의 손실을 줄이고 수육의 맛을 좋게 한다. 반면 국물 맛을 좋게 하려면 맛 성분을 우려내기 위해 찬물에서부터 넣고 끓이기 시작한다.

13 조리시간이 오래 걸리고 에너지가 가장 많이 필요한 조리법은?

① 볶기 ② 찌기 ③ 튀기기
④ 삶기 ⑤ 전자레인지

해설

찌기는 끓는 물이나 액체의 수증기를 이용하여 재료를 익히는 조리방법으로 간접적인 가열이므로 시간이 다소 오래 걸리고, 에너지가 가장 많이 든다.

14 색 고정을 위한 효소의 불활성화 방법으로 옳은 것은?

① 오이지를 담그기 전에 오이를 끓는 물에 데쳤다.
② 죽순을 쌀뜨물에 데쳤다.
③ 중조를 넣고 시금치를 데쳤다.
④ 쑥갓을 데칠 때 물에 소금을 넣는다.
⑤ 돼지갈비를 조리기 전에 물에 데쳤다.

해설

채소를 끓는 물에 데침으로써 효소를 불활성화시켜 푸른색을 유지하게 한다. 쌀뜨물 이용은 떫은맛 제거, 중조와 소금의 사용은 효소의 불활성화가 아니라 알칼리 첨가로 색을 고정시킨다. 돼지갈비를 데침으로써 불미 성분과 잡내를 제거한다.

15 구이에 대한 설명으로 옳지 않은 것은?

① 지방이 많은 식품에 적합하다.
② 육류는 단백질이 응고되는 온도에서 굽는다.
③ 열에 약한 비타민 B_1은 파괴가 일어난다.
④ 고구마는 당화를 위해 강한 불에서 굽는 것이 좋다.
⑤ 육류는 굽는 시간이 너무 길면 수분이 많이 유출되어 질겨진다.

해설

고구마, 팬케이크 등은 수분함량이 적으므로 약한 불에서 구워야 하며 고구마의 당화효소 활성도를 증가시켜, 당화가 많이 일어나므로 단맛이 증가하게 된다. 스테이크의 경우, 소고기 단백질의 응고점 부근에서 구워질 때가 가장 맛이 있다.

정답 12 ③ 13 ② 14 ① 15 ④

2장 수분

1 결합수에 대한 설명 중 옳은 것은?

① 화학반응에 관여한다.
② 미생물의 발육에 필요한 수분으로 공급되지 않는다.
③ 용매로 작용하여 수용성 성분을 녹인다.
④ 압력을 가하여 압착시키면 제거된다.
⑤ 식품 내 단순한 물로 존재한다.

해설

결합수 : 다른 물질을 녹일 수 없으며, 미생물의 발육에 필요한 수분으로 공급되지 않는다. 동결하려면 0℃보다 더 낮은 온도가 필요하며, 큰 압력을 가하여 압착해도 제거되지 않는다.

2 다음 수분활성도에 관한 설명 중 옳지 않은 것은?

① 식품의 수분함량과 수증기압을 합한 것이다.
② 용질의 농도가 높을수록 수분활성도는 낮아진다.
③ 식품의 수분활성도는 1보다 작다.
④ 곰팡이의 생육 가능한 수분활성도는 0.70~0.95 정도이다.
⑤ 식품의 수분활성도에 따라 미생물의 생육이 달라진다.

해설

수분활성도(AW)는 임의의 온도에서 식품 내 물의 수증기압(p)을 그 온도에서 순수한 물이 가지는 수증기압(Po)으로 나눈 비율이다.

3 수분활성도와 저장성에 대한 설명 중 옳은 것은?

① 수분활성도가 크면 미생물 번식이 어렵다.
② 순수한 물의 수분활성도는 1이다.
③ 식품 중의 수분활성도는 1보다 크다
④ 효모는 수분활성도 0.4 이하에서 생육가능하다.
⑤ 세균은 수분활성도 0.5 이하에서 생육가능하다.

해설

수분활성도가 크면 미생물이 번식하기 쉬우며 식품 중의 수분활성도는 1보다 작다. 세균은 0.9 이상에서, 곰팡이는 0.8, 효모 0.88 정도에서도 생육이 가능하다. 따라서 수분활성도를 0.6 미만으로 낮추면 미생물이 성장, 번식하기 어렵다.

정답 2장 1 ② 2 ① 3 ②

4 다음 식품의 수분활성도가 옳지 않은 것은?

① 동결 건조된 식품 – 0.2 이하
② 수분이 적은 곡류나 콩류 – 0.60~0.64,
③ 육류나 생선 – 0.98
④ 수분이 많은 채소와 과일류 – 0.98~0.99
⑤ 잼 – 0.98

해설

수분이 많은 채소와 과일류(0.98~0.99), 육류나 생선(0.98), 수분이 적은 곡류나 콩류(0.60~0.64), 건조식품(0.2 이하), 동결 건조된 식품(0.2 이하), 건조과일이나 잼(0.65~0.85)

5 등온흡습곡선에서 수분활성도 0.8~1.0 사이의 영역에 대한 설명 중 옳은 것은?

① 용매로 작용하지 못함
② 0℃ 이하에서도 동결되기 어려움
③ 미생물의 번식과 발아에 이용되지 못함
④ 밀도가 물과 같음
⑤ 상대습도 증가에 따라 수분함량이 급격히 증가

해설

0.8~1.0 사이의 영역은 자유수 구간이며, 자유수의 밀도는 물과 같다.

- 0~0.2 영역 : 이온 결합, 결합수
- 0.2~0.6 영역 : 수소 결합, 결합수
- 0.6~1.0 영역 : 자유수

6 다음 중 수분활성도가 가장 낮은 것은?

① 소고기
② 잼
③ 조기
④ 배추
⑤ 사과

해설

수분이 많은 채소와 과일류(0.98~0.99), 육류나 생선(0.98), 건조과일이나 잼(0.65~0.85)

7 교질용액 상태로 옳지 않은 것은?

① 계란물
② 우유
③ 사골국
④ 설탕물
⑤ 전분물

해설

교질용액은 용액에 산포된 물질의 크기가 진용액의 것보다는 크지만 침전되지는 않은 상태이며 우유, 두유 등이 해당된다. 교질용액은 분산질의 크기가 커서 용해되거나 침전되지 않고 분산되어 퍼져 있는 상태이다.

정답 4 ⑤ 5 ④ 6 ② 7 ④

8 10% 소금물의 수분활성도는 얼마인가?

소금(NaCl:58.45), 물(H_2O:18)

① 0.80 ② 0.86 ③ 0.90
④ 0.96 ⑤ 1.0

해설
(90/18) / (90/18 + 10/58.45) = 0.96
• Aw = Mw/(Mw+Ms)
• Mw : 식품 중의 수용성 물질의 몰수
• Ms : 식품 중의 수분의 몰수

9 콜로이드 용액을 안전한 상태로 유지하는 것은?

① 수소결합 ② 반데르발스 결합 ⑤ 분자운동
④ 이온결합 ⑤ 브라운 운동

해설
교질용액(콜로이드용액)은 중력에 저항하는 브라운 운동, 현탁액은 중력에 의한 운동, 진용액은 분자운동을 한다.

10 수분함량이 가장 적은 식품은?

① 딸기 ② 치즈 ③ 아이스크림
④ 마요네즈 ⑤ 샐러드드레싱

해설
딸기(81~90%), 치즈(35~80%), 아이스크림(65%), 마요네즈(15%), 샐러드드레싱(40%)

11 콜로이드 용액에 대한 설명으로 옳은 것은?

① 일정한 분자운동을 한다.
② 물에 완전히 용해되며 안정적이다.
③ 된장물은 콜로이드 용액이다.
④ 분산질의 크기가 커서 물에 용해되지 않고 가라앉는다.
⑤ 졸과 겔 상태는 콜로이드 용액이다.

해설
콜로이드 용액은 용해되거나 침전되지 않고 분산되어 퍼져있는 상태이다. 분산질이 브라운 운동을 하여 입자 간 동일한 전하를 띠고 서로 반발하여 분산된 상태가 되며, 비교적 안정된 상태를 유지한다. 액체에 콜로이드 입자가 분산되어 흐를 수 있는 상태를 '졸'이라 한다. 그리고 이 교질용액이 어떤 요인들로 인해 흐르지 않고 굳은 상태가 되면 겔이라 한다.

정답 8 ④ 9 ⑤ 10 ④ 11 ⑤

3장 탄수화물

1 단당류의 성질로 옳은 것은?

① 물, 알코올에 용해된다.
② 종류에 상관없이 당도가 같다.
③ 효모에 의해 발효되며 알코올과 이산화탄소를 생성한다.
④ 모든 당은 다른 화합물을 환원시킨다.
⑤ 설탕, 맥아당, 유당 등이 있다.

해설 단당류는 물에 용해되나 알코올, 에테르에는 용해되지 않는다. 당의 종류에 따라 당도가 다르다. 설탕은 비환원당이다. 단당류에는 과당, 갈락토오스, 포도당이 있다.

2 다당류의 성질로 옳은 것은?

가. 여러 개의 단당류와 당 유도체가 탈수와 축합작용을 일으켜 생성된 화합물이다. 나. 물에 잘 녹지 않으며, 녹으면 콜로이드(Colloid) 상태가 된다. 다. cellulose, inulin, araban, xylan은 복합다당류이다. 라. 섬유소와 펜토산(pentosan)등은 식물의 구성물질을 이룬다.

① 가, 나, 다 ② 가, 다 ③ 나, 라
④ 라 ⑤ 가, 나, 다, 라

3 복합다당류에 해당하는 것은?

가. pectin	나. araban	다. lignin	라. starch

① 가, 나, 다 ② 가, 다 ③ 나, 라
④ 라 ⑤ 가, 나, 다, 라

해설 • 단순다당류 : starch, glycogen, cellulose, inulin, araban, xylan
• 복합다당류 : hemicellulose, pectin, plant gum, alginic acid

4 5탄당이며 효모에 의해 발효가 되지 않는 것은?

가. arabinose	나. mannose	다. xylose	라. raffinose

① 가, 나, 다 ② 가, 다 ③ 나, 라
④ 라 ⑤ 가, 나, 다, 라

해설 5탄당은 자연계에 유리상태로 존재하지 않으며 효모에 의해 발효되지 않는다. 5탄당의 종류에는 아라비노오스, 자일로오스, 데옥시리보오스가 있다.

정답 3장 1 ③ 2 ⑤ 3 ② 4 ②

5 **당과 식품에 이용되는 예가 옳은 것은?**

① xanthan gum - gel 안정제
② mannan - 잼
③ agar - 곤약
④ alginic acid - 미생물 배지
⑤ pectin - 우무

해설

mannan(곤약), agar(미생물 배지, 우무), alginic acid(아이스크림, 잼), pectin(잼, 젤리)

6 **가용성 전분에 대한 설명으로 옳지 않은 것은?**

① 생전분을 염산으로 가수분해 한 것이다.
② 생전분과는 달리 냉수에 잘 분산된다.
③ 뜨거운 물에는 투명한 콜로이드 용액이 된다.
④ Fehling 용액을 환원하지 않는다.
⑤ 요오드 정색반응에 청색을 나타낸다.

해설

가용성 전분은 생전분을 묽은 염산으로 가수분해 한 것으로 전분의 가수분해 생성물이며 냉수에 잘 분산되지 않으나 뜨거운 물에는 잘 분산되어 투명한 콜로이드 용액이 된다. 또한 전분과 마찬가지로 환원성을 나타내지 않는다. 따라서 Fehling 반응에서 수산화구리를 붉은색으로 환원시키지 않는다.

7 **설탕의 특징으로 옳지 않은 것은?**

① 전화당보다 감미도가 낮다.
② 단맛이 변하지 않는다.
③ 변선광이 일어난다.
④ 설탕은 비환원당이다.
⑤ 200℃에서 가열하면 캐러멜화가 일어난다.

해설

- 설탕은 α, β형의 이성질체가 존재하지 않는 비환원당이므로 변선광 현상이 일어나지 않는다.
- 온도와 시간에 따라 단맛이 변하지 않기 때문에 상대감미료의 표준물질로 이용되고 있다.
- 젖당(27), 맥아당(60), 포도당(74), 설탕(100), 전화당(130), 과당(173)

8 **이눌린에 대한 설명으로 옳은 것은?**

가. 곤약이라고 하며 복합다당류이다.
나. 냉수에 잘 녹지 않으며, 가열하면 투명하게 녹는다.
다. 요오드 정색반응에 청색을 나타낸다.
라. β-D-fructofranose가 β-1, 2 결합으로 이루어진 중합체이다.

① 가, 나, 다
② 가, 다
③ 나, 라
④ 라
⑤ 가, 나, 다, 라

정답 5 ① 6 ② 7 ③ 8 ③

해설
이눌린은 다알리아 뿌리, 우엉, 돼지감자, 백합뿌리 등에 들어 있는 단순다당류로서 요오드에는 반응하지 않는다. 아눌라아제(inulase)에 의해 분해되어 과당을 생성하고 더운물에 녹는다.

9 전분에 관한 설명으로 옳은 것은?

① 포도당의 중합체이다.
② 요오드 반응에서 적갈색이다.
③ 동식물에 저장된 에너지원이다.
④ 미지근한 물에 잘 녹는다.
⑤ 식물의 세포벽에 존재한다.

해설
전분은 식물의 씨, 뿌리, 열매 등에 함유, 포도당으로 이루어진 다당류이며, 아밀로오스가 요오드와 반응하여 청색의 복합체를 만든다. 식물의 세포벽에 존재하는 것은 펙틴이다.

10 전분의 호화를 촉진시키는 인자가 아닌 것은?

① 온도가 낮을수록
② 도정도가 낮을수록
③ 전분입자가 작을수록
④ 산성일 때
⑤ 아밀로오스 함량이 많을수록

해설 호화 촉진인자 : 온도가 높을수록, 도정도가 높을수록, 전분입자가 클수록, 알칼리성일 때

11 전분의 호화에 대한 설명으로 옳은 것은?

① α전분이 β전분으로 되는 것을 말한다.
② 물을 가하지 않고 160℃ 이상으로 가열하면 생성되는 전분을 말한다.
③ 불용성 상태로 변화하는 것을 말한다.
④ 전분립을 물에 가열하면 반투명의 교질상태가 된다.
⑤ 전분 분자끼리 수소결합을 하여 부분적으로 재결정 구조를 형성한다.

해설
호화란 전분을 익히는 것을 말하며 알파녹말이라고 한다. 수분이 들어가서 전분의 분자 배열이 깨져 팽윤상태가 되고, 열을 가하여 전분을 끓이면 전분입자의 형태가 없어지면서 점성이 높고 반투명의 교질상태가 된다.

12 전분의 입자와 호화와의 관계에 대한 설명으로 옳은 것은?

① 전분입자의 크기와 상관없이 일정한 온도에서 호화된다.
② 전분입자가 작으면 호화 온도가 높다.
③ 아밀로펙틴의 함량이 많을수록 호화 속도가 빠르다.
④ 전분입자의 크기는 겔 형성에는 영향을 미치지 않는다.
⑤ 곡류가 서류보다 호화온도가 낮다.

해설 곡류의 전분입자 크기는 감자, 고구마 등의 서류보다 더 작다. 전분입자가 작으면 호화온도가 높고 전분입자가 크면 호화온도가 낮다. 아밀로펙틴의 함량이 많을수록 호화속도가 느리며, 전분입자의 크기는 겔 형성, 노화에도 영향을 미친다.

정답 9 ① 10 ⑤ 11 ④ 12 ②

13 **아밀로오스에 대한 설명으로 옳은 것은?**

① 분자량이 아밀로펙틴보다 많다.
② α-1.6 결합에 의하여 가지를 친 형태이다.
③ 물에 잘 녹지 않는다.
④ 결정성이다.
⑤ 요오드 반응에 자주색이다.

해설

α-포도당이 α-1.4 결합만으로 연결된 긴 사슬모양으로 중합된 것이며, 청색의 요오드 정색반응을 나타내며 물에 잘 녹으며, X선 분석 결과 고도의 결정형이다.

14 **전분분해 효소에 대한 설명으로 옳은 것은?**

① α-아밀라제는 α-1.6 결합을 무작위로 가수분해 한다.
② α-아밀라제는 α-1.4 결합을 끝에서부터 분해한다.
③ α-아밀라제는 맥아당과 포도당으로 분해한다.
④ α-아밀라제는 당화효소라 한다.
⑤ α-아밀라제는 엿기름, 타액에 존재한다.

해설

α-아밀라제는 췌장, 미생물 등에 존재하며, α-1.4 결합을 무작위로 가수분해하여 덱스트린을 형성하며 계속해서 맥아당과 포도당으로 분해한다. 전분분자들을 가수분해하여 용액상태로 만들어 액화효소라고도 한다.

4장 지질

1 **지질에 대한 설명으로 옳은 것은?**

가. 체내 지질의 90%는 중성지질의 형태로 존재한다.
나. 상온에서 액체인 것을 유(oil), 고체인 것을 지(fat)라 한다.
다. 지질의 성질은 결합하고 있는 지방산의 양과 종류에 의해 결정된다.
라. 유도지질은 복합지질의 가수분해물로서 대부분 물에 녹는다.

① 가, 나, 다
② 가, 다
③ 나, 라
④ 라
⑤ 가, 나, 다, 라

해설

상온에서 액체인 것을 유(oil), 고체인 것을 지(fat)라 하며 지질과 같은 의미이며, 체내 지질의 90%는 중성지질 형태이며 지방조직의 에너지 저장체로 존재한다. 복합지질은 생체막의 구성 성분이며, 유도지질은 복합지질의 가수분해물로서 대부분 물에 녹지 않는다.

정답 13 ④ 14 ③ 4장 1 ①

2 중성지질에 대한 설명으로 옳은 것은?

① 코코넛유에는 고도의 불포화지방산을 다량 함유한다.
② 액체상태의 지방산과 글리세롤의 에스테르를 왁스라 한다.
③ 왁스는 고급지방산과 가수분해에 의한 생성물의 결합이다.
④ 체내지질의 주 구성 성분이다.
⑤ 산성에서는 불가역반응, 염기성에서는 가역반응으로 가수분해된다.

해설
코코넛유는 포화지방산을 다량 함유하며, 왁스는 고체 상태이며 지방산과 고급알코올의 에스테르를 말한다. 중성지방은 산이나 알칼리에서 가수분해되며 산성에서는 가역반응이나 염에서는 불가역반응이다.

3 지방산에 대한 설명으로 옳지 않은 것은?

① 탄소수가 짧은 사슬지방산은 항상 포화되어 있다.
② 중간 사슬지방산은 버터나 열대 식물성 기름에 많다.
③ 긴 사슬지방산은 이중결합을 가지고 있다.
④ 스테아르산은 18개의 탄소로 단일불포화 지방산이다.
⑤ 지질을 구성하는 지방산의 탄소수는 짝수이다.

해설
천연에 존재하는 지방산은 대부분 짝수이다. 포화지방산은 탄소수가 4~30개까지 알려져 있다.
스테아르산은 18개의 탄소를 가지며 천연유지에 가장 많이 존재하며 포화지방으로써 소고기, 양의 기름에 많다.

4 지방산에 대한 설명으로 옳은 것은?

① 불포화지방산은 녹는점이 낮아 매우 안정하다.
② 지방산의 불포화도가 높을수록 융점이 높다.
③ 고급지방산이 많을수록 융점이 낮다.
④ 저급지방산은 물에 용해된다.
⑤ 포화지방산에는 탄소수가 증가할수록 융점이 낮아진다.

해설
포화지방산은 탄소수가 증가할수록 융점은 높아지며 저급지방산은 물에 잘 용해되며, 불포화지방산은 탄소수가 증가할수록 융점은 낮아지며 반응성이 커서 매우 불안정하다.

5 왁스에 대한 설명으로 옳은 것은?

① 한 지방산분자가 글리세롤과 결합한 단순지방이다.
② 소화흡수가 잘 되며 영양적 가치가 높다.
③ 자연상태의 왁스는 수많은 에스테르의 혼합물이다.
④ 식물성 왁스류는 동물성 왁스류보다 녹는점이 매우 낮다.
⑤ 왁스는 고급지방산과 고급알코올의 에스테르 결합이다.

정답 2 ④ 3 ④ 4 ④ 5 ⑤

해설

왁스는 고급1가 알코올과 고급지방산과의 에스테르 결합이며 식물성 왁스류는 실온에서 고체 형태로 융점이 Carnauba wax(83~93℃)이며, 동물성 왁스는 밀납(62~65℃), 경랍(41~46℃)이다.

6 지방산은 물에 잘 녹지 않으나 염의 첨가로 물에 잘 녹는다. 수용성이 되게 하는 염은?

가. 칼륨	나. 철분	다. 나트륨	라. 마그네슘

① 가, 나, 다　② 가, 다　③ 나, 라
④ 라　⑤ 가, 나, 다, 라

해설

지방산은 물에 잘 녹지 않으나 알칼리성 용액에서는 지방산의 카르복시기가 이온화되어 강한 극성을 띠므로 수용성이 된다. 지방산에 나트륨과 칼륨염이 첨가되면 비누가 되며 물에 잘 녹는다. 칼슘염이 첨가되면 잘 녹지 않는다.

7 콜린을 함유하고 있고 뇌, 신경 등에 많이 함유되어 있는 지방은?

① 스핑고 인지질　② 콜레스테롤　③ 리놀레산
④ 세팔린　⑤ 레시틴

해설

레시틴은 분자 중에 콜린을 함유하고 있으며 세팔린은 세린을 함유하고 있다. 세포막의 성분이며, 뇌, 신경 등에 많이 함유되어 있다.

8 필수지방산에 대한 설명으로 옳은 것은?

① 주로 식물에만 존재한다.
② 필수지방산 섭취가 적으면 체내에서 합성된다.
③ 리놀레산, 리놀렌산, 올레산은 필수지방산이다.
④ 단일, 다불포화지방산으로 구성되어 있다.
⑤ 구조적으로 cis형인 것이 생물학적 활성이 있다.

해설

필수지방산은 신체의 성장과 유지에 필요하며 반드시 외부로부터 공급되야 하는 지방산이다. 리놀레산, 리놀렌산, 아라키돈산이 있으며 모두 다불포화지방산이다.

9 유도지질에 대한 설명으로 옳지 않은 것은?

① 지방산이나 스테로이드를 말한다.　② 비누화될 수 있는 지방이다.
③ 스테로이드와 터펜(Terpene)이 있다.　④ 체내에서 상당량 합성된다.
⑤ 스테로이드는 4개의 고리를 가지는 지용성 분자이다.

정답 6 ② 7 ⑤ 8 ⑤ 9 ②

해설

유도지질은 비누화에 필요한 구성지방산을 함유하지 않으므로 비누를 형성할 수 없는 지방이다. 스테롤류, 탄화수소, 고급알코올, 지용성 색소 및 지용성 비타민 등이 있다.

10 다음 중 검화되지 않는 지질은?

① 코코넛유 ② 스테롤 ③ 야자유
④ 버터 ⑤ 쇠기름

해설

검화가란 유지를 알칼리용액으로 가수분해하면 글리세롤과 지방산염이 형성되는 것을 검화 또는 비누화라 한다. 저급지방산 함량이 높을수록 검화값이 커진다. 유도지질은 비누화에 필요한 구성지방산을 함유하지 않으므로 비누를 형성할 수 없는 지방이다. 검화가 되지 않는 지방질로는 sterol류, 일부의 탄화수소, 그리고 지용성 색소 또는 비타민류 등이 있다.

11 자외선에 의해 비타민 D_3로 전환되는 프로비타민 D이며, 세포, 근육, 뇌, 담즙의 구성 성분은?

① 에르고스테롤 ② 콜레스테롤 ③ 인지질
④ 당지질 ⑤ 세팔린

해설

콜레스테롤은 세포, 근육, 뇌, 신경조직, 담즙, 혈액에 존재하며, 호르몬의 전구체이며 생체 내에서 혹은 자외선에 의해 비타민 D_3로 전환되는 프로비타민 D이다.

12 복합지질에 해당하는 유지는?

① 왁스 ② 콜레스테롤 ③ 에르고스테롤
④ 쇼트닝 ⑤ 세팔린

해설

복합지질은 단순지질 외에 인산, 당, 단백질 등이 결합된 것으로 인지질, 당지질로 나뉜다. 세팔린과 레시틴은 인지질에 속하며, 왁스는 단순지질, 스테롤류는 유도지질이다.

13 유지의 물리적 성질에 대한 설명으로 옳은 것은?

① 구성 지방산의 탄소수가 많을수록 녹는점이 높아진다.
② 불포화지방산의 함량이 많을수록 비중은 감소한다.
③ 불포화지방산이 증가할수록 굴절률은 감소한다.
④ 유리지방산함량이 많을수록 발연점이 낮다.
⑤ 불포화지방산의 함량이 많을수록 산패에 안정하다.

해설

탄소수가 많고 불포화도가 높을수록 녹는점은 낮아지며 굴절률과 비중은 증가하게 된다.
가열횟수, 유리지방산함량, 이물질이 많을수록 발연점이 낮다.

정답 10 ② 11 ② 12 ⑤ 13 ④

14 유지의 화학적 성질 중 불포화도를 알 수 있는 것은?

① 검화가 ② 산가 ③ 요오드가
④ 과산화물가 ⑤ TBA가

해설
유지 100g에 첨가되는 요오드의 g수를 요오드가라 한다. 불포화도를 측정하는데 사용되며 불포화도가 높을수록 요오드가가 높아진다. 검화가는 유지의 평균분자량을 산가, 과산화물가, TBA가는 유지의 산패 정도를 알 수 있다.

15 기름을 공기 중에 장시간 방치하면 감소하는 값은?

① 산가 ② 요오드가 ③ TBA가
④ 과산화물가 ⑤ 아세틸가

해설
이중결합 즉 불포화지방산이 많은 액체유지는 요오드가가 높으나 기름을 공기 중에 장시간 방치하면 이중결합에 산소가 결합하여 요오드가가 감소한다. 반면 유지의 산패 정도를 알 수 있는 산가, TBA가, 과산화물가, 아세틸가는 증가한다.

16 가수분해에 의한 유지의 산패의 원인이 다른 것은?

① 산 첨가 ② 알칼리 첨가 ③ lipase
④ 물 ⑤ 중금속

해설
가수분해에 의한 산패는 물 · 산 · 알칼리 · 지방분해효소 등에 의해 글리세롤과 유리지방산으로 가수분해된다.

17 유지의 산패를 결정하는 척도로 옳지 않은 것은?

① 검화가 ② 산가 ③ 요오드가
④ 과산화물가 ⑤ TBA가

해설
유지의 산패를 측정한 값은 검화가, 산가, 과산화물가, TBA가, 카르보닐가 등이 있다. 요오드가는 유지를 구성하는 지방산의 불포화 정도를 나타내는 값이다.

18 유지의 산패를 촉진시키는 인자가 아닌 것은?

① 광선 ② 지방산 종류 ③ 수소
④ 금속이온 ⑤ 헤마틴 화합물

해설
유지의 산패에 영향을 미치는 인자는 유지의 불포화도, 효소, 온도, 광선, 산소, 금속, 헤마틴 화합물 등이 있다.

정답 14 ③ 15 ② 16 ⑤ 17 ③ 18 ③

19 유지의 자동산화 과정에서 유지 산패의 정도를 나타내는 원인물질은?

① hydroxy radical　② hydroperoxide　③ acetyl acid
④ ketone　⑤ hydrogen

해설

유지의 자동산화 과정에서 중간생성물인 hydroperoxide는 유지 산패의 원인물질이 되며, 유지 산패의 정도를 hydroperoxide의 양으로 나타낸다.

20 유지의 산화과정에서 산소의 흡수량이 매우 적은 특정기간으로 옳은 것은?

① 유도기　② 개시기　③ 정지기
④ 연쇄기　⑤ 전파가

해설

처음 일정한 기간 동안은 산소의 흡수 속도가 일정하고 흡수량도 매우 적다. 이 기간을 자동산화의 유도기라 한다.

21 유지의 가열산화 과정에서 일어나는 반응으로 옳지 않은 것은?

① 과산화물가 감소
② 이중결합과 산소의 직접적인 반응
③ 에스터결합의 분해에 의한 유리지방산의 형성
④ 가열중합 반응
⑤ 휘발성 카아보닐 화합물의 형성

해설

유지를 고온에서 가열 시 이중결합과 공기 중 산소와의 반응, 유리지방산의 형성, 가열중합반응, 각종 카아보닐 화합물의 형성 등이 나타난다.

22 유지의 산패과정에서 산소흡수기에 대한 설명으로 옳지 않은 것은?

① 급격한 산소흡수 속도 증가　② peroxide 생성
③ 저분자의 carbonyl 화합물 감소　④ peroxide의 분해, 중합 등이 발생
⑤ 냄새, 맛의 저하

해설

유도기가 지나고 산소흡수기가 되면 저분자의 carbonyl 화합물이 생성되어 유지의 냄새와 맛을 나쁘게 한다.

23 요오드가가 가장 높은 유지는?

① 쇠기름　② 버터기름　③ 코코넛유
④ 올리브유　⑤ 해바라기기름

해설

요오드는 불포화도를 측정하는데 사용되며 불포화도가 높을수록 요오드가가 높아진다. 쇠기름(35.4~42.3), 버터기름(26~28), 코코넛유(6~10), 올리브유(79~88), 해바라기기름(129~136)

정답 19 ② 20 ① 21 ① 22 ③ 23 ⑤

24 가소성이 높은 유지는?

① 들기름 ② 쇼트닝 ③ 어유
④ 올리브유 ⑤ 옥수수유

해설
가소성은 일정한 값 이상의 힘을 주면 처음으로 되돌아가지 않는 것을 말하며, 고체유지는 결정화하면서 3차원의 망을 구성하여 고체상을 유지하며 가소성을 나타내게 된다. 실온에서 고체인 버터, 마가린, 쇼트닝, 라드 등이 포함된다.

25 유지를 고온에서 가열할 때 생성되는 것으로 옳지 않은 것은?

① 유리 지방산의 증가 ② 중합체 형성
③ 점도의 증가 ④ 휘발성 카아보닐 화합물의 형성
⑤ 요오드가 증가

해설
중합으로 이중결합이 감소하여 요오드가가 감소하고 과산화물 및 과산화물 분해생성물에 의한 독성이 증가한다.

5장 단백질

1 다음 중 수용성 단백질이 아닌 것은?

① 적혈구(globin) ② 연어(salmin) ③ 난황(livetin)
④ 고등어(scombrin) ⑤ 밀(glutenin)

해설
단순단백질 중 수용성은 알부민(난황), 히스톤(적혈구), 프로타민(고등어, 연어)이다. 글루테린에 속하는 밀(glutenin)은 물, 알코올에 불용성이며 열응고성이 없다.

2 다음 단백질과 금속의 결합이 옳지 않은 것은?

① Hemocyanin – 구리 ② polyphenolase – 구리 ③ insulin – 아연
④ ferritin – 철 ⑤ proteose – 황

해설
금속단백질은 단순단백질과 금속이 결합하여 효소 및 호르몬을 구성한다. 금속은 Fe, Cu, Zn, Co 등이 있으며 구리단백질(Hemocyanin, Polyphenolase), 아연단백질(insulin), 철단백질(Ferritin)이다.

3 다음 중 제1차 유도 단백질이 아닌 것은?

① 달걀(egg albumin) ② 우유(lactoalbumin) ③ 젤라틴(gelatin)
④ 펩톤(peptone) ⑤ 메타프로테인(metaprotein)

정답 24 ② 25 ⑤ 5장 1 ⑤ 2 ⑤ 3 ④

해설

제1차 유도 단백질은 천연단백질이 열, 자외선 등의 물리적 작용과 묽은 산, 알칼리 등의 화학적 작용 및 관련 효소작용을 약간 받은 단백질이다. 응고단백질(egg albumin, lactoalbumin, gelatin, collagen), 프로테안(proteans) , 메타프로테인(metaprotein) 등이 있다. 제2차 유도단백질에는 프로테오스(proteose), 펩톤(peptone), 펩티드(peptide) 등이 있다.

4 다음 중 산성아미노산이며 조미료의 주성분인 것은?

① 트립토판(tryptophan)
② 글루탐산(glutamic acid)
③ 이소류신(isoleucine)
④ 페닐알라닌(phenylalanine)
⑤ 라이신(lysine)

해설

산성아미노산 : 글루탐산(glutamic acid), 아스파르산(aspartic acid)

5 다음 중성아미노산 중 필수아미노산이 아닌 것은?

① 트레오닌(threonine)
② 알라닌(alanine)
③ 발린(valine)
④ 이소류신(isoleucine)
⑤ 류신(leucine)

해설

- 중성아미노산 : 트레오닌(threonine), 알라닌(alanine), 발린(valine), 소류신(isoleucine)
- 필수아미노산 : 라이신(Lysine), 트레오닌(Threonine), 류신(Leucine), 이소류신(Isoleucine), 발린(Valine), 메티오닌(Methionine), 페닐알라닌(Phenylalanine), 트립토판(Tryptophan)

6 다음 중 염기성 아미노산에 속하며 어린이의 필수아미노산은?

① 라이신(lysine)
② 류신(leucine)
③ 아르기닌(arginine)
④ 이소류신(isoleucine)
⑤ 발린(valine)

해설

염기성아미노산 : 아르기닌(arginine), 히스티딘(histidine), 리신(lysine)이며 아르기닌과 히스티딘은 어린이에게 필수아미노산이다.

7 다음 중 함황(S)아미노산에 속하며 간의 기능에 중요한 아미노산은?

① 시스테인(cysteine)
② 트레오닌(threonine)
③ 시스틴(cystine)
④ 메티오닌(methionine)
⑤ 타이로신(tyrosine)

해설

함황아미노산에는 시스테인(cysteine), 시스틴(cystine), 메티오닌(methionine)이 있으며 메티오닌은 혈청 알부민에 비교적 많고, 간 기능과 관계가 있는 중요한 아미노산이다.

정답 4 ② 5 ② 6 ③ 7 ④

8 **다음 중 방향족아미노산이 아닌 것은?**

① 트립토판(tryptophan) ② 타이로신(tyrosine)
③ 트레오닌(threonine) ④ 페닐알라닌(phenylalanine)
⑤ 히스티딘(histidine)

해설
방향족아미노산 : 트립토판(tryptophan), 타이로신(tyrosine), 페닐알라닌(phenylalanine), 히스티딘(histidine)

9 **다음 중 부제탄소원자를 가지지 않는 아미노산은?**

① 트립토판(tryptophan) ② 글리신(glycine) ③ 트레오닌(threonine)
④ 이소류신(isoleucine) ⑤ 류신(leucine)

해설 아미노산은 부제탄소원자를 가지므로 2개의 광학이성체가 존재하나 글리신(glycine)은 예외이다.

10 **단순단백질 중 수용성 단백질은?**

① 알부민(albumin) ② 글로불린(globulin)
③ 글루테린(glutelin) ④ 프로라민(prolamin)
⑤ 알부미노이드(albuminoid)

해설
- 물 용해성 단백질 : 알부민(albumin), 히스톤(histon), 프로타민(protamin)
- 물 불용성 단백질 : 글로불린(glubulin), 글루테린(glutelin), 프로라민(prolamin), 알부미노이드(albuminoid)

11 **식품단백질에서 가장 낮은 비율을 가지는 필수아미노산은?**

① 트립토판(tryptophan) ② 트레오닌(threonine) ③ 이소류신(isoleucine)
④ 페닐알라닌(phenylalanine) ⑤ 라이신(lysine)

해설
식품단백질의 필수아미노산 중에서 함량과 비율이 가장 적은 아미노산은 트립토판(tryptophan)이다.

12 **단백질의 변성요인 중 물리적 요인이 아닌 것은?**

① 동결 ② 가열 ③ 교반
④ 중금속염 ⑤ 방사선조사

해설
- 물리적 변성요인 : 가열, 동결, 교반, 고압, 방사선조사, 초음파처리 등
- 화학적 변성요인 : 산, 알칼리, 요소, 알코올, 계면활성제, 알칼로이드, 중금속염 등

정답 8 ③ 9 ② 10 ① 11 ① 12 ④

13 우울증, 두통, 알레르기 등의 치료에 많이 이용되는 아미노산은?

① 아스파르트산(aspartic acid)
② 아스파라긴(asparagine)
③ 트레오닌(threonine)
④ 프롤린(proline)
⑤ 티로신(tyrosine)

해설

아스파르트산은 피로회복에 좋은 아미노산이며, 아스파라긴은 신경조절 기능을 하며, 트레오닌은 아르기닌은 면역증강제로 작용을 하며, 프롤린은 콜라겐의 생성을 촉진하며, 티로신은 스트레스의 방어에 작용을 하는 감정조절기능이 있다.

14 방향족 아미노산 정성시험은 어느 것인가?

① biuret 반응
② xanthoprotein 반응
③ 닌히드린 반응
④ 황 반응
⑤ 홉킨스-콜 반응

해설

xanthoprotein 반응은 단백질을 구성하고 있는 tyrosine, tryptophan과 같은 방향족 아미노산에 반응한다.

15 단백질의 성질에 대한 설명으로 옳지 않은 것은?

① 열응고성 – 젤라틴, 프로타민은 열에 응고한다.
② 산응고성 – 카제인은 산에 의해 침전한다.
③ 염응고성 – 황산암모늄같은 염류를 첨가하면 침전한다.
④ 등전점 – 용해도와 흡착력이 최대이다.
⑤ 염용 – 묽은 염류의 용액에 잘 녹는다.

해설

단백질은 보통 60~70℃에서 응고하는데, 젤라틴, 프로타민 등은 응고하지 않는다. 젤라틴은 동물의 연골, 뼈 등에 존재하며 수용성 단백질이고 프로타민은 어류의 정자 중에 핵산과 결합하여 존재하며 수용성이다.

16 단백질의 등전점에 대한 설명으로 옳지 않은 것은?

① 전하가 0이 되는 pH를 말한다.
② 산성아미노산의 등전점은 pH 염기성 쪽에서 용해도가 최대가 된다.
③ 염기성아미노산의 등전점은 pH 염기성 쪽에서 점도가 최대가 된다.
④ 등전점에서 수화와 흡착력이 최대이다.
⑤ 등전점에서 팽윤은 최소화된다.

해설

중성아미노산의 등전점은 pH 7.0, 산성 아미노산의 등전점 pH 산성 쪽, 염기성 미노산의 등전점은 pH 알칼리 쪽에서 최대가 되며, 단백질은 등전점에서 수화, 팽윤, 용해도, 점도, 최소 흡착력, 기포력이 최대가 된다.

정답 13 ⑤ 14 ② 15 ① 16 ②

17 α-나선구조를 가지며 모발이나 손톱을 구성하는 단백질은?

① 피브리노겐(fibrinogen) ② 미오신(myosin)
③ 히스톤(histon) ④ 케라틴(keratine)
⑤ 엘라스틴(elastine)

해설
케라틴(머리카락, 뿔), 엘라스틴(결합조직, 힘줄), 피브리노겐(혈장), 미오신(근육), 히스톤(체세포핵, 정자핵)

18 제 1차 유도단백질 생성에 관한 설명으로 옳지 않은 것은?

① 우유에 레닌을 넣어 응고시켰다.
② 곰국을 장시간 끓였다.
③ 달걀흰자를 교반하여 머랭을 만들었다.
④ 우유에 레몬을 넣어 치즈를 만들었다.
⑤ 계란노른자로 마요네즈를 만들었다.

해설
제1차 유도단백질은 단백질이 산, 알칼리, 기타 화학물질들, 효소, 가열 등에 의해서 약간 변성된 것으로서 변성단백질이라고 한다. 제2차 유도단백질은 제1차 유도단백질보다 변성이 더욱 진행된 것으로서 단백질이 가수분해 되어 아미노산이 되기까지의 중간생성물을 말한다.

19 불완전한 단백질에 해당하는 것은?

① 달걀의 알부민 ② 밀의 글리아딘
③ 우유의 카제인 ④ 대두의 글리시닌
⑤ 옥수수의 제인

해설
- 완전단백질 : 달걀의 알부민, 우유의 카제인, 대두의 글리시닌
- 부분 불완전단백질 : 밀의 글리아딘, 보리의 호르데인
- 불완전한 단백질 : 젤라틴과 옥수수의 제인

6장 식품의 색과 향미

1 다음 중 수용성 색소는?

① 크립토크산틴 ② 리코펜 ③ 클로로필
④ 카로틴 ⑤ 안토크산틴

해설
- 지용성 색소 : 클로로필(Chlorophyll), 카로티노이드(Carotenoids)
- 수용성 색소 : 플라보노이드(Flavonoids) 중 안토크산틴(Anthxanthins), 안토시아닌(Anthocyanins)

정답 17 ④ 18 ⑤ 19 ⑤ 6장 1 ⑤

2 **클로로필에 대한 설명으로 옳지 않은 것은?**

① 엽록소 a는 알데하이드기(−CHO)를 가지고 있다.
② 채소를 가열할 때 엽록체와 액포의 막이 파괴되어 갈변한다.
③ 산 용액에서 가열하면 엽록소 b는 황색을 띤 녹색이 된다.
④ 산 용액에서 가열하면 페오피틴을 형성하여 갈변한다.
⑤ 알칼리성 용액에서 청록색의 클로로필라이드를 형성한다.

해설

엽록소 a는 3번 탄소에 메틸기($-CH_3$, methyl group)를 가지고 있고, 엽록소 b는 알데하이드기(−CHO, aldehyde group)를 가지고 있다.

3 **클로로필 색소를 단시간 가열했을 때 조리수에 생성되는 물질은?**

① 클로로필라이드 ② 페오포바이드 ③ 페오피틴
④ 클로로필린 ⑤ 피톨

해설

녹색채소를 물에 단시간 가열하면 클로로필은 지용성이지만 클로로필라제에 의해 피톨기를 잃으면 수용성으로 된다. 수용성인 클로로필라이드가 조리수로 용출되어 푸르게 된다.

4 **시금치를 뚜껑 덮고 가열했을 때 조리수에 생성된 물질은?**

① 클로로필라이드 ② 포르핀 ③ 트리틴
④ 클로로필린 ⑤ 페오피틴

해설

녹색채소를 뚜껑을 덮고 가열하면 유기산이 증발하였다가 다시 조리수에 녹아들게 된다. 이 유기산에 의해 엽록소에 결합되어 있는 마그네슘(Mg^{2+})이온이 빠져나오고 수소(H^+)이온이 그 자리에 대치되어 갈색의 페오피틴(pheophytin)이 된다.

5 **클로로필 색소가 페오피틴을 생성하는 변화가 옳은 것은?**

① 가열하면 엽록소 b는 회색을 띤 녹색이 된다.
② 마그네슘(Mg^{2+})이온이 빠져나오고 메틸기가 그 자리에 대치된다.
③ 푸른 잎이 시간이 지나면 자가소화에 의해 생성된다.
④ 중조($NaHCO_3$)를 소량 넣어 주면 생성된다.
⑤ 가열하면 피톨과 메틸기가 검화되어 생성된다.

해설

클로로필은 산용액에서 가열하면 엽록소 a는 회색을 띤 녹색이 되고, 엽록소 b는 황색을 띤 녹색이 된다. 엽록소에 결합되어 있는 마그네슘(Mg^{2+})이온이 빠져나오고 수소(H^+)이온이 그 자리에 대치되어 갈색의 페오피틴이 된다. 푸른 잎이 시간이 지나면 누렇게 갈변되는 것은 자가소화에 의해 식물의 유기산이 클로로필에 작용하여 페오피틴을 생성하기 때문이다.

정답 2 ① 3 ① 4 ⑤ 5 ③

6 **카로틴류 색소에 관한 설명으로 옳은 것은?**

① 리코펜은 크산토필계에 속한다.
② 공액 이중결합을 가지고 있다.
③ 지용성이며 모두 비타민A의 전구체이다.
④ 산성에는 불안정하나 산소에는 안정하다.
⑤ 모두 β-이오논 핵을 가지고 있다.

해설
카로틴류는 공액 이중결합을 가지며 그중에서 α-카로틴, β-카로틴, γ-카로틴은 β-이오논 핵을 가지며 비타민A로 전환되며 효력을 가진다. 리코펜은 슈도-이오논 핵을 가지므로 비타민A의 효력이 없다. 산에 안정하며 산소와 접촉하면 퇴색된다.

7 **포르피린(porphyrin) 구조를 가지고 있는 색소는?**

① 클로로필(Chlorophyll)
② 카로티노이드(Carotenoids)
③ 플라보노이드(Flavonoids)
④ 안토시아닌(Anthocyanins)
⑤ 타닌(Tannin)

해설 클로로필은 4개의 피롤핵이 메틸기에 의해 서로 결합한 포르피린환의 중심에 마그네슘을 가지고 있다.

8 **카로티노이드의 변화에 대한 설명으로 옳지 않은 것은?**

① 대부분 cis형이 trans형으로 전환된다.
② 비효소적 산화와 효소적 산화가 모두 일어난다.
③ 많은 이중결합을 가지고 있어 산화가 잘 된다.
④ epoxide형 카로티노이드의 이성화는 갈색의 원인이 된다.
⑤ 산소가 없으면 광선에 안정하다.

해설
카로티노이드는 공액 이중결합을 갖고 있으며 이들은 대부분 trans형으로 되어 있으나 가열, 산, 광선의 조사 등에 의해 이중결합이 cis형으로 이성화되는 경우가 많다.

9 **카로티노이드의 구조에 대한 설명으로 옳은 것은?**

① 카로틴과 크산토필계로 나뉜다.
② 카로틴은 히드록시기(-OH), 카르보닐기(-CO-) 등을 갖는다.
③ 모두 α-이오논 핵을 가지고 있다.
④ 크산토필계는 이소프렌의 중합체이며 카로틴의 산화유도체이다.
⑤ 대부분 cis형으로 존재한다.

해설
카로티노이드는 이오논핵과 많은 공액 이중결합을 가지고 있으며 카로틴과 크산토필계로 나뉜다. 카로틴은 이소프렌의 중합체인 탄화수소이고, 크산토필은 히드록시기(-OH), 카르보닐기(-CO-) 등을 갖는 카로틴의 산화유도체이다. 리코펜은 슈도-이오논 핵을 가지므로 비타민A의 효력이 없다.

정답 6 ② 7 ① 8 ① 9 ①

10 비타민A의 효력을 갖지 않는 색소는?

① α-카로틴 ② β-카로틴 ③ γ-카로틴
④ 루테인 ⑤ 크립토잔틴

해설
리코펜, 루테인, 제아크산틴 등은 비타민A의 효력이 없다.

11 본래의 색깔이 없고 산화되어 흑갈색으로 변하는 색소는?

① 안토시안 ② 리코펜 ③ 칸타크산틴
④ 루테인 ⑤ 탄닌

해설
탄닌은 폴리페놀을 총칭하는 것으로 무색이지만 공기, 금속, 산화효소 등에 의해 갈색, 흑색 등으로 변화된다.

12 송이버섯류의 적색계 색소는?

① 크립토크산틴 ② 제아크산틴 ③ 칸타크산틴
④ 푸코크산틴 ⑤ 루테인

13 갈조류(미역, 다시마) 등의 적색계 색소는?

① 크립토크산틴 ② 제아크산틴 ③ 칸타크산틴
④ 푸코크산틴 ⑤ 루테인

14 갑각류(새우, 게), 연어, 송어 등에 단백질과 결합한 형태로 존재하는 색소는?

① 안토시아닌 ② 아스타크산틴 ③ 안토잔틴
④ 제아크산틴 ⑤ 헤모글로빈

15 안토시아닌 색소에 관한 설명으로 옳은 것은?

① 산에는 안정하여 선명한 백색을 띤다.
② 주석, 철 등의 금속과 반응하여 색이 암녹색으로 된다.
③ 레몬즙을 넣어주면 선명한 붉은색을 유지할 수 있다.
④ 알칼리성에서는 자색이 된다.
⑤ 가열하면 당과 분리되면서 색이 점점 더 진해진다.

해설
pH가 낮을수록 일반적으로 안정성이 큰 양이온의 형태로 존재하는 비율이 높아진다. 중성에서는 자색이 되며, 알칼리성에서는 청색이 된다. 과일통조림에서 주석, 철이온 등이 용출되는 경우 청변현상이 일어난다. 또한 열에 의해 파괴된다.

정답 10 ④ 11 ⑤ 12 ③ 13 ④ 14 ② 15 ③

16 맥주 혼탁의 원인이 되는 색소는?

① 안토시아닌 ② 루코안토시아닌 ③ 에피카테킨
④ 시아닌 ⑤ 케르세틴

해설
맥주원료인 홉이나 보리 속의 루코안토시아닌은 보리의 글로블린 단백질과 결합하여 불용성의 침전을 만들어 맥주 혼탁의 원인이 된다.

17 탄닌과 금속의 반응이 옳지 않은 것은?

① 주석 – 회색 ② 마그네슘 – 적갈색 ③ 칼슘 – 적갈색
④ 철 – 청색 ⑤ 아연 – 적색

해설
제1철과는 회색화합물, 제2철과는 청록색, 제3철과는 암갈색화합물을 생성하며 주석, 아연과는 연한 회색화합물을 생성한다.

18 색소의 연결이 옳지 않은 것은?

① 새우나 게 – 아스타크산틴 ② 조개류의 적색 – 카로틴과 루테인
③ 연어나 숭어의 녹색형광 – 살멘산 ④ 도미의 표피 – 아스타크산틴
⑤ 김의 청색 – 아스타잔틴

해설
김 등의 홍조류의 청색은 피코시안이다.

19 테트라피놀 유도체 구조를 가지는 색소는?

① 클로로필 ② 카로티노이드 ③ 안토크산틴
④ 안토시아닌 ⑤ 플라보노이드

해설
테트라피놀 유도체는 4개의 피롤핵이 서로 메틴기(–ch=)에 의해 결합하고 이중결합이 모두 공액구조인 포르피린 고리를 갖는 클로로필, 헤모글로빈, 미오글로빈 등이 있다.

20 짠맛을 나타내는 이온이 아닌 것은?

① Na^+ ② Mg^{2+} ③ K^+
④ NH^{4+} ⑤ S

해설
NH_4Cl(283) 〉 KCl(136) 〉 $CaCl_2$(123) 〉 NaCl(100) 〉 NaBr(91) 〉 $MgCl_2$(20)

정답 16 ② 17 ⑤ 18 ⑤ 19 ① 20 ⑤

21 떫은맛의 연결이 옳지 않은 것은?

① 미숙한 감 – 시부올 ② 녹차 – 카테킨, 테아닌 ③ 밤 속껍질 – 엘라그산
④ 커피 – 클로로겐산 ⑤ 귤껍질 – 헤스페리딘

해설 헤스페리딘은 귤껍질의 쓴맛이다.

22 쓴맛의 연결이 옳지 않은 것은?

① 큐커비타신 – 오이 ② 퀘르세틴 – 양파 ③ 나린진 – 밀감
④ 사포닌 – 콩 ⑤ 리모닌 – 맥주

해설 맥주의 쓴맛 성분은 humulon이다.

23 매운맛의 연결이 옳지 않은 것은?

① capsaicine – 고추 ② curcumin – 울금
③ chavicinel – 산초 ④ cinnamic aldehyde – 계피
⑤ humulon – 겨자

해설 겨자의 매운맛은 allylisothiocyanate이다.

7장 식품미생물학

1 원핵세포 미생물은?

① Acetobacter ② Saccharomyces
③ Schizosaccharomyces ④ Zygosaccharomyces
⑤ Kluyvermyces

해설 원핵세포에 속하는 미생물은 세균류와 방선균, 남조류 등이 있으며, Acetobacter는 초산을 생성하는 균속이다. 진핵세포에 속하는 미생물은 곰팡이, 효모가 있다.

2 원핵세포에 대한 설명으로 옳은 것은?

① 세포질, 세포막, 세포핵, 소포체 등이 있다.
② 핵, 미토콘드리아, 액포, 리소좀, 지방구 등이 있다.
③ 미토콘드리아에서 호흡을 담당한다.
④ 핵막이 있다.
⑤ 원시적 형태의 세포로 하등미생물이다.

해설 원핵세포는 핵을 가지고 있으나 유전자인 DNA를 싸고 있는 핵막이 없으며 진화가 덜 되고 크기가 작다. 세포 소기관과 핵 구조가 발달하지 않은 원시적 형태의 세포로 구성되므로 하등미생물이라고 부른다.

정답 21 ⑤ 22 ⑤ 23 ⑤ 7장 1 ① 2 ⑤

3 **진핵세포에 대한 설명으로 옳은 것은?**

① 세균과 방선균이 속한다.
② 핵, 미토콘드리아, 액포, 리소좀, 지방구 등이 없다.
③ 세포막에서 호흡을 담당한다.
④ DNA를 싸고 있는 핵막이 있다.
⑤ 원시적 형태의 세포로 구성되므로 하등 미생물이다.

해설
원핵세포와 진핵세포는 DNA를 싸고 있는 핵막의 핵막이 없으면 원핵세포로, 핵막이 있으면 진핵세포로 구분하게 되었다.

4 **그람양성세균에 대한 설명으로 옳은 것은?**

① 펩티도글리칸 층이 얇다.
② 별도의 외막이 있다.
③ 초산균, 식중독균, 부패균이 있다.
④ 운동성을 지닌 세균이 속한다.
⑤ 페니실린 작용에 세포벽 합성이 저해된다.

해설
그람양성균은 외막이 없고 펩티도글리칸 층이 두껍다. 포자를 형성하는 Bacillus, Clostridium이 여기에 속한다.

5 **그람양성세균에 속하는 균은?**

① Bacillus
② Acetobacter
③ Salmonella
④ Enterobacter
⑤ Escherichia

해설
그람양성균의 대표 균으로는 포자를 형성하는 Bacillus, Clostridium이 있으며 젖산균, 프로피온산균 등이 있다.

6 **그람염색에 대한 설명으로 옳지 않은 것은?**

① 세균을 분류하는 기준이 된다.
② 크리스탈바이올렛을 이용하여 탈색 여부로 판단한다.
③ 샤프란닌 염색 후 색으로 양성균과 음성균을 구분한다.
④ 그람양성균은 페니실린의 항균작용에 효과가 없다.
⑤ lysozyme 작용에 세포벽이 분해되어 용균된다.

해설
그람양성균은 페니실린의 항균작용에 세포벽의 구성물질인 펩티도글리칸 합성을 저해한다.

정답 3 ④ 4 ⑤ 5 ① 6 ④

7 그람음성의 대표적인 균은?

① Bacillus ② Coccus ③ Salmonella
④ Streptococcus ⑤ Clostridium

해설

그람음성에는 장내세균(Salmonella, Escherichia) 초산균(Acetobacter)이 있다.

8 편모에 대한 설명으로 옳은 것은?

① 편모는 생육하는 어느 시기나 관찰할 수 있다.
② 편모가 착생하는 분위는 세포막에 부착되어 있다.
③ 편모의 수는 세균분류와 관련이 없다.
④ 편모는 구균에 속한다.
⑤ 나선균은 편모가 거의 없다.

해설

편모는 세포가 새로 만들어져 발육이 왕성한 시기에 주로 관찰할 수 있으며 편모의 존재 여부, 착상 부위, 편모의 수에 의해 세균을 분류할 수 있다. 구균에는 편모가 거의 없고 그람음성균 중에서는 특히 나선균이 많이 가지고 있다.

9 세균에 대한 설명으로 옳은 것은?

① 염색 여부에 따라 구균, 간균, 나선균으로 나뉜다.
② 나선균의 크기가 가장 작다.
③ 다세포 생물이다.
④ DNA의 복제가 일어나는 핵분열을 한다.
⑤ 세포 크기에 따라 Bacillus와 Clostridium으로 나뉜다.

해설

세균은 DNA의 복제가 일어나는 핵분열을 하며 분열법 혹은 이분법에 의한 증식을 한다. 기본 형태에 따라 구균, 간균, 나선균으로 나뉘며, 포자형성 유무에 따라 포자를 형성할 때 영양세포의 형태가 변하지 않는 것은 Bacillus형이고 세포 중앙이 부풀어서 영양세포보다 굵은 부분이 나타나는 것은 Clostridium형이라 부른다.

10 토양에 존재하며 흙냄새의 원인이 되는 균은?

① Bacillus ② Coccus ③ Saccharomyces
④ Strepmyces ⑤ Pseudomonas

해설

대부분의 방선균은 토양에 존재하며 흙냄새의 원인이 되기도 한다. 주요한 방선균인 Strepmycin은 식품에 번식하면 흙냄새를 내는데 육류나 생유에서 나는 흙냄새의 원인이 되며 Strepmyces속 Actinomyces속, Nocardia속이 있다.

정답 7 ③ 8 ② 9 ④ 10 ④

11 다음 연결이 옳지 않은 것은?

① Bacillus - 호기성 ② Clostridium - 혐기성 ③ Saccharomyces - 혐기성
④ Acetobacter - 혐기성 ⑤ Pseudomonas - 호기성

해설
Bacillus, Acetobacter, Pseudomonas같은 세균류와 곰팡이는 호기성이며, Saccharomyces와 Clostridium은 혐기성에 속한다.

12 포자형성균에 속하는 미생물은?

① Clostridium속 ② Pseudomonas속 ③ Micrococcus속
④ Torulopsis속 ⑤ Escherichia속

해설
내성포자를 형성하는 내열성균인 Clostridium속과 Bacillus속은 그람양성의 대표균이다. 이들은 환경 조건이 그 생육에 적합하지 않으면 포자를 형성하였다가 환경 조건이 좋아지면 영양세포 상태로 다시 돌아온다. 식품 저장, 특히 통조림 등에 문제가 된다. 아포는 열이나 약품에 대하여 저항성이 매우 강하며 100℃로 끓여도 파괴되지 않는다.

13 내염성 균으로 간장의 발효에 관여하는 것이 아닌 것은?

① Torulopsis versatilis ② Debaryomyces hansenii
③ ZygoSaccharomyces rouxii ④ Pediococcus halophilus
⑤ ZygoSaccharomycesmajor

해설
Torulopsis versatilis은 내염성이 강하며 간장발효 후 숙성에 관여하며, ZygoSaccharomyces rouxii는 간장 특유의 향미를 제공하며 ZygoSaccharomycesmajor는 간장 표면의 회백색 피막에 관여한다. Pediococcus halophilus는 간장, 된장의 내염성 세균이다. Debaryomyces hansenii는 내염성이 강하나 베이컨, 소시지, 햄 등의 육제품의 점질물 생성에 관여한다.

14 효모와 그 용도의 연결이 옳은 것은?

① Saccharomyces cerevisiae - 사과주
② Saccharomyces ellipsoideus - 포도주
③ Saccharomyces coreanus - 청주
④ Saccharomycesmali-duclax - 맥주
⑤ Saccharomyces sake - 탁주

해설
Saccharomyces cerevisiae(제빵), Saccharomyces coreanus(탁주), Saccharomycesmali-duclax(사과주), Saccharomyces sake(청주)

정답 11 ④ 12 ① 13 ② 14 ②

15 효모의 생리작용에 대한 설명으로 옳지 않은 것은?

① 통성혐기성균이다.
② 알코올과 이산화탄소를 생성한다.
③ 출아법, 분열법, 출아분열법 등으로 영양세포를 늘린다.
④ 한 번 출아한 부위에서 계속 출아한다.
⑤ 같은 종류의 효모라도 배양조건에 따라 형태가 다르다.

해설
효모는 한 번 출아한 부위에서는 다시 출아하지 않는다.

16 김치류의 표면에 하얀 피막을 형성하며 주류와 간장 양조 시 유해균으로 작용하는 것은?

① Sporoboiomyces
② Hansenula anomala
③ Torulopsis versatilis
④ Pichiamembranaefaciens
⑤ Debaryomyces hansenii

해설
Sporoboiomyces(비발효성, 사출포자 효모이며 식품의 변패에 관여), Hansenula anomala(청주숙성 시 향을 생성하는 효모), Torulopsis versatilis(간장발효 후 숙성, 간장에 맛과 향기를 부여하는 효모), Debaryomyces hansenii(내염성, 산소가 혼입된 소시지 등의 점질물질 생성), Pichiamembranaefaciens(김치류 표면에 하얀 피막을 형성하는 대표적인 산막효모)

17 생육 시 수분필요량을 순서대로 나열한 것은?

① 효모 > 세균 > 곰팡이
② 세균 > 효모 > 곰팡이
③ 세균 > 곰팡이 > 효모
④ 효모 > 곰팡이 > 세균
⑤ 곰팡이 > 효모 > 세균

18 곰팡이의 생리적 성질에 대한 설명으로 옳지 않은 것은?

① 약알칼리성 환경에서 잘 자란다.
② 최적의 생육온도는 25~30℃이다.
③ 식품의 표면에서 잘 자란다.
④ 곰팡이의 포자는 열에 의해 쉽게 사멸된다.
⑤ 생육인자는 온도, pH, 수분, 산소이다.

해설
곰팡이는 약산성 환경이며 풍부한 산소와 적절한 수분이 있는 환경에서 잘 자란다.

정답 15 ④ 16 ④ 17 ② 18 ①

19 **미생물의 생육곡선에 대한 설명으로 옳지 않은 것은?**

① 유도기 – 적응기간으로 세포 증식에 필요한 성분을 합성
② 대수기 – 세포수가 기하급수적으로 증가하는 시기
③ 정상기 – 세포수가 최고 정점이 되는 시기
④ 사멸기 – 생균수가 감소하는 시기
⑤ 정지기 – 세포들이 모두 사멸되고 용해가 일어나는 시기

해설
정지기(정상기)는 더 이상 미생물 수가 늘어날 수 없는 시기이며 세포의 생성과 사멸이 평형을 이루는 시기이다.

20 **미생물 생육에 필요한 조건이 아닌 것은?**

① 온도　② 영양소　③ 염도
④ 수분　⑤ 산소

해설
미생물 생육에 필요한 조건은 온도, 영양소, pH, 수분, 산소이다.

8장 곡류, 서류 및 당류

1 **도정에 의해 비율이 감소되는 영양소로 옳지 않은 것은?**

① 식이섬유　② 지방　③ 단백질
④ 탄수화물　⑤ 비타민 B_1

해설
곡류의 낱알 구조를 보면, 주로 외부는 외과피(왕겨)로 되어 있고, 내부는 종피, 배유, 배아로 되어 있다. 종피 바로 밑에 있는 호분층은 단백질, 지방, 무기질 및 섬유질이 풍부하다. 정곡의 대부분은 배유이며, 배유는 주로 전분으로 되어 있다. 겨층(과피, 종피, 호분층, 외배유)도정에 의해 대부분 제거된다.

2 **다음 중 잡곡류에 속하는 것은?**

① 쌀　② 보리　③ 옥수수
④ 호밀　⑤ 귀리

해설
곡류는 쌀류, 맥류, 잡곡으로 분류한다. 맥류에는 보리, 밀, 귀리, 호밀 등이 속하며, 잡곡에는 옥수수, 조, 수수, 메밀, 기장, 피 등이 속한다.

정답 19 ⑤ 20 ③ 8장 1 ④ 2 ③

3 쌀의 영양가에 대한 설명으로 옳지 않은 것은?

① 쌀 전분은 아밀로오스 20~25%, 아밀로펙틴 75~80%로 구성되어 있다.
② 쌀 단백질은 오리제닌이고, 필수아미노산인 라이신이 부족하다.
③ 무기질은 Ca, Fe 등이 풍부하고, P, K, Mg 등은 부족하다.
④ 비타민 B 복합체와 비타민 E 등이 많이 함유되어 있다.
⑤ 지방의 50% 이상이 올레산, 리놀레닉산 등 불포화지방산으로 되어 있다.

해설 무기질은 P, K, Mg 등이 풍부하고, Ca, Fe 등은 부족하다.

4 밥맛의 구성요소로 옳은 것은?

① 쌀의 품종에 영향을 받지 않는다.
② 아밀로오스 함량이 높으면 완전한 호화가 된다.
③ 글루탐산과 아스파라긴산 함량은 밥의 진미를 더해 준다.
④ 약간의 식초를 넣으면 윤기가 나고 밥맛이 좋아진다.
⑤ 밥물의 pH 5~6 정도일 때 밥맛이 가장 좋다.

해설

밥맛은 품종에 영향을 받으며 수확 후 오래된 것이나 변질된 것은 밥맛이 나쁘다. 쌀의 아밀로오스 함량이 높으면 충분한 팽윤이 잘 일어나지 않아 밥의 끈기가 부족하며 완전한 호화가 어렵고 쌀의 유리아미노산 중 글루탐산과 아스파라긴산 함량은 밥의 진미를 더해 준다. 밥물은 pH 7~8 정도일 때 밥맛이나 외관이 가장 좋으며, 산성이 높아질수록 밥맛이 나쁘고 노화가 더 빠르다. 따라서 약간의 소금(0.03%)을 넣으면 밥맛이 좋아진다.

5 보리에 대한 설명으로 옳지 않은 것은?

① 껍질 유무에 따라 겉보리와 쌀보리로 나뉜다.
② 소화율을 높이기 위해 압맥과 할맥으로 가공한다.
③ 이삭의 형태에 따라 두줄보리와 여섯줄보리로 구분한다.
④ 맥주용 보리는 두줄보리를 정곡해서 이용한다.
⑤ 겉보리는 동물사료나 볶아서 보리차용으로 사용한다.

해설

맥주용 보리는 두줄보리를 정곡해서 이용하는 것이 아니라 싹을 내어서 맥아 상태로 이용한다. 맥아는 맥주, 위스키, 고추장, 엿기름, 식혜 등의 제조에 중요한 재료이다.

6 글루텐 형성에 방해가 되는 인자는?

① 글리아딘 ② 수분 ③ 유지
④ 달걀 ⑤ 소금

해설

지방은 밀가루 반죽에서 글루텐의 망상조직 발달을 억제하여 연화작용을 한다. 지방은 불용성이므로 얇은 막이 형성되며 피막이 글루텐 표면을 덮고 있으면 글루텐 섬유가 연결되어 길고 질긴 섬유를 형성하지 못하게 된다.

정답 3 ③ 4 ③ 5 ④ 6 ③

7 **반죽 내에서 글루텐의 강도를 높여주고, 부피, 조직을 개선시키는 것은?**

① 설탕 ② 수분 ③ 유지
④ 달걀 ⑤ 소금

해설
설탕, 유지, 달걀 등을 첨가하면 글루텐 형성을 방해하며, 소금은 글루텐의 점성과 탄성을 증가시킨다.

8 **제빵 시 소금의 역할에 대한 설명으로 옳은 것은?**

① 글루텐 형성을 방해하여 강도를 약하게 한다.
② 맛을 향상시키나 부피가 다소 감소된다.
③ 너무 많이 넣으면 질기게 된다.
④ 지나치게 사용할 경우 부피가 감소된다.
⑤ 소금을 첨가하지 않으면 반죽이 끈적거린다.

해설
적당량의 소금은 맛을 향상시키며, 글루텐의 강도를 높여 주고, 부피, 조직을 개선시킨다. 이스트를 사용할 경우 발효작용을 조절해 준다. 소금을 첨가하지 않으면 발효가 너무 빨리 일어나 반죽이 끈적거리게 되고, 너무 많이 넣으면 이스트의 활성이 감소되어 이산화탄소 생성이 줄어 부피가 줄어든다. 지나치게 사용할 경우 글루텐을 강화하여 질기게 한다.

9 **다음 반죽의 종류와 용도가 옳지 않은 것은?**

① 도우(Dough) – 이스트빵, 롤, 비스킷 ② 도우(Dough) – 파스타, 파이
③ 도우(Dough) – 와플, 케이크 ④ 배터(Batter) – 머핀, 모카빵
⑤ 배터(Batter) – 팬케이크, 크레이프

해설
- 반죽은 밀가루와 액체의 비율에 따라 도우(Dough, 된 반죽)와 배터(Batter, 묽은 반죽)로 구분된다.
- 도우(이스트빵, 롤, 비스킷, 스콘, 파스타, 파이), 배터(와플, 케이크, 팬케이크, 크레이프, 머핀, 모카빵)

10 **밀가루의 품질에 대한 설명으로 옳은 것은?**

① 밀가루의 품질은 단백질 함량으로 구분한다.
② 껍질이 많이 들어가면 글루텐 형성이 방해된다.
③ 회분이 적을수록 빛깔, 외관 등이 나빠진다.
④ 회분이 적을수록 소화율이 떨어진다.
⑤ 회분이 적을수록 등급이 낮아진다.

해설
밀가루의 품질은 회분 함량으로 구분하며 회분이 많을수록 등급이 낮아지는데, 회분은 껍질에 많이 존재하므로 껍질이 많이 들어가면 착색이 되고 글루텐 형성이 방해된다. 또한 빛깔, 외관, 소화율 등이 좋지 않게 된다.

정답 7 ⑤ 8 ④ 9 ③ 10 ②

11 반죽 내에서 글리아딘에 대한 설명으로 옳지 않은 것은?

① 잘 늘어나는 점성을 나타낸다.
② 응집성과 신장성을 주어 늘어날 수 있게 해 준다.
③ 국수 제조에 적합하다.
④ 글루테닌, 물과 결합하여 글루텐을 형성한다.
⑤ 탄성이 강해서 빵의 모양을 유지할 수 있게 해 준다.

해설 반죽 상태에서 글리아딘은 잘 늘어나는 점성을 나타내며, 글루테닌은 단단하고 강한 탄력성을 나타낸다.

12 발효빵 실패의 원인과 결과가 옳지 않은 것은?

① 무거움 – 반죽의 팽창 부족
② 질김 – 반죽 팽창 부족
③ 신맛 – 반죽의 과도 팽창
④ 거친 질감 – 긴 발효 시간
⑤ 부서짐 – 반죽의 지나친 팽창

해설 발효빵이 무거운 원인은 숙성 시간 부족, 반죽의 지나친 팽창, 지방의 과다 사용 때문이다.

13 무발효빵 중에서 화학적 팽창제를 이용하여 구운 것이 아닌 것은?

① 팝오버
② 와플
③ 콘브레드
④ 그리들 케이크
⑤ 팬케이크

해설
- 화학적 팽창제를 이용하여 부풀려 구운 것 : 머핀, 와플, 그리들 케이크, 콘 브레드, 팬케이크
- 화학적 팽창제를 사용하지 않고 공기를 이용하여 부풀려 구운 것 : 팝오버, 크림퍼프

14 당화를 이용한 식품이 아닌 것은?

① 식혜
② 물엿
③ 엿
④ 묵
⑤ 조청

해설

전분이 당화효소나 산에 의해 가수분해되어 단당류, 이당류 또는 올리고당으로 만들어지는 것을 당화라 한다. 묵은 겔화 식품이다.

15 호정화를 이용한 식품이 아닌 것은?

① 미숫가루
② 토스트
③ 죽
④ 루
⑤ 뻥튀기

해설

호정화는 전분을 160~170℃에서 물 없이 가열하면 여러 단계의 가용성 전분을 거쳐 덱스트린(호정)으로 분해되는데, 이러한 변화를 호정화라 한다. 덱스트린은 용해성이 높아져 물에 더 잘 녹고 소화도 용이해지며 단맛도 증가하고 갈색으로 변하게 된다. 죽은 호화식품이다.

정답 11 ⑤ 12 ① 13 ① 14 ④ 15 ③

16 전분의 노화를 억제하는 방법으로 적합하지 않은 것은?

가. 수분함량 조절(70% 이상, 15% 이하)	나. 0 ℃ 이하로 냉동
다. 유화제 첨가	라. 산의 첨가

① 가, 나, 다 ② 가, 다 ③ 나, 라
④ 라 ⑤ 가, 나, 다, 라

17 껍질을 벗긴 감자의 갈변에 대한 설명으로 옳지 않은 것은?

① 캐러멜화 반응에 의해 갈색화가 일어난다.
② 티로시나아제에 의한 효소적 갈변반응이다.
③ 물이나 소금물에 담가두면 갈변을 방지할 수 있다.
④ 티로신과 탄닌의 산화에 의한 갈변이다.
⑤ 멜라노이딘(Melanoidine)이라는 갈색물질이 형성된 것이다.

해설

감자 절단 시 세포가 손상되고 파괴되어 세포내의 티로시나아제(Tyrosinase)라는 산화효소가 노출되면서 타이로신(Tyrosine)과 반응하여 멜라노이딘(Melanoidine)이라는 갈색물질을 형성하기 때문이다.

18 고구마를 자르면 나오는 유백색의 점액물질은 ?

① 튜베린 ② 알라핀 ③ 이포메아메론
④ 호모겐티스산 ⑤ 갈락탄

해설

- 튜베린 : 감자의 단백질
- 이포메아메론 : 흑반병에 걸렸을 때 고구마의 쓴맛
- 호모겐티스산 : 토란의 아린 맛
- 갈락탄 : 수용성의 당단백질

19 토란의 아린 맛 성분은?

① 클로로제닌산 ② 갈락탄 ③ 호모겐티스산
④ 뮤신 ⑤ 사이안산

해설

- 클로로제닌산 : 탄닌의 일종으로 산화되어 감자 갈변을 일으킴
- 갈락탄 : 토란의 미끈미끈한 점질물 성분
- 뮤신 : 마의 점액물질 성분
- 사이안산 : 카사바의 독성물질

정답 16 ④ 17 ① 18 ② 19 ③

20 생으로 먹어서는 안 되는 것은?

① 산마 ② 카사바 ③ 야콘
④ 구약감자 ⑤ 돼지감자

해설

카사바에는 독성이 있는 사이안산이 함유되어 삶거나 물에 담가두면 가수분해되므로 제거된다.

21 α, β형의 이성질체가 존재하지 않아 단맛이 변하지 않는 당은?

① 과당 ② 설탕 ③ 전화당
④ 포도당 ⑤ 맥아당

해설

과당은 α-, β-형의 이성체가 존재하여 β-형이 α-형보다 더 달며 온도가 상승됨에 따라 α-형으로 기울어 감미도가 급격히 감소한다. 과일은 낮은 온도에서 저장할 때 β-형의 활성으로 더 달게 된다. 설탕은 α, β형의 이성체가 존재하지 않는다.

22 당의 용해성에 대한 설명으로 옳은 것은?

① 당의 입자크기가 적을수록 용해성이 작아진다.
② 당 용액의 온도가 높아지면 용해성이 작아진다.
③ 수산기(-OH)를 가지므로 물에 모두 잘 용해된다.
④ 설탕이 용해성이 가장 크다.
⑤ 용해성은 온도에 영향을 받지 않는다.

해설

당의 입자가 적을수록, 용해시키는 물의 온도가 높을수록 용해성이 커진다. 용해성은 같은 조건에서는 과당이 가장 크며, 그 다음이 설탕, 포도당, 맥아당, 유당 순으로 감미가 강한 당이 쉽게 용해된다.

23 당의 결정성에 대한 설명으로 옳지 않은 것은?

① 용액이 농축되면 핵의 형성이 빠르다.
② 폰단트, 퍼지, 얼음사탕 등이 있다.
③ 용해성이 낮은 당이 결정이 작다.
④ 젓는 속도가 빠르면 크기가 작다.
⑤ 높은 온도에서는 핵의 형성이 빠르다.

해설

당의 종류에 따라서 결정 크기에 차이가 나는데, 용해성이 낮은 당이 결정이 크다. 즉, 용해성이 낮은 유당은 결정성이 큰 반면, 용해성이 큰 포도당은 결정이 서서히 형성되며 결정의 크기도 작다.

정답 20 ② 21 ② 22 ③ 23 ③

24 **비결정형 캔디는?**

① 폰단트 ② 퍼지 ③ 얼음사탕
④ 디비니티 ⑤ 브리톨

해설
비결정형 캔디 : 캐러멜, 마시멜로, 토피, 브리톨, 태피

25 **과당의 함량이 많아 결정이 생기지 않고 설탕보다 향미가 강하며 흡습성이 큰 당은?**

① 조청 ② 꿀 ③ 전화당
④ 포도당 ⑤ 물엿

해설
꿀 : 벌집에 저장한 당액에서 정제한 것으로 과당 40%, 포도당 35%, 설탕 2%와 그 외 성분으로 구성되어 있다. 과당함량이 많아 제과제조 시 노화를 지연시켜 준다.

26 **메일라드 반응에 의한 갈변으로 옳지 않은 것은?**

① 볶아놓은 커피 ② 고온에서 가열한 설탕
③ 양념하여 볶은 불고기 ④ 발효된 된장
⑤ 숙성된 간장

해설
- 메일라드 반응 : 당류가 아미노산 등과 결합하여 갈색 물질을 생성하는 것이다.
- 캐러멜화 반응 : 주로 당류의 가열에 의한 흑갈색의 캐러멜을 형성하는 반응이다.

9장 육류

1 **육류의 근육조직에 대한 설명으로 옳지 않은 것은?**

① 근원섬유, 근섬유, 근속, 근육으로 구성되어 있다.
② 주로 식용하는 부위는 평활근이다.
③ 근육 미세섬유인 미오신과 액틴을 기본으로 한다.
④ 연령이 낮을수록 연하다.
⑤ 운동이 적은 부분의 고기가 연하다.

해설
고기로 식용하는 부위인 근육조직은 주로 횡문근으로 구성되어 있으며 동물체의 30~40%를 차지하고 있다. 횡문근인 근원섬유는 근육의 수축, 이완에 관여하는데, 근육 미세섬유인 미오신과 액틴의 수축이완에 의해 움직인다.

정답 24 ⑤ 25 ② 26 ② 9장 1 ②

2 육류의 근원섬유에 대한 설명으로 옳은 것은?

① 콜라겐으로 구성되어 있다.
② 근육의 수축, 이완에 관여하는 평활근이다.
③ 미오신과 액틴이 모여서 근원섬유를 만든다.
④ 물로 가열하면 수용성의 젤라틴으로 변한다.
⑤ 고무와 같은 탄력성을 가진다.

해설 근원섬유는 근육 미세섬유인 미오신과 액틴을 기본으로 하며 이 미세섬유 단백질 분자가 모여서 만들어진다.

3 결체조직에 대한 설명으로 옳지 않은 것은?

① 교원섬유와 탄성섬유로 구성되어 있다.
② 교원섬유는 엘라스틴을 주성분으로 한다.
③ 나이가 많을수록, 운동을 많이 할수록 발달한다.
④ 콜라겐이 젤라틴으로 변하여 연해진다.
⑤ 탄성섬유는 고무와 같은 탄력성을 가지며 황색의 결합조직이다.

해설 교원섬유는 콜라겐이 주성분이며 65~80℃에서 젤라틴으로 변하며 젤라틴으로 많이 변할수록 고기는 연해진다. 이것을 식혀서 굳힌 것이 쇠머리족편이다. 엘라스틴은 탄성섬유이며, 인대와 건의 주성분이다.

4 육류의 연한 정도에 대한 설명으로 옳은 것은?

① 결체조직이 많을수록 고기가 연하다.
② 탄성섬유가 많을수록 연하다.
③ 운동을 많이 할수록 조직이 발달하여 연하다.
④ 근육 내 지방은 고기를 연하게 한다.
⑤ 어린동물은 낮을수록 지방 함량이 적어 질기다.

해설 지방조직은 근육 내, 결합조직 사이에 존재하며, 근육 내에 흰색반점이 분포되어 있는 지방조직을 근내지방(마블링)이라 한다. 마블링이 분포한 등심, 꽃등심, 목살 등의 고기는 연하여 스테이크, 불고기, 전골, 로스구이 등에 적합하다.

5 육류의 색소에 대한 설명으로 옳지 않은 것은?

① 고기의 색소는 미오글로빈이다.
② 연령이 증가할수록 미오글로빈 농도가 더 많다.
③ 미오글로빈의 농도는 돼지고기 〉 송아지고기 〉 소고기 순이다.
④ 성숙될수록 고기의 색은 짙고 붉어진다.
⑤ 옥시미오글로빈이 산화되면 적갈색인 메트미오글로빈을 형성한다.

해설 고기의 색소는 미오글로빈이며 글로빈 한 개와 철을 포함하는 헴 하나로 구성되어 있다. 미오글로빈은 적자색이고 연령이 증가할수록 더 많아 소가 송아지보다 더 붉고, 돼지고기 〈 송아지고기 〈 소고기 순으로 미오글로빈을 많이 함유하고 있어서 소고기가 가장 붉은색을 띤다.

정답 2 ③ 3 ② 4 ④ 5 ③

6 **미오글로빈의 변화에 대한 설명이 옳은 것은?**

① 산화된 육류의 색은 미오글로빈이다.
② 가열된 육류의 색은 옥시미오글로빈이다.
③ 산화된 육류의 적갈색은 헤미크롬이다.
④ 초석용액에 담그면 니트로소미오글로빈이 생긴다.
⑤ 저장된 육류의 색소는 콜레미오글로빈이다.

해설
고기의 색소는 미오글로빈이며 산화된 육류의 색은 옥시미오글로빈이다. 옥시미오글로빈이 서서히 산화되면 적갈색인 메트미오글로빈을 형성한다. 가열하면 단백질이 변성되어 변성글로빈(Globin)인 헤미크롬(Memichrome)으로 되어 회갈색의 독특한 색이 된다. 저장된 육류의 색은 Choleglobin이다. 육류를 염지공정에서 초석(KNO_3)에 담그면 니트로소미오글로빈을 형성한다.

7 **육류의 사후경직에 대한 설명으로 옳은 것은?**

① 신장력이 떨어져 보수력이 증가한다.
② 젖산은 글리코겐 합성한다.
③ pH가 5.4로 내려가면 젖산 생성이 정지된다.
④ 도살 직후 맛 성분이 생성된다.
⑤ 근육은 액토미오신 상태로 이완된다.

해설
사후경직은 도살 직후 육류가 신장력이 떨어져 보수력이 저하되며 산소의 공급이 제한되므로 글리코겐은 젖산으로 분해되어 근육의 pH가 저하되기 시작하면서 사후경직이 시작된다. 근육의 pH가 6.5로 저하되면 포스파타아제 작용으로 ATP가 분해되고, 근육은 액토미오신 상태로 수축되어 뻣뻣해지며 보수성과 신장성이 감소한다. pH가 5.4로 내려가면, 해당효소의 불활성화로 젖산 생성이 정지되고 더 이상 pH가 내려가지 않는다. 이 시기가 최대 사후경직 시기이다. 이 시기가 지나면 다시 pH가 상승하면서 단백질 분해효소가 활성화되어 근육을 분해하기 시작하며, 이때 맛 성분이 생성된다.

8 **육류의 사후경직과 숙성에 대한 설명으로 옳지 않은 것은?**

① 단백질 분해효소가 활성화되어 맛 성분이 생성된다.
② 소고기가 닭고기보다 사후경직 시간이 길다.
③ 숙성온도가 낮을수록 숙성 시간이 짧아진다.
④ 숙성 후 크레아틴, IMP, 이노신산 등의 맛 성분이 생성된다.
⑤ 숙성 후 보수성이 증가하여 연해진다.

해설
숙성 시간은 동물의 종류와 온도에 따라 다르며 온도가 낮을수록 숙성 시간이 오래 필요하다. 0~4℃에서 소고기는 도살 후 10일, 돼지고기는 3~5일, 가금류는 12~24시간 걸린다.

정답 6 ④ 7 ③ 8 ③

9 조리에 대한 설명으로 옳은 것은?

① 찜 – 고기를 먼저 데친 후 양념하여 끓임
② 장조림 – 결체 조직이 많은 부위 이용
③ 편육 – 처음부터 찬물에 고기를 넣고 저온에서 끓임
④ 탕 – 지방질이 적고 근육 섬유의 묶음이 많은 부위
⑤ 구이 – 콜라겐이 많은 결합조직

해설 장조림은 지방질이 적고 근육섬유의 묶음이 많은 부위, 탕은 결체조직이 많은 부위, 구이는 결합조직이 없고 얼룩지방이 적절히 분포된 부위가 적합하다.

10 구이에 적합한 부위는?

① 등심　② 홍두깨살　③ 양지육
④ 도가니　⑤ 대접살

해설 구이는 콜라겐이 많은 결합조직에는 적합하지 않으며 얼룩지방이 적절히 분포된 등심, 안심, 염통, 콩팥, 간 등이 구이로 적합하다.

11 습열조리에 적합한 조리법과 부위가 옳지 않은 것은?

① 탕 – 꼬리, 사골　② 장조림 – 앞다리, 소혀
③ 편육 – 쇠머리, 족　④ 찜 – 소갈비, 소사태
⑤ 전골 – 양지머리, 사태

해설 장조림에 적합한 부위는 결체조직이나 마블링 함량이 적은 홍두깨살, 대접살, 우둔살, 사태 등이다.

12 육류 조리법 중에서 영양 손실이 가장 적은 것은?

① 전골　② 편육　③ 탕
④ 편육　⑤ 산적

해설 습열조리는 건열조리에 비해 수용성 영양소의 손실이 크다.

13 습열조리에 관한 설명으로 옳지 않은 것은?

① 비교적 지방이 많은 부위의 조리법으로 적당하다.
② 결체조직 중의 콜라겐이 젤라틴화 된다.
③ 양지육, 사태육, 업진육, 꼬리, 도가니 부위를 사용한다.
④ 장조림은 고기를 먼저 삶은 후 간장을 넣어야 질겨지지 않는다.
⑤ 편육은 끓는 물에 고기를 넣고 끓여야 한다.

해설 물을 이용하여 고기를 조리하는 방법으로, 장시간 가열이 가능하므로 비교적 질긴 부위의 조리법으로 적당하다.

정답 9 ① 10 ① 11 ② 12 ⑤ 13 ①

14 육류의 가열에 의한 변화가 옳지 않은 것은?

① 중량과 보수성의 증가 ② 수축과 분해 ③ 단백질 변성
④ 지방조직의 액상화 ⑤ 헤모글로빈의 헤마틴(Hematin)으로 산화

해설
육류를 가열하게 되면 근육 단백질의 2, 3차 구조의 분해에 의해 소수기들의 노출로 수화성이 감소하게 되고, 추출물 유출 및 수분 증발로 중량이 20~40% 감소하게 된다.

15 육류의 가열에 의한 변화가 옳은 것은?

① 엘라스틴(Elastine)은 젤라틴화된다.
② 부피가 감소되고 건조해진다.
③ 옥시미오글로빈의 양은 증가하여 회갈색이 된다.
④ 양념한 육류는 단백질-당의 캐라멜반응으로 갈색을 형성한다.
⑤ 콜라겐이 적고 근육 단백질이 많은 고기는 장시간 가열해야 한다.

해설
가열 시 근육섬유소의 직경과 길이가 감소되어 부피가 감소되고 건조해진다. 습열조리에 의하여 엘라스틴(elastine)은 거의 변화가 없으나 콜라겐(collagen)은 수소결합이 파괴되면서 젤라틴으로 된다. 가열하면 옥시미오글로빈의 양은 감소되고 헤미크롬(hemichrome)으로 되어 회갈색이 된다. 양념한 후 가열하면 단백질-당 갈변반응(메일라드반응, maillard reaction)으로 갈색을 형성한다.

16 육류의 가열 시 pH의 영향으로 옳은 것은?

① 알칼리성을 첨가하면 고기 색이 붉어진다.
② 산성물질을 첨가하면 고기가 질겨진다.
③ 산성물질을 첨가하면 육즙이 감소한다.
④ 고기에 와인을 사용하면 고기가 단단해진다.
⑤ 베이킹소다를 첨가하면 고기 색이 검게 되고 뻣뻣해진다.

해설 알칼리성에서는 pH가 증가하여 고기 색이 검게 되고 뻣뻣해진다. 산성물질을 첨가하면 pH가 산성으로 되어 육류 단백질의 수화능력이 커져서 고기가 부드러워지고, 육즙이 증가한다.

17 고기의 연육방법으로 옳지 않은 것은?

① 기계로 갈아 내는 방법 ② 단백질을 분해하는 효소를 이용
③ pH가 5~6으로 조절 ④ 소금(5%)을 첨가
⑤ 설탕 첨가

해설 소금을 적당히 사용하면 단백질의 수화력을 증가시켜 연화효과를 얻을 수 있다. 식염농도는 1.3~1.5%가 가장 좋고, 5% 이상 시 탈수작용에 의해 고기가 오히려 질겨질 수 있다.

정답 14 ① 15 ② 16 ⑤ 17 ④

18 **육류 조리에 대한 설명으로 맞는 것은?**

① 센 불에서 오래 끓일수록 국물이 맛있다.
② 건열조리용으로는 목심, 양지, 사태가 적합하다.
③ 엘라스틴은 조리 시 대부분 제거한다.
④ 육류는 식어도 딱딱해지지 않아 먹기에 좋다.
⑤ 생육일 때 소화율이 가장 높다.

해설 콜라겐은 65~80℃에서 젤라틴으로 변하며, 너무 높은 온도에서 가열하면 많이 수축하여 오히려 질겨지므로 젤라틴화 하는 온도 이상에서 가열하는 것은 바람직하지 않다. 건열조리용으로는 결체조직이 많은 부위가 적합하다. 엘라스틴은 가열해도 연해지지 않으므로 조리 시 제거한다. 육류는 녹는점이 높아, 식으면 지방이 굳어지므로 뜨겁게 해서 먹어야 부드럽고 맛이 좋다.

10장 어패류

1 **어패류의 지방 함량에 따른 분류가 옳은 것은?**

① 지방이 적은 어류 – 구이에 적합
② 지방이 많은 어류 – 어선, 어채
③ 지방이 적은 어류 – 운동량이 많음
④ 지방이 많은 어류 – 전요리에 적합
⑤ 중지방 어류 – 갈치, 병어, 우럭

해설 지방이 적은 어류(5% 미만)는 도미, 광어, 조기, 민어, 갈치 등이 있으며 어선, 어채, 어만두, 생선전 같은 음식에 적합하며, 운동량이 적다. 중지방 어류는 갈치, 삼치, 병어, 우럭, 민어 등이 있으며, 지방이 많은 어류(15% 이상)는 구이에 적합하며 고등어, 꽁치, 참치 등이 있다.

2 **어류의 지방에 대한 설명으로 옳은 것은?**

① 어류의 지방산은 DHA이다.
② 포화지방산 함량이 80%이다.
③ 산란 직전 지방 함량이 가장 적다
④ 어류의 지방산은 라우르산(lauric acid)이다.
⑤ 수분함량과 지방 함량은 비례한다.

해설 어류의 지질은 불포화지방산이 80%를 차지하며, 고도불포화지방산 중 ω–3계 지방산인 EPA와 DHA가 많으며, 산란 1~2개월 전의 어류는 지질함량이 가장 많고, 산란 후에는 지질과 단백질 함량이 줄며 수분함량이 많아져서 맛이 떨어진다.

3 **어패류의 맛 성분이 아닌 것은?**

① 호박산
② 베테인
③ 이노신산
④ 히스티딘
⑤ 인돌

해설 생선이 부패하면 황화수소(H_2S), 인돌, 스카톨, 메틸머캅탄, 지방산 등이 생성되어 악취를 낸다.

정답 18 ③ 10장 1 ⑤ 2 ① 3 ⑤

4 **민물고기의 비린내 성분은?**

① 피페리딘 ② 프롤린 ③ 트리메틸아민 옥시드
④ 카노신 ⑤ 히스티딘

해설 민물고기의 비린내는 피페리딘과 아세트알데히드가 축합한 것이다.

5 **어패류와 맛 성분의 연결이 올바른 것은?**

① 오징어 – 호박산 ② 조개류 – 타우린 ③ 다랑어 – 히스티딘
④ 고등어 – 베테인 ⑤ 새우 – 트리메틸아민

해설 다랑어같은 붉은살 생선에는 히스티딘과 카노신 등의 이미다졸 화합물이, 오징어의 구수한 맛은 트리메틸아민 옥시드, 타우린, 베테인, 프롤린 등이, 조개류는 호박산이 그 특유의 맛 성분이다.

6 **생선의 이화학적 선도판정법이 옳지 않은 것은?**

① 암모니아 함량측정법 ② ATP 분해생성물 측정법
③ 트리메틸아민 함량측정법 ④ 히스티딘 정량측정법
⑤ 휘발성 염기질소의 양 측정법

해설 선도판정법에는 암모니아, 트리메틸아민, 휘발성 염기질소의 양 측정법, ATP 분해생성물 측정법, 인돌, 휘발성 유기산, 히스타민 정량을 분석하는 방법 등이 있다.

7 **생선조리 시 변화로 옳은 것은?**

① 콜라겐이 용해되어 모양이 반듯해진다. ② 열응착성이 있어 도구를 사용하는 것이 좋다.
③ 탈수되어 중량이 감소하여 질겨진다. ④ 5%의 소금은 비린 냄새를 줄여 준다.
⑤ 고농도(20%)의 소금을 넣으면 점도가 크게 증가된다.

해설

가열로 인해 콜라겐은 젤라틴화되고 껍질은 수축하게 된다. 생선은 열응착성이 있어서 가열에 의해 도구에 달라붙어 생선살이 부서지거나 껍질이 벗겨진다. 소금의 양은 생선 무게의 3% 정도가 적당하며, 고농도의 소금을 넣으면 액틴과 미오신이 액토미오신을 결합할 수 없을 정도로 많기 때문에 용출량이 감소하여 점도가 크게 저하된다. 근육단백질은 50℃에서부터 근육이 응고하고 탈수되기 시작하여 살은 더 단단해지고 중량은 감소한다.

8 **생선의 어묵 제조 시 사용되는 섬유상 단백질은?**

① 액틴 ② 미오신 ③ 구상단백질
④ 액토미오신 ⑤ 콜라겐

해설

소금의 농두가 2% 이상에서는 미오신과 액틴이 용출되고 서로 결합하여 큰 분자인 액토미오신을 형성한다. 복잡한 구조를 가진 실모양의 분자인 액토미오신이 서로 엉김되서 점도가 높은 졸이 된다. 이것이 망상구조를 형성하면 겔이 되어 굳는다.

정답 4 ① 5 ③ 6 ④ 7 ③ 8 ④

9 **생선의 비린내를 억제하는 방법으로 옳지 않은 것은?**

① 물로 깨끗이 씻어 제거한다.
② 생강을 첨가한다.
③ 조리 전에 우유에 담가 둔다.
④ 된장을 넣어 비린 맛을 흡착시킨다.
⑤ 처음부터 뚜껑을 닫고 생선을 완전히 응고시킨다.

해설
비린내 성분인 trimethylamine은 수용성이므로 물로 씻으면 비린내를 제거할 수 있다. 생강은 미각을 마비시켜 비린내를 억제한다. 처음 수 분간은 뚜껑을 열고 비린 휘발성 물질을 제거하는 게 좋으며, 약 15분 정도가 적당하다. 너무 오래 끓이면 염분에 의한 삼투작용으로 생선의 탈수작용이 일어나서 단단해지며 맛이 없어진다.

10 **어류의 색소 성분의 연결이 옳지 않은 것은?**

① 연어, 송어 – 아스크산틴
② 오징어 먹물 – 멜라닌
③ 오징어, 낙지 표피 – 오모크롬
④ 새우, 게 – 아스타크산
⑤ 갈치 껍질의 은색 – 제아크산틴

해설
갈치같이 어피에 은빛이 도는 것은 구아닌과 요산이 섞인 침전물이 빛을 굴절반사하기 때문이다.

11 **전 조리에 적합한 생선이 아닌 것은?**

① 민어
② 광어
③ 대구
④ 꽁치
⑤ 메로

해설
전에는 흰살생선이 적합하며 구이에는 지방 함량이 많은 생선이 적합하다.

12 **어패류의 사후경직과 자기소화에 대한 설명으로 옳은 것은?**

① 자기소화가 일어난 후 조리해야 맛이 더 좋다.
② 지방이 적을수록 자가소화가 빠르다.
③ 사후강직 시 가장 맛이 없다.
④ 해수어는 담수어보다 자기소화 온도가 낮다.
⑤ 적색어류는 백색어류보다 자기소화가 빠르다.

해설
어육은 수육보다 그 조직이 연해서 자가소화가 일어나면 맛이 저하된다. 사후경직은 1~4시간 동안 유지되며 이 시기가 가장 맛있으며 지방이 많을수록 자가소화가 빠르다. 담수어는 해수어보다 낮은 온도에서 자기소화가 일어난다.

정답 9 ⑤ 10 ⑤ 11 ④ 12 ⑤

13 생선구이에 대한 설명으로 옳지 않은 것은?

① 붉은살 생선은 살이 단단하므로 적합하다.
② 비린내가 많은 생선은 양념구이가 적합하다.
③ 신선한 생선은 소금의 양이 생선 무게의 5%가 적당하다.
④ 신선도가 떨어지는 생선은 생선 무게의 3~4% 정도의 소금을 넣는다.
⑤ 살쪽 면부터 굽는 것이 좋다.

해설
양념구이에 적합한 생선은 지방 함량이 높거나 비린내가 많이 나는 것이 적합하다. 붉은살 생선은 살이 단단하고 비린내가 많은 생선이므로 양념구이가 좋다. 소금의 양은 생선무게의 3% 정도가 적당하며, 생선을 통째로 구울 때 모양을 반듯하게 하려면 껍질에 칼집을 넣어 주고, 살쪽 면부터 굽는 것이 좋다.

14 생선조림에 대한 설명으로 옳지 않은 것은?

① 처음에는 냄비의 뚜껑을 열고 비린내 성분을 휘발시킨다.
② 흰살생선은 양념을 진하게 하고, 다소 오래도록 가열한다.
③ 알과 곤이를 제외하고 내장은 모두 제거하고 먹지 않는다.
④ 지방 함량이 많은 생선은 다소 양념을 진하게 한다.
⑤ 약 15분 정도 조리는 것이 좋다.

해설
흰살생선은 지방 함량이 적고 살이 연하며 맛이 담백하기 때문에 최소한도로 가열을 한다. 오래 끓이면 오히려 단단해지고 비린내가 난다. 지방 함량이 많고 신선도가 낮은 생선은 다소 양념을 진하게 하고, 다소 오래도록 가열하는 것이 좋다.

15 생선튀김에 대한 설명으로 옳은 것은?

① 지방 함량이 적은 흰살생선이 적합하다.
② 밀가루는 중력분을 이용한다.
③ 반죽을 오래 저으면 바삭해진다.
④ 튀김온도는 190~220℃가 적당하다.
⑤ 튀김기름은 라드나 쇼트닝 같은 고체지방이 바삭하다.

해설
튀김반죽에 사용하는 밀가루는 글루텐 함량이 적은 박력분을 사용하며, 튀김온도는 170~180℃가 적당하다. 튀김기름은 라드나 쇼트닝 같은 고체지방보다는 식물성 기름을 사용하는 것이 바삭하고 가벼워 바람직하다.

정답 13 ③ 14 ② 15 ①

11장 난류

1 난각의 역할으로 옳지 않은 것은?

① 케라틴과 뮤신으로 되어 있어 소화가 어렵다.
② 신선한 달걀은 까슬까슬하다.
③ 작은 기공으로 수분과 탄산가스를 배출한다.
④ 난각막은 미생물의 침입을 막아준다.
⑤ 껍데기의 색은 영양가와 상관이 있다.

해설 껍질의 색은 영양가와 상관이 없으며 닭의 색에 기인한다.

2 신선한 달걀의 설명으로 옳은 것은?

① 수분과 탄산가스의 증발로 공기집이 생긴다.
② 농후난백이 수양난백으로 수양화 된다.
③ 껍질이 까슬까슬하다.
④ 수분을 흡수하여 난황막이 팽창한다.
⑤ 난황의 pH가 상승한다.

해설
신선한 달걀은 표면이 까칠까칠하고 광택이 없다. 이는 닭이 알을 낳을 때 점액에 싸여서 나오는데, 이 점액이 달걀 표면에 말라서 굳은 것이다. 이것은 세균 침입을 막아 주는데, 시간이 경과하면서 까칠까칠하던 표면은 매끈해지고 광택이 난다. 탄산가스의 증발로 난백의 pH가 알칼리화되기 시작한다.

3 난백에 대한 설명으로 옳은 것은?

① 달걀의 30%를 차지한다.
② 단백질은 리포비텔린, 리포비텔레니온 등이 있다.
③ 기포성이 있어 머랭, 케이크 등을 만든다.
④ 65℃부터 응고하기 시작해서 70℃에서 완전히 응고한다.
⑤ 마요네즈, 프렌치드레싱 등에 안정성을 유지시켜 준다.

해설
난백은 달걀의 60%를 차지하며 단백질은 오브알부민, 콘알부민, 오브뮤코이드, 오보글로불린, 오보뮤신, 아비딘 등이 있으며 60℃부터 응고하기 시작하여 65℃에서 완전히 응고한다.

4 난백에 대한 설명으로 옳지 않은 것은?

① 기포성을 갖는다.
② pH는 6.3이다.
③ 단백질은 ovalbumin이다.
④ lysozyme은 용균작용을 한다.
⑤ avidin은 열에 의해 소실된다.

해설 신선한 난황의 pH는 6.3이고 난백은 7.6이다.

정답 11장 1 ⑤ 2 ③ 3 ③ 4 ②

5 **달걀의 열 응고성에 대한 설명으로 옳은 것은?**

① 오보글로블린의 열응고성을 이용한 것이다.
② 난백은 난황보다 조금 높은 온도에서 응고한다.
③ 설탕은 응고성을 촉진한다.
④ 우유는 연화작용으로 응고작용을 감소시킨다.
⑤ 난백은 65℃에서, 난황은 70℃에서 응고한다.

해설
알부민의 열응고성을 이용한 것이며 난황이 좀 더 높은 온도가 필요하다. 설탕의 첨가는 단백질 연화 작용이 있어 응고성을 감소시키므로 응고시키려면 높은 온도가 필요하다. 반면 우유를 넣게 되면 우유 내의 칼슘이 달걀의 응고작용을 촉진하게 된다.

6 **콩소메는 달걀의 무슨 성질을 이용한 요리인가?**

① 열응고성 ② 흡착성 ③ 기포성
④ 유화성 ⑤ 산응고성

해설
난백은 저어 주면 변성이 일어나 응고한다. 콩소메 조리 시 난백거품을 넣어 끓이면 국물 내의 이물질을 응고, 흡착, 침전시켜 국물을 맑게 한다.

7 **달걀의 특성과 요리의 연결이 옳은 것은?**

① 열응고성 – 머랭 ② 흡착성 – 마요네즈 ③ 기포성 – 머랭
④ 유화성 – 카스텔라 ⑤ 결착성 – 에그노그

해설
- 열응고성 – 알찜, 소스, 커스터드, 푸딩
- 흡착성 – 콩소메
- 유화성 – 마요네즈, 케이크류
- 기포성 – 머랭, 케이크, 카스텔라
- 결착성 – 전, 커틀릿, 햄버거, 고기완자

8 **달걀의 응고에 영향을 주는 요인에 대한 설명으로 옳지 않은 것은?**

① 단백질 농도가 높을수록 응고온도가 높아진다.
② 소금을 첨가하면 응고온도가 낮아진다.
③ 산의 첨가는 응고온도가 낮아진다.
④ 설탕의 첨가는 응고온도가 높아진다.
⑤ 우유의 첨가는 응고를 촉진한다.

해설
단백질 농도가 높을수록, 소금, 식초의 첨가는 응고온도가 낮아져 저온에서도 쉽게 응고하며 우유 속의 칼슘은 응고작용을 촉진하는 반면 설탕은 단백질을 연화하는 작용으로 응고성을 감소시키므로 더 높은 온도가 필요하다.

정답 5 ⑤ 6 ② 7 ③ 8 ①

9 난백의 기포성에 영향을 미치는 인자가 아닌 것은?

① 계절 ② 교반기 종류 ③ 용기
④ 첨가물 ⑤ 수분

해설

30℃에서 가장 잘 팽창하며 봄과 가을에 산란된 달걀이 여름에 산란된 달걀보다 기포성이 좋으며 빨리 저을수록 기포는 커지고, 밑이 평평한 그릇보다 밑이 좁고 둥근바닥을 가진 것이 거품을 더 많이 낼 수 있다. 주석산 같은 산성은 기포력을 높여 줄 수 있으며, 설탕은 거품의 안정성을 높여 주는데, 한 번에 넣는 것보다 여러 번에 나누어서 넣는 것이 좋다. 수동교반기는 부피는 크지만 금방 묽어지고, 전동교반기가 좀 더 거품이 더 많이 일어난다.

10 난백의 기포성에 관한 설명으로 옳지 않은 것은?

① 오브알부민(ovalbumin)의 기포성은 등전점 부근에서 가장 크다.
② 온도가 30℃ 전후일 때 기포성이 좋다.
③ 여름에 산란된 달걀이 기포성이 좋다.
④ 신선한 것보다 1~2주 지난 것이 좋다.
⑤ 기포성에 영향을 주는 단백질은 글로불린(globulin)이다.

해설

오브알부민(ovalbumin)은 pH 4.8인 등전점 부근에서 기포성이 가장 크며 봄과 가을에 산란된 달걀이 여름에 산란된 달걀보다 기포성이 좋다. 신선한 달걀보다는 1~2주 지난 것이 수양난백이 많으므로 난백의 점도가 떨어져 거품을 내는 데 효과적이다.

11 달걀의 기포성과 첨가물에 대한 설명으로 옳은 것은?

① 주석산은 pH를 내리므로 기포력을 낮춘다. ② 설탕은 한 번에 넣어 거품의 안정성을 높여 준다.
③ 소금은 안정성을 낮춘다. ④ 균질우유는 기포형성을 방해한다.
⑤ 지방은 기포 형성을 방해한다.

해설

주석산 같은 산성은 기포력을 높여줄 수 있으며, 설탕은 거품의 안정성을 높여 주는데, 한 번에 넣는 것보다 여러 번에 나누어서 넣는 것이 좋다. 소금 첨가는 표면변성을 촉진시키므로 거품의 안정성이 나빠지고, 우유 첨가는 기포 형성을 방해하지만, 탈지유와 균질유는 유지방이 없으므로 기포 형성에 영향을 주지 않는다. 지방의 총함량보다 지방구의 크기와 분포 상태가 더 영향을 준다.

12 달걀의 저장 중 변화가 옳은 것은?

① 기공을 통해 수분이 증가되어 수액화 된다.
② 수분이 난황에서 난백으로 이동한다.
③ 기공을 통해 탄산의 증가로 pH가 저하된다.
④ 표면이 건조해져 까끌까끌해진다.
⑤ 농후난백이 수양난백으로 변한다.

정답 9 ⑤ 10 ③ 11 ⑤ 12 ⑤

해설

달걀은 산란 후 시일이 경과하면 탄산 및 수분 증발로 인해 수분이 감소되고 기실 크기 증가, pH 증가 등이 일어나며, 수분이 난황막을 통해 난백에서 난황으로 이동하여 난황계수는 감소되고 난황막은 약해진다. 또한 농후난백의 수양화와 같은 현상이 나타난다.

13 달걀의 녹변현상으로 옳은 것은?

① 삶은 후 뚜껑을 덮고 서서히 식힌다.
② 난황 속의 철분과 황화수소가 황화 제1철(FeS)을 생성한다.
③ 산성에서 황이 더 쉽게 분리되어 잘 일어난다.
④ 신선한 달걀일수록 녹변이 잘 일어나는 것이다.
⑤ 가열시간이 길고 가열온도가 높을수록 더 잘 일어난다.

해설

난백의 단백질에 함유되어 있던 황화수소가 상대적으로 압력이 낮은 난황 쪽으로 이동하게 되어 난황 속의 철분과 결합해서 황화 제1철(FeS)을 생성하는 현상이다. 시간이 지남에 따라 기공을 통해 탄산가스가 증발하므로 pH 9가 되어 알칼리성으로 된다. 녹변현상은 알칼리성에서 황이 더 쉽게 분리되어 잘 일어나며 오래된 달걀일수록 녹변이 잘 일어나는 것이다.

14 달걀 난백의 색소로 옳은 것은?

① 크산토필 ② 리보플라빈 ③ 루테인
④ 제아잔틴 ⑤ 플라보노이드

해설

신선한 난백은 유백색으로 리보플라빈에 의한 것이고, 난황의 색은 카로티노이드계인 크산토필이 있어 노란색을 띤다.

12장 우유 및 유제품

1 유청단백질에 대한 설명으로 옳지 않은 것은?

① 우유단백질의 20%를 차지한다.
② pH 4.6에서 응고되지 않고 용해된다.
③ 장시간 가열해도 응고되지 않는다.
④ lactalbumin은 60℃에서 응고한다.
⑤ 가용성 단백질이다.

해설

유청단백질은 카제인과는 달리 산에 응고되지 않으며 60℃ 이상에서 응고되며 장시간 가열하면 cystein을 함유하여 가열취가 발생한다.

정답 13 ⑤ 14 ② 12장 1 ③

2 우유의 구성 성분에 대한 설명으로 옳은 것은?

① 초유는 면역성분인 α-카제인 단백질이 있다.
② 유청단백질 함량이 가장 많다.
③ 주로 탄소수가 10개 이상의 고급지방산으로 구성되어 있다.
④ 식이섬유, 철, 비타민 C와 E는 부족하다.
⑤ 빛에 노출되면 비타민 B_1이 손실된다.

해설

우유는 85~89%의 수분으로 되어 있으며, 단백질 중 75~80%가 카제인이고, 20~25%가 유청단백질이다. 지방은 대부분 중성지방으로 구성지방산은 탄소수가 4~10개인 저급지방산이 많으며, 초유는 면역성분인 γ-글로불린 단백질이 있으며, 칼슘, 칼륨, 비타민 B 복합체, 비타민 A, 비타민 D 등을 제공하는 식품이며, 식이섬유, 철, 비타민 C와 E는 부족하다.

3 카제인 단백질에 대한 설명으로 옳은 것은?

① 커피, 차의 페놀 성분에 의해서도 응고한다.
② 산에 응고되지 않고 용해된다.
③ 가용성 단백질이다.
④ 가열 시 엷은 막의 원인물질이다.
⑤ 열에 의해 변성된다.

해설

카제인 단백질의 등전점인 pH 4.5에서 불용성 커드를 형성하고, 우유 가열 시 엷은 막의 원인물질은 락트알부민이다.

4 우유지방에 대한 설명으로 옳은 것은?

① 우유의 10~12% 정도 함유한다.
② 융점이 높은 지방산이 들어 있다.
③ 포화지방산 30%, 불포화지방산 70%으로 구성된다.
④ 지질의 대부분은 triglyceride이다.
⑤ 저급지방산으로 소화가 잘 된다.

해설

우유의 지방은 대부분 인지질이 주변을 둘러싼 중성지방으로 구성지방산은 탄소수가 4~10개인 저급지방산이 많으며, 이들은 소화 흡수가 잘 된다.

5 우유의 가열에 의한 변화로 옳은 것은?

① 40℃ 부근에서 피막을 형성한다.　② 피막은 영양가가 없으므로 제거한다.
③ 락토오스의 캐러멜화가 일어난다.　④ 카제인은 60℃에서 응고한다.
⑤ 가열된 우유의 향미는 지방에 의한 것이다.

정답 2 ④　3 ①　4 ⑤　5 ③

해설

60~65℃ 이상이 되면 지방구가 가열에 의하여 응고된 단백질과 무기질 등이 엉겨 피막이 생기며 이것을 제거하면 영양소의 손실을 가져온다. 가열된 우유의 향미는 부분적으로 유청 단백질이 변성되어 휘발성 황화합물이 나오기 때문이다. 우유를 가열하면 엷은 누런색을 띠게 되는데 우유 속 아미노기와 락토오스와의 메일라드 반응과 농축된 락토오스가 캐러멜화가 일어난 것이다.

6 우유단백질은 어떤 조건에서 고체의 형태나 커드로 응고하게 된다. 조건으로 옳지 않은 것은?

① 소금 ② 설탕 ③ 레몬주스
④ 과일 ⑤ 차

해설

열, 산, 효소, 과일과 채소, 차와 커피에 함유된 페놀화합물과 염의 첨가에 의해 나타난다.

7 다음의 변화가 다른 것은?

① 우유에 햄을 넣어 가열하였다.
② 우유에 토마토를 넣고 조리하였다.
③ 커피에 우유를 넣어 주었다.
④ 우유를 중탕에서 가열하였다.
⑤ 우유에 라임주스를 넣었다.

해설

우유단백질은 열, 산, 효소, 염, 페놀화합물 첨가에 의해서 응고하게 된다. 우유가 끓는점 가까이 가열되면 우유단백질인 락토알부민과 락토글로불린은 인산칼슘[$Ca_3(PO_4)_2$]과 결합하여 불용성이 되며, 피막을 형성한다. 저으면서 가열하거나 중탕을 하면 방지할 수 있다.

8 우유의 균질화에 대한 설명으로 옳지 않은 것은?

① 크림층 형성을 돕는다.
② 지방의 소화 흡수를 좋게 한다.
③ 지방층 분리를 방지한다.
④ 부드러운 맛을 증진시킨다.
⑤ 표면적이 커져 산패되기 쉽다.

해설

균질화하는 이유는 지방의 큰 덩어리를 작은 덩어리로 만들어 지방층 분리가 일어나지 않도록 하여 크림층 형성을 방지하는 것이다. 점성이 높아지고 풍미도 증진되며 소화 흡수율도 증진된다. 지방층 분리를 방지하고 우유의 색은 더욱 희게 되며, 부드러운 맛을 증진시킨다. 반면, 지방구가 세분화되면서 표면적이 커져 산패되기가 쉽다.

9 응유효소에 의한 변화에 대한 설명으로 옳은 것은?

① 우유를 응고시켜 소화효소의 작용을 받기 어렵게 한다.
② 칼슘이 유청에서 분리되고 수소이온이 카제인과 결합한다.
③ 카제인의 등전점인 pH 4.6 이하로 내려가면 침전하여 응고된다.
④ 효소에 의한 카제인의 응고는 칼슘의 함량이 적다.
⑤ 레닌의 최적 온도는 40℃ 전 · 후가 적합하다.

정답 6 ② 7 ④ 8 ① 9 ⑤

해설

레닌에 의해 응고된 것은 칼슘이 유청에서 분리되지 않아 산으로 침전하여 만든 치즈보다 칼슘의 함량이 높다. 레닌은 15℃ 이하에서 응고되지 않으며 60℃ 이상에서 불활성화되므로 40℃ 전후가 적합하다.

10 크림에 대한 설명으로 옳은 것은?

① 유지방이 18% 이상이다.
② 우유에서 분리된 유지방만 모아 압착시킨 후 수분을 분산시켰다.
③ 유중수적형이다.
④ 우유에 당을 첨가하여 원액의 1/3 정도로 농축한 것이다.
⑤ 유지방을 7.5% 함유하였다.

해설

크림은 유지방이 18% 이상인 것, 우유를 오래 방치하거나 원심 분리 시 생기는 지방이 많은 부분이 서로 응집하여 모인 것이다. 지방 함량이 20~25%인 커피 크림과 30~36%인 포말크림, 40~45%인 휘핑(whipping) 크림으로 나눈다. 물속에 지방이 고르게 분산되어 있는 수중유적형의 유화식품이다.

11 크림에 대한 설명으로 옳지 않은 것은?

① 우유에서 지방이 많은 부분이 서로 응집하여 모인 것이다.
② 수중유적형의 유화식품이다.
③ 지방이 많을수록 거품이 안정하다.
④ 하루 지난 것은 거품 형성 능력이 작다.
⑤ 냉장온도에서 거품이 잘 생긴다.

해설 하루 지난 것은 점도가 증가하여 거품 형성 능력이 크다.

12 지방 함량이 가장 낮은 것은?

① 연유 ② 요구르트 ③ 우유
④ 휘핑크림 ⑤ 사워크림

해설 연유(7.5%), 요구르트(3.2%), 우유(3.4%), 휘핑크림(30%), 사워크림(18%)

13 레닌에 의한 우유응고물과 산에 의한 우유응고물의 차이점은?

① 당질함량 ② 단백질 함량 ③ 칼슘 함량
④ 비타민 함량 ⑤ 지방 함량

해설

레닌에 의해 응고된 것은 칼슘이 유청에서 분리되지 않아 산으로 침전하여 만든 치즈보다 칼슘 함량이 높다.

정답 10 ① 11 ④ 12 ② 13 ③

14 **우유를 방치할 경우 위쪽에 크림층이 형성되므로 이를 막기 위한 처리는?**

① 살균처리 ② 균질처리 ③ 멸균처리
④ 효소처리 ⑤ 발효처리

해설
균질처리는 우유를 40~65℃에서 140~175kg/cm²의 압력으로 세공파이프를 통과시켜 지방의 큰 덩어리를 작은 덩어리로 만들어 지방층 분리가 일어나지 않는데, 점성이 높아지고 풍미도 증진되며 소화흡수율도 증진된다.

13장 두부

1 **두부는 콩의 응고성을 이용하여 만든 것이다. 콩의 어느 성분을 이용한 것인가?**

① 트립토판 ② 타이로신 ③ 글리시닌
④ 트립신 ⑤ 글로블린

2 **두부에 대한 설명으로 옳지 않은 것은?**

① 두유는 칼슘과 마그네슘을 첨가하면 응고된다.
② 응고제의 양은 대두의 4%가 적당하다.
③ 응고제의 종류에 따라 두부의 질감이 달라진다.
④ 응고제의 첨가량이 많을수록 단단하다.
⑤ 가열온도가 높을수록 단단하다.

해설 응고제의 양은 대두의 1~2%가 적당하다.

3 **고단백, 저탄수화물에 해당하는 두류는?**

① 팥 ② 풋완두 ③ 대두
④ 강남콩 ⑤ 녹두

해설 고단백, 고지방, 저탄수화물의 두류로는 대두, 낙화생 등이 있다. 저단백, 고탄수화물 두류로는 팥, 녹두, 강낭콩, 완두 등이 있으며, 쪄서 많이 사용한다. 채소의 성질을 띤 것으로는 풋완두, 조림콩 등이 있다.

4 **두부, 장류 제조 등의 이용에 적합한 콩으로 옳은 것은?**

① 알이 작을수록 적합하다.
② 알이 클수록 단백질 함량이 많은 것이 적합하다.
③ 지방 함량이 많은 것이 적합하다.
④ 탄수화물 함량이 많이 것이 적합하다.
⑤ 채소의 성질을 띤 것이 적합하다.

정답 14 ② 13장 1 ③ 2 ② 3 ③ 4 ②

해설

대두의 알이 클수록 단백질 함량이 많아 두부, 장류제조 등에 이용되고, 알이 작을수록 지방 함량이 많아 식용유 제조와 콩나물용으로 이용된다.

5 **콩의 주된 단백질인 글리시닌의 특징으로 옳지 않은 것은?**

① 등전점인 pH 4~5 정도에서 침전하게 된다.
② 염류용액에 녹는다.
③ 물에 녹는다.
④ 금속염과 산에는 불안정하여 응고 침전된다.
⑤ 열응고성이 있다.

해설

열에는 응고되지 않으나 금속염과 산에는 불안정하여 응고 침전되며 첨가하는 금속염에 따라 응고물의 질감, 응집성이 달라진다.

6 **사포닌에 대한 설명으로 옳지 않은 것은?**

① 콜레스테롤과 화학적 구조는 다르나 유사한 역할을 한다.
② 가열 시 거품이 생긴다.
③ 체지방 축적으로 인한 비만을 감소시켜 준다.
④ 콜레스테롤 흡수 저해 및 체외로 배출시킨다.
⑤ 콩, 더덕, 영지버섯, 칡, 인삼 등에 함유되어 있다.

해설

사포닌은 콜레스테롤과 유사한 화학적 구조이며 콩의 사포닌은 과산화지질을 분해하여 암을 예방하고 체지방 축적으로 인한 비만을 감소시켜 준다.

7 **대두의 설명으로 옳은 것은?**

① 비타민 A와 비타민 C의 좋은 급원식품이다.
② 칼슘, 인, 철 등이 부족하다.
③ 콩의 제한아미노산은 라이신(lysine)이다.
④ 대두단백질은 파세올린이다.
⑤ 날콩에는 단백질의 소화를 방해하는 트립신 저해 성분이 들어 있다.

해설

대두에는 곡류에 부족한 라이신(lysine)의 함량이 높으며 무기질 중 칼륨과 칼슘 등이 풍부한 알칼리성 식품이다. 비타민 A와 비타민 C의 좋은 급원식품은 아니며 날콩은 트립신 저해제(trypsin inhibitor)가 들어 있으나 가열처리하면 그 기능을 상실한다.

정답 5 ⑤ 6 ① 7 ⑤

8 **대두의 기능성에 대한 설명으로 옳지 않은 것은?**

① 필수지방산의 급원이다.
② 갈락탄은 유방암 예방한다.
③ 사포닌(saponin)은 콜레스테롤을 감소시킨다.
④ 대두의 올리고당은 대장의 정장작용을 한다.
⑤ 대두단백질은 혈중 콜레스테롤을 감소시킨다.

해설
대두에 함유된 이소플라본(isoflavone)은 식물의 플라보노이드 색소의 하나로 에스트로겐(estrogen) 완충작용을 하여 유방암 예방과 골다공증 치유에도 효과가 있다. 대두지방은 18~20%로, 필수지방산인 리놀레산이 56.7%, 리놀렌산이 8.7% 포함되어 있다.

9 **두부에 대한 설명으로 옳은 것은?**

① 응고제로 염화마그네슘(99%)이 가장 우수하다.
② 응고제는 한 번에 넣고 천천히 저어준다.
③ 소금을 넣고 끓이면 두부가 더 단단해진다.
④ 두부는 가능한 한 물을 빼고 저장한다.
⑤ 처음 콩 삶은 물은 버리지 않아야 더 고소하다.

해설
염화마그네슘(99%)은 응고시간도 빠르고 소화성도 우수하며 특유의 풍미가 좋다. 조리 시 두부를 끓일 때 소금을 넣으면 나트륨이 칼슘이온과 두부단백질이 결합하여 응고되는 것을 막기 때문에 좀 더 부드러운 질감을 얻을 수 있다. 두부는 수분 함량이 많고 물을 넣어 보관하므로, 세균이 번식하기가 쉬워 물을 자주 갈아주어야 한다. 콩에는 사포닌 성분이 있어 장을 자극하여 설사를 유발하므로 반드시 처음 삶은 물은 버려 사포닌 성분을 일부 제거한 후 다시 물을 부어 삶아야 좋다.

10 **된장, 간장, 고추장에 공통으로 들어가며 기본이 되는 재료는?**

① 찹쌀가루 ② 고추가루 ③ 엿기름
④ 메주 ⑤ 누룩

해설
건조된 메주를 소금물에 넣어 장을 담그고 장맛이 충분히 우러나면 간장을 떠내고, 항아리 바닥에 남은 메주 부스러기는 소금을 넣고 버무려 다른 항아리에 꼭꼭 눌러 놓으면 된장이 된다. 재래식 고추장은 찹쌀, 보리, 밀 등에 고춧가루와 메줏가루를 섞어 발효시킨 것이다.

11 **두류제품 중 소화율이 가장 높은 것은?**

① 간장 ② 두부 ③ 두유
④ 된장 ⑤ 비지

해설 소화율(%) : 간장(98), 두부(95), 두유(95), 된장(85), 콩가루(83), 비지(60)

정답 8 ② 9 ① 10 ④ 11 ①

12 녹두를 갈아놓으면 물이 생겨 묽러진다. 이유로 옳은 것은?

① 이수 현상이다.
② 가수분해되어 묽어진 것이다.
③ 아밀라아제가 작용하여 묽어진다.
④ 미생물에 의해 분해된 것이다.
⑤ 미리 소금을 넣으면 묽어진다.

해설

녹두는 전분함량이 많아 아밀라아제 활성도가 높다. 빈대떡을 부칠 때 미리 갈아 놓으면 아밀라아제의 작용으로 인해 반죽이 묽어지므로 소를 만든 후 바로 지져 내야 한다.

13 팥의 껍질에 들어있으며 아린 맛의 주성분은?

① 쿠크르비타신
② 시아닌
③ 시부올
④ 엘라그산
⑤ 호모젠티스산

해설

팥의 표피에는 시아닌이라는 배당체가 들어 있어 아린 맛이 있다. 오이꼭지(쿠크르비타신), 미숙한 감(시부올), 밤 속껍질(엘라그산), 죽순(호모젠티스산)

14 다음 식품을 이용한 음식과의 관계가 옳지 않은 것은?

① 팥 – 양갱
② 녹두 – 청포묵
③ 대두 – 청국장
④ 완두 – 숙주나물
⑤ 강낭콩 – 떡소

해설

녹두는 전분으로 청포묵을 만들고 싹을 길러 숙주나물로도 많이 이용한다.

14장 유지류

1 튀김용 기름으로 적합한 것은?

① 점조성이 있는 것
② 발연점이 낮은 것
③ 산가가 높은 것
④ 향이 진한 것
⑤ 이물질이 없는 것

2 고형유지의 조리 특성에 대한 설명으로 옳은 것은?

① 반죽에 가소성을 준다.
② 비열이 물보다 작아 열전도가 느리다.
③ 고체지방보다 액체지방이 크리밍성을 증가시킨다.
④ 글루텐 결합을 증가시킨다.
⑤ 버터와 마가린은 튀김기름으로 적합하다.

정답 12 ③ 13 ② 14 ④ 14장 1 ⑤ 2 ①

해설

고형지방은 교반에 의해 내부에 공기를 품는 성질이 있는데 마가린과 쇼트닝 등이 지방입자가 작아 크리밍성이 크다. 또한 고체인 버터, 마가린, 쇼트닝, 라드 등은 가소성이 매우 높다. 유화제가 첨가된 쇼트닝, 버터와 마가린은 발연점이 낮아 튀김용 기름으로는 적합하지 않다.

3 튀김기름의 발연점이 낮아지는 요인으로 옳지 않은 것은?

① 유리지방산의 함량이 높을수록
② 그릇의 표면적이 넓을수록
③ 기름 이외의 이물질이 많을수록
④ 불포화도가 높을수록
⑤ 여러 번 반복해서 사용할수록

해설

튀김기름은 가열횟수, 유리지방산함량, 그릇의 표면적이 클수록, 이물질이 많을수록 발연점이 낮다. 유지를 가열 또는 저장하면 가수분해하여 유리지방산을 형성하게 되어 산가가 높아진다.

4 튀김냄비로 적합하지 않은 것은?

① 그릇 입구가 좁은 것
② 그릇이 검은 색인 것
③ 무쇠 재질로 된 것
④ 열전도율이 낮은 것
⑤ 그릇의 표면적이 넓은 것

해설

튀김그릇이 넓으면 표면적이 넓어져 자동산화가 빨라지고 발연점이 낮아지므로, 튀김그릇은 입구가 좁은 것을 사용한다. 열전도가 낮은 것은 온도 변화가 작아 적합하다.

5 튀김기름의 가열 시 변화 중 옳은 것은?

① 점도가 감소하며 투명해진다.
② 발연점이 높아진다.
③ 메일라드반응에 의해 갈색 색소를 형성한다.
④ 튀김 기름을 오래 사용하면 거품이 제거된다.
⑤ 기름이 분해되어 휘발성 물질을 감소시킨다.

해설

튀김기름을 가열하면 지방의 중합현상이 일어나 점도가 증가하며, 유리지방산과 이물질이 증가하여 발연점이 낮아진다. 식품 내부의 단백질은 열에 의해 분해되어 생성된 아미노산과 당이 메일라드반응에 의해 갈색 색소를 형성하여 색이 짙어지며 거품을 형성한다.

6 공기 중에서 굳어지지 않는 유지(요오드가 100 이하)인 것은?

① 들기름
② 콩기름
③ 올리브유
④ 옥수수유
⑤ 겨자유

정답 3 ④ 4 ⑤ 5 ③ 6 ③

해설

건조성 : 유지가 공기 중에서 산소를 흡수하여 산화 · 중합 · 축합을 일으킴으로써 차차 점성이 증가하여 마침내 고화(固化)하는 성질. 구조식에 포함되는 이중결합의 수에 비례하며 요오드값에 따라 분류

7 불건성유에 해당하는 유지는?

① 참기름 ② 겨자유 ③ 올리브유
④ 면실유 ⑤ 콩기름

해설

- 건성유(130 이상) : 들기름, 겨자유
- 반건성유(100~130) : 콩기름, 면실유, 참기름, 옥수수유
- 불건성유(100 이하) : 올리브유, 피마자유, 낙화생유

8 대두유는 다량의 (　　)이 들어 있어 천연 항산화제의 효과가 있으며, 인체에서는 노화 방지 효과도 있다. 괄호 안에 적합한 천연 항산화제는?

① 토코페롤 ② 에루스산 ③ 세사미놀
④ 고시폴 ⑤ 라우라산

해설

대두유는 다량의 토코페롤이 들어 있어 천연 항산화제의 효과가 있으며, 지방산의 조성은 리놀레산과 올레산이 약 80%이고, 인지방인 레시틴이 1.5% 정도 들어 있다.

9 (　　)는 상온에서 반고형체이고, 산화안정성이 낮으며, 가소성은 동물성 지방과 비슷하며 라면, 튀김유, 제빵용으로 많이 사용된다. 괄호 안에 적합한 유지는?

① 들기름 ② 콩기름 ③ 올리브유
④ 팜유 ⑤ 야자유

해설

정제된 팜유의 지방산 조성은 포화지방산인 팔미트산 45~50%, 올레산 40%, 리놀레산 10% 정도로 상온에서는 반고형체이고 가소성은 동물성 지방과 비슷하다. 마가린과 육제품 등에 가공유로 사용한다.

10 유채유에 들어있는 독성물질인 에루스산을 적게 함유하도록 품종을 개발하여 채유한 유지는 무엇인가?

① 옥배유 ② 콩기름 ③ 카놀라유
④ 팜유 ⑤ 야자유

해설

일반 유채유에는 독성물질인 에루스산이 들어 있어 인체에 유해할 수도 있는데 최근에 에루스산이 적게 들어 있는 품종을 개발하여 채유한 것을 카놀라유라 한다. 지방산의 구성은 에루스산 45% 정도이며, 올레산이 17%, 리놀레산 16% 정도이다.

정답 7 ③ 8 ① 9 ④ 10 ③

11 동유처리된 기름의 특징으로 옳은 것은?

① 냉장보관 시 투명하게 된다.
② 녹는점이 높아진다.
③ 냉장보관 시 결정화되지 않는다.
④ 저장성이 향상된다.
⑤ 상온에서 고체화된다.

해설

식물성 기름의 냉장보관 시 기름이 뿌옇게 되는 현상이 일어난다. 이러한 결정을 제거하기 위해 결정화된 지방을 여과하는 동유처리를 하게 되며 동유처리 된 기름은 녹는점이 낮아져 냉장온도에서 결정화되지 않는다.

12 수소화된 유지의 특징으로 옳은 것은?

① 포화도가 감소된다.
② 녹는점이 낮아진다.
③ 저장성이 감소된다.
④ 상온에서 고체상태가 된다.
⑤ 가소성이 감소된다.

해설

수소화를 시키면 포화도가 증가하고 지방의 녹는점이 상승하여 상온에서 고체상태가 된다. 트랜스형이 많아지면 지방의 녹는점이 높아지고 저장성이 향상되지만 건강상의 문제를 일으킬 수 있다.

13 식물성 유지로서 포화지방산 함량이 많아 상온에서 고체인 유지는?

① 코코넛유
② 올리브유
③ 카놀라유
④ 미강유
⑤ 야자유

14 식물성 유지와 함유된 항산화제 연결이 옳은 것은?

① 옥배유 – 고시폴
② 면실유 – 토코페롤
③ 대두유 – 에루스산
④ 참기름 – 세사몰
⑤ 옥수수유 – 리놀레산

해설

대두유의 천연항산화제는 토코페롤이며, 참깨기름은 비타민 E와 세사몰, 면실유에는 고시폴이라는 독성분이 있어 정제가 필요하며 유채유에는 독성물질인 에루스산이 들어 있어 인체에 유해할 수도 있다.

15 다음 중 식품과 천연항산화제와의 연결이 옳은 것은?

① 고추 – 케르세틴
② 강황 – 유제놀
③ 정향 – PG
④ 대두유 – 토코페롤
⑤ 포도씨유 – BHA

해설

BHA(butylated hydroxyanisole), PG(propyl gallate)는 합성항산화제이며 천연항산화제에는 토코페롤(대두유), 케르세틴(양파), 캡사이신 (고추), 유제놀(정향), 진저론(생강), 쿠쿠민(강황) 등이 있다.

정답 11 ③ 12 ④ 13 ① 14 ④ 15 ④

16 튀김기름을 오래 사용할수록 증가되지 않는 것은?

① 발연점　② 점도　③ 산가
④ 과산화물가　⑤ 향

해설 튀김기름은 가열횟수, 유리지방산 함량, 이물질이 많을수록 발연점이 낮아진다.

15장 채소류 및 과일류

1 채소조리 시 섬유소를 파괴시켜 물러지게 하는 물질은?

① 식초　② 토마토　③ 레몬즙
④ 설탕　⑤ 베이킹소다

해설
산성물질이 조리의 마지막에 첨가되면 조리시간이 길어지고 펙틴을 침전시켜 채소를 더 부드럽게 하는 반면 알칼리성 물질은 섬유소를 파괴시켜 물러지게 한다.

2 통조림 가공 시 첨가하면 채소를 단단하게 하는 물질이 아닌 것은?

① 칼슘　② 경수　③ 황설탕
④ 염화칼슘　⑤ 술

해설
칼슘염은 펙틴물질과 결합하여 불용성 염을 만들어 식품의 조직을 단단하게 한다. 연수에 삶았을 때보다 경수에 채소를 조리하면 섬유소가 잘 연해지지 않는다. 당밀, 경수, 황설탕도 같은 역할을 한다. 또한 산의 첨가 시 채소의 질감을 단단하게 한다.

3 적색 채소를 데칠 때 옳지 않은 것은?

① 소금을 넣고 데친다.　② 뚜껑을 덮고 데친다.
③ 식초를 넣고 데친다.　④ 사과주스를 넣고 데친다.
⑤ 쌀뜨물을 넣고 데친다.

해설
안토시아닌 색소는 산에는 안정하여 선명한 붉은 색을 띤다. 중성에서는 자색이 되며, 알칼리성에서는 청색이 된다. 산에는 안정하므로 레몬즙이나 식초를 넣어주면 선명한 붉은 색을 유지할 수 있다.

4 과일의 맛을 좌우하는 요소는?

① 당분과 산도　② 당분과 유기산　③ 감칠맛과 유기산
④ 아린 맛과 감칠맛　⑤ 향미와 당도

해설 당분과 유기산은 과일의 맛을 좌우하는 매우 중요한 요소이다.

정답　16 ①　15장　1 ⑤　2 ⑤　3 ①　4 ②

5 **과일과 과일 속에 함유된 유기산의 연결이 옳지 않은 것은?**

① 포도 – 주석산 ② 사과 – 능금산 ③ 감귤류 – 능금산
④ 복숭아 – 능금산 ⑤ 감귤류 – 구연산

해설
숙신산, 호박산(사과, 딸기), 구연산(살구, 감귤류), 주석산(포도), 능금산(복숭아와 사과)

6 **단백질과 지질함량이 높은 과일은?**

① 바나나 ② 아보카도 ③ 복숭아
④ 무화과 ⑤ 매실

해설
아보카도와 올리브는 지방 함량이 각각 18%, 24%이다.

7 **1년생 채소에 씨방이 발달하여 열매를 맺는 과채류는?**

① 앵두 ② 참외 ③ 밤
④ 살구 ⑤ 대추

해설
1년생 채소에 씨방이 발달하여 열매를 맺는 과채류는 수박, 참외, 토마토 등이며, 씨방이 성장 발달하여 과일의 중간에 딱딱한 핵층이 있는 과채류는 대추, 매실, 복숭아, 살구, 앵두, 자두 등이다.

8 **생과일을 건조했을 때 증가되는 성분은?**

① 비타민B_1 ② 비타민C ③ β–카로틴
④ 칼슘 ⑤ 철분

해설
생과일과 건조과일의 철분 함량을 비교해 보면 건조과일의 철분 함량이 더 많다.

9 **과일이 숙성되면서 나타나는 변화로 옳지 않은 것은?**

① 전분이 증가한다.
② 유기산 함량이 증가한다.
③ 포도당과 과당이 증가된다.
④ 프로토펙틴은 펙틴으로 분해된다.
⑤ 떫은맛이 없어진다.

해설
과일이 숙성되면서 프로토펙틴은 펙틴으로 분해되어 연화되고 떫은맛이 없어진다. 수확기가 되면서 전분은 포도당과 과당으로 분해되어 단맛이 증가하게 되며, 12% 내외로 감소한다.

정답 5 ③ 6 ② 7 ② 8 ⑤ 9 ①

10 후숙시키면 완숙과일에 가까운 상태가 되는 것은?

① 토마토 ② 사과 ③ 포도
④ 참외 ⑤ 배

해설

과일은 수확 후에도 호흡과 대사 작용이 일어나 미숙한 과일을 수확하여 일정 온도에서 후숙시키면 완숙 과일에 가까운 상태로 된다. 이러한 과일로는 바나나, 토마토, 복숭아 등이 있다.

11 호흡기 과일에 속하지 않은 것은?

① 아보카도 ② 사과 ③ 포도
④ 살구 ⑤ 복숭아

해설

과실의 호흡작용이 일정 시간이 지나면 급격히 증가하는 현상을 호흡률 급상승이라고 하며, 호흡기 과일에 속하는 대표적인 과일로는 사과, 배, 아보카도, 살구, 감 등이 있다.

12 비호흡기 과일에 속하는 것은?

① 바나나 ② 수박 ③ 배
④ 감 ⑤ 토마토

해설

비호흡기 과일은 나무에서 완전히 익도록 한다. 여기에 속하는 과일로는 수박, 딸기, 레몬, 포도, 오렌지 등이 있다.

13 냉장 저장에 적합하지 않은 것은?

① 파인애플 ② 딸기 ③ 사과
④ 배 ⑤ 토마토

해설

열대과일은 냉장온도에서 저장하면 냉해를 받아 조직이 연화되고 반점이 나타나며 갈색화되므로 냉장온도에서 저장하지 않는 것이 좋다.

14 과일이 숙성할수록 감소하는 성분은?

① 포도당 ② 펙틴 ③ 프로토펙틴
④ 향 ⑤ 과당

해설

과일이 숙성되면서 프로토펙틴은 펙틴으로 분해되어 연화되고 떫은맛이 없어진다.

정답 10 ① 11 ⑤ 12 ② 13 ① 14 ③

15 **열에 비교적 안정하므로, 조리과정 중에 손실은 거의 없으나 산소나 산화효소, 햇빛에 매우 약하고 공기 중에 쉽게 산화되므로 포장재료, 용기 등에 주의해야 하는 색은?**

① 클로로필(Chlorophyll)
② 카로티노이드(carotenoids)
③ 플라보노이드(flavonoids)
④ 안토시아닌(anthocyanins)
⑤ 타닌(tannin)

16 **가열 조리한 양파에서 단맛이 난다. 단맛의 성분은?**

① 알리신
② 메틸멀캅탄
③ 듈신
④ 프로필멀캅탄
⑤ 글리시긴진

해설

마늘과 양파는 가열함으로써 매운맛 성분이 프로필멀캅탄(propylmercaptan)으로 변하여 단맛을 낸다.

17 **채소를 찬물에 헹구는 목적이 옳지 않은 것은?**

① 죽순, 우엉 – 아린 맛 성분인 수산화칼슘을 우려내기 위해
② 시금치, 쑥갓 – 떫은맛 성분인 수산을 제거하기 위해
③ 배추, 양배추 – 클로로필의 자가분해를 방지하기 위해
④ 도라지, 더덕 – 쓴맛을 제거하기 위해
⑤ 씀바귀, 물쑥 – 쓴맛을 제거하기 위해

해설

배추, 시금치, 쑥갓, 양배추같은 채소들은 데친 후 냉수로 재빨리 헹구어 주면 쓰고 떫은맛 성분을 제거해 주는 동시에 온도를 낮추어 아스코르브산의 자가분해를 방지하므로 데친 채소는 반드시 헹구는 것이 좋다

18 **신선한 배추를 햇볕에 오래 노출되면 초록색이 황색으로 변하는데 이유로 옳은 것은?**

① 카로티노이드 색소가 증가했기 때문이다.
② 공기 중의 산소와의 접촉 때문이다.
③ 폴리페놀(polyphenol)성분에 의한 갈변이다.
④ 멜라닌이라는 갈색색소를 형성하기 때문이다
⑤ 자가소화로 페오피틴을 생성하기 때문이다.

해설

클로로필은 청록색인 a와 황록색인 b가 보통 3:1 정도로 들어 있다. 푸른잎이 시간이 지나면 누렇게 갈변되는 것은 자가소화에 의해 식물의 유기산이 클로로필에 작용하여 페오피틴을 생성하기 때문이다.

정답 15 ② 16 ④ 17 ③ 18 ⑤

19 **생고사리에는 이 성분이 있어서 비타민 B_1을 파괴하므로, 충분히 삶아서 사용해야 한다. 무엇인가?**

① pectinase ② allinases
③ thiaminase ④ lipase
⑤ chlorophyllase

해설
생고사리에는 티아미나아제가 있어서 비타민 B_1을 파괴하므로, 충분히 삶아서 사용하면 효소가 불활성화되어 비타민의 파괴를 막을 수 있다.

20 **적색채소를 조리할 때 색 변화를 감소하기 위한 방법으로 옳은 것은?**

① 소금을 첨가한다. ② 알루미늄 냄비에 보관한다.
③ 뚜껑을 덮고 조리한다. ④ 동전을 넣고 데친다.
⑤ 찌거나 썰어 볶는다.

해설
안토시아닌계 색소는 산성 용액에서는 붉은색을 띠고, 중성용액에서는 보라색을 띠며, 알칼리성 용액에서는 청색을 띤다. 적색채소는 일반적으로 조리수를 소량 가하고 뚜껑을 덮어 조리하면 유기산을 이용하여 변색을 방지할 수 있다. 주석, 철, 알루미늄 등의 금속과 반응하여 색이 암청회색이나 적갈색으로 변화되는 성질이 있으므로 스테인리스 스틸이나 유리용기에 보관한다.

21 **아스파라거스같은 채소의 조직을 단단하게 삶으려면, 무엇을 넣고 조리하면 단단함을 유지할 수 있는가?**

① 동 ② 철 ③ 주석
④ 칼슘 ⑤ 설탕

해설 칼슘과 펙틴이 결합하면 불용성 칼슘염을 형성하게 되어 세포벽이 강화되어 조직이 단단해진다.

22 **채소의 조리 시 변화로 옳은 것은?**

① 생죽순, 토란은 소금물에 삶으면 떫은맛을 제거할 수 있다.
② 근대의 풋내는 쌀뜨물에 데치면 제거할 수 있다.
③ 아스파라거스는 연수를 넣고 조리하면 단단함을 유지할 수가 있다.
④ 신선한 채소는 데치지 않고 냉동시키면 변색을 막을 수 있다.
⑤ 근채류는 베이킹소다를 넣고 삶으면 조직을 물러지게 한다.

해설
생죽순, 토란은 쌀뜨물에 삶으면 떫은맛을 제거할 수 있으며, 근대의 풋내와 흙내도 소금물에 데치면 제거할 수 있다. 아스파라거스, 칼슘 등이 들어있는 경수를 넣고 조리하면 채소가 단단해진다. 냉동채소는 냉동 저장 동안 산화를 방지하기 위하여 신선한 채소는 데쳐서 냉동시켜야 한다.

정답 19 ③ 20 ③ 21 ④ 22 ⑤

23 **폴리페놀옥시다아제의 활성을 억제시키는 금속은?**

① 구리이온(Cu^{2+}) ② 철(Fe^{2+})
③ 알루미늄이온(Al^{3+}) ④ 주석(Sn^{2+})
⑤ 염소이온(Cl^{-})

해설
폴리페놀옥시다아제는 구리이온(Cu^{2+}), 철이온(Fe^{2+})에 의해 활성화되고, 염소이온(Cl^{-})에 의해 활성이 억제되므로 희석된 소금물에 담가 둔다. 또한 과일을 자를 때 철로 만든 칼을 사용하지 않아야 한다.

24 **과일의 갈변을 방지하는 방법으로 옳지 않은 것은?**

① 진공 포장 ② 산성용액에 코팅한다.
③ 아황산가스 처리 ④ 소금물에 담가 둔다.
⑤ 구리로 만든 칼을 사용한다.

해설
폴리페놀옥시다아제는 구리이온(Cu^{2+}), 철이온(Fe^{2+})에 의해 활성화되고, 과일을 자를 때 구리나 철로 만든 칼을 사용하지 않아야 한다.

16장 해조류 및 버섯류

1 **주로 바다 표면에서 생육하는 해조류는?**

① 다시마 ② 미역 ③ 파래
④ 김 ⑤ 톳

해설
해조류는 서식하는 위치에 따라 분포하는 색소가 다르고, 색소에 따라서 분류할 수가 있다. 녹조류가 바다 표면에서 가장 가까이 생육하며 갈조류, 홍조류 순이다.

2 **생미역의 색이 검게 보이는 이유로 옳은 것은?**

① 철분이 많이 함유되어 있어서
② 클로로필이 지단백질과 결합되어 있어서
③ 피코빌린(phycobilin) 색소가 많이 잔존하여서
④ 티로시나아제에 의해 갈변되어서
⑤ 피코에리트린이 피코시아닌으로 변해서

해설
생미역은 녹조류이지만 클로로필이 지단백질과 결합되어 있기 때문에 검게 보인다. 85~100℃의 뜨거운 물에 30~60초 정도 데치면 결합되어 있던 지단백질이 변성되어 클로로필의 녹색이 표면화되기 때문에 녹색으로 변한다.

정답 23 ⑤ 24 ⑤ 16장 1 ③ 2 ②

3 마른 다시마 표면의 흰 분말 성분은?

① 포도당 ② 알긴산 ③ 글루탐산
④ 만난 ⑤ 만니톨

해설

다시마 표면의 흰가루는 만니톨 성분으로, 물로 씻으면 손실되므로 젖은 행주로 닦은 후 사용한다. 알긴산은 다시마의 식이섬유이다.

4 김을 구울 때 순간적으로 녹색으로 변하는 이유는?

① 김에 많이 들어 있는 카로티노이드색소때문이다.
② 크산토필(xanthophyll)이나 클로로필이 분해되었기 때문이다.
③ 피코에리트린이 피코시아닌으로 변했기 때문이다.
④ 피코빌린(phycobilin) 색소가 많이 잔존하기 때문이다.
⑤ 클로로필이 지단백질과 결합되어 있기 때문이다.

해설

김을 구울 때 녹색으로 변하는 것은 피코에리트린(phycoerythrin)이 탈수소화되어 청색의 피코시아닌(phycocyanin)으로 변했기 때문이다. 건조과정에서 습기가 많으면 클로로필이 분해되고, 피코빌린(phycobilin) 색소가 많이 잔존하여 흑자색에서 흑갈색으로 변하고 향도 나빠진다. 오래된 김은 광선과 공기와 접촉하여 크산토필(xanthophyll)이나 클로로필이 분해되었기 때문에 녹색으로 변하지 않는다.

5 홍조류를 건조한 후 뜨거운 물에 녹여 동결건조시켜서 만든 것은?

① 젤라틴 ② 알긴산 ③ 펙틴
④ 한천 ⑤ 콜라겐

해설

우뭇가사리와 같은 홍조류의 추출액을 여과하고 냉각한 후 얻어진 젤을 잘게 썰어서 동결시킨다. 냉동과 해동과정을 반복하여 수용성 불순물 등을 제거한 후 건조탈수하여 분말 형태로 만든 것이 한천이다.

6 한천을 겔화할 때 투명도를 증가시키는 첨가제는?

① 설탕 ② 소금 ③ 우유
④ 과즙 ⑤ 효소

해설

한천을 겔화할 때 설탕을 넣으면 겔의 강도가 더 커지며 투명도도 증가하지만 응고되는 온도는 더 높아진다.

정답 3 ⑤ 4 ③ 5 ④ 6 ①

7 **한천 겔에 대한 설명으로 옳은 것은?**

① 한천의 농도가 높을수록 잘 굳는다.
② 설탕의 농도가 높을수록 응고온도는 낮아진다.
③ 소화가 잘 된다.
④ 과즙의 첨가는 젤리의 겔 강도를 단단하게 한다.
⑤ 우유를 첨가하면 겔의 강도가 단단해진다.

해설

75% 이상 설탕 첨가 시 겔의 망상구조 형성이 어려워 겔의 강도는 저하된다. 한천은 산에 약하여 가수분해되므로 겔의 강도가 약해진다. 한천 겔에 우유를 첨가하면 우유의 지방과 단백질이 한천 겔의 망사구조 형성을 방해하여 겔의 강도가 약해진다. 한천은 소화가 되지 않으므로 저칼로리 식품이다.

8 **젤라틴 겔의 강도를 단단하게 하는 첨가물은?**

① 설탕　② 소금　③ 우유
④ 과즙　⑤ 효소

해설

염류는 단단한 응고물을 형성시키므로 소금(NaCl)을 첨가하거나 무기질이 많이 함유된 경수를 사용하면 단단해진다.

9 **젤라틴 겔에 대한 설명으로 옳은 것은?**

① 설탕의 첨가는 50~55%가 적당하다.
② 과즙은 먼저 가열하여 사용한다.
③ 단백질의 하나로 영양적인 가치가 크다.
④ 한천보다 탄력도, 투명도가 낮다.
⑤ 소화가 되지 않으므로 저칼로리 식품이다.

해설

젤라틴은 한천보다 탄력도, 투명도가 높으며 설탕은 20~25%가 적당하다. 젤라틴은 단백질이기는 하나 트립토판 등 영양상의 중요한 아미노산이 없거나 적으므로 그 영양적인 가치는 적으며 소화가 잘 된다. 과즙은 가열하여 단백질 분해효소를 불활성화시킨 후 사용한다.

10 **한천의 용도로 옳지 않은 것은?**

① 양갱　② 미생물 배지　③ 증점제
④ 양장피　⑤ 무스케이크

해설

- 한천 : 과일젤리, 과일케이크. 양갱, 양장피, 미생물배지 등
- 젤라틴 : 족편, 미생물배지, 무스케이크, 마시멜로, 과일젤리 등

정답 7 ① 8 ② 9 ② 10 ⑤

11 살아있는 소나무의 실뿌리에서 기생하는 버섯은?

① 팽이버섯 ② 목이버섯 ③ 석이버섯
④ 느타리버섯 ⑤ 송이버섯

12 버섯의 성분에 대한 설명으로 옳은 것은?

① 단백질과 지질의 함량이 당질보다 많다.
② 비타민 A, C가 풍부하다.
③ 비타민 D의 전구체인 에르고스테롤이 많이 들어 있다.
④ 영양가가 높은 고열량식품이다.
⑤ 식물의 당분을 영양분으로 살아간다.

13 표고버섯에 대한 설명으로 옳지 않은 것은?

① 제주도에서 많이 생산되며 초기라 부른다.
② 에르고스테롤이 많아 비타민 D가 많아진다.
③ 참나무나 오리나무 등의 뿌리에서 자란다.
④ β-글루칸은 면역기능 강화, 피부재생 및 노화 방지 등을 한다.
⑤ 채취 상태에 따라 동고, 향고, 향신 등이 있다.

해설
표고버섯은 봄과 가을에 밤나무, 졸참나무, 떡갈나무 등 활엽수의 줄기에서 군생을 한다.

정답 11 ⑤ 12 ③ 13 ③

PART

06

급식관리

1장 급식개요

01 급식개요

(1) 급식산업의 정의

음식과 이를 이용한 서비스를 판매하거나 제거하여 가치를 얻는 산업이다.

(2) 급식산업의 구분

① 비상업적 급식 (단체급식)

㉠ 영리를 목적으로 하지 않고 특정 다수인에게 계속해서 식사를 제공하는 급식

㉡ 학교급식, 기숙사, 학교, 산업체, 병원급식, 군대급식, 교정시설(교도소) 급식

② 상업적 급식(외식업)

㉠ 영리를 목적으로 일반 대중에게 식사 제공

㉡ 일반음식점, 휴게음식점, 출장음식, 도시락급식, 호텔, 교통기관식당, 자동판매기 등

(3) 단체급식의 정의

단체급식은 학교, 사업체, 기숙사, 공장, 병원, 후생기관 등에서 특정한 사람들을 대상으로 계속해서 음식을 제공하는 시설의 총칭. 식품위생법에서 "집단급식소"란 영리를 목적으로 하지 아니하면서 특정 다수인에게 계속하여 음식물을 공급하는 기숙사 · 학교 · 병원 · 사회복지시설 · 산업체 · 국가, 지방자치단체 및 공공기관, 그 밖의 후생기관 등 어느 하나에 해당하는 곳의 급식시설로서 대통령령이 정하는 시설을 말한다. 급식산업은 운영 주체에 따라 직영급식과 위탁급식으로 나뉘고, 급식시설 종류별로 특성에 따른 목적은 다음과 같다.

① **병원급식** : 병원급식은 환자를 대상으로 하는 환자급식과 직원급식으로 분류할 수 있다. 일반적인 병원급식이라 함은 주로 환자급식을 말한다.

㉠ 환자 개개인의 질병의 종류와 증상에 따라 적절한 식사를 제공

㉡ 환자에게 영양교육, 상담 등을 통해 환자의 영양 상태를 향상

㉢ 질병의 치료 및 회복 촉진을 도모

② **산업체급식** : 근로자에게 급식을 제공함으로써 체력 유지 및 건강을 증진시키고자 하는 직원복리후생의 목적과 작업 능률과 생산성 향상 등 기업능률을 향상시키는 데 목적이 있다.

③ **학교급식** : 성장기 아동과 청소년의 신체적 발육에 필요한 영양을 공급함으로써 심신 발달을 도모하고지 하는 보건의 목적과 편식 교정, 올바른 식습관 형성, 협동심과 봉사정신 등 공동체의식 함양과 개인위생 및 환경교육 등 교육의 목적이 있다.

④ **군대급식** : 청년기의 신체의 체력 유지 및 건강을 증진시켜 국방의 의무를 하도록 하며, 군복무 중의 규칙적인 식생활로 체력단련을 유도한다. 군인들에게 적절한 급식 제공으로 개인의 건강, 체력 및 사기를 유지하고 전투력을 최대한 발휘하여 국민 재산과 생명보호에 기여한다.

⑤ **사회복지시설** : 영유아, 노약자, 정신적 · 신체적으로 불완전한 사람을 대상으로 국가나 개인 보호단체에서 복지시설을 통하여 각 대상에 따른 기본적인 생리적 요건과 식욕 및 기호를 충족시키고 복지시설 예산에 맞추어 급식이 되기에 양과 질적인 면에 부족한 경우가 있다. 단체급식소의 형태나 대상과 관계없이 피급식자들에게 정해진 예산 범위 내에서 영양적으로 균형 있고 위생적이며 맛있는 음식을 제공하는 것이 공통적인 목적이다.

(4) 영양사

영양사란 식품과 영양에 관한 전문지식을 바탕으로 국민의 영양 및 건강 향상을 위해 일하는 사람이다.

① **영양사의 업무**

㉠ 영양사의 일반 업무

- 영양교육과 지도
- 식단 작성, 검식 및 배식관리
- 구매식품의 검수 및 관리
- 급식시설의 위생적 관리
- 단체급식소의 운영일지 작성

② **식품위생법상의 영양사 직무** : 우리나라 영양사의 직무는 식품위생법 시행규칙 제79조(영양사의 직무 등)에 다음과 같이 명시되어 있다.

- 식단 작성, 검식(檢食) 및 배식관리
- 구매식품의 검수(檢受) 및 관리
- 급식시설의 위생적 관리
- 집단급식소의 운영일지 작성
- 종업원에 대한 영양지도 및 식품위생교육

(5) 급식관리의 기능

급식관리란 각 급식조직체에 있어 급식 목적을 달성하기 위하여 필요한 물적 요소와 인적요소를 활용하여 영양적이고 경제적인 식사를 효과적으로 제공하기 위한 관리활동이다.

① **계획기능** : 영양계획, 식사계획, 운영계획, 식재료구입계획, 조리작업계획 등

② **실시기능** : 식단 작성, 식재료의 구입 · 보관, 조리, 배식, 시설 · 설비의 보수 등

③ **평가기능** : 급식 인원수 관리, 식사상황, 식품 구입 품목과 가격, 조리 작업 시간, 위생 상태 평가, 영양가 분석, 원가분석, 검식, 잔식조사, 급식 실태조사 등 급식의 경영과 운영관리를 원활하게 하기 위해서는 급식의 조직을 확립하고 영양관리, 급식작업관리, 식재료 관리, 위생

관리, 시설 · 설비관리, 노무관리, 사무관리 등의 직능이 필요하며 이러한 직능들이 하나의 조직체 안에서 상호관련성을 갖고 유기적으로 연결되어야 한다.

(6) 급식제도

① **전통적인 급식체계(Conventional Foodservice System)** : 대다수의 급식을 실행하는 기관에서 채택한 급식 유형으로 식품 재료를 구입하고 전처리 · 조리하여 배식을 하는 전 작업과정이 동일한 장소에서 이루어지며 식사하는 공간도 같은 장소에서 실시한다. 이와 같이 음식준비, 보관, 배식과 식사가 한 곳에서 이루어져 배달비용이 최소화되며 식사의 융통성과 탄력성이 있어 피급식자의 요구를 반영할 수 있으나 시설 · 설비의 투자비가 많이 들며 숙련된 조리종사원이 필요하여 인건비 상승이 생길 수 있다.

② **중앙공급식 급식체계(Commissary Foodservice System)** : 여러 개의 급식소를 갖고 있는 급식조직이 음식생산과정과 기타 제반활동을 중앙집중화시켜 공동 조리장에서 준비하여 각 급식소로 운반함으로써 노동력 및 경비절감을 꾀한 급식제도이다. 식재료를 구입하여 공동 조리장에서 음식생산까지의 전 과정이 이루어지고 완성된 음식을 각 급식소로 운반하여 그곳에서 재가열 과정을 거쳐 피급식자에게 배식한다. 운반방법으로는 단위별로 대분량, 중분량, 소분량으로 나누어 적절한 용기에 포장한 후 각 음식의 품질 유지를 위하여 적절한 온도유지와 안전한 운반을 위한 운반기구가 필요하다. 이와 같이 중앙공급식 급식제도는 음식생산과 배식에 시간 차이가 있어 시간적 여유가 있으나 각기 다른 장소에서 이루어져 이에 따른 위험에 노출되기 쉬우므로 전문적인 관리가 필요하다.

③ **조리저장식 급식체계(Ready Prepared Foodservice System)** : 식품을 조리한 직후 냉장 · 냉동해서 일정기간 저장한 후 급식하는 방법으로 미국 코넬대학에서 최초로 시작하였다. 이 방법은 음식을 바로 배식하기 위하여 생산하는 것이 아니라 냉동저장(Cook/Freeze Method)과 냉장저장(Cook/Chill Method)을 하여 배식하고자 할 때 열처리(재가열)를 하여 피급식자에게 제공한다. 재가열에 사용되는 기기는 전자레인지(Microwave Oven), 컨벡션 오븐(Convection Oven) 등이 있다.

④ **조합식 급식체계(Assembly Foodservice System), 편이식 급식체계(Convenience-food Foodservice System)** : 식품 제조업체나 식품 가공업체로부터 상품화된 완전 조리 음식을 구입하여 소분하거나 재가열하여 제공하는 형태로 급식소의 조리작업이 필요 없으며 주방시설이 없는 상태로 급식이 가능하다. 조리를 최소한으로 함으로써 관리에 필요한 노동력을 줄여 노동비용을 절감할 수 있다.

2장 식단관리

01 영양관리

영양관리란 피급식자의 요구에 만족한 식사, 필요한 영양소량을 균형 있게 섭취할 수 있는 식사를 정확하게 이해시키고 건강 유지, 증진에 기여하는 것이다.

(1) 식단 작성 시 고려 사항

① 필요영양소 결정

㉠ 탄수화물 : 55~65%

㉡ 지방 : 15~30%

㉢ 단백질 : 7~20%

㉣ 무기질, 단백질

② 균형된 식단으로 구성

③ 식습관과 기호성

④ 식품의 선택요령

⑤ 예산에 맞는 식품 소비

⑥ 조리법의 다양화

⑦ 급식소의 주방 설비 및 시설

⑧ 위생적인 배려

(2) 식단의 작성 순서

급식대상자의 영양소 필요량 결정 → 3식의 배분 → 주식, 부식 결정 → 미량영양소 결정 → 조리법을 고려한 식단표 작성

(3) 식사계획

① **영양섭취기준** : 영양섭취기준은 평균필요량, 권장섭취량, 충분섭취량, 상한섭취량의 4가지로 구성되어 있다.

㉠ 평균필요량(Estimated Average Requirements : EAR) : 대상집단을 구성하는 건강한 사람 절반(50%)에 해당하는 사람들의 일일필요량을 충족시키는 값이다.

㉡ 권장섭취량(Recommended Intake : RI) : 권장섭취량은 평균필요량에 표준편차의 2배를 더하여 산출한다. 이는 건강한 다수의 사람(97~98%)의 영양소 필요량을 충족시키는 값이다.

㉢ 충분섭취량(Adequate Intake, AI) : 충분섭취량은 영양소 필요량에 대한 정확한 자료가 부족하거나 필요량의 중앙값과 표준편차를 구하기 어려워 권장섭취량을 산출할 수 없을 경우에 제시하며, 주로 역학조사에서 관찰된 건강한 사람들의 영양소 섭취수준을 기준으로 한다.

㉣ 상한섭취량(Tolerable Upper Intake Level, UL) : 인체 건강에 유해영향이 나타나지 않는 최대 영양소 섭취수준으로 과량섭취 시 건강에 악영향의 위험이 있다는 자료가 있는 경우에 설정가능하다. 따라서 유해영향이 확인된 영양소의 경우, 영양소의 과잉 섭취로 인한 위험을 예방하고자 일반적인 집단의 대다수가 건강상 유해영향의 위험을 나타내지 않을 섭취수준을 상한섭취량으로 설정했다.

02 식품구성기준

① 식품구성안

㉠ 곡류 및 전분류

㉡ 채소류

㉢ 과일류

㉣ 고기, 생선, 달걀, 콩류

㉤ 우유 및 유제품

㉥ 유지, 견과 및 당류로 총 6개 식품군으로 분류

② **권장 식사 패턴** : 권장 식사 패턴은 일반적으로 개인의 영양섭취기준을 만족 시킬 수 있는 1일 식사구성의 예이다. 이를 토대로 개인의 기호도, 선호도 등을 고려하여 식품군의 섭취 횟수를 조절할 수 있으며, 다양하게 응용 가능하다. 식사구성안의 영양 목표는 아래와 같다.

㉠ 에너지 필요량의 경우 개인에 따라 다르므로 다양한 칼로리의 식사 패턴이 필요하다.

㉡ 권장 식사 패턴은 기준대상 연령에 따라 나누어지며, 900kcal~2,800kcal까지 제시되었다.

㉢ 권장식사 패턴은 2가지로 제시되고 있다. 패턴 A는 우유 2컵을 기본으로 하는 소아, 청소년의 식사 패턴이며, 패턴 B는 우유 1컵을 기본으로 하는 성인의 식사 패턴이다.

3장 구매관리

01 구매관리

(1) 구매

① 구매의 정의

좋은 품질 및 적절한 물품을 적정한 가격으로 구입하는 것이 매우 중요하며 급식재료의 질이 음식 맛을 좌우하게 된다. 매끼 만족스러운 식재료를 선정하기 위해서는 식단에 제시된 식품의 종류와 양, 요리 종류에 적합한 식재료의 품질 등을 고려하여야 한다. 따라서 충분한 양을 확보하여 식사계획, 영양계획이 이루어지고 조리작업이 원활히 수행되기 위해서는 식재료 관리가 매우 중요하다.

② 식재료 관리의 목적

㉠ 식재료를 적정 가격에 능률적으로 조달할 수 있고, 시스템화하여 공급되는 식재료의 품질을 유지할 수 있다.

㉡ 구입 계획, 발주, 검수, 보관(저장), 출장 및 식재료비의 평가(원가관리) 등의 일을 원활히 진행한다.

③ 구매의 유형

식품의 구매방법에는 시장조건, 구입량, 시설의 규모, 식단 형태 등에 따라 매우 다양하다. 구매방법의 방식에 따라 다음과 같이 구분할 수 있다

㉠ 집중구매(Central Purchasing), 중앙구매, 일관구매

기관 내의 구매부서에서 필요한 급식재료를 일괄 수집하여 구매하는 방식으로 일관된 구매방침이 있고, 구매비용이 절감되는 효과는 있지만 긴급 사항 시에 어려운 점과 절차가 복잡한 것이 단점이다.

㉡ 독립구매(Independent Purchasing), 분산구매(Decentral Purchasing)

조직의 부서에서 필요한 급식재료를 독자적으로 구매하는 방식으로 구매 절차가 간단하고 능률적이며 긴급 수요 시 유리한 반면에, 경비가 많이 들고 구입단가가 높아질 수가 있다.

㉢ 공동구매(Group Purchasing)

대량구매의 장점을 실현하기 위하여 복수의 소매업자가 모여서 공동으로 협력하여 구매하는 방식으로 대량 발주에 의한 원가 절감 효과가 있으며 전문구매 담당자에 의한 엄밀한 상품선정을 할 수 있다.

㉣ JIT구매

JIT(Just in Time) 구매는 특정기간의 급식생산에 필요한 식품의 양을 정확히 파악하여 필요량만을 구입하는 방법. 불필요한 재고를 줄여 주고, 공간을 효율적으로 사용할 수 있으며 이로 인해 원가를 절감할 수 있다.

(4) 구매 절차

① **구매의 필요성 인식** : 급식재료의 필요성을 인지하고 사용해야 할 품목을 결정하여 구매요구서를 작성하기 위한 사전작업이다.

② **필요한 품목과 수량 결정** : 구매자와 구매거래처 간의 의사소통을 원활히 하고 검수 시 자료로 이용하기 위하여 급식소의 여건에 합한 식품의 품질, 특성을 기술한 식재료의 품목, 양을 정확하게 산출하고 구매의뢰서에 구입일자, 품목, 분량, 단위, 규격, 예상단가 등을 기입하여 상부 기관의 승인을 재가한 후 구매부서, 또는 구매업무 수행을 직접 하는 경우에는 납품업체에 직접 주문하여 의뢰한다.

③ **공급업체 선정** : 급식의 규모, 급식시스템, 입지 조건, 지불 조건 등을 고려하여 식품의 종류를 분류하여 공급원을 선정한다. 또한, 각종 식재료의 시장조사를 사전에 실시하여 취급품목별로 여러 군데의 거래처나 납품업자를 선정하여 객관적인 자료(과거의 거래 실적, 신용도, 견적서 등)를 통하여 적합성을 비교 · 검토해서 결정한다.

④ **발주서 작성** : 식단 작성에 따라 식단에 기재된 음식의 표준 레시피에 적정 인원당 필요량을 산출하여 급식대상 인원수를 기준으로 수요를 예측하여 결정한다.

⑤ **물품배달 및 검수** : 구매담당자는 공급업체가 적시에 배달할 수 있도록 하며 검수담당자는 배달 물건을 철저히 검수한다.

⑥ **구매기록 보관** : 계약서와 발주서 등 법적 효력을 갖는 서류는 일정기간 보관한다.

⑦ **대금 지불**

예상문제

단체급식소의 구매 절차로 옳은 것은?

가) 필요한 품목과 수량 결정	나) 구입 필요성 확인	다) 가격 확인과 발주
라) 공급원 설정	마) 기록과 파일(File)의 보관	바) 검수 및 물품 수령
사) 입고		

정답 나) – 가) – 라) – 다) – 바) – 사) –마)

(5) 구매 서식

① **물품구매 명세서(Specifications ; Spec)** : 구입명세서, 물품명세서, 시방서
간단명료하고 꼭 필요한 정보를 제공한다. 물품명, 상표, 품질규정, 품질등급, 포장규격 및 단위, 단가, 용도, 검수방법, 숙성도 등을 기록한다.

② **물품구매 청구서(Purchase Requisition)** : 구매요구서, 구매청구서, 구매의뢰서
구매하고자 하는 물품의 품목과 양을 기록한 서식이다. 구입일자, 품목, 분량, 단위, 규격, 예산단가, 비고란을 만들어 작성하고 그 외 공급업자의 상호명과 주소, 주문일, 가격 등이 기재된다. 구매청구서는 보통 2매씩 작성하여 원본을 구매부서에 보내고 사본을 구매를 요구한 부서에서 보관한다.

③ **발주서** : 구매표, 발주전표 : 3부씩 작성하여 원본은 공급업자, 1부는 구매부서에서 보관, 1부는 회계부서에 전달한다. 물품 납입 후에 대금 지불의 근거로 사용된다.

④ **납품서** : 송장, 거래명세서
거래처에서 물품의 납품 내역을 적어 납품 시 함께 전달한다.

(6) 계약방식

업자와 계약을 체결하는 방식에는 수의계약방식과 경쟁입찰방식이 있다.

① **수의계약방식**
계약상대(업자)를 한정하지 않고 임의로 계약해서 구입하는 방법이다. 복수견적과 단일견적으로 나누며, 규모가 작은 급식소에서는 복수견적을 통하여 가격과 품질을 비교하여 계약 조건이 적합한 업자에게 납품을 받거나, 지정업체에게 단일견적을 받아 단독계약을 체결하는 방식이다.

② **경쟁입찰방식**
공식적인 구매방식으로 일반 경쟁입찰과 지명 경쟁입찰로 나눈다. 입찰 내용을 일정한 기간을 두고 공고하며 응찰자를 모집하고 입찰 조건, 계약 조건, 품명, 수량, 입찰장소 및 일시, 납품장소 및 시기 등의 사항들이 입찰공고에 제시된다. 이들 조건에 적당하게 입찰하여 낙찰받아 계약을 체결하는 방식이다.

(7) 구매시장과 유통경로

① **시장**

㉠ 물품이 생산자로부터 소비자에게 인도되고 그 소유권이 이전되는 장소

㉡ 식품의 종류에 따라 농수산물시장, 축산물시장으로 나뉘고, 유통경로에 따라 1차 시장(산지시장), 2차 시장(도매시장), 지역 시장(소매시장)으로 나뉜다.

② 시장의 일반적 기능

㉠ 판매자와 소비자간의 정보교환

㉡ 판매자로부터 소비자에게로 상품정보 전달

㉢ 판매자로부터 소비자에게로 소유권 이동

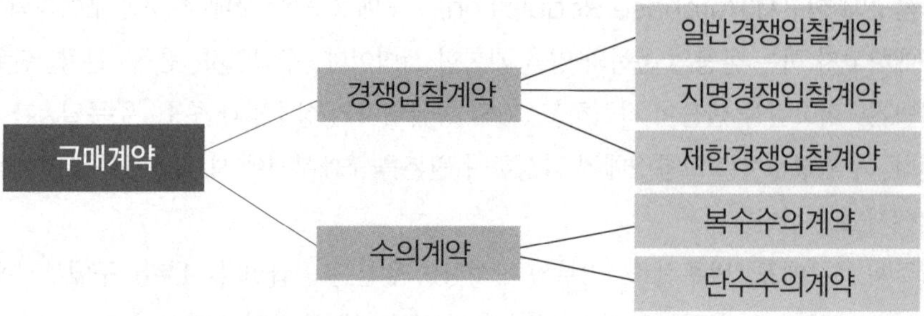

㉣ 소비자로부터 판매자에게로 금전의 이동

③ 구매시장조사 원칙

㉠ 경제성의 원칙 : 시장조사에 사용되는 비용을 최소화

㉡ 적시성의 원칙 : 구매업무를 일정 시간 내에 완료

㉢ 탄력성의 원칙 : 시장 상황 변동에 탄력적으로 운영

㉣ 정확성의 원칙 : 정확한 조사

㉤ 계획성의 원칙 : 계획을 세워 조사

(2) 발주

① 발주량 산출

㉠ 폐기 부분이 없는 식품의 발주량 = 1인분량 × 예상식수

㉡ 폐기 부분이 있는 식품의 발주량 = 1인분량 × 출고계수 × 예상식수

$$\text{출고계수} = \frac{100}{100 - \text{폐기율}}$$

예상문제

깍두기 1인분량은 50g이고 예상식수가 300식인 경우, 깍두기의 발주량을 계산하시오.

▶ 깍두기 발주량 = 50g × 300식 = 15kg

깍두기 1인분량은 50g이고 예상식수가 300식이다.
무의 원재료의 폐기율은 10%일 때 깍두기의 발주량을 계산하시오.

▶ 무의 출고계수 = 100 / 100 − 10 = 1.11

▶ 깍두기 발주량 = 50g × 1.11 × 300식 = 16.6kg ≒ 17kg

② 적정발주량

적정발주량을 결정할 때는 저장비용(Storage Cost)과 주문비용(Order Cost)을 고려해야 한다.

㉠ 저장비용은 재고를 유지하기 위한 소요비용으로, 저장시설의 유지비, 보험비, 변패로 인해 발생되는 손실비 등이 포함된다.

㉡ 주문비용은 인건비가 주로 차지하며 이외에 주문에 관련된 업무처리비, 교통비, 소모품비, 검수비 등의 비용을 말한다.

㉢ 저장비용이나 주문 비용은 1회 발주량과 주문 횟수에 따라 달라진다. 발주량이 많아지면 저장비용이 증가하고, 1회 발주량이 적어지면 주문비용이 증가하고 재고유지비용은 줄어든다.

㉣ 경제적 발주량(Economic Order Quantity : EOQ) : 저장비용과 주문비용의 합이 최소가 되는 지점의 1회 적정발주량을 경제적 발주량이라고 한다.

③ 발주방식

㉠ 정량발주 : 재고량이 발주점에 도달하면 일정량을 발주

- 저가 물품, 재고 부담이 적은 물품
- 지속적인 수요로 일정량의 재고를 보유해야 하는 품목
- 불용품(사장품, 死藏品)이 될 우려가 적은 품목

㉡ 정기발주 : 정기적으로 일정 시기마다 적정 발주량을 발주

- 고가 제품
- 재고 부담이 큰 것
- 조달 기간이 오래 걸리는 것
- 수요 예측이 가능한 것

(3) 검수

납품되는 식재료가 식품규격서 및 이에 근거한 가격과 내용이 일치된 상품인지를 판단하여 검수한다.

① 검수절차

㉠ 납품된 물품과 구매청구서의 대조 : 납입 시 서류(구매청구서)는 검수업무의 기준이 된다.

㉡ 배달된 물품과 송장(Invoice)의 대조 : 송장(거래명세서)은 배달된 식품의 수량과 가격에 대하여 공급업자가 작성하는 전표로 납입된 물품과 대조한다.

㉢ 물품의 인수 또는 반품 : 발주에 따른 물품, 수량, 가격 및 품질이 적합하면 인수하고 부적합하면 반품 처리한다.

㉣ 라벨, 꼬리표(Tag)의 부착 : 저장식품의 경우에는 입고 일자를 표시하고, 창고에 1일 이상 보관할 물품에 꼬리표를 부착하고, 포장된 물품인 경우 용기 위에 라벨을 붙인다.

㉤ 입고 및 운반 : 완전하게 납품되어 검수가 끝난 식품들은 종류에 따라 분류하고, 창고 · 냉장고 · 냉동고 등에 선입선출(First in First out : FIFO)과 후입선출(Last In First Out : LIFO)의 원칙에 따라 정리 보관하거나 적절한 장소로 운반한다.

㉥ 검수에 관한 기록 기재 및 납품서 확인

- 검수일지 : 납품에 대한 장부 기록은 중요한 검수기능을 한다. 물품명, 단가, 수량, 총액, 배달에 대한 정확한 내용 표기한다.
- 납품서(송장, 거래명세서) : 납품서는 구매부에서 발주서와 대조 · 점검하여 이상이 없으면 한 장은 대금지불을 위하여 회계부서로 넘기고 한 장은 발주서와 함께 보관한다.

② 검수방법

㉠ 전수검사 : 납품된 물품을 전부 검사하는 방법이다. 고가이거나 소량입고될 경우에 일일이 검사하여 좋은 제품이 입고되지만 시간과 인건비용이 많이 소용되는 단점이 있다.

㉡ 발췌 검사 : 납품된 물품 중 견본을 뽑아서 검사하는 방법으로 수량이 많거나 항목이 많은 경우에 효율적이다.

③ 검수 업무 수행 시 고려해야 할 사항

㉠ 적절한 검수 설비 및 기기 구비

㉡ 검수 시간의 확보

㉢ 식품규격서와 구매의뢰서 사본

㉣ 위생(HACCP 등 고려)

④ 검수설비 및 기기 : 부적격품이 납입된 경우는 반품해서 대체품을 납입하도록 의뢰하고 시간적 여유가 없을 때는 부분적으로 식단을 변경한다. 특히, 신선식품 등의 위생 상태 측면에 문제가 있는 경우에 사용해서는 안 된다.

검수실 조건

- 물품창고와 사무실이 인접한 곳
- 검수대설치, 540lux의 조명시설, 이동이 가능한 넓이
- 배수시설 • 통기 • 환기가 용이한 곳
- 저울, 이동식작업대, 운반차, 온도계, 검수도장 등 배치

(4) 식품의 감별법

좋은 품질의 식품을 구매하기 위해서는 농·수산물 및 가공품의 감별 능력이 있어야 한다

식품군	식품	품질감별법
곡류	쌀	• 쌀알이 손상되지 않고 이취가 나지 않는 것 • 낱알이 윤기가 나며 반투명색인 싸라기나 금이 간 것이 적은 것
	밀가루	• 밀가루의 결정이 미세하여 결이 고운 것 • 흰색이 좋고 냄새가 나지 않는 것 • 가루에 덩어리나 벌레가 생기지 않고 잘 마른 것
어패류	새우	• 육질이 단단하고 이취가 없는 것 • 색이 붉지 않고 고유 색깔을 나타내는 것
	홍합	• 살이 붉은 빛을 띠는 것 • 패각이 부서지지 않은 것 • 살이 윤기가 있고 통통하며 비린내가 나지 않는 것
	가자미	• 비늘이 심하게 벗겨지지 않고 뱃살이 희고 비린내가 심하지 않은 것 • 살이 단단하고 탄력성이 있으며 표면이 끈적거리지 않는 것
	고등어	• 배가 단단하고 윤택이 있는 것 • 눈동자가 맑고 아가미가 선홍색인 것 • 등에 푸른색의 짙은 줄무늬가 있고 비린내가 강하지 않은 것
알류	계란, 메추리알	• 껍질에 균열이 없는 것 • 표면이 거칠고 이취가 없는 것
육류	쇠고기	• 지방색은 유백색이고 지방의 질이 좋은 것 • 육색이 밝은 선홍색을 띠고 광택이 좋은 것
	돼지고기	• 육색이 밝은 분홍색을 띠고 광택이 있는 것
	닭고기	• 닭 비린내가 심하지 않고, 날개, 등뼈, 가슴뼈 등이 굽지 않고 외관에 상처가 없는 것
채소류	양파	• 단단하거나 무르지 않은 것
	당근	• 싹이 나지 않고 크기와 모양이 균일하며 밝은 선홍색을 띤 것
	감자	• 상처가 없고 싹이 나지 않은 것 • 모양과 크기가 고르며 외피가 적당히 건조되어 물기가 없는 것
	애호박	• 육질이 치밀하고 탱탱하고 굵힘이 없고 꼭지가 부서지지 않은 것 • 처음과 끝의 굵기가 일정하고 표면이 매끄러운 것
	무	• 짓무르지 않고 바람들지 않은 것 • 껍질이 매끈하며 갈라짐이나 깨짐이 없는 것 • 연한 아이보리색과 머리부분의 연녹색이 선명한 것
	가지	• 육질이 치밀하며 탱탱한 것 • 색이 선명하고 광택이 있는 것 • 꼭지가 싱싱하고 크기가 균일한 것

식품군	식품	품질감별법
버섯류	양송이버섯	• 이물질이 묻어있지 않은 것 • 흰색이며 버섯 특유의 향이 있는 것 • 버섯 갓과 자루 사이의 피막이 떨어지지 않은 것
	표고버섯	• 크기가 일정한 것
과일류	사과	• 과육 표면에 멍든 것이 없는 것 • 껍질의 색깔이 고르고 특유의 향이 있는 것
	수박	• 꼭지가 마르지 않은 것 • 검은 줄무늬가 뚜렷한 것
	귤	• 크기가 고르며 상처가 없는 것 • 과육이 밀착되어 있고 탄력이 있는 것 • 껍질이 주황색을 띠고 맑고 윤기가 있는 것

(5) 저장과 출고

① 저장

㉠ 저장창고 조건

- 식품창고를 말하며 적정한 온도와 습도, 유지방충 · 방서 · 환기시설 구비
- 저장된 물품의 표시가 정확해야 한다
- 종류별로 분류하여 저장하고, 입고된 상태로 품질 유지가 되어야 한다
- 충분한 공간 확보 및 선입선
- 동일식품 · 유사식품은 같은 장소에 배치한다.
- 사용 빈도와 크기, 중량에 따라 정리한다.
- 먼저 구입한 식품부터 사용하고, 보관공간에 따른 정리방법을 정한다.

식재료 저장 원칙

- 품목 분류 저장 원칙
- 저장물품의 안정성 확보
- 저장 위치 표시의 원칙
- 공간 활용의 원칙
- 선입선출에 의한 출고
- 저장 기준 및 기간 준수
- 품질 보존의 원칙

㉡ 저장시설

저장온도

- 상온저장 : 15~25℃
- 냉장저장 : 5 ℃ 이하. 특히 상하기 쉬운 재료 3℃ 전후 유지
- 냉동저장 : −18 ℃ 이하
- 공산품 및 건조 저장의 온도 15~21℃, 습도 50~60%를 유지

• 냉장고

- 선입선출을 지킨다.
- 채소 생선등의 단기 저장품을 보관
- 수납량은 냉장고 용적의 70% 이하로 한다.
- 식재료에 따라 적절한 온도를 유지
- 오염 방지를 위해 날 음식은 냉장실 하부에 가열조리식품은 위쪽에 보관
- 보관 중인 재료는 덮개를 덮거나 포장하여 보관
- 통조림류는 사용 후 남는 용기는 깨끗한 용기에 옮겨 보관

• 냉동고

- −20~5℃로 유지. 식품 장기간 보관에 유용
- 각종 냉동식품, 완전조리 식품, 반조리 식품 등을 보관
- 세균의 번식을 막기 위해 온도 관리가 중요하다.
- 저장 위치를 정하여 보관하고 꼬리표(제조, 가공 연월일 표시)를 부착

• 건조창고

- 15~20℃가 적당하고 상대습도는 50~60%이며 온도계와 습도계를 비치
- 선입선출하기 쉽도록 보관관리
- 식재와 비식재 구분 보관. 특히 소모품류(세제, 고무장화 등)은 반드시 구분하여 저장 보관
- 정해진 곳에 정해진 물품을 구분하여 보관하고 이름표를 붙임
- 식자재는 바닥에서 최소 15cm 이상 높이에 보관하며, 절대로 방치하지 않는다.
- 적정 온 · 습도를 유지하도록 1일 1회 확인(곰팡이 발생 방지)
- 직사광선을 피하고 실온을 유지하고 방습, 방풍, 환기에 유의하고 방충 · 방서를 한다.
- 소분 보관 시 제품명, 유통기한 필히 표기하여 관리
- 방충 · 방서를 확인한 후 오염제품은 발견 즉시 폐기
- 무거운 것은 아래쪽에 보관한다.

② 출고

입고 및 출고의 정확하고 신속한 처리를 위하여 입 · 출고 담당자에게 식품의 종류에 따른 창고 종류, 일정 계획을 지도 및 지시한 후 식재료의 출고 품목명, 출고량, 단위, 출고일지, 사용장소를 기록하여 기간별 사용량을 파악할 수 있도록 관리한다. 부서 책임자의 승인을 받아서 출고한다.

③ 재고관리

㉠ 재고 정의

• 구입 당일 사용하지 않고 저장공간에 보관되어있는 물품
• 불필요한 수요와 공급을 만족시키기 위한 물품의 적절한 보관기능

㉡ 재고관리의 효과

- 물품 부족으로 인한 생산차질 예방
- 적정주문량으로 구매비용 및 재고유지 비용 절감
- 물품저하와 도난방지, 부패에 의한 손실 최소화

㉢ 재고관리 유형

- 실사재고관리
  - 일정 기간 창고에 보유하고 있는 물품의 수량과 복록으로 조사하여 기록하는 방법이다.
  - 재고의 총 가치를 알려 준다.
  - 시간이 오래 걸린다.
  - 영구재고시스템의 부정확성을 점검해 준다.
- 영구재고관리
  - 입고되는 구매물품의 수량과 창고에서 출고되는 수량을 재고기록장부에 지속적으로 기록하는 방법으로 고가물품에 주로 적용한다.
  - 대규모 급식소에서 이용된다.
  - 수작업으로 진행되어 경비가 많이 들고, 정확성의 문제가 있을 수 있어 전산화 작업이 필요하다.

㉣ 재고관리 기법

- ABC 관리방식 : 물품의 중요도에 따라 A, B, C 등급으로 분류하여 관리하는 방식

A, B, C 관리

- A형 : 전체 재고량의 10~20% 차지, 전체 재고가의 70~80%, 육류, 주류 등 철저한 관리
- B형 : 전체 재고량의 20~40% 차지, 전체 재고가의 15~20%, 과일, 채소 등 중간 정도 관리
- C형 : 전체 재고량의 40~60% 차지, 전체 재고가의 5~10%, 밀가루, 설탕, 조미료, 세제 등 상대적으로 작은 관리 정도

- Mini-Max 방식(최소-최대 관리방식)
  - 실제 급식소에서 많이 사용된다.
  - 안전재고량을 유지하면서 재고량이 최소에 이르면 조달될 때까지의 양을 발주하여 최대한의 재고량에 이르도록 하는 방식을 말한다.
- 80:20 관리법
  - 구매물품의 20%가 전체 구매액의 80%를 차지하고 있다는 기법
  - 20%를 차지하는 구매물품을 집중적으로 관리하자는 의미이다.

㉤ 재고자산의 평가

- 실제구매가법 : 매월 재고 조사 시 남아 있는 품목들을 실제구입단가로 계산하는 방법
- 총평균법 : 일정 기간 동안의 평균구입단가를 자산평가 시 적용

• 선입선출법(First in First out Method : FIFO Method)
먼저 구입한 물품이 먼저 사용된다는 것을 전제로 기말 재고를 가장 최근의 구입 단가로 적용하여 재고자산을 산출한다. 시간이 지날수록 가격이 인상될 상황에서 재고액을 높게 책정하고자 할 경우 활용하는 가치평가법이다.

• 후입선출법(Last In First Out Method : LIFO Method)
선입선출법과 반대되는 개념으로 가장 최근에 구입한 물품을 먼저 사용한다는 것으로, 먼저 들어온 품목의 가격으로 적용하여 재고자산을 산출한다. 인플레이션이나 물가상승, 재무제표상의 이익을 최소화하여 소득세을 줄이기 위한 방법으로 이용될 때 활용하는 가치 평가법이다.

• 최종구매가법 : 가장 최근에 구입한 시점의 가격을 자산 평가에 적용하여 계산하는 방식이다.

ⓑ 재고회전률(Inventory Turnover)

• 재고회전률 정의 : 재고관리 상태를 평가하기 위한 척도이며 현재 보유하고 있는 재고가 몇 회 사용되었는지 나타내는 재고 평균회전 속도를 의미

• 표준치보다 낮은 재고회전률 : 과잉재고 수준으로 물품의 낭비와 부정유출, 물품의 훼손에 의한 손실이 초래된다.

• 표준치보다 높은 재고회전률 : 과소재고 수준으로 급식생산계획의 차질 초래와 위급 시 고가 구매로 인한 비용이 증가 되며 종업원들이 사기저하 및 고객만족도가 감소될 우려가 있다.

• 계산방법
  - 평균재고액 = (초기재고액 + 마감재고액) / 2
  - 재고회전율(%) = (그달의 식품액 / 그 달의 평균재고액) ×100

4장 생산 및 작업관리

(1) 급식소 작업관리

① 작업관리의 개요 : 작업관리는 작업 생산성을 향상시키기 위하여 작업방법 개선 및 적정인력 배치를 연구하는 관리분야로 생산활동에 인적, 물적 자원을 최대로 이용하여 작업의 경제성과 효율성을 높인다.

② 작업환경

㉠ 시설 설비

- 급식수, 식단의 다양화에 따른 조리기기, 기구류가 준비되어 있어야 한다.
- 기계류가 사용하기 편리하게 배치되어 있어 야 한다.
- 작업에 알맞은 공간이 확보되어 있어야 한다.
- 효과적인 환기시설과 작업에 필요한 조명이 갖추어져 있어야 한다.

㉡ 조리 작업원

- 조리식수에 알맞은 인원이 확보되어야 한다.
- 확실한 조리기술을 가진 우수한 인재가 있어야 한다.
- 인간관계가 좋아야 한다.

㉢ 작업연구의 방법

- 표준작업시간의 결정 : 급식은 정해진 시간에 식사를 제공해야 하므로 각 음식을 만드는 데 요하는 시간을 나누어 배치하는 것이 필요하다. 평균적 조리능력으로 작업동작을 행한다고 전제하고 표준작업시간을 결정한다.
  - 실적기록법 : 어떤 기간 내의 작업에 대한 과거의 경험이나 실적 기록 자료를 이용하여 작업 단위당의 표준시간을 산출하는 방법
  - 시간연구법 : 대상 활동의 시간적 경과를 스톱워치, VTR 카메라등을 이용하여 직접 관 측하여 표준시간을 측정하는 방법으로써, 측정단위로는 공정, 단위작업, 요소작업, 동작 요소 등이 있다.
  - PTS법(정해진 시간측정법) : 기본 동작에 소요되는 시간을 미리 작성된 자료를 적용하 여 개인의 작업시간을 합성하는 방법
  - 워크 샘플링법 : 통계적 수법을 사용하는 작업 측정의 한 방법으로 전체업무 중에 작업이 차지하는 비율을 측정하는 방법이다. 관측 대상을 무작위로 선정하여 시간을 측정하고 그 데이터를 기초로 대상이 처해 있는 상황을 기능별 분류하여 기록한다.

④ 작업개선의 원칙

㉠ 전문화(Specialization) : 모든 작업을 체계화

㉡ 단순화(Simplification) : 유사한 작업을 통합하여 작업

㉢ 기계화(Mechanization) : 작업의 능률을 올릴 수 있는 기계와 도구를 사용

㉣ 표준화(Standardization) : 작업처리기준을 만들어 모든 작업의 규격화

㉤ 자동화(Sutomation) : 시간과 인력 및 비용을 절감할 수 있도록 한다

⑤ 급식생산성 기본

㉠ 생산성 지표의 기본개념 : 인적물적 자원을 얼마나 잘 활용하고 있는지를 나타내는 지표

노동생산성 = 생산량(산출)/작업원(투입)

- 급식소에서의 투입(Input) : 노동력(작업원), 비용, 식재료, 공간, 기구 등의 물질적 요소
- 급식소에서의 산출(Output) : 생산량, 완성된 음식이나 경제적 이익

㉡ 급식생산성(Productivity) 지표

$$\text{노동 시간당 식수} = \frac{\text{일정 기간 동안 제공된 총 식수(total meals served)}}{\text{일정 기간 동안의 총 노동 시간(labour hours)}}$$

예상문제

1주일간의 작업원들의 총 노동 시간이 300시간이고, 1주일간 제공된 식수가 총 3,000식이었다면 노동 시간당 식수는 얼마인가?

▶ 노동 시간당 식수 = 3,000식 / 300시간 = 10식 / 시간

- 1식당 소요 시간 = 일정 기간 동안의 노동 시간 / 일정 기간 동안의 총 식수

예상문제

1주일간의 작업원들의 총 노동 시간이 300시간이고 1주일간 제공된 식수가 총 3,000식이었다면 1식당 소요 시간은 얼마인가?

▶ 식당 소요 시간 = 300시간 × 60분 / 3,000식 = 6분 / 식

- 1일당 총 급료 = Σ(시간당 급료 × 노동 시간)
  = (Σ of Hourly rate of each employees × Hours worked for all employees)

예상문제

시간당 급료가 5,000원인 종업원의 노동 시간이 10시간, 시간당 급료가 4,000원인 종업원의 노동 시간이 5시간이라면 1일당 총 급료는 얼마인가?

▶ 1일당 총 급료 = 5,000 × 10 + 4,000 × 5 = 7만 원 / day

- 1식당 급료 = 일정 기간 동안의 총급료 / 일정 기간 동안의 총 식수

예상문제

1주일간 총 급료가 42만원이고, 1주일간 제공된 식수가 3,000식이었다면 1식당 급료는 얼마인가?

▶ 1식당 급료 = 420,000원 / 3,000식 = 140원

• 1일당 총 인건비 = 일정 기간 동안의 총 인건비 / 일정 기간 동안의 근무일수

예상문제

1달간의 총 인건비가 700만 원이고, 한달 중 25일 근무했다면 1일당 총 인건비는 얼마인가?

▶ 1일당 총 인건비 = 700만 원 / 25일 = 28만 원

• 1식당 인건비 = 일정 기간 동안의 인건비 / 일정 기간 동안의 제공된 총식수

예상문제

1달간의 총 인건비가 700만원이고, 1달간의 제공식수가 모두 50,000식이었다면 1식당 인건비는 얼마인가?

▶ 1식당 인건비 = 700만원 / 50,000식 = 140원

③ 급식생산성의 증대 방안

• 교육 훈련 실시
• 작업단순화
• 작업 표준시간 설정
• 자동화 기계 이용
• 전처리 식품 이용 증가
• 동기 부여

(2) 수요예측

① 수요예측 의의 : 과거의 정보를 활용하여 미래를 예측하는 것으로 정확한 수요예측은 운영의 정확성이 확보되지만 잘못된 수요예측은 비용의 낭비와 고객불만, 원가상승이 나타날 수 있다.

② 수요예측 방법

㉠ 객관적 예측법

• 시계열 분석법 : 숫자변화로 추세난 경향을 분석
  - 이동평균법 : 기장 최근의 기록으로 평균 계산
  - 지수평활법 : 최근 기록에 가중치를 두어 계산
• 인과형 분석법 : 원인과 결과에 따른 예측법. 식수에 영향을 주는 요인에 따른 식수 변동

㉡ 주관적 예측법 : 전문가의 예측법으로 최고 경영자나 전문가의 의견이나 주관적인 자로로 예측하는 방법. 시장조사법, 델파이 기법, 패널 조사법이 있다.

(3) 다량조리

① **전처리** : 전처리 시 재료의 특성을 고려할 것

㉠ 씻기 : 식품에 부착된 불순물과 유해하고 나쁜 맛을 내는 성분을 제거하여 위생적으로 안전하게 하는 데에 목적이 있다.

㉡ 담그기 : 건조된 식품, 수분이 적은 식품은 불려서 부피를 늘리고, 나쁜 냄새, 떫은맛, 염분 등을 용출시켜 제거하거나 소금, 간장, 식초, 조미액 등에 담가 조미하는 것

- 건조식품 불리기
  - 당면 : 따뜻한 물(30℃)에서 20분 불리면 무게가 약 2배 증가한다.
  - 양장피 : 찬물에 5분 정도 담그고 참기름을 넣어 붙지 않게 하고, 간장, 설탕으로 맛과 색을 낸다.
  - 마른 표고버섯 : 따뜻한 물에(35℃ 정도) 불리면 무게가 3배로 불어난다.
- 식품의 떫은맛 없애기
  - 석이버섯 : 뜨거운 물에 비벼 사용한다.
  - 연근 : 절단면이 공기에 닿으면 곧 검어지므로 껍질을 벗기고 자르자마자 식초물에 담근다.
  - 두릅 : 4~5cm 길이로 잘라 껍질을 두껍게 벗기고 갈색으로 변색하기 전에 식초물에 5~6분쯤 담가 둔다.
  - 죽순 : 물에 씻어 꼭지 부분을 5cm쯤 비스듬히 잘라 낸 다음 한 줄 칼자국을 내고 쌀뜨물에 껍질째 담가 1시간쯤 삶는다.
  - 토란 : 껍질을 벗기고 소금을 비벼 씻어서 헹군 후 쌀뜨물에 담가 두었다 삶아 낸다.
  - 가지 : 자른 후에 즉시 물에 담가 5~6분쯤 그대로 둔다. 가지가 떠오르지 않도록 접시 등으로 누른다.
  - 우엉 : 칼등으로 껍질을 벗긴 후 잘라서 찬물에 30분쯤 담가 둔다. 떫은맛이 강한 햇우엉은 식초물에 10~15분 담가 둔다.

㉢ 썰기 : 음식의 개성을 나타내는 직접적인 수단으로 음식 외관과 직결된다. 식품의 모양, 크기 등을 특성에 맞게 손질하여 아름답게 해 줌으로써 식욕을 증진시킨다.

- 재료의 특성에 따라 써는 방법을 선택한다.
  - 결의 방향과 평행으로 썰기 : 씹히는 질감을 좋게 해 준다.
  - 결의 방향과 직각으로 썰기 : 연하게 해 준다.
- 써는 모양이 조리시간을 결정하므로 조리 특성을 고려하여 썬다.
- 감자류, 생선류, 두부, 갈비찜 등은 너무 잘게 썰면 형태 유지가 어렵고 부스러지기가 쉽다. 부스러진 음식은 눌어붙는 원인이 되며 탄 냄새의 주원인이 되기도 하므로 주의하여 조리한다.

② **가열조리** : 습식가열, 건식가열, 전자레인지로 구분

㉠ 끓임 : 국수 삶기

- 진 국수 : 국수량의 5배 정도의 물의 양
- 마른국수 : 국수량의 7배 정도의 물의 양

㉡ 데침 : 채소를 데치거나 국수 삶을 때 물의 양이 중요하다.

㉢ 구이 : 직접구이, 간접구이, 오븐구이

㉣ 튀김 : 튀김은 온도가 중요하다.

㉤ 볶음 및 조림 : 양념장을 처음에 2/3 넣고 조리하다가 재료에 간이 배고 익었을 때 나머지 양념장을 넣고 조리해야 외관이 좋고 맛도 훌륭하다.

㉥ 전 : 표면적이 작을수록 잘 지져진다.

③ **맛의 분류** : 단맛, 쓴맛, 신맛, 짠맛의 기본 4원미 외에 매운맛, 고소한 맛을 들 수 있다. 맛성분이 서로 혼합됨으로써 새로운 맛을 창출하는 혼합효과가 크다.

맛성분의 혼합 효과

맛이 강한 것 + 약한것	변 화	효 과
설탕액 + 식염액	단맛이 강해진다.	대비
식염액 + 산액	짠맛이 강해진다.	억제
식염액 + 설탕액	복합맛이 강해진다.	상승
맛난이(MSG) + 식염액	맛난맛이 강해진다.	대비
산액 + 설탕액	신맛이 약해진다.	억제
설탕액 + 알코올액	단맛이 강해진다.	상승
쓴맛액 + 설탕액	쓴맛이 약해진다.	억제

㉠ 효과적인 조미방법

- 적정한 온도 : 음식이 뜨거울 때는 미각이 둔해지므로 유의한다.
- 맛의 상호작용 : 음식이 좀 짤 때 설탕을 넣으면 짠맛이 덜해진다. 단맛을 낼 때 소량의 소금을 첨가하면 단맛이 강해진다.
- 양념을 하는 순서 : 설탕 → 소금 → 식초 → 간장 → 화학조미료 순서로 넣으면 좋다.
- 많은 양을 조리할 때는 되도록 양념장 형태를 사용한다.

(4) 보관과 배식

① 보관과 배식 시 고려 사항

㉠ 적절한 보관 : 입고된 물품은 입고 일자를 표시하고 재고물품(선입고품)을 앞으로 배치하여 선입선출이 용이하도록 한다.

- 모든 저장품은 먼저 입고된 것부터 먼저 꺼내어 사용하되, 유통기한이 짧은 것부터 먼저 사용하는 것을 원칙으로 한다.
- 조리 후 남은 식자재는 되도록 최초 포장 용기에 담아서 보관하고, 소분하여 보관할 때는 제품명과 유통기한을 반드시 표시하되, 유통기한이 표시된 원포장지에 보관하는 것을 원칙으로 한다.
  - 식자재는 유효기간 잔여일별로 구분하여 보관한다.
  - 저장시 바닥으로부터 15cm, 벽으로부터 8cm의 공간을 띄워 저장한다.
  - 식품은 청결하고 포장이 손상되지 않게 보관한다.
  - 정해진 곳에 정해진 물품만을 보관한다.
  - 식품과 식품 이외의 것을 분리하여 보관토록 한다.
  - 보관고는 정기적으로 청소를 실시하여 청결하게 유지하여야 한다.
  - 보관고의 온 · 습도를 매일 2회 측정하여 온도점검일지에 기록한다.
  - 정기적인 소독(2개월에 1회)을 통해 해충 및 쥐에 의한 오염을 방지한다.

② 적절한 온도 관리

- 뜨거운 음식은 뜨겁게(57℃ 이상), 차가운 음식은 차갑게(5℃ 이하)보관
- 조리 후 2시간 이내에 배식완료
- 완성된 음식은 밥 80℃, 국 65℃, 찌개 85℃, 조림 50℃, 찬음식 5℃, 음료수 65℃에 맞게 배식한다

(5) 냉장 · 냉동고

① 냉동고는 -18℃ 이하, 냉장고는 10℃ 이하로 유지한다.

② 시설 내부의 온도를 정확히 측정할 수 있는 온도계를 외부에서 보기 쉬운 위치에 설치한다.

③ 담당자는 매일 오전 · 오후 각1회(총 2회) 이상 냉장 · 냉동고의 온도를 확인하여 이를 온도점검일지에 기록한다.

④ 냉동 · 냉장시설은 가능한 오븐 등 열원 및 직사광선에서 멀리 떨어지게 설치하여야 한다.

⑤ 냉동 · 냉장고 문의 개폐는 신속하고 필요 최소한으로 하여야 한다.

⑥ 냉장 · 냉동고의 식품 보관은 반드시 식힌 다음에 이루어져야 한다.

⑦ 냉장 · 냉동고에 음식물을 보관할 경우에는 투명비닐 또는 뚜껑으로 덮어, 낙하물질로부터의 오염을 방지하여야 한다.

⑧ 냉장 · 냉동고에 식품을 보관할 경우에는 반드시 그 제품의 식품표시사항(보관방법)을 확인한 후, 보관하여야 한다.

⑨ 식자재의 보관은 조리가 끝난 식품, 미조리된 식자재로 구분하여 반드시 뚜껑을 덮거나 랩포장을 한다.

⑩ 뜨거운 음식은 반드시 식힌 후 보관한다.

⑪ 오염 방지를 위해 날 음식은 냉장실의 하부에, 가열조리 식품은 위쪽에 보관해야 한다.

⑫ 냄새가 나는 식품(생선 등)은 냄새를 흡수하는 식품(우유, 달걀 등)과는 멀리 떨어뜨린다.

(6) 검식과 보존식

① 검식 : 배식하기 전 1인분량씩 상차림한 후 식사의 메뉴내용, 식품이나 조리의 상태, 양, 맛, 담은 모양, 온도 등이 적정한지 어떤지를 보기 위하여 책임자가 시식하는 것

② 보존식 : 식중독 사고 발생 시 역학적으로 이를 조사하여 정확한 식중독 원인을 규명하기 위하여 매회 배식 직전 1인분량(100g) 이상씩 전용 용기에 담아 −18℃ 이하 냉동고에 144시간 보관한다. 완제품은 원상태로 보관되어야 한다.

5장 위생 · 안전관리

(1) 식중독

① 식중독의 정의 및 발생원인 : 식중독은 식품의 섭취로 인하여 인체에 유해한 미생물 또는 유독물질에 의하여 발생하였거나 발생한 것으로 판단되는 감염성 또는 독소형으로 나뉜다.

> **잠재적 위험식품(PHF : Potentially Hazardous Foods)**
>
> - 시간 및 온도에 주의하여 취급하지 않을 경우 식중독을 유발할 수 있는 식품
> - 취급주의 식품(Time/temperature Control for Safety Food ; TCS)
> - 수분함량이 높은 식품(수분활성도 0.85 이상)
> - 중성 또는 약산성(pH 4.6~7.5)인 식품
> - 단백질을 함유 식품 → 시간과 온도에 대한 통제 필요

② 식중독의 종류별 특징

㉠ 생물학적 식중독 : 세균과 바이러스 등 생물학적 위해요소의 증식과 오염에 의해 발생

㉡ 화학적 식중독 : 화학적 위해요소에 의해 오염된 식품을 섭취하고 발생. 화학적 위해요소는 식품첨가물, 소독제, 농약, 윤활유 등이 포함된다.

㉢ 자연독 식중독 : 식물이나 동물이 지닌 독성분을 먹고 발생한 것. 복어의 독(테트로도톡신), 감자의 싹(솔라닌) 등

(2) 식재료 위생관리

① 구매와 검수

㉠ 식품을 위생적으로 관리하기 위해서는 먼저 올바른 선택을 해야 함

㉡ 위생관리 및 운영 능력 있는 업체 선정

㉢ 납품차량 및 배달원의 위생 상태 점검

㉣ 규격기준 분명히 제시, 철저한 검수

㉤ 신선도 중요한 식품은 당일구입 당일 사용 원칙

② 보관 및 저장

㉠ 식품 원료 및 가공식품은 청결한 진열장 또는 창고에 보관

㉡ 상하기 쉬운 것은 냉장 또는 냉동 상태로 보관하고 깨끗한 포장 또는 용기에 밀봉 보관

㉢ 부패 또는 변질된 식품의 경우 즉시 폐기처분하고 보관되었던 장소는 깨끗이 청소

㉣ 냉장보관(5℃ 이하)

- 온도계는 냉장고의 가장 따뜻한 부분에 설치 (±1.5℃ 범위 유지)

- 날음식과 가열음식은 냉장고에 분리 보관하며 뚜껑을 덮어 교차오염을 방지
- 유제품은 향이 강한 음식과 분리하여 저장하며 과일 및 채소는 매일 상태 체크

㉤ 냉동보관(-18℃ 이하)

- 과일, 채소, 쇠고기는 생선, 패류, 가금류, 조리된 음식보다 저장온도 변화에 더 큰 영향을 받기 때문에 주의가 필요
- 냉동식품은 완전히 해동하지 않고 조리한 경우 품질이 현저히 떨어지므로 반드시 적절한 해동을 거쳐 사용

③ 전처리

㉠ 전처리 및 세척단계

- 식재료 종류별로 구분하여 교차오염을 방지한다.
- 전처리 과정은 25℃ 이하 2시간 이내, 식품 내부 온도가 15℃ 넘지 않아야 한다.
- 전처리나 싱크대 세척 용수는 먹는 물 사용, 약알칼리성 세제 이용, 70% 알코올 분무 소독 · 살균한다.
- 생채소나 과일은 차아염소산나트륨 소독액 이용한다.

㉡ 전처리 시 고려 사항

- 모든 작업은 25℃ 이하에서 2시간 이내에 수행한다.
- 식재료 전처리는 1회 소량씩 작업하며 식품의 내부 온도가 15℃를 넘지 않도록 한다.
- 식품은 바닥에 방치되는 일이 없도록 한다.
- 전처리에 사용되는 기기 및 기구(칼, 도마, 용기 등)는 용도별, 식품별 (육류용, 어패류용, 채소류용)로 분리하여 교차오염을 방지하여 사용하며, 사용 후에는 소독과 청결 유지 에 힘쓴다.
- 싱크대는 용도별 (육류, 어패류, 채소류)로 구분하여 사용하고 청결을 유지한다.
- 작업은 채소 → 육류 → 어류 → 가금류 순으로 정하여 작업한다.

㉢ 해동방법

- 냉장고 안에서 해동 : 해동해야 할 식품을 냉장고 맨 아래 칸 선반에 보관한다.
- 흐르는 물에서 해동 : 21℃ 이하의 흐르는 물에서 2시간 이내 해동
- 전자레인지를 이용하여 해동하는 방법 : 부피가 큰 식품에는 적용하기 어렵다.
- 조리하는 과정 중에 해동하는 방법 : 일반적인 조리시간보다 소요 시간이 길고 고루 잘 익혀졌는지 확인하여야 한다.

④ 조리 및 배식

㉠ 조리

- 냉장고 및 냉동고에서 꺼낸 식품은 신속하게 조리하여 식중독균의 오염을 막는다.

- 칼, 도마, 용기 등은 육류용, 생선용, 채소용, 조리된 음식용, 생식용으로 구분하여 사용한다.
- 식품의 가열 조리 시 식품 안전을 위한 최소조리 온도 및 시간을 준수하도록 내부 중심 온도를 확인한다.
- 식중독 발생시기에는 생식품 사용은 삼간다.
- 맛을 볼 때는 별도의 용기와 숟가락을 사용한다.

㉡ 배식

- 완성된 식품은 배식대에 옮겨 뜨거운 음식은 57℃ 이상, 차가운 음식은 5℃ 이하로 조 리 후 2시간 이내 급식한다.
- 남은 음식은 다시 배식하지 않는다.

> **위험온도 범위 5~60℃**
>
> - 일반 식품 : 75℃ 이상에서 1분 이상 가열
> - 패류 : 85℃에서 1분 이상 가열

(3) 조리관리자 및 주변기기 위생관리

① 조리 종사자의 위생관리

㉠ 급식업무에 종사하는 사람들은 채용 시 신체검사와 함께 식품위생법 규정에 따른 건강진단을 통하여 건강 상태를 확인한다.

㉡ 건강진단결과 제1군 전염병, 결핵(비전염성인 경우 제외), 피부병 기타 화농성 질환인 경우에는 조리업무에 종사할 수 없다

㉢ 급식종사자들은 1년 1회(학교급식의 경우는 학교급식법에 따라 6개월 1회) 정기건강진단을 받아야 할 의무가 있다.

㉣ 매월 1회 1시간 이상의 위생교육을 해야 한다.

㉤ 복장은 위생복, 위생모, 마스크를 착용하고 반지 등 장신구를 착용하지 않는다. 또한, 진한 화장과 매니큐어 등은 피하고 손톱은 짧게 유지하여 청결에 유의해야 한다.

> **손을 씻어야 할 경우**
>
> - 담배를 피우거나 돈을 만진 후
> - 애완동물과 놀고 난 후
> - 코를 푼 후, 기침한 후, 재채기 한 후
> - 조리시작 전, 또는 음식을 먹기 전
> - 조리하지 않은 식품이나 씻지 않은 식품, 육류를 만진 후
> - 화장실에서 나올 때, 병균이 가장 많이 묻어 있는 수도꼭지나 문 손잡이, 공중 전화기를 만졌을 때

② 납품업자의 위생관리

㉠ 출입은 검수실까지로 국한

㉡ 전용 신발과 손 소독

㉢ 납품업체 시설 위생 상태 및 제조 과정

㉣ 배송 중 식품 온도 관리 주지 및 보건증 관리

③ **급식시설의 위생** : 조리장은 주위 환경이 깨끗하고 환기가 잘되는 위생적인 급식 시설로써 교차오염을 방지하기 위해 일반 작업구역과 청결 작업구역으로 구분해야 한다.

④ **급식기기의 위생**

㉡ 세척 : 급식기구 및 용기 표면을 세제를 사용해 음식 찌꺼기와 잔여물을 제거

- 1종 세척제 : 채소, 과일 세척 전용세제로 효소나 표백제 함유해선 안됨
- 2종 세척제 : 음식점, 단체급식소용 식기세척용 사용 가능 세제
- 3종 세척제 : 주방기구 세척용 세제

㉢ 소독 : 급식기구, 용기 등 사용하는 기구의 미생물의 병원균을 죽이는 것

㉣ 자외선 살균의 특징

- 기구 · 도마 살균에 적당
- 자외선은 공기만 투과하고 물질은 투과하지 않으며 표면만 살균이 가능하다.
- 조도, 습도, 거리에 따라 살균 효과가 다르다.
- 단시간 효과는 없다.

소독의 종류 및 방법

종류	소독방법
약품 소독	• 염소소독 : 생야채류 100ppm 이상의 염소소독에 5분 • 요오드 용액 : 도마, 칼 등 25ppm, 1분 이상 • 70% 알코올 : 손, 용기에 분무하여 건조 • 역성비누 : 손에 0.5% 용액을 이용한다. 독성이 적고 무색, 투명하고 살균력이 강하다. 일반비누와 혼용하면 살균 효과가 없다.
자비 소독	• 열탕소독 : 식기, 행주, 수저에 적합 • 열탕 : 77℃, 30초 이상 • 증기 : 100~120℃,10분 이상
건열 소독	• 사용 용기의 표면이 71℃ 이상 되도록 가열살균 • 160~180℃에서 30~45분간 소독
자외선 소독	• 소도구, 용기류에 적합 • 2,537Å의 자외선으로 30~60분 • 광선에 노출된 부분만 살균

6장 시설 · 설비관리

(1) 급식시설 설비 계획 시 고려해야 할 사항

① **급식 대상** : 급식 대상자의 성별, 영양 필요량, 기호성을 파악
② 식당 좌석의 수와 회전율, 최대 급식수 등 급식소의 규모와 식사 시간
③ **제공 메뉴** : 한식, 양식, 중식 등의 식단 형태
④ **배식 형태** : 자율, 대면, 테이블 서비스, 셀프 서비스, 카페테리아 등
⑤ **설비 조건** : 급 · 배수, 열원, 냉 · 난방, 환기, 가스, 스팀, 전기 등의 설비 효율 계획
⑥ 휴게실, 창고 등 조리원의 작업공간 및 복리시설 확보
⑦ 급식인원의 증가 계획 및 설비 증설 계획이 있는지를 확인
⑧ **식재료의 형태** : 재료 반입에서 처리, 제공에 이르는 작업 동선과 기기 배치
⑨ **관련 법규** : 소방, 급수, 하수, 쓰레기 등의 각종 법규 및 규제

(2) 급식시설 및 기구

① 조리구역의 설비

㉠ 창고
- 보관 식품의 특성에 따라 분류하여 보관
- 환기장치와 온 · 습도계를 구비
- 방충 · 방서 및 주기적인 청소 실시.
- 하단보관 : 중량이 무거운 것, 형태가 큰 것, 사용 빈도가 많은 것
- 상단보관 : 가볍거나 크기가 작은 것, 사용 빈도가 적은 것

㉡ 냉장 · 냉동고(Freezer and Refrigerator)
- 냉장은 식품을 0~5℃에서, 냉동은 식품을 −18℃ 이하에서 보관
- 냉장 · 냉동고는 편의형(Reach−in)과 물품창고형(Walk−in)이 있다.

㉢ 운반기구류 : 대량 급식시설에서 무겁고 부피가 큰 식품 재료를 반입하고, 분할된 각 작업공간으로 운반할 때 노동력을 절약시켜 주는 역할을 한다. 운반시설의 종류는 여러 가지 형태의 들어 올리는 기구류, 이동 작업대(이동식 무침통, 이동식 싱크대), 운반차(L형, 식기, 식판, 2단, 소쿠리, 튀김, 통 운반차 등), 저장 상자 등을 들어 올릴 수 있는 설비, 사각 운반 상자 등이 있다.

② 급수시설

㉠ 수도에서 직접 공급하는 방법

㉡ 옥상급수탑에 저장하였다가 공급하는 방법

㉢ 저수탱크에 물을 저장한 후 펌프로 이용

㉣ 정수기 설치

※ 물 관리법의 적합한 물 공급 : 정기적인 점검 연 1회 이상

③ 배수설비

㉠ 사용한 물을 배수구를 통해 하수구로 버리는 시설

㉡ 바닥 : 1/100 ~ 1/200 정도의 적절한 기울기 유지, 내수성 자재 사용

㉢ 트랩 : 하수도로부터 악취 및 쥐 등 해충 방비

- 곡선형 : S, P, U 자형 트랩
- 수조형 : 관 트랩, 드럼 트랩, 그리스 트랩, 실형 트랩

※ 특히 그리스 트랩은 주방에서 지방분(기름기)이 배수관 내벽에 부착되어 막히는 것을 방지하기 위해 설치한다.

④ 환기시설과 환 · 배기 방법

㉠ 자연환기 : 창문을 이용

㉡ 송풍기 : 강제적으로 외부 공기를 실내공기와 교환

㉢ 배기용 환풍기 : 후드 설치

후드(Hood)

- 사방 개방형이 효율적
- 열발생 기기보다 150mm 넓은 것
- 오염원가 가까울 수록 효과적
- 후드 경사각 30~45°
- 국소 환기에 용이

⑤ 열원설비

㉠ 가스 : 비용이 저렴하나 폭발 위험이 있으므로 취급의 주의를 요한다. 열효율은 55~65%이며 액화석유가스(LPG)와 액화천연가스(LNG)가 주로 쓰인다.

㉡ 전기 : 열효율 65~70%로 높은 열원으로서 그을음이 없고 취급하기 쉽지만 단가가 높고 누전의 위험성이 있다.

⑥ 채광 및 조명설비 : 주기적인 청소 필요

㉠ 조명방법 : 간접조명과 직접조명이 있다.

㉡ 급식소의 조도 : 조도가 낮을 경우 작업 능률이 저하된다.

㉢ 검수실의 조도 : 540LUX 이상, 전처리실 · 조리작업대는 220LUX 이상이다.

작업영역별 조도

작업영역	조도
검수공간(검수대)	540LUX
전처리구역	220LUX
조리구역	220LUX
기타	110LUX

⑦ 냉 · 난방 설비

㉠ 적정온도

- 조리공간 : 18~26℃로 실내 온도와 외기의 차이는 8℃가 적정하다.
- 봄, 가을 : 22~23℃, 겨울 : 18~21℃

⑧ **급식소의 조도** : 조도가 낮을 경우 작업 능률이 저하된다. 검수실의 조도는 540LUX 이상, 전처리실, 조리작업대는 220LUX 이상이다.

(3) 급식기기 입고 시 유의 사항

① 주방 내의 다른 기기에 대한 영향이 있는지 확인한다.

② 테스트 및 취급 설명 시에는 조리종사원 전원이 참석한다.

③ 사용 가능한 상태에서 인수한다.

④ 간단한 기기라도 취급설명서를 활용할 수 있도록 비치한다.

⑤ 기기를 납품한 이후나 사용 도중에 애프터 서비스 여부를 확인한다.

7장 원가 및 정보관리

01 원가관리

(1) 원가의 개념

원가관리는 재무활동의 목표를 세우고 계획과 실제 결과를 비교해 각 부문의 효율을 평가하는 통제기능의 하나

① 원가(Cost) : 제품의 제조, 용역의 생산 및 판매를 위해 소비된 유 · 무형의 경제적 가치

② 급식원가

㉠ 음식을 생산해 제공하기 위해 소비된 경제적 가치로서 급식에 소요되는 비용

㉡ 식재료비, 인건비, 수도광열비, 통신비 등

③ 원가의 3요소(식재료비, 인건비, 경비)

㉠ 식재료비 : 음식생산을 위해 소비되는 식재료 구입에 소요된 비용

㉡ 인건비 : 급식종사자들에게 지급되는 급료, 임금, 수당, 상여금, 퇴직금 등

㉢ 경비 : 식재료비와 인건비를 제외한 모든 비용. 수도광열비, 전력비, 보험료, 감가상각비 등

(2) 원가의 분류

① 제품 생산 관련성에 의한 분류

㉠ 직접비

- 직접재료비(Direct Material Cost) : 제조에 직접적으로 소비될 뿐만 아니라 직접 파악할 수 있는 재료비로 대부분의 재료비 항목이 이에 해당된다.
- 직접노무비(Direct Labor Cost) : 제조 작업에 직접적으로 관여하는 인력에게 지급되는 임금 및 급료이다. 노무비의 대부분이 이에 해당된다.
- 직접경비(Direct Expenses) : 특정의 제품에만 특별히 발생하고 부담시킬 수 있는 경비로 특정의 주문품에 대해서 사용된 포장, 운송, 판매 수수, 관세 등의 비용이 그 예이다.

㉡ 간접비

- 간접재료비(Indirect Material Cost) : 제조에 간접적으로 사용되는 보조 재료비로 수선용 재료, 동력용 연료 등이다.
- 간접노무비(Indirect Labor Cost) : 제조작업에 간접적으로 관여하는 인력에게 지급되는 임금 및 급료이며 보조임금이라고도 한다. 간접관여 인력에는 운반부 등이 있다.

• 간접경비(Indirect Expenses) : 전체 또는 다수의 제품에 대하여 공통적으로 발생하는 경비로 수선비, 감가상각비, 동력비, 소모품비, 위생비, 여비, 통신비, 회의비, 교육 · 훈련비, 광고 · 선전비, 세금, 지대, 집세, 이자, 잡비 등이 해당된다.

② **생산량과 비용 관계에 의한 분류**

㉠ 고정비(Fixed Costs) : 생산량과 상관없이 항상 일정하게 발생하는 원가건물의 임대료, 보험료, 감가상각비, 재산세, 경영자 급료, 광고, 수선유지비 등

㉡ 변동비(Variable Costs) : 생산량의 변화에 따라 그 비용이 비례적으로 변동하는 원가 생산량이 증가하면 비용도 비례하여 증가한다. 직접재료비, 직접노무비, 직접경비(연료비, 동력비) 등

㉢ 준변동비(Semi-variable Costs) : 변동비와 고정비의 성격을 동시에 가지고 있는 비용, 인건비(정규직 직원 인건비는 고정비, 계약직 직원 인건비는 변동비이다.) 등

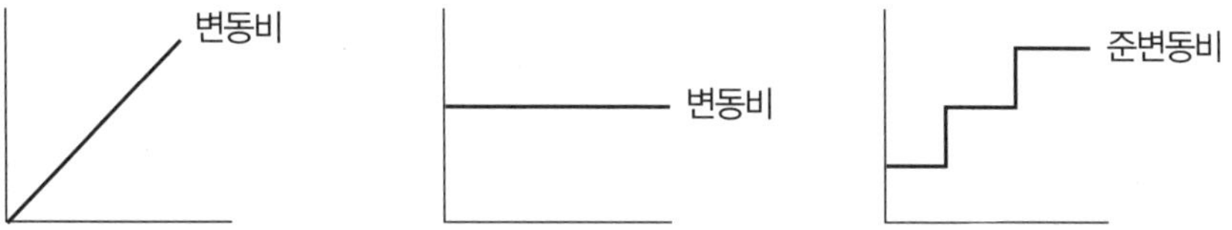

③ **비용의 통제 가능성에 따른 분류**

㉠ 통제가능원가(Controllable Cost) : 관리자의 통제에 의해 절약할 수 있는 비용으로 식재료비, 인건비, 수도비, 전화비, 사무비, 광열비 등이 있다.

㉡ 통제불가능원가(Non-controllable Cost) : 관리자가 통제할 수 없고 고정적으로 발생되는 비용으로 임대료와 감가상각비가 있다.

(3) 원가계산

① **원가계산** : 원가를 명확하게 하기 위한 계산 방법. 즉, 일정한 제품을 제조하여 판매하기에 필요한 재료, 노무비, 기타 모든 비용을 분류하여 정확하게 계산한다. 원가 계산에 의해 산출된 수치는 원가관리의 기초가 되며 손익계산이나 예산을 계획할 때 등 급식경영활동의 전반적인 데이터로도 이용된다.

② **원가분석**

㉠ 식재료비 분석 : 원가를 분석하는 3요소 중 가장 높은 비율을 차지한다. 식재료비의 비율이 전체예산의 일정한 범위를 벗어나지 않도록 잘 통제하는 것이 중요하다.

$$\text{식재료비 비율(\%)} = \frac{\text{식재료비}}{\text{매출액}} \times 100$$

$$\text{메뉴품목별 식재료비 비율(\%)} = \frac{\text{품목별 식재료비}}{\text{품목별 메뉴가격}} \times 100$$

㉡ 인건비 분석 : 노동의 능률을 검토하는 것으로 투여된 노동량과 생산량의 관계를 나타낸다.

- 노동생산성 = 생산량 ÷종업원수(또는 노동 시간수)
- 부가가치 노동생산성 = 부가가치 ÷ 종업원수(또는 노동 시간수)
- 인건비 비율(%) = (인건비 / 매출액) × 100

㉢ 감가상각비 : 고정자산의 소모 손상에 의한 가치의 감소를 연도에 따라 자산 가격을 감소시켜 나가는 것

- 정액법 : 고정자산의 감가 총액을 내용연수(고정자산이 노후로 사용 불가능해지는 기간)로 균등하게 할당

$$\text{매년 감가상각비} = \frac{\text{구입가격} - \text{잔존가격}}{\text{내용연수}}$$

예상문제

구입 가격이 10,000,000원, 잔존가격이 1,000,000원, 내용연수가 10년인 식기세척기의 감가상각비를 정액법으로 계산하시오.

▶ (10,000,000원 - 1,000,000원) ÷ 10 = 900,000원

- 정률법 : 취득가액에서 감가상각비 누계액을 차감한 금액에 상각률을 곱하여 비용으로 처리하는 방법. 고정자산 감가 총액을 내용년수로 균등하게 할당

연감가상각비 = 미상각 × 정률(%)

미상각 잔액 = 구입가격 잔액 - 감가상각비 누계액

상각률 = $1-\sqrt[n]{s/c}$ (n : 내용년수, s : 잔존가격, c : 구입가격)

(4) 재무관리

재무제표(Financial Statement)는 기업의 경영활동 중 자본의 흐름이나 상태를 숫자로 기록하여 기업의 자본의 흐름이나 상태, 경영성과 이익금에 대한 정보를 제공한다.

① 재무제표의 작성

㉠ 가장 기초적인 재무보고서

- 특정 시점에서 기업의 재무 상태를 나타냄

• 자산, 부채, 자본의 세 항목으로 표시

• 왼쪽 란(차변)에, 부채와 자본은 오른쪽 란(대변)

㉡ 자산

• 유동자산 : 단기간(1년) 내에 현금화 가능

• 비유동자산 : 단기간 내 현금화가 가능하지 않은 자산

㉢ 부채

• 유동부채 : 대개 1년을 기준으로 단기간에 상환해야 하는 부채

• 비유동부채

㉣ 자본 : 자산에서 부채를 차감하고 남은 금액(소유주 지분)

② **손익계산서** : 일정기간 동안의 기업의 경영성과를 보고하는 회계보고를 말하며 일정기간의 수익, 비용, 순이익의 관계를 나타냄

㉠ 수익 : 매출액, 영업외수익, 특별이익 포함

㉡ 비용 : 수익을 창출하기 위해 소모된 금액으로서 매출원가, 판매비와 일반관리비, 영업 외 비용, 특별손실, 법인세가 이에 속한다.

㉢ 순이익 : 수익금에서 비용을 제외하고 발생한 이익금

③ **재무분석**

㉠ 매출분석 : 매출액 증감 추세 분석

㉡ 공헌 마진 : 총 매출액에서 총 변동비를 뺀 값

(5) 손익분기 분석

손익 분기점(Break-even Point : BEP) : 매출액과 총비용이 일치하는 시점에서는 이익도 손실도 발생하지 않는 시점

① **손익분기점 매출량**

㉠ 매출액 = 고정비 + 변동비 + 이익

㉡ 손익분기점 매출액 = 고정비 + 변동비

㉢ 총 공헌 마진 = 매출액 − 변동비 = 고정비

㉣ 총 공헌 마진 = 단위당 공헌 마진 × 매출량(식수)

㉤ 손익분기점의 매출량 = 고정비 / 단위당 공헌 마진

② **손익분기점 매출액**

㉠ 공헌마진 비율 = 1 − 변동비율

㉡ 손익분기점의 매출액 = 고정비 / 공헌 마진 비율

8장 경영관리 – 인적자원관리, 마케팅관리

(1) 인적자원관리

① 개념

㉠ 인적자원을 최대한 효과적으로 활용

㉡ 조직원의 잠재적 능력을 최대화하여 인적자원의 확보, 개발, 유지 및 보상의 과정을 계획하고 조직, 지휘, 조정, 통제하는 과정이다.

② 인적자원관리의 발전 단계

㉠ 전제적 관리 : 18세기 산업혁명 이후 자본주의 초기에는 주로 권위에 의존

㉡ 과학적 관리 : 정확한 시간과 동작 연구방법을 근거로 직무의 단순화 전략

㉢ 인간 관계적 관리 : 인간성 존중

㉣ 행동과학 : 인간의 행동에 대한 연구를 과학적으로 연구관리

㉤ 민주적 관리 : 인간존중의 정신

㉥ 종합적 품질관리 : 고객과 종업원에 초점을 둔 지속적인 개선관리

인적자원관리의 내용

주요기능	내용	활동
확보	조직에 필요한 인적 자원의 종류와 인원 수 확보	조직, 인력 계획, 직무 분석 및 직무 연구, 종업원의 모집 및 배치
개발	훈련을 통한 기술 향상	교육훈련, 경력 개발, 조직문화 개발
보상	직무 수행 결과에 대한 적절한 대가	임금관리, 보상관리, 직무 평가, 복리후생
유지	인적자원의 유능한 노동력 유지	인사이동, 인사고과, 징계관리, 안전관리, 보건관리, 스트레스 관리

③ 인적자원의 확보

㉠ 직무 분석

- 직무 : 목적 달성을 위해 담당자에게 주어지는 임무
- 직무 분석 : 직무의 내용 특징, 자격 요건을 분석하여 타 직무와 차이를 분명하게 하는 것
- 직무기술서 : 직무에 대한 총괄적인 정보 제공. 직무에 대한 정보를 특성에 맞춰 정리
- 직무명세서 : 직무 수행을 위해 직무 담당자에게 필요한 교육수준, 경험, 기능, 지식, 책임, 정신적 육체적 능력 등 인적 요건을 제시한 기록표

㉡ 직무설계 : 직무 분석 결과 종업원의 직무의 중요성과 만족도를 높혀 조직이 원하는 목표를 효율적으로 수행할 수 있도록 설계하는 활동

- 직무단순화 : 작업을 표준화하여 전문화된 과업에 종업원 배치
- 직무확대 : 수행하는 과업의 수와 다양성을 부여하여 종업원의 직무 성과의 만족도 증대
- 직무순환 : 직무를 순환하여 다양한 과업 수행
- 직무충실화 : 직무의 수적 증가뿐만 아니라 직무의 내용도 확대

㉢ 모집과 선발, 배치

	내부모집	외부모집
내용	• 현직 혹은 전직 직원 중에서 적합한 인재를 찾는 것	• 새로운 경험과 능력을 지닌 외부인 채용
장점	• 비용절감 • 승진 기회 부여 • 적응이 빠르다 • 검증된 인재	• 새로운 지식의 유입 • 경력자 채용 시 신규 교육비용 절감
단점	• 모집 범위의 한계 • 내부 이동으로 인한 혼잡 • 진급 누락 시 직원의 근무 의욕 상실	• 많은 시간과 비용 소요 • 조직 내 적응 시간 필요 • 내부 직원의 사기 저하
모집방법	• 사내 공모 제도, 내부 승진, 배치 전환, 재고용	• TV, 라디오, 신문, 잡지, 인터넷 • 타 기업의 스카우트, 취업박람회 등

④ 인적자원의 개발

㉠ 수행장소

- 직장 내 훈련 : 직장 상사나 지도원, 스텝 또는 전문가와 외부강사에 의한 훈련
- 직장 외 훈련 : 파견교육, 외부교육기관, 연수기관, 해외연수에 의한 훈련

㉡ 수행대상

- 신입사원 교육훈련 : 기초직무 훈련(오리엔테이션), 실무교육 훈련
- 현직자 교육훈련 : 일반직원, 감독자, 관리자, 경영자를 대상으로 하는 교육훈련

⑤ 인적자원의 보상

㉠ 직무 평가 방법

- 서열법 : 두 개의 직무를 비교하여 서열을 매긴 후 다른 직무와 비교하여 서열을 결정
- 분류법 : 등급기준표를 미리 작성하고 사전에 정해 놓은 등급에 따라 직무의 가치를 구분
- 점수법 : 평가 요소를 분류하여 점수화하고 합계를 계산하여 직무의 가치를 결정
- 요소비교법 : 핵심 직무의 평가요소를 기준으로 산정하여 기본임금비율을 결정

㉡ 보상체계 : 개인이 조직에 제공한 노동의 대가로 지불되는 금전적 · 비금전적 보상

㉢ 임금수준의 결정 요인

- 내적 요인 : 기업의 경영 상태, 단체교섭, 직무 평가결과, 인센티브제도
- 외적 요인 : 인력수급, 노동시장 조건, 지리적 위치, 생활비, 노동조합 등

㉣ 임금형태

- 기본금 : 임금 항목 중 가장 중요하다. 근속연수에 따라 산정, 직무의 난이도, 연봉급, 성과에 따른 임금 책정이다.
- 부가금 : 각종 수당의 형식으로 지급되는 임금의 형태이다.
- 상여금 : 기본급, 수당 이외에 부정기적으로 지급되는 임금으로 보너스, 인센티브 등이 이에 속한다.
- 퇴직금 : 퇴직자에게 지급되는 부가급이다.

㉤ 복리후생관리

㉥ 안전관리

⑥ 인적자원의 유지

㉠ 인사고과는 조직원의 잠재능력, 성격, 근무태도, 업적 등을 객관적으로 평가하는 절차로서 상벌 결정, 적재적소 배치, 인사이동, 임금관리에 활용된다.

㉡ 인사고과 방법

- 서열법 : 종업원의 수행 능력에 따라서 순위를 매기는 방법
- 강제할당법 : 미리 정한 분포도에 따라 인원을 할당하는 방법
- 대조법(체크리스트법) : 종업원 업무에 관련된 표준을 제시하여 수행 여부를 점검하는 방법
- 평가척도법 : 직무 수행에 필요한 능력, 자질, 특성을 정해진 척도에 따라 평가하는 방법
- 중요사건 기록법 : 조직 목표 달성의 성패에 영향에 미친 중요한 사건을 중심으로 기록하는 방법
- 서술법 : 종업원의 업무성과와 행동 특성에 대해 평가자가 피평가자에 대해 자유롭게 기술하는 방법

평가자에게 나타날 수 있는 오류

주관적평가
현혹효과(Halo Effect) : 특정한 평가항목이 다른 부분에도 영향을 주는 오류
중심화 경향 : 대상자를 보통이나 중으로 평가하여 극단적인 것을 피하려는 심리

㉢ 인사이동

- 전직(수평 이동) : 조직 내에서 동일 수준의 직무로 이동을 뜻한다.
- 승진(수직적 이동) : 현직보다 유리한 수준의 직위로 이동을 뜻한다.
- 이직 : 종업원과 기업 간 근로 관계의 단절을 뜻한다.
- 징계 : 구성원이나 조직에 위협을 줄 경우에 조치한다. 강등과 해고가 이에 속한다.

(2) 리더십, 동기 부여, 의사소통

① 리더십 이론

㉠ 특성이론 : 리더의 인적 특성을 연구하는 이론으로서 성공하는 리더는 남과 다른 능력이 있다는 이론이다. 지적능력, 자신감, 업무 관련 특성, 대인관계 기술을 평가한다.

㉡ 행동이론 : 리더의 다양한 행동이 종업원의 만족이나 업적에 영향을 준다는 이론이다. 전제적 리더십, 민주적 리더십, 방임적 리더십으로 나뉘어 평가한다.

> **맥그리거 XY 이론**
>
> 작업자의 태도나 동기 부여의 관계를 설명하기 위해
> X 이론 – 부정적인 견해, 근본적으로 일을 싫어하고 수동적, 지시받기를 원함
> Y 이론 – 긍정의 견해, 목표 달성하기 위해 스스로 노력하고 창조적임

㉢ 상황이론 : 작업의 결과는 리더십의 스타일과 상황 변수의 상호작용에 의해 결정된다.

㉣ 변형이론 : 변혁적 리더, 거래적 리더

② 동기 부여이론

㉠ 매슬로우의 욕구계층 이론 : 생리적, 안전, 사회적, 존경, 자아실현의 5단계 이론

㉡ 허즈버그의 이요인 이론 : 위생 요인과 동기 부여 요인

㉢ 알더퍼의 ERG 이론 : 생존 욕구, 관계 욕구, 성장 욕구

㉣ 맥클리랜드의 성취 동기 이론

㉤ 브룸의 기대 이론 : 보상에는 가치가 있어야 한다는 이론

㉥ 아담스의 공정성 이론

③ 의사소통의 유형

㉠ 상향식 의사소통　㉡ 하향식 의사소통

㉢ 수평적 의사소통　㉣ 대각선 의사소통

④ 노사관계의 발전과정

㉠ 전제적 노사관계　㉡ 온정적 노사관계

㉢ 근대적 노사관계　㉣ 민주적 노사관계

(3) 마케팅관리

① **서비스의 개념** : 일상적 의미로 무상제공되는 것. 고객을 대하는 태도, 타인을 위한 봉사, 구매 시 제공되는 편의 등을 말하며, 사전적 의미로는 판매 목적으로 제공되거나 상품의 판매와 관련하여 제공되는 활동, 편익, 만족을 말한다.

② **마케팅** : 개인이나 집단이 타인에게 가치가 있는 제품과 서비스를 창조, 제공, 교환함으로써 그들이 요구하고 필요로 하는 것을 획득할 수 있도록 하는 사회적이며 관리적 과정이다.

㉠ 마케팅 관리의 개념

- 생산 지향적 개념 : 생산과 유통을 통해 생산효율을 증대
- 제품 지향적 개념 : 제품의 품질 중요
- 판매 지향적 개념 : 기술의 발달과 혁신에 관심
- 마케팅 지향적 개념 : 고객의 요구를 충족시켜 기업의 목표 달성
- 사회 지향적 개념 : 환경 마케팅과 그린 마케팅
- 고속정보망 지향적 개념 : 정보통신 기술과 접목

㉡ 시장 세분화 : 잠재고객들로 이루어진 전체 시장에서 유사한 소비자끼리 모으는 과정

㉄ 위탁 급식업체에서 급식시장을 학교, 병원, 산업체 등으로 나눠 맞춤형 급식서비스 제공하는 것

㉢ 시장 표적화 : 시장을 세분화한 후 마케팅 전략을 펼칠 시장을 선정

㉣ 시장 포지셔닝 : 고객의 마음속에 경쟁적 우위로 자리 잡을 수 있도록 하는 것

③ **마케팅 믹스(Marketing Mix)** : 표적시장에서 계획한 마케팅 목표를 효과적으로 달성하기 위하여 사용하는 통제 가능한 총체적인 수단으로 각 요소의 단어의 앞글자를 따 4P라고도 말한다.

- 제품(Product)
- 가격(Price)
- 유통(Place)
- 촉진(Promotion)

PART

07

식품위생

1장 식품위생관리

01 식품위생관리

(1) 식품위생의 정의

① 식품위생법이 정의하는 식품위생 : 식품, 첨가물, 기구 또는 용기 · 포장을 대상으로 하는 음식물에 관한 위생을 말한다.

② 세계보건기구(WHO)에서 정의하는 식품위생 : 식품의 생육, 생산 또는 제조에서부터 최종적으로 사람이 섭취할 때까지 이르는 모든 단계에서 식품의 안전성, 건강성 및 건전성을 확보하기 위한 모든 수단을 말한다.

③ 급식소에서 식품위생의 목적

- 식중독 사전방지, 안전하고 맛있는 식사 제공
- 급식관리자는 위생관리를 하여 안전하게 음식 제공
- 국민건강의 증진 및 질병 예방
- 식품으로 인한 위해 방지
- 식품영양의 질적 향상 식품의 올바른 정보 제공

(2) 식중독 위해요소

① 식품의 안전성 : 새로운 오염물질을 발견하고 미세한 오염물질 제거

② 식품의 위해요소

㉠ 내인성 : 식품의 원재료에 함유되어 있는 유독 · 유해물질로 식품 그 자체에 있는 독을 뜻한다.

- 동물성 : 복어 독, 패류 독, 권패 독
- 식물성 : 조개 독, 고사리 독, 시안배당체 등

자연독

- 베네루핀 : 바지락 · 모시조개 · 굴에 존재하는 간장독이다.
- 삭시톡신 : 가리비, 섭조개, 홍합, 대합조개 등에 존재하고 마비성 중독 증상을 보이며 일반조리로 파괴되지 않는 강독이다.
- 솔라닌 : 감자의 독성분으로 중추신경 독이다. 발아 부위와 녹색 부위의 껍질을 도려내어 섭취를 피할 수 있다.
- 테트로도톡신 : 복어에 존재하는 마비성 신경독이다.
- 시큐톡신 : 독미나리에 함유된 독이다.
- 무스카린 : 독버섯에 함유된 독이다.
- 아미그달린(청산배당체) : 미숙한 청매에 함유된 독이다.
- 테무린 : 독보리에 함유된 독이다.

㉡ 유인성 : 식품의 제조, 가공, 저장, 유통 등의 과정에서 식품 중에 또는 식품의 섭취에 따라 생체 내에 생성되는 유독, 유해물질로 병해를 일으키는 경우을 말한다.

㉢ 외인성 : 외부로부터 유독, 유해물이 혼입되거나 이행된 물질을 섭취하는 경우를 말한다.

(3) 식품과 미생물

① 세균(Bacteria) : 미생물학적 위해요소 중 외식업소에서 가장 중요하게 다뤄야 할 부분

㉠ 미생물 분열 및 성장곡선 : 대부분의 세균은 성장을 위한 최적환경에서 분열을 통해 증식하게 되며, 보통 유도기(Lag Phase) → 대수기(Log Phase) → 정지기(Stationary Phase) → 사멸기(Death Phase)로 이루어진 성장곡선을 가진다.

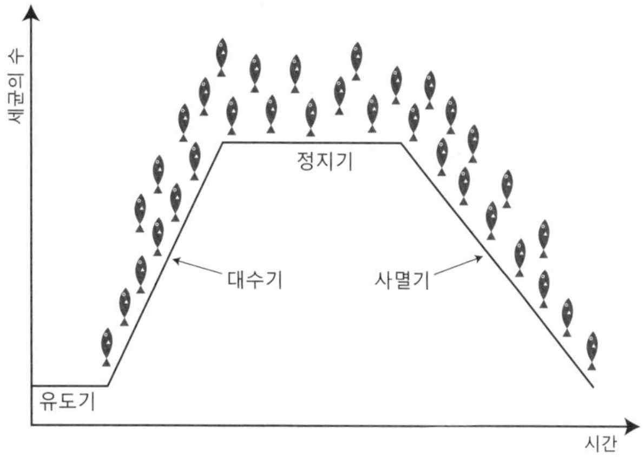

㉡ 식중독을 일으키는 주요 세균들

- 감염형 식중독(Infections) : 살모넬라, 캠필로박터, E. coli O157:H7, 리스테리아, 쉬겔라, 여시니아, 비브리오
- 독소형 식중독(Intoxications) : 클로스트리디움 보툴리눔, 황색포도상구균
- 감염독소형 식중독(Toxin-mediated Infections) : 클로스트리디움, 퍼프린젠스, 바실러스, 세레우스

② 바이러스

㉠ 미량의 개체(10~100마리)로도 발병 가능

㉡ 환경에 대한 저항력이 강하며 2차 감염으로 대형식중독 유발 가능성이 높다.

㉢ 음식을 통해 감염된다.

③ 기생충 : 세균과 바이러스와 마찬가지로 식중독을 일으키는 중요한 위해요소. 보통 성충은 인체의 장내에 기생하며 생존한다.

④ 진균류(효모, 곰팡이) : 효모나 곰팡이는 식품의 부패에 관여하는 주요 진균류이다. 효모가 식품 안에서 자라게 되면 가스, 산, 알코올을 포함한 바람직하지 못한 부산물을 생성하게 되며 식품에서 신맛이나 냄새가 나고 포장이 부풀어 오르게 된다.

㉠ 효모 : 진핵세포의 고등미생물. 버터, 치즈, 요구르트, 김치 등의 발효식품 변질에 관여한다.

㉡ 곰팡이 : 곡류, 두류 등의 탄수화물이 풍부한 식품에 잘 증식한다. 장류, 주류, 치즈 등의 발효식품 제조에 이용된다.

곰팡이 독소

- 아플라톡신(Aflatoxin) : 땅콩, 보리, 쌀, 옥수수 등에서 발생한다. 물에 녹지 않고 열에 강하다.
- 에르고톡신(Ergotoxin) : 호밀, 귀리, 보리 등에 서식하는 곰팡이이다. 맥각독, 매각 알칼로이드로 인한 혈관수축으로 혈압을 상승시킨다.
- 페니실리움 이슬란디쿰(Penicillium Islandicum) : 황변미 중독의 원인 곰팡이이다. 황변미 독소는 페니실린(Penicillium)속과 아스페르길루스(Aspergillus)속 곰팡이들이 습도와 기온이 높은 환경에서 저장된 쌀에 기생하면서 쌀을 황색으로 변화시키면서 생성하는 독소로써 신장 장애를 일으킨다.
- 파튤린(Patulin) : 주로 상한 사과, 배, 포도 등에서 생성된다. 초조, 경련, 호흡곤란, 부종, 궤양 등의 증상을 보인다.

(3) 식품위생 검사

① 미생물검사의 목적

㉠ 식품의 신선도 판정 및 유통 과정의 위생적 취급 여부 등을 판정

㉡ 위생기준 내에 적합한 미생물적 품질을 지녔는지를 알기 위함

② 정성시험 : 대장균군의 유무를 검사한다. 정성시험은 아래 3단계로 수행한다.

㉠ 추정시험 : LB 배지(유당배지)

㉡ 확정시험 : EMB 한천배지, Endo 한천배지

㉢ 완전시험 : LB 배지(유당배지), 보통 한천배지

③ 정량시험 : 대장균군의 수 산출

㉠ MPN법(최확수법) : 시료 원액을 단계적으로 희석하여 일정량을 시험관에서 배양한 후, 본균의 양성 시험관수로부터 원액 중의 균수를 추정하는 방법이다. 유당(lactose) 배지법, BGLB 배지법이 있다.

㉡ 데옥시콜레이트 유당 한천 배지법(desoxycholate)

㉢ 건조 필름법

④ 미생물의 생육에 영향을 미치는 요인

㉠ 온도　　㉡ 수소이온농도(ph)

㉢ 수분　　㉣ 산소

㉤ 삼투압

⑤ 식품위생용어

㉠ 멸균(sterilization) : 모든 미생물을 완전히 사멸시키는 조작

㉡ 고압증기 멸균법 : 121℃ 이상에서 수증기를 발생시켜 포자까지 살균하는 방법

㉢ 열탕 소독(자비 소독) : 100℃에서 30분 이상 가열

㉣ 상압증기 소독법 : 상압 증기솥을 사용하여 100℃로 상승한 후부터 30분간 찌는 방법

㉤ 화학 살균법 : 소각 연소에 의한 지류, 목제품, 전염병 사체 등을 살균하는 방법

㉥ 소독 : 병원성 미생물을 죽이거나 병원성을 약화시켜 전염력을 없애는 조작

⑥ 식품 변질의 개념

㉠ 변질 : 식품의 관능적인 특성 및 영양학적인 특성이 나빠지는 것

㉡ 부패 : 단백질 성분의 식품이 미생물에 의해서 아민, 암모니아, 황화수소 등 각종 악취 성분이나 유해물질이 생성되는 것

㉢ 변패 : 탄수화물성 식품이 미생물에 의해 변질 분해되는 것

㉣ 산패 : 지질이 산소, 햇빛, 금속 등에 의해 산화, 변색, 분해되는 것

㉤ 발효 : 식품이 미생물에 의해 분해되어 유용한 물질이 생성되는 것

2장 식중독

(1) 세균성식중독

① 특징

㉠ 다량의 균으로 발병한다.

㉡ 식품에서 사람으로 감염된다.

㉢ 균의 증식을 막으면 발생을 예방할 수 있다.

㉣ 잠복기는 비교적 짧다.

㉤ 수인성 전파는 드물고 면역성이 없다.

② 종류

㉠ 세균성 감염형 식중독

종류	원인균
살모넬라	• 육류 및 가공법, 인수공통 감염법이며, 난류에 의해 감염 • 그람음성, 무포자간균, 호기성, 통성 혐기성 • 60℃에서 20분간 가열로 사멸 • 장내 세균과에 속함
장염비브리오	• 원인균 : Vibrio parahaemolyticus. 호염성 해수 세균 • 해수온도 15℃ 이상에서 활발히 활동 • 2~5%의 소금농도에서 잘 자람 • 포자를 형성하지 않아 열에 약함 • 주로 6~10월에 균수 급증 • 어패류는 수돗물로 잘 씻어 섭취 • 생선용 칼, 도마 등은 구분하여 사용 • 오염된 조리기구는 10분간 세척 소독으로 2차오염 방지 • 복통, 설사, 구토와 37~38℃의 미열
병원성 대장균	• 그람음성 간균, 호기성, 통성혐기성 • 원인 식품 : 우유와 불완전 조리된 쇠고기 분쇄육, 햄, 치즈, 샐러드 등 • 감염원 : 소, 돼지, 개, 닭, 등 • 장관병원성 대장균(enteropathogenic E. coli ; EPEC) • 장관침투성 대장균(enteroinvasive E. coli ; EIEC) • 독소원성 대장균(enterotoxingenic E. coli ; ETEC) • 장관출혈성 대장균(enterohemorrahagic E. coli ; EHEC) E. coliO157 : H7 용혈성 요독증후군 베로톡신

캠필로박터	• 원인균 : Campylobacter jejun • 원인 식품 : 오염된 식수, 우유, 닭고기 등 • 그람음성 미호기성균으로 생육 최저온도가 42℃ 정도이며 25℃ 이하에서는 잘 생육하지 않는다. • 열과 건조에 약하다.
여시니아	• 원인균 : Yersinia enterocolitica • 잠복기 4~7일. 그람음성의 통성혐기성균으로 생육 체적온도는 25~30℃이며 5℃ 이하 저온에서도 생육이 가능 • 우유, 돈육, 쇠고기, 아이스크림 • 면역력이 손상된 성인과 어린이에게 감염
리스테리아	• Listeria monocytogenes • 그람양성의 통성혐기성 간균 • 생육 최적온도는 30~37℃이나 냉장온도에서도 생육이 가능 • 임산부의 경우 태아에게도 감염될 수 있음(모자 간 수직 감염)

㉡ 세균성 독소 형식 중독

종류	원인균
포도상구균 식중독	• 원인균 : Staphylococcus aureus • 황색포도상구균은 Gram 양성의 구균으로 무포자의 통성혐기성이며 현미경으로 관찰 시 포도송이 모양 • 원인 식품 : 육류 및 가공품, 가금류나 난제품, 베이커리 제품, 우유 및 가공품, 곡류 및 가공품, 도시락, 복합 조리 식품 등으로 다양한 식품에서 증식 가능 • 예방원칙 : 식품 기구의 멸균과 식품의 오염 방지, 저온보관, 오염원의 배제
클로스트리디움 보툴리늄 식중독	• 원인균 : Clostridium botulinum. Gram 양성의 편성혐기성 간균 • 사람에 식중독을 일으키는 것 : A, B, E 및 F형 • 닭과 가금류, 소, 말, 어류 등과 같은 동물에 식중을 일으키는 것 : C와 D형 • 원인 식품 : 통조림, 병조림, 레토르트 식품, 식육, 소시지, 훈연 혹은 염장한 어류 등, 비위생적으로 처리한 식품, 분변에 오염된 것

㉢ 기타 세균성 식중독

종류	원인균
웰치균	• 원인균 : Clostridium pertrigens • 그람양성, 단간균, 무편모, 아포형성, 편성혐기성균 • 원인 식품 : 단백질 식품, 튀긴 식품, 식육 및 가공품, 가열조리 식품
바이러스	• 원인균 : 노로바이러스 • 원인 식품 : 굴, 패류, 오염된 식수, 가열하지 않은 고채류 • 2차 감염이 되어 집단발병 가능 • 겨울철에 많이 발생한다.
세레우스	• 원인균 : Bacillus cereus 그람양성간균, 통기성 · 혐기성균으로 enterotoxin(장독소) 생성 • 구토형 : 내열성으로 126℃, 90분 가열로도 파괴되지 않는다. • 설사형 : 고분자 단백질. 열에 약하여 56℃, 5분 가열로 활성을 잃어버린다.

세균성식중독의 잠복기

- 캠필로박터 : 2~5일
- 여시니아 : 4~7일
- 리스테리아 : 12시간~21일
- 포도상구균, 세레우스 구토형 : 1~6시간(평균3시간)

(2) 농약에 의한 식중독

종류	원인균
유기성염소제	• 만성중독 · 지방조직에 축적되어 잔류성 크다. • 유기인제에 비해 독성 낮다.
유기인제	• 잔류성 낮다. • 급성독성 • cholinesterase 저해작용에 의한 신경 증상
카바마이트제	• 유기염소제의 대체용품 • cholinesterase 저해작용에 의한 신경 증상
유기불소제	• 쥐약, 깍지벌레, 진딧물의 살충제 • TCAcycle의 aconitase 저해작용
유기수은제	• 종자소독, 과수와 채소 병해 방지 • 미나마타병의 원인물질
비소제	• 비산납, 비산석회 등의 살충제 • 단백질 변성, 만성중독 시 빈혈, 흑피증

(3) 중금속에 의한 식중독

종류	특징
납(Pb)	• 통조림의 납땜. 도자기, 범랑 용기의 안료, 자동차 배기가스 등 • 뼈에 침착, 만성유독 유발, 권태, 두통, 납통증, 빈혈 등
수은(Hg)	• 유기수은제(콩나물 재배 시 소독제), 공장 폐수 • 일본 – 미나마타병
카드뮴(Cd)	• 도자기, 범랑 용기의 안료 성분의 용출. 광산 폐수 • 이타이이타이병 : 신장장애, 폐기종, 골연화증, 단백뇨, 중년 여성에게 발병률 높다.

종류	특징
비소(As)	• 불순물로 식품에 혼입
주석(Sn)	• 통조림 용기에 산성식품 보관 시 용출 • 구역질, 구토, 복통, 설사, 두통
구리(Cu)	• 부식된 구리제 용기(놋그릇의 염기성 녹청). 간세포 괴사
아연(Zn)	• 아연으로 도금된 용기에 산성식품을 담아 놓을 때 생성 • 복통, 구토, 설사, 혈변 등
크롬(Cr)	• 은백색의 단단한 금속, 녹이 슬지 않는다. • 피부암, 폐암, 복통, 빈혈

(4) 자연독에 의한 식중독

① 동물성 자연독

㉠ 베네루핀 : 바지락, 모시조개, 굴에 존재하는 간장독이다.

㉡ 삭시톡신 : 가리비, 섭조개, 홍합, 대합조개 등에 존재하며 마비성 중독 증상이 있다. 일반조리로 파괴되지 않는 강독이다.

㉢ 테트로도톡신 : 복어에 존재하는 마비성 신경독이다.

② 식물성 자연독

㉠ 솔라닌: 감자의 독성분으로 중추신경 독이다. 발아 부위와 녹색 부위의 껍질을 도려낸다.

㉡ 시큐톡신 : 독미나리

㉢ 무스카린 : 독버섯

㉣ 아미그달린(청산배당체) : 미숙한 청매

㉤ 테무린 : 독보리

(5) 곰팡이독(mycotoxin)

① **정의** : 진균독 또는 곰팡이 독소는 진균류인 곰팡이가 생산하는 2차 대사산물로써 경구적으로 발생하여 생리적 장애를 발생시키는 것

② **원인식품** : 옥수수, 쌀, 땅콩, 목초 등의 종자, 곡식, 사료 등

③ **증상** : 간기능 장애, 신장기능 장애, 발암, 신경장애

④ **Aspergillus속** : 봄철에서 여름철 고온다습한 지역 발생

⑤ **Penicillium속** : 봄철에서 여름철 고온다습한 지역 발생, 주로 황변미 독이 원인

⑥ Fusarium속 : 봄, 가을과 겨울철 추운 지역에서 발생

㉠ 독소 : zearalenone

㉡ 원인 식품 : 옥수수, 보리

㉢ 증상 : 가축의 이상발정 증후군, 불임, 태아 성장장애

(6) 식품첨가물

식품을 제조, 가공, 조리 또는 보존할 때 식품의 품질을 좋게 하고 그 보존성과 기호성을 향상시키기 위하여 인위적으로 첨가되는 물질이 식품첨가물이다.

3장 식품안전관리기준(HACCP)의 정의 및 특성

(1) HACCP의 정의 및 특성

① 정의 : HACCP(Hazard Analysis and Critical Control Poin)은 식품의 원료, 제조 · 가공 및 유통의 전 과정에서 위해물질이 해당 식품에 혼입되거나 오염되는 것을 사전에 방지하기 위하여 각 과정을 중점적으로 관리하는 기준이다.

② 용어정리

㉠ 위해요소 : 건강을 해할 우려가 있는 생물학적, 화학적 또는 물리적 인자나 조건

㉡ 위해요소 분석 : 식품안전에 영향을 줄 수 있는 위해요소와 이를 유발할 수 있는 조건이 존재하는지를 판별하기 위해 필요한 정보를 수집하고 평가하는 과정

㉢ 중점관리점(ccp) : 식품안전관리기준을 적용하여 식품의 위해요소를 예방, 제거하거나 허용수준 이하로 감소시켜 안전성를 확보하는 단계

㉣ 한계 기준 : 중점관리점에서 위해요소 관리가 허용 범위 이내로 충분히 이루어지고 있는지를 판단할 수 있는 기준이나 기준치

㉤ 모니터링 : 설정된 한계 기준을 적절히 관리하고 있는지를 확인하기 위하여 수행하는 일련의 계획된 관찰이나 측정하는 행위

㉥ 개선 조치 : 모니터링 결과 중점관리점의 한계 기준을 이탈할 경우 취하는 일련의 조치

㉦ 검증 : HACCP 관리 계획의 적절성과 실행 여부를 정기적으로 평가하는 일련의 활동

(2) HACCP의 7원리

① 위해분석(Hazard Analysis) : 가공식품의 원재료인 가축, 가금, 채소, 과일류, 어패류에 대하여 그 발육, 생산, 어획, 채취 단계에서 시작하여 원재료의 보존, 처리, 제조, 가공, 조리를 거쳐 제품의 보존, 유통 단계를 지나 최종적으로 소비자의 손에 들어갈 때까지의 각 단계에서 발생할 우려가 있는 미생물 위해의 원인을 확정하고, 그 위해의 중요도(severity)와 위험도(risk)를 평가한다.

② 중점관리점(Critical Control Point : CCP) : 어떤 식품의 제조 · 유통체계에 있어 관리하지 않으면 건강장애를 일으킬 우려가 있는 장소 및 방법에 HACCP를 적용하여 식품의 위해를 방지, 제거하거나 안전성을 확보할 수 있는 단계 또는 공정을 말한다.

③ 중점관리점의 한계 기준(Critical Limit) : 하나의 CCP에 있어서 그것이 유래하는 위해 예방에 효과적인 역할을 하고 있음을 보증하기 위하여 정해진 히니 이상의 비리 설정된 허용 한계를 통해 위해요소의 관리가 한계치 설정대로 충분히 이루어지고 있는지 여부를 판단하는 기준이다.

④ 모니터링(Monitoring) : 제품의 안전성을 유지하고 확보하기 위하여 하나의 CCP 또는 그 기준에 대하여 정확한 기록을 얻도록 계획된 일련의 검사, 측정 및 관찰을 뜻한다. 위해요소의 관리 여부를 점검하기 위하여 실시하는 일련의 관찰이나 측정 수단이다.

⑤ 개선 조치(Corrective Action) : 모니터링 결과가 중점관리점의 한계 기준으로 관리되지 못할 경우에 취하는 조치이다.

⑥ 검증(Verification) : HACCP 방법에 따른 관리(감시)가 처음의 계획대로 정확하게 실시되고 있는지 여부를 확인하고, 증명하기 위한 방법, 방식 및 검사로서 해당 업소에서 HACCP의 계획이 적절한지 정기적으로 평가하는 조치이다.

⑦ 기록유지체계 설정 : 모든 단계에서의 절차에 관한 문서를 빠짐없이 정리하여 보관하고, CCP 모니터링 결과, 관리기준 이탈 및 그에 따른 개선 조치 등에 관한 기록을 유지한다.

PART

08

식품·영양 관계법규

1장 식품위생법

식품위생법(시행 2022.01.01.) [법률 제18363호, 2021.07.27., 일부 개정]
식품위생법 시행령 (시행 2021.12.30.) [대통령령 제32276호, 2021.12.30., 일부 개정]
식품위생법 시행규칙(시행 2022.04.28.) [총리령 제1803호, 2022.04.28., 일부 개정]

01 총칙 – 법 제1장

(1) 목적(제1조)

이 법은 식품으로 인하여 생기는 위생상의 위해(危害)를 방지하고 식품영양의 질적 향상을 도모하며 식품에 관한 올바른 정보를 제공하여 국민보건의 증진에 이바지함을 목적으로 한다.

(2) 정의(제2조)

① **식품** : 모든 음식물(의약으로 섭취하는 것은 제외한다)을 말한다.

② **식품첨가물** : 식품을 제조 · 가공 · 조리 또는 보존하는 과정에서 감미(甘味), 착색(着色), 표백(漂白) 또는 산화방지 등을 목적으로 식품에 사용되는 물질을 말한다. 이 경우 기구(器具) · 용기 · 포장을 살균 · 소독하는 데에 사용되어 간접적으로 식품으로 옮아갈 수 있는 물질을 포함한다.

③ **화학적 합성품** : 화학적 수단으로 원소(元素) 또는 화합물에 분해 반응 외의 화학 반응을 일으켜서 얻은 물질을 말한다.

④ **기구** : 다음에 해당하는 것으로서 식품 또는 식품첨가물에 직접 닿는 기계 · 기구나 그 밖의 물건(농업과 수산업에서 식품을 채취하는 데에 쓰는 기계 · 기구나 그 밖의 물건 및 위생용품은 제외한다)을 말한다.

㉠ 음식을 먹을 때 사용하거나 담는 것

㉡ 식품 또는 식품첨가물을 채취 · 제조 · 가공 · 조리 · 저장 · 소분[(小分) : 완제품을 나누어 유통을 목적으로 재포장하는 것을 말한다. 이하 같다] · 운반 · 진열할 때 사용하는 것

⑤ **용기 · 포장** : 식품 또는 식품첨가물을 넣거나 싸는 것으로서 식품 또는 식품첨가물을 주고받을 때 함께 건네는 물품을 말한다.

⑥ **위해** : 식품, 식품첨가물, 기구 또는 용기 · 포장에 존재하는 위험요소로서 인체의 건강을 해치거나 해칠 우려가 있는 것을 말한다.

⑦ 삭제 〈2018. 3. 13.〉

⑧ 삭제 〈2018. 3. 13.〉

⑨ **영업** : 식품 또는 식품첨가물을 채취 · 제조 · 가공 · 조리 · 저장 · 소분 · 운반 또는 판매하거나 기구 또는 용기 · 포장을 제조 · 운반 · 판매하는 업(농업과 수산업에 속하는 식품 채취업은 제외한다)을 말한다.

⑩ **영업자** : 영업허가를 받은 자나 영업신고를 한 자 또는 영업등록을 한 자를 말한다.

⑪ **식품위생** : 식품, 식품첨가물, 기구 또는 용기 · 포장을 대상으로 하는 음식에 관한 위생을 말한다.

⑫ **집단급식소** : 영리를 목적으로 하지 아니하면서 특정 다수인에게 계속하여 음식물을 공급하는 다음의 어느 하나에 해당하는 곳의 급식시설로서 대통령령으로 정하는 시설을 말한다.

㉠ 기숙사
㉡ 학교
㉢ 병원
㉣ 사회복지시설
㉤ 산업체
㉥ 국가, 지방자치단체 및 공공기관
㉦ 그 밖의 후생기관 등

⑬ **식품이력추적관리** : 식품을 제조 · 가공단계부터 판매단계까지 각 단계별로 정보를 기록 · 관리하여 그 식품의 안전성 등에 문제가 발생할 경우 그 식품을 추적하여 원인을 규명하고 필요한 조치를 할 수 있도록 관리하는 것을 말한다.

⑭ **식중독** : 식품 섭취로 인하여 인체에 유해한 미생물 또는 유독물질에 의하여 발생하였거나 발생한 것으로 판단되는 감염성 질환 또는 독소형 질환을 말한다.

⑮ **집단급식소에서의 식단** : 급식대상 집단의 영양섭취기준에 따라 음식명, 식재료, 영양성분, 조리방법, 조리인력 등을 고려하여 작성한 급식계획서를 말한다.

(3) 식품 등의 취급(제3조)

① 누구든지 판매(판매 외의 불특정 다수인에 대한 제공 포함)를 목적으로 식품 또는 식품첨가물을 채취 · 제조 · 가공 · 사용 · 조리 · 저장 · 소분 · 운반 또는 진열을 할 때에는 깨끗하고 위생적으로 하여야 한다.

② 영업에 사용하는 기구 및 용기 · 포장은 깨끗하고 위생적으로 다루어야 한다.

③ 식품, 식품첨가물, 기구 또는 용기 · 포장의 위생적인 취급에 관한 기준은 총리령으로 정한다.

02 식품과 식품첨가물 – 법 제2장

(1) 위해식품 등의 판매 등 금지(제4조)

누구든지 다음 각 호의 어느 하나에 해당하는 식품 등을 판매하거나 판매할 목적으로 채취 · 제조 · 수입 · 가공 · 사용 · 조리 · 저장 · 소분 · 운반 또는 진열하여서는 아니 된다.

① 썩거나 상하거나 설익어서 인체의 건강을 해칠 우려가 있는 것

② 유독 · 유해물질이 들어 있거나 묻어 있는 것 또는 그러할 염려가 있는 것. 다만 식품의약품안전처장이 인체의 건강을 해칠 우려가 없다고 인정하는 것은 제외한다.

③ 병(病)을 일으키는 미생물에 오염되었거나 그러할 염려가 있어 인체의 건강을 해칠 우려가 있는 것

④ 불결하거나 다른 물질이 섞이거나 첨가(添加)된 것 또는 그 밖의 사유로 인체의 건강을 해칠 우려가 있는 것

⑤ 안전성 심사 대상인 농 · 축 · 수산물 등 가운데 안전성 심사를 받지 아니하였거나 안전성 심사에서 식용(食用)으로 부적합하다고 인정된 것

⑥ 수입이 금지된 것 또는 「수입식품안전관리 특별법」 제20조제1항에 따른 수입신고를 하지 아니하고 수입한 것

⑦ 영업자가 아닌 자가 제조 · 가공 · 소분한 것

(2) 병든 동물 고기 등의 판매 금지(제5조)

누구든지 총리령으로 정하는 질병에 걸렸거나 걸렸을 염려가 있는 동물이나 그 질병에 걸려 죽은 동물의 고기 · 뼈 · 젖 · 장기 또는 혈액을 식품으로 판매하거나 판매할 목적으로 채취 · 수입 · 가공 · 사용 · 조리 · 저장 · 소분 또는 운반하거나 진열하여서는 아니 된다.

(3) 기준 · 규격이 정하여지지 아니한 화학적 합성품 등의 판매 등 금지(제6조)

누구든지 다음에 해당하는 행위를 하여서는 아니 된다. 다만, 식품의약품안전처장이 식품위생심의위원회의 심의를 거쳐 인체의 건강을 해칠 우려가 없다고 인정하는 경우에는 그러하지 아니하다.

① 기준 · 규격이 정하여지지 아니한 화학적 합성품인 첨가물과 이를 함유한 물질을 식품첨가물로 사용하는 행위

② 식품첨가물이 함유된 식품을 판매하거나 판매할 목적으로 제조 · 수입 · 가공 · 사용 · 조리 · 저장 · 소분 · 운반 또는 진열하는 행위

(4) 식품 또는 식품첨가물에 관한 기준 및 규격(제7조)

① 식품의약품안전처장은 국민보건을 위하여 필요하면 판매를 목적으로 하는 식품 또는 식품첨가물에 관한 다음의 사항을 정하여 고시한다.

㉠ 제조 · 가공 · 사용 · 조리 · 보존 방법에 관한 기준

㉡ 성분에 관한 규격

② 식품의약품안전처장은 기준과 규격이 고시되지 아니한 식품 또는 식품첨가물의 기준과 규격을 인정받으려는 자에게 사항을 제출하게 하여 「식품 · 의약품분야 시험 · 검사 등에 관한 법률」에 따라 식품의약품안전처장이 지정한 식품전문 시험 · 검사기관 또는 같은 총리령으로 정하는 시험 · 검사기관의 검토를 거쳐 기준과 규격이 고시될 때까지 그 식품 또는 식품첨가물의 기준과 규격으로 인정할 수 있다.

③ 수출할 식품 또는 식품첨가물의 기준과 규격은 수입자가 요구하는 기준과 규격을 따를 수 있다.

④ 기준과 규격이 정하여진 식품 또는 식품첨가물은 그 기준에 따라 제조 · 수입 · 가공 · 사용 · 조리 · 보존하여야 하며, 그 기준과 규격에 맞지 아니하는 식품 또는 식품첨가물은 판매하거나 판매할 목적으로 제조 · 수입 · 가공 · 사용 · 조리 · 저장 · 소분 · 운반 · 보존 또는 진열하여서는 아니 된다.

(5) 권장규격 예시 등(제7조의2)

① 식품의약품안전처장은 판매를 목적으로 하는 기준 및 규격이 설정되지 아니한 식품 등이 국민보건상 위해 우려가 있어 예방조치가 필요하다고 인정하는 경우에는 그 기준 및 규격이 설정될 때까지 위해 우려가 있는 성분 등의 안전관리를 권장하기 위한 규격을 예시할 수 있다.

② 식품의약품안전처장은 권장규격을 예시할 때에는 국제식품규격위원회 및 외국의 규격 또는 다른 식품 등에 이미 규격이 신설되어 있는 유사한 성분 등을 고려하여야 하고 심의위원회의 심의를 거쳐야 한다.

③ 식품의약품안전처장은 영업자가 권장규격을 준수하도록 요청할 수 있으며 이행하지 아니한 경우 그 사실을 공개할 수 있다.

(6) 농약 등의 잔류허용기준 설정 요청 등(제7조의3)

① 식품에 잔류하는 「농약관리법」에 따른 농약, 「약사법」에 따른 동물용 의약품의 잔류허용기준 설정이 필요한 자는 식품의약품안전처장에게 신청하여야 한다.

② 수입식품에 대한 농약 및 동물용 의약품의 잔류허용기준 설정을 원하는 자는 식품의약품안전처장에게 관련 자료를 제출하여 기준 설정을 요청할 수 있다.

③ 식품의약품안전처장은 잔류허용기준을 설정하는 경우 관계 행정기관의 장에게 자료제공 등의 협조를 요청할 수 있다. 이 경우 요청을 받은 관계 행정기관의 장은 특별한 사유가 없으면 이에 따라야 한다.

④ 신청 절차 · 방법 및 자료제출의 범위 등 세부사항은 총리령으로 정한다.

(7) 식품 등의 기준 및 규격 관리 계획 등(제7조의4)

① 식품의약품안전처장은 관계 중앙행정기관의 장과의 협의 및 심의위원회의 심의를 거쳐 식품 등의 기준 및 규격 관리 기본계획을 5년마다 수립 · 추진할 수 있다.

② 관리 계획에는 다음 각 호의 사항이 포함되어야 한다.

㉠ 식품등의 기준 및 규격 관리의 기본 목표 및 추진방향

㉡ 식품등의 유해물질 노출량 평가

㉢ 식품등의 유해물질의 총 노출량 적정관리 방안

㉣ 식품등의 기준 및 규격의 재평가에 관한 사항

㉤ 그 밖에 식품등의 기준 및 규격 관리에 필요한 사항

③ 식품의약품안전처장은 관리 계획을 시행하기 위하여 해마다 관계 중앙행정기관의 장과 협의하여 식품등의 기준 및 규격 관리 시행계획을 수립하여야 한다.

④ 식품의약품안전처장은 관리 계획 및 시행계획을 수립 · 시행하기 위하여 필요한 때에는 관계 중앙행정기관의 장 및 지방자치단체의 장에게 협조를 요청할 수 있다. 이 경우 협조를 요청받은 관계 중앙행정기관의 장 등은 특별한 사유가 없으면 이에 따라야 한다.

⑤ 관리 계획에 포함되는 노출량 평가 · 관리의 대상이 되는 유해물질의 종류, 관리 계획 및 시행계획의 수립 · 시행 등에 필요한 사항은 총리령으로 정한다.

(8) 식품 등의 기준 및 규격의 재평가 등(제7조의5)

① 식품의약품안전처장은 관리 계획에 따라 식품등에 관한 기준 및 규격을 주기적으로 재평가하여야 한다.

② 식품의약품안전처장은 제1항에 따른 재평가 결과에 따라 식품등의 기준 및 규격을 개정하는 등 필요한 조치를 하여야 한다. 〈신설 2022. 6. 10.〉

③ 제1항에 따른 재평가 대상, 방법 및 절차 등에 필요한 사항은 총리령으로 정한다.

03 기구와 용기 · 포장 – 법 제3장

(1) 유독기구 등의 판매 · 사용 금지(제8조)

유독 · 유해물질이 들어 있거나 묻어 있어 인체의 건강을 해칠 우려가 있는 기구 및 용기 · 포장과 식품 또는 식품첨가물에 직접 닿으면 해로운 영향을 끼쳐 인체의 건강을 해칠 우려가 있는 기구 및 용기 · 포장을 판매하거나 판매할 목적으로 제조 · 수입 · 저장 · 운반 · 진열하거나 영업에 사용하여서는 아니 된다.

(2) 기구 및 용기 · 포장에 관한 기준 및 규격(제9조)

① 식품의약품안전처장은 국민보건을 위하여 필요한 경우에는 판매하거나 영업에 사용하는 기구 및 용기 · 포장에 관하여 다음의 사항을 정하여 고시한다.

㉠ 제조 방법에 관한 기준

㉡ 기구 및 용기 · 포장과 그 원재료에 관한 규격

② 식품의약품안전처장은 기준과 규격이 고시되지 아니한 기구 및 용기 · 포장의 기준과 규격을 인정받으려는 자에게 사항을 제출하게 하여 「식품 · 의약품분야 시험 · 검사 등에 관한 법률」에

따라 식품의약품안전처장이 지정한 식품전문 시험 · 검사기관 또는 총리령으로 정하는 시험 · 검사기관의 검토를 거쳐 기준과 규격이 고시될 때까지 해당 기구 및 용기 · 포장의 기준과 규격으로 인정할 수 있다.

③ 수출할 기구 및 용기 · 포장과 그 원재료에 관한 기준과 규격은 수입자가 요구하는 기준과 규격을 따를 수 있다.

④ 기준과 규격이 정하여진 기구 및 용기 · 포장은 그 기준에 따라 제조하여야 하며, 그 기준과 규격에 맞지 아니한 기구 및 용기 · 포장은 판매하거나 판매할 목적으로 제조 · 수입 · 저장 · 운반 · 진열하거나 영업에 사용하여서는 아니 된다.

04 표시 – 법 제4장

(1) 유전자변형식품등의 표시(제12조의2)

① 다음에 해당하는 생명공학기술을 활용하여 재배 · 육성된 농산물 · 축산물 · 수산물 등을 원재료로 하여 제조 · 가공한 식품 또는 식품첨가물을 유전자변형식품임을 표시하여야 한다. 다만, 제조 · 가공 후에 유전자변형 디엔에이(DNA, Deoxyribonucleic acid) 또는 유전자변형 단백질이 남아 있는 유전자변형식품등에 한정한다.

㉠ 인위적으로 유전자를 재조합하거나 유전자를 구성하는 핵산을 세포 또는 세포 내 소기관으로 직접 주입하는 기술

㉡ 분류학에 따른 과(科)의 범위를 넘는 세포융합기술

② 표시하여야 하는 유전자변형식품등은 표시가 없으면 판매하거나 판매할 목적으로 수입 · 진열 · 운반하거나 영업에 사용하여서는 아니 된다.

③ 표시의무자, 표시대상 및 표시방법 등에 필요한 사항은 식품의약품안전처장이 정한다.

05 식품 등의 공전(公典) – 법 제5장

(1) 식품 등의 공전(제14조)

식품의약품안전처장은 다음의 기준 등을 실은 식품 등의 공전을 작성 · 보급하여야 한다.

① 정하여진 식품 또는 식품첨가물의 기준과 규격

② 정하여진 기구 및 용기 · 포장의 기준과 규격

③ 정하여진 식품 등의 표시기준

06 검사 등 – 법 제6장

(1) 위해평가(제15조)

① 식품의약품안전처장은 국내외에서 유해물질이 함유된 것으로 알려지는 등 위해의 우려가 제기되는 식품 등에 해당한다고 의심되는 경우에는 그 식품 등의 위해요소를 신속히 평가하여 그것이 위해식품 등인지를 결정하여야 한다.

② 식품의약품안전처장은 위해평가가 끝나기 전까지 국민건강을 위하여 예방조치가 필요한 식품 등에 대하여는 판매하거나 판매할 목적으로 채취 · 제조 · 수입 · 가공 · 사용 · 조리 · 저장 · 소분 · 운반 또는 진열하는 것을 일시적으로 금지할 수 있다. 다만, 국민건강에 급박한 위해가 발생하였거나 발생할 우려가 있다고 식품의약품안전처장이 인정하는 경우에는 그 금지조치를 하여야 한다.

③ 식품의약품안전처장은 일시적 금지조치를 하려면 미리 심의위원회의 심의 · 의결을 거쳐야 한다. 다만, 국민건강을 급박하게 위해할 우려가 있어서 신속히 금지조치를 하여야 할 필요가 있는 경우에는 먼저 일시적 금지조치를 한 뒤 지체 없이 심의위원회의 심의 · 의결을 거칠 수 있다.

④ 심의위원회는 제3항 본문 및 단서에 따라 심의하는 경우 대통령령으로 정하는 이해관계인의 의견을 들어야 한다.

⑤ 식품의약품안전처장은 위해평가나 사후 심의위원회의 심의 · 의결에서 위해가 없다고 인정된 식품 등에 대하여는 지체 없이 일시적 금지조치를 해제하여야 한다.

⑥ 위해평가의 대상, 방법 및 절차, 그 밖에 필요한 사항은 대통령령으로 정한다.

(2) 위해평가 결과 등에 관한 공표(제15조의2)

① 식품의약품안전처장은 위해평가 결과에 관한 사항을 공표할 수 있다.

② 중앙행정기관의 장, 특별시장 · 광역시장 · 특별자치시장 · 도지사 · 특별자치도지사 시장 · 군수 · 구청장 또는 대통령령으로 정하는 공공기관의 장은 식품의 위해 여부가 의심되는 경우나 위해와 관련된 사실을 공표하려는 경우로서 위해평가가 필요한 경우에는 반드시 식품의약품안전처장에게 그 사실을 미리 알리고 협의하여야 한다.

③ 공표방법 등 공표에 필요한 사항은 대통령령으로 정한다.

(3) 소비자 등의 위생검사 등 요청(제16조)

① 식품의약품안전처장, 시 · 도지사 또는 시장 · 군수 · 구청장은 대통령령으로 정하는 일정 수 이상의 소비자, 소비자단체 또는 「식품 · 의약품분야 시험 · 검사 등에 관한 법률」에 따른 시험 · 검사기관 중 총리령으로 정하는 시험 · 검사기관이 식품등 또는 영업시설 등에 대하여 출입 · 검사 · 수거 등을 요청하는 경우에는 이에 따라야 한다. 다만, 다음에 해당하는 경우에는 그러하지 아니하다.

㉠ 같은 소비자, 소비자단체 또는 시험 · 검사기관이 특정 영업자의 영업을 방해할 목적으로 같은 내용의 위생검사 등을 반복적으로 요청하는 경우

㉡ 식품의약품안전처장, 시 · 도지사 또는 시장 · 군수 · 구청장이 기술 또는 시설, 재원(財源) 등의 사유로 위생검사 등을 할 수 없다고 인정하는 경우

② 식품의약품안전처장, 시 · 도지사 또는 시장 · 군수 · 구청장은 위생검사 등의 요청에 따르는 경우 14일 이내에 위생검사 등을 하고 그 결과를 대통령령으로 정하는 바에 따라 위생검사 등의 요청을 한 소비자, 소비자단체 또는 시험 · 검사기관에 알리고 인터넷 홈페이지에 게시하여야 한다.

③ 위생검사 등의 요청 요건 및 절차, 그 밖에 필요한 사항은 대통령령으로 정한다.

(4) 위해식품 등에 대한 긴급대응(제17조)

① 식품의약품안전처장은 판매하거나 판매할 목적으로 채취 · 제조 · 수입 · 가공 · 조리 · 저장 · 소분 또는 운반되고 있는 식품 등이 다음에 해당하는 경우에는 긴급대응방안을 마련하고 필요한 조치를 하여야 한다.

㉠ 국내외에서 식품 등 위해발생 우려가 총리령으로 정하는 과학적 근거에 따라 제기되었거나 제기된 경우

㉡ 그 밖에 식품 등으로 인하여 국민건강에 중대한 위해가 발생하거나 발생할 우려가 있는 경우로서 대통령령으로 정하는 경우

② 긴급대응방안은 다음의 사항이 포함되어야 한다.

㉠ 해당 식품 등의 종류

㉡ 해당 식품 등으로 인하여 인체에 미치는 위해의 종류 및 정도

㉢ 제조 · 판매 등의 금지가 필요한 경우 이에 관한 사항

㉣ 소비자에 대한 긴급대응요령 등의 교육 · 홍보에 관한 사항

㉤ 그 밖에 식품 등의 위해 방지 및 확산을 막기 위하여 필요한 사항

③ 식품의약품안전처장은 긴급대응이 필요하다고 판단되는 식품등에 대하여는 그 위해 여부가 확인되기 전까지 해당 식품등의 제조 · 판매 등을 금지하여야 한다.

④ 영업자는 식품 등에 대하여는 제조 · 판매등을 하여서는 아니 된다.

⑤ 식품의약품안전처장은 제조 · 판매 등을 금지하려면 미리 대통령령으로 정하는 이해관계인의 의견을 들어야 한다.

⑥ 영업자는 금지조치에 대하여 이의가 있는 경우에는 대통령령으로 정하는 바에 따라 식품의약품안전처장에게 해당 금지의 전부 또는 일부의 해제를 요청할 수 있다.

⑦ 식품의약품안전처장은 식품 등으로 인하여 국민건강에 위해가 발생하지 아니하였거나 발생할 우려가 없어졌다고 인정하는 경우에는 금지의 전부 또는 일부를 해제하여야 한다.

⑧ 식품의약품안전처장은 국민건강에 급박한 위해가 발생하거나 발생할 우려가 있다고 인정되는 위해식품에 관한 정보를 국민에게 긴급하게 전달하여야 하는 경우로서 대통령령으로 정하는 요건에 해당하는 경우에는 「방송법」에 따른 방송사업자 중 대통령령으로 정하는 방송사업자에 대하여 이를 신속하게 방송하도록 요청하거나 「전기통신사업법」에 따른 기간통신사업자 중 대통령령으로 정하는 기간통신사업자에 대하여 이를 신속하게 문자 또는 음성으로 송신하도록 요청할 수 있다.

⑨ 요청을 받은 방송사업자 및 기간통신사업자는 특별한 사유가 없는 한 이에 응하여야 한다.

(5) 유전자변형식품 등의 안전성 심사 등(제18조)

① 유전자변형식품등을 식용(食用)으로 수입 · 개발 · 생산하는 자는 최초로 유전자변형식품등을 수입하는 경우 등 대통령령으로 정하는 경우에는 식품의약품안전처장에게 해당 식품 등에 대한 안전성 심사를 받아야 한다.

② 식품의약품안전처장은 유전자변형식품등의 안전성 심사를 위하여 식품의약품안전처에 유전자변형식품등 안전성심사위원회를 둔다.

③ 안전성심사위원회의 구성 · 기능 · 운영에 필요한 사항은 대통령령으로 정한다.

④ 안전성 심사의 대상, 안전성 심사를 위한 자료제출의 범위 및 심사절차 등에 관하여는 식품의약품안전처장이 정하여 고시한다.

(6) 검사명령(제19조의4)

① 식품의약품안전처장은 다음에 해당하는 식품 등을 채취 · 제조 · 가공 · 사용 · 조리 · 저장 · 소분 · 운반 또는 진열하는 영업자에 대하여 「식품 · 의약품분야 시험 · 검사 등에 관한 법률」에 따른 식품전문 시험 · 검사기관에서 검사를 받을 것을 명할 수 있다. 다만, 검사로써 위해성분을 확인할 수 없다고 식품의약품안전처장이 인정하는 경우에는 관계 자료 등으로 갈음할 수 있다.

㉠ 국내외에서 유해물질이 검출된 식품 등

㉡ 삭제 〈2015. 2. 3.〉

㉢ 그 밖에 국내외에서 위해발생의 우려가 제기되었거나 제기된 식품 등

② 검사명령을 받은 영업자는 총리령으로 정하는 검사기한 내에 검사를 받거나 관련 자료 등을 제출하여야 한다.

③ 검사명령 대상 식품 등의 범위, 제출 자료 등 세부사항은 식품의약품안전처장이 정하여 고시한다.

(7) 특정 식품 등의 수입 · 판매 등 금지(제21조)

① 식품의약품안전처장은 특정 국가 또는 지역에서 채취 · 제조 · 가공 · 사용 · 조리 또는 저장된 식품 등이 그 특정 국가 또는 지역에서 위해한 것으로 밝혀졌거나 위해의 우려가 있다고 인정되는 경우에는 그 식품 등을 수입 · 판매하거나 판매할 목적으로 제조 · 가공 · 사용 · 조리 · 저장 · 소분 · 운반 또는 진열하는 것을 금지할 수 있다.

② 식품의약품안전처장은 위해평가 또는 「수입식품안전관리 특별법」에 따른 검사 후 식품 등에서 유독 · 유해물질이 검출된 경우에는 해당 식품 등의 수입을 금지하여야 한다. 다만, 인체의 건강을 해칠 우려가 없다고 식품의약품안전처장이 인정하는 경우는 그러하지 아니하다.

③ 식품의약품안전처장은 금지를 하려면 미리 관계 중앙행정기관의 장의 의견을 듣고 심의위원회의 심의 · 의결을 거쳐야 한다. 다만, 국민건강을 급박하게 위해할 우려가 있어서 신속히 금지 조치를 하여야 할 필요가 있는 경우 먼저 금지조치를 한 뒤 지체 없이 심의위원회의 심의 · 의결을 거칠 수 있다.

④ 심의위원회가 심의하는 경우 대통령령으로 정하는 이해관계인은 심의위원회에 출석하여 의견을 진술하거나 문서로 의견을 제출할 수 있다.

⑤ 식품의약품안전처장은 직권으로 수입 · 판매 등이 금지된 식품 등에 대하여 이해관계가 있는 국가 또는 수입한 영업자의 신청을 받아 그 식품 등에 위해가 없는 것으로 인정되면 심의위원회의 심의 · 의결을 거쳐 금지의 전부 또는 일부를 해제할 수 있다.

⑥ 식품의약품안전처장은 금지나 해제를 하는 경우에는 고시하여야 한다.

⑦ 식품의약품안전처장은 수입 · 판매 등이 금지된 해당 식품 등의 제조업소, 이해관계가 있는 국가 또는 수입한 영업자가 원인 규명 및 개선사항을 제시할 경우에는 금지의 전부 또는 일부를 해제할 수 있다. 이 경우 개선사항에 대한 확인이 필요한 때에는 현지 조사를 할 수 있다.

(8) 출입 · 검사 · 수거 등(제22조)

① 식품의약품안전처장, 시 · 도지사 또는 시장 · 군수 · 구청장은 식품 등의 위해방지 · 위생관리와 영업질서의 유지를 위하여 필요하면 다음에 따른 조치를 할 수 있다.

㉠ 영업자나 그 밖의 관계인에게 필요한 서류나 그 밖의 자료의 제출 요구

㉡ 관계 공무원으로 하여금 다음에 해당하는 출입 · 검사 · 수거 등의 조치

- 영업소(사무소, 창고, 제조소, 저장소, 판매소, 그 밖에 이와 유사한 장소를 포함한다)에 출입하여 판매를 목적으로 하거나 영업에 사용하는 식품등 또는 영업시설 등에 대하여 하는 검사
- 검사에 필요한 최소량의 식품 등의 무상 수거
- 영업에 관계되는 장부 또는 서류의 열람

② 식품의약품안전처장은 시 · 도지사 또는 시장 · 군수 · 구청장이 출입 · 검사 · 수거 등의 업무를 수행하면서 식품 등으로 인하여 발생하는 위생 관련 위해방지 업무를 효율적으로 하기 위하여 필요한 경우에는 관계 행정기관의 장, 다른 시 · 도지사 또는 시장 · 군수 · 구청장에게 행정응원(行政應援)을 하도록 요청할 수 있다. 이 경우 행정응원을 요청받은 관계 행정기관의 장, 시 · 도지사 또는 시장 · 군수 · 구청장은 특별한 사유가 없으면 이에 따라야 한다.

③ 출입 · 검사 · 수거 또는 열람하려는 공무원은 그 권한을 표시하는 증표 및 조사기간, 조사범위, 조사담당자, 관계 법령 등 대통령령으로 정하는 사항이 기재된 서류를 지니고 이를 관계인에게 내보여야 한다.

④ 행정응원의 절차, 비용부담 방법, 그 밖에 필요한 사항은 대통령령으로 정한다.

07 영업 – 법 제7장

(1) 건강진단(제40조)

① 총리령으로 정하는 영업자 및 그 종업원은 건강진단을 받아야 한다. 다만, 다른 법령에 따라 같은 내용의 건강진단을 받는 경우에는 이 법에 따른 건강진단을 받은 것으로 본다.

② 건강진단을 받은 결과 타인에게 위해를 끼칠 우려가 있는 질병이 있다고 인정된 자는 그 영업에 종사하지 못한다.

③ 영업자는 건강진단을 받지 아니한 자나 건강진단 결과 타인에게 위해를 끼칠 우려가 있는 질병이 있는 자를 그 영업에 종사시키지 못한다.

④ 건강진단의 실시방법 등과 타인에게 위해를 끼칠 우려가 있는 질병의 종류는 총리령으로 정한다.

(2) 식품위생교육(제41조)

① 대통령령으로 정하는 영업자 및 유흥종사자를 둘 수 있는 식품접객업 영업자의 종업원은 매년 식품위생에 관한 교육을 받아야 한다.

② 영업을 하려는 자는 미리 식품위생교육을 받아야 한다. 다만, 부득이한 사유로 미리 식품위생교육을 받을 수 없는 경우에는 영업을 시작한 뒤에 식품의약품안전처장이 정하는 바에 따라 식품위생교육을 받을 수 있다.

③ 교육을 받아야 하는 자가 영업에 직접 종사하지 아니하거나 두 곳 이상의 장소에서 영업을 하는 경우에는 종업원 중에서 식품위생에 관한 책임자를 지정하여 영업자 대신 교육을 받게 할 수 있다. 다만, 집단급식소에 종사하는 조리사 및 영양사가 식품위생에 관한 책임자로 지정되어 교육을 받은 경우에는 해당 연도의 식품위생교육을 받은 것으로 본다.

④ 조리사 · 영양사 · 위생사 면허를 받은 자가 식품접객업을 하려는 경우에는 식품위생교육을 받지 아니하여도 된다.

⑤ 영업자는 특별한 사유가 없는 한 식품위생교육을 받지 아니한 자를 그 영업에 종사하게 하여서는 아니 된다.

⑥ 교육의 내용, 교육비 및 교육실시기관 등에 관하여 필요한 사항은 총리령으로 정한다.

(3) 실적보고(제42조)

① 삭제 〈2016. 2. 3.〉

② 식품 또는 식품첨가물을 제조 · 가공하는 영업자는 총리령으로 정하는 바에 따라 식품 및 식품첨가물을 생산한 실적 등을 식품의약품안전처장 또는 시 · 도지사에게 보고하여야 한다.

(4) 영업 제한(제43조)

① 시 · 도지사는 영업 질서와 선량한 풍속을 유지하는 데에 필요한 경우에는 영업자 중 식품접객영업자와 그 종업원에 대하여 영업시간 및 영업행위를 제한할 수 있다.

② 제한 사항은 대통령령으로 정하는 범위에서 해당 시 · 도의 조례로 정한다.

(5) 영업자 등의 준수사항(제44조)

① 영업을 하는 자 중 대통령령으로 정하는 영업자와 그 종업원은 영업의 위생관리와 질서유지, 국민의 보건위생 증진을 위하여 영업의 종류에 따라 다음 각 호에 해당하는 사항을 지켜야 한다.

㉠ 「축산물 위생관리법」에 따른 검사를 받지 아니한 축산물 또는 실험 등의 용도로 사용한 동물은 운반 · 보관 · 진열 · 판매하거나 식품의 제조 · 가공에 사용하지 말 것

㉡ 야생생물 보호 및 관리에 관한 법률」을 위반하여 포획 · 채취한 야생생물은 이를 식품의 제조 · 가공에 사용하거나 판매하지 말 것

㉢ 유통기한이 경과된 제품 · 식품 또는 그 원재료를 조리 · 판매의 목적으로 소분 · 운반 · 진열 · 보관하거나 이를 판매 또는 식품의 제조 · 가공에 사용하지 말 것

㉣ 수돗물이 아닌 지하수 등을 먹는 물 또는 식품의 조리 · 세척 등에 사용하는 경우에는 「먹는물관리법」에 따른 먹는물 수질검사기관에서 총리령으로 정하는 바에 따라 검사를 받아 마시기에 적합하다고 인정된 물을 사용할 것. 다만, 둘 이상의 업소가 같은 건물에서 같은 수원(水源)을 사용하는 경우에는 하나의 업소에 대한 시험결과로 나머지 업소에 대한 검사를 갈음할 수 있다.

㉤ 위해평가가 완료되기 전까지 일시적으로 금지된 식품을 제조 · 가공 · 판매 · 수입 · 사용 및 운반하지 말 것

㉥ 중독 발생 시 보관 또는 사용 중인 식품은 역학조사가 완료될 때까지 폐기하거나 소독 등으로 현장을 훼손하여서는 아니 되고 원상태로 보존하여야 하며, 식중독 원인규명을 위한 행위를 방해하지 말 것

㉦ 손님을 꾀어서 끌어들이는 행위를 하지 말 것

㉧ 그 밖에 영업의 원료관리, 제조공정 및 위생관리와 질서유지, 국민의 보건위생 증진 등을 위하여 총리령으로 정하는 사항

② 식품접객영업자는 「청소년 보호법」에 따른 청소년에게 다음에 해당하는 행위를 하여서는 아니 된다.

㉠ 청소년을 유흥접객원으로 고용하여 유흥행위를 하게 하는 행위

㉡ 「청소년 보호법」에 따른 청소년출입 · 고용 금지업소에 청소년을 출입시키거나 고용하는 행위

㉢ 「청소년 보호법」에 따른 청소년고용금지업소에 청소년을 고용하는 행위

㉣ 청소년에게 주류(酒類)를 제공하는 행위

③ 누구든지 영리를 목적으로 식품접객업을 하는 장소에서 손님과 함께 술을 마시거나 노래 또는 춤으로 손님의 유흥을 돋우는 접객행위(공연을 목적으로 하는 가수, 악사, 댄서, 무용수 등이 하는 행위는 제외한다)를 하거나 다른 사람에게 그 행위를 알선하여서는 아니 된다.

④ 식품접객영업자는 유흥종사자를 고용 · 알선하거나 호객행위를 하여서는 아니 된다.

(6) 위해식품 등의 회수(제45조)

① 판매의 목적으로 식품등을 제조 · 가공 · 소분 · 수입 또는 판매한 영업자는 해당 식품 등이 위반한 사실(식품 등의 위해와 관련이 없는 위반사항을 제외한다)을 알게 된 경우에는 지체 없이 유통 중인 해당 식품등을 회수하거나 회수하는 데에 필요한 조치를 하여야 한다. 이 경우 영업자는 회수계획을 식품의약품안전처장, 시 · 도지사 또는 시장 · 군수 · 구청장에게 미리 보고하여야 하며, 회수결과를 보고받은 시 · 도지사 또는 시장 · 군수 · 구청장은 이를 지체 없이 식품의약품안전처장에게 보고하여야 한다. 다만, 해당 식품 등이 「수입식품안전관리 특별법」에 따라 수입한 식품 등이고, 보고의무자가 해당 식품 등을 수입한 자인 경우에는 식품의약품안전처장에게 보고하여야 한다.

② 식품의약품안전처장, 시 · 도지사 또는 시장 · 군수 · 구청장은 회수에 필요한 조치를 성실히 이행한 영업자에 대하여 해당 식품 등으로 인하여 받게 되는 행정처분을 대통령령으로 정하는 바에 따라 감면할 수 있다.

③ 회수대상 식품등 · 회수계획 · 회수절차 및 회수결과 보고 등에 관하여 필요한 사항은 총리령으로 정한다.

(7) 식품 등의 이물 발견보고 등(제46조)

① 판매의 목적으로 식품등을 제조 · 가공 · 소분 · 수입 또는 판매하는 영업자는 소비자로부터 판매제품에서 식품의 제조 · 가공 · 조리 · 유통 과정에서 정상적으로 사용된 원료 또는 재료가 아닌 것으로서 섭취할 때 위생상 위해가 발생할 우려가 있거나 섭취하기에 부적합한 물질을 발견한 사실을 신고받은 경우 지체 없이 이를 식품의약품안전처장, 시 · 도지사 또는 시장 · 군수 · 구청장에게 보고하여야 한다.

② 「소비자기본법」에 따른 한국소비자원 및 소비자단체는 소비자로부터 이물 발견의 신고를 접수하는 경우 지체 없이 이를 식품의약품안전처장에게 통보하여야 한다.

③ 시 · 도지사 또는 시장 · 군수 · 구청장은 소비자로부터 이물 발견의 신고를 접수하는 경우 이를 식품의약품안전처장에게 통보하여야 한다.

④ 식품의약품안전처장은 이물 발견의 신고를 통보받은 경우 이물 혼입 원인 조사를 위하여 필요한 조치를 취하여야 한다.

⑤ 이물 보고의 기준 · 대상 및 절차 등에 필요한 사항은 총리령으로 정한다.

(8) 위생등급(제47조)

① 식품의약품안전처장 또는 특별자치시장 · 특별자치도지사 · 시장 · 군수 · 구청장은 총리령으로 정하는 위생등급 기준에 따라 위생관리 상태 등이 우수한 식품등의 제조 · 가공업소, 식품접객업소 또는 집단급식소를 우수업소 또는 모범업소로 지정할 수 있다.

② 식품의약품안전처장, 시 · 도지사 또는 시장 · 군수 · 구청장은 지정한 우수업소 또는 모범업소에 대하여 관계 공무원으로 하여금 총리령으로 정하는 일정 기간 동안 출입 · 검사 · 수거 등을

하지 아니하게 할 수 있으며, 시 · 도지사 또는 시장 · 군수 · 구청장은 영업자의 위생관리시설 및 위생설비시설 개선을 위한 융자 사업과 음식문화 개선과 좋은 식단 실천을 위한 사업에 대하여 우선 지원 등을 할 수 있다.

③ 식품의약품안전처장 또는 특별자치시장 · 특별자치도지사 · 시장 · 군수 · 구청장은 우수업소 또는 모범업소로 지정된 업소가 그 지정기준에 미치지 못하거나 영업정지 이상의 행정처분을 받게 되면 지체 없이 그 지정을 취소하여야 한다.

④ 우수업소 또는 모범업소의 지정 및 그 취소에 관한 사항은 총리령으로 정한다.

(9) 식품접객업소의 위생등급 지정 등(제47조의2)

① 식품의약품안전처장, 시 · 도지사 또는 시장 · 군수 · 구청장은 식품접객업소의 위생 수준을 높이기 위하여 식품접객영업자의 신청을 받아 식품접객업소의 위생 상태를 평가하여 위생등급을 지정할 수 있다.

② 식품의약품안전처장은 식품접객업소의 위생 상태 평가 및 위생등급 지정에 필요한 기준 및 방법 등을 정하여 고시하여야 한다.

③ 식품의약품안전처장, 시 · 도지사 또는 시장 · 군수 · 구청장은 위생등급 지정 결과를 공표할 수 있다.

④ 위생등급을 지정받은 식품접객영업자는 그 위생등급을 표시하여야 하며, 광고할 수 있다.

⑤ 위생등급의 유효기간은 위생등급을 지정한 날부터 2년으로 한다. 다만, 총리령으로 정하는 바에 따라 그 기간을 연장할 수 있다.

⑥ 식품의약품안전처장, 시 · 도지사 또는 시장 · 군수 · 구청장은 위생등급을 지정받은 식품접객영업자가 다음에 해당하는 경우 그 지정을 취소하거나 시정을 명할 수 있다.

㉠ 위생등급을 지정받은 후 그 기준에 미달하게 된 경우

㉡ 위생등급을 표시하지 아니하거나 허위로 표시 · 광고하는 경우

㉢ 영업정지 이상의 행정처분을 받은 경우

㉣ 그 밖에 위와 준하는 사항으로서 총리령으로 정하는 사항을 지키지 아니한 경우

⑦ 식품의약품안전처장, 시 · 도지사 또는 시장 · 군수 · 구청장은 위생등급 지정을 받았거나 받으려는 식품접객영업자에게 필요한 기술적 지원을 할 수 있다.

⑧ 식품의약품안전처장, 시 · 도지사 또는 시장 · 군수 · 구청장은 위생등급을 지정한 식품접객업소에 대하여 출입 · 검사 · 수거 등을 총리령으로 정하는 기간 동안 하지 아니하게 할 수 있다.

⑨ 시 · 도지사 또는 시장 · 군수 · 구청장은 식품진흥기금을 영업자의 위생관리시설 및 위생설비시설 개선을 위한 융자 사업과 식품접객업소의 위생등급 지정 사업에 우선 지원할 수 있다.

⑩ 식품의약품안전처장, 시 · 도지사 또는 시장 · 군수 · 구청장은 위생등급 지정에 관한 업무를 대통령령으로 정하는 관계 전문기관이나 단체에 위탁할 수 있다. 이 경우 필요한 예산을 지원할 수 있다.

⑪ 위생등급과 그 지정 절차, 위생등급 지정 결과 공표 및 기술적 지원 등에 필요한 사항은 총리령으로 정한다.

(10) 식품안전관리인증기준(제48조)

① 식품의약품안전처장은 식품의 원료관리 및 제조 · 가공 · 조리 · 소분 · 유통의 모든 과정에서 위해한 물질이 식품에 섞이거나 식품이 오염되는 것을 방지하기 위하여 각 과정의 위해요소를 확인 · 평가하여 중점적으로 관리하는 기준을 식품별로 정하여 고시할 수 있다.

② 총리령으로 정하는 식품을 제조 · 가공 · 조리 · 소분 · 유통하는 영업자는 식품의약품안전처장이 식품별로 고시한 식품안전관리인증기준을 지켜야 한다.

③ 식품의약품안전처장은 식품안전관리인증기준을 지켜야 하는 영업자와 그 밖에 식품안전관리인증기준을 지키기 원하는 영업자의 업소를 식품별 식품안전관리인증기준 적용업소로 인증할 수 있다. 이 경우 식품안전관리인증기준적용업소로 인증을 받은 영업자가 그 인증을 받은 사항 중 총리령으로 정하는 사항을 변경하려는 경우에는 식품의약품안전처장의 변경 인증을 받아야 한다.

④ 식품의약품안전처장은 식품안전관리인증기준적용업소로 인증받은 영업자에게 총리령으로 정하는 바에 따라 그 인증 사실을 증명하는 서류를 발급하여야 한다.

⑤ 식품안전관리인증기준적용업소의 영업자와 종업원은 총리령으로 정하는 교육훈련을 받아야 한다.

⑥ 식품의약품안전처장은 식품안전관리인증기준적용업소의 인증을 받거나 받으려는 영업자에게 위해요소중점관리에 필요한 기술적 · 경제적 지원을 할 수 있다.

⑦ 식품안전관리인증기준적용업소의 인증요건 · 인증절차, 영업자 및 종업원에 대한 교육실시 기관, 교육훈련 방법 · 절차, 교육훈련비 및 제6항에 따른 기술적 · 경제적 지원에 필요한 사항은 총리령으로 정한다.

⑧ 식품의약품안전처장은 식품안전관리인증기준적용업소의 효율적 운영을 위하여 총리령으로 정하는 식품안전관리인증기준의 준수 여부 등에 관한 조사 · 평가를 할 수 있으며, 그 결과 식품안전관리인증기준적용업소가 다음에 해당하면 그 인증을 취소하거나 시정을 명할 수 있다. 다만, 식품안전관리인증기준적용업소가 ㉡및 ㉢에 해당할 경우 인증을 취소하여야 한다.

㉠ 식품안전관리인증기준을 지키지 아니한 경우

㉡ 거짓이나 그 밖의 부정한 방법으로 인증을 받은 경우

㉢ 영업정지 2개월 이상의 행정처분을 받은 경우

㉣ 영업자와 그 종업원이 교육훈련을 받지 아니한 경우

㉤ 그 밖에 총리령으로 정하는 사항을 지키지 아니한 경우

⑨ 식품안전관리인증기준적용업소가 아닌 업소의 영업자는 식품안전관리인증기준적용업소라는 명칭을 사용하지 못한다.

⑩ 식품안전관리인증기준적용업소의 영업자는 인증받은 식품을 다른 업소에 위탁하여 제조 · 가공하여서는 아니 된다. 다만, 위탁하려는 식품과 동일한 식품에 대하여 식품안전관리인증기준적용업소로 인증된 업소에 위탁하여 제조 · 가공하려는 경우 등 대통령령으로 정하는 경우에는 그러하지 아니하다.

⑪ 식품의약품안전처장, 시 · 도지사 또는 시장 · 군수 · 구청장은 식품안전관리인증기준적용업소에 대하여 관계 공무원으로 하여금 총리령으로 정하는 일정 기간 동안출입 · 검사 · 수거 등을 하지 아니하게 할 수 있으며, 시 · 도지사 또는 시장 · 군수 · 구청장은 영업자의 위생관리시설 및 위생설비시설 개선을 위한 융자 사업에 대하여 우선 지원 등을 할 수 있다.

⑫ 식품의약품안전처장은 식품안전관리인증기준적용업소의 공정별 · 품목별 위해요소의 분석, 기술지원 및 인증 등의 업무를 「한국식품안전관리인증원의 설립 및 운영에 관한 법률」에 따른 한국식품안전관리인증원 등 대통령령으로 정하는 기관에 위탁할 수 있다.

⑬ 식품의약품안전처장은 위탁기관에 대하여 예산의 범위에서 사용경비의 전부 또는 일부를 보조할 수 있다.

⑭ 위탁기관의 업무 등에 필요한 사항은 대통령령으로 정한다.

(11) 인증 유효기간(제48조의2)

① 인증의 유효기간은 인증을 받은 날부터 3년으로 하며, 변경 인증의 유효기간은 당초 인증 유효기간의 남은 기간으로 한다.

② 인증 유효기간을 연장하려는 자는 총리령으로 정하는 바에 따라 식품의약품안전처장에게 연장신청을 하여야 한다.

③ 식품의약품안전처장은 연장신청을 받았을 때에는 안전관리인증기준에 적합하다고 인정하는 경우 3년의 범위에서 그 기간을 연장할 수 있다.

(12) 식품안전관리인증기준적용업소에 대한 조사 · 평가 등(제48조의3)

① 식품의약품안전처장은 식품안전관리인증기준적용업소로 인증받은 업소에 대하여 식품안전관리인증기준의 준수 여부와 교육훈련 수료 여부를 연 1회 이상 조사 · 평가하여야 한다.

② 식품의약품안전처장은 조사 · 평가 결과 그 결과가 우수한 식품안전관리인증기준적용업소에 대해서는 조사 · 평가를 면제하는 등 행정적 · 재정적 지원을 할 수 있다. 다만, 식품안전관리인증기준적용업소가 인증 유효기간 내에 이 법을 위반하여 영업의 정지, 허가 취소 등 행정처분을 받은 경우에는 조사 · 평가를 면제하여서는 아니 된다.

③ 그 밖에 조사 · 평가의 방법 및 절차 등에 필요한 사항은 총리령으로 정한다.

08 조리사 등 - 법 제8장

(1) 조리사(제51조)

① 집단급식소 운영자와 대통령령으로 정하는 식품접객업자는 조리사(調理士)를 두어야 한다. 다만, 다음에 해당하는 경우에는 조리사를 두지 아니하여도 된다.

㉠ 집단급식소 운영자 또는 식품접객영업자 자신이 조리사로서 직접 음식물을 조리하는 경우

㉡ 1회 급식인원 100명 미만의 산업체인 경우

㉢ 영양사가 조리사의 면허를 받은 경우

② 집단급식소에 근무하는 조리사는 다음 직무를 수행한다.

㉠ 집단급식소에서의 식단에 따른 조리업무(식재료의 전(前)처리에서부터 조리, 배식 등의 전 과정)

㉡ 구매식품의 검수 지원

㉢ 급식설비 및 기구의 위생 · 안전 실무

㉣ 그 밖에 조리실무에 관한 사항

(2) 영양사(제52조)

① 집단급식소 운영자는 영양사(營養士)를 두어야 한다. 다만 다음에 해당하는 경우에는 영양사를 두지 아니하여도 된다.

㉠ 집단급식소 운영자 자신이 영양사로서 직접 영양 지도를 하는 경우

㉡ 1회 급식인원 100명 미만의 산업체인 경우

㉢ 조리사가 영양사의 면허를 받은 경우

② 집단급식소에 근무하는 영양사는 다음 직무를 수행한다.

㉠ 집단급식소에서의 식단 작성, 검식(檢食) 및 배식관리

㉡ 구매식품의 검수(檢受) 및 관리

㉢ 급식시설의 위생적 관리

㉣ 집단급식소의 운영일지 작성

㉤ 종업원에 대한 영양 지도 및 식품위생교육

(3) 조리사의 면허(제53조)

① 조리사가 되려는 자는 「국가기술자격법」에 따라 해당 기능분야의 자격을 얻은 후 특별자치시장 · 특별자치도지사 · 시장 · 군수 · 구청장의 면허를 받아야 한다.

② 조리사의 면허 등에 관하여 필요한 사항은 총리령으로 정한다.

(4) 결격사유(제54조)

다음에 해당하는 자는 조리사 면허를 받을 수 없다.

① 「정신보건법」에 따른 정신질환자. 다만, 전문의가 조리사로서 적합하다고 인정하는 자는 그러하지 아니하다.

② 「감염병의 예방 및 관리에 관한 법률」에 따른 감염병환자. 다만, B형간염환자는 제외한다.
③ 「마약류관리에 관한 법률」 에 따른 마약이나 그 밖의 약물 중독자
④ 조리사 면허의 취소처분을 받고 그 취소된 날부터 1년이 지나지 아니한 자

(5) 명칭 사용 금지(제55조)

조리사가 아니면 조리사라는 명칭을 사용하지 못한다.

(6) 교육(제56조)

① 식품의약품안전처장은 식품위생 수준 및 자질의 향상을 위하여 필요한 경우 조리사와 영양사에게 교육을 받을 것을 명할 수 있다. 다만, 집단급식소에 종사하는 조리사와 영양사는 2년마다 교육을 받아야 한다.
② 교육의 대상자 · 실시기관 · 내용 및 방법 등에 관하여 필요한 사항은 총리령으로 정한다.
③ 식품의약품안전처장은 교육 등 업무의 일부를 대통령령으로 정하는 바에 따라 관계 전문기관이나 단체에 위탁할 수 있다.

09 건강 위해가능 영양성분 관리 – 법 제10장제5절

(1) 건강 위해가능 영양성분 관리(제70조의7)

① 국가 및 지방자치단체는 식품의 나트륨, 당류, 트랜스지방 등 영양성분의 과잉 섭취로 인한 국민보건상 위해를 예방하기 위하여 노력하여야 한다.
② 식품의약품안전처장은 관계 중앙행정기관의 장과 협의하여 건강 위해가능 영양성분 관리 기술의 개발 · 보급, 적정섭취를 위한 실천방법의 교육 · 홍보 등을 실시하여야 한다.
③ 건강 위해가능 영양성분의 종류는 대통령령으로 정한다.

(2) 건강 위해가능 영양성분 관리 주관기관 설립 · 지정)(제70조의8)

① 식품의약품안전처장은 건강 위해가능 영양성분 관리를 위하여 다음의 사업을 주관하여 수행할 기관을 설립하거나 건강 위해가능 영양성분 관리와 관련된 사업을 하는 기관 · 단체 또는 법인을 주관기관으로 지정할 수 있다.
㉠ 건강 위해가능 영양성분 적정섭취 실천방법 교육 · 홍보 및 국민 참여 유도
㉡ 건강 위해가능 영양성분 함량 모니터링 및 정보제공
㉢ 건강 위해가능 영양성분을 줄인 급식과 외식, 가공식품 생산 및 구매 활성화
㉣ 건강 위해가능 영양성분 관리 실천사업장 운영 지원
㉤ 그 밖에 식품의약품안전처장이 필요하다고 인정하는 건강 위해가능 영양성분 관리사업
② 식품의약품안전처장은 주관기관에 대하여 예산의 범위에서 설립 · 운영 및 사업을 수행하는 데 필요한 경비의 전부 또는 일부를 지원할 수 있다.
③ 설립되는 주관기관은 법인으로 한다.

④ 설립되는 주관기관에 관하여 이 법에서 규정된 것을 제외하고는 「민법」 중 재단법인에 관한 규정을 준용한다.

⑤ 식품의약품안전처장은 지정된 주관기관이 다음에 해당하는 경우 지정을 취소할 수 있다. 다만, ㉠에 해당하는 경우에는 지정을 취소하여야 한다.

㉠ 거짓이나 그 밖의 부정한 방법으로 지정을 받은 경우

㉡ 지정기준에 적합하지 아니하게 된 경우

⑥ 주관기관의 설립, 지정 및 지정 취소의 기준 · 절차 등에 필요한 사항은 대통령령으로 정한다.

(3) 사업계획서 등의 제출(제70조의9)

주관기관은 총리령으로 정하는 바에 따라 전년도의 사업 실적보고서와 해당 연도의 사업계획서를 작성하여 식품의약품안전처장에게 제출하여야 한다. 다만, 지정된 주관기관의 경우 사업 수행과 관련된 사항으로 한정한다.

(4) 지도 · 감독 등(제70조의10)

① 식품의약품안전처장은 주관기관에 대하여 감독상 필요한 때에는 그 업무에 관한 사항을 보고하게 하거나 자료의 제출, 그 밖에 필요한 명령을 할 수 있다. 다만, 지정된 주관기관에 대한 지도 · 감독은 사업 수행과 관련된 사항으로 한정한다.

② 주관기관에 대한 지도 · 감독에 관하여 그 밖에 필요한 사항은 총리령으로 정한다.

10 시정명령과 허가취소 등 행정 제재 – 법 제11장

(1) 시정명령(제71조)

① 식품의약품안전처장, 시 · 도지사 또는 시장 · 군수 · 구청장은 식품 등의 위생적 취급에 관한 기준에 맞지 아니하게 영업하는 자와 이 법을 지키지 아니하는 자에게는 필요한 시정을 명하여야 한다.

② 식품의약품안전처장, 시 · 도지사 또는 시장 · 군수 · 구청장은 시정명령을 한 경우에는 그 영업을 관할하는 관서의 장에게 그 내용을 통보하여 시정명령이 이행되도록 협조를 요청할 수 있다.

③ 요청을 받은 관계 기관의 장은 정당한 사유가 없으면 이에 응하여야 하며, 그 조치결과를 지체 없이 요청한 기관의 장에게 통보하여야 한다.

(2) 폐기처분 등(제72조)

① 식품의약품안전처장, 시 · 도지사 또는 시장 · 군수 · 구청장은 영업자가 조항을 위반한 경우에는 관계 공무원에게 그 식품 등을 압류 또는 폐기하게 하거나 용도 · 처리방법 등을 정하여 영업자에게 위해를 없애는 조치를 하도록 명하여야 한다.

② 식품의약품안전처장, 시 · 도지사 또는 시장 · 군수 · 구청장은 허가받지 아니하거나 신고 또는 등록하지 아니하고 제조 · 가공 · 조리한 식품 또는 식품첨가물이나 여기에 사용한 기구 또는

용기 · 포장 등을 관계 공무원에게 압류하거나 폐기하게 할 수 있다.

③ 식품의약품안전처장, 시 · 도지사 또는 시장 · 군수 · 구청장은 식품위생상의 위해가 발생하였거나 발생할 우려가 있는 경우에는 영업자에게 유통 중인 해당 식품 등을 회수 · 폐기하게 하거나 해당 식품 등의 원료, 제조 방법, 성분 또는 그 배합 비율을 변경할 것을 명할 수 있다.

④ 압류나 폐기를 하는 공무원은 그 권한을 표시하는 증표 및 조사기간, 조사범위, 조사담당자, 관계 법령 등 대통령령으로 정하는 사항이 기재된 서류를 지니고 이를 관계인에게 내보여야 한다.

⑤ 압류 또는 폐기에 필요한 사항과 회수 · 폐기 대상 식품 등의 기준 등은 총리령으로 정한다.

⑥ 식품의약품안전처장, 시 · 도지사 및 시장 · 군수 · 구청장은 폐기처분명령을 받은 자가 그 명령을 이행하지 아니하는 경우에는 「행정대집행법」에 따라 대집행을 하고 그 비용을 명령위반자로부터 징수할 수 있다.

(3) 위해식품 등의 공표(제73조)

① 식품의약품안전처장, 시 · 도지사 또는 시장 · 군수 · 구청장은 다음에 해당되는 경우에는 해당 영업자에 대하여 그 사실의 공표를 명할 수 있다. 다만, 식품위생에 관한 위해가 발생한 경우에는 공표를 명하여야 한다.

㉠ 식품위생에 관한 위해가 발생하였다고 인정되는 때

㉡ 회수계획을 보고받은 때

② 공표방법 등 공표에 관하여 필요한 사항은 대통령령으로 정한다.

(4) 시설 개수명령 등(제74조)

① 식품의약품안전처장, 시 · 도지사 또는 시장 · 군수 · 구청장은 영업시설이 시설기준에 맞지 아니한 경우에는 기간을 정하여 그 영업자에게 시설을 개수(改修)할 것을 명할 수 있다.

② 건축물의 소유자와 영업자 등이 다른 경우 건축물의 소유자는 시설 개수명령을 받은 영업자 등이 시설을 개수하는 데에 최대한 협조하여야 한다.

(5) 허가취소 등(제75조)

① 식품의약품안전처장 또는 특별자치시장 · 특별자치도지사 · 시장 · 군수 · 구청장은 영업자가 다음 각 호의 어느 하나에 해당하는 경우에는 대통령령으로 정하는 바에 따라 영업허가 또는 등록을 취소하거나 6개월 이내의 기간을 정하여 그 영업의 전부 또는 일부를 정지하거나 영업소 폐쇄를 명할 수 있다.

㉠ 제4조(위해식품 등의 판매 등 금지), 제5조(병든 동물 고기 등의 판매 등 금지), 제6조(기준 · 규격이 고시되지 아니한 화학적 합성품 등의 판매 등 금지), 제7조(식품 또는 식품첨가물에 관한 기준 및 규격) 제4항, 제10조(표시기준), 제2항 도는 제 11조(식품의 영양표시 등) 제2항 또는 제 11조(식품의 영양표시) 제2항 또는 제12조의2(유전자재조합식품 등의 표시) 제2항을 위반한 경우

㉡ 삭제 〈2018. 3. 13.〉

㉢ 제17조(위해식품 등에 대한 긴급대응) 제4항을 위반한 경우

㉣ 삭제 〈2015. 2. 3.〉

㉤ 제36조(시설기준)를 위반한 경우

㉥ 제37조(영업 허가) 제1항 후단, 제3항, 제4항 후단 및 제6항을 위반하거나 같은 조 제2항에 따른 조건을 위반한 경우

㉦ 제37조(영업 허가) 제5항에 따른 변경 등록을 하지 아니하거나 같은 항 단서를 위반한 경우

㉧ 제38조(영업허가 등의 제한) 제1항제8호에 해당하는 경우

㉨ 제40조(건강진단) 제3항을 위반한 경우

㉩ 제41조(식품위생교육) 제5항을 위반한 경우

㉪ 제43조(영업 제한)에 따른 영업 제한을 위반한 경우

㉫ 제44조(영업자 등의 준수사항) 제1항 · 제2항 및 제4항을 위반한 경우

㉬ 제45조(위해식품 등의 회수) 제1항 전단에 따른 회수 조치를 하지 아니한 경우

㉭ 제45조(위해식품 등의 회수) 제1항 후단에 따른 회수계획을 보고하지 아니하거나 거짓으로 보고한 경우

㉮ 제48조(식품안전관리인증기준) 제2항에 따른 식품안전관리인증기준을 지키지 아니한 경우

㉯ 제49조(식품이력추적관리 등록기준 등) 제1항 단서에 따른 식품이력추적관리를 등록하지 아니 한 경우

㉰ 제51조(조리사) 제1항을 위반한 경우

㉱ 제71조(시정명령) 제1항, 제72조(폐기처분 등) 제1항 · 제3항, 제73조(위해식품 등의 공표) 제1항 또는 제74조(시설 개수명령 등) (제1항(제88조에 따라 준용되는 제71조제1항, 제72조제1항 · 제3항 또는 제74조제1항 포함)에 따른 명령을 위반한 경우

㉲ 「성매매알선 등 행위의 처벌에 관한 법률」 제4조(금지행위)에 따른 금지행위를 한 경우

② 식품의약품안전처장 또는 특별자치시장 · 특별자치도지사 · 시장 · 군수 · 구청장은 영업자가 영업정지 명령을 위반하여 영업을 계속하면 영업허가 또는 등록을 취소하거나 영업소 폐쇄를 명할 수 있다.

③ 식품의약품안전처장 또는 특별자치시장 · 특별자치도지사 · 시장 · 군수 · 구청장은 다음에 해당하는 경우에는 영업허가 또는 등록을 취소하거나 영업소 폐쇄를 명할 수 있다.

㉠ 영업자가 정당한 사유 없이 6개월 이상 계속 휴업하는 경우

㉡ 영업자가 사실상 폐업하여 「부가가치세법」 제8조에 따라 관할세무서장에게 폐업신고를 하거나 관할세무서장이 사업자등록을 말소한 경우

④ 식품의약품안전처장 또는 특별자치시장 · 특별자치도지사 · 시장 · 군수 · 구청장은 영업허가를 취소하기 위하여 필요한 경우 관할 세무서장에게 영업자의 폐업 여부에 대한 정보 제공을 요청할 수 있다. 이 경우 요청을 받은 관할 세무서장은 「전자정부법」에 따라 영업자의 폐업여부에 대한 정보를 제공한다.

⑤ 행정처분의 세부기준은 그 위반 행위의 유형과 위반 정도 등을 고려하여 총리령으로 정한다.

(6) 품목 제조정지 등(제76조)

① 식품의약품안전처장 또는 특별자치시장 · 특별자치도지사 · 시장 · 군수 · 구청장은 영업자가 다음 각 호의 어느 하나에 해당하면 대통령령으로 정하는 바에 따라 해당 품목 또는 품목류에 대하여 기간을 정하여 6개월 이내의 제조정지를 명할 수 있다.

㉠ 제7조(식품 또는 식품첨가물에 관한 기준 및 규격) 제4항을 위반한 경우

㉡ 제9조(기구 및 용기 · 포장에 관한 기준 및 규격) 제4항을 위반한 경우

㉢ 삭제 〈2018. 3. 13.〉

㉣ 제12조(위생 · 안전관리)의 제2항을 위반한 경우

㉤ 삭제 〈2018. 3. 13.〉

㉥ 제31조(자가품질검사 의무) 제1항을 위반한 경우

② 행정처분의 세부기준은 그 위반 행위의 유형과 위반 정도 등을 고려하여 총리령으로 정한다.

(7) 영업허가 등의 취소 요청(제77조)

① 식품의약품안전처장은 「축산물위생관리법」, 「수산업법」 또는 「주세법」에 따라 허가 또는 면허를 받은 자가 조항을 위반한 경우에는 해당 허가 또는 면허 업무를 관할하는 중앙행정기관의 장에게 다음 각 호의 조치를 하도록 요청할 수 있다. 다만, 주류(酒類)는 「보건범죄단속에 관한 특별조치법」에 따른 유해 등의 기준에 해당하는 경우로 한정한다.

㉠ 허가 또는 면허의 전부 또는 일부 취소

㉡ 일정 기간의 영업정지

㉢ 그 밖에 위생상 필요한 조치

② 영업허가 등의 취소 요청을 받은 관계 중앙행정기관의 장은 정당한 사유가 없으면 이에 따라야 하며, 그 조치결과를 지체 없이 식품의약품안전처장에게 통보하여야 한다.

(8) 행정 제재처분 효과의 승계(제78조)

영업자가 영업을 양도하거나 법인이 합병되는 경우에는 조항을 위반한 사유로 종전의 영업자에게 행한 행정 제재처분의 효과는 그 처분기간이 끝난 날부터 1년간 양수인이나 합병 후 존속하는 법인에 승계되며, 행정 제재처분 절차가 진행 중인 경우에는 양수인이나 합병 후 존속하는 법인에 대하여 행정 제재처분 절차를 계속할 수 있다. 다만, 양수인이나 합병 후 존속하는 법인이 양수하거나 합병할 때에 그 처분 또는 위반사실을 알지 못하였음을 증명하는 때에는 그러하지 아니하다.

(9) 폐쇄조치 등(제79조)

① 식품의약품안전처장, 시 · 도지사 또는 시장 · 군수 · 구청장은 허가받지 아니하거나 신고 또는 등록하지 아니하고 영업을 하는 경우 또는 허가 또는 등록이 취소되거나 영업소 폐쇄명령을 받은 후에도 계속하여 영업을 하는 경우에는 해당 영업소를 폐쇄하기 위하여 관계 공무원에게 다음 각 호의 조치를 하게 할 수 있다.

㉠ 해당 영업소의 간판 등 영업 표지물의 제거나 삭제

㉡ 해당 영업소가 적법한 영업소가 아님을 알리는 게시문 등의 부착

㉢ 해당 영업소의 시설물과 영업에 사용하는 기구 등을 사용할 수 없게 하는 봉인(封印)

② 식품의약품안전처장, 시 · 도지사 또는 시장 · 군수 · 구청장은 봉인한 후 봉인을 계속할 필요가 없거나 해당 영업을 하는 자 또는 그 대리인이 해당 영업소 폐쇄를 약속하거나 그 밖의 정당한 사유를 들어 봉인의 해제를 요청하는 경우에는 봉인을 해제할 수 있다. 게시문 등의 경우에도 또한 같다.

③ 식품의약품안전처장, 시 · 도지사 또는 시장 · 군수 · 구청장은 조치를 하려면 해당 영업을 하는 자 또는 그 대리인에게 문서로 미리 알려야 한다. 다만, 급박한 사유가 있으면 그러하지 아니하다.

④ 조치는 그 영업을 할 수 없게 하는 데에 필요한 최소한의 범위에 그쳐야 한다.

⑤ 관계 공무원은 그 권한을 표시하는 증표 및 조사기간, 조사범위, 조사담당자, 관계 법령 등 대통령령으로 정하는 사항이 기재된 서류를 지니고 이를 관계인에게 내보여야 한다.

(10) 면허취소 등(제80조)

① 식품의약품안전처장 또는 특별자치시장 · 특별자치도지사 · 시장 · 군수 · 구청장은 조리사가 다음에 해당하면 그 면허를 취소하거나 6개월 이내의 기간을 정하여 업무정지를 명할 수 있다.

㉠ 결격사유(법 제54조)의 어느 하나에 해당하게 된 경우 [면허취소]

㉡ 교육을 받지 아니한 경우

㉢ 식중독이나 그 밖에 위생과 관련한 중대한 사고 발생에 직무상의 책임이 있는 경우

㉣ 면허를 타인에게 대여하여 사용하게 한 경우

㉤ 업무정지기간 중에 조리사의 업무를 하는 경우 [면허취소]

② 행정처분의 세부기준은 그 위반 행위의 유형과 위반 정도 등을 고려하여 총리령으로 정한다.

(11) 청문(제81조)

식품의약품안전처장, 시 · 도지사 또는 시장 · 군수 · 구청장은 다음에 해당하는 처분을 하려면 청문을 하여야 한다.

① 삭제 〈2015. 2. 3.〉

② 제48조제8항에 따른 식품안전관리인증기준적용업소의 인증취소

③ 제75조제1항부터 제3항까지의 규정에 따른 영업허가 또는 등록의 취소나 영업소의 폐쇄명령

④ 제80조제1항에 따른 면허의 취소

(12) 영업정지 등의 처분에 갈음하여 부과하는 과징금 처분(제82조)

① 식품의약품안전처장, 시 · 도지사 또는 시장 · 군수 · 구청장은 영업정지, 품목 제조정지 또는 품목류 제조정지 처분을 갈음하여 10억 원 이하의 과징금을 부과할 수 있다. 다만, 제6조(기

준 · 규격이 정하여지지 아니한 화학적 합성품 등의 판매 등 금지)를 위반하여 제75조(허가취소 등)제1항에 해당하는 경우와 제4조(위해식품 등의 판매 등 금지), 제5조(병든 동물 고기 등의 판매 등 금지), 제7조(식품 또는 식품첨가물에 관한 기준 및 규격), 제12조의2(유전자변형식품 등의 표시), 제37조(영업허가 등), 제43조(영업 제한) 및 제44조(영업자 등의준수사항)를 위반하여 제75조제1항 또는 제76조제1항에 해당하는 중대한 사항으로서 총리령으로 정하는 경우는 제외한다.

② 과징금을 부과하는 위반 행위의 종류 · 정도 등에 따른 과징금의 금액과 그 밖에 필요한 사항은 대통령령으로 정한다.

③ 식품의약품안전처장, 시 · 도지사 또는 시장 · 군수 · 구청장은 과징금을 징수하기 위하여 필요한 경우에는 다음의 사항을 적은 문서로 관할 세무관서의 장에게 과세 정보 제공을 요청할 수 있다.

㉠ 납세자의 인적 사항

㉡ 사용 목적

㉢ 과징금 부과기준이 되는 매출금액

④ 식품의약품안전처장, 시 · 도지사 또는 시장 · 군수 · 구청장은 과징금을 기한 내에 납부하지 아니하는 때에는 과징금 부과처분을 취소하고 영업정지 또는 제조정지 처분을 하거나 국세 체납처분의 예 또는 「지방세외수입금의 징수 등에 관한 법률」에 따라 징수한다. 다만, 다음에 해당하는 경우에는 국세 체납처분의 예 또는 「지방세외수입금의 징수 등에 관한 법률」에 따라 징수한다.

㉠ 삭제〈2013. 7. 30.〉

㉡ 영업정지 또는 제조정지 처분을 할 수 없는 경우

⑤ 제1항 및 제4항 단서에 따라 징수한 과징금 중 식품의약품안전처장이 부과 · 징수한 과징금은 국가에 귀속되고, 시 · 도지사가 부과 · 징수한 과징금은 시 · 도의 식품진흥기금에 귀속되며, 시장 · 군수 · 구청장이 부과 · 징수한 과징금은 시 · 도와 시 · 군 · 구의 식품진흥기금에 귀속된다. 이 경우 시 · 도 및 시 · 군 · 구에 귀속시키는 방법 등은 대통령령으로 정한다.

⑥ 시 · 도지사는 과징금을 부과 · 징수할 권한을 시장 · 군수 · 구청장에게 위임한 경우에는 그에 필요한 경비를 시장 · 군수 · 구청장에게 교부할 수 있다.

⑦ 식품의약품안전처장, 시 · 도지사 또는 시장 · 군수 · 구청장은 제4항에 따라 체납된 과징금의 징수를 위하여 다음 각 호의 어느 하나에 해당하는 자료 또는 정보를 해당 각 호의 자에게 각각 요청할 수 있다. 이 경우 요청을 받은 자는 정당한 사유가 없으면 그 요청에 따라야 한다.

㉠ 「건축법」 제38조에 따른 건축물대장 등본 : 국토교통부장관

㉡ 「공간정보의 구축 및 관리 등에 관한 법률」 제71조에 따른 토지대장 등본 : 국토교통부장관

㉢ 「자동차관리법」 제7조에 따른 자동차등록원부 등본 : 시 · 도지사

11 보칙 – 법 제12장

(1) 식중독에 관한 조사 보고(제86조)

① 다음에 해당하는 자는 지체 없이 관할 시장(「제주특별자치도 설치 및 국제자유도시 조성을 위한 특별법」에 따른 행정시장 포함) · 군수 · 구청장에게 보고하여야 한다. 이 경우 의사나 한의사는 대통령령으로 정하는 바에 따라 식중독 환자나 식중독이 의심되는 자의 혈액 또는 배설물을 보관하는 데에 필요한 조치를 하여야 한다.

㉠ 식중독 환자나 식중독이 의심되는 자를 진단하였거나 그 사체를 검안(檢案)한 의사 또는 한의사

㉡ 집단급식소에서 제공한 식품등으로 인하여 식중독 환자나 식중독으로 의심되는 증세를 보이는 자를 발견한 집단급식소의 설치 · 운영자

② 시장 · 군수 · 구청장은 보고를 받은 때에는 지체 없이 그 사실을 식품의약품안전처장 및 시 · 도지사에게 보고하고, 대통령령으로 정하는 바에 따라 원인을 조사하여 그 결과를 보고하여야 한다.

③ 식품의약품안전처장은 보고의 내용이 국민보건상 중대하다고 인정하는 경우에는 해당 시 · 도지사 또는 시장 · 군수 · 구청장과 합동으로 원인을 조사할 수 있다.

④ 식품의약품안전처장은 식중독 발생의 원인을 규명하기 위하여 식중독 의심환자가 발생한 원인시설 등에 대한 조사절차와 시험 · 검사 등에 필요한 사항을 정할 수 있다.

(2) 집단급식소(제88조)

① 집단급식소를 설치 · 운영하려는 자는 총리령으로 정하는 바에 따라 특별자치시장 · 특별자치도지사 · 시장 · 군수 · 구청장에게 신고하여야 한다. 신고한 사항 중 총리령으로 정하는 사항을 변경하려는 경우에도 또한 같다.

② 집단급식소를 설치 · 운영하는 자는 집단급식소 시설의 유지 · 관리 등 급식을 위생적으로 관리하기 위하여 다음 각 호의 사항을 지켜야 한다.

㉠ 식중독 환자가 발생하지 아니 하도록 위생관리를 철저히 할 것

㉡ 조리 · 제공한 식품의 매회 1인분 분량을 총리령으로 정하는 바에 따라 144시간 이상 보관할 것

㉢ 영양사를 두고 있는 경우 그 업무를 방해하지 아니할 것

㉣ 영양사를 두고 있는 경우 영양사가 집단급식소의 위생관리를 위하여 요청하는 사항에 대하여는 정당한 사유가 없으면 따를 것

㉤ 「축산물 위생관리법」 제12조에 따라 검사를 받지 아니 한 축산물 또는 실험 등의 용도로 사용한 동물을 음식물의 조리에 사용하지 말 것

㉥ 「야생생물 보호 및 관리에 관한 법률」을 위반하여 포획 · 채취한 야생생물을 음식물의 조리에 사용하지 말 것

㉦ 소비기한이 경과한 원재료 또는 완제품을 조리할 목적으로 보관하거나 이를 음식물의 조리에 사용하지 말 것

㉧ 수돗물이 아닌 지하수 등을 먹는 물 또는 식품의 조리 · 세척 등에 사용하는 경우에는 「먹는물관리법」 제43조에 따른 먹는물 수질검사기관에서 총리령으로 정하는 바에 따라 검사를 받아 마시기에 적합하다고 인정된 물을 사용할 것. 다만, 둘 이상의 업소가 같은 건물에서 같은 수원(水源)을 사용하는 경우에는 하나의 업소에 대한 시험결과로 나머지 업소에 대한 검사를 갈음할 수 있다.

㉨ 제15조제2항에 따라 위해평가가 완료되기 전까지 일시적으로 금지된 식품등을 사용 · 조리하지 말 것

㉩ 식중독 발생 시 보관 또는 사용 중인 식품은 역학조사가 완료될 때까지 폐기하거나 소독 등으로 현장을 훼손하여서는 아니 되고 원상태로 보존하여야 하며, 식중독 원인규명을 위한 행위를 방해하지 말 것

㉪ 그 밖에 식품등의 위생적 관리를 위하여 필요하다고 총리령으로 정하는 사항을 지킬 것

③ 집단급식소에 관하여는 제3조부터 제6조까지, 제7조제4항, 제8조, 제9조제4항, 제22조, 제37조제7항 · 제9항, 제39조, 제40조, 제41조, 제48조, 제71조, 제72조 및 제74조를 준용한다.

④ 특별자치시장 · 특별자치도지사 · 시장 · 군수 · 구청장은 제1항에 따른 신고 또는 변경신고를 받은 날부터 3일 이내에 신고수리 여부를 신고인에게 통지하여야 한다.

⑤ 특별자치시장 · 특별자치도지사 · 시장 · 군수 · 구청장이 제4항에서 정한 기간 내에 신고수리 여부 또는 민원 처리 관련 법령에 따른 처리 기간의 연장을 신고인에게 통지하지 아니 하면 그 기간(민원 처리 관련 법령에 따라 처리 기간이 연장 또는 재연장된 경우에는 해당 처리 기간을 말한다.)이 끝난 날의 다음 날에 신고를 수리한 것으로 본다.

⑥ ①에 따라 신고한 자가 집단급식소 운영을 종료하려는 경우에는 특별자치시장 · 특별자치도지사 · 시장 · 군수 · 구청장에게 신고하여야 한다.

⑦ 집단급식소의 시설기준과 그 밖의 운영에 관한 사항은 총리령으로 정한다.

12 벌칙 – 법 제13장

(1) 벌칙(제93조)

① 다음에 해당하는 질병에 걸린 동물을 사용하여 판매할 목적으로 식품 또는 식품첨가물을 제조 · 가공 · 수입 또는 조리한 자는 3년 이상의 징역에 처한다.

㉠ 소해면상뇌증(狂牛病)

㉡ 탄저병

㉢ 가금 인플루엔자

② 다음에 해당하는 원료 또는 성분 등을 사용하여 판매할 목적으로 식품 또는 식품첨가물을 제

조 · 가공 · 수입 또는 조리한 자는 1년 이상의 징역에 처한다.

㉠ 마황(麻黃)	㉡ 부자(附子)
㉢ 천오(川烏)	㉣ 초오(草烏)
㉥ 백부자(白附子)	㉦ 섬수(蟾수)
㉧ 백선피(白鮮皮)	㉨ 사리풀

③ 제조 · 가공 · 수입 · 조리한 식품 또는 식품첨가물을 판매하였을 때에는 그 소매가격의 2배 이상 5배 이하에 해당하는 벌금을 병과(倂科)한다.

④ ①이나 ②의 죄로 형을 선고받고 그 형이 확정된 후 5년 이내에 다시 동일한 죄를 범한 자가 ③에 해당하는 경우 ③에서 정한 형의 2배까지 가중한다.

(2) 벌칙(제94조)

① 다음에 해당하는 자는 10년 이하의 징역 또는 1억 원 이하의 벌금에 처하거나 이를 병과할 수 있다.

㉠ 위해식품 등의 판매 등 금지(제4조), 병든 동물 고기 등의 판매 등 금지(제5조), 기준 · 규격이 고시되지 아니한 화학적 합성품 등의 판매 등 금지(제6조)를 위반한 자

㉡ 유독기구 등의 판매 · 사용 금지(제8조)를 위반한 자

㉢ 질병의 예방 및 치료에 효능 · 효과가 있거나 의약품 또는 건강기능식품으로 오인 · 혼동할 우려가 있는 내용의 표시 · 광고 금지를 위반한 자

② ①의 죄로 형을 선고받고 그 형이 확정된 후 5년 이내에 다시 ①의 죄를 범한 자는 1년 이상 10년 이하의 징역에 처한다.

③ ②의 경우 그 해당 식품 또는 식품첨가물을 판매한 때에는 그 소매가격의 4배 이상 10배 이하에 해당하는 벌금을 병과한다.

(3) 벌칙(제95조)

다음에 해당하는 자는 5년 이하의 징역 또는 5천만 원 이하의 벌금에 처하거나 이를 병과할 수 있다.

① 식품 또는 식품첨가물에 관한 기준 및 규격(제7조)의 제4항, 제9조(기구 및 용기 · 포장에 관한 기준 및 규격) 제4항 또는 제13조(수입 식품 등의 신고 등) 제1항을 위반한 자

② 제37조(영업허가 등) 제5항을 위반한 자

③ 제43조(영업 제한)에 따른 영업 제한을 위반한 자

④ 제45조(위해식품 등의 회수) 제1항 전단을 위반한 자

⑤ 제72조(폐기처분) 제1항 · 제3항 또는 제73조(위해식품 등의 공표) 제1항에 따른 명령을 위반한 자

⑥ 제75조(허가취소 등) 제1항에 따른 영업정지 명령을 위반하여 영업을 계속한 자(영업허가를 받은 자만 해당)

(4) 벌칙(제96조)

제51조(조리사) 또는 제52조(영양사)를 위반한 자는 3년 이하의 징역 또는 3천만 원 이하의 벌금에 처하거나 이를 병과할 수 있다.

(5) 벌칙(제97조)

다음에 해당하는 자는 3년 이하의 징역 또는 3천만 원 이하의 벌금에 처한다.

㉠ 제12조의2(유전자변형식품 등의 표시)제2항, 제17조(위해식품 등에 대한 긴급대응)제4항, 제31조(자가품질검사 의무)제1항 · 제3항, 제37조(영업허가 등)제3항 · 제4항, 제39조(영업승계)제3항, 제48조(식품안전관리인증기준)제2항 · 제10항, 제49조(식품이력추적 등록기준 등)제1항 단서 또는 제55조(단서 또는 명칭 사용 금지)를 위반한 자

㉡ 제22조(수입 식품 등의 신고 등)제1항 또는 제72조(폐기처분 등)제1항 · 제2항에 따른 검사 · 출입 · 수거 · 압류 · 폐기를 거부 · 방해 또는 기피한 자

㉢ 삭제 〈2015. 2. 3.〉

㉣ 제36조(시설기준)에 따른 시설기준을 갖추지 못한 영업자

㉤ 제37조(영업허가 등)제2항에 따른 조건을 갖추지 못한 영업자

㉥ 제44조(영업자 등의 준수사항)제1항에 따라 영업자가 지켜야 할 사항을 지키지 아니한 자. 다만, 총리령으로 정하는 경미한 사항을 위반한 자는 제외한다.

㉦ 제75조(허가 취소 등)제1항에 따른 영업정지 명령을 위반하여 계속 영업한 자 또는 같은 조 제1항 및 제2항에 따른 영업소 폐쇄명령을 위반하여 영업을 계속한 자

㉧ 제76조(품목 제조정지)제1항에 따른 제조정지 명령을 위반한 자

㉨ 제79조(폐쇄조치 등)제1항에 따라 관계 공무원이 부착한 봉인 또는 게시문 등을 함부로 제거하거나 손상시킨 자

㉩ 제86조(식중독에 관한 조사 보고)제2항 · 제3항에 따른 식중독 원인조사를 거부 · 방해 또는 기피한 자

(6) 벌칙(제98조)

다음에 해당하는 자는 1년 이하의 징역 또는 1천만 원 이하의 벌금에 처한다.

① 제44조(영업자 등의 준수사항)제3항을 위반하여 접객행위를 하거나 다른 사람에게 그 행위를 알선한 자

② 제46조(식품 등의 이물 발견보고)제1항을 위반하여 소비자로부터 이물 발견의 신고를 접수하고 이를 거짓으로 보고한 자

③ 이물의 발견을 거짓으로 신고한 자

④ 제45조(위해식품 등의 회수)제1항 후단을 위반하여 보고를 하지 아니하거나 거짓으로 보고한 자

(7) 양벌규정(제100조)

법인의 대표자나 법인 또는 개인의 대리인, 사용인, 그 밖의 종업원이 그 법인 또는 개인의 업무에 관하여 제93조(질병에 걸린 동물을 사용하여 판매할 목적으로 식품 또는 식품첨가물을 제조가공수입 또는 조리 금지)제3항 또는 제94조부터 제97조까지의 어느 하나에 해당하는 위반행위를 하면 그 행위자를 벌하는 외에 그 법인 또는 개인에게도 해당 조문의 벌금형을 과(科)하고, 제93조제1항의 위반행위를 하면 그 법인 또는 개인에 대하여도 1억5천만 원 이하의 벌금에 처하며, 제93조제2항의 위반행위를 하면 그 법인 또는 개인에 대하여도 5천만 원 이하의 벌금에 처한다. 다만, 법인 또는 개인이 그 위반행위를 방지하기 위하여 해당 업무에 관하여 상당한 주의와 감독을 게을리 하지 아니한 경우에는 그러하지 아니하다.

(8) 과태료(제101조)

① 다음 각 호의 어느 하나에 해당하는 자에게는 1천만원 이하의 과태료를 부과한다.
  ㉠ 제86조(식중독에 관한 조사 보고)제1항를 위반한 자
  ㉡ 제88조(집단급식소)제1항 전단을 위반하여 신고하지 아니 하거나 허위의 신고를 한 자
  ㉢ 제88조제2항을 위반한 자. 다만, 총리령으로 정하는 경미한 사항을 위반한 자는 제외한다.

② 다음 각 호의 어느 하나에 해당하는 자에게는 500만원 이하의 과태료를 부과한다.
  ㉠ 제3조(식품등의 취급)를 위반한 자
  ㉡ 제19조의4제2항을(검사명령 등) 위반하여 검사기한 내에 검사를 받지 아니 하거나 자료 등을 제출하지 아니 한 영업자
  ㉢ 제37조제6항(영업허가)을 위반하여 보고를 하지 아니 하거나 허위의 보고를 한 자
  ㉣ 제46조제1항(식품등의 이물 발견 보고)을 위반하여 소비자로부터 이물 발견신고를 받고 보고하지 아니 한 자
  ㉤ 제48조제9항(제88조에서 준용하는 경우를 포함한다.)을 위반한 자
  ㉥ 제74조제1항(제88조에서 준용하는 경우를 포함한다.)에 따른 명령에 위반한 자

③ 다음 각 호의 어느 하나에 해당하는 자에게는 300만원 이하의 과태료를 부과한다.
  ㉠ 제40조(건강진단)제1항 및 제3항(제88조에서 준용하는 경우를 포함한다)을 위반한 자
  ㉡ 제41조의2(위생관리책임자)제3항을 위반하여 위생관리책임자의 업무를 방해한 자
  ㉢ 제41조의2제4항에 따른 위생관리책임자 선임 · 해임 신고를 하지 아니 한 자
  ㉣ 제41조의2제7항을 위반하여 직무 수행내역 등을 기록 · 보관하지 아니 하거나 거짓으로 기록 · 보관한 자
  ㉤ 제41조의2제8항에 따른 교육을 받지 아니 한 자
  ㉥ 제44조의2제1항을 위반하여 책임보험에 가입하지 아니 한 자
  ㉦ 제49조(식품이력추적관리 등록기준 등)제3항을 위반하여 식품이력추적관리 등록사항이 변경된 경우 변경사유가 발생한 날부터 1개월 이내에 신고하지 아니 한 자

ⓞ 제49조의(식품이력추적관리시스템의 구축)3제4항을 위반하여 식품이력추적관리정보를 목적 외에 사용한 자

ⓩ 제88조(집단급식소)제2항에 따라 집단급식소를 설치 · 운영하는 자가 지켜야 할 사항 중 총리령으로 정하는 경미한 사항을 지키지 아니 한 자

④ 다음 각 호의 어느 하나에 해당하는 자에게는 100만원 이하의 과태료를 부과한다.

㉠ 제41조(식품위생교육)제1항 및 제5항(제88조에서 준용하는 경우를 포함한다.)을 위반한 자

㉡ 제42조(실적보고)제2항을 위반하여 보고를 하지 아니 하거나 허위의 보고를 한 자

㉢ 제44조(영업자 등의 준수 사항)제1항에 따라 영업자가 지켜야 할 사항 중 총리령으로 정하는 경미한 사항을 지키지 아니 한 자

㉣ 제56조(교육)제1항을 위반하여 교육을 받지 아니 한 자

⑤ ①부터 ④까지의 규정에 따른 과태료는 대통령령으로 정하는 바에 따라 식품의약품안전처장, 시 · 도지사 또는 시장 · 군수 · 구청장이 부과 · 징수한다.

2장 학교급식법

학교급식법(시행2022.1.1.) [법률 제18525호, 2021.11.30., 타법 개정]
학교급식법 시행령(시행 2022.3.22.) [대통령령 제32547호, 2022.3.22., 타법 개정]
학교급식법 시행규칙(시행 2021.6.30.) [교육부령 제240호, 2021.6.30., 타법 개정]

01 총칙 – 법 제1장

(1) 목적(제1조)

이 법은 학교급식 등에 관한 사항을 규정함으로써 학교급식의 질을 향상시키고 학생의 건전한 심신의 발달과 국민 식생활 개선에 기여함을 목적으로 한다.

(2) 정의(제2조)

① **학교급식** : 제1조의 목적을 달성하기 위하여 제4조의 규정에 따른 학교 또는 학급의 학생을 대상으로 학교의 장이 실시하는 급식

② **학교급식공급업자** : 제15조의 규정에 따라 학교의 장과 계약에 의하여 학교급식에 관한 업무를 위탁받아 행하는 자

③ **급식에 관한 경비** : 학교급식을 위한 식품비, 급식운영비 및 급식시설 · 설비비

(3) 국가 · 지방자치단체의 임무(제3조)

① 국가와 지방자치단체는 양질의 학교급식이 안전하게 제공될 수 있도록 행정적 · 재정적으로 지원하여야 하며, 영양교육을 통한 학생의 올바른 식생활 관리능력 배양과 전통 식문화의 계승 · 발전을 위하여 필요한 시책을 강구하여야 한다.

② 특별시 · 광역시 · 도 · 특별자치도의 교육감은 매년 학교급식에 관한 계획을 수립 · 시행하여야 한다.

(4) 학교급식 대상(제4조)

학교급식은 대통령령으로 정하는 바에 따라 다음 각 호의 어느 하나에 해당하는 학교 또는 학급에 재학하는 학생을 대상으로 실시한다.

① 「유아교육법」 제2조제2호에 따른 유치원. 다만, 대통령령으로 정하는 규모 이하의 유치원은 제외한다.

㉠ 「초 · 중등교육법」 제2조제1호부터 제4호까지의 어느 하나에 해당하는 학교

㉡ 「초 · 중등교육법」 제52조의 규정에 따른 근로청소년을 위한 특별학급 및 산업체부설 중 · 고등학교

㉢ 「초 · 중등교육법」 제60조의3에 따른 대안학교
㉣ 그 밖에 교육감이 필요하다고 인정하는 학교

(5) 학교급식위원회 등(제5조)

① 교육감은 학교급식에 관한 다음 각 호의 사항을 심의하기 위하여 그 소속하에 학교급식위원회를 둔다.
㉠ 제3조제2항의 규정에 따른 학교급식에 관한 계획
㉡ 제9조의 규정에 따른 급식에 관한 경비 및 식재료 등의 지원
㉢ 그 밖에 학교급식의 운영 및 지원에 관한 사항으로서 교육감이 필요하다고 인정하는 사항

② ①의 규정에 따른 학교급식위원회의 구성 · 운영 등에 관하여 필요한 사항은 대통령령으로 정한다.

③ 특별시장 · 광역시장 · 도지사 · 특별자치도지사 및 시장 · 군수 · 자치구의 구청장은 제8조제4항의 규정에 따른 학교급식 지원에 관한 중요사항을 심의하기 위하여 그 소속하에 학교급식지원심의위원회를 둘 수 있다.

④ 특별자치도지사 · 시장 · 군수 · 자치구의 구청장은 우수한 식자재 공급 등 학교급식을 지원하기 위하여 그 소속하에 학교급식지원센터를 설치 · 운영할 수 있다.

⑤ ③의 규정에 따른 학교급식지원심의위원회의 구성 · 운영과 ④의 규정에 따른 학교급식지원센터의 설치 · 운영에 관하여 필요한 사항은 해당지방자치단체의 조례로 정한다.

02 학교급식 시설 · 설비 기준 등 – 법 제2장

(1) 급식시설 · 설비(제6조)

① 학교급식을 실시할 학교는 학교급식을 위하여 필요한 시설과 설비를 갖추어야 한다. 다만, 2 이상의 학교가 인접하여 있는 경우에는 학교급식을 위한 시설과 설비를 공동으로 할 수 있다.

② 시설 · 설비의 종류와 기준은 대통령령으로 정한다.

(2) 영양교사의 배치 등(제7조)

① 학교급식을 위한 시설과 설비를 갖춘 학교는 초 · 중등교육법에 따른 영양교사와 식품위생법에 따른 조리사를 둔다.

② 교육감은 학교급식에 관한 업무를 전담하게 하기 위하여 그 소속하에 학교급식에 관한 전문지식이 있는 직원을 둘 수 있다.

③ 교육감은 제1항 단서의 영양교사의 배치기준 등에 따른 유치원 중 일정 규모 이하 유치원에 대한 급식관리를 지원하기 위하여 특별시 · 광역시 · 특별자치시 · 도 및 특별자치도의 교육청 또는 「지방교육자치에 관한 법률」 제34조 및 「제주특별자치도 설치 및 국제자유도시 조성을 위한 특별법」 제80조에 따른 교육지원청에 영양교사를 둘 수 있다.

④ ③에 따라 영양교사가 급식관리를 지원하는 유치원의 규모 및 지원의 범위 등에 필요한 사항은 대통령령으로 정한다.

(3) 경비부담 등(제8조)

① 학교급식의 실시에 필요한 급식시설 · 설비비는 당해 학교의 설립 · 경영자가 부담하되, 국가 또는 지방자치단체가 지원할 수 있다.

② 급식운영비는 당해 학교의 설립 · 경영자가 부담하는 것을 원칙으로 하되, 대통령령이 정하는 바에 따라 보호자가 그 경비의 일부를 부담할 수 있다.

③ 학교급식을 위한 식품비는 보호자가 부담하는 것을 원칙으로 한다.

④ 특별시장 · 광역시장 · 도지사 · 특별자치도지사 및 시장 · 군수 · 자치구의 구청장은 학교급식에 품질이 우수한 농산물 사용 등 급식의 질 향상과 급식시설 · 설비의 확충을 위하여 식품비 및 시설 · 설비비 등 급식에 관한 경비를 지원할 수 있다.

(4) 급식에 관한 경비의 지원(제9조)

① 국가 또는 지방자치단체는 제8조의 규정에 따라 보호자가 부담할 경비의 전부 또는 일부를 지원할 수 있다.

② ①의 규정에 따라 보호자가 부담할 경비를 지원하는 경우에는 다음 각 호의 어느 하나에 해당하는 학생을 우선적으로 지원한다.

㉠ 학생 또는 그 보호자가 「국민기초생활 보장법」 제2조에 따른 수급권자이거나 차상위계층에 속하는 학생, 「한부모가족지원법」 제5조의 규정에 따른 보호대상자인 학생

㉡ 「도서 · 벽지 교육진흥법」 제2조의 규정에 따른 도서벽지에 있는 학교와 그에 준하는 지역으로서 대통령령으로 정하는 지역의 학교에 재학하는 학생

㉢ 「농어업인 삶의 질 향상 및 농어촌지역 개발촉진에 관한 특별법」 제3조제4호에 따른 농어촌학교와 그에 준하는 지역으로서 대통령령으로 정하는 지역의 학교에 재학하는 학생

㉣ 그 밖에 교육감이 필요하다고 인정하는 학생

③ 교육감은 「재난 및 안전관리 기본법」 제3조제1호에 따른 재난이 발생하여 학교급식이 어려운 경우에는 제5조제1항에 따른 학교급식위원회의 심의를 거쳐 대통령령으로 정하는 바에 따라 학생의 가정에 식재료 등을 지원할 수 있다. 이 경우 지원 범위는 제8조제4항 및 제9조제1항에 따라 국가 또는 지방자치단체가 지원한 급식에 관한 경비에 한정한다.

03 학교급식 관리 · 운영 – 법 제3장

(1) 식재료(제10조)

① 학교급식에는 품질이 우수하고 안전한 식재료를 사용하여야 한다.

② 식재료의 품질관리기준 그 밖에 식재료에 관하여 필요한 사항은 교육부령으로 정한다.

(2) 영양관리(제11조)

① 학교급식은 학생의 발육과 건강에 필요한 영양을 충족하고 올바른 식생활습관 형성에 도움을 줄 수 있도록 다양한 식품으로 구성되어야 한다.

② 학교급식의 영양관리기준은 교육부령으로 정하고, 식품구성기준은 필요한 경우 교육감이 정한다.

(3) 위생 · 안전관리(제12조)

① 학교급식은 식단 작성, 식재료 구매 · 검수 · 보관 · 세척 · 조리, 운반, 배식, 급식기구 세척 및 소독 등 모든 과정에서 위해한 물질이 식품에 혼입되거나 식품이 오염되지 아니하도록 위생과 안전관리에 철저를 기하여야 한다.

② 학교급식의 위생 · 안전관리기준은 교육부령으로 정한다.

(4) 식생활 지도 등(제13조)

학교의 장은 올바른 식생활습관의 형성, 식량생산 및 소비에 관한 이해 증진 및 전통 식문화의 계승 · 발전을 위하여 학생에게 식생활 관련 교육 및 지도를 하며, 보호자에게는 관련 정보를 제공한다.

(5) 영양상담(제14조)

학교의 장은 식생활에서 기인하는 영양불균형을 시정하고 질병을 사전에 예방하기 위하여 저체중 및 성장부진, 빈혈, 과체중 및 비만학생 등을 대상으로 영양상담과 필요한 지도를 실시한다.

(6) 학교급식의 운영방식(제15조)

① 학교의 장은 학교급식을 직접 관리 · 운영하되, 초 · 중등교육법에 따른 학교운영위원회의 심의를 거쳐 일정한 요건을 갖춘 자에게 학교급식에 관한 업무를 위탁하여 이를 행하게 할 수 있다. 다만, 식재료의 선정 및 구매 · 검수에 관한 업무는 학교급식 여건상 불가피한 경우를 제외하고는 위탁하지 아니한다.

② 의무교육기관에서 업무위탁을 하고자 하는 경우에는 미리 관할청의 승인을 얻어야 한다.

③ 학교급식에 관한 업무위탁의 범위, 학교급식공급업자가 갖추어야 할 요건 그 밖에 업무위탁에 관하여 필요한 사항은 대통령령으로 정한다.

(7) 품질 및 안전을 위한 준수사항(제16조)

① 학교의 장과 그 학교의 학교급식 관련 업무를 담당하는 관계 교직원 및 학교급식공급업자는 학교급식의 품질 및 안전을 위하여 다음에 해당하는 식재료를 사용하여서는 아니된다.

㉠ 원산지 표시를 거짓으로 적은 식재료

㉡ 유전자변형농수산물의 표시를 거짓으로 적은 식재료

㉢ 축산물의 등급을 거짓으로 기재한 식재료

㉣ 표준규격품의 표시, 품질인증의 표시, 지리적 표시를 거짓으로 적은 식재료

② 학교의 장과 그 소속 학교급식관계교직원 및 학교급식공급업자는 다음을 지켜야 한다.

㉠ 식재료의 품질관리기준, 영양관리기준, 위생 · 안전관리기준

㉡ 그 밖에 학교급식의 품질 및 안전을 위하여 필요한 사항으로서 교육부령이 정하는 사항

③ 학교의 장과 그 소속 학교급식관계교직원 및 학교급식공급업자는 학교급식에 알레르기를 유발할 수 있는 식재료가 사용되는 경우에는 이 사실을 급식 전에 급식 대상 학생에게 알리고, 급식 시에 표시하여야 한다.

④ 알레르기를 유발할 수 있는 식재료의 종류 등 제3항에 따른 공지 및 표시와 관련하여 필요한 사항은 교육부령으로 정한다.

(8) 생산품의 직접사용 등(제17조)

학교에서 작물재배 · 동물사육 그 밖에 각종 생산활동으로 얻은 생산품이나 그 생산품의 매각대금은 다른 법률의 규정에 불구하고 학교급식을 위하여 직접 사용할 수 있다.

04 보칙 – 법 제4장

(1) 학교급식 운영평가(제18조)

① 교육부장관 또는 교육감은 학교급식 운영의 내실화와 질적 향상을 위하여 학교급식의 운영에 관한 평가를 실시할 수 있다.

② 평가의 방법 · 기준 그 밖에 학교급식 운영평가에 관하여 필요한 사항은 대통령령으로 정한다.

(2) 출입 · 검사 · 수거 등(제19조)

① 교육부장관 또는 교육감은 필요하다고 인정하는 때에는 식품위생 또는 학교급식 관계공무원으로 하여금 학교급식 관련 시설에 출입하여 식품 · 시설 · 서류 또는 작업상황 등을 검사 또는 열람을 하게 할 수 있으며, 검사에 필요한 최소량의 식품을 무상으로 수거하게 할 수 있다.

② 출입 · 검사 · 열람 또는 수거를 하고자 하는 공무원은 그 권한을 표시하는 증표를 지니고, 이를 관계인에게 내보여야 한다.

③ 검사 등의 결과, 규정을 위반한 때에는 교육부장관 또는 교육감은 해당학교의 장 또는 학교급식공급업자에게 시정을 명할 수 있다.

(3) 권한의 위임(제20조)

이 법에 의한 교육부장관 또는 교육감의 권한은 그 일부를 대통령령이 정하는 바에 따라 교육감 또는 교육장에게 위임할 수 있다.

(4) 행정처분 등의 요청(제21조)

① 교육부장관 또는 교육감은 식품위생법 · 농수산물 품질관리법 · 축산법 · 축산물위생관리법에 따라 허가 및 신고 · 지정 또는 인증을 받은 자가 검사 등의 결과 각 해당법령을 위반한 경우에는 관계행정기관의 장에게 행정처분 등의 필요한 조치를 할 것을 요청할 수 있다.

② 요청을 받은 관계행정기관의 장은 특별한 사유가 없는 한 이에 응하여야 하며, 그 조치결과를 교육부장관 또는 당해 교육감에게 알려야 한다.

(5) 징계(제22조)

학교급식의 적정한 운영과 안전성 확보를 위하여 징계의결 요구권자는 관할학교의 장 또는 그 소속 교직원 중 다음에 해당하는 자에 대하여 당해 징계사건을 관할하는 징계위원회에 그 징계를 요구하여야 한다.

① 고의 또는 과실로 식중독 등 위생 · 안전상의 사고를 발생하게 한 자
② 학교급식 관련 계약상의 계약해지 사유가 발생하였음에도 불구하고 정당한 사유 없이 계약해지를 하지 아니한 자
③ 교육부장관 또는 교육감으로부터 시정명령을 받았음에도 불구하고 정당한 사유 없이 이를 이행하지 아니한 자
④ 학교급식과 관련하여 비리가 적발된 자

05 벌칙 – 법 제5장

(1) 벌칙(제23조)

① 품질 및 안전을 위한 준수사항(제16조) 제1항 제1호 또는 제2호의 규정을 위반한 학교급식공급업자는 7년 이하의 징역 또는 1억 원 이하의 벌금에 처한다.
② 제16조 제1항 제3호의 규정을 위반한 학교급식공급업자는 5년 이하의 징역 또는 5천만 원 이하의 벌금에 처한다.
③ 다음에 해당하는 자는 3년 이하의 징역 또는 3천만 원 이하의 벌금에 처한다.
  ㉠ 제16조 제1항 제4호의 규정을 위반한 학교급식공급업자
  ㉡ 제19조(출입 · 검사 · 수거 등) 제1항의 규정에 따른 출입 · 검사 · 열람 또는 수거를 정당한 사유 없이 거부하거나 방해 또는 기피한 자

(2) 양벌규정(제24조)

법인의 대표자나 법인 또는 개인의 대리인, 사용인, 그 밖의 종업원이 그 법인 또는 개인의 업무에 관하여 제23조의 위반행위를 하면 그 행위자를 벌하는 외에 그 법인 또는 개인에게도 해당 조문의 벌금형을 과(科)한다. 다만, 법인 또는 개인이 그 위반행위를 방지하기 위하여 해당 업무에 관하여 상당한 주의와 감독을 게을리 하지 아니한 경우에는 그러하지 아니하다.

(3) 과태료(제25조)

① 품질 및 안전을 위한 준수사항(제16조) 제2항 제1호의 규정을 위반하여 출입 · 검사 · 수거 등(제19조) 제3항의 규정에 따른 시정명령을 받았음에도 불구하고 정당한 사유 없이 이를 이행하지 아니한 학교급식공급업자는 500만 원 이하의 과태료를 부과한다.
② 제16조 제2항 제2호 또는 같은 조 제3항의 규정을 위반하여 제19조 제3항의 규정에 따른 시정명령을 받았음에도 불구하고 정당한 사유 없이 이를 이행하지 아니한 학교급식공급업자는 300만 원 이하의 과태료를 부과한다.
③ 제1항 및 제2항의 규정에 따른 과태료는 대통령령이 정하는 바에 따라 교육부장관 또는 교육감이 부과 · 징수한다.

3장 기타 관계법규

국민건강증진법(시행2021.12.21.) [법률 제18606호, 2021.12.21., 일부 개정]
국민건강증진법 시행령(시행 2021.12.4.) [대통령령 제32160호, 2021.11.30., 일부 개정]
국민건강증진법 시행규칙(시행 2022.3.18.) [보건복지부령 제872호, 2022.3.18., 일부 개정]

국민건강증진법

01 총칙 – 법 제1장

(1) 목적(제1조)

이 법은 국민에게 건강에 대한 가치와 책임의식을 함양하도록 건강에 관한 바른 지식을 보급하고 스스로 건강생활을 실천할 수 있는 여건을 조성함으로써 국민의 건강을 증진함을 목적으로 한다.

(2) 정의(제2조)

이 법에서 사용하는 용어의 정의는 다음과 같다.

① 국민건강증진사업 : 보건교육, 질병 예방, 영양개선, 건강관리 및 건강생활의 실천등을 통하여 국민의 건강을 증진시키는 사업

② 보건교육 : 개인 또는 집단으로 하여금 건강에 유익한 행위를 자발적으로 수행하도록 하는 교육

③ 영양개선 : 개인 또는 집단이 균형된 식생활을 통하여 건강을 개선시키는 것

④ 신체활동장려 : 개인 또는 집단이 일상생활 중 신체의 근육을 활용하여 에너지를 소비하는 모든 활동을 자발적으로 적극 수행하도록 장려하는 것을 말한다.

⑤ 건강관리 : 개인 또는 집단이 건강에 유익한 행위를 지속적으로 수행함으로써 건강한 상태를 유지하는 것을 말한다.

⑥ 건강친화제도 : 근로자의 건강증진을 위하여 직장 내 문화 및 환경을 건강친화적으로 조성하고, 근로자가 자신의 건강관리를 적극적으로 수행할 수 있도록 교육, 상담 프로그램 등을 지원하는 것을 말한다.

02 국민건강의 관리 – 법 제2장

(1) 건강생활실천협의회(제10조)

① 시 · 도지사 및 시장 · 군수 · 구청장은 건강생활의 실천운동을 추진하기 위하여 지역사회의 주민 · 단체 또는 공공기관이 참여하는 건강생활실천협의회를 구성하여야 한다.

② 건강생활실천협의회의 조직 및 운영에 관하여 필요한 사항은 지방자치단체의 조례로 정한다.

(2) 영양개선(제15조)

① 국가 및 지방자치단체는 국민의 영양상태를 조사하여 국민의 영양개선방안을 강구하고 영양에 관한 지도를 실시하여야 한다.

② 국가 및 지방자치단체는 국민의 영양개선을 위하여 다음의 사업을 행한다.

㉠ 영양교육사업

㉡ 영양개선에 관한 조사 · 연구사업

㉢ 기타 영양개선에 관하여 보건복지부령이 정하는 사업

(3) 국민영양조사 등(제16조)

① 질병관리청장은 보건복지부장관과 합의하여 국민의 건강상태 · 식품 섭취 · 식생활조사 등 국민의 영양에 관한 조사를 정기적으로 실시한다.

② 특별시 · 광역시 및 도에는 국민영양조사와 영양에 관한 지도업무를 행하게 하기 위한 공무원을 두어야 한다.

③ 국민영양조사를 행하는 공무원은 그 권한을 나타내는 증표를 관계인에게 내보여야 한다.

④ 국민영양조사의 내용 및 방법 기타 국민영양조사와 영양에 관한 지도에 관하여 필요한 사항은 대통령령으로 정한다.

(4) 건강증진사업 등(제19조)

① 국가 및 지방자치단체는 국민건강증진사업에 필요한 요원 및 시설을 확보하고, 그 시설의 이용에 필요한 시책을 강구하여야 한다.

② 특별자치시장 · 특별자치도지사 · 시장 · 군수 · 구청장은 지역주민의 건강증진을 위하여 보건복지부령이 정하는 바에 의하여 보건소장으로 하여금 다음의 사업을 하게 할 수 있다.

㉠ 보건교육 및 건강상담

㉡ 영양관리

㉢ 구강건강의 관리

㉣ 질병의 조기발견을 위한 검진 및 처방

㉤ 지역사회의 보건문제에 관한 조사 · 연구

㉥ 기타 건강교실의 운영등 건강증진사업에 관한 사항

③ 보건소장이 ②에 의하여 보건교육 및 건강상담 내지 제질병의 조기발견을 위한 검진 및 처방 업무를 행한 때에는 이용자의 개인별 건강상태를 기록하여 유지 · 관리하여야 한다.

④ 건강증진사업에 필요한 시설 · 운영에 관하여는 보건복지부령으로 정한다.

(5) 검진(제20조)

국가는 건강증진을 위하여 필요한 경우에 보건복지부령이 정하는 바에 의하여 국민에 대하여 건강검진을 실시할 수 있다.

(6) 검진결과의 공개금지(제21조)

건강검진을 한 자 또는 검진기관에 근무하는 자는 국민의 건강증진사업의 수행을 위하여 불가피한 경우를 제외하고는 정당한 사유 없이 검진결과를 공개하여서는 아니된다.

국민영양관리법(시행 2020.9.12.) [법률 제17472호, 2020.8.11., 타법 개정]
국민영양관리법 시행령(시행 2020.9.12.) [대통령령 제31013호, 2020.9.11., 타법 개정]
국민영양관리법 시행규칙(시행2021.7.7.) [보건복지부령 제 817호, 2021.7.7., 타법 개정]

국민영양관리법

01 총칙 – 법 제1장

(1) 목적(제1조)

이 법은 국민의 식생활에 대한 과학적인 조사 · 연구를 바탕으로 체계적인 국가영양정책을 수립 · 시행함으로써 국민의 영양 및 건강 증진을 도모하고 삶의 질 향상에 이바지하는 것을 목적으로 한다.

(2) 정의(제2조)

① 식생활 : 식문화, 식습관, 식품의 선택 및 소비 등 식품의 섭취와 관련된 모든 양식화된 행위

② 영양관리 : 적절한 영양의 공급과 올바른 식생활 개선을 통하여 국민이 질병을 예방하고 건강한 상태를 유지하도록 하는 것

③ 영양관리사업 : 국민의 영양관리를 위하여 생애주기 등 영양관리 특성을 고려하여 실시하는 교육 · 상담 등의 사업

(3) 국가 및 지방자치단체의 의무(제3조)

① 국가 및 지방자치단체는 올바른 식생활 및 영양관리에 관한 정보를 국민에게 제공하여야 한다.

② 국가 및 지방자치단체는 국민의 영양관리를 위하여 필요한 대책을 수립하고 시행하여야 한다.

③ 지방자치단체는 영양관리사업을 시행하기 위한 공무원을 둘 수 있다.

(4) 영양사 등의 책임(제4조)

① 영양사는 지속적으로 영양지식과 기술의 습득으로 전문능력을 향상시켜 국민영양개선 및 건강증진을 위하여 노력하여야 한다.

② 식품 · 영양 및 식생활 관련 단체와 그 종사자, 영양관리사업 참여자는 자발적 참여와 연대를 통하여 국민의 건강증진을 위하여 노력하여야 한다.

(5) 국민의 권리 등(제5조)

① 누구든지 영양관리사업을 통하여 건강을 증진할 권리를 가지며 성별, 연령, 종교, 사회적 신분 또는 경제적 사정 등을 이유로 이에 대한 권리를 침해받지 아니한다.

② 모든 국민은 올바른 영양관리를 통하여 자신과 가족의 건강을 보호 · 증진하기 위하여 노력하여야 한다.

(6) 다른 법률과의 관계(제6조)

국민의 영양관리에 대하여 다른 법률에 특별한 규정이 있는 경우를 제외하고는 이 법에서 정하는 바에 따른다.

02 국민영양관리기본계획 – 법 제2장

(1) 국민영양관리기본계획(제7조)

① 보건복지부장관은 관계 중앙행정기관의 장과 협의하고 국민건강증진법에 따른 국민건강증진정책심의위원회의 심의를 거쳐 국민영양관리기본계획을 5년마다 수립하여야 한다.

② 기본계획에는 다음의 사항이 포함되어야 한다.

㉠ 기본계획의 중장기적 목표와 추진방향

㉡ 다음의 영양관리사업 추진계획

- 영양 · 식생활 교육사업
- 영양취약계층 등의 영양관리사업
- 영양관리를 위한 영양 및 식생활 조사
- 그 밖에 대통령령으로 정하는 영양관리사업

㉢ 연도별 주요 추진과제와 그 추진방법

㉣ 필요한 재원의 규모와 조달 및 관리 방안

㉤ 그 밖에 영양관리정책수립에 필요한 사항

③ 보건복지부장관은 기본계획을 수립한 경우에는 관계 중앙행정기관의 장, 특별시장 · 광역시장 · 도지사 · 특별자치도지사 및 시장 · 군수 · 구청장에게 통보하여야 한다.

④ 협의절차, 통보방법 등에 관하여 필요한 사항은 보건복지부령으로 정한다.

(2) 국민영양관리시행계획(제8조)

① 시장 · 군수 · 구청장은 기본계획에 따라 매년 국민영양관리시행계획을 수립 · 시행하여야 하며 그 시행계획 및 추진실적을 시 · 도지사를 거쳐 보건복지부장관에게 제출하여야 한다.

② 보건복지부장관은 시 · 도지사로부터 제출된 시행계획 및 추진실적에 관하여 보건복지부령으로 정하는 방법에 따라 평가하여야 한다.

③ 시행계획의 수립 및 추진 등에 필요한 사항은 보건복지부령으로 정하는 기준에 따라 해당 지방자치단체의 조례로 정한다.

(3) 국민영양정책 등의 심의(제9조)

위원회는 국민의 영양관리를 위하여 다음의 사항을 심의한다.

① 국민영양정책의 목표와 추진방향에 관한 사항

② 기본계획의 수립에 관한 사항

③ 그 밖에 영양관리를 위하여 위원장이 필요하다고 인정한 사항

03 영양관리사업 – 법 제3장

(1) 영양 · 식생활 교육사업(제10조)

① 국가 및 지방자치단체는 국민의 건강을 위하여 영양 · 식생활 교육을 실시하여야 하며 영양 · 식생활 교육에 필요한 프로그램 및 자료를 개발하여 보급하여야 한다.

② 영양 · 식생활 교육의 대상 · 내용 · 방법 등에 필요한 사항은 보건복지부령으로 정한다.

(2) 영양취약계층 등의 영양관리사업(제11조)

국가 및 지방자치단체는 다음의 영양관리사업을 실시할 수 있다.

① 영유아, 임산부, 아동, 노인, 노숙인 및 사회복지시설 수용자 등 영양취약계층을 위한 영양관리사업

② 어린이집, 유치원, 학교, 집단급식소, 의료기관 및 사회복지시설 등 시설 및 단체에 대한 영양관리사업

③ 생활습관질병 등 질병 예방을 위한 영양관리사업

(3) 통계 · 정보(제12조)

① 보건복지부장관은 영양정책 및 영양관리사업 등에 활용할 수 있도록 식품 및 영양에 관한 통계 및 정보를 수집 · 관리하여야 한다.

② 보건복지부장관은 통계 및 정보를 수집 · 관리하기 위하여 필요한 경우 관련 기관 또는 단체에 자료를 요청할 수 있다.

③ 자료를 요청받은 기관 또는 단체는 이에 성실히 응하여야 한다.

(4) 영양관리를 위한 영양 및 식생활 조사(제13조)

① 국가 및 지방자치단체는 지역사회의 영양문제에 관한 연구를 위하여 다음의 조사를 실시할 수 있다.

㉠ 식품 및 영양소 섭취조사

㉡ 식생활 행태 조사

㉢ 영양상태 조사

㉤ 그 밖에 영양문제에 필요한 조사로서 대통령령으로 정하는 사항

② 질병관리청장은 보건복지부장관과 협의하여 국민의 식품 섭취ㆍ식생활 등에 관한 국민 영양 및 식생활 조사를 매년 실시하고 그 결과를 공표하여야 한다.

③ 질병관리청장은 제2항에 따른 조사를 위하여 관련 기관ㆍ법인 또는 단체의 장에게 필요한 자료의 제출 또는 의견의 진술을 요청할 수 있다. 이 경우 요청을 받은 자는 정당한 사유가 없으면 이에 협조하여야 한다.

④ 제1항 및 제2항에 따른 조사의 방법과 그 밖에 필요한 사항은 대통령령으로 정한다.

(5) 영양소 섭취기준 및 식생활 지침의 제정 및 보급(제14조)

① 보건복지부장관은 국민건강증진에 필요한 영양소 섭취기준을 제정하고 정기적으로 개정하여 학계 · 산업계 및 관련 기관 등에 체계적으로 보급하여야 한다.

② 보건복지부장관은 관계 중앙행정기관의 장과 협의하여 다음 각 호의 분야에서 제1항에 따른 영양소 섭취기준을 적극 활용할 수 있도록 하여야 한다.

㉠ 「국민건강증진법」 제2조제1호에 따른 국민건강증진사업

㉡ 「학교급식법」 제11조에 따른 학교급식의 영양관리

㉢ 「식품위생법」 제2조제12호에 따른 집단급식소의 영양관리

㉣ 「식품 등의 표시 · 광고에 관한 법률」 제5조에 따른 식품 등의 영양표시

㉤ 「식생활교육지원법」 제2조제2호에 따른 식생활 교육

㉥ 그 밖에 영양관리를 위하여 대통령령으로 정하는 분야

③ 보건복지부장관은 국민건강증진과 삶의 질 향상을 위하여 질병별 · 생애주기별 특성 등을 고려한 식생활 지침을 제정하고 정기적으로 개정 · 보급하여야 한다.

④ 제1항에 따른 영양소 섭취기준 및 제3항에 따른 식생활 지침의 주요 내용 및 발간 주기 등 세부적인 사항은 보건복지부령으로 정한다.

04 영양사의 면허 및 교육 등 - 법 제4장

(1) 영양사의 면허(제15조)

① 영양사가 되고자 하는 사람은 다음에 해당하는 사람으로서 영양사 국가시험에 합격한 후 보건복지부장관의 면허를 받아야 한다.

㉠ 대학, 산업대학, 전문대학 또는 방송통신대학에서 식품학 또는 영양학을 전공한 자로서 교과목 및 학점이수 등에 관하여 보건복지부령으로 정하는 요건을 갖춘 사람
㉡ 외국에서 영양사면허를 받은 사람
㉢ 외국의 영양사 양성학교 중 보건복지부장관이 인정하는 학교를 졸업한 사람

② 보건복지부장관은 국가시험의 관리를 보건복지부령으로 정하는 바에 따라 시험 관리능력이 있다고 인정되는 관계 전문기관에 위탁할 수 있다.

③ 영양사 면허와 국가시험 등에 필요한 사항은 보건복지부령으로 정한다.

(2) 결격사유(제16조)

다음에 해당하는 사람은 영양사의 면허를 받을 수 없다.

㉠ 정신질환자. 다만, 전문의가 영양사로서 적합하다고 인정하는 사람은 그러하지 아니하다.
㉡ 감염병의 예방 및 관리에 관한 법률에 따른 감염병환자 중 보건복지부령으로 정하는 사람
㉢ 마약 · 대마 또는 향정신성의약품 중독자
㉣ 영양사 면허의 취소처분을 받고 그 취소된 날부터 1년이 지나지 아니한 사람

(3) 영양사의 업무(제17호)

① 건강증진 및 환자를 위한 영양 · 식생활 교육 및 상담
② 식품영양정보의 제공
③ 식단 작성, 검식(檢食) 및 배식관리
④ 구매식품의 검수 및 관리
⑤ 급식시설의 위생적 관리
⑥ 집단급식소의 운영일지 작성
⑦ 종업원에 대한 영양지도 및 위생교육

(4) 면허의 등록(제18조)

① 보건복지부장관은 영양사의 면허를 부여할 때에는 영양사 면허대장에 그 면허에 관한 사항을 등록하고 면허증을 교부하여야 한다. 다만, 면허증 교부 신청일 기준으로 제16조에 따른 결격사유에 해당하는 자에게는 면허 등록 및 면허증 교부를 하여서는 아니 된다.

② ①에 따라 면허증을 교부받은 사람은 다른 사람에게 그 면허증을 빌려주어서는 아니 되고, 누구든지 그 면허증을 빌려서는 아니 된다.

③ 누구든지 제2항에 따라 금지된 행위를 알선하여서는 아니 된다.

④ ①에 따른 면허의 등록 및 면허증의 교부 등에 관하여 필요한 사항은 보건복지부령으로 정한다.

(5) 명칭사용의 금지(제19조)

영양사 면허를 받지 아니한 사람은 영양사 명칭을 사용할 수 없다.

(6) 보수교육(제20조)

① 보건기관 · 의료기관 · 집단급식소 등에서 각각 그 업무에 종사하는 영양사는 영양관리수준 및 자질 향상을 위하여 보수교육을 받아야 한다.

② 보수교육의 시기 · 대상 · 비용 및 방법 등에 관하여 필요한 사항은 보건복지부령으로 정한다.

(7) 실태 등의 신고(제20조의2)

① 영양사는 대통령령으로 정하는 바에 따라 최초로 면허를 받은 후부터 3년마다 그 실태와 취업 상황 등을 보건복지부장관에게 신고하여야 한다.

② 보건복지부장관은 보수교육을 이수하지 아니한 영양사에 대하여 신고를 반려할 수 있다.

③ 보건복지부장관은 신고 수리 업무를 대통령령으로 정하는 바에 따라 관련 단체 등에 위탁할 수 있다.

(8) 면허취소 등(제21조)

① 보건복지부장관은 영양사가 다음에 해당하는 경우 그 면허를 취소할 수 있다. 다만, ㉠에 해당하는 경우 면허를 취소하여야 한다.

㉠ 결격사유(제16조) ㉠부터 ㉢까지의 어느 하나에 해당하는 경우

㉡ 면허정지처분 기간 중에 영양사의 업무를 하는 경우

㉢ 3회 이상 면허정지처분을 받은 경우

② 보건복지부장관은 영양사가 다음에 해당하는 경우 6개월 이내의 기간을 정하여 그 면허의 정지를 명할 수 있다.

㉠ 영양사가 그 업무를 행함에 있어서 식중독이나 그 밖에 위생과 관련한 중대한 사고 발생에 직무상의 책임이 있는 경우

㉡ 면허를 타인에게 대여하여 이를 사용하게 한 경우

㉢ 행정처분의 세부적인 기준은 그 위반행위의 유형과 위반의 정도 등을 참작하여 대통령령으로 정한다.

③ ①, ②, ⑤항에 따른 행정처분의 세부적인 기준은 그 위반행위의 유형과 위반의 정도 등을 참작하여 대통령령으로 정한다.

④ 보건복지부장관은 면허취소처분 또는 면허정지처분을 하고자 하는 경우에는 청문을 실시하여야 한다.

⑤ 보건복지부장관은 영양사가 신고를 하지 아니한 경우에는 신고할 때까지 면허의 효력을 정지할 수 있다.

(9) 영양사협회(제22조)

① 영양사는 영양에 관한 연구, 영양사의 윤리 확립 및 영양사의 권익증진 및 자질향상을 위하여 대통령령으로 정하는 바에 따라 영양사협회를 설립할 수 있다.

② 협회는 법인으로 한다.

③ 협회에 관하여 이 법에 규정되지 아니한 사항은 「민법」 중 사단법인에 관한 규정을 준용한다.

05 보칙 – 법 제5장

(1) 임상영양사(제23조)

① 보건복지부장관은 건강관리를 위하여 영양판정, 영양상담, 영양소 모니터링 및 평가 등의 업무를 수행하는 영양사에게 영양사 면허 외에 임상영양사 자격을 인정할 수 있다.

② ①에 따른 임상영양사의 업무, 자격기준, 자격증 교부 등에 관하여 필요한 사항은 보건복지부령으로 정한다.

③ ②에 따라 자격증을 교부받은 사람은 다른 사람에게 그 자격증을 빌려주어서는 아니 되고, 누구든지 그 자격증을 빌려서는 아니 된다.

④ 누구든지 ③에 따라 금지된 행위를 알선하여서는 아니 된다.

(2) 비용의 보조(제24조)

국가나 지방자치단체는 회계연도마다 예산의 범위에서 영양관리사업의 수행에 필요한 비용의 일부를 부담하거나 사업을 수행하는 법인 또는 단체에 보조할 수 있다.

(3) 권한의 위임 · 위탁(제25조)

① 보건복지부장관의 권한은 대통령령으로 정하는 바에 따라 그 일부를 시 · 도지사에게 위임할 수 있다.

② 보건복지부장관의 업무는 대통령령으로 정하는 바에 따라 그 일부를 관계 전문기관에 위탁할 수 있다.

(4) 수수료(제26조)

① 지방자치단체의 장은 영양관리사업에 드는 경비 중 일부에 대하여 그 이용자로부터 조례로 정하는 바에 따라 수수료를 징수할 수 있다.

② 수수료를 징수하는 경우 지방자치단체의 장은 노인, 장애인, 「국민기초생활 보장법」에 따른 수급권자 등의 수수료를 감면하여야 한다.

③ 영양사의 면허를 받거나 면허증을 재교부받으려는 사람 또는 국가시험에 응시하려는 사람은 보건복지부령으로 정하는 바에 따라 수수료를 내야 한다.

④ 영양사 국가시험 관리를 위탁받은 한국보건의료인국가시험원은 국가시험의 응시수수료를 보건복지부장관의 승인을 받아 시험관리에 필요한 경비에 직접 충당할 수 있다.

(5) 벌칙 적용에서의 공무원 의제(제27조)

위탁받은 업무에 종사하는 전문기관의 임직원은 벌칙의 적용에서는 공무원으로 본다.

06 벌칙 – 법 제6장

(1) 벌칙제28조(제28조)

① 다음 각 호의 어느 하나에 해당하는 자는 1년 이하의 징역 또는 1천만원 이하의 벌금에 처한다.

㉠ 제18조제2항 또는 제23조제3항을 위반하여 다른 사람에게 영양사의 면허증 또는 임상영양사의 자격증을 빌려주거나 빌린 자

㉡ 제18조제3항 또는 제23조제4항을 위반하여 영양사의 면허증 또는 임상영양사의 자격증을 빌려주거나 빌리는 것을 알선한 자

② 제19조를 위반하여 영양사라는 명칭을 사용한 사람은 300만원 이하의 벌금에 처한다.

농수산물의 원산지 표시 등에 관한 법률(시행 2022.1.1.) [법률 제18525호, 2021.11.30., 일부 개정]
농수산물의 원지산표시 등에 관한 법률 시행령(시행 2022.4.29.) [대통령령 제 32609호, 2022.4.27., 일부 개정]
농수산물의 원산지 표시 등에 관한 법률 시행규칙(시행 2022.1.1.) [농림축산식품부령 제511호, 해양수산부령 제524호, 2021.12.31., 일부 개정]

농수산물의 원산지 표시에 관한 법률(약칭 : 원산지표시법)

01 총칙 – 법 제1장

(1) 목적(제1조)

이 법은 농산물 · 수산물과 그 가공품 등에 대하여 적정하고 합리적인 원산지 표시와 유통이력 관리를 하도록 함으로써 공정한 거래를 유도하고 소비자의 알권리를 보장하여 생산자와 소비자를 보호하는 것을 목적으로 한다.

(2) 정의(제2조)

이 법에서 사용하는 용어의 뜻은 다음과 같다.

① **농산물** : 「농업 · 농촌 및 식품산업 기본법」 제3조제6호가목에 따른 농산물을 말한다.

② **수산물** : 「수산업 · 어촌 발전 기본법」 제3조제1호가목에 따른 어업활동 및 같은 호 마목에 따른 양식업활동으로부터 생산되는 산물을 말한다.

③ **농수산물** : 농산물과 수산물을 말한다.

④ **원산지** : 농산물이나 수산물이 생산 · 채취 · 포획된 국가 · 지역이나 해역을 말한다.

⑤ **유통이력** : 수입 농산물 및 농산물 가공품에 대한 수입 이후부터 소비자 판매 이전까지의 유통단계별 거래명세를 말하며, 그 구체적인 범위는 농림축산식품부령으로 정한다.

⑥ **식품접객업** : 「식품위생법」 제36조제1항제3호에 따른 식품접객업을 말한다.

⑦ **집단급식소** : 「식품위생법」 제2조제12호에 따른 집단급식소를 말한다.

⑧ **통신판매** : 「전자상거래 등에서의 소비자보호에 관한 법률」 제2조제2호에 따른 통신판매(같은 법 제2조제1호의 전자상거래로 판매되는 경우를 포함한다. 이하 같다) 중 대통령령으로 정하는 판매를 말한다.

⑨ 이 법에서 사용하는 용어의 뜻은 이 법에 특별한 규정이 있는 것을 제외하고는 「농수산물 품질관리법」, 「식품위생법」, 「대외무역법」이나 「축산물 위생관리법」에서 정하는 바에 따른다.

(3) 다른 법률과의 관계(제3조)

이 법은 농수산물 또는 그 가공품의 원산지 표시와 수입 농산물 및 농산물 가공품의 유통이력 관리에 대하여 다른 법률에 우선하여 적용한다.

(4) 농수산물의 원산지 표시의 심의(제4조)

이 법에 따른 농산물 · 수산물 및 그 가공품 또는 조리하여 판매하는 쌀 · 김치류, 축산물(「축산물 위생관리법」 제2조제2호에 따른 축산물을 말한다. 이하 같다.) 및 수산물 등의 원산지 표시 등에 관한 사항은 「농수산물 품질관리법」 제3조에 따른 농수산물품질관리심의회(이하 “심의회”라 한다.)에서 심의한다.

02 농수산물 및 농수산물 가공품의 원산지 표시 등 – 법 제2장

(1) 원산지 표시(제5조)

① 대통령령으로 정하는 농수산물 또는 그 가공품을 수입하는 자, 생산 · 가공하여 출하하거나 판매(통신판매를 포함한다. 이하 같다)하는 자 또는 판매할 목적으로 보관 · 진열하는 자는 다음 각 호에 대하여 원산지를 표시하여야 한다.

㉠ 농수산물

㉡ 농수산물 가공품(국내에서 가공한 가공품은 제외한다.)

㉢ 농수산물 가공품(국내에서 가공한 가공품에 한정한다.)의 원료

② 다음 각 호의 어느 하나에 해당하는 때에는 제1항에 따라 원산지를 표시한 것으로 본다.

㉠ 「농수산물 품질관리법」 제5조 또는 「소금산업 진흥법」 제33조에 따른 표준규격품의 표시를 한 경우

㉡ 「농수산물 품질관리법」 제6조에 따른 우수관리인증의 표시, 같은 법 제14조에 따른 품질인증품의 표시 또는 「소금산업 진흥법」 제39조에 따른 우수천일염인증의 표시를 한 경우

㉢ 「소금산업 진흥법」 제40조에 따른 천일염생산방식인증의 표시를 한 경우

㉣ 「소금산업 진흥법」 제41조에 따른 친환경천일염인증의 표시를 한 경우

㉤ 「농수산물 품질관리법」 제24조에 따른 이력추적관리의 표시를 한 경우
㉥ 「농수산물 품질관리법」 제34조 또는 「소금산업 진흥법」 제38조에 따른 지리적표시를 한 경우
㉦ 「식품산업진흥법」 제22조의2(가공식품 및 음식점 등의 원산지 인증) 또는 「수산식품산업의 육성 및 지원에 관한 법률」 제30조(수산가공식품 및 음식점 등의 원산지인증)에 따른 원산지인증의 표시를 한 경우
㉧ 「대외무역법」 제33조(수출입 물품 등의 원산지의 표시)에 따라 수출입 농수산물이나 수출입 농수산물 가공품의 원산지를 표시한 경우
㉨ 다른 법률에 따라 농수산물의 원산지 또는 농수산물 가공품의 원료의 원산지를 표시한 경우

③ 식품접객업 및 집단급식소 중 대통령령으로 정하는 영업소나 집단급식소를 설치·운영하는 자는 다음 각 호의 어느 하나에 해당하는 경우에 그 농수산물이나 그 가공품의 원료에 대하여 원산지(쇠고기는 식육의 종류를 포함한다. 이하 같다.)를 표시하여야 한다. 다만, 「식품산업진흥법」 제22조의2 또는 「수산식품산업의 육성 및 지원에 관한 법률」 제30조에 따른 원산지인증의 표시를 한 경우에는 원산지를 표시한 것으로 보며, 쇠고기의 경우에는 식육의 종류를 별도로 표시하여야 한다.
㉠ 대통령령으로 정하는 농수산물이나 그 가공품을 조리하여 판매·제공(배달을 통한 판매·제공을 포함한다.)하는 경우
㉡ ㉠에 따른 농수산물이나 그 가공품을 조리하여 판매·제공할 목적으로 보관하거나 진열하는 경우

④ ①이나 ③에 따른 표시대상, 표시를 하여야 할 자, 표시기준은 대통령령으로 정하고, 표시방법과 그 밖에 필요한 사항은 농림축산식품부와 해양수산부의 공동 부령으로 정한다.

(2) 거짓 표시 등의 금지(제6조)

① 누구든지 다음의 행위를 하여서는 아니 된다.
㉠ 원산지 표시를 거짓으로 하거나 이를 혼동하게 할 우려가 있는 표시를 하는 행위
㉡ 원산지 표시를 혼동하게 할 목적으로 그 표시를 손상·변경하는 행위
㉢ 원산지를 위장하여 판매하거나, 원산지 표시를 한 농수산물이나 그 가공품에 다른 농수산물이나 가공품을 혼합하여 판매하거나 판매할 목적으로 보관이나 진열하는 행위

② 농수산물이나 그 가공품을 조리하여 판매·제공하는 자는 다음의 행위를 하여서는 아니 된다.
㉠ 원산지 표시를 거짓으로 하거나 이를 혼동하게 할 우려가 있는 표시를 하는 행위
㉡ 원산지를 위장하여 조리·판매·제공하거나, 조리하여 판매·제공할 목적으로 농수산물이나 그 가공품의 원산지 표시를 손상·변경하여 보관·진열하는 행위
㉢ 원산지 표시를 한 농수산물이나 그 가공품에 원산지가 다른 동일 농수산물이나 그 가공품을 혼합하여 조리·판매·제공하는 행위

③ 원산지를 혼동하게 할 우려가 있는 표시 및 위장판매의 범위 등 필요한 사항은 농림수산식품부령으로 정한다.

(3) 원산지 표시 등의 조사(제7조)

① 농림축산식품부장관, 해양수산부장관, 관세청장, 시 · 도지사 또는 시장 · 군수 · 구청장은 제5조에 따른 원산지의 표시 여부 · 표시사항과 표시방법 등의 적정성을 확인하기 위하여 대통령령으로 정하는 바에 따라 관계 공무원으로 하여금 원산지 표시대상 농수산물이나 그 가공품을 수거하거나 조사하게 하여야 한다. 이 경우 관세청장의 수거 또는 조사 업무는 제5조제1항의 원산지 표시 대상 중 수입하는 농수산물이나 농수산물 가공품(국내에서 가공한 가공품은 제외한다.)에 한정한다.

② ①에 따른 조사 시 필요한 경우 해당 영업장, 보관창고, 사무실 등에 출입하여 농수산물이나 그 가공품 등에 대하여 확인 · 조사 등을 할 수 있으며 영업과 관련된 장부나 서류의 열람을 할 수 있다.

③ ①이나 ②에 따른 수거 · 조사 · 열람을 하는 때에는 원산지의 표시대상 농수산물이나 그 가공품을 판매하거나 가공하는 자 또는 조리하여 판매 · 제공하는 자는 정당한 사유 없이 이를 거부 · 방해하거나 기피하여서는 아니 된다.

④ ①이나 ②에 따른 수거 또는 조사를 하는 관계 공무원은 그 권한을 표시하는 증표를 지니고 이를 관계인에게 내보여야 하며, 출입 시 성명 · 출입 시간 · 출입 목적 등이 표시된 문서를 관계인에게 교부하여야 한다.

⑤ 농림축산식품부장관, 해양수산부장관, 관세청장이나 시 · 도지사는 제1항에 따른 수거 · 조사를 하는 경우 업종, 규모, 거래 품목 및 거래 형태 등을 고려하여 매년 인력 · 재원 운영계획을 포함한 자체 계획(이하 이 조에서 "자체 계획"이라 한다)을 수립한 후 그에 따라 실시하여야 한다.

⑥ 농림축산식품부장관, 해양수산부장관, 관세청장이나 시 · 도지사는 제1항에 따른 수거 · 조사를 실시한 경우 다음 각 호의 사항에 대하여 평가를 실시하여야 하며 그 결과를 자체 계획에 반영하여야 한다.

㉠ 자체 계획에 따른 추진 실적

㉡ 그 밖에 원산지 표시 등의 조사와 관련하여 평가가 필요한 사항

⑦ ⑥에 따른 평가와 관련된 기준 및 절차에 관한 사항은 대통령령으로 정한다.

(4) 영수증 등의 비치(제8조)

원산지를 표시하여야 하는 자는 축산물가공처리법이나 소 및 쇠고기 이력추적에 관한 법률 등 다른 법률에 따라 발급받은 원산지 등이 기재된 영수증이나 거래명세서 등을 매입일부터 6개월간 비치 · 보관하여야 한다.

(5) 원산지 표시 등의 위반에 대한 처분 등(제9조)

① 농림수산식품부장관이나 시 · 도지사는 표준규격(제5조)이나 농산물우수관리의 인증(제6조)

를 위반한 자에 대하여 다음의 처분을 할 수 있다. 다만, 표준규격(제5조) ③을 위반한 자에 대한 처분은 ㉠에 한한다.

㉠ 표시의 이행 · 변경 · 삭제 등 시정명령

㉡ 위반 농수산물이나 그 가공품의 판매 등 거래행위 금지

② 농림수산식품부장관이나 시 · 도지사는 다음의 자가 농산물우수관리의 인증(제6조)를 위반하여 농수산물이나 그 가공품 등의 원산지 등을 거짓으로 표시함에 따라 처분이 확정된 경우 처분 내용, 해당 영업소와 농수산물 등의 명칭 등 처분과 관련된 사항을 대통령령으로 정하는 바에 따라 농림수산식품부나 시 · 도의 홈페이지에 공표하여야 한다.

㉠ 원산지의 표시를 하도록 한 농수산물이나 그 가공품을 생산 · 가공하여 출하하거나 판매 또는 판매할 목적으로 가공하는 자

㉡ 음식물을 조리하여 판매 · 제공하는 자

③ 처분과 홈페이지 공표의 기준 · 방법 등에 관하여 필요한 사항은 대통령령으로 정한다.

(6) 농수산물의 원산지 표시에 관한 정보제공(제10조)

① 농림축산식품부장관 또는 해양수산부장관은 농수산물의 원산지 표시와 관련된 정보 중 방사성물질이 유출된 국가 또는 지역 등 국민이 알아야 할 필요가 있다고 인정되는 정보에 대하여는 「공공기관의 정보공개에 관한 법률」에서 허용하는 범위에서 이를 국민에게 제공하도록 노력하여야 한다.

② 정보를 제공하는 경우 심의회의 심의를 거칠 수 있다.

③ 농림수산식품부장관은 국민에게 정보를 제공하고자 하는 경우 농산물품질관리법에 따른 농산물안전정보시스템이나 수산물품질관리법에 따른 수산정보시스템을 이용할 수 있다.

03 보칙 – 법 제3장

(1) 명예감시원(제11조)

① 농림축산식품부장관, 해양수산부장관, 시 · 도지사 또는 시장 · 군수 · 구청장은 「농수산물 품질관리법」 제104조의 농수산물 명예감시원에게 농수산물이나 그 가공품의 원산지 표시를 지도 · 홍보 · 계몽하거나 위반사항을 신고하게 할 수 있다.

② 농림축산식품부장관, 해양수산부장관, 시 · 도지사 또는 시장 · 군수 · 구청장은 제1항에 따른 활동에 필요한 경비를 지급할 수 있다.

(2) 포상금(제12조)

① 농림축산식품부장관, 해양수산부장관, 관세청장, 시 · 도지사 또는 시장 · 군수 · 구청장은 제5조 및 제6조를 위반한 자를 주무관청이나 수사기관에 신고하거나 고발한 자에 대하여 대통령령으로 정하는 바에 따라 예산의 범위에서 포상금을 지급할 수 있다.

② 농림축산식품부장관 또는 해양수산부장관은 농수산물 원산지 표시의 활성화를 모범적으로 시행하고 있는 지방자치단체, 개인, 기업 또는 단체에 대하여 우수사례로 발굴하거나 시상할 수 있다.

③ 제2항에 따른 시상의 내용 및 방법 등에 필요한 사항은 농림축산식품부와 해양수산부의 공동부령으로 정한다.

(3) 권한의 위임(제13조)

이 법에 따른 농림축산식품부장관, 해양수산부장관 또는 관세청장의 권한은 그 일부를 대통령령으로 정하는 바에 따라 소속 기관의 장, 관계 행정기관의 장에게 위임 또는 위탁할 수 있다.

04 벌칙 – 법 제4장

(1) 벌칙(제14조)

제6조(거짓 표시 등의 금지) 제1항을 위반한 자는 7년 이하의 징역이나 1억 원 이하의 벌금에 처하거나 이를 병과(併科)할 수 있다.

(2) 벌칙(제16조)

제9조(원산지 표시 등의 위반에 대한 처분 등) 제1항에 따른 처분을 이행하지 아니한 자는 1년 이하의 징역이나 1천만 원 이하의 벌금에 처한다.

(3) 양벌규정(제17조)

법인의 대표자나 법인 또는 개인의 대리인, 사용인, 그 밖의 종업원이 그 법인 또는 개인의 업무에 관하여 제14조 또는 제16조에 해당하는 위반행위를 하면 그 행위자를 벌하는 외에 그 법인이나 개인에게도 해당 조문의 벌금형을 과(科)한다. 다만, 법인 또는 개인이 그 위반행위를 방지하기 위하여 해당 업무에 관하여 상당한 주의와 감독을 게을리 하지 아니한 경우에는 그러하지 아니하다.

(4) 과태료(제18조)

① 다음 각 호의 어느 하나에 해당하는 자에게는 1천만원 이하의 과태료를 부과한다.

㉠ 제5조(원산지 표시)제1항 · 제3항을 위반하여 원산지 표시를 하지 아니한 자

㉡ 제5조제4항에 따른 원산지의 표시방법을 위반한 자

㉢ 제6조(거짓 표시 등의 금지)제4항을 위반하여 임대점포의 임차인 등 운영자가 같은 조 제1항 각 호 또는 제2항 각 호의 어느 하나에 해당하는 행위를 하는 것을 알았거나 알 수 있었음에도 방치한 자

㉣ 제6조제5항을 위반하여 해당 방송 채널 등에 물건 판매중개를 의뢰한 자가 같은 조 제1항 각 호 또는 제2항 각 호의 어느 하나에 해당하는 행위를 하는 것을 알았거나 알 수 있었음에도 방치한 자

ⓜ 제7조제(원산지 표시 등의 조사)3항을 위반하여 수거 · 조사 · 열람을 거부 · 방해하거나 기피한 자

ⓑ 제8조(영수증 등의 비치)를 위반하여 영수증이나 거래명세서 등을 비치 · 보관하지 아니한 자

② 다음 각 호의 어느 하나에 해당하는 자에게는 500만원 이하의 과태료를 부과한다.

㉠ 제9조의2(원산지 표시 위반에 대한 교육)제1항에 따른 교육 이수명령을 이행하지 아니한 자

㉡ 제10조의2(수입 농산물 등의 유통이력 관리)제1항을 위반하여 유통이력을 신고하지 아니하거나 거짓으로 신고한 자

㉢ 제10조의2제2항을 위반하여 유통이력을 장부에 기록하지 아니하거나 보관하지 아니한 자

㉣ 제10조의2제3항을 위반하여 같은 조 제1항에 따른 유통이력 신고의무가 있음을 알리지 아니한 자

㉤ 제10조의3(유통이력관리수입농산물 등의 사후관리)제2항을 위반하여 수거 · 조사 또는 열람을 거부 · 방해 또는 기피한 자

③ ①, ②에 따른 과태료는 대통령령으로 정하는 바에 따라 다음 각 호의 자가 각각 부과 · 징수한다.

㉠ ①, ②-㉠의 과태료 : 농림축산식품부장관, 해양수산부장관, 관세청장, 시 · 도지사 또는 시장 · 군수 · 구청장

㉡ ②-㉡부터 ㉤까지의 과태료 : 농림축산식품부장관

2과목 급식관리, 식품위생, 식품영양관계법규 출제예상문제

01장 개요

1 다음 중 산업체 급식의 목적 중 가장 성질이 다른 것은?

① 기업의 생산성 향상
② 근로자의 영양관리 및 건강 유지
③ 업무의 능률 향상
④ 원만한 인간관계 형성
⑤ 편식 교정

해설
산업체 급식의 목적
- 생산성 향상 및 기업의 이윤 증대
- 급식을 통한 생산성 향상
- 근로자 개인의 영양관리와 건강 유지
- 집단의 원만한 인간관계 유지와 명랑한 직장 분위기 형성

2 다음 중 성격이 다른 형태의 급식은?

① 학교급식
② 병원급식
③ 항공기내 급식
④ 산업체 급식
⑤ 사회복지시설 급식

3 학교급식의 목적으로 옳지 않은 것은?

① 아동의 건전한 심신 발달 도모
② 국민의 식생활 개선에 기여
③ 작업 능률을 통한 생산성 향상
④ 편식 개선
⑤ 올바른 식습관 형성

해설
학교급식의 목적
- 아동의 건전한 심신 발달 도모
- 국민의 식생활 개선에 기여
- 편식 교정
- 올바른 식사 태도와 식습관 형성
- 정부의 식량 정책에 기여

정답 1 ⑤ 2 ③ 3 ③

4 다음 설명 중 병원배선 방식이 아닌 것은?

① 정확한 급식이 어렵다.
② 비용의 낭비가 있다.
③ 식기소독과 보관이 잘 된다.
④ 적온급식이 잘 된다.
⑤ 취사실이 커야 한다.

해설

병동배선 방식
- 중앙취사실에서 병동 단위로 음식을 배분하여 병동취사실에서 환자에게 전달된다.
- 취사실이 작아도 된다.
- 적온급식에 유리하다.
- 정확한 급식이 어렵다.
- 비용의 낭비가 있다.

5 단체급식에 대한 설명 중 잘못된 것은?

① 기숙사, 학교, 병원 등에서 영리를 목적으로 하지 않고 특정 다수인을 대상으로 하여 계속적으로 식사를 공급한다.
② 학교, 병원, 대중식당 등에서 영리를 목적으로 특정 다수인을 대상으로 하여 계속적으로 식사를 공급한다.
③ 급식고객의 건강, 회복, 유지, 증진을 도모한다.
④ 단체의 소속감, 연대감을 통해 정신적 만족을 준다.
⑤ 급식을 통해 영양 확보와 건강증진을 도모한다.

6 국내 단체급식의 현황을 옳게 설명한 것은?

① 초등학교 급식의 위탁률은 점점 증가되고 있다.
② 산업체 급식의 운영 방식은 위탁급식으로 전환되는 추세이다.
③ 급식산업 시장이 점점 상업성과 비상업성의 구분이 명확해진다.
④ 단체급식의 해외 진출이 어려워지고 있다.
⑤ 사회복지시설 급식에서 영양사 취업이 감소하고 있다.

7 단체급식의 가장 기본적인 공동 목적은?

① 급식대상자의 영양 확보를 통한 국민건강 증진
② 휴식처와 만남의 장소를 제공
③ 식생활 교육을 통한 편식 교정
④ 복리후생에 이바지
⑤ 환자의 질병 상태에 따라 적합한 식사를 제공한다.

정답 4 ⑤ 5 ② 6 ② 7 ①

8 병원급식의 특징으로 옳은 것은?

① 다른 급식 유형에 비해 생산성이 높다.
② 조직원들의 인건비 부담이 적다.
③ 1일 3식 제공으로 기기관리 및 작업관리를 따로 하지 않는다.
④ 매 식사마다 식수 및 식사 내용을 확인한다.
⑤ 환자의 기호에 따라 적합한 식사를 제공한다.

해설
병원급식의 특징
- 일반식과 치료식이 함께 제공되므로 다른 급식에 비해 생산성이 낮다.
- 공휴일에도 급식이 이루어져야 하므로 인건비의 부담이 크다.
- 계속되는 입 · 퇴원으로 식수 및 식사 내용을 매시간 확인한다.
- 면역력 약한 환자식이므로 기기 및 기구관리에 세심한 위생관리가 필요하다.

9 단체급식에 대한 설명으로 옳지 않은 것은?

① 총원가에 이익을 가산하여 최종 메뉴 가격을 결정한다.
② 고정메뉴보다 주기 메뉴 또는 변동 메뉴를 주로 사용한다.
③ 영양 개선 및 건강증진을 통한 조직의 목적 달성을 지원한다.
④ 급식대상자의 개별 맞춤 영양 공급이 어렵다.
⑤ 다량 조리를 진행하므로 음식의 안전성, 위생성이 보장되어야 한다.

해설 상업적 외식의 경우 원가에 이익을 가산하여 메뉴를 결정한다.

10 단체급식을 운영주최에 따라 옳게 분류한 것은?

① 직영급식, 위탁급식
② 직영급식, 기업체운영급식
③ 기업자체운영급식, 위탁급식
④ 복리운영급식, 노조관리급식
⑤ 노조관리급식, 병원급식

11 조합식 급식체계에 대한 설명으로 옳은 것은?

① 최소한의 조리가 필요한 급식이다.
② 고객의 다양한 요구에 응대가 용이하다.
③ 계획 생산이 가능하다.
④ 공동조리실에서 조리하여 해당 급식소로 이동한다.
⑤ 조리와 배식이 한 공간에서 이루어진다.

해설 ⑤ 전통적 급식체계 ③ 조리저장식 급식체계 ④ 중앙공급식 급식체계

정답 8 ④ 9 ① 10 ① 11 ①

12 급식시스템 유형 중 편이식 급식제도에 대한 설명으로 옳은 것은?

① 소수의 인력과 시설 설비로써 운영이 가능하다.
② 고도의 조리기술을 필요로 한다.
③ 가공식품을 거의 사용하지 않는다.
④ 조리에서 배식까지 인력이 많이 필요하다.
⑤ 환자의 치료식을 제공하는 데 유용한 급식체계이다.

13 중앙공급식 급식제도에 대한 설명으로 옳지 않은 것은?

① 공동조리장에서 대량의 조리를 생산한다.
② 식재료비가 절감되고 급식소의 공간을 최소화할 수 있다.
③ 급식시설이 없는 소규모 업장에서도 급식 활용할 수 있다.
④ 음식을 미리 조리한 후 냉장 · 냉동 상태로 보관한다.
⑤ 비용절감을 위해 1990년대 초반에 도입되었고 공동조리방식이라고도 한다.

해설

④ 조리저장식 급식체계

14 주말이나 휴일 등의 인력 부족을 해결하기 위한 목적이나 피크타임의 해소를 위해 도입될 수 있는 급식체계는?

① 전통적 급식제도
② 조리저장식 급식제도
③ 편이식 급식제도
④ 조립식 급식제도
⑤ 공동조리장 급식제도

15 급식체계에 대한 설명으로 옳지 않은 것은?

① 전통식 급식체계 – 생선성이 낮고 인건비가 높다.
② 조리저장식 급식체계 – 조리법에 특별한 레시피가 필요하다.
③ 전통식 급식체계 – 생산에서 소비까지의 시간이 가장 빠른 급식체계
④ 중앙공급식 급식체계 – 공동조리장을 두고 다양한 음식을 생산하여 각 급식소로 운반
⑤ 편이식 급식체계 – 음식을 미리 조리한 후 즉각 냉장 · 냉동하여 저장한 후 재가열하여 사용

해설

⑤ : 조리저장식 급식체계
- 조리저장식 급식체계은 음식의 조리과정과 소비가 시간적으로 분리되어 있다.
- 조리저장방법에 따라 조리냉장(cook-chill system), 조리냉동(cook-freeze system), 수비드(soue-vide)로 나눌 수 있다.

정답 12 ① 13 ④ 14 ② 15 ⑤

16 음식재료를 플라스틱 파우치에 진공 포장하여 완전조리 또는 반조리한 후 급속냉각한 후 0~2℃에 보존하는 조리-냉장방식으로 배식 전 재가열하여 제공하는 급식제도는?

① 조리-냉장식 ② 조리-냉동식 ③ 수비방식
④ 노합식 ⑤ 편이식

해설

급식시스템

식품의 구매 형태, 음식을 생산하는 곳과 배식하는 곳, 생산과 배식 사이의 시간, 고객의 수 등에 따라 네 가지 유형으로 나뉜다.

① 전통식 급식체계
② 중앙공급식 급식체계
③ 조리저장식 급식체계 : 조리냉장식 시스템(cook-chill system)은 음식을 생산 후 돌풍 냉각기 등을 이용해 급속 냉각 후 3℃의 냉장 상태로 저장한 후 재가열하여 제공
④ 조합식(편이식) 급식체계
  ㉠ 전처리 과정이 거의 필요하지 않다.
  ㉡ 조리를 최소하여 구입 식품의 행동, 재가열 공정만 필요하다.
  ㉢ 노동과 시간을 절약할 수 있다.

17 조리냉장(cook-chill system) 에 대한 설명으로 옳지 않은 것은?

① 조리저장식 급식체계의 한 방법이다.
② 작업의 피크타임을 해결할 수 있다.
③ 음식의 생산과 소비가 시간적으로 분리되어 있다.
④ 국내에서는 주로 기내식에서 활용되고 있다.
⑤ 급식용 음식 운반을 위한 보온 차량이 필요하다.

18 다음 중 영양사의 직무에 해당되지 않는 것은?

① 종업원에 대한 위생교육 ② 검식, 배식관리
③ 구매식품 검수 및 관리 ④ 급식시설 위생관리
⑤ 음식 준비 및 조리

19 단체급식에서 위탁경영이 증가하는 이유는?

① 피급식자의 기호를 맞출 수 있다.
② 영양사가 급식관리에 전념할 수 있다.
③ 재료비에 이윤을 포함시키지 않아도 된다.
④ 인사, 노사관리 업무를 줄일 수 있다.
⑤ 위생관리가 철저하다.

정답 16 ③ 17 ⑤ 18 ⑤ 19 ④

20 영양사의 업무 중 병원영양사의 특별 수행 업무는?

① 식단 작성 ② 검식, 배식관리 ③ 임상영양치료
④ 작업관리 ⑤ 식재료관리

21 분야별 영양사의 업무가 틀린 것은?

① 병원 – 식사회진, 식사섭취조사
② 산업체 – 급식관리, 학부모 상담 및 학생교육
③ 학교 – 영양 및 식생활 개선에 관한 학생지도와 학부모 상담 및 교육
④ 보건소 – 지역주민의 영양지도 및 상담
⑤ 사회복지 시설 – 재활 능력 증진을 위한 피급식자의 기초식습관 교육 및 식생활지도

해설 산업체 급식의 업무 : 직업병 및 성인병 예방을 위한 교육

22 병원에서 사용하고 있는 중앙배선 방법과 병동배선 방법에 대한 내용으로 옳지 않은 것은?

① 최근 경향은 점차 중앙배선으로 이동하는 추세이다.
② 중앙배선 방법은 노동력 통제가 용이하다.
③ 병동배선을 온도 유지를 위한 운반차의 비치가 필수적이다.
④ 중앙배선 방법은 온도 유지관리를 위한 설비 투자가 많이 소요된다.
⑤ 병동배선 방법은 환자에게 세심한 서비스가 가능하다.

해설

병동배선방식 분산배식 : 주 조리장에서 검수와 조리를 하고 각 병동에서는 상차림, 배선관리, 식기세정이 이루어진다.
• 장점 : 취사실이 크지 않아도 되고 적온급식에 유리하다.
• 단점 : 시설비, 인건비가 많이 필요하다.

23 위탁급식회사에서 급식위탁 절차를 옳게 나열한 것은?

① 위탁의뢰 → 위탁의뢰기관 사전조사 → 제안서 작성 → 현장방문 → 업체별 설명회 → 결과 확인 및 선정
② 제안서 작성 → 위탁의뢰기관 사전조사 → 현장방문 → 업체별 설명회 → 위탁의뢰 → 결과 확인 및 선정
③ 위탁의뢰 → 제안서 작성 → 위탁의뢰기관 사전조사 → 현장방문 → 업체별 설명회 → 결과 확인 및 선정
④ 위탁의뢰 → 현장방문 → 업체별 설명회 → 위탁의뢰기관 사전조사 → 제안서 작성 → 결과 확인 및 선정
⑤ 위탁의뢰 → 위탁의뢰기관 사전조사 → 제안서 작성 → 업체별 설명회 → 결과 확인 및 선정 → 현장방문

정답 20 ③ 21 ② 22 ③ 23 ①

24 **위탁급식시장의 최근 동향이 아닌 것은?**

① 사업영역이 확대되어 간다.
② 업장간 경쟁이 치열해진다.
③ 수의계약에 의한 재계약이 확대된다.
④ 프리미엄 급식제도가 증가한다.
⑤ 고객의 식품에 대한 요구도 및 관심이 증가한다.

25 **위탁급식의 계약방법에 대한 설명 중 옳은 것은?**

① 식단가제는 일정비율의 수수료만 추가된다.
② 관리비제는 식수의 변동이 적고 규모가 큰 사업장에 필수적이다.
③ 관리비제는 급식소에서 사용된 식재료비, 인건비, 경비 등을 청구한다.
④ 식단가제는 중소기업이나 소규모업체에서 많이 사용된다.
⑤ 식단가제는 단가에 식재료비, 인건비, 경비만 포함되고 위탁수수료는 포함되지 않는다.

해설

급식위탁계약 – 식단가제와 관리비제
- 식단가제 : 식사의 단가를 기준으로 계약하는 방법
- 재료비, 인건비, 기타경비, 위탁수수료 포함
- 식수변동이 적고 규모가 큰 사업체 급식에서 활용

26 **1980대 후반 위탁급식이 등장하게 된 요인은 무엇인가?**

① 고객 요구의 다양성과 복리후생 증진
② 급격한 다이어트 식단 요구
③ 서비스산업의 어려움
④ 저단가 식단의 다양성
⑤ 산업의 단순화

27 **직영급식의 장점은?**

① 급식품질의 통제 용이
② 노사문제 해방
③ 경영진의 급식관리 부담 감소
④ 자본투자 유치
⑤ 조리직원 훈련 프로그램의 선진화

28 **우리나라 학교급식법 제정 연도는?**

① 1975년
② 1980년
③ 1981년
④ 1978년
⑤ 1983년

정답 24 ③ 25 ③ 26 ① 27 ① 28 ③

29 영양사의 태도와 업무에 관한 설명으로 틀린 것은?

① 영양사가 담당하는 영양관리 업무란 영양출납, 식단 작성, 분배에 관한 업무를 말한다.
② 병원급식 영양사는 의사의 지시 또는 식사처방서에 따라 식단을 작성하며, 환자의 기호에 적합한 음식 위주로 선택한다.
③ 병원급식 영양사는 수시로 입원환자의 식사섭취 상황, 잔반 등을 조사하고 환자에 대한 영양지도를 행한다.
④ 영양사는 영양, 기호, 경제성을 고려하여 합리적으로 식품을 구입하고자 구매업무를 수행한다.
⑤ 영양사는 조리사의 작업 능률화, 적정한 배치, 작업량의 배분 등에 관해 관계자에게 조언을 한다.

30 직무에서 3면 등가원칙에 해당되는 것은?

① 권한, 책임, 의무
② 권한, 책임, 감동
③ 권한, 통솔, 의무
④ 명령, 책임, 분화
⑤ 위임, 권한, 책임

2장 식단관리

1 식단을 작성할 때 영양량 설정을 위해 고려해야 할 항목이 아닌 것은?

① 노동량
② 나이
③ 기호도
④ 건강 상태
⑤ 성별

2 식단 작성의 순서로 옳은 것은?

① 3식영양량 결정 → 주식, 부식결정 → 식품 섭취량 산출 → 급여영양량 결정
② 급여영양량 결정 → 3식의 영양량 분배 → 주식, 부식 결정 → 식단 작성
③ 3식영양량 결정 → 급여영양량 결정 → 주식, 부식결정 → 식단평가
④ 급여영양량 결정 → 주식, 부식 결정 → 3식의 영양량 분배 → 식품 섭취량 산출
⑤ 3식영양량 결정 → 식단평가 → 주식, 부식결정 → 급여영양량 결정

해설

식단 작성 순서
급여영양량 결정 – 식품 섭취량 산출 – 3식영양량의 분배 결정 – 음식계획 – 식품구성의 결정 – 미량영양소의 보급방법 – 식단 작성 – 식단평가

정답 29 ② 30 ① 2장 1 ③ 2 ②

3 식단에 대한 설명으로 옳은 것은 ?

① 급식 업무의 중심이다.　　② 식습관이 고려된 식생활 설계서
③ 영양사의 업무일지　　④ 작업지시서
⑤ 거래품목 수량 단가 등 매출처와의 거래내용을 기재하는 문서

해설

거래품목 및 수량, 단가등 매출처와의 거래내용을 기재하는 문서는 구매명세서이다.

4 표준레시피를 사용한 식단관리의 장점 중 옳은 것은 ?

㉠ 식단의 일정한 품질 유지, 증진	㉡ 일정한 생산량과 관리용이	㉢ 경제적 손실 감소
㉣ 조리원의 노동 생산성 향상	㉤ 고객만족도 증가	

① ㉠, ㉣　　② ㉡, ㉢, ㉣　　③ ㉠
④ ㉠, ㉡, ㉢, ㉣, ㉤　　⑤ ㉠, ㉡, ㉢, ㉣

해설

표준레시피의 장점
표준레시피는 음식별과 적정힌 재료의 분량 조리방법 등을 나타낸 것으로 적정구매량, 배식량의 기준이 되고 조리작업을 효율화하여 음식의 품질을 일정하게 하여 결국 고객의 만족도를 유지하는 중요한 자료이다.

5 단체급식에서 식단 작성 시 고려되어야 할 사항으로 옳지 않은 것은?

① 급식대상자의 영양필요량　　② 식단의 색과 맛의 조화
③ 계절식품을 최대한 활용한다.　　④ 급식대상자에 합당한 1인 분량 설정
⑤ 단체급식소의 경제적인 예산을 고려한다.

해설

식단 작성 시 고려할 사항
• 급식대상자의 영양필요량
• 식습관과 기호성
• 계절 식품의 사용과 조리 능력
• 급식소의 기기 상황 조리관계자의 노동시간

6 학교급식소 식단의 식품 알레르기 표시 항목에 해당하지 않는 것은?

① 난류　　② 메밀　　③ 우유
④ 갈치　　⑤ 토마토

해설

학교급식의 알레르기 정보
① 난류 ② 우유 ③ 메밀 ④ 땅콩 ⑤ 대두 ⑥ 밀 ⑦ 고등어 ⑧ 게 ⑨ 새우 ⑩ 돼지고기 ⑪ 복숭아 ⑫ 토마토 ⑬ 아황산염 ⑭ 호두 ⑮ 닭고기 ⑯ 쇠고기 ⑰ 오징어 ⑱ 조개류(굴, 전복, 홍합 포함) ⑲ 잣

정답 3 ① 4 ④ 5 ⑤ 6 ④

7 식단표의 기능으로 옳은 것은?

① 조리작성 지시서　② 식품분석 자료　③ 급식대상의 정보서
④ 영양배분표　⑤ 고객의 기호도 분석표

8 식사구성안에 대한 설명으로 옳은 것은?

① 쇠고기의 1인 1회 분량은 가식부율을 기본으로 한다.
② 5개의 식품군으로 구성되어 있다.
③ 쌀밥, 건면, 식빵 100g 은 곡류 300kcal에 해당한다.
④ 콩나물, 시금치나물 1접시는 채소류 100kcal에 해당한다.
⑤ 콩류는 유지 당류에 속한다.

9 식단 작성 시 일반적으로 고려되어야 할 사항으로 옳은 것은?

① 색의 변화와 맛의 조화보다는 경제성을 고려한다.
② 피급식자의 학력을 살펴보아야 한다.
③ 예산에 맞는 소비와 다양한 조리법을 고려한다.
④ 조리원의 기호도에 근거한 균형 잡힌 식단을 작성한다.
⑤ 다양한 식재료대신 조리원 숙련도를 먼저 고려한다.

10 하루 1식을 급식하는 업장의 경우 1일 영양권장기준의 얼마를 공급하는가?

① 1/2　② 1/3　③ 1/4
④ 1/5　⑤ 1/6

11 단체급식에서 부족하기 쉬운 영양소는?

① 단백질과 지방　② 지방과 티아민　③ 단백질과 탄수화물
④ 무기질과 비타민　⑤ 단백질과 무기질

12 식단 작성 시 미량원소를 보충하는 가장 좋은 방법은?

① 칼슘보충을 위해 과일을 충분히 섭취한다.
② 신선한 채소를 활용한다.
③ 정제비타민을 복용한다.
④ 영양소를 강화시킨 식품을 이용한다.
⑤ 영양이 풍부한 어류와 해조류를 이용한다.

정답　7 ①　8 ①　9 ③　10 ②　11 ④　12 ④

13 **식단관리 중 표준 레시피를 이용한 최대 장점은?**

① 배식량 산정이 어렵다.
② 식단이 단조로울 수 있다.
③ 조리원과 관리자의 노동생산성이 증진된다.
④ 경제적 손실의 우려가 있다.
⑤ 고객의 기호 충족이 어렵다.

14 **식단 작성 시 고려해야 할 것으로 옳지 않은 것은?**

① 성인병 예방식단에는 식염을 제한하도록 한다.
② 노인식단 작성 시 단백질을 권장한다.
③ 65세 이상의 남자와 여자는 칼슘 섭취를 권장한다.
④ 성장기 어린이의 식단에는 지방 섭취를 권장한다.
⑤ 스포츠 선수의 식단 작성 시 당질 위주의 식단을 권장한다.

해설 성장기 어린이에게는 칼슘 섭취를 증가시킨다.

15 **식단을 작성할 때 가장 중점을 두어야 하는 것으로 옳은 것은?**

① 기호도를 생각하여 식단 작성
② 급식 대상자에게 균형 있는 영양 제공
③ 색, 맛, 질감 등의 관능적 식단 제공
④ 최소 비용으로 많은 양 제공
⑤ 저렴한 식재료 구매

16 **한국인 영양소 섭취기준의 1인 1회분량으로 옳은 것은?**

① 곡류, 전분류 – 밥 1공기 210g, 300kcal
② 유지 당류 – 콩기름 10g, 45kcal
③ 채소류 – 콩나물 70g, 300kcal
④ 우유, 유제품 – 우유 1컵 200ml, 300kcal
⑤ 육류 – 쇠고기 60g, 15kcal

17 **식사구성안은 무엇을 표시한 것인가?**

① 열량을 계산해 놓은 것
② 영양소요량을 숫자로 표시한 것
③ 열량과 단백질을 계산해 놓은 것
④ 열량과 단백질, 기타영양소를 표시한 것
⑤ 식품군별 대표식품과 섭취 횟수를 제시한 것

정답 13 ③ 14 ④ 15 ② 16 ① 17 ⑤

18 식단 작성 시 권장되는 3대 영양소의 열량 적정비율은?

① 탄수화물 40~60%, 지질 15~30%, 단백질 7~30%
② 탄수화물 50~60%, 지질 10~25%, 단백질 7~40%
③ 탄수화물 55~65%, 지질 15~30%, 단백질 7~20%
④ 탄수화물 45~75%, 지질 15~20%, 단백질 7~50%
⑤ 탄수화물 55~66%, 지질 15~35%, 단백질 7~30%

19 한국인 영양소 섭취기준 중 건강한 사람이 필요로 하는 필요량의 중앙값으로 과학적 근거가 충분한 경우에 설정되는 값은?

① 평균필요량 ② 권장섭취량 ③ 충분섭취량
④ 하한섭취량 ⑤ 상한섭취량

20 일반적인 아침, 점심, 저녁의 영양소 배분 비율은?

① 1:1:1 ② 1:2:1 ③ 1:2:3
④ 1:3:1 ⑤ 2:1.5:1.5

21 단체급식소의 식단 작성 시 고려할 사항이 아닌 것은?

① 급식대상자의 식습관 ② 급식대상자의 영양섭취 기준
③ 발주량 ④ 균형 있는 식품구성
⑤ 조리방법

22 학교급식의 영양관리 기준이 아닌 것은?

① 영양관리기준은 한끼 기준량을 제시한 것이다.
② 영양관리기준은 계절별로 연속 5일씩 1인당 평균 영양공급량을 평가한다.
③ Vit A, Vit B, Vit C, 칼슘, 철은 권장섭취량 이상으로 공급하는 것이 원칙이다.
④ 에너지는 영양관리 기준 에너지의 ±10%로 한다.
⑤ 탄수화물 45~75%, 지질 15~20%, 단백질 7~50%

23 노인식단 작성 시 유의할 사항은?

① 생선, 두부 등의 단백질 권장 ② 개인의 기호도를 최대한 반영
③ 칼슘의 섭취를 여성 200mg/1일 ④ 입맛을 살린 장아찌류 제공
⑤ 열량 증가를 위한 지방의 섭취 권장

해설 노인을 위한 식단 작성
성인병의 원인이 되는 지방 섭취를 자제하고 칼슘을 65세 이상 여성 800mg/1일, 남성700mg/1일을 권장하고 소화가 잘되는 음식과 양질의 단백질 식품을 제공한다.

정답 18 ③ 19 ① 20 ① 21 ③ 22 ⑤ 23 ①

24 학교급식 식단의 알레르기 표시항목이 아닌 것은?

① 땅콩 ② 토마토 ③ 대두
④ 꽁치 ⑤ 새우

25 급식담당자가 작성하며, 급식활동의 중심기능이 되고, 관리 및 통제의 도구이며, 급식작업 후 실시보고서로서 보존하는 도구는?

① 표준레시피 ② 식단표 ③ 작업일지
④ 식권 ⑤ 장표

해설

식단표의 기능
- 급식활동의 중심기능이며, 모든 조작의 기본, 급식업무계획표, 급식홍보물
- 급식담당자가 작성하여 관리자의 승인을 얻어 실시하고 급식완료 후 보고서의 기능으로 보존

26 식단 작성 시 최우선 고려해야 할 사항은?

① 연령, 성별, 건강 상태, 신체활동 ② 영양, 기호도, 시설 설비, 경제력
③ 연령, 성별, 기호도, 경제력 ④ 연령, 성별, 노동강도, 기호도
⑤ 영양, 기호도, 시설 설비, 기구

해설

식단 작성 시 최우선으로 고려해야 할 사항은 성별, 연령, 신장, 체중, 신체활동, 건강 상태 등으로 대상 집단의 특성을 파악해야 한다.

27 식단평가의 기준이 되는 것은?

① 고칼로리식단 ② 음식의 영양적 가치
③ 식재료의 가치 ④ 사용된 조미료의 양
⑤ 100인 기준량

28 학교급식의 식재료비의 비율은?

① 40~50% ② 50~60%
③ 60~70% ④ 30~40%
⑤ 80~100%

해설

식재료비의 비율
학교, 병원, 산업체 등 단체급식 60~70%, 군대급식 90~100%

정답 24 ④ 25 ② 26 ① 27 ② 28 ③

29 순환 메뉴에 대한 설명으로 옳은 것은?

① 급식대상자가 자주 바뀌는 곳에는 부적합
② 월별, 계절별 일정한 주기에 따라 반복
③ 순환 주기가 짧을수록 고객의 만족 극대화
④ 식자재 수급상황에 대처가 용이
⑤ 계획적이고 능률적인 작업이 어렵다.

해설

순환 메뉴는 주기 메뉴라고 하고 월별, 계절별 일정한 주기에 따라 반복되며 메뉴의 주기가 짧으면 고객의 불만이 커질 수 있다. 병원급식처럼 급식대상자가 자주 바뀌는 곳에 적합하다.

30 마케팅적 접근에 의한 메뉴의 인기도와 수익성을 평가하는 기법은?

① 메뉴엔지니어링 ② 기호도조사 ③ 잔반량조사
④ 고객만족도 조사 ⑤ 식당이용자설문조사

3장 구매관리

1 단체급식소의 구매 절차로 옳은 것은?

가. 필요한 품목과 수량 결정	나. 구입 필요성 확인
다. 가격 확인과 발주	라. 공급원 설정
마. 기록과 파일(file)의 보관	바. 검수 및 물품 수령
사. 입고	

① 나 – 가 – 라 – 다 – 바 – 사 –마
② 가 – 나 – 라 – 다 – 바 – 사 –마
③ 나 – 다 – 라 – 가 – 바 – 사 –마
④ 다 – 가 – 라 – 나 – 사 – 바 –마
⑤ 라 – 가 – 나 – 다 – 마 – 사 –바

2 구매관리에 대한 설명으로 가장 옳은 것은?

① 소비자에게 적당한 공매 처리
② 식생활 개선과 건강 유지
③ 계절식품을 다량 섭취하여 영양섭취 충족
④ 양질의 식품의 경제적 구입
⑤ 식품의 수급조절

정답 29 ② 30 ① 3장 1 ① 2 ④

3 **식품구매 시 고려해야 할 사항이 아닌 것은?**

① 제철식품으로 저렴하고 영양가가 높은가를 고려한다.
② 폐기부분이 적고 가식부율이 높은가를 고려한다.
③ 계절식품의 이용, 창고의 저장 조건을 고려한다.
④ 표준식단, 급식인원을 파악한 후 발주량을 계산한다.
⑤ 저렴한 가격이라면 물품 모두 구매할 수 있는가를 고려한다.

4 **구매 절차 진행에 따라 사용되는 장표의 순서로 옳은 것은?**

① 구매청구서 – 발주서 – 견적조회서 – 납품서
② 구매청구서 – 견적조회서 – 발주서 – 납품서
③ 발주서 – 구매청구서 – 견적조회서 – 납품서
④ 발주서 – 견적조회서 – 구매청구서 – 납품서
⑤ 견적조회서 – 구매청구서 – 발주서 – 납품서

5 **다음은 무엇에 대한 설명인가?**

• 대량 수요자로서 도매시장 거래 품목을 정기적으로 구입하는 자 • 시장개설자들에게 등록하여 승인을 받은 후 지정 도매인이 행하는 경매에 참가하여 상품을 사들이는 전문 소매상 • 대규모 수용자로서 중매인과 같이 소비자측의 이익을 담당

① 중매인 ② 지정 도매인 ③ 매매참가인
④ 도매시장 개설자 ⑤ 소매상

6 **식품재료 구입 시 고려해야 할 사항이 아닌 것은 ?**

① 계절식품으로 저렴하고 영양가가 풍부한 식품 ② 용도에 적합한 식품
③ 가식부 적은 식품 ④ 품질이 좋은 식품
⑤ 좋은 식품을 저렴하게 구입할 수 있는 유통체계

7 **식품 구입을 결정하기 위한 요소로 옳은 것은?**

가. 구입가능성	나. 편이성	다. 가격	라. 관능적 성질	마. 브랜드업체

① 가, 나.다, 마 ② 가, 다, 라 ③ 나, 라
④ 가, 마, 라 ⑤ 가, 나, 다, 라

정답 3 ⑤ 4 ② 5 ③ 6 ③ 7 ⑤

8 식품공급업자 선정 시 유의할 점으로 옳은 것은?

① 소규모 업체일 경우 공개경쟁 입찰로 업체선정한다.
② 업계 전문지나 업체 명부에 의해 공급자 리스트를 작성하는 것은 좋지 못하다.
③ 교통시설의 발달로 지리적위치는 크게 문제되지 않는다.
④ 거래처의 경영규모나 기술 수준은 중요한 고려 사항이 되지 못한다.
⑤ 공급업자의 선정은 기술수준, 신용상태 등 주관적 자료에 의해 이루어져야 한다.

해설

식품 공급업자 선정 시 주의점
- 객관적인 사실에 의해 선정하고 너무 먼 거리는 원활한 공급이 어렵다.
- 보관 가능한 쌀, 공산품류는 1년 단위, 채소, 과일 등 신선식품은 짧은 주기로 업자를 선정한다.
- 공급업자 리스트 작성 시에는 거래 실적, 영업사원과 면담, 카탈로그, 업계 명부, 광고원 등을 참고한다.

9 구매시장조사 원칙 중 시장의 상황 변동과 정책 변화에 따른 유연한 대응이 필요한 것은?

① 비용경쟁성의 원칙 ② 조사적시성의 원칙 ③ 조사일반성의 원칙
④ 조사탄력성의 원칙 ⑤ 조사정확성의 원칙

10 전국적으로 여러 개의 업장을 소유하고 있는 위탁급식의 경우에 가장 적합한 구매유형은?

① 독립구매 ② 중앙구매 ③ 창고클럽구매
④ 공동구매 ⑤ 단독구매

해설

- 독립구매(분산구매, 현장구매) : 부서별로 필요한 물품을 독립적으로 구매하는 방식
- 중앙구매(집중구매) : 여러 부서의 필요 물품을 본사 구매팀에서 집중 구매하는 방식
  - 구매비용이 절감되지만 긴급 시에 비능률적
- 창고클럽구매 : 직접 창고에 진열된 물품을 선택하여 구매하는 방식
- 공동구매 : 소유주가 다른 급식소에서 함께 구매하는 방식

11 중앙구매의 장점으로 옳지 않은 것은?

① 구매가격 인하 ② 비용의 절감 ③ 일관된 구매 방침 확립
④ 공급력 개선 ⑤ 구매 절차 간단

12 분산구매의 장점으로 옳은 것은?

① 저렴한 단가 ② 비용의 절감 ③ 독립적 구매 가능
④ 품질관리의 용이 ⑤ 구매력의 향상

정답 8 ④ 9 ④ 10 ② 11 ⑤ 12 ③

13 **수의 계약에 의해 식재료를 구입했을 때의 장점으로 옳은 것은?**

① 계약 절차가 복잡하다.
② 구매 절차 상의 시간이나 경비가 절약된다.
③ 상대방의 사정을 알 수 있어 유리한 거래가 가능하다.
④ 계약에 공정성을 기할 수 있다.
⑤ 숨은 업자를 발견하기 쉽다.

14 **구매계약에서 경쟁입찰의 장점으로 옳은 것은?**

① 긴급을 요하는 식품의 구입에 유리하다.
② 절차가 공정하고 경제성 확보가 가능하다.
③ 경비가 절약되고 절차가 간편하다.
④ 자본, 신용, 경험 등이 불충분한 업자가 응찰할 수있다.
⑤ 업자의 단합으로 낙찰이 어려울때가 있다.

해설 일반경쟁입찰

일정기간동안 일반인에게 널리 공고하여 응찰자를 모집하고 입찰하여 타당한 입찰 가격을 제시한 업체를 낙찰자로 정한다.

- 장점 : 경제적, 행정이 용이하다. 절차가 객관적이고 공정하며 새로운 신규 업자 발굴이 가능하다.
- 단점 : 행정비가 많이 든다. 수속이 복잡하고 업자들간의 담합으로 낙찰이 어려울 때가 있다.

15 **구매명세서에 대한 설명 중 옳지 않은 것은?**

① 제품명, 등급, 단위중량, 포장단위당 개수를 기록한다.
② 가능한 한 자세하게 기록하고 새로운 상품명을 기록한다.
③ 구매부문, 납품업자, 검사부문에서 사용한다.
④ 가능한 현실적으로 작성한다.
⑤ 납품 물품의 양이 적을 경우는 번거롭고 비경제적이다.

16 **식품구매 시 공급자와 구매자 간의 원활한 의사소통을 위해 구매관리자가 식품에 관한 정보를 공급자 측에 송부하는 서식은?**

① 구매요청서　　② 구매명세서　　③ 발주서
④ 납품서　　⑤ 구매표

17 **식품구매명세서에 포함되지 않는 내용은?**

① 품질등급　　② 발주량　　③ 일반적으로 통용되는 상품명
④ 포장 단위 및 용량　　⑤ 크기나 형태

정답 13 ② 14 ② 15 ② 16 ② 17 ②

해설 구매명세서

구매명세서의 내용은 물품 또는 서비스의 용도 및 요구 사항, 물품, 또는 서비스에 대한 정확한 명칭, 상품명, 품질 등급, 크기, 형태, 폐기율, 포장규격, 포장단위, 포장재질, 가공공정, 저장방법, 숙성 정도 등에 대한 제품 정보를 간단명료하게 작성한 것으로 새로운 상품명보다 일반적으로 통용되는 상품명을 기재한다. 구매부문, 납품업자, 검사부분의 3자가 사용하는 명세서는 동일해야 한다.

18 구입하려는 제품의 품질과 특성에 관해 기록한 것으로 품질 및 원가통제의 기준이 되고 공급업자와의 의사소통에 필요한 서류는?

① 구매청구서 ② 구매명세서 ③ 발주서
④ 거래명세서 ⑤ 납품서

19 구매요구서에 대한 설명으로 옳지 않은 것은?

① 물품 사용부서에서 작성한다.
② 구매부서에 송부된다.
③ 총3부를 작성하여 구매부서로 보낸다.
④ 정본은 구매부서에 보낸다.
⑤ 부본은 요구부문에서 보관한다.

20 식품구매량을 결정하는 필요 요인이 아닌 것은?

① 1인분량 ② 급식인원 ③ 재고량
④ 가식부율 ⑤ 급식소규모

21 식품구매수량을 결정하기 위해 필요한 사항으로 옳지 않은 것은?

① 폐기율 ② 전체 식수인원 ③ 식품 재고량
④ 계절 요인 ⑤ 1인분량

22 발주량 산출방법이 옳은 것은?

① (1인분당 중량 ÷ 가식부율) × 예상식수
② 1인분당 중량 × 출고계수 × 100 × 예상식수
③ (1인분당 중량 ÷ 폐기율 × 100) × 예상식수
④ [1인분당 중량 ÷ (100 − 폐기율)] × 100 × 예상식수
⑤ 1인분당 중량 × 가식부율 × 예상식수

정답 18 ① 19 ③ 20 ⑤ 21 ④ 22 ④

23 급식인원이 100명인 단체급식소에서 오징어볶음을 하려고 한다. 오징어의 1인분 급식 분량은 120g, 이 가지의 폐기율이 25%일 때 발주량은?

① 10kg ② 16kg ③ 2.0kg
④ 1.6kg ⑤ 35kg

해설 발주량
- 폐기량이 없는 식품 : 1인분당 중량 × 예상식수
- 폐기량이 있는 식품 : [1인분당 중량 ÷ (100 − 폐기율)] × 100 × 예상식수
  1인분당 중량 × 출고계수 × 예상식수

24 식재료를 검수할 때 공급자로부터 반드시 받아야 할 서류로 옳은 것은?

① 공급자 재고량표 ② 발주표 ③ 거래명세서
④ 구매요구서 ⑤ 구매명세서

해설 거래명세서
납품서, 송장(invoice)라고 하며 거래처에서 물품 납품 내역을 적어 납품 시에 함께 가져오는 양식

25 거래명세서에 대한 설명으로 옳지 않은 것은?

① 업자의 급식소에서 공급한 물품의 명세서와 대금에 대해 기록한 문서이다.
② 검수한 물건의 품질이 구매명세서와 다를 때 작성한다.
③ 송장 또는 납품서라고도 한다.
④ 거래처에 납품 내용을 적어 함께 송부된다.
⑤ 물품명, 수량, 단가, 공급가액, 총액, 공급업자명 등이 기재되어 있는 서식

26 전수검사법에 대한 설명으로 옳은 것은?

① 대량 구입인 경우 부분적으로 검사하는 방법
② 불량품 및 납품된 물품검사 방법
③ 시간과 비용을 절약할 수 있다.
④ 납품된 물품을 통계처리 판정하는 방법
⑤ 납품된 물품을 전부 검사하는 방법

27 다음 중 전수검사가 필요한 경우로 옳은 것은?

① 파괴검사일 경우 ② 검사 항목이 많은 경우
③ 식품 등 위생과 관계되는 경우 ④ 신뢰감을 높이고자 하는 경우
⑤ 생산자에게 품질 향상 의욕을 자극하고자 하는 경우

정답 23 ② 24 ③ 25 ② 26 ⑤ 27 ③

28 **발췌검사법에 대한 설명으로 옳지 않은 것은?**

① 검사항목이 많을 경우 실시한다.
② 납품된 물품 중 일부를 골라 조사하는 것이다.
③ 대량 구입 품목의 검사에 사용한다.
④ 검사비용 및 시간을 절약하고자 할 경우 실시한다.
⑤ 검사 항목을 간략하게 하기 위한 방법이다.

29 **한 끼에 50식을 제공하는 소규모 급식소에서 특식으로 제공되는 자연산 송이버섯의 올바른 검사 방법은?**

① 발췌검사법 ② 부분검사법 ③ 전수검사법
④ 미량검사법 ⑤ 무작위검사법

30 **정기발주에 관한 설명 중 옳지 않은 것은?**

① 고가의 물품이어서 재고 부담이 크다.
② 정기발주방식
③ 조달에 시간이 오래 걸린다.
④ 정기실사방식이라고도 한다.
⑤ 일정한 발주 시기에 부정량 발주하는 방법이다.

31 **검수 시 잘못된 물품의 반품 처리에 대한 방법으로 옳지 않은 것은?**

① 공급자의 허락을 얻는다.
② 물품을 즉각적으로 반환한다.
③ 송장에 물품반환 사유를 기록한다.
④ 필요 시 관리자에게 식단 변경을 요청한다.
⑤ 반품 사유가 기록된 반품서를 작성한다.

32 **식품감별의 목적은?**

① 식품에 대한 지식을 고취하여 영양식 섭취를 위해서이다.
② 식재료의 선도와 위생 상태를 판정하기 위해서이다.
③ 지역적 특산물 육성을 위해서이다.
④ 각 식품군에 대한 영양성분을 파악하기 위해서이다.
⑤ 계절식품을 선별하기 위해서이다.

정답 28 ⑤ 29 ③ 30 ② 31 ① 32 ②

33 **식품감별에 대한 설명으로 옳은 것은?**

① 쌀은 수분이 10% 이하로 잘 마른 것이 좋다.
② 과일류의 감별은 관능검사를 이용하는 것이 가장 적합하다.
③ 새우젓 중 맛이나 품질면에서 최상인 것은 오젓이다.
④ 쇠고기 육질은 회백색이 좋은 품질이다.
⑤ 달걀은 광택과 기공이 있어야 한다.

해설
식품감별법
- 쌀은 수분이 15~16%로 잘 마르고 쌀알이 고르고 투명하고 경도가 높은 것
- 새우젓 중 최상은 육젓이고 쇠고기는 선홍색이 나는 것이 좋다.
- 달걀은 표면이 꺼칠꺼칠하고 광택이 없는 것이 좋다.

34 **급식소에서 식품 품질을 판단하기 위해 많이 이용되는 검사는?**

① 화학적 검사
② 미생물적 검사
③ 생화학적 검사
④ 관능적 검사
⑤ 물리적 검사

35 **신선한 어패류의 설명으로 옳지 않은 것은?**

① 건어물은 건조도가 좋고 이상한 냄새가 없는 것이 좋다.
② 조개류는 껍질이 두껍고 입이 굳게 닫혀져 있는 것이 좋다.
③ 생선류는 외형이 확실하고 선명한 것이 좋다.
④ 생선류는 손으로 눌렀을 때 탄력성 있고, 비늘과 껍질이 밀착되어 있는 것이 좋다.
⑤ 생선류는 눈이 투명하고 아가미가 선홍색인 것이 좋다.

36 **어류의 감별법으로 옳지 않은 것은?**

① 갈치 – 은분이 벗겨지지 않은 것으로 살에 탄력이 있는 것이 좋다.
② 고등어 – 등에 특유한 청흑색의 반점이 있고 중간 것일수록 맛이 좋다.
③ 삼치 – 등이 회청색이고 윤기와 탄력이 있는 것으로 겨울에 맛이 좋다.
④ 조개 – 껍질이 두껍고 손으로 만질 때 입이 벌어져 있는 것이 좋다.
⑤ 조기 – 비늘이 은빛이고 산란 직전의 암컷이 맛이 좋다.

정답 33 ② 34 ④ 35 ② 36 ④

37 **발주량을 결정할 때 고려해야 할 사항으로 거리가 먼 것은?**

① 창고의 저장능력
② 재고량
③ 식품의 포장상태와 포장단위
④ 식품재료의 형태
⑤ 피급식자의 기호성

38 **검수담당자의 업무로 옳지 않은 것은?**

① 물품의 중량과 개수가 주문서대로 납품되었는가 확인한다.
② 납품한 물품의 품질과 신선도 상태를 판정한다.
③ 잘못된 물품이나 신선하지 못한 물품은 되돌려 보내고 이에 대해 기록한다.
④ 물품수령 후 전표를 작성하여 검수인을 찍고 회계부서에 송부한다.
⑤ 거래명세서에 따라 대금지불을 청구한다.

39 **좋은 난류에 대한 설명으로 옳지 않은 것은?**

① 표면이 꺼칠꺼칠하고 광택이 없는 것
② 햇볕에 비추거나 검란기에 비추었을 때 환한 것
③ 흔들어 보아 소리가 나지 않는 것
④ 깨어 보았을 때 난황계수가 높은 것
⑤ 난각의 색깔이 누런 것

40 **식품감별법 중 많이 이용되는 관능적 검사 방법에 이용되는 것은?**

① 비중, 맛, 냄새, 당도
② 외관, 색, 당도, 중량
③ 외관, 중량, 산도, 맛, 냄새
④ 정도, 당도, 비중, 중량
⑤ 외관, 색, 광택, 맛, 냄새

41 **식재료의 저장 중 물품을 품목, 규격, 특성별로 분류하여 사용 빈도 순으로 보관하는 저장관리의 원칙으로 옳은 것은?**

① 품질보전의 원칙
② 분류저장의 원칙
③ 저장위치 표시의 원칙
④ 공간 활용의 원칙
⑤ 선입선출의 원칙

해설

식재료 저장관리의 원칙
- 품질보전의 원칙 : 저장기분(온도, 습도), 유통기한 준수
- 분류저장의 원칙 : 물품을 품목, 규격, 특성별로 분류하여 사용 빈도 순으로 보관하는 것
- 저장위치 표시의 원칙 : 물품배치표 부착
- 공간활용의 원칙 : 효율적인 저장 운반을 위한 공간 활용
- 선입선출의 원칙 : 먼저 입고된 물품을 먼저 출고하는 것

정답 37 ⑤ 38 ⑤ 39 ⑤ 40 ⑤ 41 ②

42 재고회전율이 표준보다 낮을 때 나타나는 현상을 설명한 것이 아닌 것은?

① 고가로 물품을 긴급히 구매할 경우가 생긴다.
② 식품이 부정 유출될 가능성이 있다.
③ 자본이 동결되므로 이익이 감소한다.
④ 심리적으로 식품의 낭비가 많아진다.
⑤ 재고가 사용되지 않고 많이 남아 있는 상태를 말한다.

43 구매유형에 대한 설명으로 옳지 않은 것은?

① 독립구매는 구매 절차가 신속 · 간단하나 구매단가가 높아지는 단점이 있다.
② 중앙구매는 단가 절약과 구매기록 관리가 용이하고, 절차가 간단하며 신속하여 능률적이다.
③ 공동구매는 구매단가의 절약이 장점이나 물품 통일의 제약이 있다.
④ 창고형 할인매장 구매는 소규모 급식소가 창고형 매장에서 물품을 구매하는 방식으로 구매가 용이하다.
⑤ 일괄위탁 구매는 소량의 다양한 상품의 매매를 대행기관에 위탁하는 방식이다.

44 홈페이지 등에 공고하여 응찰을 받아 낙찰받은 업체와 계약하는 것으로 품질과 가격이 좋은 제품을 다량 구매하는 계약 방법은?

① 일반경쟁입찰 ② 지명경쟁입찰 ③ 수의계약
④ 제한경쟁입찰 ⑤ 지정업체 단일견적 방식

45 단체급식소에서 많이 사용되는 방법으로, 최근 구입한 단가를 재고가로 계산하는 간단한 방법으로 가장 널리 사용되는 것은?

① 총평균법 ② 선입선출법 ③ 후입선출법
④ 최종구매가법 ⑤ 실구매가법

46 재고자산 평가방법으로 가장 오래된 식품의 단가가 마감 재고액에 반영되는 방법은?

① 실제구매가법 ② 총평균법 ③ 선입선출법
④ 후입선출법 ⑤ 최종구매가법

47 재고가를 낮게 책정하여 세금의 혜택을 보기 위한 재고 자산평가방법은?

① 실제구매가법 ② 총평균법 ③ 선입선출법
④ 후입선출법 ⑤ 최종구매가법

정답 42 ① 43 ② 44 ① 45 ④ 46 ④ 47 ④

48 재고자산 평가방법 중 잘못 설명된 것은?

① 실제구매가법 : 재고 품목들을 실제구매된 가격으로 재고가를 산출하는 방법
② 총평균법 : 평균 구입단가를 이용하여 재고가를 산출하는 방법
③ 선입선출법 : 물가상승기(인플레이션)에 재고를 낮추기 위해 사용되는 방법
④ 후입선출법 : 최근 구입한 물품부터 사용한 것으로 기록하는 방법
⑤ 최종구매가법 : 최근 구입한 단가를 재고가로 계산하는 방법

해설

선입선출법 가격책정은 최근 구입단가를 먼저 적용하고, 물가 인상시 재고가를 높게 평가하기위해 사용되는 방법이다.

49 급식 품질경영에 해당하지 않는 것은?

① 종합적품질경영(TQM) ② 6시그마 ③ ISO시리즈
④ HACCP ⑤ MBO

해설

MBO(목표관리기법)은 조직관리기법이다.

50 정기발주방법에 대한 설명으로 옳을 것은?

① 발주점에 이르면 일정량을 발주하게 된다.
② 경제적 발주량을 산출하여 사용한다.
③ 항상 일정량의 재고를 유지하고자 할 때 이 방법을 사용한다.
④ 일정한 시기마다 부정량을 발주하게 된다.
⑤ 가격이 저렴한 제품의 경우 사용한다.

51 급식업체에서 정량발주를 하는 경우로 적합한 것은?

① 조달 시간이 오래 걸릴 경우 ② 항상 수요가 있는 경우
③ 가격이 비싼 경우 ④ 재고 부담이 큰 경우
⑤ 수요예측이 가능한 경우

52 다음 중 발주업무에 대한 설명으로 옳지 않은 것은?

① 비저장식품은 저장비용이 증가하므로 사용일 하루 전에 발주한다.
② 저장식품은 적정재고를 보유하도록 한다.
③ 가격이 싸고 조달하기 쉽고 재고 부담이 적은 것은 정량발주를 하는 것이 좋다.
④ 발주서는 판매업자, 구매부서, 회계부서의 세 곳에서 보관하고 있어야 한다.
⑤ 발주서에는 재료명, 수량, 납품업체, 납품일시와 장소를 기록하도록 한다.

정답 48 ③ 49 ⑤ 50 ④ 51 ② 52 ①

53 **검수업무에 필요한 설비 및 기기의 조건으로 옳지 않은 것은?**

① 300lux 밝기의 조명시설 ② 저울, 간이 작업대, 온도계 등의 도구
③ 안정성이 보장된 장소 ④ 청소가 쉬운 곳
⑤ 물건이동이 가능한 충분한 넓이

해설
검수실 조명시설 : 540lux 밝기

54 **A 급식소의 5월 1일 된장 재고량이 10통이고, 5월 31일 재고량이 8통이었다. 5월 한달 동안 18통의 된장을 사용하였다면 재고회전률은 어떻게 되는가?**

① 1회 ② 2회 ③ 3회
④ 4회 ⑤ 5회

해설
- 재고회전율 = 총매출원가(식품비) / 평균재고액
- 평균재고액 = (월초재고 + 월말재고) / 2

55 **계속적으로 사용되는 물품이나 재고량이 일정한 양에 도달했을 때 자동적으로 구입하는 구매방법은?**

① 집중구매 ② 장기계약구매 ③ 정량구매
④ 시장구매 ⑤ 당용구매

56 **재고관리 방법 중에서 물품의 입고와 출고량, 수량을 계속적으로 기록하는 방법은?**

① 영구재고 시스템 ② 실사재고 시스템 ③ 선입선출 시스템
④ 후입선출 시스템 ⑤ 적정재고 시스템

57 **주기적으로 창고에 보유하고 있는 물품을 확인하여 기록하는 방법은?**

① 영구재고 시스템 ② 실사재고 시스템 ③ 선입선출 시스템
④ 후입선출 시스템 ⑤ 적정재고 시스템

58 **재고관리 기법 중 ABC관리 방식에 대한 설명으로 옳지 않은 것은?**

① A형 품목 - 육류, 주류
② A형 품목 - 전체 재고량의 20~40%, 재고가의 15~20% 차지
③ B형 품목 - 과일, 야채
④ C형 품목 - 밀가루, 설탕, 조미료
⑤ C형 품목 - 전체 재고량의 40~60%, 재고가의 5~10% 차지

정답 53 ① 54 ② 55 ③ 56 ① 57 ② 58 ②

해설 ABC 재고관리방식
② A형 품목 – 전체 재고량의 10~20% 재고가의 70~80% 차지. 육류, 주류
③ B형 품목 – 전체 재고량의 20–40%, 재고가의 15~20% 차지. 과일, 야채
④ C형 품목 – 전체 재고량의 40~60% 재고가의 5~10% 차지. 밀가루, 설탕, 조미료

59 **효율적인 저장관리를 위한 올바른 방법이 아닌 것은?**

① 저장 공간은 넓을수록 좋다.
② 저장소에 보관된 물품의 위치를 표시해야 한다.
③ 식품과 비식품류를 분리하여 저장하도록 한다.
④ 저장소의 구분은 식품의 수분함량 정도에 따라 나눠진다.
⑤ 저장소는 물품의 품질을 보존할 수 있도록 온도나 습도관리가 필요하다.

60 **식품창고로서 갖추어야 할 조건은?**

① 직사광선을 피하기 위하여 창고 내 벽면은 불투명한 페인트칠을 한다.
② 습기를 제거하고 곰팡이에 의한 피해를 줄이기 위해 내부 온도는 21℃ 이상이어야 한다.
③ 환기는 환경오염을 고려하여 기계 환기보다는 자연환기를 이용하는 것이 좋다.
④ 창고 내의 선반은 효율적 공간관리를 위하여 벽에 붙이는 것이 좋다.
⑤ 설탕, 밀가루 등을 보관할 때에는 선반의 맨 아래쪽에 두는 것이 좋다.

4장 생산 및 작업관리

1 **급식의 수요예측을 시간의 경과에 따른 숫자의 변화로 추세나 경향을 분석하는 방법은?**

① 델파이기법 ② 시계열 분석법 ③ 인과형 예측법
④ 외부의견조사법 ⑤ 최고경영자기법

2 **수요예측 방법에 관한 설명으로 옳지 않은 것은?**

① 이동평균법은 최근 일정 기간 동안의 기록을 평균하여 수요를 예측하는 방법이다.
② 주관적 예측방법은 경험이 많은 전문가의 의견이나 주관적 자료로 기술예측이나 신제품 출시 때 활용된다.
③ 과거의 매출이나 수량 자료로부터 시간적인 추이나 경향을 파악하여 수요를 예측하는 방법은 시계열 분석법이다.
④ 식수 및 영향 요인들 간의 인과 모델을 개발해 수요 예측하는 인과형 예측법이다.
⑤ 가장 최근의 기록에 가중치를 부여하여 미래의 수요를 예측하는 방법으로 단기적인 수요 예측에 많이 사용되는 방법은 가중이동 평균법이다.

해설 ⑤는 지수평활법이다.

정답 59 ① 60 ① 4장 1 ② 2 ⑤

3 **미래의 요구를 예측하기 위해 체계적 방법에 의해 과거의 정보를 이용하는 분석법은?**

① 시계열 분석법 ② 인과형 예측법 ③ 주관적 예측법
④ 수요예측법 ⑤ 지수평활법

해설

수요예측방법

① 시계열분석법: 시간경과에 따른 수자의 변화로 추세, 경향 분석한다.
- 평균이동법 : 최근 일정한 기간의 기록을 평균하여 수요 예측하는 방법
- 지수평활법 : 가장 최근의 기록에 가중치를 부여하여 미래의 수요를 예측하는 방법

② 인과형 예측법 : 외부환경과 내부 조건에 대한 수학적 인과 관계를 나타내는 모델을 만들어 예측하는 방법
③ 주관적 예측법 : 경험이 많은 전문가의 주관적 판단에 의한 방법이다.

4 **개별급식소의 수요예측에는 적절하지 않으나 전체 급식산업의 변화 추세 등을 예측하는 경우에 사용하는 방법은?**

① 델파이기법 ② 이동평균법 ③ 지수평활법
④ 다중회귀 분석법 ⑤ 최고경영자기법

5 **다음 중 직무배분 조사할 때 유의해야 할 사항이 아닌 것 은?**

① 기능이 적절히 이용되고 있는가의 여부
② 고객의 만족도를 파악되었는가의 여부
③ 어떤 직무에 가장 많은 시간과 인원이 필요한가의 여부
④ 작업의 지나치게 세분화되어 있지 않은가의 여부
⑤ 각 개인의 기능을 적절히 이용하는가의 여부

6 **1일 총 500식을 제공하는 급식소에 4명의 조리원이 근무하고 있다. 이 중 3명의 조리원의 작업시간은 오전 8시부터 오후 4시까지이며 1명은 오전 8시부터 12시까지이다. 이 급식소의 생산성(1식에 소요되는 작업시간)은 얼마인가?**

① 1분/식 ② 2분/식 ③ 3분/식
④ 1.5/식 ⑤ 2.5/식

해설 (3명 × 8시간 + 1명 × 4시간) × 60분 / 500식 = 3.3분

7 **국내 급식소의 노동시간당 생산 식수(식/시간)가 가장 많은 곳은?**

① 공동조리방식의 학교급식 ② 단독 조리를 하는 학교급식
③ 단일 메뉴의 산업체 급식 ④ 환자식만 운영하는 병원급식
⑤ 환자식과 직원식을 운영하는 병원급식

정답 3 ④ 4 ① 5 ② 6 ③ 7 ①

8 직원별 출퇴근 시간과 근무 시간대별의 주요담당 업무와 업무 내용을 정확히 기록하여 전체적인 급식생산성을 향상시키기 위해 작성하는 것은?

① 직무표 ② 작업표
③ 작업일정표 ④ 작업공정표
⑤ 생산성 지표

9 작업관리 연구의 목적이 아닌 것은?

① 복리 증진 ② 생산 능률 향상
③ 작업에 대한 책임 소재 구분 ④ 생산 단가 저하
⑤ 작업방법 개선하여 작업 표준 작성

10 시스템 내의 인적 · 물적자원을 얼마나 투입하고 활용하고 있는지 평가하는 지표는?

① 작업공정표 ② 직무배분표 ③ 작업배치표
④ 작업일정표 ⑤ 생산성 지표

11 작업관리의 목적으로 옳은 것은?

① 적정 인원을 배치하고 직무를 최대한 통합한다.
② 작업 개선을 위한 피급식자의 의견을 수렴한다.
③ 인사고과에 반영하기 위해 작업자의 작업능력을 평가한다.
④ 작업의 개선이나 표준작업방법을 개발하여 생산성을 향상한다.
⑤ 표준작업을 수행하기 위해 소요되는 표준시간을 되도록 짧게 설정한다.

12 급식생산성 지표의 산출 시 산출요소는?

① 인력, 식재료 ② 기기, 설비 식수 ③ 비용, 식수
④ 비용, 서빙수 ⑤ 음식, 고객만족

해설

생산성 지표의 기본개념

- 투입 : 인력, 기술, 비용, 자본, 식재료, 기기, 설비
- 산출 : 음식, 고객만족, 종업원의 직무 만족, 재정적 수익성

13 급식생산성 증대 방안과 내용이 다른 것은?

① 자동화 기계의 이용 ② 작업의 단순화 ③ 교육훈련 실시
④ 작업 표준시간 설정 ⑤ 전처리 식품 이용 자제

정답 8 ③ 9 ③ 10 ⑤ 11 ④ 12 ⑤ 13 ⑤

14 다음 중 비용생산성 지표는?

① 규정 근로시간당 식수 ② 노동시간당 식수 ③ 노동시간당 식당량
④ 노동시간당 서빙수 ⑤ 1식당 인건비

해설
- 노동생산성 지표 : 규정 근로시간당 식수, 노동시간당 식수, 1식당 노동시간, 노동시간당 서빙수, 노동시간당 식당량
- 비용생산성 지표 : 1식당 인건비, 1식당 비용

15 다음 중 작업측정 방법이 아닌 것은?

① 시간연구법
② 워크샘플링법
③ PTS(Predetermined Time Standards)법
④ 영구기록법
⑤ 표준자료법

16 통계적 수법을 사용하는 작업측정의 한 방법으로 작업 요소가 하루일과 시간 동안 어느 정도의 비율로 발생되는지를 관측기로 한 비율로 추정하여 시간을 설정하는 방법은?

① PTS법 ② 표준자료법 ③ 시간연구법
④ 실적자료법 ⑤ 워크샘플링법

17 영양사가 급식생산성을 증대하고 작업효율을 개선하기 위해 조리종사자의 능력에 따른 인센티브 제도를 도입하고자 한다. 영양사가 선택한 방안으로 옳은 것은?

① 작업일정의 계획 ② 종업원의 동기 부여
③ 종업원의 교육 · 훈련 실시 ④ 자동화기기 및 전처리식재 사용
⑤ 단순화 및 표준화된 작업공정 개발

18 같은 종류의 작업을 한곳에 집중시키고 기능을 고도화하거나 공정순으로 할당하여 작업을 체계화하도록 계획하는 작업의 원칙은?

① 작업의 전문화 ② 작업의 단순화 ③ 작업의 기계화
④ 작업의 표준화 ⑤ 작업의 자동화

19 조리원의 출퇴근 시간과 근무 시간대별 주요 담당 업무 내용를 정리한 표는 무엇인가?

① 조직도 ② 작업일정표 ③ 작업공정표
④ 직무명세표 ⑤ 직무기술서

정답 14 ⑤ 15 ④ 16 ⑤ 17 ② 18 ① 19 ②

20 작업처리 방법을 만들어 작업방법이나 처리 절차를 일정하게 규격화시키는 것은?

① 작업의 전문화　② 작업의 단순화　③ 작업의 기계화
④ 작업의 표준화　⑤ 작업의 자동화

해설
작업개선의 원칙
전문화, 단순화, 기계화, 표준화, 자동화

21 작업관리의 내용에 대한 설명으로 옳지 않은 것은?

① 방법 연구는 합리적인 작업방법을 결정하기 위함이다.
② 작업의 개선이나 표준작업방법을 개발한다.
③ 표준작업을 수행하기 위해 소요되는 표준시간을 설정한다.
④ 시간연구법, 워크 샘플링은 작업측정의 기법이다.
⑤ 인사고과에 반영하기 위해 작업자의 작업능력을 평가한다.

22 작업관리에 대한 설명으로 옳지 않은 것은?

① 작업개선을 위한 계획을 수립한다.
② 작업과정의 표준을 설정한다.
③ 작업관리는 방법 연구와 작업측정을 주요한 내용으로 다룬다.
④ 작업자의 작업수행능력을 분석하여 인사에 반영한다.
⑤ 작업자의 활동 과정을 시간을 매체로 분석하고 생산공정을 분석한다.

23 작업관리에 대한 설명으로 옳은 것은?

① 작업관리의 목표는 고객만족도 향상이다.
② 작업관리기법에는 방법 연구와 공정분석이 있다.
③ 작업관리는 인사고과를 위해 인적 · 물적자원의 이용을 최대한 추구한다.
④ 작업관리는 비용 낭비를 최소화함과 동시에 고객만족을 증대시킨다.
⑤ 작업관리는 경영목적 달성을 위하여 최소한의 시간, 노력, 경비를 사용하여 좋은 제품과 서비스를 생산하도록 한다.

24 작업을 기본요소로 분할한 후 스톱워치 등을 이용하여 작업에 소요되는 시간을 측정, 기록하는 방법으로 작업에 필요한 시간, 작업을 위한 대기 시간, 낭비적인 시간들을 발견하고 개선하기 위해 사용되는 방법은?

① PTS법　② 방법 연구　③ 시간연구법
④ 실적기록법　⑤ 워크샘플링법

정답 20 ④ 21 ⑤ 22 ④ 23 ⑤ 24 ③

25 **작업측정에서 워크 샘플링(Work sampling) 방법의 특성으로 옳은 것은?**

① 과거의 자료를 분석하여 작업에 영향을 미치는 요인과 작업을 위한 정미시간 사이에 함수시간을 조출한 후 필요한 표준시간을 산정한다.
② 간헐적이고 무작위적이며 순간적인 관찰을 통해 일정 시간 동안에 작업별 소요 시간 비율을 산정한다.
③ 작업에 기본이 되는 동작단위에 소요되는 시간을 측정하여 특정 직무에 소요되는 전체 작업시간을 합산한다.
④ 일곱 개의 기본이 되는 작업 요소를 조합하여 더 큰 복합요소를 개발하는 방법이다.
⑤ 지속적인 관찰을 통해 순 작업시간, 지연시간에 대한 비율을 산정한다.

26 **작업자의 동작을 관측하여 불필요한 동작을 제거하고 반드시 필요한 동작만으로 작업방법을 개선하고자 하는 동작연구기법을 개발한 사람은?**

① 간트　② 길브레스　③ 포드
④ 테일러　⑤ 티펫

27 **작업에 대한 직무배분표를 바르게 설명한 것은?**

① 개인의 기능을 적절히 이용하고 있는지를 기술한 것
② 개인의 능력, 노력의 정도를 설명한 것
③ 개인의 작업분담 현황을 알기 쉽게 기록한 것
④ 개인의 직무 수행 정도를 기록한 것
⑤ 개인의 기능을 이용하여 작업시간을 기술한 것

28 **급식소의 수요를 예측하는 방법 중 주관적 예측법에 속하는 것은?**

① 지수평활법　② 선형회귀분석법　③ 다중회귀분석법
④ 가중이동평균법　⑤ 델파이기법

29 **A급식소의 1월에서 5월까지의 식수를 참고하여 3개월 간의 단순이동 평균법으로 다가올 6월의 식수를 옳게 예측한 것은?**

월	1월	2월	3월	4월	5월	6월
식수	1,000	1,200	1,150	1,050	1,100	

① 1,100명　② 1,110명　③ 1,117명
④ 1,120명　⑤ 1,125명

해설 이동평균법 : (1,150 + 1,050 + 1,100) / 3

정답 25 ② 26 ② 27 ③ 28 ⑤ 29 ①

30 B급식소의 1월의 판매식수가 900식, 예측식수가 1,000이다. 지수평활법을 이용하여 2월의 식수를 옳게 예측한 것은?(평활계수 α = 0.1)

① 990명　② 1,020명　③ 1,025명
④ 1,030명　⑤ 1,035명

해설
(0.1 × 900) + (0.9 × 1,000) = 990명

31 대량조리법의 구분이 다르게 연결된 것은 ?

① 물 – 끓이기, 데치기　② 물 – 끓이기, 찌기
③ 기름 – 볶기, 튀기기　④ 기름 – 구이, 볶기
⑤ 공기 – 구이

32 대량조리의 특징으로 옳지 않은 것은?

① 수작업보다는 조리기기를 활용하여 한정된 시간 내에 조리과정을 완료해야 한다.
② 음식의 맛과 질감의 저하가 급속히 진행되므로 조리법에 제약이 따른다.
③ 음식의 관능적 · 미생물적 품질관리를 위해 조리시간과 온도통제가 필요하다.
④ 작업일정에 따른 계획적인 생산 통제가 필요하다.
⑤ 대량조리 관리자는 정확한 생산량 산출을 위해 주관적 판단에 의존한다.

33 표준조리 레시피의 장점이 아닌 것은?

① 재료의 재고량 조절의 어려움
② 조리원 교육의 용이성
③ 음식의 양과 질의 동일성
④ 조리종사자의 생산성 향상
⑤ 과잉생산에 의한 식재료 낭비를 방지

34 단체급식소에서 조리과정을 표준화하는 이유는?

① 조리원들의 작업 분담을 고르게 배분하기 위함이다.
② 음식의 섭취량과 잔식량을 쉽게 파악하기 위함이다.
③ 음식의 맛과 질을 일정한 수준으로 유지하기 위함이다.
④ 계절 식품을 이용하여 영양소 섭취량을 최대로 유지하기 위함이다.
⑤ 조리에 소요되는 시간을 예측함으로써 배식시간을 맞추기 위함이다.

정답　30 ①　31 ④　32 ⑤　33 ①　34 ③

35 **표준레시피를 이용하여 음식을 만들어 고객에게 제공하였는데 고객들의 평가점수가 낮았다. 해결 방안으로 가장 옳은 것은?**

① 식비단가를 올린다.
② 식단 등 용기를 바꾼다.
③ 타급식소의 표준레시피를 적용한다.
④ 조리종사원을 다른 사람으로 바꾼다.
⑤ 급식소의 상황에 맞게 표준레시피를 다시 개발한다.

36 **식품을 대량조리할 때 가장 주의할 점은?**

① 가열조리 후 모든 음식은 냉각한다.
② 조리한 음식을 식힐 때에는 냉풍기를 이용하여 급랭시킨다.
③ 냉동가공식품은 상온해동 방법으로 튀긴다.
④ 계란후라이는 한꺼번에 미리 무쳐 둔다.
⑤ 조리 후 배식이 끝날 때까지 시간을 2시간 이내로 한다.

37 **보존식에 대한 설명 중 다른 것은?**

① 식중독 사고에 대비하여 원인 규명을 위한 검체용이다.
② 배식직전 보존식 전용 용기에 냉동보관한다.
③ 100g씩 담아 144시간 보관한다.
④ 식중독, 전염병의 사고의 원인 규명을 위해 검사용으로 남겨 둔 음식
⑤ 배식 전 조리된 음식의 맛, 질감, 조리 상태, 위생 등을 평가하기 위한 음식

38 **검식의 목적으로 옳은 것은?**

① 배식 전 조리된 음식의 맛과 질 검사
② 조리하는 과정에서 음식의 양과 질을 검사
③ 식단을 작성할 때 음식의 조화를 미리 확인하는 것
④ 식재료의 수량, 품질, 위생 상태를 확인하는 것
⑤ 식중독 사고에 대비하여 제공된 음식을 냉장보관하기 위한 것

해설
급식관리자가 배식하기전에 음식의 맛 질감, 조리 상태, 위생 등 종합적으로 평가한 후 검식일지에 기록한다.

39 **단체급식에서 조리를 한번에 조리하지 않고 배식 시간에 맞게 일정량씩 나누어 조리하는 방식은?**

① 대량조리
② 교차조리
③ 소량조리
④ 분산조리
⑤ 만능조리

정답 35 ⑤ 36 ⑤ 37 ⑤ 38 ① 39 ④

40 **조리기기 중 복사와 적외선에 의해 생선이나 육류를 단시간에 구울 수 있는 기기는 ?**

① 취반기 ② 절단기 ③ 박피기
④ 브로일러 ⑤ 슬라이서

해설 조리기기
- 취반기 : 밥을 짓는 기기
- 절단기 : 식품을 일정한 모양으로 썰어 주는 기기
- 박피기 : 감자, 당근, 무 등 구근류의 껍질을 단시간 내에 벗겨내므로 노동력이 절감되고 손실이 적으며 구조가 간단한 기기
- 슬라이서 : 육류나 햄을 일정한 두께로 썰어 주는 기기

41 **대량조리 시 건열조리법으로 옳은 것은?**

① 찌개 ② 삶기 ③ 튀기기
④ 끓이기 ⑤ 데치기

해설 습열조리 : 찌기, 삶기, 끓이기, 데치기

42 **조리작업 효율화를 위한 설비의 유의점으로 옳은 것은?**

① 불필요한 기둥이나 벽은 부수기 어려우므로 그대로 두고 대형기기의 배치나 설치에 주의한다.
② 조리종사원은 일정한 방향으로 작업이 무리없이 진행되도록 동선을 계획한다.
③ 배식원의 경우 조리작업 공간으로 자유롭게 들어오도록 동선을 계획한다.
④ 조리대는 조리작업에만 활용할 수 있도록 수납 설비를 설치하는 것을 피한다.
⑤ 작업공간이 협소한 경우에는 조리공간이 다른 작업의 통로로 이용되도록 한다.

5장 위생 · 안전관리

1 **다수의 사람을 대상으로 식사를 제공하는 단체급식소 위생관리의 궁극적인 목적은?**

① 직원의 건강 증진 ② 조리사의 건강 증진 ③ 식중독의 발생 방지
④ 조리장 작업환경 개선 ⑤ 해충의 구제와 방역

2 **식품의 다량 조리 시 주의 사항으로 옳지 않은 것은?**

① 최대한 일찍 조리완료를 해 놓고 배식시간을 기다린다.
② 가능한 가열한 요리를 제공한다.
③ 해동한 식품은 재냉동하지 않는다.
④ 완성된 음식은 반드시 뚜껑을 덮어 둔다.
⑤ 통조림, 가공식품 등은 제조일 확인 후 사용한다.

정답 40 ④ 41 ③ 42 ② 5장 1 ③ 2 ①

3 배식 시 지켜야 할 위생수칙으로 옳지 않은 것은?

① 가열조리 음식은 내부까지 충분히 가열하여 제공한다.
② 조리된 음식은 냉장고, 온장고를 사용하여 온도를 유지한다.
③ 조리한 음식이라도 일단 식혀 냉장고에 보관한 것은 하루 정도 두어 사용해도 무방하다.
④ 두부는 삶은 후 차게 공급한다.
⑤ 생선회나 날 음식은 제공하지 않는다.

4 작업구역의 분리에 대한 설명으로 옳지 않은 것은?

① 검수구역 – 청결구역
② 전처리구역 – 일반구역
③ 조리구역 – 청결구역
④ 배선구역 – 청결구역
⑤ 식기보관구역 – 청결구역

해설
- 일반작업구역 : 검수구역, 전처리구역, 식재료 저장구역, 세정구역
- 청결작업구역 : 조리구역(비가열 처리작업), 배선구역, 식기보관구역, 식품 절임구역, 가열처리구역

5 비잠재적 위험식품(Non-PHF)에 속하는 것은?

① 닭고기
② 다진 마늘
③ 익힌 감자
④ 우유 및 유제품
⑤ 딸기잼

6 잠재적 위해식품에 대한 설명으로 옳은 것은?

① 실온보관 식품
② 단백질 함량이 높으며, 중성 또는 알카리성 식품
③ 수분함량(Aw 0.85 이상)이 높은 식품
④ 껍질이 손상되지 않은 냉각 상태의 완숙달걀과 같은 식품
⑤ 독소 생성을 일으킬 수 있으므로 시간과 온도를 통제할 필요가 있는 식품

7 작업장의 위생관리 조건으로 옳지 않은 것은?

① 건조창고의 선반은 바닥에 붙인다.
② 검수실에는 조도가 높은 조명시설을 한다.
③ 1차 처리된 식품을 보관하는 냉장시설이 근접해 있어야 한다.
④ 일반구역과 청결구역으로 구분한다.
⑤ 싱크는 생선용과 채소용으로 구분한다.

해설
건조창고의 선반은 바닥에서 15cm 정도 떨어져야 한다.

정답 3 ③ 4 ① 5 ⑤ 6 ⑤ 7 ①

8 식기기구의 소독방법 중 가장 간단히 할 수 있는 것은?

① 자비 소독 ② 약물 소독 ③ 증기 소독
④ 자외선 소독 ⑤ 건열 소독

9 행주의 미생물 살균에 가장 좋은 소독법은?

① 자비 소독 ② 약물 소독 ③ 증기 소독
④ 자외선 소독 ⑤ 건열 소독

10 식기, 조리기구의 소독 방법으로 알맞은 것은?

① 자비 소독 ② 약물 소독 ③ 증기 소독
④ 자외선 소독 ⑤ 건열 소독

11 다음 중 교차오염에 대한 설명으로 옳지 않은 것은?

① 칼, 도마, 집게의 기구나 용기는 각각 구분하여 사용한다.
② 세척용기는 어류, 육류, 채소로 구분하여 사용한다.
③ 일반작업구역과 청결작업구역으로 분리한다.
④ 바닥서 60cm 이상의 높이에서 작업한다.
⑤ 조리된 식품은 냉장고에 전처리된 식품과 함께 보관한다.

12 자외선 살균등의 특징으로 옳은 것은?

① 모든 균종에 대해 유효하지 않다.
② 같은 세균에 대해서도 조도, 습도, 거리에 따라 살균효과는 현저히 다르다.
③ 자외선은 공기, 물질 등을 투과한다.
④ 피조사물에 조사 후 변화를 남긴다.
⑤ 자외선등은 항상 켜 놓아야 한다.

13 식중독의 발생 예방을 위해 단체급식소에서 해야 할 가장 중요한 관리 항목은?

① 잠재적 위해식품에 대한 온도 · 시간관리
② 조리장의 청결 유지
③ 신뢰할 수 있는 식품 공급업자 선정
④ 낙후된 시설 개선
⑤ 급식대상자에 대한 위생교육

정답 8 ① 9 ① 10 ⑤ 11 ⑤ 12 ② 13 ①

14 역성비누의 특성이 아닌 것은?

① 독성이 적고 투명 ② 살균력이 강력한 소독용 비누
③ 무색투명하다. ④ 세척력이 강하다.
⑤ 손과 식기 소독에 적합하다.

15 생채소의 살균에 사용되는 소독제로 적합한 것은?

① 차아염소산나트륨액 ② 역성비누 ③ 중성세제
④ 과산화수소액 ⑤ 암모니아수

16 식품 중 미생물 번식에 가장 위험한 온도 범위는?

① 0~30℃ ② 5~40℃ ③ 5~60℃
④ 10~80℃ ⑤ 60~85℃

17 주방에서의 화학소독 내용으로 옳지 않은 것은?

① 생채소 소독에는 100ppm 염소 소독액으로 5분간 침지한다.
② 발판소독에는 100ppm 염소 소독액을 사용한다.
③ 요오드용액은 pH 5 이하, 24℃ 이상 소독한다.
④ 70% 에틸알코올 소독은 손, 용기에 분무 후 건조한다.
⑤ 식품 접촉 기구 및 용기 표면 소독은 50ppm 염소 소독액을 사용한다.

해설

식품 접촉 기구 및 용기 표면 소독은 200ppm 염소 소독액을 사용한다.

18 생채소를 씻는 중성세제의 농도는 몇% 정도가 적당한가?

① 0.01~0.05% ② 0.05~0.1% ③ 0.15~0.25%
④ 0.3~0.4% ⑤ 0.4~0.5%

19 소독에 관련한 내용으로 옳은 것은?

① 손소독은 100% 에탄올과 음성비누를 이용한다.
② 역성비누는 생채소의 살균에 이용된다.
③ 행주는 열탕 소독하여 자연 건조시킨다.
④ 자외선 소독기 컵을 보관 할 때는 잘 겹쳐 쌓아야 한다.
⑤ 자외선 소독은 모든 균종에 대한 살균이 가능하여 손소독에 이용된다.

정답 14 ④ 15 ① 16 ③ 17 ⑤ 18 ③ 19 ③

20 급식소의 소독방법으로 옳지 않은 것은?

① 행주는 100℃에서 30분 이상 열탕소독한다.
② 도마는 자외선 조사 살균등으로 소독한다.
③ 생채소는 염소 소독제로 소독한다.
④ 손은 중성세제로 소독한다.
⑤ 칼은 세정한 후 열탕 소독한다.

해설
중성세제는 소독력이 없으므로 손의 소독에는 적합하지 않으며 일반적으로 역성비누를 사용한다.

21 조리종사자의 위생관리에 대한 설명으로 옳지 않은 것은?

① 손, 얼굴에 상처나 종기가 있는 자는 조리에 참여시키지 않는다.
② 매일 조리작업 전에 조리종사자의 건강 상태를 체크해야 한다.
③ 발열, 설사, 복통, 구토하는 자는 의사의 진단 후 조리작업에 참여시킨다.
④ 학교급식 종사자의 경우 건강진단은 6개월에 1회 받는다.
⑤ 정기적인 건강진단을 받도록 한다.

해설 증기 소독은 100℃ 15분 이상

22 현재 식품위생법에 정해진 조리종사자의 건강진단 횟수는?

① 매월 1회 ② 매분기 1회 ③ 6개월 1회
④ 1년 1회 ⑤ 수시로

23 조리에 종사할 수 없는 질환으로 옳은 것은?

① 비활동성 결핵 ② 비전염성 간염
③ B형 간염 ④ 제1종 전염병 중 소화기계 전염병
⑤ 만성 소화 불량증

24 냉동했던 식재료를 해동하는 방법으로 옳지 않은 것은?

① 실온에서 해동 ② 냉장고 해동 ③ 유수 해동
④ 전자레인지해동 ⑤ 직접 조리 해동

25 다음 중 위해발생 가능성이 가장 낮은 메뉴는?

① 생굴무생채 ② 감자샐러드 ③ 숙주나물무침
④ 오징어젓갈 ⑤ 갈비탕

정답 20 ④ 21 ③ 22 ④ 23 ④ 24 ① 25 ⑤

26 조리 완료된 식품의 온도와 조리 후 제공 시간은?

① 뜨거운 음식 50℃, 차가운 음식 10℃, 조리 후 제공 2시간 이내
② 뜨거운 음식 65℃, 차가운 음식 5℃, 조리 후 제공 4시간 이내
③ 뜨거운 음식 57℃, 차가운 음식 5℃, 조리 후 제공 2시간 이내
④ 뜨거운 음식 57℃, 차가운 음식 10℃, 조리 후 제공 3시간 이내
⑤ 뜨거운 음식 70℃, 차가운 음식 5℃, 조리 후 제공 3시간 이내

27 식기의 소독방법으로 옳지 않은 것은?

① 증기 소독 : 85℃, 10분 이상
② 열풍소독 : 80℃, 30분 이상
③ 자비 소독 : 100℃, 3분 이상
④ 약품소독 : 역성비누 0.2~1% 농도
⑤ 약품소독 : 차아염소산나트륨액 0.5~1.3% 용액에서 5분간 침지

28 외관적으로 관찰하여 식품 품질을 판단하는 검사로 옳은 것은?

① 화학적 검사
② 미생물적 검사
③ 생화학적 검사
④ 관능적 검사
⑤ 물리적 검사

29 단체급식소의 종사원 중 건강진단 결과에 따라 조리업무를 할 수 없는 사람은?

① 화농성 질환자
② 두통 환자
③ 감기 환자
④ 당뇨병
⑤ 비감염성 결핵

6장 시설 · 설비관리

1 단체급식소에서 신시설 설비 절차로 옳은 것은?

① 기기 및 설비 업체 물색 → 예산 책정 → 전문가 자문 → 평면도 작성 → 기기 및 설비 시공
② 예산 작성 → 설계 의뢰 및 검토 → 전문가 자문 → 기기 및 설비 시공 → 급식시설의 목적 규정
③ 예산 작성 → 전문가의 자문 → 설계 의뢰 및 검토 → 기기 및 설비 시공 → 급식시설의 목적 규정
④ 급식시설의 목적 규정 → 설계 의뢰 및 검토 → 평면도면 작성 → 예산 협의 및 예산 책정 → 기기 및 설비 시공
⑤ 급식시설의 목적 규정 → 전문가의 자문 → 예산 협의 및 예산 책정 → 설계 의뢰 및 검토 → 평면도면 작성 → 기기 및 설비 시공

정답 26 ③ 27 ① 28 ④ 29 ① 6장 1 ⑤

2 단체급식의 위치 조건으로 옳지 않은 것은?

① 식재료의 반입, 폐기물 반출 용이
② 음식의 운반과 배선의 편리성
③ 급수, 배수, 냄새, 연기처리가 용이
④ 밝고 청결하며 통풍이 잘되는 곳
⑤ 음식의 위생적 처리가 용이

해설

단체급식의 시설, 설비 조건

- 음식의 위생적 처리
- 능률적으로 취급할 수 있을 것
- 안전하고 쾌적하게 일할 수 있을 것
- 일정한 시간 내 조리와 배식이 가능할 것

3 조리기기를 선정할 때 가장 먼저 고려해야 할 사항은?

① 조리방법
② 조리기구의 능력
③ 내구성
④ 유지관리의 용이성
⑤ 디자인

4 조리기기의 선정 시 고려 조건으로 옳지 않은 것은?

① 무게
② 성능
③ 내구성
④ 유지관리
⑤ 조리방법

해설

조리기기의 선정 조건

조리방법, 성능, 내구성, 유지관리 용이성, 경제적인 면을 고려한다

5 기기설비의 설치조건으로 옳은 것은?

① 가열기기는 분산 배치한다.
② 동선에 유의하여 기구를 배치한다.
③ 식재료 종류에 따라 기기를 배치한다.
④ 건축 설비는 고가로 하여 작업 능률을 올린다.
⑤ 동선을 넓혀 작업원의 피로도를 감소시킨다.

6 검수공간의 조건으로 옳지 않은 것은?

① 청소가 쉬울 것
② 540Lux 이상의 조도
③ 선반 · 책상 등은 검수공간의 오염 가능성 있으로 철수한다.
④ 외부로부터 식품 운송이 편리해야 한다.
⑤ 검수대의 높이는 60cm로 한다.

정답 2 ⑤ 3 ① 4 ① 5 ② 6 ③

7 **환기설비에 대한 설명으로 옳은 것은?**

① 자연환기는 대류현상을 이용한 것으로 창문을 낮게 설치해야 좋다.
② 자연환기는 겨울보다 여름에 효과적이다.
③ 배기용 환풍기는 알루미늄 합금을 사용한다.
④ 후드의 크기는 열 발생기보다 10cm 이상 넓어야 하며 경사각은 45~50°로 한다.
⑤ 배기용 환풍기의 흡입력은 증기 · 열 · 연기의 발생원 윗부분에 0.25~0.5m3/sec의 흡인력을 가진 것을 설치한다.

해설

① 자연환기
- 실내외 온도 차가 클수록 효과적이다.
- 자연환기는 대류현상을 이용한 것으로 창문을 높게 설치해야 좋다.
- 여름보다 겨울에 효과적이다.

② 송풍기(FAN) : 송풍기는 강제적으로 내, 외부 공기를 교환하는 기기로 배기량이 많은 대규모 급식시설에서 많이 사용한다.
③ 배기용 환풍기(Hood) : 흡입력은 증기, 열, 연기의 발생원 윗부분에 0.25~0.5m3/sec의 흡인력을 가진 것을 설치 후드의 크기는 열 발생기보다 15cm 이상 넓어야 하며 경사각은 30~45°로 한다.

8 **냄새와 증기를 직접 배출시키는 환기시설은?**

① 후드 ② 트렌치 ③ 트랩
④ 카트 ⑤ 스티머

9 **후드(Hood)에 대한 설명으로 옳지 않은 것은?**

① 국소 환기에 해당된다.
② 후드의 크기는 열 발생기구보다 150mm 이상 넓은 것이 좋다.
③ 후드의 경사각은 30~45°가 좋다.
④ 오염원으로부터 멀리 설치해야 효율이 좋다.
⑤ 4방 개방형이 가장 효율적이다.

10 **찌꺼기가 많은 경우에 적합한 수조형 트랩으로 옳지 않은 것은?**

① 관트랩 ② 드럼트랩 ③ 그리스 트랩
④ 실형트랩 ⑤ S자형 트랩

해설 배수의 형식
- 수조형 : 관트랩, 드럼트랩, 그리스 트랩, 실형트랩
- 곡선형 : S, P, U 트랩

정답 7 ⑤ 8 ① 9 ④ 10 ⑤

11 단체급식소에서 기름기 많은 오수제거에 효과적인 트랩은?

① 드럼 트랩 ② S자형 트랩 ③ U자형 트랩
④ P자형 트랩 ⑤ 그리스 트랩

해설 그리스 트랩
하수로 버려지는 기름을 회수하여 하수가 역류하거나 기름이 정화조로 유입되는 것을 방지하기 위하여 실외에 설치한다.

12 트랩(Trap)을 설치하는 이유는?

① 악취, 방충, 방서 ② 더러운 물이 배수구로 직접 흘러들어 가도록
③ 주방바닥의 효과적인 청소 ④ 온수의 공급
⑤ 연기, 증기, 냄새 배출

13 급식용 식기류의 선정 조건으로 고려해야 할 사항이 아닌 것은?

① 내구성 ② 감각성 ③ 위생성
④ 경제성 ⑤ 유연성

14 조리실 내부의 설비로 옳지 않은 것은?

① 조리실 벽은 내구성이 높고 흠이 없어야 한다.
② 조리실 벽은 청소하기 쉬우며 어두운 색이 좋다.
③ 조리실 바닥 재질은 세라믹 타일, 콘크리트, 고무 타일, non-slip 타일 등을 사용한다.
④ 바닥 마무리에는 작업위생면에서 dry system이 많이 사용된다.
⑤ 위험물은 적 · 청 · 황 · 흑색으로 구분하여 사용해야 사고 방지에 도움이 된다.

15 효율적인 조리대 설비에 대하여 옳지 않은 것은?

① 조리대 면적은 작업 시 양손이 최대로 닿을 수 있는 1.8m 길이로 한다.
② 조리대 높이는 팔을 올리지 않고 작업할 수 있는 85~90cm가 적합하다.
③ 조리대 너비는 55cm 정도가 적합하다.
④ 작업면은 내구성이 있는 스테인리스 스틸, 코팅된 목재로 한다.
⑤ 동선은 개개인별 편리한 방향으로 계획한다.

16 다음 중 열효율이 가장 좋은 것은?

① LPG ② 석유 ③ 숯불
④ 연탄 ⑤ 전기

해설 열효율
- 전열 65~70% : 열효율이 가장 높고 냄새나 그을음이 없고 취급이 쉽다.
- 도시가스 60~65%
- LPG 55~65%
- 등유 55~65%

정답 11 ⑤ 12 ① 13 ② 14 ② 15 ⑤ 16 ⑤

17 기기와 그 용도를 연결한 것 중 옳지 않은 것은?

① 필러(Peeler) – 감자나 당근의 껍질을 벗길 때
② 초퍼(Chopper) – 쇠고기 다지기
③ 믹서(Mixer) – 액체를 교반할 때
④ 육절기(Bone saw) – 육류의 뼈를 절단할 때
⑤ 연육기(Meat tenderizer) – 고기를 연하게 만들 때

18 제과와 제빵에 자주 이용되며 고형의 재료를 혼합하는 기계는?

① 슬라이서(Slicer) ② 필러(Peeler) ③ 초퍼(Chopper)
④ 커터(Cutter) ⑤ 믹서(Mixer)

19 예상고객수는 300명, 좌석수는 150석, 1좌석당 면적을 1.5m²로 잡으려 할 때 필요한 식당의 면적은 어느 정도가 적당한가?

① 225m² ② 300m² ③ 375m²
④ 500m² ⑤ 750m²

해설
식당면적 = (총고객수 / 좌석 회전율) × 1 좌석당 바닥면적
좌석회전율 = 이용고객수 / 좌석수

20 1회에 400인을 수용하는 식당의 알맞은 면적은?

① 400m² ② 430m² ③ 440m²
④ 480m² ⑤ 510m²

해설 식당면적은 최소공간의 10%를 가산한다.

21 어느 학교 급식소의 식수가 800명이고, 식당의 좌석수는 300석일 때 이 급식소의 좌석회전율은 얼마인가?

① 1.1 ② 1.4 ③ 1.7
④ 2.0 ⑤ 2.6

22 식당의 식탁배치에 대한 설명 중 옳지 않은 것은?

① 통로의 폭은 1.0~1.5m ② 식탁의 폭은 0.65m 이상
③ 식탁의 사이는 200~250cm ④ 식탁의 높이는 0.7m 내외
⑤ 의자의 간격은 0.6~0.65m

해설 식탁의 사이는 1.2m 이상(등을 댄 좌석을 취하는 경우)

정답 17 ③ 18 ⑤ 19 ① 20 ③ 21 ⑤ 22 ③

23 주방시설 · 설비에 대한 설명으로 옳은 것은?

① 배수구의 구배 – 1/10
② 배수로의 깊이 – 최저 30cm
③ 효율적인 후드의 경사각 – 10~25°
④ 전기콘센트 – 바닥에서부터 1m 이상
⑤ 창의 면적 – 작업장 바닥면적 40~50%

24 급식시설의 실내 바닥마감재의 조건으로 옳지 않은 것은?

① 유지비가 저렴해야 한다.
② 미끄럽지 않고 산, 알칼리, 비눗물에 강해야 한다.
③ 습기와 기름기가 잘 스며들어야 한다.
④ 영구적으로 색상을 유지할 수 있어야 한다.
⑤ 기름이나 오물이 스며들지 않는 재료가 좋다.

25 일반적의 식탁의 높이로 옳은 것은?

① 55cm
② 60cm
③ 70cm
④ 75cm
⑤ 80cm

26 급식소에서 사용하는 싱크의 표준 높이로 옳은 것은?

① 600mm
② 650mm
③ 700mm
④ 750mm
⑤ 800mm

7장 원가 및 정보관리

1 장표의 기능 중 장부의 기능으로 옳은 것은?

① 업무의 현황과 변화를 알 수 있으며 업무 운영관리에 사용된다.
② 거래가 발생될 때마다 작성된다.
③ 이동, 분리하는 성질이 있다.
④ 한 장에 한 가지 사항만 기재하여 그 자체를 그 대상의 상징으로 보고 처리한다.
⑤ 객관적으로 전달되며 구체적으로 관리할 수 있다.

2 사무개선에 대한 설명으로 옳지 않은 것은?

① 다양성, 능률성, 이동성, 분리성
② 능률적인 사무
③ 용이성, 정확성, 신속성, 경제성
④ 현재의 사무처리 상황을 분석 파악
⑤ 사무비용의 적정 유지를 위함

정답 23 ④ 24 ③ 25 ③ 26 ⑤ 7장 1 ① 2 ①

3 **단체급식소에서 장부의 기능으로 옳지 않은 것은?**

① 대상의 변화를 기록하는 기능
② 현재의 관리상태를 나타내는 기능
③ 표준과 비교하여 관리하는 대상을 통제하는 기능
④ 경영의사를 각 담당자에게 전달해 주는 기능
⑤ 언제 어떠한 일이 일어났을지를 알 수 있게 해 주는 기능

4 **장표류의 성질과 기능에 대한 설명이 옳지 않은 것은?**

① 장부는 기록과 현상의 표시, 대상 통제의 기능이 있다.
② 전표의 종류로는 식품수불부, 영양출납부, 검식부, 급식일지 등이 있다.
③ 전표는 이동성과 분리성의 성질을 갖는다.
④ 장부는 고정성과 집합성의 성질을 갖는다.
⑤ 전표는 경영 의사의 전달 기능과 대상의 상징화의 기능을 한다.

5 **장표류 관리 시 유의할 사항으로 옳지 않은 것은?**

① 필요한 자료를 기입할 난이 있어야 한다.
② 장표는 고정성이 있어야 한다.
③ 장표는 누구라도 사용하기 쉽도록 만든다.
④ 해당 사항을 정확하게 기재해야 한다.
⑤ 장표의 종류는 최소한으로 하되 사용 용도에 맞는 것이어야 한다.

6 **급식소의 경비에 해당되는 것은?**

① 식재료비, 급식재료 운반비
② 급료, 보험료
③ 수도광열비, 감가상각비
④ 상여금, 공과금
⑤ 퇴직금, 수도광열비

7 **변동비에 속하는 가장 대표적인 것은?**

① 식품비
② 임대료
③ 관리비
④ 보험료
⑤ 급료

8 **식단의 원가계산 시 재료구입을 위한 종업원의 출장비는 어느 것에 속하는가?**

① 재료비
② 판매비
③ 인건비
④ 경비
⑤ 감가상각비

정답 3 ④ 4 ② 5 ② 6 ③ 7 ① 8 ④

9 **인건비에 속하지 않는 것은?**

① 임금 ② 급료 ③ 상여금, 수당
④ 복리후생비, 퇴직금 ⑤ 보험료

10 **단체급식 예산 중 가장 큰 지출항목은?**

① 광열비 ② 인건비 ③ 비품비
④ 운영비 ⑤ 식품재료비

11 **손익분기점에 대한 설명은?**

① 손익분기점은 판매액과 총비용이 일치되는 지점으로 총비용으로는 고정비용과 유동비용을 동시에 고려해야 한다.
② 손익분기점은 출고액과 판매액이 일치되는 지점으로 총출고가는 고정출고가와 유동출고가로 나누어진다.
③ 손익분기점은 판매액과 생산액이 일치되는 지점으로 총생산액은 고정생산액과 유동생산액으로 나누어진다.
④ 손익분기점은 손해액과 이익액이 일치되는 지점으로 가격 결정이 이루어진다.
⑤ 손익분기점은 손익이 엇갈리는 지점으로 생산원가가 결정되는 지점이다.

12 **손익분기점에 대한 설명으로 옳지 않은 것은?**

① 수익과 비용이 일치하는 점이다.
② 총비용이 총판매액을 상회할 때 손실이 발생한다
③ 매출액이 손익분기점을 상회할 때 이익이 발생한다.
④ 총매출액에서 비용을 뺀 것을 이익이라 한다.
⑤ 자산과 부채 그리고 자본의 대조를 나타낸 것이다.

13 **손익계산서에 대한 설명으로 옳은 것은?**

① 자산과 부채, 그리고 자본의 대조를 나타낸 것이다.
② 일정시점에서의 기업의 재무 상태를 나타낸다.
③ 자산이 어떠한 형태로 얼마만큼 있는지 나타내는 것이다.
④ 수익에는 판매비와 일반관리비가 포함된다.
⑤ 회기 동안의 영업실적에 대한 비교 자료의 기초가 된다.

정답 9 ⑤ 10 ⑤ 11 ① 12 ⑤ 13 ⑤

14 감가상가표에 대한 설명으로 옳은 것은?

① 자산 = 부채 + 자본
② 자산 미래의 경제적 효익
③ 부채는 고정자산의 소모에 의한 가치 감소를 계산하여 자산가격을 감소시켜 나가는 것
④ 자본은 기업자금이 기업에 들어온 원천을 말한다.
⑤ 재고자산은 유동자산의 일부이다.

15 고정비용으로 소모되는 가치의 감소분율을 연도에 따라 계산하여 자산의 가격을 감소시키는 것은?

① 재고회전율 ② 반고정비 ③ 조세공과금
④ 감가상각비 ⑤ 복리후생비 분석

16 원가의 3요소로 옳은 것은?

① 인건비, 재료비, 기타 경비 ② 직접비, 간접비, 반직접비
③ 변동비, 고정비, 반변동비 ④ 간접경비, 제조원가, 일반관리비
⑤ 제조원가, 간접경비, 직접경비

17 원가의 3요소 중 경비에 해당되는 것은?

① 주식비 ② 상여금 ③ 수당
④ 퇴직금 ⑤ 감가상각비

18 원가의 구조에 대한 설명으로 옳은 것은?

① 제조원가는 직접재료비, 직접노무비, 직접 경비로 구성된다.
② 직접원가는 직접재료비와 직접노무비로 구성된다.
③ 제조원가는 직접원가에 일반관리비를 합한 원가이다.
④ 총원가는 제조원가에 일반관리비와 판매경비를 가산한 것이다.
⑤ 판매가격은 직접원가에 제조간접비를 합산하여 결정한다.

19 원가계산의 목적으로 옳지 않은 것은?

① 제품 판매가격 결정
② 재무제표 작성
③ 예산 편성의 기초 자료로 활용하기 위하여
④ 원가 절감 방안 모색
⑤ 경영상의 손실을 제품가격에서 보전하기 위하여

정답 14 ③ 15 ④ 16 ① 17 ⑤ 18 ④ 19 ⑤

20 일정기간 동안 운영 성과를 나타내는 재무제표는?

① 대차대조표 ② 급식운영일지 ③ 손익계산서
④ 제조원가명세서 ⑤ 좌석회전율

21 손익계산서에 대한 설명으로 옳지 않은 것은?

① 영업활동의 경영성과 회계자료로 수익, 비용, 순이익의 관계를 보여 준다.
② 손익계산서의 순이익은 발생한 수익에서 비용을 차감한 것이다.
③ 비용은 수익을 발생시키기 위하여 지출한 비용이다.
④ 수익은 총매출액, 특별이익을 말한다.
⑤ 손익계산서는 일정 시점에서의 기업의 재무 상태를 나타낸다.

22 대차대조표에 대한 설명으로 옳지 않은 것은?

① 일정 시점에서 기업의 재무 상태를 나타낸다.
② 자산 항목에는 자금의 운용 내역을 나타낸다.
③ 부채와 자산의 합이 자본이다.
④ 자산항목은 유동성이 큰 순으로 기입한다.
⑤ 부채항목은 상환기간이 빠른 순으로 기입한다.

해설 자산 = 부채 + 자본

23 S대학교 점심 식단을 4,000원에 판매하고 있다. 이 급식소에서 1일 기준으로 지출되는 고정비가 420,000원, 1식당 변동비가 2,800원일 경우 손익분기점의 판매량은?

① 450식 ② 400식 ③ 350식
④ 300식 ⑤ 250식

해설 손익분기점 매출량 = 고정비 / 단위당 공헌마진
• 단위당 공헌마진 = 판매가 − 변동비
420,000/(4,000−2,800) = 350

24 A급식소의 고정비가 1,000만원, 변동비가 3,500원, 1식 단가가 5,500원일 때 몇 식을 판매해야 손익분기점이 되는가?

① 10,000식 ② 7,000식 ③ 5,000식
④ 3, 333식 ⑤ 2,000식

해설 손익분기점 매출량 = 고정비 / 단위당 공헌마진
단위당 공헌마진 = 판매가 − 변동비

정답 20 ③ 21 ⑤ 22 ③ 23 ③ 24 ③

25 B급식소의 급식비가 5,000원인 급식소에서 1일 고정비가 500,000원, 1식당 변동비가 2,500원이라면 손익분기점에서의 매출량은?

① 200식 ② 250식 ③ 300식
④ 350식 ⑤ 400식

26 C급식소의 1일 고정비가 700,000원, 1식당 변동비 : 2,500원, 1식 급식비는 5,000원 일 때 손익분기점 매출액은 얼마인가?

① 500,000원 ② 1,400,000원
③ 1,500,000원 ④ 1,600,000원
⑤ 2,500,000원

해설
손익분기점 매출액 = 고정비 / 공헌마진비율
공헌마진비율 = 1 − 변동비율 (※ 변동비율 = 변동비 / 가격)
700,000 / (1 − 0.5) = 1,400,000원

27 급식비가 4,000원인 급식소에서 1일 고정비가 500,000원, 1식당 변동비가 2,500원이라면 손익분기점에서의 매출액은?

① 1,000,000원 ② 1,300,000원
③ 1,400,000원 ④ 1,600,000원
⑤ 1,800,000원

28 D 산업체 급식소에서 급식하는 식사의 변동비율은 60%이다. 연간 고정비가 3,200,000원일 경우 손익분기점에서의 판매액은?

① 4,000,000원 ② 5,000,000원
③ 6,000,000원 ④ 7,000,000원
⑤ 8,000,000원

해설
손익분기점 매출액 = 고정비 / 공헌마진비율
공헌마진비율 = 1 − 변동비율

29 S 급식업체의 5월 식재료비 총액은 600,000원이고 5월 초 재고액은 150,000원, 5월 말 재고가액은 200,000원일 때 5월의 재고회전율은?

① 150% ② 230% ③ 260%
④ 340% ⑤ 425%

정답 25 ① 26 ② 27 ② 28 ⑤ 29 ④

해설

평균재고액 = (초기재고액 + 마감재고액) / 2
재고회전률(%) = (그 달의 식품액 / 그 달의 평균 재고액) × 100

30 **원가에 대한 계산법으로 맞는 것은?**

① 기초원가 = 직접재료비 + 직접노무비
② 직접원가 = 직접재료비 + 직접노무비 + 직접경비
③ 제조원가 = 직접재료비 + 판매비
④ 총 원가 = 직업원가 + 제조간접비
⑤ 판매가격 = 제조원가 + 이윤

31 **매출액의 증감과 관계없이 일정하게 발생하는 비용에 해당하는 것은?**

① 급료 ② 수당 ③ 소모품비
④ 식재료비 ⑤ 보험료

해설

고정비는 임대료, 세금, 광고비, 감가상각비, 보험료

32 **식권사용의 장점으로 옳지 않은 것은?**

① 잔반 파악이 쉽다.
② 현금 사용 대신 사용 할 수 있다.
③ 이중급식을 방지할 수 있다.
④ 식수의 집계 파악이 쉽다.
⑤ 선택 식권 사용 시 메뉴에 대한 선호도 평가가 용이하다.

33 **다음 중 사무관리의 개선에 대한 설명으로 옳지 않은 것은?**

① 객관적인 사실보다는 경험자의 주관에 의해 결정한다.
② 합리적인 사무관리를 위해 용이성, 정확성, 신속성, 경제성이 고려되어야 한다.
③ 사무관리가 불합리할 경우 지속적인 사무관리개선이 필요하다.
④ 관리자의 의사전달및 정보관리를 도와주는 역할을 한다.
⑤ 각 업무의 정보를 정확히 인지하고, 업무 기능이 유기적으로 수행되도록 업무의 흐름을 간소화한다.

정답 30 ② 31 ⑤ 32 ① 33 ①

8장 경영관리 – 인작자원관리, 마케팅관리

1 인사관리의 개념으로 옳은 것은?

① 조직원의 잠재적 능력을 최대한 효과적으로 활용하는 것
② 대의 기술로서 좋은 상품을 만들어 이익을 올리는 것
③ 종업원이 보유한 능력에 따라 최대임금을 지불하는 것
④ 종업원들의 기술능력을 발휘하여 효과를 올리는 것
⑤ 종업원의 안전, 보호, 후생 등을 고려하여 인격체를 형성하도록 하는 것

2 인사관리의 발전 단계로 옳은 것은?

① 전제적 관리 → 과학적 관리 → 인간관계론 → 행동과학
② 인간관계론 → 전제적 관리 → 과학적 관리 → 행동과학
③ 과학적 관리 → 인간관계론 → 전제적 관리 → 행동과학
④ 전제적 관리 → 인간관계론 → 과학적 관리 → 행동과학
⑤ 행동과학 → 인간관계론 → 전제적 관리 → 인간관계론

3 인적자원관리의 주요 기능과 세부내용의 연결이 옳지 않은 것은?

① 보상 – 직무 평가, 임금관리
② 확보 – 인력관리, 직무 분석
③ 개발 – 교육, 훈련, 조직문화개발
④ 유지 – 직무설계 모집, 선발
⑤ 유지 – 인사이동, 인사고과, 징계, 안전관리

4 직무명세서에 특히 상세히 기술되는 것은?

① 직무 개요
② 물적 요건
③ 직무 내용
④ 인적 요건
⑤ 직무 요건

5 직무 분석의 목적으로 옳은 것은?

① 임금책정방법 제공
② 합리적인 연공급 결정
③ 임금 결정에 대한 자료 제공
④ 직무기술서, 직무명세서 작성
⑤ 직무의 공정한 임금 구조의 기준 마련

6 인적자원관리의 기초 과정으로 직무를 구성하는 업무의 내용, 직무에 필요한 인적 요건 및 작업 조건 등을 조사 연구하는 것은?

① 직무 분석
② 인사고과
③ 직무 평가
④ 직무 단순화
⑤ 직무 확대

정답 8장 1 ① 2 ① 3 ④ 4 ④ 5 ④ 6 ①

7 직무 분석의 목적이 아닌 것은?

① 임금관리를 위한 기초 자료로 쓰인다.
② 인사계획에 필요한 자료를 제공한다.
③ 직원계획 및 선발을 위한 자료를 제공한다.
④ 기업의 홍보자료로 쓰인다.
⑤ 종업원 교육훈련의 기초 자료로 쓰인다.

8 직무를 수행하는 데 필요한 능력, 기술, 교육 여건, 경험 및 숙련 요건 등 직무에 요구되는 인적 요건을 강조하여 선발의 기초 자료로 사용되는 것은?

① 직무기술서 ② 직무명세서 ③ 직무 분석서
④ 직무배분표 ⑤ 직무 평가서

9 직무명세서에 대한 설명이 아닌 것은?

① 임금관리의 기초로 활용 ② 직무 구성 요건 중 인적 요건 명시
③ 신규 인력 채용 시 사용 ④ 직무 담당자가 갖추어야 할 신체적 특성
⑤ 직무담당자가 갖추어야 할 기술, 능력, 지식 등을 명시

10 종업원이 담당하는 과업의 수와 다양성의 증가를 내용으로 하는 것은?

① 직무순환(Job rataion) ② 직무다양화(Job variety)
③ 직무충실화(Job enrichment) ④ 직무확대화(Job enlargement)
⑤ 직무단순화(Job simplification)

11 경영관리이론 중 과업상여급제와 작업진도도표를 주장한 사람으로 옳은 것은?

① 테일러 ② 칸트 ③ 길브레스
④ 포드 ⑤ 페이욜

12 외부환경을 분석하여 조직이 처해 있는 내부환경을 분석하기 위한 경영관리기법은?

① 벤치마킹 ② 아웃소싱 ③ SWOT 분석
④ 다운사이징 ⑤ TQM

13 인적자원관리 중 유지적 기능에 속하는 것은?

① 인사고과 ② 임금관리 ③ 직무 평가
④ 교육과 훈련 ⑤ 모집과 선발

정답 7 ④ 8 ② 9 ① 10 ④ 11 ② 12 ③ 13 ①

14 인사고과에 대한 설명으로 옳은 것은?

① 사람의 능력, 태도, 적성 및 업적 등 조직에 대한 유용성 관점에서 평가한다.
② 직무 수행에 관계되지 않는 특성도 고과의 대상이다.
③ 사람과 직무와의 관계에서 사람, 직무를 모두 평가한다.
④ 어떤 사람의 현재, 과거의 능력, 실적을 평가한다.
⑤ 구성원의 능력을 주관적으로 평가한다.

15 종업원이 수행하는 개별적 과업의 수를 증가시키고 다양성과 책임감을 부여함으로써 종업원의 직무 성과와 만족을 증대시키고자 하는 직무설계 방법은?

① 직무순환 ② 직무단순화 ③ 직무 평가
④ 직무충실화 ⑤ 직무확대

16 직무 평가의 방법 중 각 직무의 중요도와 장점에 따라 순위를 정해서 평가하는 방법은?

① 서열법 ② 점수법 ③ 분류법
④ 요소비교법 ⑤ 평가척도법

17 직무 평가에 대한 설명이 아닌 것은?

① 기업 내 직무의 상대적 가치 결정
② 합리적인 임금체계를 위한 기초 자료
③ 직무 평가할 때는 기술, 노력, 책임, 작업 조건 등의 요소를 평가
④ 직무기술서와 직무명세서를 기초로 한다
⑤ 직무담당자의 자격 요건 결정

18 내부모집에 속하는 것은?

① 게시광고모집 ② 대중매체를 통한 모집
③ 현직 종업원을 통한 모집 ④ 공공직업소개소를 통한 모집
⑤ 교육기관을 통한 추천 의뢰 모집

19 외부 모집에 대한 설명으로 옳은 것은?

① 모집비용이 절감된다.
② 사기 진작과 동기부여 효과가 있다.
③ 기업에 익숙한 직원을 구할 수 있다.
④ 승진 또는 부서 간의 이동에 의한 모집이다.
⑤ 모집 범위가 넓어 전문적 기술을 요하는 직원을 채용하는 데 적용된다.

정답 14 ① 15 ⑤ 16 ① 17 ⑤ 18 ③ 19 ⑤

20 인사고과의 방법이 아닌것은 ?

① 서열법, 요소비교법
② 요소비교법, 평정척도법
③ 체크리스트법, 서류함기법
④ 강제할당법, 체크리스트법
⑤ 중요사건기록법, 서류함기법

21 인사고과에 사용되는 방법으로 옳지 않은 것은?

① 대조리스트법
② 평가척도법
③ 목표관리법
④ 분류법
⑤ 서열법

해설 직무 평가 방법의 인사고과방법
대조법, 평가척도법, 서열법, 서술법, 주요사건기술법, 행동기준평가법, 강제할당법, 목표관리법 등

22 인사고과 시 피고과자의 전반적인 인상이나 어느 특정한 요소가 다른 고과요소에 영향을 주는 경우는 어떠한 오류에 해당되는가?

① 관대화 경향(Leniency tendency)
② 논리적 오류(Logical error)
③ 현혹효과(Halo effect)
④ 편견(Bias)
⑤ 중심적 경향(Centralization tendency)

23 조직 내에서 문제해결이 요구되는 특정 사례에 대한 상황을 제시하고 피교육자에게 해결책을 모색하도록 한 후 이를 평가하고 피드백을 제공하는 교육훈련방법은?

① 사례법
② 경영 게임
③ 역할 연기
④ 세미나법
⑤ 프로그램 학습

24 강의식 교육방법의 단점에 해당되는 것은?

① 문제해결능력을 기르기 쉽다.
② 수강자는 참여할 기회가 많다.
③ 수강자가 다수일 때 효과적이다.
④ 강의가 길어지면 흥미를 갖게 된다.
⑤ 강사의 교육기법에 따른 교육효과 차이가 적다.

25 인사고과의 방법을 설명한 것으로 옳지 않은 것은?

① 교대서열법, 쌍대비교법은 미리 정해 놓은 비율에 맞추어 할당하는 객관적 평가 방법이다.
② 인사고과는 사실에 입각한 고과를 하도록 할 것
③ 목표관리법은 성과 목표를 협의하여 업무 목표를 결정한 다음 목표 설정에 따른 결과를 상사와 부하가 함께 평가한다.
④ 고과자의 감정 개입이 되지 않도록 할 것
⑤ 피고과자의 과업 사이클에 맞추어 중요과업이 완료되는 시기에 시행할 것

정답 20 ④ 21 ④ 22 ③ 23 ① 24 ③ 25 ①

26 종업원을 작업현장에 배치하여 직무에 종사하면서 숙련된 상사나 지도원 등으로부터 기술을 지도받도록 하는 훈련방법은?

① OJT ② TWI ③ MTP
④ 사례 연구 ⑤ 역할 연기

27 특정사례에 대한 상황제시와 해결책에 대한 평가 후 피드백하는 교육훈련방법은?

① 사례법 ② 경영게임 ③ 역할 연기
④ 감수성 훈련 ⑤ 프로그램 학습

28 직무 평가를 실시하는 가장 궁극적인 목적은?

① 임금의 공정한 결정 ② 고용관리의 공정성
③ 직무기술서 작성의 기초 ④ 직무 분석의 효율성
⑤ 작업 능률의 효율성

29 기본급에 대한 설명이 아닌 것은?

① 임금구성 항목 중 가장 중요
② 연공급은 근속연수의 증가에 비례하여 임금을 산정지급하는 방법이다.
③ 직무급은 동일노동에 동일 임금 원칙으로 임금 결정이다.
④ 직능급은 직무 능력을 기초로 임금을 책정 · 지급하는 방법
⑤ 성과급은 일정기간 이상 근무 후 퇴직한 사람에게 지불되는 부가급이다.

해설
② 연공금 ③ 직무급 ④ 직능급 ⑤ 퇴직금

30 임금 결정에 영향을 주는 외부적 요소가 아닌 것은?

① 국가의 경제 상황 ② 노동조합의 요구
③ 기업의 지급 능력 ④ 정부의 임금 통제
⑤ 동일 산업 내 임금 수준

31 인사고과의 설명으로 옳은 것은?

① 고과기간 동안 사람의 능력, 태도, 적성 및 업적 등을 평가하는 것이다.
② 피고과자와 그가 맡은 직무와의 관계에서 사람과 직무를 모두 평가한다.
③ 피고과자의 현재뿐 아니라 과거 실적과 앞으로 발휘될 능력도 평가한다.
④ 피고과자가 수행하는 직무 정보를 획득하는 과정이다.
⑤ 직무 수행에 관계되지 않아도 피고과자가 지닌 특성은 모두 고과의 대상이다.

정답 26 ① 27 ① 28 ① 29 ⑤ 30 ③ 31 ①

32 직장 내 훈련(OJT)의 주된 내용은?

① 생활양식, 인간관계
② 지식, 작업태도, 인간관계
③ 교양, 인간관계, 기술훈련
④ 환경개선, 기술, 체력증진
⑤ 기술, 지식, 작업태도, 작업관습

33 인사고과 시 잘생긴 사람은 작업도 잘할 것이라 판단할 때 평가자가 범한 오류는?

① 논리 오차
② 관대화 경향
③ 대비 오차
④ 중심화 경향
⑤ 현혹 효과

34 인사고과의 오류인 중심화 경향에 대한 설명은?

① 평가자가 자신의 경험을 기준으로 평가할 때 나타난다.
② 평가점수는 평가 대상자의 실제 점수보다 후하게 나타난다.
③ 평가자가 종사원들을 평균이나 평균 이상의 점수로 평가한다.
④ 평가자가 특정 항목이 다른 항목에 영향를 오류를 말한다
⑤ 여러명의 고과자와 전문가들에 의해 복수 평가를 받을 때 나타난다

35 전직에 관한 설명으로 옳은 것은?

① 책임이 줄어든다.
② 관리 범위가 좁아진다.
③ 조직 내 수평이동이다.
④ 직무 평가의 결과로 이루어진다.
⑤ 인간관계 합리화의 목적이 있다.

36 복리후생에 관계되는 항목이 아닌 것은?

① 주택자금 지원
② 급식비 지원
③ 교육비지원
④ 인센티브 제공
⑤ 의료보험, 산재보험, 고용보험, 연금보험

37 맥그리거의 XY이론 중 X이론에 대한 설명으로 옳은 것은?

① 인간은 원래 일하기를 싫어한다.
② 고차원의 욕구에서 동기부여가 이루어진다.
③ 자아 실현에 노력하는 인간이다.
④ 동기부여가 되면 자기 지시적이고 창의적이 될 수 있다.
⑤ 인간은 원래 일하기를 좋아한다.

정답 32 ⑤ 33 ⑤ 34 ③ 35 ③ 36 ④ 37 ①

38 직원이 갖고 있는 인적사항, 채용정보, 보유 자격 및 기능, 교육훈련, 경력, 인사고과 정보 등을 보관해 두었다가 인력의 채용이 필요할 때 이를 활용하는 방법을 무엇이라고 하는가?

① 사내공모제도 ② 기능재고제도 ③ 직무순환
④ 재소환 ⑤ 배치전환

39 조합원만이 고용될 수 있는 조직을 강화하기위해 적용하고 있는 방법은?

① 오픈숍 ② 유니언숍 ③ 클로즈드숍
④ 에이전시숍 ⑤ 프피퍼런셜숍

40 권한이나 영향력을 거의 사용하지 않고 부하들의 독립성과 행동에 자유를 부여한 리더형은?

① 민주형 ② 온정주의형 ③ 자유형
④ 자유방임형 ⑤ 전제형

41 빠른 의사결정이 요구될 때 신속성을 위한 지도자의 유형은?

① 민주형 리더 ② 온정형 리더 ③ 전제형 리더
④ 참여형 리더 ⑤ 자유방임형 리더

42 과업에 대한 관심이 크며, 주어진 과업의 책임을 부여하고 결과에 대해 통제한 지도자의 특징은?

① 전제적지도자 ② 자유방임적 지도자 ③ 온정형지도자
④ 과업적 지도자 ⑤ 변혁적지도자

43 집단토론을 거치지 않고 전문가들에게 설문지를 보내 익명의 의견을 취합한 후 분석결과를 다시 발송하여 합의점에 도달할 때까지 과정을 반복하는 집단의사결정 방법은?

① 델파이기법 ② 시뮬레이션 ③ 브레인스토밍
④ 명목집단기법 ⑤ 포커스그룹 인터뷰

44 동기 유발에 대한 이론의 설명으로 틀린 것은?

① 매슬로의 욕구계층이론 : 동기는 하위욕구로부터 상위욕구로 진행
② 알더퍼의 ERG 이론 작업동기의 가장 중요한 결정요인은 작업자 개인의 욕구
③ 브룸의 기대이론 : 동기 유발을 위해서는 기재, 수단, 가치가 필요하다.
④ D.mcGregor의 XY이론 : X이론에 의한 인간형이 Y이론에 의한 인간형보다 성숙하고 자율적인 인간상이다.
⑤ 아담의 공정성 이론 : 직무에 대한 투입과 산출의 결과가 공정하지 못하면 직무의 성과에 지장을 준다.

정답 38 ② 39 ③ 40 ④ 41 ③ 42 ④ 43 ① 44 ④

45 피들러의 상황적합이론은 조직의 작업수행 성과는 리더십의 유형과 상황요소에 의해 결정된다고 주장한 것이다. 이에 대한 설명으로 옳은 것은?

① 과업지향적 리더는 LPC 척도가 높다.
② 관계지향적 리더는 업무를 중시한다.
③ 종사자의 성숙수준에 따라 리더의 유형을 변화시킨다.
④ 관계지향적 리더는 중간 정도의 통제 상황에서 성공적이다.
⑤ 직위권력은 구성원이 리더에게 가지고 있는 존경이나 신뢰의 정도를 나타낸다.

46 하향적 의사소통에 속하지 않는 것은?

① 작업지시 ② 주요설명 ③ 편람
④ 보고 ⑤ 지침서 전달

47 의사소통의 유형과 예가 바르게 묶인 것은?

① 하향식 의사소통 – 제안제도 ② 하향식 의사소통 – 업무보고
③ 하향식 의사소통 – 게시판 ④ 상향식 의사소통 – 업무지침 시달
⑤ 상향식 의사소통 – 편람

48 직장에서 열등의식이 많아 퇴사를 결심한 사원에게 동기부여와 잠재능력을 계발하여 보다 나은 자신이 되도록 행동을 변화시키는 리더의 유형은?

① 변혁적 리더십 ② 과업지향적 리더십 ③ 문화적 리더십
④ 비전적 리더십 ⑤ 거래적 리더십

49 허즈버그의 이요인 이론 중 동기부여 요인에 해당하는 것은?

① 동료 ② 감독자 ③ 인정
④ 작업 조건 ⑤ 임금

50 제안제도를 통하여 할 수 있는 것은?

① 작업방법의 개선 ② 종업원의 복지 후생 ③ 종업원의 불만 조사
④ 종업원의 임금 상승 ⑤ 종업원의 상호 이해 증진

51 제안제도는 어디에 해당하는가?

① 자본 참가 ② 이익 참가 ③ 경영 참가
④ 노사 협의 ⑤ 종업원 대표제

정답 45 ④ 46 ④ 47 ③ 48 ① 49 ③ 50 ① 51 ③

52 제안제도의 효과에 대한 설명이 아닌 것은?

① 의사소통 촉진
② 창의력을 개발시킴
③ 자기 직무에 관심이 생김
④ 조직에 대한 신뢰감이 생김
⑤ 노사관계 갈등

53 제안제도를 효과적으로 운영하기 위한 조건으로 옳은 것은?

① 관리자의 권한 강화
② 임금체계의 조성
③ 제안의 의무화
④ 제안에 따른 공정한 보상
⑤ 상벌의 도입

54 지휘에 대한 설명으로 옳지 않은 것은?

① 조직이 크면 지휘의 필요가 줄어들게 된다.
② 조직적 활동을 실시하는 경영관리기능이다.
③ 스스로 의욕적으로 업무를 수행하기도 한다.
④ 순전히 사람만 관련되는 직능으로 경영관리 과정상 중요하다.
⑤ 상급관리자가 하급자에게 명령, 지도, 감독하는 과정을 말한다.

55 경영조직의 원칙 중 한사람의 상위자가 직접 지휘할 수 있는 하위자의 수에 한계가 있다는 원칙은?

① 전문화의 원칙
② 능률하의 원칙
③ 권한 위임의 원칙
④ 명령 일원화의 원칙
⑤ 감독 적정 한계의 원칙

56 인사고과 과정의 일반적인 오류가 아닌 것은?

① 강제 할당
② 현혹 효과
③ 논리 오차
④ 관대화 경향
⑤ 중심화 경향

해설

인사고과의 과정의 일반적인 오류

- 현혹 효과 : 피고과자의 특정한 요소가 다른 고과 요소에 긍정적 영향을 주는 것
- 논리 오차 : 서로의 상관관계가 있는 경우 한 가지 요소의 평가 결과가 다른 요소 평가에 영향을 미치는 현상
- 관대화 경향 : 실제보다 관대하게 평가하는 경향
- 중심화 경향 : 평가의 분포도가 중심에 집중되는 것
- 대비 오차 : 평가 순서에 대한 오류현상으로 우수자 다음에 평가하면 보통 이하의 점수를 주는 현상
- 상동적 태도 : 그가 속한 사회적 집단에 대한 선입관을 기초로 평가가 이루어지는 현상
- 시간적 오류 : 최근의 실적이나 능력으로 평가하려는 오류

정답 52 ⑤ 53 ④ 54 ① 55 ⑤ 56 ①

57 관리자가 조직의 이곳저곳을 돌아다니며 종업원들과 대화를 통하여 원하는 정보를 주고받는 의사소통의 방법은?

① 대각선 의사소통 ② 성과 피드백 ③ 배회관리
④ 주입식 교육 ⑤ 제안제도

58 동일 산업에 종사하는 노동자가 결성하는 것으로 노동조합의 가장 대표적인 형태는?

① 노사 협의체 ② 일반 노동조합
③ 산업별 노동조합 ④ 기업별 노동조합
⑤ 직업별 노동조합

59 다음 중 노동조합의 기능으로 옳은 것은?

① 경제적 기능, 정치적 기능 ② 정치적 기능, 윤리적 기능
③ 공제적 기능, 중재적 기능 ④ 정치적 기능, 조정적 기능
⑤ 공제적 기능, 윤리적 기능

60 가장 오래된 형태의 노동조합이며, 동일 직종에 종사하는 근로자들의 노동조합은?

① 직장 노동조합 ② 일반 노동조합
③ 기업별 노동조합 ④ 산업별 노동조합
⑤ 직업별 노동조합

해설

노동조합의 형태

- 기업별 노동조합 : 동일 기업에 종사하는 노동자에 의해 결성
- 산업별 노동조합 : 동일 산업에 종사하는 노동자가 결성하는 것으로 노동조합의 가장 대표적인 형태
- 직업별 노동조합 : 가장 오래된 형태의 노동조합이며, 동일 직종에 종사하는 근로자의 노동조합
- 일반 노동조합 :직종이나 산업에 관계없이 조직되는 단일 노동조합

61 마케팅믹스에 속하지 않는 것은?

① 제품 ② 가격 ③ 유통
④ 촉진 ⑤ 시장

62 서비스의 특성으로 옳은 것은?

① 무형성 ② 분리성 ③ 동질성
④ 저장성 ⑤ 유형성

정답 57 ③ 58 ③ 59 ① 60 ⑤ 61 ⑤ 62 ①

63 기업이 고객과의 지속적인 관계를 개발 유지 및 향상시켜 나가기 위한 마케팅활동은?

① 디마케팅 ② 사회마케팅 ③ 관계마케팅
④ 감성마케팅 ⑤ 바이럴마케팅

64 마케팅의 기본적 특성이 아닌 것은?

① 무형성 ② 비분리성(동시성) ③ 이질성
④ 소멸성 ⑤ 저장성

65 전체시장을 고객이 원하는 제품이나 마케팅 믹스에 따라 다수의 집단으로 나누는 과정을 무엇이라고 하는가?

① 포지셔닝 ② 시장 세분화 ③ 대체안 평가
④ 표적시장 선정 ⑤ 차별적 마케팅

66 종합적 품질경영의 원칙 3가지는 무엇인가?

① 고객 중심, 공정 개선, 전사적 참여 ② 투입, 변환, 산출
③ 신용, 리더십, 홍보 ④ 고객, 가격, 서비스
⑤ 제품, 가격, 유통

9장 식품위생

1 식품위생의 목적으로 옳지 않은 것은?

① 식품으로 인한 위해 방지 ② 식품을 통한 건강 증진 및 질병 예방
③ 식품의 안전성, 건전성 및 완전성 확보 ④ 근로자의 건강 장해의 방지 및 치료
⑤ 식품영양의 질적 향상 도모

2 식품위생법에 의한 안전한 식품의 정의에 속하지 않는 것은?

① 부패되거나 변질되지 않은 식품
② 유독 또는 유해물질이 함유되어 있지 않은 식품
③ 병원미생물에 의해 오염되지 않은 식품
④ 불결한 것이나 이물이 존재하지 않는 식품
⑤ 비타민, 무기질이 풍부하지 않은 식품

정답 63 ③ 64 ⑤ 65 ② 66 ① 9장 1 ④ 2 ⑤

3 유지의 산패도를 측정하기 위한 변수에 해당하는 것은?

① 산가 ② 검화가 ③ 로단가
④ 요오드가 ⑤ 라이헤르트 - 마이슬가

4 식품의 부패 초기단계에서의 1g당 세균수는 어느 정도인가?

① $1 \sim 10^2$ ② $10^2 \sim 10^3$ ③ $10^4 \sim 10^6$
④ $10^7 \sim 10^8$ ⑤ $10^9 \sim 10^{10}$

5 개인이나 단체가 취할 식품위생의 대책이 아닌 것은?

① 생산시설 위생 대책 ② 위생적인 조리 대책
③ 균형 잡힌 영양 대책 ④ 식품의 변질 방지 대책
⑤ 유통 과정에서의 위생 대책

6 학교급식소의 식기세척기를 통과한 식판에 별도의 소독을 하지 않으려면 온도가 몇 ℃ 이상이어야 하는가?

① 65℃ 이상 ② 71℃ 이상 ③ 76℃ 이상
④ 85℃ 이상 ⑤ 91℃ 이상

7 먹는물의 수질기준으로 옳지 않은 것은?

① 일반세균은 1mL에서 50CFU 이하 ② 대장균군은 100mL에서 불검출
③ pH는 5.8~8.5 ④ 탁도는 1NTU 이하
⑤ 암모니아성 질소는 0.5mg/mL 이하

8 해산어류의 초기부패 판별 시 트리메틸아민 함량 기준은?

① 1~2mg% ② 3~4mg% ③ 6~8mg%
④ 10~20mg% ⑤ 30~40mg%

9 식품위생검사에서 검사식품의 생균수를 측정하는 목적은?

① 조리 가능한 식품인지 파악
② 분변 오염의 여부
③ 위생기준 내에 생균수를 측정하여 위생기준의 적합성 여부
④ 관능의 적합성 여부
⑤ 특정 식중독균에 오염되었는지 여부

정답 3 ① 4 ④ 5 ③ 6 ② 7 ① 8 ② 9 ③

10 식품위생검사에 대한 설명으로 옳지 않은 것은?

① 식품공장은 식품재료 및 완제품의 검사로 충분하다.
② 공급 식품의 안전성을 확보하여 식중독을 사전에 예방하기 위함이다.
③ 문제가 될 수 있는 특정 식중독 세균의 존재 유무 및 오염수준을 확인한다.
④ 위생검사의 목적에 따라 관능검사, 물리화학적 검사, 미생물학적 분석법을 사용한다.
⑤ 총 미생물 수, 특정 미생물의 존재 유무 확인, 지시미생물의 오염수준 등을 결정한다.

해설 식품공정에서는 식품재료 및 완제품 검사뿐만 아니라 대기오염, 각종 기기의 표면오염, 사용용수의 오염 정도에 때한 파악과 관리도 필요하다.

11 다음 식품위생 용어에 대한 설명 중 옳지 않은 것은?

① 고압증기멸균법은 121℃에서 15~20분 가열시켜 살균하는 방법
② 저온살균법은 63~65℃에서 30분 가열 살균하는 방법
③ 멸균(sterilization)이란 오염된 물질을 세척하는 것이다
④ 화염살균법 : 소각 연소에 의한 지류, 목제품, 전염병 사체 등을 살균하는 방법
⑤ 소독(disinfection)은 병원성 미생물을 죽이거나 병원성을 약화시켜 감염력을 없애는 것

12 소독제에 대한 설명으로 옳지 않은 것은?

① 염소산 이온을 생성하여 살균작용을 나타내는 것에는 차아염소산나트륨, 표백분이 있다
② 손 소독에 적합한 양성비누는 세정력은 약하나 모든 세균에 대해 살균력이 강하다.
③ 자외선 살균법은 살균력이 가장 강한 파장인 2,537Å을 사용하여 미생물의 DNA에 작용해 사멸을 시키거나 자주 사용 시 균에 내성을 가져올 수 있다.
④ 세균의 탈수와 응고작용을 하는 에틸알코올은 70%의 농도에서 살균효과가 가장 크다.
⑤ 차아염소산나트륨의 유효염소는 4% 이상 되어야 하며 음료수, 과일, 채소등의 소독에 사용된다.

해설

- 석탄산 : 살균력을 평가하는 기준. 계수가 높을수록 소독효과가 크며 소독 시 3~5% 의 수용액 을 사용한다.
- 양성비누 : 손소독, 세정력 약, 자극성과 독성 약, 바이러스, 진균, 세균(아포, 결핵균 제외)에 대해 살균력이 강하며, 유기물또는 보통비누와 혼용 시 효과가 떨어진다.
- 차아염소산나트륨의 유효염소는 4% 이상 되어야 하며 참깨에는 쓸 수 없다.

13 대장균군 정성시험의 3단계를 순서대로 나열하면?

① 완전시험 – 추정시험 – 확정시험
② 확정시험 – 완전시험 – 추정시험
③ 확정시험 – 추정시험 – 완전시험
④ 추정시험 – 완전시험 – 확정시험
⑤ 추정시험 – 확정시험 – 완전시험

정답 10 ① 11 ③ 12 ② 13 ⑤

14 화학적 소독법에 대한 설명으로 옳은 것은?

① DNA에 손상을 주어 살균효과가 나타난다.
② 에틸알코올의 살균력은 70% 수용액일 때 가장 높다.
③ 역성비누의 살균 효과를 높이려면 일반비누와 함께 사용한다.
④ 우물물이나 수영장에는 요오드를 이용하여 소독한다.
⑤ 과산화수소는 창고나 발효실의 소독에 사용한다.

해설

- 자외선 살균작용 : DNA에 손상을 주어 살균효과가 나타난다.
- 역성비누(양성비누) : 의약용으로 광범위하게 이용된다. 자극성과 부식성이 없어서 피부와 식기의 소독에 적합하다. 결핵균, 포자, 간염바이러스 등에는 살균력이 낮으며 일반비누와 병용하면 살균력이 낮아진다. 미생물의 세포막을 손상시키고 단백질을 변성시켜 살균효과를 나타낸다.

15 동·식물성 식품에 널리 존재하는 균으로서 저온에서 생육하여 발열 독감 증세를 나타내며 치사율이 30%에 달하는 식중독 균으로 옳은 것은?

① Escherichia ② Vibrio ③ Salmonella
④ Listeria ⑤ E. Coli

16 콜레라에 대한 설명으로 옳지 않은 것은?

① 인도의 갠지스 강 삼각주가 원인발생지인 외래감염병이다.
② 구토, 설사, 복통 등의 급성 감염병이다.
③ 잠복기가 1~3개월이다.
④ 저항력이 약하여 햇빛에서 1시간, 분변 중 1~2일이면 사멸된다.
⑤ 청장년층에서 많이 발생하며 노년층과 유년층에서는 발생 빈도가 높아지며 약 60%의 치명률을 보인다.

17 다음 가열살균법과 그 살균조건에 대한 관계로 옳은 것은?

① 저온살균법 - 50℃ , 30분 ② 건열멸균법 - 160℃, 1시간
③ 고온증기멸균법 - 110℃, 15분 ④ 고온단시간살균법 - 65℃, 30초
⑤ 초고온순간살균법 - 160℃, 1초

18 자외선 살균법의 특징으로 옳은 것은?

① 조사취가 난다. ② 투과력이 높다.
③ 잔류효과가 없다. ④ 품온이 상승한다.
⑤ 자유라디칼을 생성한다.

정답 14 ② 15 ④ 16 ③ 17 ② 18 ③

19 **소독제에 관한 사항으로 옳은 것은?**

① 석탄산계수가 낮을수록 소독의 효과가 크다.
② 과산화수소는 창고나 발효실의 소독에 사용한다.
③ 양성비누(역성비누)는 일반 비누와 함께 사용하면 살균력이 증가한다.
④ 에틸알코올의 농도는 100% 수용액이 70% 수용액보다 효과가 크다.
⑤ 염소산이온(ClO-)을 생성하여 살균작용을 나타내는 것에는 차아염소산나트륨, 표백분이 있다.

20 **통조림을 부패시키고 식중독을 일으키는 균은?**

① 보툴리뉴스균 ② 탄저균 ③ 살모넬라균
④ 이질균 ⑤ 콜레라 균

21 **어패류의 부패와 관련이 깊은 세균은?**

① Salmonella enteritidis ② Escherichia coli
③ Pseudomonas fluorescens ④ Bacillus cereus
⑤ Staphylococcus aureus

22 **손에 상처가 있는 조리사가 음식취급을 하여 식중독이 발생하였다면 관련된 식중독균은?**

① 보톨리누스균 ② 포도상구균 ③ 대장균
④ 살모넬라 ⑤ 장구균

23 **감염형 식중독이 아닌 것은?**

① Yersinia Enterocolitica ② Staphylococcus aureus
③ Salmonella ④ Vibrio Parahaemolyticus
⑤ E. coli

24 **Staphylococcus(포도상구균)에 대한 설명으로 틀린 것은?**

① 포도상구균은 enterotoxin을 생산하는 식중독 원인균은 황색포도상구균이다.
② enterotoxin은 내열성이 강하여 조리전 재가열하여도 독소가 완전히 파괴되지 않는다.
③ 감염원은 화농소, 손 등이고 감염 경로인 손, 조리기구를 통하여 2차 오염을 일으킨다.
④ 잠복기간은 약 12~36시간으로 가장 길다.
⑤ 식품오염의 예방법은 화농성 질환, 인두염에 걸린 사람의 식품취급금지와 조리종사자의 손 청결, 위생복과 마스크 착용의 개인위생이 필요하다.

정답 19 ⑤ 20 ① 21 ③ 22 ② 23 ② 24 ④

25 식중독균인 포도상구균의 특성으로 옳지 않은 것은?

① 포도상구균은 화농성 질환 원인균으로 계절에 관계없이 발생한다.
② Enterotoxin이라는 장독소를 생성하여 식중독을 발생시킨다.
③ 100℃에서 30분 가열하여도 파괴가 되지 않는 독소를 생산한다.
④ 5℃ 이하에 저장하면 독소 생성을 억제할 수 있다.
⑤ 그람양성 간균으로 황색 색소를 생산한다.

26 포도상구균에 의한 식중독 발생 이유로 옳지 않은 것은?

① 식품이 포도상구균에 오염되어 있어야 한다.
② 식품이 세균이 자라는 데 알맞은 온도에 노출되어야 한다.
③ 식품을 일반 조리법으로 가열해도 내열성 독소인 경우 식중독이 발생한다.
④ 식품을 섭취한 이후 장에서 독소를 형성하기 위해 일정 시간이 지나야 한다.
⑤ 질병을 일으킬 정도의 독소를 생성하기 위해서는 4시간 이상 독소를 생성해야 한다.

27 음 세균성 식중독균의 잠복기가 가장 짧은 것은?

① 포도상구균 ② 살모넬라균 ③ 캠필로박터균
④ 보툴리누스균 ⑤ 장염비브리오균

해설 포도상구균은 잠복기가 1~3시간으로 매우 짧다.

28 부패에 대한 설명으로 옳지 않은 것은?

① 부패란 미생물의 증식으로 식품성분이 분해되어 가식성을 잃는 현상이다.
② 단백질 식품이 부패되면 암모니아, 아민(amine), 황하수소(H_2S), 인돌(indole) 등이 생성된다.
③ 히스타민(histamine)은 어패류의 부패 시 생성되며, 전구체는 히스티딘(histidine)으로 붉은살 생선에 함유량이 높다.
④ 바다생선의 부패 시 비린내의 원인은 트리메틸아민옥시드(trimethlyamine oxide)이며, 그 전구체는 트리메틸아민(trimethyl amine)이다.
⑤ 식품의 초기부패란 세균수가 식품 1g당 10^7~10^8인 때이다.

29 세균성 식중독의 특징으로 바르게 설명된 것은?

① 면역성이 있다. ② 전염되지 않는다.
③ 잠복기가 감염병보다 길다. ④ 체내독소가 원인이다.
⑤ 다량의 균으로 나타나며 2차 감염이 있다.

정답 25 ⑤ 26 ④ 27 ① 28 ④ 29 ②

30 여시니아 식중독에 대한 설명으로 옳은 것은?

① 닭고기에 의한 감염률이 높으므로 닭고기 관리가 중요하다.
② 저온균(0~5℃)에서 증식이 활발하므로 철저한 진공 포장이 중요하다.
③ 증상으로 복통 설사, 발열(39℃ 이상), 패혈증이 있다.
④ 예방법은 5℃ 이하의 저온 보관 및 65℃ 이상의 충분한 가열이다.
⑤ 감염은 주로 햄버거, 우유, 샐러드, 닭고기 등의 식품에 기인한다.

31 장독소 enterotoxin을 생산하는 균으로 옳은 것은?

① 대장균군 ② 보툴리누스균 ③ 포도상구균
④ 리스테리아균 ⑤ 여니시아균

32 살모넬라 식중독에 대한 설명으로 옳지 않은 것은?

① 주요 원인균은 자연계에 널리 퍼져 있다
② 식중독 발생 시 잠복기는 평균 3시간이다.
③ 주요 증세는 구토, 설사 및 고열 증상이 수반된다.
④ 식중독의 주요 원인식품은 달걀이나 식육이다.
⑤ 식중독균은 내열성이 약해 60℃, 20분 가열로 사멸한다.

해설 살모넬라균의 잠복기는 12~24시간이다.

33 노로바이러스 식중독에 대한 설명으로 틀린 것은?

① 일년중 겨울철에 많이 발생한다.
② 항바이러스 백신이 개발되어 예방이 가능하다.
③ 사람간의 2차 감염이 가능하여 학교등 집단으로 발생하는 경우가 많다.
④ 오염원은 생굴, 오염된 식수 등이며 예방은 86%에서 1분 이상 가열하여 섭취해야 한다.
⑤ 주로 분변-구강 경로(Fecal-oral route)를 통하여 감염된다.

34 바이러스성 식중독에 대한 설명으로 옳지 않은 것은?

① 최소 세균성 식중독에 비하여 환자수가 급격히 증가하고 있으며, 여름철보다 겨울철에 훨씬 더 많이 발생한다.
② 가장 흔히 발견되는 바이러스성 식중독은 노로바이러스에 의한 것이다.
③ 노로바이러스 식중독의 원인 식품은 굴 등의 패류, 오염된 식수, 가열하지 않은 과채류 등이다.
④ 노로바이러스 식중독은 10~100개의 적은 바이러스 입자에 의해서 발생하고 2차 감염이 가능하기 때문에 집단 발병이 가능하다.
⑤ 바이러스성 식중독에 대한 감염 예방 백신이 있다.

정답 30 ③ 31 ③ 32 ② 33 ② 34 ⑤

35 잠복기가 짧으며 내열성이 강하여 식품의 가열 후에도 발생 가능성이 높은 식중독균은?

① Staphylococcus aureus
② Listeriamonocytogenes
③ Campylobacter jejuni
④ Vibrio vulnificus
⑤ Salmoella enteritidis

36 여시니아(Yersinia enterocolitica) 식중독에 대한 특징으로 옳지 않은 것은?

① 식중독 발생 시 잠복기는 6~12시간이다.
② 그람음성의 통성혐기성균으로 생육 최적온도는 25~30℃이다.
③ 5℃ 이하의 저온에서도 생육이 가능하다.
④ 돼지가 주오염원이므로 돼지에 대한 오염 방지 대책이 중요하다.
⑤ 연령이 낮으면 감수성이 높으며, 주요 증세는 급성 위장염, 발열, 패혈증, 그리고 2차 면역 질환으로 맹장염과 유사한 여시니아증(Yersiniosis)을 일으킨다.

37 캠필로박터(Campylobacter jejuni) 식중독에 대한 특징으로 옳은 것은?

① 원인균에 의해서 오염된 식수, 우유, 닭고기 등이 원인식품이다.
② 생육 최적온도가 42℃ 정도이며 25℃ 이하에서 잘 생육되지 않는다.
③ 잠복기는 2~5주로 다른 감염형 식중독에 비해서 길다.
④ 중국에서 많이 발생되는 식중독이다.
⑤ 주요 증세는 혈변, 복통이다.

해설 캠필로박터 식중독은 미국에서 많이 발생하는 식중독으로 원인균은 그람음성 미호기성균의 생육 최적온도는 42℃ 정도이며 원인균식품은 식육,우유, 햄버거 닭고기 등이며 잠복기는 2~5일이다. 주요 증세는 복통, 설사 및 발열을 나타낸다.

38 대장균군에 대한 설명으로 옳지 않은 것은?

① 그람음성의 무포자 간균이다.
② 그람양성의 간균이다.
③ 유당을 분해하여 산과 가스를 생산한다.
④ 식품중에 대장균이 검출된 것은 식품이 사람이나 동물의 분변에 의해 오염된 것이다.
⑤ 저온에 대한 내성이 약해서 냉동식품에서 사멸이 빠르나 장구균은 오랫동안 생존가능하다.

39 세균성 식중독의 예방법이 아닌 것은?

① 최신 레시피에 의한 조리
② 식재료의 분리 보관
③ 식품의 가열조리 직후 섭취
④ 균의 증식을 막는다.
⑤ 보균자의 배설물에 의한 식품오염 방지

정답 35 ① 36 ① 37 ② 38 ② 39 ①

40 경구감염병의 특징으로 옳은 것은?

① 면역성이 생긴다. ② 수인성 전파는 없다. ③ 잠복기가 비교적 짧다.
④ 2차 감염이 되지 않는다. ⑤ 다량의 균으로 감염된다.

41 다음 중 감염원의 대책으로 적절한 것은?

① 손의 세척 ② 환자의 조기 발견 ③ 소독된 토양의 멸균 처리
④ 오염된 음식물 폐기 처리 ⑤ 질병이 완치된 사람의 관리

42 감염형 식중독균으로 옳지 않은 것은?

① Salmonella enteritidis ② Clostridium botulinum
③ Yersinia enterocolitica ④ Vibrio parahaemolyticus
⑤ Campylobacter jejuni

43 독소형 식중독균으로 옳은 것은?

① Clostridium perfringens, Staphylococcus aureus
② Clostridium botulinum, Staphylococcus aureus
③ Yersinia enterocolitica, Clostridium botulinum
④ Campylobacter jejuni, Clostridium botulinum
⑤ Staphylococcus aureus, Bacillus cereus

44 어패류에 오염될 가능성이 크며 신경에 이상을 가져올 수 있는 물질로, 일본의 미나마타병의 원인 물질이기도 한 것은?

① 납 ② 카드뮴 ③ 수은
④ 비소 ⑤ 주석

45 이타이이타이병에 대한 설명으로 옳지 않은 것은?

① 메틸수은이 원인이다.
② 신장의 칼슘등의 재흡수를 억제하여 소변으로 칼슘과 인이 배설된다.
③ 신장에 축적되어 칼슘의 재흡수를 방해하여 골연화증을 일으킨다.
④ 중년의 출산이 많은 여자에게서 많이 나타난다.
⑤ 이타이이타이란 "아프다, 아프다."라는 뜻이다.

해설
이타이이타이병의 원인은 카드뮴 중독이다.

정답 40 ① 41 ② 42 ② 43 ② 44 ③ 45 ①

46 **일본의 미나미타항을 중심으로 집단발생한 공해병을 통해 알 수 있는 사실이 아닌 것은?**

① 마비, 언어, 보행장애, 시야협착 등의 증상이 나타난다.
② 공장폐수를 강에 무단 방류하면 안된다.
③ 조개류에는 자연독이 있다.
④ 오염된 해산물을 먹어서는 안 된다.
⑤ 수은은 독성이 강하다.

47 **웰치(clostridium perfringens)균 식중독의 설명으로 옳은 것은?**

① 통조림, 햄, 소시지 등이 주요 원인식품이다.
② 그람양성간균으로 A~F의 여섯 가지 형이 있고 호기성균이다.
③ 식품 중에 증식한 균이 생성한 독소에 의해 식중독이 발생한다.
④ 아포를 형성하며 내열성의 신경독에 의해서 식중독이 발생한다.
⑤ 케이터링 및 뷔페식당 등 대규모로 음식을 준비하는 곳에서 많이 발생한다.

48 **다음 중 100개 이하의 세포로도 발병이 가능하고 특히 임산부의 경우 태아에게 감염되어 사산, 유산등을 일으킬 수 있는 식중독균은?**

① 대장균
② 리스테리아균
③ 살모넬라균
④ 장염비브리오균
⑤ 포도상구균

49 **포도상구균의 식중독 방지에 가장 효과적인 것은?**

① 씻기
② 정기적인 건강검진
③ 냉장고 보관
④ 상온보관
⑤ 먹기 전에 재가열

50 **황색포도상구균과 관련하여 바르게 설명한 것은?**

① 고농도의 식염 존재하여도 생육이 가능하다.
② 균체는 100℃, 30분 이상 가열해도 사멸되지 않는다.
③ 10℃ 이하의 저온에서도 엔테로톡신을 생산할 수 있다.
④ 내염성이 약하므로 염분농도가 높은 식품에서는 생육할 수 없다.
⑤ 식품 섭취 전 재가열하면 황색포도상구균에 의한 식중독을 예방할 수 있다.

정답 46 ③ 47 ⑤ 48 ② 49 ⑤ 50 ①

51 세레우스(Bacillus cereus) 식중독의 설명으로 옳은 것은?

① 구토형은 잠복기가 평균 12시간이다.
② 원인균이 그람음성간균으로 통성혐기성이다.
③ 장독소(enterotoxin)에 의하여 식중독이 발생한다.
④ 구토형은 다양한 식품에서 발견되며 증세는 웰치 식중독과 유사하다.
⑤ 설사형은 원인식품이 쌀가공식품으로 증세는 포도상구균과 유사하다.

52 캠필로박터 식중독에 대한 특징으로 옳은 것은?

① 미국에서 가장 발생 빈도가 높은 식중독이며, 한국에서는 발생된 적이 없다.
② Campylobactor jejuni에 의한 독소형 식중독이다.
③ 닭, 칠면조, 소 등의 가축과 개, 고양이 같은 애완동물이 매개체로 보균하고 있다.
④ 장염과 여행자 설사의 원인으로 저개발 국가에서 주로 발생한다.
⑤ 잠복기는 2~5주로 다른 감염형 식중독에 비해서 길다.

53 잠복기가 가장 긴 식중독균은?

① Salmonella enteritidis
② Vibrio parahaemolyticus
③ Staphylococcus aureus
④ Clostridium botulinum
⑤ Campylobacter jejuni

54 Escherichia coli O157 : H7에 대한 설명으로 맞는 것은?

① 그람양성간균으로 포자를 형성한다.
② 젖당을 분해하는 장관병원성 대장균이다.
③ 베로톡신을 생산하여 용혈성요독증후군을 일으킨다.
④ 장관독소원성 대장균
⑤ 장관부착성 대장균

해설 Escherichia coli O157:H7은 장관출혈성대장균

55 포도상구균 식중독에 대한 설명으로 맞는 것은?

① 내열성이 약해 60℃에서 20분 가열로 사멸한다.
② 음식물 가열 직후에 섭취한 경우에도 발생 가능한 세균성 식중독이다.
③ 모자간 수직감염을 통해서도 발생한다.
④ 복통, 설사, 구토와 보통 37~38℃의 미열이 있다.
⑤ 원인균에 의해 오염된 식수, 우유, 닭고기 등이 원인식품이다.

해설 ①은 살모넬라균 식중독, ③ 리스테리아균 식중독, ④ 장염비브리오균 식중독, 캠필로박터

정답 51 ③ 52 ③ 53 ⑤ 54 ③ 55 ②

56 감염독소형 식중독을 일으키는 세균은?

① Salmonella enteritidis
② Campylobacter jejuni
③ Clostridium Perfrigens
④ Yersinia enterocolitica
⑤ Vibrio parahaemolyticus

57 식품취급자의 손이나 피부 등의 접촉 혹은 재채기를 통해 오염되어 문제를 일으킬 수 있는 식중독균은?

① Salmonella enteritidis
② Campylobacter jejuni
③ Clostridium botulinum
④ Staphylococcus aureus
⑤ Vibrio parahaemolyticus

58 쓰레기를 소각할 때 주로 발생하는 유독물질로 베트남 전쟁에서 고엽제로 쓰여 피부독성과 발암성이 문제되었던 물질은 무엇인가?

① 안티몬
② 유기수은제
③ 다이옥신
④ 카베마이트
⑤ 파라티온

59 식품의 제조, 조리 및 보존 중에 제품과 생성될 가능성이 있는 유해물질과의 관계가 옳은 것은?

① 산분해간장 – 페오포바이드
② 햄, 소시지 – N–니트로스아민
③ 튀김식품 – 에틸카바메이트
④ 클로렐라 제제 – 트리할로메탄
⑤ 염소소독 수돗물 – 3–MCPD

60 삭시토신(saxitoxin)에 대한 설명으로 옳은 것은?

① 주로 조개의 껍질에 많이 들어 있다.
② 독소의 생성은 적조현상과 관계가 깊다.
③ 유독화된 민들조개에 의해 중독을 일으킨다.
④ 굴, 모시조개, 바지락 등의 섭취로 중독을 일으킨다.
⑤ 일반 조리법으로 독소를 제거할 수 있으므로 조리 후에는 식중독의 위험성이 없다.

61 물에 녹기 쉬운 무색의 기체로써 한 때 주류, 장류, 육류, 유류에 부정 사용된 일이 있었으나 현재 사용이 금지된 유해 보존료는?

① 붕산
② 포름알데히드
③ 승홍
④ 나프톨
⑤ 불소화합물

정답 56 ③ 57 ④ 58 ③ 59 ② 60 ② 61 ②

62 컵라면 용기의 스치로폼의 성분으로 끓는물에서 용출되는 발암물질은?

① 페놀 ② 벤조피렌
③ PVC의 가소제인 DBP와 DOP(DEHP) ④ 염화비닐 단량체 (vinyl chloride monomer)
⑤ Glyceride의 염소치환체인 MCPD

63 주요 물질과 그 중독 증상으로 옳지 않은 것은?

① 납 – 빈혈, 발작적 복통 ② 카드뮴 – 지능장애, 호흡곤란
③ 수은(Hg) – 중추, 말초신경계, 신장 장애 ④ 아연 – 급성중독 시 복통, 설사, 경련
⑤ PCB – 흑피증, 위장장애, 근육마비

64 복어독의 특징으로 옳은 것은?

① 강산에서 분해된다. ② 독성분은 saxitoxin이다.
③ 열에 의해 쉽게 파괴된다. ④ 혈액이 가장 독성이 강하다.
⑤ 지각이상과 운동장애를 일으킨다.

65 중독성 조개류의 일반적 성질이 아닌 것은?

① 조개독 종류에는 홍합, 대합, 굴 등에서 발견되는 마비성 조개독 등이 있다.
② 조개의 독성물질은 열에 의해 파괴되지 않는다.
③ 조개의 독성물질은 베네류핀과 테트라민이 있다.
④ 중독성 물질은 중장선이나 흡 · 배수공에 축적된다.
⑤ 유독 조개류는 외관이나 맛, 냄새로 구별이 가능하다.

66 venerupin에 대한 설명으로 옳은 것은?

① 치사율은 40~44% 정도이다.
② 산성에서 가열하면 파괴된다.
③ 지각이상과 운동장애를 일으킨다.
④ 가열조리하면 독성이 사라진다.
⑤ 우리나라에서는 아직까지 발생한 예가 없다.

67 식중독을 발생시키는 식물성 독소에 대한 연결이 아닌 것은?

① 살구씨 – Tetrodotoxin ② 감자 – Solanine
③ 면실유 – Gossypol ④ 청매 – amygdalin
⑤ 고사리 – ptaquiloside

정답 62 ④ 63 ② 64 ⑤ 65 ⑤ 66 ① 67 ①

68 고사리에 함유되어 있는 발암물질은?

① 사프롤(safrole) ② 고시폴(gossypol)
③ 프타퀼로사이드(ptaquiloside) ④ 아미그달린(amygdalin)
⑤ 렉틴(lectin)

69 콩에 존재하는 펩티드 물질로 단백질분해효소 저해제 역할을 하여 소화장애 및 영양장애를 가져오는 물질은?

① 콜린 에스터라아제 저해제(choline esterase inhibitor)
② 이소플라본(isoflavone)
③ 피틴산(phytate)
④ 전분분해효소 저해제(α-amylase inhibitor)
⑤ 트립신 저해제(trypsin inhibitor)

70 아플라톡신(Aflatoxin)에 대한 설명으로 옳지 않은 것은?

① 곰팡이 독소(Mycotoxin)의 일종이다.
② Aspergillus flavus 등에 의해 생성되는 독소이다.
③ 발암성을 가진 독소이다.
④ 자외선을 조사하면 형광을 띤다.
⑤ 이열성으로 열에 의해 쉽게 독소가 파괴된다.

71 감자에서 독성분에 대한 설명으로 옳지 않은 것은?

① 발아 부위와 녹색 부위에 독성분이 많다.
② 보통 감자에는 독성분이 전혀 없다.
③ 독성분은 솔라닌(solanine)으로 중추신경독이다.
④ 예방을 위해서는 발아 부위와 녹색 부위의 껍질을 깊이 도려내고 끓여서 먹는다.
⑤ 많이 섭취하면 수 시간 만에 복통, 두통, 현기증, 마비 등을 일으킨다.

72 히스타민 식중독의 주요 원인 식품은?

① 고등어 ② 복어 ③ 도미
④ 갈치 ⑤ 진주담치

73 자연독과 식품의 연결로 옳은 것은?

① 바지락 – saxitoxin ② 독버섯 – sloanine ③ 감자 – choline
④ 청매 – amygdlin ⑤ 오디 – andromedotoxin

정답 68 ③ 69 ⑤ 70 ⑤ 71 ② 72 ① 73 ④

74 다음 중 식품과 식중독의 관계로 틀린 것은?

① 바지락 – venerupin　② 땅콩 – aflatoxin　③ 감자 – solanine
④ 청매 – amygdalin　⑤ 면실유 – muscarine

75 아플라톡신에 대한 설명으로 옳은 것은?

① Aspergillus flavus가 생산한다.
② 100℃ 이상 물에서 가열하면 파괴된다.
③ 기질수분 16% 이상에서 생산이 어렵다.
④ 단백질이 풍부한 축산물에서 주로 발생한다.
⑤ 아플라톡신 중 G_1은 독성이 강해 간암을 일으키는 등 식품위생상 문제가 되고 있다.

76 다음 설명 중 틀린 것은?

① 경구감염병은 환자의 접촉에 의해서 감염된다.
② salmonella균은 식품의 취급과정 중 쥐, 파리, 바퀴벌레와 같은 곤충 또는 고양이, 가금류 및 개 등의 가축에 의해 주로 감염된다.
③ 콜레라균은 주로 여름철 여행자를 통하여 국내에 유입되는 수인성 감염병균이다.
④ 콜레라균은 급성회백수염 또는 소아마비라고도 하며 바이러스에 의하여 일어난다.
⑤ 바이러스에 의한 경구감염병은 유행성 간염, 폴리오 등이 있다.

77 곰팡이독의 분류와 해당되는 독소와의 관계가 옳은 것은?

① 간장독 – citrinin　② 신경독 – patulin
③ 신장독 – rubratoxin　④ 발정유인물질 – kojic acid
⑤ 광과민성 피부염물질 – slaframine

78 곰팡이독(mycotoxin) 중에서 간장독을 일으키는 독소로 옳은 것은?

① citrinin　② patulin　③ psoralen
④ aflatoxin　⑤ zearalenone

79 황변미 중독의 원인이 되는 곰팡이는?

① Penicillium islandicum　② Fusarium solani
③ Aspergillus parasiticus　④ Claviceps purpurea
⑤ Alternaria tenuis

정답　74 ⑤　75 ①　76 ①　77 ②　78 ④　79 ①

80 저장된 쌀을 황색으로 변화시키는 황변미독소로 곰팡이에 의해 생성되는 독소는?

① 시트리닌(citrinin)
② 아플라톡신(aflatoxin)
③ 테트로도톡신(tetrodotoxin)
④ 아마톡신(amatoxin)
⑤ 새시톡신(saxitoxin)

81 쥐에 의해서 전파되는 전염병은?

① 페스트, 파라티푸스
② 두창, 천열(이즈미열)
③ 쯔쯔가무시증, 성홍열
④ 유행성 출혈열, 페스트
⑤ 서교증, 전염성 설사증

82 진드기의 특징으로 옳은 것은?

① 불완전변태를 한다.
② 승저충증을 일으킨다.
③ 0~10℃로 냉장하면 사멸된다.
④ 40℃ 이상의 온도에서는 사멸된다.
⑤ 식품의 수분함량이 50% 이하일 때는 번식하지 못한다.

83 곡류, 곡분, 빵, 과자류 등에서 발견되며 우리나라에서 가장 흔한 진드기는?

① 긴털가루진드기
② 수중다리가루진드기
③ 작은가루진드기
④ 보리가루진드기
⑤ 설탕진드기

84 진드기의 번식요인으로 옳은 것은?

① pH
② 온도
③ 햇빛
④ 압력
⑤ 산소

85 돼지고기에 의해 감염되는 기생충은?

① 회충
② 무구조충
③ 톡소플라스마
④ 간흡충
⑤ 요충

86 환경호르몬에 대한 노출을 최소화하기 위한 방법으로 옳은 것은?

① 생선은 가급적 껍질과 함께 먹는다.
② 캔에 담겨 있는 음료나 식품을 가급적 먹지 않는다.
③ 식재료는 식초를 희석한 물에 담가 두었다가 조리한다.
④ 염소계 표백제나 세정제를 사용하여 식기를 세척한다.
⑤ 젖병을 소독할 때는 가능한 한 끓는 물에 넣어 오래 소독한다.

정답 **80** ① **81** ④ **82** ① **83** ① **84** ② **85** ③ **86** ②

87 식품첨가물의 사용 목적으로 적합하지 않는 것은?

① 영양 강화 ② 기호성 향상 ③ 보존성 향상
④ 기능성 향상 ⑤ 식품의 품질 개량

88 화학적 합성품을 식품첨가물로 지정할 때의 심사는 매우 엄격하다. 다음 중 어느 항목에 가장 중점을 두고 있는가?

① 인체에 대한 안전성을 검토하는 것
② 식품첨가물의 각 기준을 정하는 것
③ 식품첨가물로서의 효과를 확인하는 것
④ 식품첨가물의 생산경쟁을 억제하는 것
⑤ 식품의 특성에 미치는 영향을 검토하는 것

89 식품첨가물공전에 수록되어 있는 것 중 사용기준이 정해진 것이 있다. 그 이유는?

① 식품에 대한 보존효과가 우수하기 때문
② 경제적으로 싸고 식품제조상 이점이 있기 때문
③ 안정성이 크므로 안심하고 사용할 수 있기 때문
④ 식품첨가물의 종류가 많고 효력이 우수하기 때문
⑤ 생리작용 등으로 보아 사용되는 식품의 종류와 양을 한정하기 위함

90 우리나라 식품첨가물 관리에 대한 설명으로 옳은 것은?

① 식품의약품안전처장이 고시한 첨가물만 사용할 수 있다.
② 한번 사용이 허가된 식품첨가물이 취소되는 경우는 없다.
③ 일반안정 인증물질(Generally recognized as safe)은 우리나라 특유의 식품첨가물관리 제도이다.
④ 사용 식품과 양에 제한이 없는 첨가물은 포장에 표시할 필요가 없다.
⑤ 우리나라 식품첨가물 기준은 국제기준인 Codex 기준과 같다.

91 보존료에 대한 설명으로 옳지 않은 것은?

① 장기간 효과가 유지되어야 한다.
② 안식향산은 유산균음료에 사용할 수 있다.
③ 케이크류에는 프로피온산을 사용할 수 있다.
④ 살균작용에 의해서 효과가 나타난다.
⑤ 과일채소 음료에는 안식향산을 사용할 수 있다.

정답 87 ④ 88 ① 89 ⑤ 90 ① 91 ④

92 HACCP 제도의 7가지 원칙 중 첫 번째는 위해요인 분석, 두번째는 무엇인가?

① 한계 기준 설정　② 중요 관리점 결정　③ 공정흐름도 작성
④ 일반 위생관리기준 설정　⑤ 제품 및 제품의 유통방법 기술

해설

HACCP의 준비 단계
HACCP팀 구성 – 제품및 제품의 유통 방법 기술 – 공정흐름도 작성

93 중요관리점에서 설정된 한계 기준을 적절히 관리하고 있는지 여부를 확인하기 위하여 수행단계는 무엇인가?

① 적정제조기준　② 위해 분석　③ 중요관리점
④ 모니터링　⑤ 개선 조치

94 HACCP의 과정 중 중요관리점의 원칙 3단계로 옳은 것은?

① 위해요소 분석 실시　② 한계 기준 설정
③ 문서화, 기록유지방법 설정　④ 개선 조치 방법 설정
⑤ 모니터링 체계 확립

해설

HACCP 7원칙
원칙1 위해요소 분석
원칙2 중요관리점 설정
원칙3 한계 기준 설정
원칙4 모니터링 시스템 설정
원칙5 시정 조치 설정
원칙6 검증 절차의 설정
원칙7 기록 유지 및 문서화

95 식재료 검수시 배송온도에 문제가 생겨 반품하게 될 때 Haccp에서 취하는 원칙으로 옳은 것은?

① 위해요소 분석　② 개선 조치 방법　③ 한계 기준 설정
④ 검증 절차 및 방법 수립　⑤ 모니터링

96 우주식량의 무균식품안전을 위한 위생관리를 HACCP제도를 처음 시행한 국가는?

① 한국　② 영국　③ 러시아
④ 독일　⑤ 미국

정답 92 ② 93 ④ 94 ② 95 ② 96 ⑤

97 HACCP 지정 집단급식소에서 반드시 지켜야 할 사항으로 옳은 것은?

① 고온의 튀김조리법은 아크릴 아마이드 등 유해물질이 생성될 수 있다.
② 냉장 운송차량의 내부 온도는 10℃ 이상이어야 한다.
③ 내벽은 바닥에서 0.5m까지 내수성, 내열성 등의 적절한 자재로 설비하여야 한다.
④ 작업장은 교차오염이 발생하지 않도록 청결구역과 일반 구역으로 분리해야한다.
⑤ 조리된 음식은 28℃ 이하로 보존하는 경우 5시간 이내에 배식이 완료되어야 한다.

해설 조리된 음식은 28℃ 이하로 보존하는 경우 2~3시간 이내에 배식이 완료되어야 한다.

98 HACCP 의무화 품목이 아닌 것은?

① 배추김치 ② 빙과류 ③ 가열음료
④ 레토르트식품 일부 ⑤ 어육가공품 중 어묵류

해설

HACCP 의무화 품목

- 김치류 중 배추김치
- 냉동수산식품 중 어류, 연체류, 조미가공품
- 비가열 음료
- 레토르트식품 일부
- 어육가공품 중 어묵류
- 냉동식품 중 피자류, 만두류, 면류
- 빙과류

99 HACCP 지정 집단급식소에서 작업위생관리에 대한 설명으로 옳은 것은?

① 냉장보관식품은 5℃ 이하에서 온장보관식품은 45℃ 이상 배치하여야 한다.
② 식품 취급 등의 작업은 바닥으로부터 60cm 이상의 높이에서 실시하여야 한다.
③ 배식 중인 음식이 2시간이 지나지 아니 하였을 경우 조리 완료된 음식을 혼합해도 된다.
④ 냉장된 식품을 처리할 때에는 가능한 한 15℃가 넘지 않도록 소량씩 취급하면 24시간까지 보관이 가능하다.
⑤ 해동은 10℃ 이하의 냉장 해동, 전자레인지 해동을 하면 남은 것을 재동결시켜도 안전하다.

100 식품의 위생적인 취급방법에 대한 설명으로 옳은 것은?

① 작업 중일 경우, 식재료를 잠깐 바닥에 두는 것은 안전하다.
② 해동된 식품은 즉시 사용하되 바로 조리하지 않는 경우 재동결해야 한다.
③ 조리한 식품을 보관할 때는 뚜껑을 하고 실온에서 4시간까지는 안전하다.
④ 생식품은 오염되지 않도록 조리된 식품과 분리하여 냉장고에 저장해야 한다.
⑤ 전처리 후 바로 조리하지 않을 식재료의 온도의 변화 때문에 냉장보관해서는 안된다.

101 HACCP의 7원칙 중 리콜과 밀접한 관계가 있는 단계는?

① 한계 기준의 설정 ② 모니터링 방법의 설정 ③ 개선 조치 방법
④ 검증 절차의 설정 ⑤ 기록 유지 및 문서화

정답 97 ⑤ 98 ③ 99 ② 100 ④ 101 ⑤

102 다음 중 HACCP에서 개선 조치의 방법으로 옳지 않은 것은?

① 제품이 안전하다고 판단되어 일반유통하거나 다른 용도로 전환한다.
② 가열온도가 지켜지지 않는 제품은 화학약품으로 보충한다.
③ 위해요소를 제거하는 방법으로 재가공한다.
④ 위해요소가 중대하게 간주되지 않는 다른 용도로 전환한다.
⑤ 파기한다.

103 HACCP지정 집단급식소에서 가장 조도가 높은 곳은?

① 건조창고 ② 냉장고 내부 ③ 화장실
④ 검수구역 ⑤ 조리대

10장 식품 · 영양 관계법규

1 식품위생법의 의결기관은?

① 국회 ② 대통령 ③ 국민투표
④ 국무회의 ⑤ 보건복지부장관

2 식품위생법에 근거를 둔 하위법령은?

① 식품 등의 공전, 식품 등의 표시기준
② 식품 등의 표시기준, 학교급식의 영양관리기준
③ 영양사에 관한 규칙, 학교급식의 영양관리기준
④ 영양사에 관한 규칙, 먹는물 수질기준 및 검사 등에 관한 규칙
⑤ 식품위생법 시행규칙, 먹는물 수질기준 및 검사 등에 관한 규칙

3 식품과 식품첨가물 등의 기준과 규격을 정하여 고시하는 사람은?

① 식품의약품안전청장 ② 보건복지부장관 ③ 시 도지사
④ 국립보건원장 ⑤ 대통령

4 식품위생법 제1조의 식품위생법의 목적이 아닌 것은?

① 식품에 관한 올바른 정보를 제공 ② 국민보건의 증진에 이바지
③ 식품으로 인한 위생상의 위해 방지 ④ 식품영양의 질적 향상 도모
⑤ 감염병의 발생과 유행 방지

정답 102 ② 103 ④ 10장 1 ① 2 ① 3 ① 4 ⑤

5 식품위생법의 목적으로 옳지 않은 것은?

① 식품으로 인한 위생상의 위해 방지
② 식품에 관한 올바른 정보 제공
③ 식품영양의 질적 향상 도모
④ 감염병의 발생 방지
⑤ 국민보건의 증진

6 식품위생법에서 정의하고 있는 식품은?

① 먹는 의약품과 음식물
② 모든 음식물과 식품첨가물
③ 식품첨가물을 제외한 모든 음식물
④ 모든 음식물과 식품첨가물 및 먹는 의약품
⑤ 의약으로 섭취하는 것을 제외한 모든 음식물

해설

법 제2조(정의)

① "식품"이란 모든 음식물(의약으로 섭취하는 것은 제외한다.)을 말한다.
② "식품첨가물"이란 식품을 제조 · 가공 · 조리 또는 보존하는 과정에서 감미(甘味), 착색(着色), 표백(漂白) 또는 산화방지 등을 목적으로 식품에 사용되는 물질을 말한다. 이 경우 기구(器具) · 용기 · 포장을 살균 · 소독하는 데에 사용되어 간접적으로 식품으로 옮아갈 수 있는 물질을 포함한다.

7 식품위생법상 식품첨가물에 해당하는 것은?

① 감미, 착색, 표백을 목적으로 식품에 사용되는 물질
② 영양 보충을 목적으로 식품에 사용되는 물질
③ 보관을 목적으로 식품에 사용되는 물질
④ 인체구조 및 기능에 대하여 영양소를 조절하는 등 보건 용도에 유용한 효과를 나타내는 물질
⑤ 기구 · 용기 · 포장을 살균 · 소독하는 데 사용되어 직접적으로 식품으로 옮아갈 수 있는 물질

8 식품위생법 정의에 의한 식품위생의 대상이 아닌 것은?

① 식품
② 식품포장, 용기
③ 식품첨가물
④ 조리원
⑤ 식품조리기구

9 집단급식소의 정의로서 옳지 않은 것은?

① 영리를 목적으로 하지 않는다.
② 계속적으로 식사를 제공한다.
③ 기숙사, 학교, 병원, 기타 후생기관의 급식시설이다.
④ 불특정 다수 인에게 음식물을 공급한다.
⑤ 상시 1회 50인 이상에게 식사를 제공한다.

정답 5 ④ 6 ⑤ 7 ① 8 ④ 9 ④

해설

법2조 "집단급식소"란 영리를 목적으로 하지 아니 하면서 특정 다수인에게 계속하여 음식물을 공급하는 다음 각 목의 어느 하나에 해당하는 곳의 급식시설로서 대통령령으로 정하는 시설을 말한다.

① 기숙사 ② 학교
③ 병원 ④「사회복지사업법」 제2조제4호의 사회복지시설
⑤ 산업체 ⑥ 국가, 지방자치단체 및「공공기관의 운영에 관한 법률」 제4조제1항에 따른 공공기관
⑦ 그 밖의 후생기관 등

10 집단급식소에 관한 설명은?

① 영리를 목적으로 하는 외식을 포함한다.
② 불특정 다수인을 대상으로 한다.
③ 상시 1회 10명 이상에게 식사를 제공한다.
④ 기숙사, 학교, 병원 등의 급식시설을 말한다.
⑤ 설치운영자는 시 · 도지사에게 신고하여야 한다.

해설

제88조(집단급식소) ① 집단급식소를 설치 · 운영하려는 자는 총리령으로 정하는 바에 따라 특별자치시장 · 특별자치도지사 · 시장 · 군수 · 구청장에게 신고하여야 한다.

11 법10조에 의거 표시기준에 포함되지 않는 것은?

① 제품명, 내용량, 원재료명, 영업소 명칭 및 소재지
② 소비자 안전을 위한 주의 사항
③ 제조연월일, 유통기한 또는 품질 유지 기한
④ 그 밖에 식품 또는 식품첨가물에 대한 소비자의 오인 · 혼동을 방지하기 위하여 표시가 필요한 사항으로서 총리령으로 정하는 사항
⑤ 회사소개 및 영업소의 규모

12 식품위생법 제10조에서 정의하는 표시의 정의로 옳은 것은?

① 식품, 식품첨가물에 기재하는 문자
② 식품, 식품첨가물, 기구에 기재하는 문자와 숫자
③ 식품을 종합하여 나타내는 것
④ 식품의 채취, 제조에 관한 모든 것
⑤ 식품, 식품첨가물, 기구 또는 용기 · 포장에 적는 문자, 숫자 또는 도형

정답 10 ④ 11 ⑤ 12 ⑤

13 법 제2조의 화학적 합성품이란 무엇인가?

① 식품 또는 식품첨가물을 넣거나 싸는 것
② 식품첨가물, 기구 또는 용기 · 포장에 존재하는 위험요소
③ 화학적 수단으로 원소(元素) 또는 화합물에 분해 반응 외의 화학 반응을 일으켜서 얻은 물질
④ 음식을 먹을 때 사용하거나 담는 것
⑤ 식품 또는 식품첨가물을 채취 · 제조 · 가공 · 조리 · 저장 · 소분 · 운반 또는 판매한 것

14 식품위생법에서 말하는 식품의 정의로 가장 옳은 것은?

① 모든 음식물
② 의약품을 제외한 모든 음식물
③ 용기 · 포장을 제외한 모든 음식물
④ 화학적 합성품을 제외한 모든 음식물
⑤ 식품첨가물을 제외한 모든 음식물

15 판매 등이 금지된 식품으로 옳지 않은 것은?

① 썩거나 상한 것으로 인체의 건강을 해칠 우려가 있는 것
② 유독 · 유해물질이 묻은 것
③ 수입신고를 해야 하는데 신고하지 않고 수입한 것
④ 영업자가 소분한 것
⑤ 불결하거나 다른 물질이 첨가된 것

16 식품접객업 영업자의 종업원에게 요구되는 식품위생교육 횟수는?

① 1개월 1회
② 2개월 1회
③ 6개월 1회
④ 1년 1회
⑤ 2년 1회

17 영양사의 면허를 받은 자가 식품접객업을 하고자 할 때 요구되는 식품위생교육 시간은?

① 1년에 2시간
② 1년에 4시간
③ 1년에 6시간
④ 1년에 12시간
⑤ 받은 것으로 본다.

해설

법제41조(식품위생교육) 제1항 및 제2항에 따라 교육을 받아야 하는 자가 영업에 직접 종사하지 아니 하거나 두 곳 이상의 장소에서 영업을 하는 경우에는 종업원 중에서 식품위생에 관한 책임자를 지정하여 영업자 대신 교육을 받게 할 수 있다. 다만, 집단급식소에 종사하는 조리사 및 영양사(「국민영양관리법」 제15조에 따라 영양사 면허를 받은 사람을 말한다. 이하 같다.)가 식품위생에 관한 책임자로 지정되어 제56조제1항 단서에 따라 교육을 받은 경우에는 제1항 및 제2항에 따른 해당 연도의 식품위생교육을 받은 것으로 본다.

정답 13 ③ 14 ② 15 ④ 16 ④ 17 ⑤

18 집단급식소에서 영양사에 관한 내용으로 옳지 않은 것은?

① 집단급식소 운영자는 영양사를 두어야 한다.
② 집단급식소 운영자 자신이 영양사로서 직접 영양지도를 하는 경우에는 영양사를 두지 않을 수 있다.
③ 1회 급식인원 100명 미만의 산업체인 경우에는 영양사를 두지 아니하여도 된다.
④ 조리사가 영양사의 면허를 받은 경우에는 영양사를 두지 않을 수 있다.
⑤ 집단급식소 운영자가 조리사 자격증을 받은 경우

해설

제52조(영양사) 집단급식소 운영자는 영양사(營養士)를 두어야 한다. 다만, 다음에 해당하는 경우에는 영양사를 두지 아니 하여도 된다.
① 집단급식소 운영자 자신이 영양사로서 직접 영양 지도를 하는 경우
② 1회 급식인원 100명 미만의 산업체인 경우
③ 제51조제1항에 따른 조리사가 영양사의 면허를 받은 경우

19 집단급식소에 근무하는 영양사의 직무로 옳지 않은 것은?

① 식단 작성, 검식 및 배식관리
② 구매식품의 검수 및 관리
③ 급식설비 및 기구의 안전관리
④ 운영일지 작성
⑤ 종업원에 대한 영양 지도 및 식품위생교육

20 조리사 면허가 취소되는 경우로 옳은 것은? ★2017년 출제

① 정신질환자 중 전문의가 조리사로서 적합하다고 인정하는 자가 조리를 할 경우
② 타인에게 면허를 대여할 경우
③ B형간염환자가 조리를 할 경우
④ 위생교육을 불참한 자
⑤ 면허 취소를 받고 1년이 지나지 않은 자

21 집단 급식소에 종사하는 영양사가 받아야 할 교육 시간은?

① 매년 2시간씩
② 매년 3시간씩
③ 매년 6시간씩
④ 2년마다 6시간
⑤ 2년마다 8시간

22 집단급식소를 설치 · 운영하려면 누구에게 신고해야 하는가?

① 시 · 도지사
② 시장 · 군수 · 구청장
③ 식품의약품안전청장
④ 총리
⑤ 보건소장

정답 18 ⑤ 19 ③ 20 ⑤ 21 ④ 22 ②

23 위탁급식영업자는 누구에게 영업신고를 하여야 하는가?

① 시 · 도지사
② 보건복지부장관
③ 질병관리본부장
④ 식품의약품안전처장
⑤ 특별자치시장 · 특별자치도지사 · 시장 · 군수 · 구청장

24 집단급식소를 설치 · 운영하는 자는 조리 · 제공한 식품의 매회 1인분 분량을 일정기간 보관하여야 한다. 보관 방법은?

① 5℃ 이하에서 72시간 이상
② 5℃ 이하에서 144시간 이상
③ 0℃ 이하에서 144시간 이상
④ 영하 18℃ 이하에서 72시간 이상
⑤ 영하 18℃ 이하에서 144시간 이상

25 학교, 병원에서 운영하는 집단급식소 중 영양사를 두어야 하는 규모는?

① 1회 50명 이상 식사 제공
② 1회 100명 이상 식사 제공
③ 1회 200명 이상 식사 제공
④ 1회 300명 이상 식사 제공
⑤ 규모에 관계없이 고용

26 영업신고 대상 업종에 해당되지 않는 것은?

① 제과점영업
② 휴게음식점영업
③ 일반음식점영업
④ 위탁급식영업
⑤ 단란주점영업

27 영업등록하여야 하는 업종으로 옳은 것은?

① 식품소분 · 판매업, 식품냉동 · 냉장업
② 휴게음식점영업, 일반음식점영업
③ 식품제조가공업, 식품첨가물제조업
④ 용기 · 포장류제조업, 식품운반업
⑤ 위탁급식영업, 제과점영업

28 식중독의 보고 순서로 옳은 것은?

① 집단급식소 운영자 – 의사 · 한의사 – 시 · 도지사
② 의사 · 한의사 – 시장 · 군수 · 구청장 – 시 · 도지사, 식품의약품안전처장
③ 의사 · 한의사 – 시장 · 군수 · 구청장, 식품의약품안전처장 – 보건환경연구원
④ 학교장 – 시 · 도지사 – 보건소장, 질병관리본부
⑤ 시장 · 군수 · 구청장 – 보건소장 – 식품의약품안전처장

정답 23 ⑤ 24 ⑤ 25 ① 26 ⑤ 27 ③ 28 ②

29 시장 · 군수 · 구청장이 해야 할 식중독 원인에 대한 업무로 옳지 않은 것은?

① 식중독의 원인이 된 식품 등과 환자 간의 연관성의 설문조사
② 섭취음식 위험도 조사 및 역학적 조사
③ 식중독 환자의 혈액 · 배설물 · 원인예상 식품 등의 물리적 시험에 의한 조사
④ 식품 등의 오염 경로를 찾기 위한 환경조사
⑤ 시험 · 검사기관에 협조 요청

30 집단급식소 설치 · 운영자의 식품위생교육시간은?

① 2시간 ② 3시간 ③ 4시간
④ 5시간 ⑤ 6시간

31 집단급식소를 설치 · 운영하고 있는 자가 받아야 하는 식품위생교육시간은?

① 영업자 1시간, 종업원 3시간 ② 영업자 3시간, 종업원 3시간
③ 영업자 3시간, 종업원 6시간 ④ 영업자 6시간, 종업원 3시간
⑤ 영업자 6시간, 종업원 6시간

32 새로 집단급식소를 설치 · 운영하려는 자가 받아야 하는 식품위생교육시간은?

① 영업자 1시간, 종업원 3시간 ② 영업자 3시간, 종업원 3시간
③ 영업자 3시간, 종업원 6시간 ④ 영업자 6시간, 종업원 3시간
⑤ 영업자 6시간, 종업원 6시간

33 보건복지부장관이 수립하는 국민영양관리기본계획 중 영양관리사업 추진 계획에 포함되는 사항으로 옳지 않은 것은?

① 영양 · 식생활 교육사업 ② 영양취업계층 영양관리사업
③ 영양관리를 위한 영양조사 ④ 영양관리를 위한 식생활 조사
⑤ 영양개선을 위한 보건교육

34 영양사 면허를 받을 수 있는 사람은?

① 정신질환자
② 감염병 환자
③ B형간염 환자
④ 마약 등 향정신성 의약품 중독자
⑤ 영양사 면허의 취소처분을 받고 그 취소된 날부터 1년이 지나지 아니 한 사람

정답 29 ③ 30 ② 31 ② 32 ⑤ 33 ⑤ 34 ③

35 **영양사의 업무로 옳지 않은 것은?**

① 건강증진을 위한 영양 · 식생활 교육 및 상담
② 식품영양의 정보 제공
③ 급식시설기준의 적합 여부의 확인 및 검사
④ 집단급식소의 운영일지 작성
⑤ 종업원에 대한 영양지도 및 위생교육

36 **영양사 면허가 취소되는 경우로 옳지 않은 것은?**

① 정신질환자인 경우
② 마약 중독자인 경우
③ 면허정지처분 기간 중에 영양사의 업무를 하는 경우
④ 3회 이상 면허정지처분을 받은 경우
⑤ 보수교육을 받지 아니한 경우

37 **국민의 식생활에 대한 과학적인 조사 · 연구를 바탕으로 체계적인 국가영양정책을 수립 · 시행함으로써 국민의 영양 및 건강증진을 도모하고 삶의 질 향상에 이바지하는 것을 목적으로 하는 법은?**

① 국민건강증진법
② 식품위생법
③ 국민영양관리법
④ 학교급식법
⑤ 식품안전기본법

38 **영양사 면허 취소에 해당하는 경우가 아닌 것은?**

① 식중독이나 그 밖에 위생과 관련한 중대한 사고 발생에 직무상의 책임이 있는 경우
② 면허를 타인에게 대여하여 이를 사용하게 한 경우
③ 면허정지처분 기간 중에 영양사의 업무를 하는 경우
④ 3회 이상 면허정지처분을 받은 경우
⑤ 보수교육을 받지 않은 경우

39 **보건복지부사업으로 취약계층 임산부 및 영유아에게 영양문제를 개선하고 건강을 증진시키기 위한 제도는?**

① 학교급식사업
② 영양플러스사업
③ 영양교육사업
④ 식생활 조사사업
⑤ we start 사업

정답 35 ③ 36 ⑤ 37 ③ 38 ⑤ 39 ②

40 보수교육의 대상자가 아닌 영양사는?

① 집단급식소에 종사하는 영양사
② 보육정보센터에 종사하는 영양사
③ 어린이급식관리지원센터에 종사하는 영양사
④ 건강기능식품판매업소에 종사하는 영양사
⑤ 식품연구소에 종사하는 영양사

41 영양사가 다른 사람에게 영양사 면허증을 대여한 경우 벌칙은?

① 1년 이하 징역 또는 500만원 이하 벌금
② 1년 이하 징역 또는 1천만원 이하 벌금
③ 2년 이하 징역 또는 1천만원 이하 벌금
④ 2년 이하 징역 또는 2천만원 이하 벌금
⑤ 3년 이하 징역 또는 2천만원 이하 벌금

42 학생들의 심신의 건전한 발달을 도모하기 위하여 학교에서 급식을 실시하도록 규정하고 있는 법은?

① 교육법
② 학교보건법
③ 학교급식법
④ 식품위생법
⑤ 국민건강증진법

43 학교급식시설에 관한 내용으로 옳은 것은?

① 급식관리실은 오염 방지를 위해 조리장과 차단되어야 한다.
② 학교가 갖추어야 하는 시설은 조리실, 식품보관실, 강의실이다.
③ 학교급식을 실시할 학교는 필요한 시설과 설비를 갖추어야 한다.
④ 조리장은 조리기구, 배식시설, 식재료보관실 등을 갖추어야 한다.
⑤ 둘 이상의 인접 학교라 할지라도 독립적으로 급식을 위한 시설을 해야 한다.

44 학교급식의 대상이 되는 곳은?

① 초등학교, 유치원
② 초등학교, 고등학교
③ 초등학교, 대학교
④ 대학교, 유치원
⑤ 대학교, 고등학교

정답 40 ⑤ 41 ② 42 ③ 43 ③ 44 ②

45 학교급식법의 내용으로 옳은 것은?

① 학교급식은 학생과 교직원을 대상으로 학교의 장이 실시하는 급식을 말한다.
② 학교의 장은 식재료의 품질관리기준, 영양관리기준, 위생 · 안전관리기준을 지켜야 한다.
③ 급식에 관한 경비란 학교급식을 위한 식품비와 급식운영비 및 조리종사자 인건비를 말한다.
④ 학교급식위탁업자란 학교의 장과 계약에 의해 학교급식에 관한 업무를 위탁받아 행하는 자를 말한다.
⑤ 학교장은 필요시 식품위생 관계 공무원으로 하여금 학교급식시설에 대해 출입 · 검사를 하게 할 수 있다.

46 국민건강증진법의 목적은?

① 식생활 개선에 기여
② 학생의 건전한 심신 발달
③ 식품영양의 질적 향상 도모
④ 식품으로 생기는 위생상의 위해 방지
⑤ 국민에게 건강에 대한 가치와 책임의식 함양

47 국민영양조사의 조사항목은?

① 식품 섭취조사, 식생활조사, 가족수조사
② 식품 섭취조사, 식생활조사, 기호도조사
③ 건강상태조사, 식생활조사, 음주량조사
④ 건강상태조사, 식품 섭취조사, 기호도조사
⑤ 건강상태조사, 식품 섭취조사, 식생활조사

48 식생활조사의 세부내용에 해당하는 것은?

① 규칙적인 식사 여부, 식품재료
② 규칙적인 식사 여부, 식품 섭취량
③ 식품 섭취량, 식품재료
④ 식품 섭취량, 영 · 유아 이유보충식 종류
⑤ 식사일반사항, 조리시설과 환경

49 국민건강증진법 시행령에서 국민영양조사 주기는?

① 6개월 1회
② 1년에 1회
③ 2년에 1회
④ 3년에 1회
⑤ 4년에 1회

50 국민영양관리법의 국민영양관리 기본 계획에 포함되는 사항은?

① 일반국민의 건강관리사업
② 식생활 평가사업
③ 영양 · 식생활 교육사업
④ 영양사 보수 교육
⑤ 국민의 영양 판정

정답 45 ② 46 ⑤ 47 ⑤ 48 ⑤ 49 ② 50 ③

51 영양사 면허를 타인에게 대여하여 이를 사용하게 한 경우 3차 위반의 행정처분

① 면허정지 1개월 ② 면허정지 2개월 ③ 면허정지 3개월
④ 면허정지 6개월 ⑤ 면허취소

해설

국민영양관리법 제28조(벌칙)

① 제18조제2항을 위반하여 다른 사람에게 영양사 면허증을 대여한 사람은 1년 이하의 징역 또는 1천만 원 이하의 벌금에 처한다.

② 제19조를 위반하여 영양사라는 명칭을 사용한 사람은 300만 원 이하의 벌금에 처한다.

52 영양사 보수교육에 대한 설명으로 옳은것은?

① 6개월마다 3시간 ② 1년마다 5시간 ③ 2년마다 6시간
④ 3년마다 9시간 ⑤ 5년마다 12시간

53 보수교육이 면제되는 영양사는?

① 군복무 중인 영양사 ② 보건지소에 근무하는 영양사
③ 집단급식소에 종사하는 영양사 ④ 보육정보센터에 종사하는 영양사
⑤ 건강기능식품 판매업소에 종사하는 영양사

54 원산지를 표시하여야 하는 설치 · 운영자로서 옳지 않은 것은?

① 휴게음식점영업을 하는 영업소 설치 · 운영자
② 일반음식점영업을 하는 영업소 설치 · 운영자
③ 위탁급식영업을 하는 영업소 설치 · 운영자
④ 집단급식소 설치 · 운영자
⑤ 단란주점영업을 하는 영업소 설치 · 운영자

55 돼지고기의 원산지를 표시하지 않은 경우 1차 위반 시 과태료 금액은 얼마인가?

① 30만 원 ② 60만 원 ③ 100만 원
④ 150만 원 ⑤ 300만 원

56 배추 또는 고춧가루의 원산지를 표시하지 않는 경우 1차 위반 시 과태료 금액은 얼마인가?

① 30만 원 ② 60만 원 ③ 100만 원
④ 150만 원 ⑤ 300만 원

정답 51 ⑤ 52 ③ 53 ① 54 ⑤ 55 ① 56 ①

57 집단급식소에서 돼지고기의 원산지 표시방법을 위반한 경우 1차 위반 시 과태료 금액은 얼마인가?

① 15만 원 ② 25만 원 ③ 30만 원
④ 50만 원 ⑤ 100만 원

58 농산물이나 그 가공품 등의 원산지 등을 거짓으로 표시함에 따라 처분이 확정될 경우 어디에 공포해야 하는가?

① 농림축산식품부 홈페이지 ② 식품의약품안전처 홈페이지
③ 식품안전 정보원 홈페이지 ④ 보건복지부 홈페이지
⑤ aT한국농수산식품유통공사 홈페이지

정답 57 ① 58 ①

1 Time Master 영양사

발 행 일 2023년 1월 1일 초판 1쇄 인쇄
2023년 1월 10일 초판 1쇄 발행

저자협의 인지생략

저 자 남상명 · 김수민 · 이영우 · 백진경 공저

발 행 처 크라운출판사
http://www.crownbook.com

발 행 인 이상원

신고번호 제 300-2007-143호

주 소 서울시 종로구 율곡로13길 21

공 급 처 (02) 765-4787, 1566-5937, (080) 850~5937

전 화 (02) 745-0311~3

팩 스 (02) 743-2688, 02) 741-3231

홈페이지 www.crownbook.co.kr

I S B N 978-89-406-4610-6 / 13590

특별판매정가 29,000원

이 도서의 문의를 편집부(02-6430-7011)로 연락주시면 친절하게 응답해 드립니다.